개정3판

산업안전보건

산업안전보건법령

♣ 최근 개정법률 반영
♣ 관련 부속법령 수록

단박

산업안전보건법령
머리말

오늘도 산업재해가 발생하여 퇴근하지 못하는 근로자들이 있다 퇴근하지 못하는 근로자들은 법규상 지켜야 할 규범들을 지키지 않아서 발생한 것들이다. 조금만 귀 기울이면 모두 퇴근할 수 있으리라 생각한다. 산업안전보건법은 산업안전 및 보건에 관한 기준을 확립하고 그 책임의 소재를 명확하게 하여 산업재해를 예방하고 쾌적한 작업환경을 조성함으로써 노무를 제공하는 사람의 안전 및 보건을 유지 증진함을 목적으로 한다.

기존에 나와 있는 교재들은 법령의 조문으로 나열되어 있어 공부하기 불편하게 되어 있으나 이 교재는 법률 시행령 시행규칙을 하나로 묶어 법령을 일목요연하게 볼 수 있게 하였다 또한 부속법령인 산업안전보건기준에 관한 규칙도 함께 수록하여 산업안전 전반에 관한 법령을 공부할 수 있도록 하였다.

이 책의 특징을 보면

첫째 법률 시행령 시행규칙을 하나로 묶어 법령을 일목요연하게 볼 수 있게 하였다.
둘째 해당 별표를 법률에 맞게 수록하여 법령에 일체감을 부여하였다.
셋째 관련 판례를 수록하여 앞으로 나올 수 있는 판례에 대응할 수 있도록 하였다.

이 책을 읽는 모든 이들이 고통에서 벗어나 완전한 평화와 행복에 이르길 기원한다.

산업안전보건법령

시험안내

1. 시험과목

구분	시험과목		
제1차 시험	공통과목	\multicolumn{2}{l	}{1. 공통필수1(산업안전보건법령)}
		산업안전	공통필수2(산업안전일반)
		산업보건	공통필수2(산업위생일반)
		\multicolumn{2}{l	}{공통필수3(기업진단 · 지도)}
제2차 시험	전공필수(택1)	산업안전	• 기계안전공학 • 전기안전공학 • 화공안전공학 • 건설안전공학
		산업보건	• 직업환경의학 • 산업위생공학
제3차 시험	공통필수(면접)	\multicolumn{2}{l	}{• 전문지식과 응용능력 • 산업안전 · 보건제도에 대한 이해 및 인식정도 • 상담 · 지도능력}

2. 응시자격 및 결격사유

① 응시자격 : 없음. 단, 지도사 시험에서 부정행위를 한 응시자에 대해서는 그 시험을 무효로 하고, 그 처분을 한 날부터 5년간 시험응시자격을 정지함
② 지도사 등록 결격사유(산업안전보건법 제145조).
㉠ 피성년후견인 또는 피한정후견인
㉡ 파산선고를 받고 복권되지 아니한 사람
㉢ 금고 이상의 실형을 선고받고 그 집행이 끝나거나(집행이 끝난 것으로 보는 경우를 포함한다) 집행이 면제된 날부터 2년이 지나지 아니한 사람
㉣ 금고 이상의 형의 집행유예를 선고받고 그 유예기간 중에 있는 사람
㉤ 산업안전보건법을 위반하여 벌금형을 선고받고 1년이 지나지 아니한 사람
㉥ 산업안전보건법 제154조에 따라 등록이 취소된 후 2년이 지나지 아니한 사람

차례 CONTENTS

CHAPTER 01

산업안전보건법령

PART 01 총칙 ··· 7
PART 02 안전보건관리체제 등 ··· 23
        제1절 안전보건관리체제 ·· 23
        제2절 안전보건관리규정 ·· 54
PART 03 안전보건교육 ·· 58
PART 04 유해·위험 방지 조치 ·· 71
PART 05 도급 시 산업재해 예방 ··· 105
        제1절 도급의 제한 ·· 105
        제2절 도급인의 안전조치 및 보건조치 ····························· 110
        제3절 건설업 등의 산업재해 예방 ····································· 117
        제4절 그 밖의 고용형태에서의 산업재해 예방 ··············· 134
PART 06 유해·위험 기계 등에 대한 조치 ································ 138
        제1절 유해하거나 위험한 기계 등에 대한 방호조치 등 ····· 138
        제2절 안전인증 ··· 143
        제3절 자율안전확인의 신고 ·· 155
        제4절 안전검사 ··· 159
        제5절 유해·위험기계등의 조사 및 지원 등 ···················· 170

PART 07 유해 · 위험물질에 대한 조치 ····· 174
　　　　　제1절 유해 · 위험물질의 분류 및 관리 ····· 174
　　　　　제2절 석면에 대한 조치 ····· 203
PART 08 근로자 보건관리 ····· 214
　　　　　제1절 근로환경의 개선 ····· 214
　　　　　제2절 건강진단 및 건강관리 ····· 224
PART 09 산업안전지도사 및 산업보건지도사 ····· 247
PART 10 근로감독관 등 ····· 261
PART 11 보칙 ····· 264
PART 12 벌칙 ····· 282

CHAPTER 02

산업안전보건기준에 관한 규칙

PART 01 총칙 ····· 309
PART 02 안전기준 ····· 350
PART 03 보건기준 ····· 450
PART 04 특수형태근로종사자 등에 대한 안전조치 및 보건조치 ····· 532

CHAPTER 01

산업안전보건법

PART 01 총칙
PART 02 안전기준
PART 03 보건기준
PART 04 특수형태근로종사자 등에 대한
         안전조치 및 보건조치

CHAPTER 01 산업안전보건법

PART 01 총칙

1. 목적

이 법은 산업 안전 및 보건에 관한 기준을 확립하고 그 책임의 소재를 명확하게 하여 산업재해를 예방하고 쾌적한 작업환경을 조성함으로써 노무를 제공하는 사람의 안전 및 보건을 유지·증진함을 목적으로 한다(법 제1조).

> **관련판례**
> 산업안전보건법은 산업재해를 예방하고 쾌적한 작업환경을 조성함으로써 '근로자'의 안전과 보건을 유지·증진함을 목적으로 하는 것이므로 안전상의 조치의무 또는 근로자를 사용하여 사업을 행하는 사업주가 부담하여야 하는 재해방지의무는 작업장 내의 모든 사람에게 적용되는 것이 아니라 사업주와 실질적인 고용관계가 있는 근로자에 대하여만 적용된다(대구지법 2006고정3671).

2. 용어의 정의

(1) 산업재해

노무를 제공하는 사람이 업무에 관계되는 건설물·설비·원재료·가스·증기·분진 등에 의하거나 작업 또는 그 밖의 업무로 인하여 사망 또는 부상하거나 질병에 걸리는 것을 말한다(법 제2조 제1호).

> **관련판례**
> 산업안전보건법상 사업주의 의무는 근로자를 사용하여 사업을 행하는 사업주가 부담하여야 하는 재해방지의무로서 사업주와 근로자 사이에 실질적인 고용관계가 성립하는 경우에 적용된다(대판 2016도14559).

(2) 중대재해

① 산업재해 중 사망 등 재해 정도가 심하거나 다수의 재해자가 발생한 경우로서 고용노동부령으로 정하는 재해를 말한다(법 제2조 제2호).
② 중대재해의 범위(규칙 제3조)
  ㉠ 사망자가 1명 이상 발생한 재해
  ㉡ 3개월 이상의 요양이 필요한 부상자가 동시에 2명 이상 발생한 재해
  ㉢ 부상자 또는 직업성 질병자가 동시에 10명 이상 발생한 재해

(3) 근로자

직업의 종류와 관계없이 임금을 목적으로 사업이나 사업장에 근로를 제공하는 사람을 말한다(법 제2조 제3호).

(4) 사업주

근로자를 사용하여 사업을 하는 자를 말한다(법 제2조 제4호).

(5) 근로자대표

근로자의 과반수로 조직된 노동조합이 있는 경우에는 그 노동조합을 근로자의 과반수로 조직된 노동조합이 없는 경우에는 근로자의 과반수를 대표하는 자를 말한다(법 제2조 제5호).

(6) 도급

명칭에 관계없이 물건의 제조·건설·수리 또는 서비스의 제공, 그 밖의 업무를 타인에게 맡기는 계약을 말한다(법 제2조 제6호).

(7) 도급인

물건의 제조·건설·수리 또는 서비스의 제공, 그 밖의 업무를 도급하는 사업주를 말한다. 다만, 건설공사발주자는 제외한다(법 제2조 제7호).

(8) 수급인

도급인으로부터 물건의 제조·건설·수리 또는 서비스의 제공, 그 밖의 업무를 도급받은 사업주를 말한다(법 제2조 제8호).

(9) 관계수급인

도급이 여러 단계에 걸쳐 체결된 경우에 각 단계별로 도급받은 사업주 전부를 말한다(법 제2조 제9호).

(10) 건설공사발주자

건설공사를 도급하는 자로서 건설공사의 시공을 주도하여 총괄·관리하지 아니하는 자를 말한다. 다만, 도급받은 건설공사를 다시 도급하는 자는 제외한다(법 제2조 제10호).

(11) 건설공사(법 제2조 제11호)

① 건설공사
② 전기공사
③ 정보통신공사
④ 소방시설공사
⑤ 문화재수리공사

(12) 안전·보건진단

산업재해를 예방하기 위하여 잠재적 위험성을 발견하고 그 개선대책을 수립할 목적으로 조사·평가하는 것을 말한다(법 제2조 제12호).

(13) 작업환경측정

작업환경 실태를 파악하기 위하여 해당 근로자 또는 작업장에 대하여 사업주가 유해인자에 대한 측정계획을 수립한 후 시료를 채취하고 분석·평가하는 것을 말한다(법 제2조 제13호).

3. 적용 범위

(1) 적용 사업

이 법은 모든 사업에 적용한다. 다만, 유해·위험의 정도, 사업의 종류, 사업장의 상시근로자 수(건설공사의 경우에는 건설공사 금액을 말한다.) 등을 고려하여 대통령령으로 정하는 종류의 사업 또는 사업장에는 이 법의 전부 또는 일부를 적용하지 아니할 수 있다(법 제3조).

> **관련판례**
> 건축공사의 일부분을 하도급받은 자가 구체적인 지휘·감독권을 유보한 채, 재료와 설비는 자신이 공급하면서 시공 부분만을 시공기술자에게 재하도급하는 경우와 같은 노무도급의 경우, 그 노무도급의 도급인과 수급인은 실질적으로 사용자와 피용자의 관계에 있다(대판 96다53086).

(2) 적용범위 등

① 법의 전부 또는 일부를 적용하지 않는 사업 또는 사업장의 범위 및 해당 사업 또는 사업장에 적용되지 않는 법 규정은 별표 1과 같다(영 제2조 제1항).

법의 일부를 적용하지 않는 사업 또는 사업장 및 적용 제외 법 규정(영 별표 1)

대상 사업 또는 사업장	적용 제외 법 규정
1. 다음 각 목의 어느 하나에 해당하는 사업 　가. 「광산안전법」 적용 사업(광업 중 광물의 채광·채굴·선광 또는 제련 등의 공정으로 한정하며, 제조공정은 제외한다) 　나. 「원자력안전법」 적용 사업(발전업 중 원자력 발전설비를 이용하여 전기를 생산하는 사업장으로 한정한다) 　다. 「항공안전법」 적용 사업(항공기, 우주선 및 부품 제조업과 창고 및 운송관련 서비스업, 여행사 및 기타 여행보조 서비스업 중 항공 관련 사업은 각각 제외한다) 　라. 「선박안전법」 적용 사업(선박 및 보트 건조업은 제외한다)	제15조부터 제17조까지, 제20조 제1호, 제21조(다른 규정에 따라 준용되는 경우는 제외한다), 제24조(다른 규정에 따라 준용되는 경우는 제외한다), 제2장 제2절, 제29조(보건에 관한 사항은 제외한다), 제30조(보건에 관한 사항은 제외한다), 제31조, 제38조, 제51조(보건에 관한 사항은 제외한다), 제52조(보건에 관한 사항은 제외한다), 제53조(보건에 관한 사항은 제외한다), 제54조(보건에 관한 사항은 제외한다), 제55조, 제58조부터 제60조까지, 제62조, 제63조, 제64조(제1항 제6호는 제외한다), 제65조, 제66조, 제72조, 제75조, 제88조, 제103조부터 제107조까지 및 제160조(제21조 제4항 및 제88조 제5항과 관련되는 과징금으로 한정한다)
2. 다음 각 목의 어느 하나에 해당하는 사업 　가. 소프트웨어 개발 및 공급업 　나. 컴퓨터 프로그래밍, 시스템 통합 및 관리업 　다. 영상·오디오물 제공 서비스업 　라. 정보서비스업 　마. 금융 및 보험업 　바. 기타 전문서비스업 　사. 건축기술, 엔지니어링 및 기타 과학기술 서비스업 　아. 기타 전문, 과학 및 기술 서비스업(사진 처리업은	제29조(제3항에 따른 추가교육은 제외한다) 및 제30조

대상 사업 또는 사업장	적용 제외 법 규정
제외한다) 자. 사업지원 서비스업 차. 사회복지 서비스업	

3. 다음 각 목의 어느 하나에 해당하는 사업으로서 상시 근로자 50명 미만을 사용하는 사업장
  가. 농업
  나. 어업
  다. 환경 정화 및 복원업
  라. 소매업; 자동차 제외
  마. 영화, 비디오물, 방송프로그램 제작 및 배급업
  바. 녹음시설 운영업
  사. 라디오 방송업 및 텔레비전 방송업
  아. 부동산업(부동산 관리업은 제외한다)
  자. 임대업; 부동산 제외
  차. 연구개발업
  카. 보건업(병원은 제외한다)
  타. 예술, 스포츠 및 여가관련 서비스업
  파. 협회 및 단체
  하. 기타 개인 서비스업(세탁업은 제외한다)	

4. 다음 각 목의 어느 하나에 해당하는 사업
  가. 공공행정(청소, 시설관리, 조리 등 현업업무에 종사하는 사람으로서 고용노동부장관이 정하여 고시하는 사람은 제외한다), 국방 및 사회보장 행정
  나. 교육 서비스업 중 초등·중등·고등 교육기관, 특수학교·외국인학교 및 대안학교(청소, 시설관리, 조리 등 현업업무에 종사하는 사람으로서 고용노동부장관이 정하여 고시하는 사람은 제외한다)
	제2장 제1절·제2절 및 제3장(다른 규정에 따라 준용되는 경우는 제외한다)

5. 다음 각 목의 어느 하나에 해당하는 사업
  가. 초등·중등·고등 교육기관, 특수학교·외국인학교 및 대안학교 외의 교육서비스업(청소년수련시설 운영업은 제외한다)
  나. 국제 및 외국기관
  다. 사무직에 종사하는 근로자만을 사용하는 사업장(사업장이 분리된 경우로서 사무직에 종사하는 근로자만을 사용하는 사업장을 포함한다)
	제2장 제1절·제2절, 제3장 및 제5장 제2절(제64조 제1항 제6호는 제외한다). 다만, 다른 규정에 따라 준용되는 경우는 해당 규정을 적용한다.

6. 상시 근로자 5명 미만을 사용하는 사업장	제2장 제1절·제2절, 제3장(제29조 제3항에 따른 추가교육은 제외한다), 제47조, 제49조, 제50조 및 제159조(다른 규정에 따라 준용되는 경우는 제외한다)

② 사업의 분류는 통계청장이 고시한 한국표준산업분류에 따른다(영 제2조 제2항).

4. 정부의 책무

(1) 정부의 책무

정부는 이 법의 목적을 달성하기 위하여 다음의 사항을 성실히 이행할 책무를 진다(법 제4조 제1항).

① 산업 안전 및 보건 정책의 수립 및 집행
② 산업재해 예방 지원 및 지도
③ 직장 내 괴롭힘 예방을 위한 조치기준 마련, 지도 및 지원
④ 사업주의 자율적인 산업 안전 및 보건 경영체제 확립을 위한 지원
⑤ 산업 안전 및 보건에 관한 의식을 북돋우기 위한 홍보·교육 등 안전문화 확산 추진
⑥ 산업 안전 및 보건에 관한 기술의 연구·개발 및 시설의 설치·운영
⑦ 산업재해에 관한 조사 및 통계의 유지·관리
⑧ 산업 안전 및 보건 관련 단체 등에 대한 지원 및 지도·감독
⑨ 그 밖에 노무를 제공하는 사람의 안전 및 건강의 보호·증진

(2) 행정적·재정적 지원

정부는 (1)의 사항을 효율적으로 수행하기 위하여 한국산업안전보건공단, 그 밖의 관련 단체 및 연구기관에 행정적·재정적 지원을 할 수 있다(법 제4조 제2항).

(3) 산업재해 예방을 위한 시책 마련

고용노동부장관은 산업재해 예방 지원 및 지도를 위하여 산업재해 예방기법의 연구 및 보급, 안전·보건 기술의 지원 및 교육에 관한 시책을 마련해야 한다(영 제3조).

(4) 산업 안전 및 보건 경영체제 확립 지원

고용노동부장관은 사업주의 자율적인 산업 안전 및 보건 경영체제 확립을 위하여 다음과 관련된 시책을 마련해야 한다(영 제4조).

① 사업의 자율적인 안전·보건 경영체제 운영 등의 기법에 관한 연구 및 보급
② 사업의 안전관리 및 보건관리 수준의 향상

(5) 산업 안전 및 보건 의식을 북돋우기 위한 시책 마련

고용노동부장관은 산업 안전 및 보건에 관한 의식을 북돋우기 위하여 다음과 관련된 시책을 마

련해야 한다(영 제5조).
　① 산업 안전 및 보건 교육의 진흥 및 홍보의 활성화
　② 산업 안전 및 보건과 관련된 국민의 건전하고 자주적인 활동의 촉진
　③ 산업 안전 및 보건 강조 기간의 설정 및 그 시행

(6) 산업재해에 관한 조사 및 통계의 유지·관리

고용노동부장관은 산업재해를 예방하기 위하여 산업재해에 관하여 조사하고 이에 관한 통계를 유지·관리하여 산업재해 예방을 위한 정책수립 및 집행에 적극 반영해야 한다(영 제6조).

(7) 건강증진사업 등의 추진

고용노동부장관은 노무를 제공하는 사람의 안전 및 건강의 보호·증진에 관한 사항을 효율적으로 추진하기 위하여 다음과 관련된 시책을 마련해야 한다(영 제7조).
　① 노무를 제공하는 사람의 안전 및 건강 증진을 위한 사업의 보급·확산
　② 깨끗한 작업환경의 조성
　③ 직업성 질병의 예방 및 조기 발견을 위한 사업

(8) 사업주 등의 협조

사업주(특수형태근로종사자로부터 노무를 제공받는 자와 물건의 수거·배달 등을 중개하는 자를 포함한다)와 근로자(특수형태근로종사자와 물건의 수거·배달 등을 하는 사람을 포함한다), 그 밖의 관련 단체는 시책 등에 적극적으로 참여하는 등 협조해야 한다(영 제8조).

5. 지방자치단체의 책무

지방자치단체는 정부의 정책에 적극 협조하고, 관할 지역의 산업재해를 예방하기 위한 대책을 수립·시행하여야 한다(법 제4조의2).

6. 지방자치단체의 산업재해 예방 활동 등

(1) 지방자치단체 장의 조치

지방자치단체의 장은 관할 지역 내에서의 산업재해 예방을 위하여 자체 계획의 수립, 교육, 홍보

및 안전한 작업환경 조성을 지원하기 위한 사업장 지도 등 필요한 조치를 할 수 있다(법 제4조의3 제1항).

(2) 정부의 행정적·재정적 지원

정부는 지방자치단체의 산업재해 예방 활동에 필요한 행정적·재정적 지원을 할 수 있다(법 제4조의3 제2항).

(3) 산업재해 예방 활동에 필요한 사항 규정

산업재해 예방 활동에 필요한 사항은 지방자치단체가 조례로 정할 수 있다(법 제4조의3 제3항).

7. 사업주 등의 의무

(1) 사업주 의무

사업주(특수형태근로종사자로부터 노무를 제공받는 자와 물건의 수거·배달 등을 중개하는 자를 포함한다.)는 다음의 사항을 이행함으로써 근로자(특수형태근로종사자와 물건의 수거·배달 등을 하는 사람을 포함한다.)의 안전 및 건강을 유지·증진시키고 국가의 산업재해 예방정책을 따라야 한다(법 제5조 제1항).
  ① 이 법과 이 법에 따른 명령으로 정하는 산업재해 예방을 위한 기준
  ② 근로자의 신체적 피로와 정신적 스트레스 등을 줄일 수 있는 쾌적한 작업환경의 조성 및 근로조건 개선
  ③ 해당 사업장의 안전 및 보건에 관한 정보를 근로자에게 제공

> **관련판례**
> 파견근로자보호 등에 관한 법률(이하 '파견근로자보호법'이라 한다)의 목적과 내용 등에 비추어 보면, 근로자를 고용하여 타인을 위한 근로에 종사하게 하는 경우 그 법률관계가 파견근로자보호법이 적용되는 근로자파견에 해당하는지 여부는 당사자들이 붙인 계약의 명칭이나 형식에 구애받을 것이 아니라, 계약의 목적 또는 대상에 특정성, 전문성, 기술성이 있는지 여부, 계약당사자가 기업으로서 실체가 있는지와 사업경영상 독립성을 가지고 있는지 여부, 계약 이행에서 사용사업주가 지휘·명령권을 보유하고 있는지 여부 등 그 근로관계의 실질에 따라 판단하여야 한다(대판 2011다60247).

(2) 산업재해를 방지하기 위하여 필요한 조치

다음의 어느 하나에 해당하는 자는 발주·설계·제조·수입 또는 건설을 할 때 이 법과 이

법에 따른 명령으로 정하는 기준을 지켜야 하고, 발주·설계·제조·수입 또는 건설에 사용되는 물건으로 인하여 발생하는 산업재해를 방지하기 위하여 필요한 조치를 하여야 한다(법 제5조 제2항).

① 기계·기구와 그 밖의 설비를 설계·제조 또는 수입하는 자
② 원재료 등을 제조·수입하는 자
③ 건설물을 발주·설계·건설하는 자

8. 근로자의 의무

근로자는 이 법과 이 법에 따른 명령으로 정하는 산업재해 예방을 위한 기준을 지켜야 하며, 사업주 또는 근로감독관, 공단 등 관계인이 실시하는 산업재해 예방에 관한 조치에 따라야 한다(법 제6조).

9. 산업재해 예방에 관한 기본계획의 수립·공표

(1) 기본계획 수립

고용노동부장관은 산업재해 예방에 관한 기본계획을 수립하여야 한다(법 제7조 제1항).

(2) 기본계획 공표

고용노동부장관은 수립한 기본계획을 산업재해보상보험및예방심의위원회의 심의를 거쳐 공표하여야 한다. 이를 변경하려는 경우에도 또한 같다(법 제7조 제2항).

10. 협조 요청 등

(1) 공공기관에 협조요청

고용노동부장관은 기본계획을 효율적으로 시행하기 위하여 필요하다고 인정할 때에는 관계 행정기관의 장 또는 공공기관의 장에게 필요한 협조를 요청할 수 있다(법 제8조 제1항).

(2) 협조 요청사항

① 고용노동부장관이 관계 행정기관의 장 또는 공공기관의 장에게 협조를 요청할 수 있는 사항은 다음과 같다(규칙 제4조 제1항).
  ㉠ 안전·보건 의식 정착을 위한 안전문화운동의 추진
  ㉡ 산업재해 예방을 위한 홍보 지원
  ㉢ 안전·보건과 관련된 중복규제의 정비
  ㉣ 안전·보건과 관련된 시설을 개선하는 사업장에 대한 자금융자 등 금융·세제상의 혜택 부여
  ㉤ 사업장에 대하여 관계 기관이 합동으로 하는 안전·보건점검의 실시
  ㉥ 건설업체의 시공능력 평가 시 건설업체의 산업재해발생률에 따른 공사 실적액의 감액(산업재해발생률의 산정 기준 및 방법은 별표 1에 따른다)
  ㉦ 입찰참가업체의 입찰참가자격 사전심사 시 다음의 사항
    ⓐ 건설업체의 산업재해발생률 및 산업재해 발생 보고의무 위반에 따른 가감점 부여(건설업체의 산업재해발생률 및 산업재해 발생 보고의무 위반건수의 산정 기준과 방법은 별표 1에 따른다)
    ⓑ 사업주가 안전·보건 교육을 이수하는 등 건설업체의 산업재해 예방활동에 대하여 고용노동부장관이 정하여 고시하는 바에 따라 그 실적을 평가한 결과에 따른 가점 부여
  ㉧ 산업재해 또는 건강진단 관련 자료의 제공
  ㉨ 정부포상 수상업체 선정 시 산업재해발생률이 같은 종류 업종에 비하여 높은 업체(소속 임원을 포함한다)에 대한 포상 제한에 관한 사항
  ㉩ 건설기계 또는 자동차 중 안전검사를 받아야 하는 유해하거나 위험한 기계·기구·설비가 장착된 건설기계 또는 자동차에 관한 자료의 제공
  ㉪ 구급활동일지와 출동 및 처치기록지의 제공
  ㉫ 그 밖에 산업재해 예방계획을 효율적으로 시행하기 위하여 필요하다고 인정하는 사항
② 고용노동부장관은 산업재해발생률 및 그 산정내역을 해당 건설업체에 통보해야 한다. 이 경우 산업재해발생률 및 산정내역에 불복하는 건설업체는 통보를 받은 날부터 10일 이내에 고용노동부장관에게 이의를 제기할 수 있다(규칙 제4조 제2항).

(3) 고용노동부장관과 협의

행정기관(고용노동부는 제외한다.)의 장은 사업장의 안전 및 보건에 관하여 규제를 하려면 미리 고용노동부장관과 협의하여야 한다(법 제8조 제2항).

(4) 고용노동부장관의 변경요구

행정기관의 장은 고용노동부장관이 협의과정에서 해당 규제에 대한 변경을 요구하면 이에 따라야 하며, 고용노동부장관은 필요한 경우 국무총리에게 협의·조정 사항을 보고하여 확정할 수 있다(법 제8조 제3항).

(5) 협조요청

고용노동부장관은 산업재해 예방을 위하여 필요하다고 인정할 때에는 사업주, 사업주단체, 그 밖의 관계인에게 필요한 사항을 권고하거나 협조를 요청할 수 있다(법 제8조 제4항).

(6) 자료의 제공 및 관계 전산망의 이용요청

고용노동부장관은 산업재해 예방을 위하여 중앙행정기관의 장과 지방자치단체의 장 또는 공단 등 관련 기관·단체의 장에게 다음의 정보 또는 자료의 제공 및 관계 전산망의 이용을 요청할 수 있다. 이 경우 요청을 받은 중앙행정기관의 장과 지방자치단체의 장 또는 관련 기관·단체의 장은 정당한 사유가 없으면 그 요청에 따라야 한다(법 제8조 제5항).

① 사업자등록에 관한 정보
② 근로자의 피보험자격의 취득 및 상실 등에 관한 정보
③ 그 밖에 산업재해 예방사업을 수행하기 위하여 필요한 정보 또는 자료로서 대통령령으로 정하는 정보 또는 자료

(7) 협조 요청 대상 정보 또는 자료

협조 요청 대상 정보 또는 자료란 다음의 어느 하나에 해당하는 정보를 말한다(영 제8조의2).

① 기본공급약관에서 정하는 사업장별 계약전력 정보(유해위험방지계획서의 심사를 위하여 필요한 경우로 한정한다)
② 화학물질확인 정보(자료보호기간 중에 있는 정보는 제외한다)

11. 산업재해 예방 통합정보시스템 구축·운영 등

(1) 산업재해 예방 통합정보시스템 구축·운영

고용노동부장관은 산업재해를 체계적이고 효율적으로 예방하기 위하여 산업재해 예방 통합정보시스템을 구축·운영할 수 있다(법 제9조 제1항).

(2) 산업 안전 및 보건 등에 관한 정보 제공

고용노동부장관은 산업재해 예방 통합정보시스템으로 처리한 산업 안전 및 보건 등에 관한 정보를 고용노동부령으로 정하는 바에 따라 관련 행정기관과 공단에 제공할 수 있다(법 제9조 제2항).

(3) 통합정보시스템 정보의 제공

고용노동부장관은 관련 행정기관 또는 한국산업안전보건공단이 산업재해 발생에 대응하기 위하여 신청하는 경우 또는 산업재해에 대응하기 위하여 필요하다고 판단되는 경우에는 산업재해 예방 통합정보시스템으로 처리한 산업안전 및 보건 등에 관한 정보를 관련 행정기관과 공단에 제공할 수 있다(규칙 제5조).

(4) 산업재해 예방 통합정보시스템 구축·운영

① 고용노동부장관은 산업재해 예방 통합정보시스템을 구축·운영하는 경우에는 다음의 정보를 처리한다(영 제9조 제1항).
  ㉠ 적용 사업 또는 사업장에 관한 정보
  ㉡ 산업재해 발생에 관한 정보
  ㉢ 안전검사 결과, 작업환경측정 결과 등 안전·보건에 관한 정보
  ㉣ 그 밖에 산업재해 예방을 위하여 고용노동부장관이 정하여 고시하는 정보
② 산업재해 예방 통합정보시스템의 구축·운영에 관한 연구개발 및 기술지원, 그 밖에 산업재해 예방 통합정보시스템의 구축·운영 등에 필요한 사항은 고용노동부장관이 정한다(영 제9조 제2항).

12. 산업재해 발생건수 등의 공표

(1) 근로자 산업재해 발생건수, 재해율 또는 그 순위 등 공표

고용노동부장관은 산업재해를 예방하기 위하여 대통령령으로 정하는 사업장의 근로자 산업재해 발생건수, 재해율 또는 그 순위 등(산업재해발생건수등)을 공표하여야 한다(법 제10조 제1항).

(2) 관계수급인의 산업재해발생건수등 공표

고용노동부장관은 도급인의 사업장(도급인이 제공하거나 지정한 경우로서 도급인이 지배·관리

하는 대통령령으로 정하는 장소를 포함한다.) 중 대통령령으로 정하는 사업장에서 관계수급인 근로자가 작업을 하는 경우에 도급인의 산업재해발생건수등에 관계수급인의 산업재해발생건수 등을 포함하여 공표하여야 한다(법 제10조 제2항).

(3) 관계수급인에 관한 자료의 제출 요청

고용노동부장관은 산업재해발생건수등을 공표하기 위하여 도급인에게 관계수급인에 관한 자료의 제출을 요청할 수 있다. 이 경우 요청을 받은 자는 정당한 사유가 없으면 이에 따라야 한다(법 제10조 제3항).

(4) 공표대상 사업장

① 공표대상 사업장(영 제10조 제1항)
  ㉠ 산업재해로 인한 사망자가 연간 2명 이상 발생한 사업장
  ㉡ 사망만인율(사망만인율 : 연간 상시근로자 1만명당 발생하는 사망재해자 수의 비율을 말한다)이 규모별 같은 업종의 평균 사망만인율 이상인 사업장
  ㉢ 중대산업사고가 발생한 사업장
  ㉣ 산업재해 발생 사실을 은폐한 사업장
  ㉤ 산업재해의 발생에 관한 보고를 최근 3년 이내 2회 이상 하지 않은 사업장
② ① ㉠부터 ㉢까지의 규정에 해당하는 사업장은 해당 사업장이 관계수급인의 사업장으로서 도급인이 관계수급인 근로자의 산업재해 예방을 위한 조치의무를 위반하여 관계수급인 근로자가 산업재해를 입은 경우에는 도급인의 사업장(도급인이 제공하거나 지정한 경우로서 도급인이 지배·관리하는 장소를 포함한다.)의 산업재해발생건수등을 함께 공표한다(영 제10조 제2항).

(5) 도급인이 지배·관리하는 장소(영 제11조)

① 토사·구축물·인공구조물 등이 붕괴될 우려가 있는 장소
② 기계·기구 등이 넘어지거나 무너질 우려가 있는 장소
③ 안전난간의 설치가 필요한 장소
④ 비계 또는 거푸집을 설치하거나 해체하는 장소
⑤ 건설용 리프트를 운행하는 장소
⑥ 지반을 굴착하거나 발파작업을 하는 장소
⑦ 엘리베이터홀 등 근로자가 추락할 위험이 있는 장소

⑧ 석면이 붙어 있는 물질을 파쇄하거나 해체하는 작업을 하는 장소
⑨ 공중 전선에 가까운 장소로서 시설물의 설치·해체·점검 및 수리 등의 작업을 할 때 감전의 위험이 있는 장소
⑩ 물체가 떨어지거나 날아올 위험이 있는 장소
⑪ 프레스 또는 전단기를 사용하여 작업을 하는 장소
⑫ 차량계 하역운반기계 또는 차량계 건설기계를 사용하여 작업하는 장소
⑬ 전기 기계·기구를 사용하여 감전의 위험이 있는 작업을 하는 장소
⑭ 철도차량(도시철도차량을 포함한다)에 의한 충돌 또는 협착의 위험이 있는 작업을 하는 장소
⑮ 그 밖에 화재·폭발 등 사고발생 위험이 높은 장소로서 고용노동부령으로 정하는 장소

(6) 통합공표 대상 사업장 등

통합공표 대상 사업장이란 다음의 어느 하나에 해당하는 사업이 이루어지는 사업장으로서 도급인이 사용하는 상시근로자 수가 500명 이상이고 도급인 사업장의 사고사망만인율(질병으로 인한 사망재해자를 제외하고 산출한 사망만인율을 말한다.)보다 관계수급인의 근로자를 포함하여 산출한 사고사망만인율이 높은 사업장을 말한다(영 제12조).
① 제조업
② 철도운송업
③ 도시철도운송업
④ 전기업

(7) 도급인의 안전·보건 조치 장소(규칙 제6조)

① 화재·폭발 우려가 있는 다음의 어느 하나에 해당하는 작업을 하는 장소
  ㉠ 선박 내부에서의 용접·용단작업
  ㉡ 인화성 액체를 취급·저장하는 설비 및 용기에서의 용접·용단작업
  ㉢ 특수화학설비에서의 용접·용단작업
  ㉣ 가연물이 있는 곳에서의 용접·용단 및 금속의 가열 등 화기를 사용하는 작업이나 연삭숫돌에 의한 건식연마작업 등 불꽃이 발생할 우려가 있는 작업
② 양중기에 의한 충돌 또는 협착의 위험이 있는 작업을 하는 장소
③ 유기화합물 취급 특별장소
④ 방사선 업무를 하는 장소

⑤ 밀폐공간
⑥ 위험물질을 제조하거나 취급하는 장소
⑦ 화학설비 및 그 부속설비에 대한 정비·보수 작업이 이루어지는 장소

(8) 도급인과 관계수급인의 통합 산업재해 관련 자료 제출

① 지방고용노동관서의 장은 도급인의 산업재해 발생건수, 재해율 또는 그 순위 등에 관계수급인의 산업재해발생건수등을 포함하여 공표하기 위하여 필요하면 해당 사업장의 상시근로자 수가 500명 이상인 사업장의 도급인에게 도급인의 사업장(도급인이 제공하거나 지정한 경우로서 도급인이 지배·관리하는 장소를 포함한다.)에서 작업하는 관계수급인 근로자의 산업재해 발생에 관한 자료를 제출하도록 공표의 대상이 되는 연도의 다음 연도 3월 15일까지 요청해야 한다(규칙 제7조 제1항).

② 자료의 제출을 요청받은 도급인은 그 해 4월 30일까지 통합 산업재해 현황 조사표를 작성하여 지방고용노동관서의 장에게 제출(전자문서로 제출하는 것을 포함한다)해야 한다(규칙 제7조 제2항).

③ 도급인은 그의 관계수급인에게 통합 산업재해 현황 조사표의 작성에 필요한 자료를 요청할 수 있다(규칙 제7조 제3항).

(9) 공표방법

공표는 관보, 그 보급지역을 전국으로 하여 등록한 일반일간신문 또는 인터넷 등에 게재하는 방법으로 한다(규칙 제8조).

13. 산업재해 예방시설의 설치·운영

고용노동부장관은 산업재해 예방을 위하여 다음의 시설을 설치·운영할 수 있다(법 제11조).
① 산업 안전 및 보건에 관한 지도시설, 연구시설 및 교육시설
② 안전보건진단 및 작업환경측정을 위한 시설
③ 노무를 제공하는 사람의 건강을 유지·증진하기 위한 시설
④ 그 밖에 고용노동부령으로 정하는 산업재해 예방을 위한 시설

14. 산업재해 예방의 재원

다음의 어느 하나에 해당하는 용도에 사용하기 위한 재원은 산업재해보상보험및예방기금에서 지원한다(법 제12조).
① 산업재해 예방시설의 설치와 그 운영에 필요한 비용
② 산업재해 예방 관련 사업 및 비영리법인에 위탁하는 업무 수행에 필요한 비용
③ 그 밖에 산업재해 예방에 필요한 사업으로서 고용노동부장관이 인정하는 사업의 사업비

15. 기술 또는 작업환경에 관한 표준

(1) 작업표준의 지도·권고

고용노동부장관은 산업재해 예방을 위하여 다음의 조치와 관련된 기술 또는 작업환경에 관한 표준을 정하여 사업주에게 지도·권고할 수 있다(법 제13조 제1항).
① 산업재해를 방지하기 위하여 하여야 할 조치
② 사업주가 하여야 할 조치

(2) 표준제정위원회 구성·운영

고용노동부장관은 표준을 정할 때 필요하다고 인정하면 해당 분야별로 표준제정위원회를 구성·운영할 수 있다(법 제13조 제2항).

(3) 표준제정위원회의 구성·운영, 그 밖에 필요한 사항

표준제정위원회의 구성·운영, 그 밖에 필요한 사항은 고용노동부장관이 정한다(법 제13조 제3항).

02 PART 안전보건관리체제 등

제1절 안전보건관리체제

1. 이사회 보고 및 승인 등

(1) 대표이사의 이사회 보고 및 승인

주식회사 중 대통령령으로 정하는 회사의 대표이사는 대통령령으로 정하는 바에 따라 매년 회사의 안전 및 보건에 관한 계획을 수립하여 이사회에 보고하고 승인을 받아야 한다(법 제14조 제1항).

(2) 안전 및 보건에 관한 계획의 이행

대표이사는 안전 및 보건에 관한 계획을 성실하게 이행하여야 한다(법 제14조 제2항).

(3) 안전 및 보건에 관한 계획에 포함되어야 할 사항

안전 및 보건에 관한 계획에는 안전 및 보건에 관한 비용, 시설, 인원 등의 사항을 포함하여야 한다(법 제14조 제3항).

(4) 이사회 보고·승인 대상 회사 등

① 이사회 보고·승인 대상 회사는 다음의 어느 하나에 해당하는 회사를 말한다(영 제13조 제1항).
  ㉠ 상시근로자 500명 이상을 사용하는 회사
  ㉡ 평가하여 공시된 시공능력(종합공사를 시공하는 업종의 건설업종란 토목건축공사업에 대한 평가 및 공시로 한정한다)의 순위 상위 1천위 이내의 건설회사
② 회사의 대표이사(대표이사를 두지 못하는 회사의 경우에는 대표집행임원을 말한다)는 회사의 정관에서 정하는 바에 따라 다음의 내용을 포함한 회사의 안전 및 보건에 관한 계획을 수립해야 한다(영 제13조 제2항).

㉠ 안전 및 보건에 관한 경영방침
㉡ 안전·보건관리 조직의 구성·인원 및 역할
㉢ 안전·보건 관련 예산 및 시설 현황
㉣ 안전 및 보건에 관한 전년도 활동실적 및 다음 연도 활동계획

2. 안전보건관리책임자

(1) 총괄관리자의 업무

사업주는 사업장을 실질적으로 총괄하여 관리하는 사람에게 해당 사업장의 다음의 업무를 총괄하여 관리하도록 하여야 한다(법 제15조 제1항).

① 사업장의 산업재해 예방계획의 수립에 관한 사항
② 안전보건관리규정의 작성 및 변경에 관한 사항
③ 안전보건교육에 관한 사항
④ 작업환경측정 등 작업환경의 점검 및 개선에 관한 사항
⑤ 근로자의 건강진단 등 건강관리에 관한 사항
⑥ 산업재해의 원인 조사 및 재발 방지대책 수립에 관한 사항
⑦ 산업재해에 관한 통계의 기록 및 유지에 관한 사항
⑧ 안전장치 및 보호구 구입 시 적격품 여부 확인에 관한 사항
⑨ 그 밖에 근로자의 유해·위험 방지조치에 관한 사항으로서 위험성평가의 실시에 관한 사항과 안전보건규칙에서 정하는 근로자의 위험 또는 건강장해의 방지에 관한 사항(규칙 제9조)

(2) 안전보건관리책임자의 지휘·감독

(1)의 업무를 총괄하여 관리하는 사람(안전보건관리책임자)은 안전관리자와 보건관리자를 지휘·감독한다(법 제15조 제2항).

(3) 안전보건관리책임자의 선임 등

① 안전보건관리책임자를 두어야 하는 사업의 종류 및 사업장의 상시근로자 수(건설공사의 경우에는 건설공사 금액을 말한다.)는 별표 2와 같다(영 제14조 제1항).

안전보건관리책임자를 두어야 하는 사업의 종류 및 사업장의 상시근로자 수(영 별표 2)

사업의 종류	사업장의 상시근로자 수
1. 토사석 광업 2. 식료품 제조업, 음료 제조업 3. 목재 및 나무제품 제조업; 가구 제외 4. 펄프, 종이 및 종이제품 제조업 5. 코크스, 연탄 및 석유정제품 제조업 6. 화학물질 및 화학제품 제조업; 의약품 제외 7. 의료용 물질 및 의약품 제조업 8. 고무 및 플라스틱제품 제조업 9. 비금속 광물제품 제조업 10. 1차 금속 제조업 11. 금속가공제품 제조업; 기계 및 가구 제외 12. 전자부품, 컴퓨터, 영상, 음향 및 통신장비 제조업 13. 의료, 정밀, 광학기기 및 시계 제조업 14. 전기장비 제조업 15. 기타 기계 및 장비 제조업 16. 자동차 및 트레일러 제조업 17. 기타 운송장비 제조업 18. 가구 제조업 19. 기타 제품 제조업 20. 서적, 잡지 및 기타 인쇄물 출판업 21. 해체, 선별 및 원료 재생업 22. 자동차 종합 수리업, 자동차 전문 수리업	상시 근로자 50명 이상
23. 농업 24. 어업 25. 소프트웨어 개발 및 공급업 26. 컴퓨터 프로그래밍, 시스템 통합 및 관리업 26의2. 영상·오디오물 제공 서비스업 27. 정보서비스업 28. 금융 및 보험업 29. 임대업; 부동산 제외 30. 전문, 과학 및 기술 서비스업(연구개발업은 제외한다) 31. 사업지원 서비스업 32. 사회복지 서비스업	상시 근로자 300명 이상
33. 건설업	공사금액 20억원 이상
34. 제1호부터 제33호까지의 사업을 제외한 사업	상시 근로자 100명 이상

② 사업주는 안전보건관리책임자가 업무를 원활하게 수행할 수 있도록 권한·시설·장비·예산, 그 밖에 필요한 지원을 해야 한다(영 제14조 제2항).

③ 사업주는 안전보건관리책임자를 선임했을 때에는 그 선임 사실 및 업무의 수행내용을 증명할 수 있는 서류를 갖추어 두어야 한다(영 제14조 제3항).

(4) 도급사업의 안전관리자 등의 선임

안전관리자 및 보건관리자를 두어야 할 수급인인 사업주는 도급인인 사업주가 다음의 요건을 모두 갖춘 경우에는 안전관리자 및 보건관리자를 선임하지 않을 수 있다(규칙 제10조).
① 도급인인 사업주 자신이 선임해야 할 안전관리자 및 보건관리자를 둔 경우
② 안전관리자 및 보건관리자를 두어야 할 수급인인 사업주의 사업의 종류별로 상시근로자 수(건설공사의 경우에는 건설공사 금액을 말한다.)를 합계하여 그 상시근로자 수에 해당하는 안전관리자 및 보건관리자를 추가로 선임한 경우

3. 관리감독자

(1) 관리감독자의 업무수행

사업주는 사업장의 생산과 관련되는 업무와 그 소속 직원을 직접 지휘·감독하는 직위에 있는 사람(관리감독자)에게 산업 안전 및 보건에 관한 업무로서 대통령령으로 정하는 업무를 수행하도록 하여야 한다(법 제16조 제1항).

(2) 관리감독자의 업무 등

① 관리감독자의 업무란 다음의 업무를 말한다(영 제15조 제1항).
  ㉠ 사업장 내 관리감독자가 지휘·감독하는 작업과 관련된 기계·기구 또는 설비의 안전·보건 점검 및 이상 유무의 확인
  ㉡ 관리감독자에게 소속된 근로자의 작업복·보호구 및 방호장치의 점검과 그 착용·사용에 관한 교육·지도
  ㉢ 해당작업에서 발생한 산업재해에 관한 보고 및 이에 대한 응급조치
  ㉣ 해당작업의 작업장 정리·정돈 및 통로 확보에 대한 확인·감독
  ㉤ 사업장의 다음의 어느 하나에 해당하는 사람의 지도·조언에 대한 협조
    ⓐ 안전관리자 또는 안전관리자의 업무를 안전관리전문기관에 위탁한 사업장의 경우에는 그 안전관리전문기관의 해당 사업장 담당자
    ⓑ 보건관리자 또는 보건관리자의 업무를 보건관리전문기관에 위탁한 사업장의 경우에는 그 보건관리전문기관의 해당 사업장 담당자
    ⓒ 안전보건관리담당자 또는 안전보건관리담당자의 업무를 안전관리전문기관 또는 보건관리전문기관에 위탁한 사업장의 경우에는 그 안전관리전문기관 또는 보건관리

전문기관의 해당 사업장 담당자
ⓓ 산업보건의
㉥ 위험성평가에 관한 다음의 업무
ⓐ 유해·위험요인의 파악에 대한 참여
ⓑ 개선조치의 시행에 대한 참여
㉦ 그 밖에 해당작업의 안전 및 보건에 관한 사항으로서 고용노동부령으로 정하는 사항
② 관리감독자에 대한 지원에 관하여는 안전보건관리책임자 규정을 준용한다. 이 경우 "안전보건관리책임자"는 "관리감독자"로 본다(영 제15조 제2항).

(3) 안전관리자 등의 선임 등 보고

사업주는 안전관리자 및 보건관리자를 선임(다시 선임한 경우를 포함한다)하거나 안전관리 업무 및 보건관리 업무를 위탁(위탁 후 수탁기관을 변경한 경우를 포함한다)한 경우에는 안전관리자·보건관리자·산업보건의 선임 등 보고서 또는 안전관리자·보건관리자·산업보건의 선임 등 보고서(건설업)를 관할 지방고용노동관서의 장에게 제출해야 한다(규칙 제11조).

(4) 관리감독자 준용규정

관리감독자가 있는 경우에는 안전관리책임자 및 안전관리담당자를 각각 둔 것으로 본다(법 제16조 제2항).

4. 안전관리자

(1) 안전관리자 선임

사업주는 사업장에 총괄관리자의 업무 사항 중 안전에 관한 기술적인 사항에 관하여 사업주 또는 안전보건관리책임자를 보좌하고 관리감독자에게 지도·조언하는 업무를 수행하는 사람을 두어야 한다(법 제17조 제1항).

(2) 안전관리자의 선임 등

① 안전관리자를 두어야 하는 사업의 종류와 사업장의 상시근로자 수, 안전관리자의 수 및 선임방법은 별표 3과 같다(영 제16조 제1항).

안전관리자를 두어야 하는 사업의 종류, 사업장의 상시근로자 수, 안전관리자의 수 및 선임방법(영 별표 3)

사업의 종류	사업장의 상시근로자 수	안전관리자의 수	안전관리자의 선임방법
1. 토사석 광업 2. 식료품 제조업, 음료 제조업 3. 섬유제품 제조업; 의복 제외 4. 목재 및 나무제품 제조업; 가구 제외 5. 펄프, 종이 및 종이제품 제조업 6. 코크스, 연탄 및 석유정제품 제조업 7. 화학물질 및 화학제품 제조업; 의약품 제외 8. 의료용 물질 및 의약품 제조업 9. 고무 및 플라스틱제품 제조업 10. 비금속 광물제품 제조업 11. 1차 금속 제조업 12. 금속가공제품 제조업; 기계 및 가구 제외 13. 전자부품, 컴퓨터, 영상, 음향 및 통신장비 제조업	상시근로자 50명 이상 500명 미만	1명 이상	별표 4 제1호, 제2호, 제4호, 제5호, 제6호(상시근로자 300명 미만인 사업장만 해당한다), 제7호(이 표 제27호에 따른 사업만 해당한다), 제7호의2(상시근로자 300명 미만인 사업장만 해당한다) 및 제8호 중 어느 하나에 해당하는 사람을 선임해야 한다.
14. 의료, 정밀, 광학기기 및 시계 제조업 15. 전기장비 제조업 16. 기타 기계 및 장비 제조업 17. 자동차 및 트레일러 제조업 18. 기타 운송장비 제조업 19. 가구 제조업 20. 기타 제품 제조업 21. 산업용 기계 및 장비 수리업 22. 서적, 잡지 및 기타 인쇄물 출판업 23. 폐기물 수집, 운반, 처리 및 원료 재생업 24. 환경 정화 및 복원업 25. 자동차 종합 수리업, 자동차 전문 수리업 26. 발전업 27. 운수 및 창고업	상시근로자 500명 이상	2명 이상	별표 4 제1호부터 제5호까지, 제7호(이 표 제27호에 따른 사업으로서 상시근로자 1,000명 미만의 사업장만 해당한다) 및 제8호 중 어느 하나에 해당하는 사람을 선임해야 한다. 다만, 별표 4 제1호, 제2호(「국가기술자격법」에 따른 산업안전산업기사의 자격을 취득한 사람은 제외한다) 및 제4호 중 어느 하나에 해당하는 사람이 1명 이상 포함되어야 한다.
28. 농업, 임업 및 어업 29. 제2호부터 제21호까지의 사업을 제외한 제조업 30. 전기, 가스, 증기 및 공기조절 공급업(발전업은 제외한다) 31. 수도, 하수 및 폐기물 처리, 원료 재생업(제23호 및 제24호에 해당하는 사업은 제외한다) 32. 도매 및 소매업 33. 숙박 및 음식점업 34. 영상·오디오 기록물 제작 및 배급업 35. 라디오 방송업 및 텔레비전 방송업 36. 우편 및 통신업 37. 부동산업 38. 임대업; 부동산 제외 39. 연구개발업 40. 사진처리업	상시근로자 50명 이상 1천명 미만. 다만, 제37호의 사업(부동산 관리업은 제외한다)과 제40호의 사업의 경우에는 상시근로자 100명 이상 1천명 미만으로 한다.	1명 이상	별표 4 제1호, 제2호, 제3호(이 표 제28호, 제30호부터 제46호까지의 사업만 해당한다), 제4호, 제5호, 제6호(상시근로자 300명 미만인 사업장만 해당한다), 제7호(이 표 제36호에 따른 사업만 해당한다), 제7호의2(상시근로자 300명 미만인 사업장만 해당한다) 및 제8호 중 어느 하나에 해당하는 사람을 선임해야 한다.

사업의 종류	사업장의 상시근로자 수	안전관리자의 수	안전관리자의 선임방법
41. 사업시설 관리 및 조경 서비스업 42. 청소년 수련시설 운영업 43. 보건업 44. 예술, 스포츠 및 여가 관련 서비스업 45. 개인 및 소비용품수리업(제25호에 해당하는 사업은 제외한다) 46. 기타 개인 서비스업 47. 공공행정(청소, 시설관리, 조리 등 현업업무에 종사하는 사람으로서 고용노동부장관이 정하여 고시하는 사람으로 한정한다) 48. 교육서비스업 중 초등·중등·고등 교육기관, 특수학교·외국인학교 및 대안학교(청소, 시설관리, 조리 등 현업업무에 종사하는 사람으로서 고용노동부장관이 정하여 고시하는 사람으로 한정한다)	상시근로자 1천명 이상	2명 이상	별표 4 제1호부터 제5호까지 또는 제8호부터 제10호까지에 해당하는 사람을 선임해야 한다. 다만, 별표 4 제1호, 제2호, 제4호 및 제5호 중 어느 하나에 해당하는 사람이 1명 이상 포함되어야 한다.
49. 건설업	공사금액 50억원 이상(관계수급인은 100억원 이상) 120억원 미만(「건설산업기본법 시행령」 별표 1 제1호가목의 토목공사업의 경우에는 150억원 미만)	1명 이상	별표 4 제1호부터 제7호까지 및 제10호부터 제12호까지의 어느 하나에 해당하는 사람을 선임해야 한다.
	공사금액 120억원 이상(「건설산업기본법 시행령」 별표 1 제1호가목의 토목공사업의 경우에는 150억원 이상) 800억원 미만		별표 4 제1호부터 제7호까지 및 제10호의 어느 하나에 해당하는 사람을 선임해야 한다.
	공사금액 800억원 이상 1,500억원 미만	2명 이상. 다만, 전체 공사기간을 100으로 할 때 공사 시작에서 15에 해당하는 기간과 공사 종료 전의 15에 해당하는 기간(이하 "전체 공사기간 중 전·후 15에 해당하는 기간"이라 한다) 동안은 1명 이상으로 한다.	별표 4 제1호부터 제7호까지 및 제10호의 어느 하나에 해당하는 사람을 선임하되, 같은 표 제1호부터 제3호까지의 어느 하나에 해당하는 사람이 1명 이상 포함되어야 한다.
	공사금액 1,500억원 이상 2,200억원 미만	3명 이상. 다만, 전체 공사기간 중 전·후 15에 해당하는 기간은 2명 이	별표 4 제1호부터 제7호까지 및 제12호의 어느 하나에 해당하는 사람을 선임하되, 같은 표 제12호에 해당하는 사람은 1

사업의 종류	사업장의 상시근로자 수	안전관리자의 수	안전관리자의 선임방법
		상으로 한다.	명만 포함될 수 있고, 같은 표 제1호 또는 「국가기술자격법」
	공사금액 2,200억원 이상 3천억원 미만	4명 이상. 다만, 전체 공사기간 중 전·후 15에 해당하는 기간은 2명 이상으로 한다.	에 따른 건설안전기술사(건설안전기사 또는 산업안전기사의 자격을 취득한 후 7년 이상 건설안전 업무를 수행한 사람이거나 건설안전산업기사 또는 산업안전산업기사의 자격을 취득한 후 10년 이상 건설안전 업무를 수행한 사람을 포함한다) 자격을 취득한 사람(이하 "산업안전지도사등"이라 한다)이 1명 이상 포함되어야 한다.
	공사금액 3천억원 이상 3,900억원 미만	5명 이상. 다만, 전체 공사기간 중 전·후 15에 해당하는 기간은 3명 이상으로 한다.	별표 4 제1호부터 제7호까지 및 제12호의 어느 하나에 해당하는 사람을 선임하되, 같은 표 제12호에 해당하는 사람이 1명만 포함될 수 있고, 산업안전지도사등이 2명 이상 포함되어야 한다. 다만, 전체 공사기간 중 전·후 15에 해당하는 기간에는 산업안전지도사등이 1명 이상 포함되어야 한다.
	공사금액 3,900억원 이상 4,900억원 미만	6명 이상. 다만, 전체 공사기간 중 전·후 15에 해당하는 기간은 3명 이상으로 한다.	
	공사금액 4,900억원 이상 6천억원 미만	7명 이상. 다만, 전체 공사기간 중 전·후 15에 해당하는 기간은 4명 이상으로 한다.	별표 4 제1호부터 제7호까지 및 제12호의 어느 하나에 해당하는 사람을 선임하되, 같은 표 제12호에 해당하는 사람은 2명까지만 포함될 수 있고, 산업안전지도사등이 2명 이상 포함되어야 한다. 다만, 전체 공사기간 중 전·후 15에 해당하는 기간에는 산업안전지도사등이 2명 이상 포함되어야 한다.
	공사금액 6천억원 이상 7,200억원 미만	8명 이상. 다만, 전체 공사기간 중 전·후 15에 해당하는 기간은 4명 이상으로 한다.	
	공사금액 7,200억원 이상 8,500억원 미만	9명 이상. 다만, 전체 공사기간 중 전·후 15에 해당하는 기간은 5명 이상으로 한다.	별표 4 제1호부터 제7호까지 및 제12호의 어느 하나에 해당하는 사람을 선임하되, 같은 표 제12호에 해당하는 사람은 2명까지만 포함될 수 있고, 산업안전지도사등이 3명 이상 포함되어야 한다. 다만, 전체 공사기간 중 전·후 15에 해당하는
	공사금액 8,500억원 이상 1조원 미만	10명 이상. 다만, 전체 공사기간 중	

사업의 종류	사업장의 상시근로자 수	안전관리자의 수	안전관리자의 선임방법
		전·후 15에 해당하는 기간은 5명 이상으로 한다.	기간에는 산업안전지도사등이 3명 이상 포함되어야 한다.
	1조원 이상	11명 이상[매 2천억원(2조원이상부터는 매 3천억원)마다 1명씩 추가한다]. 다만, 전체 공사기간 중 전·후 15에 해당하는 기간은 선임 대상 안전관리자 수의 2분의 1(소수점 이하는 올림한다) 이상으로 한다.	

② 대통령령으로 정하는 사업의 종류 및 사업장의 상시근로자 수에 해당하는 사업장이란 사업 중 상시근로자 300명 이상을 사용하는 사업장[건설업의 경우에는 공사금액이 120억원(종합공사를 시공하는 업종의 건설업종란 토목공사업의 경우에는 150억원) 이상인 사업장]을 말한다(영 제16조 제2항).

③ ① 및 ②를 적용할 경우 도급인의 사업장에서 이루어지는 도급사업의 공사금액 또는 관계수급인의 상시근로자는 각각 해당 사업의 공사금액 또는 상시근로자로 본다. 다만, 별표 3의 기준에 해당하는 도급사업의 공사금액 또는 관계수급인의 상시근로자의 경우에는 그렇지 않다(영 제16조 제3항).

④ 같은 사업주가 경영하는 둘 이상의 사업장이 다음의 어느 하나에 해당하는 경우에는 그 둘 이상의 사업장에 1명의 안전관리자를 공동으로 둘 수 있다. 이 경우 해당 사업장의 상시근로자 수의 합계는 300명 이내[건설업의 경우에는 공사금액의 합계가 120억원(종합공사를 시공하는 업종의 건설업종란 토목공사업의 경우에는 150억원) 이내]이어야 한다(영 제16조 제4항).

㉠ 같은 시·군·구(자치구를 말한다) 지역에 소재하는 경우
㉡ 사업장 간의 경계를 기준으로 15킬로미터 이내에 소재하는 경우

⑤ 도급인의 사업장에서 이루어지는 도급사업에서 도급인이 고용노동부령으로 정하는 바에 따라 그 사업의 관계수급인 근로자에 대한 안전관리를 전담하는 안전관리자를 선임한 경우에는 그 사업의 관계수급인은 해당 도급사업에 대한 안전관리자를 선임하지 않을 수 있다(영 제16조 제5항).

⑥ 사업주는 안전관리자를 선임하거나 안전관리자의 업무를 안전관리전문기관에 위탁한 경우에는 고용노동부령으로 정하는 바에 따라 선임하거나 위탁한 날부터 14일 이내에 고용노동부장관에게 그 사실을 증명할 수 있는 서류를 제출해야 한다. 안전관리자를 늘리거나 교체한 경우에도 또한 같다(영 제16조 제6항).

(3) 안전관리자의 자격(영 제17조)

안전관리자의 자격(영 별표 4)

안전관리자는 다음 각 호의 어느 하나에 해당하는 사람으로 한다.
1. 법 제143조 제1항에 따른 산업안전지도사 자격을 가진 사람
2. 「국가기술자격법」에 따른 산업안전산업기사 이상의 자격을 취득한 사람
3. 「국가기술자격법」에 따른 건설안전산업기사 이상의 자격을 취득한 사람
4. 「고등교육법」에 따른 4년제 대학 이상의 학교에서 산업안전 관련 학위를 취득한 사람 또는 이와 같은 수준 이상의 학력을 가진 사람
5. 「고등교육법」에 따른 전문대학 또는 이와 같은 수준 이상의 학교에서 산업안전 관련 학위를 취득한 사람
6. 「고등교육법」에 따른 이공계 전문대학 또는 이와 같은 수준 이상의 학교에서 학위를 취득하고, 해당 사업의 관리감독자로서의 업무(건설업의 경우는 시공실무경력)를 3년(4년제 이공계 대학 학위 취득자는 1년) 이상 담당한 후 고용노동부장관이 지정하는 기관이 실시하는 교육(1998년 12월 31일까지의 교육만 해당한다)을 받고 정해진 시험에 합격한 사람. 다만, 관리감독자로 종사한 사업과 같은 업종(한국표준산업분류에 따른 대분류를 기준으로 한다)의 사업장이면서, 건설업의 경우를 제외하고는 상시근로자 300명 미만인 사업장에서만 안전관리자가 될 수 있다.
7. 「초·중등교육법」에 따른 공업계 고등학교 또는 이와 같은 수준 이상의 학교를 졸업하고, 해당 사업의 관리감독자로서의 업무(건설업의 경우는 시공실무경력)를 5년 이상 담당한 후 고용노동부장관이 지정하는 기관이 실시하는 교육(1998년 12월 31일까지의 교육만 해당한다)을 받고 정해진 시험에 합격한 사람. 다만, 관리감독자로 종사한 사업과 같은 종류인 업종(한국표준산업분류에 따른 대분류를 기준으로 한다)의 사업장이면서, 건설업의 경우를 제외하고는 별표 3 제28호 또는 제33호의 사업을 하는 사업장(상시근로자 50명 이상 1천명 미만인 경우만 해당한다)에서만 안전관리자가 될 수 있다.
8. 다음 각 목의 어느 하나에 해당하는 사람. 다만, 해당 법령을 적용받은 사업에서만 선임될 수 있다.
   가. 「고압가스 안전관리법」 제4조 및 같은 법 시행령 제3조제1항에 따른 허가를 받은 사업자 중 고압가스를 제조·저장 또는 판매하는 사업에서 같은 법 제15조 및 같은 법 시행령 제12조에 따라 선임하는 안전관리책임자
   나. 「액화석유가스의 안전관리 및 사업법」 제5조 및 같은 법 시행령 제3조에 따른 허가를 받은 사업자 중 액화석유가스 충전사업·액화석유가스 집단공급사업 또는 액화석유가스 판매사업에서 같은 법 제34조 및 같은 법 시행령 제15조에 따라 선임하는 안전관리책임자
   다. 「도시가스사업법」 제29조 및 같은 법 시행령 제15조에 따라 선임하는 안전관리 책임자
   라. 「교통안전법」 제53조에 따라 교통안전관리자의 자격을 취득한 후 해당 분야에 채용된 교통안전관리자
   마. 「총포·도검·화약류 등의 안전관리에 관한 법률」 제2조제3항에 따른 화약류를 제조·판매 또는 저장하

는 사업에서 같은 법 제27조 및 같은 법 시행령 제54조·제55조에 따라 선임하는 화약류제조보안책임자 또는 화약류관리보안책임자

바. 「전기안전관리법」 제22조에 따라 전기사업자가 선임하는 전기안전관리자

9. 제16조 제2항에 따라 전담 안전관리자를 두어야 하는 사업장(건설업은 제외한다)에서 안전 관련 업무를 10년 이상 담당한 사람

10. 「건설산업기본법」 제8조에 따른 종합공사를 시공하는 업종의 건설현장에서 안전보건관리책임자로 10년 이상 재직한 사람

11. 「건설기술 진흥법」에 따른 토목·건축 분야 건설기술인 중 등급이 중급 이상인 사람으로서 고용노동부장관이 지정하는 기관이 실시하는 산업안전교육(2023년 12월 31일까지의 교육만 해당한다)을 이수하고 정해진 시험에 합격한 사람

12. 「국가기술자격법」에 따른 토목산업기사 또는 건축산업기사 이상의 자격을 취득한 후 해당 분야에서의 실무경력이 다음 각 목의 구분에 따른 기간 이상인 사람으로서 고용노동부장관이 지정하는 기관이 실시하는 산업안전교육(2023년 12월 31일까지의 교육만 해당한다)을 이수하고 정해진 시험에 합격한 사람

가. 토목기사 또는 건축기사 : 3년
나. 토목산업기사 또는 건축산업기사 : 5년

(4) 안전관리자의 업무 등

① 안전관리자의 업무는 다음과 같다(영 제18조 제1항).

㉠ 산업안전보건위원회 또는 안전 및 보건에 관한 노사협의체에서 심의·의결한 업무와 해당 사업장의 안전보건관리규정 및 취업규칙에서 정한 업무

㉡ 위험성평가에 관한 보좌 및 지도·조언

㉢ 안전인증대상기계등과 자율안전확인대상기계등 구입 시 적격품의 선정에 관한 보좌 및 지도·조언

㉣ 해당 사업장 안전교육계획의 수립 및 안전교육 실시에 관한 보좌 및 지도·조언

㉤ 사업장 순회점검, 지도 및 조치 건의

㉥ 산업재해 발생의 원인 조사·분석 및 재발 방지를 위한 기술적 보좌 및 지도·조언

㉦ 산업재해에 관한 통계의 유지·관리·분석을 위한 보좌 및 지도·조언

㉧ 법 또는 법에 따른 명령으로 정한 안전에 관한 사항의 이행에 관한 보좌 및 지도·조언

㉨ 업무 수행 내용의 기록·유지

㉩ 그 밖에 안전에 관한 사항으로서 고용노동부장관이 정하는 사항

② 사업주가 안전관리자를 배치할 때에는 연장근로·야간근로 또는 휴일근로 등 해당 사업장의 작업 형태를 고려해야 한다(영 제18조 제2항).

③ 사업주는 안전관리 업무의 원활한 수행을 위하여 외부전문가의 평가·지도를 받을 수

있다(영 제18조 제3항).
④ 안전관리자는 업무를 수행할 때에는 보건관리자와 협력해야 한다(영 제18조 제4항).
⑤ 안전관리자에 대한 지원에 관하여는 안전보건관리책임자의 규정을 준용한다. 이 경우 "안전보건관리책임자"는 "안전관리자"로로 본다(영 제18조 제5항).

(5) 안전관리자 업무의 위탁 등

① 대통령령으로 정하는 사업의 종류 및 사업장의 상시근로자 수에 해당하는 사업장이란 건설업을 제외한 사업으로서 상시근로자 300명 미만을 사용하는 사업장을 말한다(영 제19조 제1항).
② 사업주가 안전관리자의 업무를 안전관리전문기관에 위탁한 경우에는 그 안전관리전문기관을 안전관리자로 본다(영 제19조 제2항).

(6) 안전관리자의 업무전담

대통령령으로 정하는 사업의 종류 및 사업장의 상시근로자 수에 해당하는 사업장의 사업주는 안전관리자에게 그 업무만을 전담하도록 하여야 한다(법 제17조 제3항).

(7) 안전관리자 등의 증원·교체임명 명령

① 지방고용노동관서의 장은 다음의 어느 하나에 해당하는 사유가 발생한 경우에는 사업주에게 안전관리자·보건관리자 또는 안전보건관리담당자를 정수 이상으로 증원하게 하거나 교체하여 임명할 것을 명할 수 있다. 다만, ㉣에 해당하는 경우로서 직업성 질병자 발생 당시 사업장에서 해당 화학적 인자를 사용하지 않은 경우에는 그렇지 않다(규칙 제12조 제1항).
  ㉠ 해당 사업장의 연간재해율이 같은 업종의 평균재해율의 2배 이상인 경우
  ㉡ 중대재해가 연간 2건 이상 발생한 경우. 다만, 해당 사업장의 전년도 사망만인율이 같은 업종의 평균 사망만인율 이하인 경우는 제외한다.
  ㉢ 관리자가 질병이나 그 밖의 사유로 3개월 이상 직무를 수행할 수 없게 된 경우
  ㉣ 화학적 인자로 인한 직업성 질병자가 연간 3명 이상 발생한 경우. 이 경우 직업성 질병자의 발생일은 요양급여의 결정일로 한다.
② 관리자를 정수 이상으로 증원하게 하거나 교체하여 임명할 것을 명하는 경우에는 미리 사업주 및 해당 관리자의 의견을 듣거나 소명자료를 제출받아야 한다. 다만, 정당한 사유 없이 의견진술 또는 소명자료의 제출을 게을리한 경우에는 그렇지 않다(규칙 제12조 제2항).

(8) 안전관리자의 업무위탁

대통령령으로 정하는 사업의 종류 및 사업장의 상시근로자 수에 해당하는 사업장의 사업주는 지정받은 안전관리 업무를 전문적으로 수행하는 기관에 안전관리자의 업무를 위탁할 수 있다(법 제17조 제5항).

5. 보건관리자

(1) 보건관리자 선임

사업주는 사업장에 총괄관리자의 업무 사항 중 보건에 관한 기술적인 사항에 관하여 사업주 또는 안전보건관리책임자를 보좌하고 관리감독자에게 지도·조언하는 업무를 수행하는 사람(보건관리자)을 두어야 한다(법 제18조 제1항).

(2) 보건관리자의 선임 등

① 보건관리자를 두어야 하는 사업의 종류와 사업장의 상시근로자 수, 보건관리자의 수 및 선임방법은 별표 5와 같다(영 제20조 제1항).

보건관리자를 두어야 하는 사업의 종류, 사업장의 상시근로자 수, 보건관리자의 수 및 선임방법(영 별표 5)

사업의 종류	사업장의 상시근로자 수	보건관리자의 수	보건관리자의 선임방법
1. 광업(광업 지원 서비스업은 제외한다) 2. 섬유제품 염색, 정리 및 마무리 가공업 3. 모피제품 제조업	상시근로자 50명 이상 500명 미만	1명 이상	별표 6 각 호의 어느 하나에 해당하는 사람을 선임해야 한다.
4. 그 외 기타 의복액세서리 제조업(모피 액세서리에 한정한다) 5. 모피 및 가죽 제조업(원피가공 및 가죽 제조업은 제외한다) 6. 신발 및 신발부분품 제조업 7. 코크스, 연탄 및 석유정제품 제조업 8. 화학물질 및 화학제품 제조업; 의약품 제외 9. 의료용 물질 및 의약품 제조업 10. 고무 및 플라스틱제품 제조업 11. 비금속 광물제품 제조업 12. 1차 금속 제조업 13. 금속가공제품 제조업; 기계 및 가구 제외 14. 기타 기계 및 장비 제조업 15. 전자부품, 컴퓨터, 영상, 음향 및 통신장비 제조업 16. 전기장비 제조업	상시근로자 500명 이상 2천명 미만	2명 이상	별표 6 각 호의 어느 하나에 해당하는 사람을 선임해야 한다.
	상시근로자 2천명 이상	2명 이상	별표 6 각 호의 어느 하나에 해당하는 사람을 선임하되, 같은 표 제2호 또는 제3호에 해당하는 사람이 1명 이상 포함되어야 한다.

사업의 종류	사업장의 상시근로자 수	보건관리자의 수	보건관리자의 선임방법
17. 자동차 및 트레일러 제조업 18. 기타 운송장비 제조업 19. 가구 제조업 20. 해체, 선별 및 원료 재생업 21. 자동차 종합 수리업, 자동차 전문 수리업 22. 제88조 각 호의 어느 하나에 해당하는 유해물질을 제조하는 사업과 그 유해물질을 사용하는 사업 중 고용노동부장관이 특히 보건관리를 할 필요가 있다고 인정하여 고시하는 사업			
23. 제2호부터 제22호까지의 사업을 제외한 제조업	상시근로자 50명 이상 1천명 미만	1명 이상	별표 6 각 호의 어느 하나에 해당하는 사람을 선임해야 한다.
	상시근로자 1천명 이상 3천명 미만	2명 이상	별표 6 각 호의 어느 하나에 해당하는 사람을 선임해야 한다.
	상시근로자 3천명 이상	2명 이상	별표 6 각 호의 어느 하나에 해당하는 사람을 선임하되, 같은 표 제2호 또는 제3호에 해당하는 사람이 1명 이상 포함되어야 한다.
24. 농업, 임업 및 어업 25. 전기, 가스, 증기 및 공기조절공급업 26. 수도, 하수 및 폐기물 처리, 원료 재생업(제20호에 해당하는 사업은 제외한다) 27. 운수 및 창고업 28. 도매 및 소매업 29. 숙박 및 음식점업 30. 서적, 잡지 및 기타 인쇄물 출판업 31. 방송업 32. 우편 및 통신업 33. 부동산업 34. 연구개발업 35. 사진 처리업 36. 사업시설 관리 및 조경 서비스업 37. 공공행정(청소, 시설관리, 조리 등 현업업무에 종사하는 사람으로서 고용노동부장관이 정하여 고시하는 사람으로 한정한다) 38. 교육서비스업 중 초등·중등·고등 교육기관, 특수학교·외국인학교 및 대안학교(청소, 시설관리, 조리 등 현업업무에 종사하는 사람으로서 고용노동부장관이 정하여 고시하는 사람으로 한정한다) 39. 청소년 수련시설 운영업	상시근로자 50명 이상 5천명 미만. 다만, 제35호의 경우에는 상시근로자 100명 이상 5천명 미만으로 한다.	1명 이상	별표 6 각 호의 어느 하나에 해당하는 사람을 선임해야 한다.
	상시 근로자 5천명 이상	2명 이상	별표 6 각 호의 어느 하나에 해당하는 사람을 선임하되, 같은 표 제2호 또는 제3호에 해당하는 사람이 1명 이상 포함되어야 한다.

사업의 종류	사업장의 상시근로자 수	보건관리자의 수	보건관리자의 선임방법
40. 보건업 41. 골프장 운영업 42. 개인 및 소비용품수리업(제21호에 해당하는 사업은 제외한다) 43. 세탁업			
44. 건설업	공사금액 800억원 이상(「건설산업기본법 시행령」 별표 1의 종합공사를 시공하는 업종의 건설업종란 제1호에 따른 토목공사업에 속하는 공사의 경우에는 1천억 이상) 또는 상시근로자 600명 이상	1명 이상[공사금액 800억원(「건설산업기본법 시행령」 별표 1의 종합공사를 시공하는 업종의 건설업종란 제1호에 따른 토목공사업은 1천억원)을 기준으로 1,400억원이 증가할 때마다 또는 상시 근로자 600명을 기준으로 600명이 추가될 때마다 1명씩 추가한다]	별표 6 각 호의 어느 하나에 해당하는 사람을 선임해야 한다.

② 대통령령으로 정하는 사업의 종류 및 사업장의 상시근로자 수에 해당하는 사업장이란 상시근로자 300명 이상을 사용하는 사업장을 말한다(영 제20조 제2항).

③ 보건관리자의 선임 등에 관하여는 안전관리자의 규정을 준용한다(영 제20조 제3항).

(3) 보건관리자의 자격(영 제21조)

보건관리자의 자격(영 별표 6)

보건관리자는 다음 각 호의 어느 하나에 해당하는 사람으로 한다.
1. 법 제143조 제1항에 따른 산업보건지도사 자격을 가진 사람
2. 「의료법」에 따른 의사
3. 「의료법」에 따른 간호사
4. 「국가기술자격법」에 따른 산업위생관리산업기사 또는 대기환경산업기사 이상의 자격을 취득한 사람
5. 「국가기술자격법」에 따른 인간공학기사 이상의 자격을 취득한 사람
6. 「고등교육법」에 따른 전문대학 이상의 학교에서 산업보건 또는 산업위생 분야의 학위를 취득한 사람(법령에 따라 이와 같은 수준 이상의 학력이 있다고 인정되는 사람을 포함한다)

(4) 보건관리자의 업무 등

① 보건관리자의 업무는 다음과 같다(영 제22조 제1항).
　㉠ 산업안전보건위원회 또는 노사협의체에서 심의·의결한 업무와 안전보건관리규정 및 취업규칙에서 정한 업무
　㉡ 안전인증대상기계등과 자율안전확인대상기계등 중 보건과 관련된 보호구 구입 시 적격품 선정에 관한 보좌 및 지도·조언
　㉢ 위험성평가에 관한 보좌 및 지도·조언
　㉣ 작성된 물질안전보건자료의 게시 또는 비치에 관한 보좌 및 지도·조언
　㉤ 산업보건의의 직무(보건관리자가 의사에 해당하는 사람인 경우로 한정한다)
　㉥ 해당 사업장 보건교육계획의 수립 및 보건교육 실시에 관한 보좌 및 지도·조언
　㉦ 해당 사업장의 근로자를 보호하기 위한 다음의 조치에 해당하는 의료행위(보건관리자가 의사 또는 간호사에 해당하는 경우로 한정한다)
　　ⓐ 자주 발생하는 가벼운 부상에 대한 치료
　　ⓑ 응급처치가 필요한 사람에 대한 처치
　　ⓒ 부상·질병의 악화를 방지하기 위한 처치
　　ⓓ 건강진단 결과 발견된 질병자의 요양 지도 및 관리
　　ⓔ 의료행위에 따르는 의약품의 투여
　㉧ 작업장 내에서 사용되는 전체 환기장치 및 국소 배기장치 등에 관한 설비의 점검과 작업방법의 공학적 개선에 관한 보좌 및 지도·조언
　㉨ 사업장 순회점검, 지도 및 조치 건의
　㉩ 산업재해 발생의 원인 조사·분석 및 재발 방지를 위한 기술적 보좌 및 지도·조언
　㉪ 산업재해에 관한 통계의 유지·관리·분석을 위한 보좌 및 지도·조언
　㉫ 법 또는 법에 따른 명령으로 정한 보건에 관한 사항의 이행에 관한 보좌 및 지도·조언
　㉬ 업무 수행 내용의 기록·유지
　㉭ 그 밖에 보건과 관련된 작업관리 및 작업환경관리에 관한 사항으로서 고용노동부장관이 정하는 사항
② 보건관리자는 업무를 수행할 때에는 안전관리자와 협력해야 한다(영 제22조 제2항).
③ 사업주는 보건관리자가 업무를 원활하게 수행할 수 있도록 권한·시설·장비·예산, 그 밖의 업무 수행에 필요한 지원을 해야 한다. 이 경우 보건관리자가 의사 또는 간호사에 해당하는 경우에는 고용노동부령으로 정하는 시설 및 장비를 지원해야 한다(영 제22조 제3항).

④ 보건관리자의 배치 및 평가·지도에 관하여는 안전관리자의 규정을 준용한다. 이 경우 "안전관리자"는 "보건관리자"로, "안전관리"는 "보건관리"로 본다(영 제22조 제4항).

(5) 업무의 전담

대통령령으로 정하는 사업의 종류 및 사업장의 상시근로자 수에 해당하는 사업장의 사업주는 보건관리자에게 그 업무만을 전담하도록 하여야 한다(법 제18조 제3항).

(6) 보건관리자의 증원 및 교체

고용노동부장관은 산업재해 예방을 위하여 필요한 경우로서 고용노동부령으로 정하는 사유에 해당하는 경우에는 사업주에게 보건관리자를 제2항에 따라 대통령령으로 정하는 수 이상으로 늘리거나 교체할 것을 명할 수 있다(법 제18조 제4항).

(7) 보건관리자 업무의 위탁 등

① 보건관리자의 업무를 위탁할 수 있는 보건관리전문기관은 지역별 보건관리전문기관과 업종별·유해인자별 보건관리전문기관으로 구분한다(영 제23조 제1항).

② 대통령령으로 정하는 사업의 종류 및 사업장의 상시근로자 수에 해당하는 사업장이란 다음의 어느 하나에 해당하는 사업장을 말한다(영 제23조 제2항).

㉠ 건설업을 제외한 사업(업종별·유해인자별 보건관리전문기관의 경우에는 고용노동부령으로 정하는 사업을 말한다)으로서 상시근로자 300명 미만을 사용하는 사업장

㉡ 외딴곳으로서 고용노동부장관이 정하는 지역에 있는 사업장

③ 보건관리자 업무의 위탁에 관하여는 안전관리자의 규정을 준용한다(영 제23조 제3항).

(8) 업종별·유해인자별 보건관리전문기관

① 업종별 보건관리전문기관에 보건관리 업무를 위탁할 수 있는 사업은 광업으로 한다(규칙 제15조 제1항).

② 유해인자별 보건관리전문기관에 보건관리 업무를 위탁할 수 있는 사업은 다음과 같다(규칙 제15조 제2항).

㉠ 납 취급 사업

㉡ 수은 취급 사업

㉢ 크롬 취급 사업

㉣ 석면 취급 사업

㉤ 법 제118조에 따라 제조·사용허가를 받아야 할 물질을 취급하는 사업

ⓗ 근골격계 질환의 원인이 되는 단순반복작업, 영상표시단말기 취급작업, 중량물 취급작업 등을 하는 사업

6. 안전보건관리담당자

(1) 안전보건관리담당자 선임

사업주는 사업장에 안전 및 보건에 관하여 사업주를 보좌하고 관리감독자에게 지도·조언하는 업무를 수행하는 사람(안전보건관리담당자)을 두어야 한다. 다만, 안전관리자 또는 보건관리자가 있거나 이를 두어야 하는 경우에는 그러하지 아니하다(법 제19조 제1항).

(2) 안전보건관리담당자의 선임 등

　① 다음의 어느 하나에 해당하는 사업의 사업주는 상시근로자 20명 이상 50명 미만인 사업장에 안전보건관리담당자를 1명 이상 선임해야 한다(영 제24조 제1항).
　　㉠ 제조업
　　㉡ 임업
　　㉢ 하수, 폐수 및 분뇨 처리업
　　㉣ 폐기물 수집, 운반, 처리 및 원료 재생업
　　㉤ 환경 정화 및 복원업
　② 안전보건관리담당자는 해당 사업장 소속 근로자로서 다음의 어느 하나에 해당하는 요건을 갖추어야 한다(영 제24조 제2항).
　　㉠ 안전관리자의 자격을 갖추었을 것
　　㉡ 보건관리자의 자격을 갖추었을 것
　　㉢ 고용노동부장관이 정하여 고시하는 안전보건교육을 이수했을 것
　③ 안전보건관리담당자는 업무에 지장이 없는 범위에서 다른 업무를 겸할 수 있다(영 제24조 제3항).
　④ 사업주는 안전보건관리담당자를 선임한 경우에는 그 선임 사실 및 업무를 수행했음을 증명할 수 있는 서류를 갖추어 두어야 한다(영 제24조 제4항).

(3) 안전보건관리담당자의 업무(영 제25조)

　① 안전보건교육 실시에 관한 보좌 및 지도·조언
　② 위험성평가에 관한 보좌 및 지도·조언

③ 작업환경측정 및 개선에 관한 보좌 및 지도·조언
④ 각종 건강진단에 관한 보좌 및 지도·조언
⑤ 산업재해 발생의 원인 조사, 산업재해 통계의 기록 및 유지를 위한 보좌 및 지도·조언
⑥ 산업 안전·보건과 관련된 안전장치 및 보호구 구입 시 적격품 선정에 관한 보좌 및 지도·조언

(4) 안전보건관리담당자의 권한·선임방법 등

안전보건관리담당자를 두어야 하는 사업의 종류와 사업장의 상시근로자 수, 안전보건관리담당자의 수·자격·업무·권한·선임방법, 그 밖에 필요한 사항은 대통령령으로 정한다(법 제19조 제2항).

(5) 안전보건관리담당자의 증원 및 교체

고용노동부장관은 산업재해 예방을 위하여 필요한 경우로서 고용노동부령으로 정하는 사유에 해당하는 경우에는 사업주에게 안전보건관리담당자를 대통령령으로 정하는 수 이상으로 늘리거나 교체할 것을 명할 수 있다(법 제19조 제3항).

(6) 안전보건관리담당자 업무의 위탁 등

① 대통령령으로 정하는 사업의 종류 및 사업장의 상시근로자 수에 해당하는 사업장이란 안전보건관리담당자를 선임해야 하는 사업장을 말한다(영 제26조 제1항).
② 안전보건관리담당자 업무의 위탁에 관하여는 안전관리자의 규정을 준용한다. 이 경우 "안전관리자"는 "안전보건관리담당자"로, "안전관리전문기관"은 "안전관리전문기관 또는 보건관리전문기관"으로 본다(영 제26조 제2항).

7. 안전관리자 등의 지도·조언

사업주, 안전보건관리책임자 및 관리감독자는 다음의 어느 하나에 해당하는 자가 총괄관리자의 업무 사항 중 안전 또는 보건에 관한 기술적인 사항에 관하여 지도·조언하는 경우에는 이에 상응하는 적절한 조치를 하여야 한다(법 제20조).
① 안전관리자
② 보건관리자
③ 안전보건관리담당자

④ 안전관리전문기관 또는 보건관리전문기관(해당 업무를 위탁받은 경우에 한정한다)

8. 안전관리전문기관 등

(1) 안전관리전문기관 또는 보건관리전문기관 지정

안전관리전문기관 또는 보건관리전문기관이 되려는 자는 대통령령으로 정하는 인력·시설 및 장비 등의 요건을 갖추어 고용노동부장관의 지정을 받아야 한다(법 제21조 제1항).

(2) 안전관리전문기관 등의 지정 요건

   ① 안전관리전문기관으로 지정받을 수 있는 자는 다음의 어느 하나에 해당하는 자로서 별표 7에 따른 인력·시설 및 장비를 갖춘 자로 한다(영 제27조 제1항).
      ㉠ 등록한 산업안전지도사(건설안전 분야의 산업안전지도사는 제외한다)
      ㉡ 안전관리 업무를 하려는 법인
   ② 보건관리전문기관으로 지정받을 수 있는 자는 다음의 어느 하나에 해당하는 자로서 별표 8에 따른 인력·시설 및 장비를 갖춘 자로 한다(영 제27조 제2항).
      ㉠ 등록한 산업보건지도사
      ㉡ 국가 또는 지방자치단체의 소속기관
      ㉢ 종합병원 또는 병원
      ㉣ 대학 또는 그 부속기관
      ㉤ 보건관리 업무를 하려는 법인

(3) 안전관리·보건관리전문기관의 지정신청 등

   ① 안전관리전문기관 또는 보건관리전문기관으로 지정받으려는 자는 안전관리·보건관리전문기관 지정신청서에 다음의 구분에 따른 서류를 첨부하여 고용노동부장관(업종별·유해인자별 보건관리전문기관에 한정한다) 또는 업무를 수행하려는 주된 사무소의 소재지를 관할하는 지방고용노동청장(안전관리전문기관 및 지역별 보건관리전문기관에 한정한다)에게 제출(전자문서로 제출하는 것을 포함한다)해야 한다(규칙 제16조 제1항).
      ㉠ 안전관리전문기관
         ⓐ 정관(산업안전지도사인 경우에는 등록증을 말한다)
         ⓑ 인력기준에 해당하는 사람의 자격과 채용을 증명할 수 있는 자격증[국가기술자격증은 제외한다], 경력증명서 및 재직증명서 등의 서류

ⓒ 건물임대차계약서 사본이나 그 밖에 사무실의 보유를 증명할 수 있는 서류와 시설·장비 명세서

ⓓ 최초 1년간의 안전관리 업무 사업계획서

㉡ 보건관리전문기관

ⓐ 정관(산업보건지도사인 경우에는 등록증을 말한다)

ⓑ 정관을 갈음할 수 있는 서류(법인이 아닌 경우만 해당한다)

ⓒ 법인등기사항증명서를 갈음할 수 있는 서류(법인이 아닌 경우만 해당한다)

ⓓ 인력기준에 해당하는 사람의 자격과 채용을 증명할 수 있는 자격증(국가기술자격증은 제외한다), 경력증명서 및 재직증명서 등의 서류

ⓔ 건물임대차계약서 사본이나 그 밖에 사무실의 보유를 증명할 수 있는 서류와 시설·장비 명세서

ⓕ 최초 1년간의 보건관리 업무 사업계획서

② 신청서를 제출받은 고용노동부장관 또는 지방고용노동청장은 행정정보의 공동이용을 통하여 법인등기사항증명서 및 국가기술자격증을 확인해야 한다. 다만, 신청인이 국가기술자격증의 확인에 동의하지 않는 경우에는 그 사본을 첨부하도록 해야 한다(규칙 제16조 제2항).

③ 고용노동부장관 또는 지방고용노동청장은 안전관리전문기관 또는 보건관리전문기관 지정신청서가 접수되면 최초 1년간 사업계획의 타당성을 검토하여 지정 여부를 결정한 후 신청서가 접수된 날부터 20일 이내에 신청을 반려하거나 지정서를 신청인에게 발급해야 한다(규칙 제16조 제3항).

④ 지정서를 발급받은 자는 지정서를 분실하거나 지정서가 훼손된 때에는 재발급 신청을 할 수 있다(규칙 제16조 제4항).

⑤ 안전관리전문기관 또는 보건관리전문기관이 지정받은 사항을 변경하려는 경우에는 변경신청서에 변경을 증명하는 서류 및 지정서를 첨부하여 고용노동부장관 또는 주된 사무소의 소재지를 관할하는 지방고용노동청장에게 제출해야 한다. 이 경우 변경신청서의 처리에 관한 규정을 준용한다(규칙 제16조 제5항).

⑥ 안전관리전문기관 또는 보건관리전문기관이 해당 업무를 폐지하거나 지정이 취소된 경우에는 즉시 지정서를 고용노동부장관 또는 주된 사무소의 소재지를 관할하는 지방고용노동청장에게 반납해야 한다(규칙 제16조 제6항).

(4) 안전관리 업무의 위탁계약

안전관리전문기관 또는 보건관리전문기관이 사업주로부터 안전관리 업무 또는 보건관리 업무를

위탁받으려는 때에는 안전·보건관리 업무계약서에 따라 계약을 체결해야 한다(규칙 제13조).

(5) 안전관리전문기관 또는 보건관리전문기관의 평가 및 결과공개

고용노동부장관은 안전관리전문기관 또는 보건관리전문기관에 대하여 평가하고 그 결과를 공개할 수 있다. 이 경우 평가의 기준·방법 및 결과의 공개에 필요한 사항은 고용노동부령으로 정한다(법 제21조 제2항).

(6) 안전관리·보건관리전문기관의 평가 기준 등

① 공단이 안전관리전문기관 또는 보건관리전문기관을 평가하는 기준은 다음과 같다(규칙 제17조 제1항).
  ㉠ 인력·시설 및 장비의 보유 수준과 그에 대한 관리능력
  ㉡ 기술지도의 충실성을 포함한 안전관리·보건관리 업무 수행능력
  ㉢ 안전관리·보건관리 업무를 위탁한 사업장의 만족도
② 공단은 안전관리전문기관 또는 보건관리전문기관에 대한 평가를 위하여 필요한 경우 안전관리전문기관 또는 보건관리전문기관에 자료의 제출을 요구할 수 있다. 이 경우 안전관리전문기관 또는 보건관리전문기관은 특별한 사정이 없는 한 요구받은 자료를 공단에 제출해야 한다(규칙 제17조 제2항).
③ 안전관리전문기관 또는 보건관리전문기관에 대한 평가는 서면조사 및 방문조사의 방법으로 실시한다(규칙 제17조 제3항).
④ 공단은 안전관리전문기관 또는 보건관리전문기관에 대한 평가를 실시한 경우 그 평가 결과를 해당 안전관리전문기관 또는 보건관리전문기관에 서면으로 통보해야 한다(규칙 제17조 제4항).
⑤ 평가 결과를 통보받은 평가대상기관은 평가 결과를 통보받은 날부터 7일 이내에 서면으로 공단에 이의신청을 할 수 있다. 이 경우 공단은 이의신청을 받은 날부터 14일 이내에 이의신청에 대한 처리결과를 해당 기관에 서면으로 알려야 한다(규칙 제17조 제5항).
⑥ 공단은 이의신청에 대한 결과를 반영하여 안전관리전문기관 또는 보건관리전문기관에 대한 평가 결과를 고용노동부장관에게 보고해야 한다(규칙 제17조 제6항).
⑦ 고용노동부장관 및 공단은 안전관리전문기관 또는 보건관리전문기관에 대한 평가 결과를 인터넷 홈페이지에 각각 공개해야 한다(규칙 제17조 제7항).
⑧ 평가의 기준, 절차·방법 및 이의신청 절차 등에 관하여 필요한 사항은 공단이 정하여 공개해야 한다(규칙 제17조 제8항).

(7) 둘 이상의 관할지역에 걸치는 안전관리·보건관리전문기관의 지정

안전관리전문기관 또는 보건관리전문기관이 둘 이상의 지방고용노동청장의 관할지역에 걸쳐서 안전관리 또는 보건관리 업무를 수행하려는 경우에는 각 관할 지방고용노동청장에게 지정신청을 해야 한다. 이 경우 해당 관할 지방고용노동청장은 상호 협의하여 그 지정 여부를 결정해야 한다(규칙 제18조).

(8) 안전관리·보건관리전문기관의 업무 수행 지역

안전관리전문기관 또는 보건관리전문기관이 업무를 수행할 수 있는 지역은 안전관리전문기관 또는 보건관리전문기관으로 지정한 지방고용노동청의 관할지역(지방고용노동청 소속 지방고용노동관서의 관할지역을 포함한다)으로 한다(규칙 제19조).

(9) 안전관리·보건관리전문기관의 업무수행 기준

① 안전관리전문기관 또는 보건관리전문기관은 고용노동부장관이 정하는 바에 따라 사업장의 안전관리 또는 보건관리 상태를 정기적으로 점검해야 하며, 점검 결과 법령위반사항을 발견한 경우에는 그 위반사항과 구체적인 개선 대책을 해당 사업주에게 지체 없이 통보해야 한다(규칙 제20조 제1항).

② 안전관리전문기관 또는 보건관리전문기관은 고용노동부장관이 정하는 바에 따라 매월 안전관리·보건관리 상태에 관한 보고서를 작성하여 다음 달 10일까지 고용노동부장관이 정하는 전산시스템에 등록하고 사업주에게 제출해야 한다(규칙 제20조 제2항).

③ 안전관리전문기관 또는 보건관리전문기관은 고용노동부장관이 정하는 바에 따라 안전관리·보건관리 업무의 수행 내용, 점검 결과 및 조치 사항 등을 기록한 사업장관리카드를 작성하여 갖추어 두어야 하며, 해당 사업장의 안전관리·보건관리 업무를 그만두게 된 경우에는 사업장관리카드를 해당 사업장의 사업주에게 제공하여 안전 또는 보건에 관한 사항이 지속적으로 관리될 수 있도록 해야 한다(규칙 제20조 제3항).

(10) 안전관리·보건관리전문기관의 비치서류

안전관리전문기관 또는 보건관리전문기관은 다음의 서류를 갖추어 두고 3년간 보존해야 한다(규칙 제21조).

① 안전관리 또는 보건관리 업무 수탁에 관한 서류
② 그 밖에 안전관리전문기관 또는 보건관리전문기관의 직무수행과 관련되는 서류

(11) 안전관리·보건관리전문기관의 지도·감독

① 고용노동부장관 또는 지방고용노동청장은 안전관리전문기관 또는 보건관리전문기관에 대하여 지도·감독을 해야 한다(규칙 제22조 제1항).
② 지도·감독의 기준과 그 밖에 필요한 사항은 고용노동부장관이 정한다(규칙 제22조 제2항).

(12) 안전관리전문기관 또는 보건관리전문기관의 지정취소 및 업무정지

고용노동부장관은 안전관리전문기관 또는 보건관리전문기관이 다음의 어느 하나에 해당할 때에는 그 지정을 취소하거나 6개월 이내의 기간을 정하여 그 업무의 정지를 명할 수 있다. 다만, ① 또는 ②에 해당할 때에는 그 지정을 취소하여야 한다(법 제21조 제4항).

① 거짓이나 그 밖의 부정한 방법으로 지정을 받은 경우
② 업무정지 기간 중에 업무를 수행한 경우
③ 지정 요건을 충족하지 못한 경우
④ 지정받은 사항을 위반하여 업무를 수행한 경우
⑤ 그 밖에 대통령령으로 정하는 사유에 해당하는 경우

(13) 안전관리전문기관 등의 지정 취소 등의 사유(영 제28조)

① 안전관리 또는 보건관리 업무 관련 서류를 거짓으로 작성한 경우
② 정당한 사유 없이 안전관리 또는 보건관리 업무의 수탁을 거부한 경우
③ 위탁받은 안전관리 또는 보건관리 업무에 차질을 일으키거나 업무를 게을리한 경우
④ 안전관리 또는 보건관리 업무를 수행하지 않고 위탁 수수료를 받은 경우
⑤ 안전관리 또는 보건관리 업무와 관련된 비치서류를 보존하지 않은 경우
⑥ 안전관리 또는 보건관리 업무 수행과 관련한 대가 외에 금품을 받은 경우
⑦ 법에 따른 관계 공무원의 지도·감독을 거부·방해 또는 기피한 경우

(14) 재지정 유예기간

지정이 취소된 자는 지정이 취소된 날부터 2년 이내에는 각각 해당 안전관리전문기관 또는 보건관리전문기관으로 지정받을 수 없다(법 제21조 제5항).

9. 산업보건의

(1) 산업보건의 선임

사업주는 근로자의 건강관리나 그 밖에 보건관리자의 업무를 지도하기 위하여 사업장에 산업보건의를 두어야 한다. 다만, 의사를 보건관리자로 둔 경우에는 그러하지 아니하다(법 제22조 제1항).

(2) 산업보건의 선임 등

① 산업보건의를 두어야 하는 사업의 종류와 사업장은 보건관리자를 두어야 하는 사업으로서 상시근로자 수가 50명 이상인 사업장으로 한다. 다만, 다음의 어느 하나에 해당하는 경우는 그렇지 않다(영 제29조 제1항).
  ㉠ 의사를 보건관리자로 선임한 경우
  ㉡ 보건관리전문기관에 보건관리자의 업무를 위탁한 경우
② 산업보건의는 외부에서 위촉할 수 있다(영 제29조 제2항).
③ 사업주는 산업보건의를 선임하거나 위촉했을 때에는 고용노동부령으로 정하는 바에 따라 선임하거나 위촉한 날부터 14일 이내에 고용노동부장관에게 그 사실을 증명할 수 있는 서류를 제출해야 한다(영 제29조 제3항).
④ 위촉된 산업보건의가 담당할 사업장 수 및 근로자 수, 그 밖에 필요한 사항은 고용노동부장관이 정한다(영 제29조 제4항).

(3) 산업보건의의 자격

산업보건의의 자격은 의사로서 직업환경의학과 전문의, 예방의학 전문의 또는 산업보건에 관한 학식과 경험이 있는 사람으로 한다(영 제30조).

(4) 산업보건의의 직무 등

① 산업보건의의 직무 내용은 다음과 같다(영 제31조 제1항).
  ㉠ 건강진단 결과의 검토 및 그 결과에 따른 작업 배치, 작업 전환 또는 근로시간의 단축 등 근로자의 건강보호 조치
  ㉡ 근로자의 건강장해의 원인 조사와 재발 방지를 위한 의학적 조치
  ㉢ 그 밖에 근로자의 건강 유지 및 증진을 위하여 필요한 의학적 조치에 관하여 고용노동부장관이 정하는 사항

② 산업보건의에 대한 지원에 관하여는 안전보건관리책임자의 규정을 준용한다. 이 경우 "안전보건관리책임자"는 "산업보건의"로 본다(영 제31조 제2항).

(5) 보건관리자에 대한 시설 · 장비 지원

고용노동부령으로 정하는 시설 및 장비는 다음과 같다(규칙 제14조).
① 건강관리실 : 근로자가 쉽게 찾을 수 있고 통풍과 채광이 잘되는 곳에 위치해야 하며, 건강관리 업무의 수행에 적합한 면적을 확보하고, 상담실 · 처치실 및 양호실을 갖추어야 한다.
② 상하수도 설비, 침대, 냉난방시설, 외부 연락용 직통전화, 구급용구 등

(6) 산업보건의 선임 등 보고

사업주가 산업보건의를 선임하거나 위촉(다시 선임하거나 위촉하는 경우를 포함한다)하는 경우에는 안전관리자 · 보건관리자 · 산업보건의 선임 등 보고서 또는 안전관리자 · 보건관리자 · 산업보건의 선임 등 보고서(건설업)를 관할 지방고용노동관서의 장에게 제출해야 한다(규칙 제23조).

10. 명예산업안전감독관

(1) 명예산업안전감독관 위촉

고용노동부장관은 산업재해 예방활동에 대한 참여와 지원을 촉진하기 위하여 근로자, 근로자단체, 사업주단체 및 산업재해 예방 관련 전문단체에 소속된 사람 중에서 명예산업안전감독관을 위촉할 수 있다(법 제23조 제1항).

(2) 명예산업안전감독관 불리한 처우금지

사업주는 명예산업안전감독관에 대하여 직무 수행과 관련한 사유로 불리한 처우를 해서는 아니 된다(법 제23조 제2항).

(3) 명예산업안전감독관 위촉 등

① 고용노동부장관은 다음의 어느 하나에 해당하는 사람 중에서 명예산업안전감독관을 위촉할 수 있다(영 제32조 제1항).
㉠ 산업안전보건위원회 구성 대상 사업의 근로자 또는 노사협의체 구성 · 운영 대상 건설

공사의 근로자 중에서 근로자대표(해당 사업장에 단위 노동조합의 산하 노동단체가 그 사업장 근로자의 과반수로 조직되어 있는 경우에는 지부·분회 등 명칭이 무엇이든 관계없이 해당 노동단체의 대표자를 말한다.)가 사업주의 의견을 들어 추천하는 사람
  - ⓒ 연합단체인 노동조합 또는 그 지역 대표기구에 소속된 임직원 중에서 해당 연합단체인 노동조합 또는 그 지역 대표기구가 추천하는 사람
  - ⓒ 전국 규모의 사업주단체 또는 그 산하조직에 소속된 임직원 중에서 해당 단체 또는 그 산하조직이 추천하는 사람
  - ⓔ 산업재해 예방 관련 업무를 하는 단체 또는 그 산하조직에 소속된 임직원 중에서 해당 단체 또는 그 산하조직이 추천하는 사람
② 명예산업안전감독관의 업무는 다음과 같다. 이 경우 ①의 ⓒ에 따라 위촉된 명예산업안전감독관의 업무 범위는 해당 사업장에서의 업무(ⓞ은 제외한다)로 한정하며, ①의 ⓒ부터 ⓔ까지의 규정에 따라 위촉된 명예산업안전감독관의 업무 범위는 ⓞ부터 ⓩ까지의 규정에 따른 업무로 한정한다(영 제32조 제2항).
  - ⓒ 사업장에서 하는 자체점검 참여 및 근로감독관이 하는 사업장 감독 참여
  - ⓒ 사업장 산업재해 예방계획 수립 참여 및 사업장에서 하는 기계·기구 자체검사 참석
  - ⓒ 법령을 위반한 사실이 있는 경우 사업주에 대한 개선 요청 및 감독기관에의 신고
  - ⓔ 산업재해 발생의 급박한 위험이 있는 경우 사업주에 대한 작업중지 요청
  - ⓜ 작업환경측정, 근로자 건강진단 시의 참석 및 그 결과에 대한 설명회 참여
  - ⓑ 직업성 질환의 증상이 있거나 질병에 걸린 근로자가 여러 명 발생한 경우 사업주에 대한 임시건강진단 실시 요청
  - ⓢ 근로자에 대한 안전수칙 준수 지도
  - ⓞ 법령 및 산업재해 예방정책 개선 건의
  - ⓩ 안전·보건 의식을 북돋우기 위한 활동 등에 대한 참여와 지원
  - ⓩ 그 밖에 산업재해 예방에 대한 홍보 등 산업재해 예방업무와 관련하여 고용노동부장관이 정하는 업무
③ 명예산업안전감독관의 임기는 2년으로 하되, 연임할 수 있다(영 제32조 제3항).
④ 고용노동부장관은 명예산업안전감독관의 활동을 지원하기 위하여 수당 등을 지급할 수 있다(영 제32조 제4항).
⑤ 명예산업안전감독관의 위촉 및 운영 등에 필요한 사항은 고용노동부장관이 정한다(영 제32조 제5항).

(4) 명예산업안전감독관의 해촉

고용노동부장관은 다음의 어느 하나에 해당하는 경우에는 명예산업안전감독관을 해촉할 수 있다(영 제33조).
① 근로자대표가 사업주의 의견을 들어 위촉된 명예산업안전감독관의 해촉을 요청한 경우
② 위촉된 명예산업안전감독관이 해당 단체 또는 그 산하조직으로부터 퇴직하거나 해임된 경우
③ 명예산업안전감독관의 업무와 관련하여 부정한 행위를 한 경우
④ 질병이나 부상 등의 사유로 명예산업안전감독관의 업무 수행이 곤란하게 된 경우

11. 산업안전보건위원회

(1) 산업안전보건위원회 구성 · 운영

사업주는 사업장의 안전 및 보건에 관한 중요 사항을 심의 · 의결하기 위하여 사업장에 근로자위원과 사용자위원이 같은 수로 구성되는 산업안전보건위원회를 구성 · 운영하여야 한다(법 제24조 제1항).

(2) 산업안전보건위원회의 심의 · 의결

사업주는 다음의 사항에 대해서는 산업안전보건위원회의 심의 · 의결을 거쳐야 한다(법 제24조 제2항).
① 사업장의 산업재해 예방계획의 수립에 관한 사항
② 안전보건관리규정의 작성 및 변경에 관한 사항
③ 안전보건교육에 관한 사항
④ 작업환경측정 등 작업환경의 점검 및 개선에 관한 사항
⑤ 근로자의 건강진단 등 건강관리에 관한 사항
⑥ 산업재해에 관한 통계의 기록 및 유지에 관한 사항
⑦ 산업재해의 원인 조사 및 재발 방지대책 수립에 관한 사항 중 중대재해에 관한 사항
⑧ 유해하거나 위험한 기계 · 기구 · 설비를 도입한 경우 안전 및 보건 관련 조치에 관한 사항
⑨ 그 밖에 해당 사업장 근로자의 안전 및 보건을 유지 · 증진시키기 위하여 필요한 사항

(3) 산업안전보건위원회 구성 대상

산업안전보건위원회를 구성해야 할 사업의 종류 및 사업장의 상시근로자 수는 별표 9와 같다(영 제34조).

산업안전보건위원회를 구성해야 할 사업의 종류 및 사업장의 상시근로자 수(영 별표 9)

사업의 종류	사업장의 상시근로자 수
1. 토사석 광업 2. 목재 및 나무제품 제조업; 가구제외 3. 화학물질 및 화학제품 제조업; 의약품 제외(세제, 화장품 및 광택제 제조업과 화학섬유 제조업은 제외한다) 4. 비금속 광물제품 제조업 5. 1차 금속 제조업 6. 금속가공제품 제조업; 기계 및 가구 제외 7. 자동차 및 트레일러 제조업 8. 기타 기계 및 장비 제조업(사무용 기계 및 장비 제조업은 제외한다) 9. 기타 운송장비 제조업(전투용 차량 제조업은 제외한다)	상시근로자 50명 이상
10. 농업 11. 어업 12. 소프트웨어 개발 및 공급업 13. 컴퓨터 프로그래밍, 시스템 통합 및 관리업 13의2. 라디오 방송업 및 텔레비전 방송업 14. 정보서비스업 15. 금융 및 보험업 16. 임대업; 부동산 제외 17. 전문, 과학 및 기술 서비스업(연구개발업은 제외한다) 18. 사업지원 서비스업 19. 사회복지 서비스업	상시근로자 300명 이상
20. 건설업	공사금액 120억원 이상(「건설산업기본법 시행령」 별표 1의 종합공사를 시공하는 업종의 건설업종란 제1호에 따른 토목공사업의 경우에는 150억원 이상)
21. 제1호부터 제20호까지의 사업을 제외한 사업	상시근로자 100명 이상

(4) 산업안전보건위원회의 구성

① 산업안전보건위원회의 근로자위원은 다음의 사람으로 구성한다(영 제35조 제1항).

㉠ 근로자대표

㉡ 명예산업안전감독관이 위촉되어 있는 사업장의 경우 근로자대표가 지명하는 1명 이상의

명예산업안전감독관
ⓒ 근로자대표가 지명하는 9명(근로자인 ⓒ의 위원이 있는 경우에는 9명에서 그 위원의 수를 제외한 수를 말한다) 이내의 해당 사업장의 근로자
② 근로자위원의 지명 : 근로자대표가 근로자위원을 지명하는 경우에 근로자대표는 조합원인 근로자와 조합원이 아닌 근로자의 비율을 반영하여 근로자위원을 지명하도록 노력해야 한다(규칙 제24조).
③ 산업안전보건위원회의 사용자위원은 다음의 사람으로 구성한다. 다만, 상시근로자 50명 이상 100명 미만을 사용하는 사업장에서는 ⓜ에 해당하는 사람을 제외하고 구성할 수 있다(영 제35조 제2항).
ⓐ 해당 사업의 대표자(같은 사업으로서 다른 지역에 사업장이 있는 경우에는 그 사업장의 안전보건관리책임자를 말한다.)
ⓑ 안전관리자(안전관리자를 두어야 하는 사업장으로 한정하되, 안전관리자의 업무를 안전관리전문기관에 위탁한 사업장의 경우에는 그 안전관리전문기관의 해당 사업장 담당자를 말한다) 1명
ⓒ 보건관리자(보건관리자를 두어야 하는 사업장으로 한정하되, 보건관리자의 업무를 보건관리전문기관에 위탁한 사업장의 경우에는 그 보건관리전문기관의 해당 사업장 담당자를 말한다) 1명
ⓓ 산업보건의(해당 사업장에 선임되어 있는 경우로 한정한다)
ⓔ 해당 사업의 대표자가 지명하는 9명 이내의 해당 사업장 부서의 장
④ 건설공사도급인이 안전 및 보건에 관한 협의체를 구성한 경우에는 산업안전보건위원회의 위원을 다음의 사람을 포함하여 구성할 수 있다(영 제35조 제3항).
ⓐ 근로자위원 : 도급 또는 하도급 사업을 포함한 전체 사업의 근로자대표, 명예산업안전감독관 및 근로자대표가 지명하는 해당 사업장의 근로자
ⓑ 사용자위원 : 도급인 대표자, 관계수급인의 각 대표자 및 안전관리자

(5) 산업안전보건위원회의 위원장

산업안전보건위원회의 위원장은 위원 중에서 호선한다. 이 경우 근로자위원과 사용자위원 중 각 1명을 공동위원장으로 선출할 수 있다(영 제36조).

(6) 산업안전보건위원회의 회의 등

① 산업안전보건위원회의 회의는 정기회의와 임시회의로 구분하되, 정기회의는 분기마다 산업안전보건위원회의 위원장이 소집하며, 임시회의는 위원장이 필요하다고 인정할 때

에 소집한다(영 제37조 제1항).
② 회의는 근로자위원 및 사용자위원 각 과반수의 출석으로 개의하고 출석위원 과반수의 찬성으로 의결한다(영 제37조 제2항).
③ 근로자대표, 명예산업안전감독관, 해당 사업의 대표자, 안전관리자 또는 보건관리자는 회의에 출석할 수 없는 경우에는 해당 사업에 종사하는 사람 중에서 1명을 지정하여 위원으로서의 직무를 대리하게 할 수 있다(영 제37조 제3항).
④ 산업안전보건위원회는 다음의 사항을 기록한 회의록을 작성하여 갖추어 두어야 한다(영 제37조 제4항).
　㉠ 개최 일시 및 장소
　㉡ 출석위원
　㉢ 심의 내용 및 의결·결정 사항
　㉣ 그 밖의 토의사항

(7) 의결되지 않은 사항 등의 처리

① 산업안전보건위원회는 다음의 어느 하나에 해당하는 경우에는 근로자위원과 사용자위원의 합의에 따라 산업안전보건위원회에 중재기구를 두어 해결하거나 제3자에 의한 중재를 받아야 한다(영 제38조 제1항).
　㉠ 산업안전보건위원회에서 의결하지 못한 경우
　㉡ 산업안전보건위원회에서 의결된 사항의 해석 또는 이행방법 등에 관하여 의견이 일치하지 않는 경우
② 중재 결정이 있는 경우에는 산업안전보건위원회의 의결을 거친 것으로 보며, 사업주와 근로자는 그 결정에 따라야 한다(영 제38조 제2항).

(8) 회의 결과 등의 공지

산업안전보건위원회의 위원장은 산업안전보건위원회에서 심의·의결된 내용 등 회의 결과와 중재 결정된 내용 등을 사내방송이나 사내보, 게시 또는 자체 정례조회, 그 밖의 적절한 방법으로 근로자에게 신속히 알려야 한다(영 제39조).

(9) 심의·의결한 사항 성실한 이행

사업주와 근로자는 산업안전보건위원회가 심의·의결한 사항을 성실하게 이행하여야 한다(법 제24조 제4항).

(10) 산업안전보건위원회의 심의·의결금지사항

산업안전보건위원회는 이 법, 이 법에 따른 명령, 단체협약, 취업규칙 및 안전보건관리규정에 반하는 내용으로 심의·의결해서는 아니 된다(법 제24조 제5항).

(11) 불리한 처우금지

사업주는 산업안전보건위원회의 위원에게 직무 수행과 관련한 사유로 불리한 처우를 해서는 아니 된다(법 제24조 제6항).

제2절 안전보건관리규정

1. 안전보건관리규정의 작성

(1) 안전보건관리규정 작성

사업주는 사업장의 안전 및 보건을 유지하기 위하여 다음의 사항이 포함된 안전보건관리규정을 작성하여야 한다(법 제25조 제1항).
   ① 안전 및 보건에 관한 관리조직과 그 직무에 관한 사항
   ② 안전보건교육에 관한 사항
   ③ 작업장의 안전 및 보건 관리에 관한 사항
   ④ 사고 조사 및 대책 수립에 관한 사항
   ⑤ 그 밖에 안전 및 보건에 관한 사항

(2) 단체협약 또는 취업규칙에 반할 수 없는 안전보건관리규정

안전보건관리규정은 단체협약 또는 취업규칙에 반할 수 없다. 이 경우 안전보건관리규정 중 단체협약 또는 취업규칙에 반하는 부분에 관하여는 그 단체협약 또는 취업규칙으로 정한 기준에 따른다(법 제25조 제2항).

(3) 안전보건관리규정을 작성하여야 할 사업의 종류 등

안전보건관리규정을 작성하여야 할 사업의 종류, 사업장의 상시근로자 수 및 안전보건관리규정

에 포함되어야 할 세부적인 내용, 그 밖에 필요한 사항은 고용노동부령으로 정한다(법 제25조 제3항).

(4) 안전보건관리규정의 작성

① 안전보건관리규정을 작성해야 할 사업의 종류 및 상시근로자 수는 별표 2와 같다(규칙 제25조 제1항).

안전보건관리규정을 작성해야 할 사업의 종류 및 상시근로자 수(규칙 별표 2)

사업의 종류	상시근로자 수
1. 농업 2. 어업 3. 소프트웨어 개발 및 공급업 4. 컴퓨터 프로그래밍, 시스템 통합 및 관리업 4의2. 영상 · 오디오물 제공 서비스업 5. 정보서비스업 6. 금융 및 보험업 7. 임대업; 부동산 제외 8. 전문, 과학 및 기술 서비스업(연구개발업은 제외한다) 9. 사업지원 서비스업 10. 사회복지 서비스업	300명 이상
11. 제1호부터 제10호까지의 사업을 제외한 사업	100명 이상

② 사업의 사업주는 안전보건관리규정을 작성해야 할 사유가 발생한 날부터 30일 이내에 별표 3의 내용을 포함한 안전보건관리규정을 작성해야 한다. 이를 변경할 사유가 발생한 경우에도 또한 같다(규칙 제25조 제2항).

안전보건관리규정의 세부 내용(규칙 별표 3)

1. 총칙
   가. 안전보건관리규정 작성의 목적 및 적용 범위에 관한 사항
   나. 사업주 및 근로자의 재해 예방 책임 및 의무 등에 관한 사항
   다. 하도급 사업장에 대한 안전 · 보건관리에 관한 사항
2. 안전 · 보건 관리조직과 그 직무
   가. 안전 · 보건 관리조직의 구성방법, 소속, 업무 분장 등에 관한 사항
   나. 안전보건관리책임자(안전보건총괄책임자), 안전관리자, 보건관리자, 관리감독자의 직무 및 선임에 관한 사항
   다. 산업안전보건위원회의 설치 · 운영에 관한 사항
   라. 명예산업안전감독관의 직무 및 활동에 관한 사항
   마. 작업지휘자 배치 등에 관한 사항

3. 안전·보건교육
   가. 근로자 및 관리감독자의 안전·보건교육에 관한 사항
   나. 교육계획의 수립 및 기록 등에 관한 사항
4. 작업장 안전관리
   가. 안전·보건관리에 관한 계획의 수립 및 시행에 관한 사항
   나. 기계·기구 및 설비의 방호조치에 관한 사항
   다. 유해·위험기계등에 대한 자율검사프로그램에 의한 검사 또는 안전검사에 관한 사항
   라. 근로자의 안전수칙 준수에 관한 사항
   마. 위험물질의 보관 및 출입 제한에 관한 사항
   바. 중대재해 및 중대산업사고 발생, 급박한 산업재해 발생의 위험이 있는 경우 작업중지에 관한 사항
   사. 안전표지·안전수칙의 종류 및 게시에 관한 사항과 그 밖에 안전관리에 관한 사항
5. 작업장 보건관리
   가. 근로자 건강진단, 작업환경측정의 실시 및 조치절차 등에 관한 사항
   나. 유해물질의 취급에 관한 사항
   다. 보호구의 지급 등에 관한 사항
   라. 질병자의 근로 금지 및 취업 제한 등에 관한 사항
   마. 보건표지·보건수칙의 종류 및 게시에 관한 사항과 그 밖에 보건관리에 관한 사항
6. 사고 조사 및 대책 수립
   가. 산업재해 및 중대산업사고의 발생 시 처리 절차 및 긴급조치에 관한 사항
   나. 산업재해 및 중대산업사고의 발생원인에 대한 조사 및 분석, 대책 수립에 관한 사항
   다. 산업재해 및 중대산업사고 발생의 기록·관리 등에 관한 사항
7. 위험성평가에 관한 사항
   가. 위험성평가의 실시 시기 및 방법, 절차에 관한 사항
   나. 위험성 감소대책 수립 및 시행에 관한 사항
8. 보칙
   가. 무재해운동 참여, 안전·보건 관련 제안 및 포상·징계 등 산업재해 예방을 위하여 필요하다고 판단하는 사항
   나. 안전·보건 관련 문서의 보존에 관한 사항
   다. 그 밖의 사항
      사업장의 규모·업종 등에 적합하게 작성하며, 필요한 사항을 추가하거나 그 사업장에 관련되지 않는 사항은 제외할 수 있다.

③ 사업주가 안전보건관리규정을 작성할 때에는 소방·가스·전기·교통 분야 등의 다른 법령에서 정하는 안전관리에 관한 규정과 통합하여 작성할 수 있다(규칙 제25조 제3항).

2. 안전보건관리규정의 작성·변경 절차

사업주는 안전보건관리규정을 작성하거나 변경할 때에는 산업안전보건위원회의 심의·의결을 거쳐야 한다. 다만, 산업안전보건위원회가 설치되어 있지 아니한 사업장의 경우에는 근로자대표의 동의를 받아야 한다(법 제26조).

3. 안전보건관리규정의 준수

사업주와 근로자는 안전보건관리규정을 지켜야 한다(법 제27조).

4. 다른 법률의 준용

안전보건관리규정에 관하여 이 법에서 규정한 것을 제외하고는 그 성질에 반하지 아니하는 범위에서 「근로기준법」 중 취업규칙에 관한 규정을 준용한다(법 제28조).

안전보건교육

1. 근로자에 대한 안전보건교육

(1) 정기적인 안전보건교육

사업주는 소속 근로자에게 고용노동부령으로 정하는 바에 따라 정기적으로 안전보건교육을 하여야 한다(법 제29조 제1항).

(2) 교육시간 및 교육내용 등

① 사업주가 근로자에게 실시해야 하는 안전보건교육의 교육시간은 별표 4와 같고, 교육내용은 별표 5와 같다. 이 경우 사업주가 유해하거나 위험한 작업에 필요한 안전보건교육을 실시한 때에는 해당 근로자에 대하여 채용할 때 해야 하는 교육 및 작업내용을 변경할 때 해야 하는 교육을 실시한 것으로 본다(규칙 제26조 제1항).

안전보건교육 교육과정별 교육시간(규칙 별표 4)

1. 근로자 안전보건교육

교육과정	교육대상		교육시간
가. 정기교육	1) 사무직 종사 근로자		매반기 6시간 이상
	2) 그 밖의 근로자	가) 판매업무에 직접 종사하는 근로자	매반기 6시간 이상
		나) 판매업무에 직접 종사하는 근로자 외의 근로자	매반기 12시간 이상
나. 채용시 교육	1) 일용근로자 및 근로계약기간이 1주일 이하인 기간제근로자		1시간 이상
	2) 근로계약기간이 1주일 초과 1개월 이하인 기간제근로자		4시간 이상
	3) 그 밖의 근로자		8시간 이상
다. 작업내용 변경 시 교육	1) 일용근로자 및 근로계약기간이 1주일 이하인 기간제근로자		1시간 이상
	2) 그 밖의 근로자		2시간 이상
라. 특별교육	1) 일용근로자 및 근로계약기간이 1주일 이하인 기간제근로자 : 별표 5 제1호 라목(제39호는 제외한다)에 해당하는 작업에 종사하는 근로자에 한정한다.		2시간 이상
	2) 일용근로자 및 근로계약기간이 1주일 이하인 기간제근로자 : 별표 5 제1호 라목 제39호에 해당하는 작업에 종사하는 근로자에 한정한다.		8시간 이상

교육과정	교육대상	교육시간
	3) 일용근로자 및 근로계약기간이 1주일 이하인 기간제근로자를 제외한 근로자 : 별표5 제1호 라목에 해당하는 작업에 종사하는 근로자에 한정한다.	가) 16시간 이상(최초 작업에 종사하기 전 4시간 이상 실시하고 12시간은 3개월 이내에서 분할하여 실시 가능) 나) 단기간 작업 또는 간헐적 작업인 경우에는 2시간 이상
마. 건설업기초안전·보건교육	건설일용근로자	4시간 이상

1의2 관리감독자 안전보건교육

교육과정	교육시간
가. 정기교육	연간 16시간 이상
나. 채용 시 교육	8시간 이상
다. 작업내용 변경 시 교육	2시간 이상
라. 특별교육	16시간 이상(최초 작업에 종사하기 전 4시간 이상 실시하고 12시간은 3개월 이내에서 분할하여 실시 가능)
	단기간 작업 또는 간헐적 작업인 경우에는 2시간 이상

2. 안전보건관리책임자 등에 대한 교육

교육대상	교육시간	
	신규교육	보수교육
가. 안전보건관리책임자	6시간 이상	6시간 이상
나. 안전관리자, 안전관리전문기관의 종사자	34시간 이상	24시간 이상
다. 보건관리자, 보건관리전문기관의 종사자	34시간 이상	24시간 이상
라. 건설재해예방전문지도기관의 종사자	34시간 이상	24시간 이상
마. 석면조사기관의 종사자	34시간 이상	24시간 이상
바. 안전보건관리담당자	-	8시간 이상
사. 안전검사기관, 자율안전검사기관의 종사자	34시간 이상	24시간 이상

3. 특수형태근로종사자에 대한 안전보건교육

교육과정	교육시간
가. 최초 노무제공 시 교육	2시간 이상(단기간 작업 또는 간헐적 작업에 노무를 제공하는 경우에는 1시간 이상 실시하고, 특별교육을 실시한 경우는 면제)
나. 특별교육	16시간 이상(최초 작업에 종사하기 전 4시간 이상 실시하고 12시간은 3개월 이내에서 분할하여 실시가능)
	단기간 작업 또는 간헐적 작업인 경우에는 2시간 이상

4. 검사원 성능검사 교육

교육과정	교육대상	교육시간
성능검사 교육	-	28시간 이상

안전보건교육 교육대상별 교육내용(별표 5)

1. 근로자 안전보건교육(제26조제1항 관련)

가. 근로자 정기교육

교육내용
○ 산업안전 및 사고 예방에 관한 사항 ○ 산업보건 및 직업병 예방에 관한 사항 ○ 위험성 평가에 관한 사항 ○ 건강증진 및 질병 예방에 관한 사항 ○ 유해·위험 작업환경 관리에 관한 사항 ○ 산업안전보건법령 및 산업재해보상보험 제도에 관한 사항 ○ 직무스트레스 예방 및 관리에 관한 사항 ○ 직장 내 괴롭힘, 고객의 폭언 등으로 인한 건강장해 예방 및 관리에 관한 사항

나. 채용 시 교육 및 작업내용 변경 시 교육

교육내용
○ 산업안전 및 사고 예방에 관한 사항 ○ 산업보건 및 직업병 예방에 관한 사항 ○ 위험성 평가에 관한 사항 ○ 산업안전보건법령 및 산업재해보상보험 제도에 관한 사항 ○ 직무스트레스 예방 및 관리에 관한 사항 ○ 직장 내 괴롭힘, 고객의 폭언 등으로 인한 건강장해 예방 및 관리에 관한 사항 ○ 기계·기구의 위험성과 작업의 순서 및 동선에 관한 사항 ○ 작업 개시 전 점검에 관한 사항 ○ 정리정돈 및 청소에 관한 사항 ○ 사고 발생 시 긴급조치에 관한 사항 ○ 물질안전보건자료에 관한 사항

1의2. 관리감독자 안전보건교육

가. 정기교육

교육내용
○ 산업안전 및 사고 예방에 관한 사항 ○ 산업보건 및 직업병 예방에 관한 사항 ○ 위험성평가에 관한 사항 ○ 유해·위험 작업환경 관리에 관한 사항 ○ 산업안전보건법령 및 산업재해보상보험 제도에 관한 사항 ○ 직무스트레스 예방 및 관리에 관한 사항 ○ 직장 내 괴롭힘, 고객의 폭언 등으로 인한 건강장해 예방 및 관리에 관한 사항 ○ 작업공정의 유해·위험과 재해 예방대책에 관한 사항 ○ 사업장 내 안전보건관리체제 및 안전·보건조치 현황에 관한 사항

○ 표준안전 작업방법 결정 및 지도·감독 요령에 관한 사항
○ 현장근로자와의 의사소통능력 및 강의능력 등 안전보건교육 능력 배양에 관한 사항
○ 비상시 또는 재해 발생 시 긴급조치에 관한 사항
○ 그 밖의 관리감독자의 직무에 관한 사항

나. 채용 시 교육 및 작업내용 변경 시 교육

교육내용
○ 산업안전 및 사고 예방에 관한 사항 ○ 산업보건 및 직업병 예방에 관한 사항 ○ 위험성평가에 관한 사항 ○ 산업안전보건법령 및 산업재해보상보험 제도에 관한 사항 ○ 직무스트레스 예방 및 관리에 관한 사항 ○ 직장 내 괴롭힘, 고객의 폭언 등으로 인한 건강장해 예방 및 관리에 관한 사항 ○ 기계·기구의 위험성과 작업의 순서 및 동선에 관한 사항 ○ 작업 개시 전 점검에 관한 사항 ○ 물질안전보건자료에 관한 사항 ○ 사업장 내 안전보건관리체제 및 안전·보건조치 현황에 관한 사항 ○ 표준안전 작업방법 결정 및 지도·감독 요령에 관한 사항 ○ 비상시 또는 재해 발생 시 긴급조치에 관한 사항 ○ 그 밖의 관리감독자의 직무에 관한 사항

다. 특별교육 대상 작업별 교육

작업명	교육내용
〈공통내용〉	나목과 같은 내용
〈개별내용〉	제1호 라목에 따른 교육내용(공통내용은 제외한다)과 같음

② 교육을 실시하기 위한 교육방법과 그 밖에 교육에 필요한 사항은 고용노동부장관이 정하여 고시한다(규칙 제26조 제2항).

③ 사업주가 안전보건교육을 자체적으로 실시하는 경우에 교육을 할 수 있는 사람은 다음의 어느 하나에 해당하는 사람으로 한다(규칙 제26조 제3항).

㉠ 다음의 어느 하나에 해당하는 사람

ⓐ 안전보건관리책임자

ⓑ 관리감독자

ⓒ 안전관리자(안전관리전문기관에서 안전관리자의 위탁업무를 수행하는 사람을 포함한다)

ⓓ 보건관리자(보건관리전문기관에서 보건관리자의 위탁업무를 수행하는 사람을 포함한다)

ⓔ 안전보건관리담당자(안전관리전문기관 및 보건관리전문기관에서 안전보건관리담당자의 위탁업무를 수행하는 사람을 포함한다)
ⓕ 산업보건의
ⓒ 공단에서 실시하는 해당 분야의 강사요원 교육과정을 이수한 사람
ⓒ 산업안전지도사 또는 산업보건지도사
㉣ 산업안전보건에 관하여 학식과 경험이 있는 사람으로서 고용노동부장관이 정하는 기준에 해당하는 사람

(3) 안전보건교육의 면제

① 전년도에 산업재해가 발생하지 않은 사업장의 사업주의 경우 근로자 정기교육을 그 다음 연도에 한정하여 별표 4에서 정한 실시기준 시간의 100분의 50 범위에서 면제할 수 있다(규칙 제27조 제1항).

② 안전관리자 및 보건관리자를 선임할 의무가 없는 사업장의 사업주가 노무를 제공하는 자의 건강 유지·증진을 위하여 설치된 근로자건강센터에서 실시하는 안전보건교육, 건강상담, 건강관리프로그램 등 근로자 건강관리 활동에 해당 사업장의 근로자를 참여하게 한 경우에는 해당 시간을 교육 중 해당 반기(관리감독자의 지위에 있는 사람의 경우 해당 연도)의 근로자 정기교육 시간에서 면제할 수 있다. 이 경우 사업주는 해당 사업장의 근로자가 근로자건강센터에서 실시하는 건강관리 활동에 참여한 사실을 입증할 수 있는 서류를 갖춰 두어야 한다(규칙 제27조 제2항).

③ 관리감독자가 다음의 어느 하나에 해당하는 교육을 이수한 경우 별표 4에서 정한 근로자 정기교육시간을 면제할 수 있다(규칙 제27조 제3항).
㉠ 직무교육기관에서 실시한 전문화교육
㉡ 직무교육기관에서 실시한 인터넷 원격교육
㉢ 공단에서 실시한 안전보건관리담당자 양성교육
㉣ 검사원 성능검사 교육
㉤ 그 밖에 고용노동부장관이 근로자 정기교육 면제대상으로 인정하는 교육

④ 사업주는 해당 근로자가 채용되거나 변경된 작업에 경험이 있을 경우 채용 시 교육 또는 특별교육 시간을 다음의 기준에 따라 실시할 수 있다(규칙 제27조 제4항).
㉠ 통계청장이 고시한 한국표준산업분류의 세분류 중 같은 종류의 업종에 6개월 이상 근무한 경험이 있는 근로자를 이직 후 1년 이내에 채용하는 경우 : 별표 4에서 정한 채용 시 교육시간의 100분의 50 이상

ⓒ 특별교육 대상작업에 6개월 이상 근무한 경험이 있는 근로자가 다음의 어느 하나에 해당하는 경우 : 별표 4에서 정한 특별교육 시간의 100분의 50 이상
ⓐ 근로자가 이직 후 1년 이내에 채용되어 이직 전과 동일한 특별교육 대상작업에 종사하는 경우
ⓑ 근로자가 같은 사업장 내 다른 작업에 배치된 후 1년 이내에 배치 전과 동일한 특별교육 대상작업에 종사하는 경우
ⓒ 채용 시 교육 또는 특별교육을 이수한 근로자가 같은 도급인의 사업장 내에서 이전에 하던 업무와 동일한 업무에 종사하는 경우: 소속 사업장의 변경에도 불구하고 해당 근로자에 대한 채용 시 교육 또는 특별교육 면제
ⓓ 그 밖에 고용노동부장관이 채용 시 교육 또는 특별교육 면제 대상으로 인정하는 교육

(4) 사업주의 안전보건교육

사업주는 근로자를 채용할 때와 작업내용을 변경할 때에는 그 근로자에게 고용노동부령으로 정하는 바에 따라 해당 작업에 필요한 안전보건교육을 하여야 한다. 다만, 안전보건교육을 이수한 건설 일용근로자를 채용하는 경우에는 그러하지 아니하다(법 제29조 제2항).

(5) 안전보건교육 추가

사업주는 근로자를 유해하거나 위험한 작업에 채용하거나 그 작업으로 작업내용을 변경할 때에는 안전보건교육 외에 고용노동부령으로 정하는 바에 따라 유해하거나 위험한 작업에 필요한 안전보건교육을 추가로 하여야 한다(법 제29조 제3항).

(6) 안전보건교육 위탁

사업주는 안전보건교육을 고용노동부장관에게 등록한 안전보건교육기관에 위탁할 수 있다(법 제29조 제4항).

2. 근로자에 대한 안전보건교육의 면제 등

(1) 안전보건교육의 면제

사업주는 다음의 어느 하나에 해당하는 경우에는 안전보건교육의 전부 또는 일부를 하지 아니할 수 있다(법 제30조 제1항).
① 사업장의 산업재해 발생 정도가 고용노동부령으로 정하는 기준에 해당하는 경우

② 근로자가 건강관리에 관한 교육 등 고용노동부령으로 정하는 교육을 이수한 경우
③ 관리감독자가 산업 안전 및 보건 업무의 전문성 제고를 위한 교육 등 고용노동부령으로 정하는 교육을 이수한 경우

(2) 경험있는 근로자의 면제

사업주는 해당 근로자가 채용 또는 변경된 작업에 경험이 있는 등 고용노동부령으로 정하는 경우에는 안전보건교육의 전부 또는 일부를 하지 아니할 수 있다(법 제30조 제2항).

3. 건설업 기초안전보건교육

(1) 건설업의 안전보건교육 이수

건설업의 사업주는 건설 일용근로자를 채용할 때에는 그 근로자로 하여금 안전보건교육기관이 실시하는 안전보건교육을 이수하도록 하여야 한다. 다만, 건설 일용근로자가 그 사업주에게 채용되기 전에 안전보건교육을 이수한 경우에는 그러하지 아니하다(법 제31조 제1항).

(2) 건설업 기초안전보건교육의 시간·내용 및 방법 등

① 건설 일용근로자를 채용할 때 실시하는 안전보건교육의 교육시간은 별표 4에 따르고, 교육내용은 별표 5에 따른다(규칙 제28조 제1항).
② 건설업 기초안전보건교육을 하기 위하여 등록한 기관이 건설업 기초안전보건교육을 할 때에는 별표 5의 교육내용에 적합한 교육교재를 사용해야 하고, 영 별표 11의 인력기준에 적합한 사람을 배치해야 한다(규칙 제28조 제2항).
③ 교육생 관리, 교육과정 편성, 교육방법 등 교육에 필요한 사항은 고용노동부장관이 정하여 고시한다(규칙 제28조 제3항).

교육내용	시간
가. 건설공사의 종류(건축·토목) 및 시공 절차	1시간
나. 산업재해 유형별 위험요인 및 안전보건조치	2시간
다. 안전보건관리체제 현황 및 산업안전보건 관련 근로자 권리·의무	1시간

4. 안전보건관리책임자 등에 대한 직무교육

(1) 안전보건교육 이수

사업주는 다음에 해당하는 사람에게 안전보건교육기관에서 직무와 관련한 안전보건교육을 이수하도록 하여야 한다. 다만, 다음에 해당하는 사람이 다른 법령에 따라 안전 및 보건에 관한 교육을 받는 등 고용노동부령으로 정하는 경우에는 안전보건교육의 전부 또는 일부를 하지 아니할 수 있다(법 제32조 제1항).

① 안전보건관리책임자
② 안전관리자
③ 보건관리자
④ 안전보건관리담당자
⑤ 다음의 기관에서 안전과 보건에 관련된 업무에 종사하는 사람
  ㉠ 안전관리전문기관
  ㉡ 보건관리전문기관
  ㉢ 건설재해예방전문지도기관
  ㉣ 안전검사기관
  ㉤ 자율안전검사기관
  ㉥ 석면조사기관

(2) 안전보건관리책임자 등에 대한 직무교육

① 다음의 어느 하나에 해당하는 사람은 해당 직위에 선임(위촉의 경우를 포함한다.)되거나 채용된 후 3개월(보건관리자가 의사인 경우는 1년을 말한다) 이내에 직무를 수행하는 데 필요한 신규교육을 받아야 하며, 신규교육을 이수한 후 매 2년이 되는 날을 기준으로 전후 6개월 사이에 고용노동부장관이 실시하는 안전보건에 관한 보수교육을 받아야 한다(규칙 제29조 제1항).

  ㉠ 안전보건관리책임자
  ㉡ 안전관리자(안전관리자로 채용된 것으로 보는 사람을 포함한다)
  ㉢ 보건관리자
  ㉣ 안전보건관리담당자
  ㉤ 안전관리전문기관 또는 보건관리전문기관에서 안전관리자 또는 보건관리자의 위탁 업무를 수행하는 사람

ⓑ 건설재해예방전문지도기관에서 지도업무를 수행하는 사람

ⓢ 안전검사기관에서 검사업무를 수행하는 사람

ⓞ 자율안전검사기관에서 검사업무를 수행하는 사람

ⓩ 석면조사기관에서 석면조사 업무를 수행하는 사람

② 신규교육 및 보수교육의 교육시간은 별표 4와 같고, 교육내용은 별표 5와 같다(규칙 제29조 제2항).

③ 직무교육을 실시하기 위한 집체교육, 현장교육, 인터넷원격교육 등의 교육 방법, 직무교육 기관의 관리, 그 밖에 교육에 필요한 사항은 고용노동부장관이 정하여 고시한다(규칙 제29조 제3항).

(3) 직무교육의 면제

① 다음의 어느 하나에 해당하는 사람에 대해서는 직무교육 중 신규교육을 면제한다(규칙 제30조 제1항).

  ㉠ 안전보건관리담당자

  ㉡ 산업안전 관련 학위를 취득한 사람

  ㉢ 시험에 합격한 사람

② 고압가스 안전관리 책임자, 액화석유가스 안전관리 책임자, 도시가스 안전관리 책임자, 교통안전관리자, 화약류제조보안책임자 또는 화약류관리보안책임자, 전기안전관리자, 안전관리자로 채용된 것으로 보는 사람, 보건관리자로서 해당 법령에 따른 교육기관에서 교육내용 중 고용노동부장관이 정하는 내용이 포함된 교육을 이수하고 해당 교육기관에서 발행하는 확인서를 제출하는 경우에는 직무교육 중 보수교육을 면제한다(규칙 제30조 제2항).

③ ①의 어느 하나에 해당하는 사람이 고용노동부장관이 정하여 고시하는 안전·보건에 관한 교육을 이수한 경우에는 직무교육 중 보수교육을 면제한다(규칙 제30조 제3항).

5. 안전보건교육기관

(1) 안전보건교육기관 등록

안전보건교육, 안전보건교육을 하려는 자는 대통령령으로 정하는 인력·시설 및 장비 등의 요건을 갖추어 고용노동부장관에게 등록하여야 한다. 등록한 사항 중 대통령령으로 정하는 중요한 사항을 변경할 때에도 또한 같다(법 제33조 제1항).

(2) 안전보건교육기관의 등록 및 취소

① 안전보건교육에 대한 안전보건교육기관으로 등록하려는 자는 법인 또는 산업 안전·보건 관련 학과가 있는 「고등교육법」에 따른 학교로서 인력·시설 및 장비 등을 갖추어야 한다(영 제40조 제1항).

② 안전보건교육에 대한 안전보건교육기관으로 등록하려는 자는 법인 또는 산업 안전·보건 관련 학과가 있는 「고등교육법」에 따른 학교로서 인력·시설 및 장비를 갖추어야 한다(영 제40조 제2항).

③ 안전보건교육에 대한 안전보건교육기관으로 등록할 수 있는 자는 다음의 어느 하나에 해당하는 자로 한다(영 제40조 제3항).
   ㉠ 한국산업안전보건공단
   ㉡ 다음의 어느 하나에 해당하는 기관으로서 인력·시설 및 장비를 갖춘 기관
      ⓐ 산업 안전·보건 관련 학과가 있는 「고등교육법」에 따른 학교
      ⓑ 비영리법인

④ 대통령령으로 정하는 중요한 사항이란 다음의 사항을 말한다(영 제40조 제4항).
   ㉠ 교육기관의 명칭(상호)
   ㉡ 교육기관의 소재지
   ㉢ 대표자의 성명

⑤ 안전보건교육기관에 관하여 대통령령으로 정하는 사유에 해당하는 경우란 다음의 경우를 말한다(영 제40조 제5항).
   ㉠ 교육 관련 서류를 거짓으로 작성한 경우
   ㉡ 정당한 사유 없이 교육 실시를 거부한 경우
   ㉢ 교육을 실시하지 않고 수수료를 받은 경우
   ㉣ 교육의 내용 및 방법을 위반한 경우

(3) 안전보건교육기관 등록신청 등

① 안전보건교육기관으로 등록하려는 자는 다음의 구분에 따라 관련 서류를 첨부하여 주된 사무소의 소재지를 관할하는 지방고용노동청장에게 제출해야 한다(규칙 제31조 제1항).
   ㉠ 근로자안전보건교육기관으로 등록하려는 자 : 근로자안전보건교육기관 등록 신청서에 다음의 서류를 첨부
      ⓐ 법인 또는 산업안전보건관련 학과가 있는 「고등교육법」에 따른 학교에 해당함을 증

　　　　　명하는 서류
　　　ⓑ 인력기준을 갖추었음을 증명할 수 있는 자격증(국가기술자격증은 제외한다), 졸업증명서, 경력증명서 또는 재직증명서 등 서류
　　　ⓒ 시설 및 장비 기준을 갖추었음을 증명할 수 있는 서류와 시설·장비 명세서
　　　ⓓ 최초 1년간의 교육사업계획서
　　ⓒ 직무교육기관으로 등록하려는 자 : 직무교육기관 등록 신청서에 다음의 서류를 첨부
　　　ⓐ 안전보건교육기관으로 등록할 수 있음을 증명하는 서류
　　　ⓑ 인력기준을 갖추었음을 증명할 수 있는 자격증(국가기술자격증은 제외한다), 졸업증명서, 경력증명서 또는 재직증명서 등 서류
　　　ⓒ 시설 및 장비 기준을 갖추었음을 증명할 수 있는 서류와 시설·장비 명세서
　　　ⓓ 최초 1년간의 교육사업계획서
② 신청서를 제출받은 지방고용노동청장은 행정정보의 공동이용을 통하여 다음의 서류를 확인해야 한다. 다만, 신청인이 서류의 확인에 동의하지 않는 경우에는 그 사본을 첨부하도록 해야 한다(규칙 제31조 제2항).
　ⓐ 국가기술자격증
　ⓑ 법인등기사항증명서(법인만 해당한다)
　ⓒ 사업자등록증(개인만 해당한다)
③ 지방고용노동청장은 등록 신청이 등록 요건에 적합하다고 인정되면 그 신청서를 받은 날부터 20일 이내에 근로자안전보건교육기관 등록증 또는 직무교육기관 등록증을 신청인에게 발급해야 한다(규칙 제31조 제3항).
④ 등록증을 발급받은 사람이 등록증을 분실하거나 등록증이 훼손된 경우에는 재발급 신청을 할 수 있다(규칙 제31조 제4항).
⑤ 안전보건교육기관이 등록받은 사항을 변경하려는 경우에는 변경등록 신청서에 변경내용을 증명하는 서류와 등록증을 첨부하여 지방고용노동청장에게 제출해야 한다. 이 경우 변경등록신청서의 처리에 관하여는 ③을 준용한다(규칙 제31조 제5항).
⑥ 안전보건교육기관이 해당 업무를 폐지하거나 등록이 취소된 경우 지체 없이 등록증을 지방고용노동청장에게 반납해야 한다(규칙 제31조 제6항).
⑦ ①~⑥에 규정한 사항 외에 교육 과정 편성, 교육방법 등 안전보건교육기관의 운영 등에 필요한 사항은 고용노동부장관이 정하여 고시한다(규칙 제31조 제7항).

(4) 안전보건교육기관의 평가 등

① 공단이 안전보건교육기관을 평가하는 기준은 다음과 같다(규칙 제32조 제1항).
  ㉠ 인력·시설 및 장비의 보유수준과 활용도
  ㉡ 교육과정의 운영체계 및 업무성과
  ㉢ 교육서비스의 적정성 및 만족도
② 안전보건교육기관에 대한 평가 방법 및 평가 결과의 공개에 관하여는 안전관리전문기관 또는 보건관리전문기관의 규정을 준용한다. 이 경우 "안전관리전문기관 또는 보건관리전문기관"은 "안전보건교육기관"으로 본다(규칙 제32조 제2항).

(5) 평가결과 공개

고용노동부장관은 등록한 자에 대하여 평가하고 그 결과를 공개할 수 있다. 이 경우 평가의 기준·방법 및 결과의 공개에 필요한 사항은 고용노동부령으로 정한다(법 제33조 제2항).

(6) 건설업 기초안전·보건교육기관의 등록신청 등

① 건설업 기초안전·보건교육기관으로 등록하려는 자는 건설업 기초안전·보건교육기관 등록신청서에 다음의 서류를 첨부하여 공단에 제출해야 한다(규칙 제33조 제1항).
  ㉠ 안전보건교육기관의 자격에 해당함을 증명하는 서류
  ㉡ 인력기준을 갖추었음을 증명할 수 있는 자격증(국가기술자격증은 제외한다), 졸업증명서, 경력증명서 및 재직증명서 등 서류
  ㉢ 시설·장비기준을 갖추었음을 증명할 수 있는 서류와 시설·장비 명세서
② 등록신청서를 제출받은 공단은 행정정보의 공동이용을 통하여 다음의 서류를 확인해야 한다. 다만, ㉠ 및 ㉢의 서류의 경우 신청인이 그 확인에 동의하지 않으면 그 사본을 첨부하도록 해야 한다(규칙 제33조 제2항).
  ㉠ 국가기술자격증
  ㉡ 법인등기사항증명서(법인만 해당한다)
  ㉢ 사업자등록증(개인만 해당한다)
③ 공단은 등록신청서를 접수한 경우 접수일부터 15일 이내에 요건에 적합한지를 확인하고 적합한 경우 그 결과를 고용노동부장관에게 보고해야 한다(규칙 제33조 제3항).
④ 고용노동부장관은 보고를 받은 날부터 7일 이내에 등록 적합 여부를 공단에 통보해야 하고, 공단은 등록이 적합하다는 통보를 받은 경우 지체 없이 건설업 기초안전·보건교육기관 등록증을 신청인에게 발급해야 한다(규칙 제33조 제4항).
⑤ 건설업 기초안전·보건교육기관이 등록사항을 변경하려는 경우에는 건설업 기초안전·보건교육기관 변경신청서에 변경내용을 증명하는 서류 및 등록증(등록증의 기재사항에

변경이 있는 경우만 해당한다)을 첨부하여 공단에 제출해야 한다(규칙 제33조 제5항).

⑥ 등록 변경에 관하여는 ③ 및 ④을 준용한다. 다만, 고용노동부장관이 정하는 경미한 사항의 경우 공단은 변경내용을 확인한 후 적합한 경우에는 지체 없이 등록사항을 변경하고, 등록증을 변경하여 발급(등록증의 기재사항에 변경이 있는 경우만 해당한다)할 수 있다(규칙 제33조 제6항).

(7) 건설업 기초안전·보건교육기관 등록 취소 등

① 공단은 취소 등 사유에 해당하는 사실을 확인한 경우에는 그 사실을 증명할 수 있는 서류를 첨부하여 해당 등록기관의 주된 사무소의 소재지를 관할하는 지방고용노동관서의 장에게 보고해야 한다(규칙 제34조 제1항).

② 지방고용노동관서의 장은 등록 취소 등을 한 경우에는 그 사실을 공단에 통보해야 한다(규칙 제34조 제2항).

(8) 직무교육의 신청 등

① 직무교육을 받으려는 자는 직무교육 수강신청서를 직무교육기관의 장에게 제출해야 한다(규칙 제35조 제1항).

② 직무교육기관의 장은 직무교육을 실시하기 15일 전까지 교육 일시 및 장소 등을 직무교육 대상자에게 알려야 한다(규칙 제35조 제2항).

③ 직무교육을 이수한 사람이 다른 사업장으로 전직하여 신규로 선임되어 선임신고를 하는 경우에는 전직 전에 받은 교육이수증명서를 제출하면 해당 교육을 이수한 것으로 본다(규칙 제35조 제3항).

④ 직무교육기관의 장이 직무교육을 실시하려는 경우에는 매년 12월 31일까지 다음 연도의 교육 실시계획서를 고용노동부장관에게 제출(전자문서로 제출하는 것을 포함한다)하여 승인을 받아야 한다(규칙 제35조 제4항).

(9) 교재 등

① 사업주 또는 안전보건교육기관이 교육을 실시할 때에는 안전보건교육의 교육대상별 교육내용에 적합한 교재를 사용해야 한다(규칙 제36조 제1항).

② 안전보건교육기관이 사업주의 위탁을 받아 교육을 실시하였을 때에는 고용노동부장관이 정하는 교육 실시확인서를 발급해야 한다(규칙 제36조 제2항).

유해·위험 방지 조치

1. 법령 요지 등의 게시 등

사업주는 이 법과 이 법에 따른 명령의 요지 및 안전보건관리규정을 각 사업장의 근로자가 쉽게 볼 수 있는 장소에 게시하거나 갖추어 두어 근로자에게 널리 알려야 한다(법 제34조).

2. 근로자대표의 통지 요청

근로자대표는 사업주에게 다음의 사항을 통지하여 줄 것을 요청할 수 있고, 사업주는 이에 성실히 따라야 한다(법 제35조).
① 산업안전보건위원회(노사협의체를 구성·운영하는 경우에는 노사협의체를 말한다)가 의결한 사항
② 안전보건진단 결과에 관한 사항
③ 안전보건개선계획의 수립·시행에 관한 사항
④ 도급인의 이행 사항
⑤ 물질안전보건자료에 관한 사항
⑥ 작업환경측정에 관한 사항
⑦ 그 밖에 고용노동부령으로 정하는 안전 및 보건에 관한 사항

3. 위험성평가의 실시

(1) 위험성평가의 실시

사업주는 건설물, 기계·기구·설비, 원재료, 가스, 증기, 분진, 근로자의 작업행동 또는 그 밖의 업무로 인한 유해·위험 요인을 찾아내어 부상 및 질병으로 이어질 수 있는 위험성의 크기가 허용 가능한 범위인지를 평가하여야 하고, 그 결과에 따라 이 법과 이 법에 따른 명령에 따른

조치를 하여야 하며, 근로자에 대한 위험 또는 건강장해를 방지하기 위하여 필요한 경우에는 추가적인 조치를 하여야 한다(법 제36조 제1항).

(2) 위험성평가에 근로자 참여

사업주는 평가 시 고용노동부장관이 정하여 고시하는 바에 따라 해당 작업장의 근로자를 참여시켜야 한다(법 제36조 제2항).

(3) 기록보존

사업주는 평가의 결과와 조치사항을 고용노동부령으로 정하는 바에 따라 기록하여 보존하여야 한다(법 제36조 제3항).

(4) 평가의 방법, 절차 및 시기 등 고시

평가의 방법, 절차 및 시기, 그 밖에 필요한 사항은 고용노동부장관이 정하여 고시한다(법 제36조 제4항).

(5) 위험성평가 실시내용 및 결과의 기록·보존

① 사업주가 위험성평가의 결과와 조치사항을 기록·보존할 때에는 다음의 사항이 포함되어야 한다(규칙 제37조 제1항).
   ㉠ 위험성평가 대상의 유해·위험요인
   ㉡ 위험성 결정의 내용
   ㉢ 위험성 결정에 따른 조치의 내용
   ㉣ 그 밖에 위험성평가의 실시내용을 확인하기 위하여 필요한 사항으로서 고용노동부장관이 정하여 고시하는 사항
② 사업주는 자료를 3년간 보존해야 한다(규칙 제37조 제2항).

4. 안전보건표지의 설치·부착

(1) 안전보건표지의 설치

사업주는 유해하거나 위험한 장소·시설·물질에 대한 경고, 비상시에 대처하기 위한 지시·안내 또는 그 밖에 근로자의 안전 및 보건 의식을 고취하기 위한 사항 등을 그림, 기호 및 글자 등으로 나타낸 표지를 근로자가 쉽게 알아 볼 수 있도록 설치하거나 붙여야 한다. 이 경우 외국

인근로자를 사용하는 사업주는 안전보건표지를 고용노동부장관이 정하는 바에 따라 해당 외국인근로자의 모국어로 작성하여야 한다(법 제37조 제1항).

(2) 안전보건표지의 종류·형태·색채 및 용도 등

① 안전보건표지의 종류와 형태는 별표 6과 같고, 그 용도, 설치·부착 장소, 형태 및 색채는 별표 7과 같다(규칙 제38조 제1항).

안전보건표지의 종류와 형태(규칙 별표 6)

1. 금지표지	101 출입금지	102 보행금지	103 차량통행금지	104 사용금지	105 탑승금지	106 금연
	107 화기금지	108 물체이동금지	2. 경고표지	201 인화성물질 경고	202 산화성물질 경고	203 폭발성물질 경고	204 급성독성물질 경고
205 부식성물질 경고	206 방사성물질 경고	207 고압전기 경고	208 매달린 물체 경고	209 낙하물 경고	210 고온 경고	211 저온 경고
212 몸균형 상실 경고	213 레이저광선 경고	214 발암성·변이원성·생식독성·전신독성·호흡기 과민성 물질 경고	215 위험장소 경고	3. 지시표지	301 보안경 착용	302 방독마스크 착용
303 방진마스크 착용	304 보안면 착용	305 안전모 착용	306 귀마개 착용	307 안전화 착용	308 안전장갑 착용	309 안전복 착용

	401 녹십자표지	402 응급구호표지	403 들것	404 세안장치	405 비상용기구	406 비상구
4. 안내표지	⊕	✚			비상용 기구	

		501 허가대상물질 작업장	502 석면취급/해체 작업장	503 금지대상물질의 취급 실험실 등
407 좌측비상구	408 우측비상구			
	5. 관계자외 출입금지	관계자외 출입금지 (허가물질 명칭) 제조/사용/보관 중 보호구/보호복 착용 흡연 및 음식물 섭취 금지	관계자외 출입금지 석면 취급/해체 중 보호구/보호복 착용 흡연 및 음식물 섭취 금지	관계자외 출입금지 발암물질 취급 중 보호구/보호복 착용 흡연 및 음식물 섭취 금지

② 안전보건표지의 표시를 명확히 하기 위하여 필요한 경우에는 그 안전보건표지의 주위에 표시사항을 글자로 덧붙여 적을 수 있다. 이 경우 글자는 흰색 바탕에 검은색 한글고딕체로 표기해야 한다(규칙 제38조 제2항).

③ 안전보건표지에 사용되는 색채의 색도기준 및 용도는 별표 8과 같고, 사업주는 사업장에 설치하거나 부착한 안전보건표지의 색도기준이 유지되도록 관리해야 한다(규칙 제38조 제3항).

④ 안전보건표지에 관하여 법 또는 법에 따른 명령에서 규정하지 않은 사항으로서 다른 법 또는 다른 법에 다른 명령에서 규정한 사항이 있으면 그 부분에 대해서는 그 법 또는 명령을 적용한다(규칙 제38조 제4항).

(3) 안전보건표지의 설치 등

① 사업주는 안전보건표지를 설치하거나 부착할 때에는 별표 7의 구분에 따라 근로자가 쉽게 알아볼 수 있는 장소·시설 또는 물체에 설치하거나 부착해야 한다(규칙 제39조 제1항).

② 사업주는 안전보건표지를 설치하거나 부착할 때에는 흔들리거나 쉽게 파손되지 않도록 견고하게 설치하거나 부착해야 한다(규칙 제39조 제2항).

③ 안전보건표지의 성질상 설치하거나 부착하는 것이 곤란한 경우에는 해당 물체에 직접 도색할 수 있다(규칙 제39조 제3항).

(4) 안전보건표지의 제작

① 안전보건표지는 그 종류별로 별표 9에 따른 기본모형에 의하여 별표 7의 구분에 따라 제작해야 한다(규칙 제40조 제1항).

② 안전보건표지는 그 표시내용을 근로자가 빠르고 쉽게 알아볼 수 있는 크기로 제작해야 한다(규칙 제40조 제2항).

③ 안전보건표지 속의 그림 또는 부호의 크기는 안전보건표지의 크기와 비례해야 하며, 안전보건표지 전체 규격의 30% 이상이 되어야 한다(규칙 제40조 제3항).

④ 안전보건표지는 쉽게 파손되거나 변형되지 않는 재료로 제작해야 한다(규칙 제40조 제4항).

⑤ 야간에 필요한 안전보건표지는 야광물질을 사용하는 등 쉽게 알아볼 수 있도록 제작해야 한다(규칙 제40조 제5항).

5. 안전조치

(1) 산업재해 예방조치

사업주는 다음의 어느 하나에 해당하는 위험으로 인한 산업재해를 예방하기 위하여 필요한 조치를 하여야 한다(법 제38조 제1항).

① 기계·기구, 그 밖의 설비에 의한 위험

② 폭발성, 발화성 및 인화성 물질 등에 의한 위험

③ 전기, 열, 그 밖의 에너지에 의한 위험

> **관련판례**
>
> 개별 조항에서 정한 의무의 내용과 해당 산업현장의 특성 등을 토대로 산업안전보건법의 입법 목적, 관련 규정이 사업주에게 안전·보건조치를 부과한 구체적인 취지, 사업장의 규모와 해당 사업장에서 이루어지는 작업의 성격 및 이에 내재되어 있거나 합리적으로 예상되는 안전·보건상 위험의 내용, 산업재해의 발생 빈도, 안전·보건조치에 필요한 기술 수준 등을 구체적으로 살펴 규범목적에 부합하도록 객관적으로 판단하여야 한다. 나아가 해당 안전보건규칙과 관련한 일정한 조치가 있었다고 하더라도 해당 산업현장의 구체적 실태에 비추어 예상 가능한 산업재해를 예방할 수 있을 정도의 실질적인 안전조치에 이르지 못할 경우에는 안전보건규칙을 준수하였다고 볼 수 없다. 특히 해당 산업현장에서 동종의 산업재해가 이미 발생하였던 경우에는 사업주가 충분한 보완대책을 강구함으로써 산업재해의 재발 방지를 위해 안전보건규칙에서 정하는 각종 예방 조치를 성실히 이행하였는지 엄격하게 판단하여야 한다(대판 202도3996).

(2) 불량한 작업방법 등에 의한 위험으로 예방조치

사업주는 굴착, 채석, 하역, 벌목, 운송, 조작, 운반, 해체, 중량물 취급, 그 밖의 작업을 할 때 불량한 작업방법 등에 의한 위험으로 인한 산업재해를 예방하기 위하여 필요한 조치를 하여야 한다(법 제38조 제2항).

(3) 작업장소에 대한 예방조치

사업주는 근로자가 다음의 어느 하나에 해당하는 장소에서 작업을 할 때 발생할 수 있는 산업재해를 예방하기 위하여 필요한 조치를 하여야 한다(법 제38조 제3항).
① 근로자가 추락할 위험이 있는 장소
② 토사·구축물 등이 붕괴할 우려가 있는 장소
③ 물체가 떨어지거나 날아올 위험이 있는 장소
④ 천재지변으로 인한 위험이 발생할 우려가 있는 장소

(4) 안전조치에 관한 구체적인 사항

사업주가 하여야 하는 안전조치에 관한 구체적인 사항은 고용노동부령으로 정한다(법 제38조 제4항).

6. 보건조치

(1) 사업주의 보건조치

사업주는 다음의 어느 하나에 해당하는 건강장해를 예방하기 위하여 필요한 조치(보건조치)를 하여야 한다(법 제39조 제1항).
① 원재료·가스·증기·분진·흄(fume, 열이나 화학반응에 의하여 형성된 고체증기가 응축되어 생긴 미세입자를 말한다)·미스트(mist, 공기 중에 떠다니는 작은 액체방울을 말한다)·산소결핍·병원체 등에 의한 건강장해
② 방사선·유해광선·고온·저온·초음파·소음·진동·이상기압 등에 의한 건강장해
③ 사업장에서 배출되는 기체·액체 또는 찌꺼기 등에 의한 건강장해
④ 계측감시, 컴퓨터 단말기 조작, 정밀공작 등의 작업에 의한 건강장해
⑤ 단순반복작업 또는 인체에 과도한 부담을 주는 작업에 의한 건강장해
⑥ 환기·채광·조명·보온·방습·청결 등의 적정기준을 유지하지 아니하여 발생하는 건강장해

> **관련판례**
> 사업주가 고용한 근로자가 타인의 사업장에서 근로를 제공하는 경우 그 작업장을 사업주가 직접 관리·통제하고 있지 아니한다는 사정만으로 사업주의 재해발생 방지의무가 당연히 부정되는 것은 아니다. 타인의 사업장 내 작업장이 밀폐공간이어서 재해발생의 위험이 있다면 사업주는 당해 근로관계가 근로자파견관계에 해당한다는 등의 특별한 사정이 없는 한 근로자의 건강장해를 예방하는 데 필요한 조치를 취할 의무가 있다. 따라서 사업주가 근로자의 건강장해를 예방하기 위하여 법 제24조 제1항에 규정된 조치를 취하지 아니한 채 타인의 사업장에서 작업을 하도록 지시하거나 그 보건조치가 취해지지 아니한 상태에서 위 작업이 이루어지고 있다는 사정을 알면서도 이를 방치하는 등 위 규정 위반행위가 사업주에 의하여 이루어졌다고 인정되는 경우에는 법 제66조의2, 제24조 제1항의 위반죄가 성립한다(대판 2016도14559).

(2) 보건조치의 구체적인 사항

사업주가 하여야 하는 보건조치에 관한 구체적인 사항은 고용노동부령으로 정한다(법 제39조 제2항).

7. 근로자의 안전조치 및 보건조치 준수

근로자는 사업주가 한 조치로서 고용노동부령으로 정하는 조치 사항을 지켜야 한다(법 제40조).

8. 고객의 폭언 등으로 인한 건강장해 예방조치 등

(1) 폭언 등 예방조치

사업주는 주로 고객을 직접 대면하거나 정보통신망을 통하여 상대하면서 상품을 판매하거나 서비스를 제공하는 업무에 종사하는 고객응대근로자에 대하여 고객의 폭언, 폭행, 그 밖에 적정 범위를 벗어난 신체적·정신적 고통을 유발하는 행위로 인한 건강장해를 예방하기 위하여 고용노동부령으로 정하는 바에 따라 필요한 조치를 하여야 한다(법 제41조 제1항).

(2) 고객의 폭언등으로 인한 건강장해 예방조치

사업주는 건강장해를 예방하기 위하여 다음의 조치를 해야 한다(규칙 제41조).
 ① 폭언등을 하지 않도록 요청하는 문구 게시 또는 음성 안내
 ② 고객과의 문제 상황 발생 시 대처방법 등을 포함하는 고객응대업무 매뉴얼 마련
 ③ 고객응대업무 매뉴얼의 내용 및 건강장해 예방 관련 교육 실시

④ 그 밖에 고객응대근로자의 건강장해 예방을 위하여 필요한 조치

(3) 제출서류 등

① 사업주가 유해위험방지계획서를 제출할 때에는 사업장별로 제조업 등 유해위험방지계획서에 다음의 서류를 첨부하여 해당 작업 시작 15일 전까지 공단에 2부를 제출해야 한다. 이 경우 유해위험방지계획서의 작성기준, 작성자, 심사기준, 그 밖에 심사에 필요한 사항은 고용노동부장관이 정하여 고시한다(규칙 제42조 제1항).
   ㉠ 건축물 각 층의 평면도
   ㉡ 기계·설비의 개요를 나타내는 서류
   ㉢ 기계·설비의 배치도면
   ㉣ 원재료 및 제품의 취급, 제조 등의 작업방법의 개요
   ㉤ 그 밖에 고용노동부장관이 정하는 도면 및 서류

② 사업주가 유해위험방지계획서를 제출할 때에는 사업장별로 제조업 등 유해위험방지계획서에 다음의 서류를 첨부하여 해당 작업 시작 15일 전까지 공단에 2부를 제출해야 한다(규칙 제42조 제2항).
   ㉠ 설치장소의 개요를 나타내는 서류
   ㉡ 설비의 도면
   ㉢ 그 밖에 고용노동부장관이 정하는 도면 및 서류

③ 사업주가 유해위험방지계획서를 제출할 때에는 건설공사 유해위험방지계획서에 서류를 첨부하여 해당 공사의 착공(유해위험방지계획서 작성 대상 시설물 또는 구조물의 공사를 시작하는 것을 말하며, 대지 정리 및 가설사무소 설치 등의 공사 준비기간은 착공으로 보지 않는다) 전날까지 공단에 2부를 제출해야 한다. 이 경우 해당 공사가 안전관리계획을 수립해야 하는 건설공사에 해당하는 경우에는 유해위험방지계획서와 안전관리계획서를 통합하여 작성한 서류를 제출할 수 있다(규칙 제42조 제3항).

④ 같은 사업장 내에서 공사의 착공시기를 달리하는 사업의 사업주는 해당 공사별 또는 해당 공사의 단위작업공사 종류별로 유해위험방지계획서를 분리하여 각각 제출할 수 있다. 이 경우 이미 제출한 유해위험방지계획서의 첨부서류와 중복되는 서류는 제출하지 않을 수 있다(규칙 제42조 제4항).

⑤ 산업재해발생률 등을 고려하여 고용노동부령으로 정하는 기준에 해당하는 사업주란 기준에 적합한 건설업체의 사업주를 말한다(규칙 제42조 제5항).

⑥ 자체심사 및 확인업체는 자체심사 및 확인방법에 따라 유해위험방지계획서를 스스로 심

사하여 해당 공사의 착공 전날까지 유해위험방지계획서 자체심사서를 공단에 제출해야 한다. 이 경우 공단은 필요한 경우 자체심사 및 확인업체의 자체심사에 관하여 지도·조언할 수 있다(규칙 제42조 제6항).

(4) 업무의 일시적 중단 또는 전환 등 조치

사업주는 업무와 관련하여 고객 등 제3자의 폭언등으로 근로자에게 건강장해가 발생하거나 발생할 현저한 우려가 있는 경우에는 업무의 일시적 중단 또는 전환 등 대통령령으로 정하는 필요한 조치를 하여야 한다(법 제41조 제2항).

(5) 제3자의 폭언등으로 인한 건강장해 발생 등에 대한 조치

업무의 일시적 중단 또는 전환 등 대통령령으로 정하는 필요한 조치란 다음의 조치 중 필요한 조치를 말한다(영 제41조).
① 업무의 일시적 중단 또는 전환
② 휴게시간의 연장
③ 폭언등으로 인한 건강장해 관련 치료 및 상담 지원
④ 관할 수사기관 또는 법원에 증거물·증거서류를 제출하는 등 폭언등으로 인한 고소, 고발 또는 손해배상 청구 등을 하는 데 필요한 지원

(6) 근로자의 조치요구

근로자는 사업주에게 조치를 요구할 수 있고, 사업주는 근로자의 요구를 이유로 해고 또는 그 밖의 불리한 처우를 해서는 아니 된다(법 제41조 제3항).

9. 유해위험방지계획서의 작성·제출 등

(1) 유해위험방지계획서의 작성·제출

사업주는 다음의 어느 하나에 해당하는 경우에는 이 법 또는 이 법에 따른 명령에서 정하는 유해·위험 방지에 관한 사항을 적은 계획서(유해위험방지계획서)를 작성하여 고용노동부령으로 정하는 바에 따라 고용노동부장관에게 제출하고 심사를 받아야 한다. 다만, ③에 해당하는 사업주 중 산업재해발생률 등을 고려하여 고용노동부령으로 정하는 기준에 해당하는 사업주는 유해위험방지계획서를 스스로 심사하고, 그 심사결과서를 작성하여 고용노동부장관에게 제출하여야 한다(법 제42조 제1항).

① 대통령령으로 정하는 사업의 종류 및 규모에 해당하는 사업으로서 해당 제품의 생산 공정과 직접적으로 관련된 건설물·기계·기구 및 설비 등 전부를 설치·이전하거나 그 주요 구조부분을 변경하려는 경우
② 유해하거나 위험한 작업 또는 장소에서 사용하거나 건강장해를 방지하기 위하여 사용하는 기계·기구 및 설비로서 대통령령으로 정하는 기계·기구 및 설비를 설치·이전하거나 그 주요 구조부분을 변경하려는 경우
③ 대통령령으로 정하는 크기, 높이 등에 해당하는 건설공사를 착공하려는 경우

(2) 유해위험방지계획서 제출 대상

① 대통령령으로 정하는 사업의 종류 및 규모에 해당하는 사업이란 다음의 어느 하나에 해당하는 사업으로서 전기 계약용량이 300킬로와트 이상인 경우를 말한다(영 제42조 제1항).
  ㉠ 금속가공제품 제조업; 기계 및 가구 제외
  ㉡ 비금속 광물제품 제조업
  ㉢ 기타 기계 및 장비 제조업
  ㉣ 자동차 및 트레일러 제조업
  ㉤ 식료품 제조업
  ㉥ 고무제품 및 플라스틱제품 제조업
  ㉦ 목재 및 나무제품 제조업
  ㉧ 기타 제품 제조업
  ㉨ 1차 금속 제조업
  ㉩ 가구 제조업
  ㉪ 화학물질 및 화학제품 제조업
  ㉫ 반도체 제조업
  ㉬ 전자부품 제조업

② 대통령령으로 정하는 기계·기구 및 설비란 다음의 어느 하나에 해당하는 기계·기구 및 설비를 말한다. 이 경우 다음에 해당하는 기계·기구 및 설비의 구체적인 범위는 고용노동부장관이 정하여 고시한다(영 제42조 제2항).
  ㉠ 금속이나 그 밖의 광물의 용해로
  ㉡ 화학설비
  ㉢ 건조설비
  ㉣ 가스집합 용접장치

ⓜ 근로자의 건강에 상당한 장해를 일으킬 우려가 있는 물질로서 고용노동부령으로 정하는 물질의 밀폐·환기·배기를 위한 설비
③ 대통령령으로 정하는 크기 높이 등에 해당하는 건설공사란 다음의 어느 하나에 해당하는 공사를 말한다(영 제42조 제3항).
　㉠ 다음의 어느 하나에 해당하는 건축물 또는 시설 등의 건설·개조 또는 해체 공사
　　ⓐ 지상높이가 31미터 이상인 건축물 또는 인공구조물
　　ⓑ 연면적 3만㎡ 이상인 건축물
　　ⓒ 연면적 5천㎡ 이상인 시설로서 다음의 어느 하나에 해당하는 시설
　　　㉮ 문화 및 집회시설(전시장 및 동물원·식물원은 제외한다)
　　　㉯ 판매시설, 운수시설(고속철도의 역사 및 집배송시설은 제외한다)
　　　㉰ 종교시설
　　　㉱ 의료시설 중 종합병원
　　　㉲ 숙박시설 중 관광숙박시설
　　　㉳ 지하도상가
　　　㉴ 냉동·냉장 창고시설
　㉡ 연면적 5천㎡ 이상인 냉동·냉장 창고시설의 설비공사 및 단열공사
　㉢ 최대 지간길이(다리의 기둥과 기둥의 중심사이의 거리)가 50미터 이상인 다리의 건설 등 공사
　㉣ 터널의 건설등 공사
　㉤ 다목적댐, 발전용댐, 저수용량 2천만톤 이상의 용수 전용 댐 및 지방상수도 전용 댐의 건설등 공사
　㉥ 깊이 10미터 이상인 굴착공사

(3) 의견청취

건설공사를 착공하려는 사업주는 유해위험방지계획서를 작성할 때 건설안전 분야의 자격 등 고용노동부령으로 정하는 자격을 갖춘 자의 의견을 들어야 한다(법 제42조 제2항).

(4) 유해위험방지계획서의 건설안전분야 자격 등

건설안전 분야의 자격 등 고용노동부령으로 정하는 자격을 갖춘 자란 다음의 어느 하나에 해당하는 사람을 말한다(규칙 제43조).
　① 건설안전 분야 산업안전지도사

② 건설안전기술사 또는 토목·건축 분야 기술사

③ 건설안전산업기사 이상의 자격을 취득한 후 건설안전 관련 실무경력이 건설안전기사 이상의 자격은 5년, 건설안전산업기사 자격은 7년 이상인 사람

(5) 공정안전보고서로 대체

사업주가 공정안전보고서를 고용노동부장관에게 제출한 경우에는 해당 유해·위험설비에 대해서는 유해위험방지계획서를 제출한 것으로 본다(법 제42조 제3항).

(6) 계획서의 검토 등

① 공단은 유해위험방지계획서 및 그 첨부서류를 접수한 경우에는 접수일부터 15일 이내에 심사하여 사업주에게 그 결과를 알려야 한다. 다만, 자체심사 및 확인업체가 유해위험방지계획서 자체심사서를 제출한 경우에는 심사를 하지 않을 수 있다(규칙 제44조 제1항).

② 공단은 유해위험방지계획서 심사 시 관련 분야의 학식과 경험이 풍부한 사람을 심사위원으로 위촉하여 해당 분야의 심사에 참여하게 할 수 있다(규칙 제44조 제2항).

③ 공단은 유해위험방지계획서 심사에 참여한 위원에게 수당과 여비를 지급할 수 있다. 다만, 소관 업무와 직접 관련되어 참여한 위원의 경우에는 그렇지 않다(규칙 제44조 제3항).

④ 고용노동부장관이 정하는 건설물·기계·기구 및 설비 또는 건설공사의 경우에는 등록된 지도사에게 유해위험방지계획서에 대한 평가를 받은 후 그 결과를 제출할 수 있다. 이 경우 공단은 제출된 평가 결과가 고용노동부장관이 정하는 대상에 대하여 고용노동부장관이 정하는 요건을 갖춘 지도사가 평가한 것으로 인정되면 해당 평가결과서로 유해위험방지계획서의 심사를 갈음할 수 있다(규칙 제44조 제4항).

⑤ 건설공사의 경우 제4항에 따른 유해위험방지계획서에 대한 평가는 같은 건설공사에 대하여 의견을 제시한 자가 해서는 안 된다(규칙 제44조 제5항).

(7) 심사 결과의 구분

① 공단은 유해위험방지계획서의 심사 결과를 다음과 같이 구분·판정한다(규칙 제45조 제1항).
  ㉠ 적정 : 근로자의 안전과 보건을 위하여 필요한 조치가 구체적으로 확보되었다고 인정되는 경우
  ㉡ 조건부 적정 : 근로자의 안전과 보건을 확보하기 위하여 일부 개선이 필요하다고 인정되는 경우
  ㉢ 부적정 : 건설물·기계·기구 및 설비 또는 건설공사가 심사기준에 위반되어 공사착공

시 중대한 위험이 발생할 우려가 있거나 해당 계획에 근본적 결함이 있다고 인정되는 경우

② 공단은 심사 결과 적정판정 또는 조건부 적정판정을 한 경우에는 유해위험방지계획서 심사 결과 통지서에 보완사항을 포함(조건부 적정판정을 한 경우만 해당한다)하여 해당 사업주에게 발급하고 지방고용노동관서의 장에게 보고해야 한다(규칙 제45조 제2항).

③ 공단은 심사 결과 부적정판정을 한 경우에는 지체 없이 유해위험방지계획서 심사 결과 (부적정) 통지서에 그 이유를 기재하여 지방고용노동관서의 장에게 통보하고 사업장 소재지 특별자치시장·특별자치도지사·시장·군수·구청장에게 그 사실을 통보해야 한다(규칙 제45조 제3항).

④ 통보를 받은 지방고용노동관서의 장은 사실 여부를 확인한 후 공사착공중지명령, 계획변경명령 등 필요한 조치를 해야 한다(규칙 제45조 제4항).

⑤ 사업주는 지방고용노동관서의 장으로부터 공사착공중지명령 또는 계획변경명령을 받은 경우에는 유해위험방지계획서를 보완하거나 변경하여 공단에 제출해야 한다(규칙 제45조 제5항).

(8) 확인

① 유해위험방지계획서를 제출한 사업주는 해당 건설물·기계·기구 및 설비의 시운전단계에서, 사업주는 건설공사 중 6개월 이내마다 다음의 사항에 관하여 공단의 확인을 받아야 한다(규칙 제46조 제1항).
　㉠ 유해위험방지계획서의 내용과 실제공사 내용이 부합하는지 여부
　㉡ 유해위험방지계획서 변경내용의 적정성
　㉢ 추가적인 유해·위험요인의 존재 여부

② 공단은 확인을 할 경우에는 그 일정을 사업주에게 미리 통보해야 한다(규칙 제46조 제2항).

③ 건설물·기계·기구 및 설비 또는 건설공사의 경우 사업주가 고용노동부장관이 정하는 요건을 갖춘 지도사에게 확인을 받고 그 결과를 공단에 제출하면 공단은 확인에 필요한 현장방문을 지도사의 확인결과로 대체할 수 있다. 다만, 건설업의 경우 최근 2년간 사망재해가 발생한 경우에는 그렇지 않다(규칙 제46조 제3항).

④ 유해위험방지계획서에 대한 확인은 평가를 한 자가 해서는 안 된다(규칙 제46조 제4항).

(9) 자체심사 및 확인업체의 확인 등

① 자체심사 및 확인업체의 사업주는 해당 공사 준공 시까지 6개월 이내마다 자체확인을 해야 하며, 공단은 필요한 경우 해당 자체확인에 관하여 지도·조언할 수 있다. 다만,

그 공사 중 사망재해가 발생한 경우에는 공단의 확인을 받아야 한다(규칙 제47조 제1항).

② 공단은 확인을 할 경우에는 그 일정을 사업주에게 미리 통보해야 한다(규칙 제47조 제2항).

(10) 확인 결과의 조치 등

① 공단은 확인 결과 해당 사업장의 유해·위험의 방지상태가 적정하다고 판단되는 경우에는 5일 이내에 확인 결과 통지서를 사업주에게 발급해야 하며, 확인결과 경미한 유해·위험요인이 발견된 경우에는 일정한 기간을 정하여 개선하도록 권고하되, 해당 기간 내에 개선되지 않은 경우에는 기간 만료일부터 10일 이내에 확인결과 조치 요청서에 그 이유를 적은 서면을 첨부하여 지방고용노동관서의 장에게 보고해야 한다(규칙 제48조 제1항).

② 공단은 확인 결과 중대한 유해·위험요인이 있어 시설 등의 개선, 사용중지 또는 작업중지 등의 조치가 필요하다고 인정되는 경우에는 지체 없이 확인결과 조치 요청서에 그 이유를 적은 서면을 첨부하여 지방고용노동관서의 장에게 보고해야 한다(규칙 제48조 제2항).

③ 보고를 받은 지방고용노동관서의 장은 사실 여부를 확인한 후 필요한 조치를 해야 한다(규칙 제48조 제3항).

(11) 보고 등

공단은 유해위험방지계획서의 작성·제출·확인업무와 관련하여 다음의 어느 하나에 해당하는 사업장을 발견한 경우에는 지체 없이 해당 사업장의 명칭·소재지 및 사업주명 등을 구체적으로 적어 지방고용노동관서의 장에게 보고해야 한다(규칙 제49조).

① 유해위험방지계획서를 제출하지 않은 사업장
② 유해위험방지계획서 제출기간이 지난 사업장
③ 자격을 갖춘 자의 의견을 듣지 않고 유해위험방지계획서를 작성한 사업장

(12) 심사결과 통지

고용노동부장관은 제출된 유해위험방지계획서를 고용노동부령으로 정하는 바에 따라 심사하여 그 결과를 사업주에게 서면으로 알려 주어야 한다. 이 경우 근로자의 안전 및 보건의 유지·증진을 위하여 필요하다고 인정하는 경우에는 해당 작업 또는 건설공사를 중지하거나 유해위험방지계획서를 변경할 것을 명할 수 있다(법 제42조 제4항).

(13) 심사결과서 사업장 비치

사업주는 스스로 심사하거나 고용노동부장관이 심사한 유해위험방지계획서와 그 심사결과서를 사업장에 갖추어 두어야 한다(법 제42조 제5항).

(14) 유해위험방지계획서 변경

건설공사를 착공하려는 사업주로서 유해위험방지계획서 및 그 심사결과서를 사업장에 갖추어 둔 사업주는 해당 건설공사의 공법의 변경 등으로 인하여 그 유해위험방지계획서를 변경할 필요가 있는 경우에는 이를 변경하여 갖추어 두어야 한다(법 제42조 제6항).

10. 유해위험방지계획서 이행의 확인 등

(1) 유해위험방지계획서 이행의 확인

유해위험방지계획서에 대한 심사를 받은 사업주는 고용노동부령으로 정하는 바에 따라 유해위험방지계획서의 이행에 관하여 고용노동부장관의 확인을 받아야 한다(법 제43조 제1항).

(2) 유해위험방지계획서 이행의 스스로 확인

사업주는 고용노동부령으로 정하는 바에 따라 유해위험방지계획서의 이행에 관하여 스스로 확인하여야 한다. 다만, 해당 건설공사 중에 근로자가 사망(교통사고 등 고용노동부령으로 정하는 경우는 제외한다)한 경우에는 고용노동부령으로 정하는 바에 따라 유해위험방지계획서의 이행에 관하여 고용노동부장관의 확인을 받아야 한다(법 제43조 제2항).

(3) 시설 등의 개선, 사용중지 또는 작업중지 등 필요한 조치

고용노동부장관은 확인 결과 유해위험방지계획서대로 유해·위험방지를 위한 조치가 되지 아니하는 경우에는 고용노동부령으로 정하는 바에 따라 시설 등의 개선, 사용중지 또는 작업중지 등 필요한 조치를 명할 수 있다(법 제43조 제3항).

(4) 시설 등의 개선, 사용중지 또는 작업중지 등

시설 등의 개선, 사용중지 또는 작업중지 등의 절차 및 방법, 그 밖에 필요한 사항은 고용노동부령으로 정한다(법 제43조 제4항).

11. 공정안전보고서의 작성·제출

(1) 공정안전보고서의 작성·제출

사업주는 사업장에 대통령령으로 정하는 유해하거나 위험한 설비가 있는 경우 그 설비로부터의 위험물질 누출, 화재 및 폭발 등으로 인하여 사업장 내의 근로자에게 즉시 피해를 주거나 사업장 인근 지역에 피해를 줄 수 있는 사고로서 대통령령으로 정하는 사고(중대산업사고)를 예방하기 위하여 대통령령으로 정하는 바에 따라 공정안전보고서를 작성하고 고용노동부장관에게 제출하여 심사를 받아야 한다. 이 경우 공정안전보고서의 내용이 중대산업사고를 예방하기 위하여 적합하다고 통보받기 전에는 관련된 유해하거나 위험한 설비를 가동해서는 아니 된다(법 제44조 제1항).

(2) 산업안전보건위원회의 심의

사업주는 공정안전보고서를 작성할 때 산업안전보건위원회의 심의를 거쳐야 한다. 다만, 산업안전보건위원회가 설치되어 있지 아니한 사업장의 경우에는 근로자대표의 의견을 들어야 한다(법 제44조 제2항).

(3) 공정안전보고서의 제출 대상

① 대통령령으로 정하는 유해하거나 위험한 설비란 다음의 어느 하나에 해당하는 사업을 하는 사업장의 경우에는 그 보유설비를 말하고, 그 외의 사업을 하는 사업장의 경우에는 유해·위험물질 중 하나 이상의 물질을 같은 표에 따른 규정량 이상 제조·취급·저장하는 설비 및 그 설비의 운영과 관련된 모든 공정설비를 말한다(영 제43조 제1항).
   ㉠ 원유 정제처리업
   ㉡ 기타 석유정제물 재처리업
   ㉢ 석유화학계 기초화학물질 제조업 또는 합성수지 및 기타 플라스틱물질 제조업. 다만, 합성수지 및 기타 플라스틱물질 제조업은 인화성 액체 또는 메틸 이소시아네이트에 해당하는 경우로 한정한다.
   ㉣ 질소 화합물, 질소·인산 및 칼리질 화학비료 제조업 중 질소질 비료 제조
   ㉤ 복합비료 및 기타 화학비료 제조업 중 복합비료 제조(단순혼합 또는 배합에 의한 경우는 제외한다)
   ㉥ 화학 살균·살충제 및 농업용 약제 제조업[농약 원제 제조만 해당한다]
   ㉦ 화약 및 불꽃제품 제조업

② 다음의 설비는 유해하거나 위험한 설비로 보지 않는다(영 제43조 제2항).
　㉠ 원자력 설비
　㉡ 군사시설
　㉢ 사업주가 해당 사업장 내에서 직접 사용하기 위한 난방용 연료의 저장설비 및 사용설비
　㉣ 도매·소매시설
　㉤ 차량 등의 운송설비
　㉥ 액화석유가스의 충전·저장시설
　㉦ 가스공급시설
　㉧ 그 밖에 고용노동부장관이 누출·화재·폭발 등의 사고가 있더라도 그에 따른 피해의 정도가 크지 않다고 인정하여 고시하는 설비
③ 대통령령으로 정하는 사고란 다음의 어느 하나에 해당하는 사고를 말한다(영 제43조 제3항).
　㉠ 근로자가 사망하거나 부상을 입을 수 있는 설비에서의 누출·화재·폭발 사고
　㉡ 인근 지역의 주민이 인적 피해를 입을 수 있는 설비에서의 누출·화재·폭발 사고

(4) 공정안전보고서의 내용

공정안전보고서에는 다음의 사항이 포함되어야 한다(영 제44조 제1항).
① 공정안전자료
② 공정위험성 평가서
③ 안전운전계획
④ 비상조치계획
⑤ 그 밖에 공정상의 안전과 관련하여 고용노동부장관이 필요하다고 인정하여 고시하는 사항

(5) 공정안전보고서의 세부 내용 등

① 공정안전보고서에 포함해야 할 세부내용은 다음과 같다(규칙 제50조 제1항).
　㉠ 공정안전자료
　　ⓐ 취급·저장하고 있거나 취급·저장하려는 유해·위험물질의 종류 및 수량
　　ⓑ 유해·위험물질에 대한 물질안전보건자료
　　ⓒ 유해하거나 위험한 설비의 목록 및 사양
　　ⓓ 유해하거나 위험한 설비의 운전방법을 알 수 있는 공정도면
　　ⓔ 각종 건물·설비의 배치도

ⓕ 폭발위험장소 구분도 및 전기단선도
ⓖ 위험설비의 안전설계·제작 및 설치 관련 지침서
ⓛ 공정위험성평가서 및 잠재위험에 대한 사고예방·피해 최소화 대책(공정위험성평가서는 공정의 특성 등을 고려하여 다음 각 목의 위험성평가 기법 중 한 가지 이상을 선정하여 위험성평가를 한 후 그 결과에 따라 작성해야 하며, 사고예방·피해최소화 대책은 위험성평가 결과 잠재위험이 있다고 인정되는 경우에만 작성한다)
  ⓐ 체크리스트(Check List)
  ⓑ 상대위험순위 결정(Dow and Mond Indices)
  ⓒ 작업자 실수 분석(HEA)
  ⓓ 사고 예상 질문 분석(What-if)
  ⓔ 위험과 운전 분석(HAZOP)
  ⓕ 이상위험도 분석(FMECA)
  ⓖ 결함 수 분석(FTA)
  ⓗ 사건 수 분석(ETA)
  ⓘ 원인결과 분석(CCA)
  ⓙ 가목부터 자목까지의 규정과 같은 수준 이상의 기술적 평가기법
ⓒ 안전운전계획
  ⓐ 안전운전지침서
  ⓑ 설비점검·검사 및 보수계획, 유지계획 및 지침서
  ⓒ 안전작업허가
  ⓓ 도급업체 안전관리계획
  ⓔ 근로자 등 교육계획
  ⓕ 가동 전 점검지침
  ⓖ 변경요소 관리계획
  ⓗ 자체감사 및 사고조사계획
  ⓘ 그 밖에 안전운전에 필요한 사항
ⓔ 비상조치계획
  ⓐ 비상조치를 위한 장비·인력 보유현황
  ⓑ 사고발생 시 각 부서·관련 기관과의 비상연락체계
  ⓒ 사고발생 시 비상조치를 위한 조직의 임무 및 수행 절차
  ⓓ 비상조치계획에 따른 교육계획

ⓔ 주민홍보계획

ⓕ 그 밖에 비상조치 관련 사항

② 공정안전보고서의 세부내용별 작성기준, 작성자 및 심사기준, 그 밖에 심사에 필요한 사항은 고용노동부장관이 정하여 고시한다(규칙 제50조 제2항).

(6) 공정안전보고서의 제출

① 사업주는 유해하거나 위험한 설비를 설치(기존 설비의 제조·취급·저장 물질이 변경되거나 제조량·취급량·저장량이 증가하여 유해·위험물질 규정량에 해당하게 된 경우를 포함한다)·이전하거나 고용노동부장관이 정하는 주요 구조부분을 변경할 때에는 고용노동부령으로 정하는 바에 따라 공정안전보고서를 작성하여 고용노동부장관에게 제출해야 한다. 이 경우 사업주가 환경부장관에게 제출해야 하는 화학사고예방관리계획서의 내용이 공정안전보고서에 포함시켜야 할 사항에 해당하는 경우에는 그 해당 부분에 대한 작성·제출을 화학사고예방관리계획서 사본의 제출로 갈음할 수 있다(영 제45조 제1항).

② 사업주가 제출해야 할 공정안전보고서가 고압가스를 사용하는 단위공정 설비에 관한 것인 경우로서 해당 사업주가 안전관리규정과 안전성향상계획을 작성하여 공단 및 한국가스안전공사가 공동으로 검토·작성한 의견서를 첨부하여 허가 관청에 제출한 경우에는 해당 단위공정 설비에 관한 공정안전보고서를 제출한 것으로 본다(영 제45조 제2항).

(7) 공정안전보고서의 제출 시기

사업주는 유해하거나 위험한 설비의 설치·이전 또는 주요 구조부분의 변경공사의 착공일(기존 설비의 제조·취급·저장 물질이 변경되거나 제조량·취급량·저장량이 증가하여 유해·위험물질 규정량에 해당하게 된 경우에는 그 해당일을 말한다) 30일 전까지 공정안전보고서를 2부 작성하여 공단에 제출해야 한다(규칙 제51조).

12. 공정안전보고서의 심사 등

(1) 공정안전보고서의 심사와 심사결과 통보

고용노동부장관은 공정안전보고서를 고용노동부령으로 정하는 바에 따라 심사하여 그 결과를 사업주에게 서면으로 알려 주어야 한다. 이 경우 근로자의 안전 및 보건의 유지·증진을 위하여 필요하다고 인정하는 경우에는 그 공정안전보고서의 변경을 명할 수 있다(법 제45조 제1항).

(2) 공정안전보고서 비치

사업주는 심사를 받은 공정안전보고서를 사업장에 갖추어 두어야 한다(법 제45조 제2항).

(3) 공정안전보고서의 심사 등

① 공단은 공정안전보고서를 제출받은 경우에는 제출받은 날부터 30일 이내에 심사하여 1부를 사업주에게 송부하고, 그 내용을 지방고용노동관서의 장에게 보고해야 한다(규칙 제52조 제1항).

② 공단은 공정안전보고서를 심사한 결과 화재의 예방·소방 등과 관련된 부분이 있다고 인정되는 경우에는 그 관련 내용을 관할 소방관서의 장에게 통보해야 한다(규칙 제52조 제2항).

(4) 공정안전보고서의 확인 등

① 공정안전보고서를 제출하여 심사를 받은 사업주는 다음의 시기별로 공단의 확인을 받아야 한다. 다만, 화공안전 분야 산업안전지도사, 대학에서 조교수 이상으로 재직하고 있는 사람으로서 화공 관련 교과를 담당하고 있는 사람, 그 밖에 자격 및 관련 업무 경력 등을 고려하여 고용노동부장관이 정하여 고시하는 요건을 갖춘 사람에게 자체감사를 하게 하고 그 결과를 공단에 제출한 경우에는 공단의 확인을 생략할 수 있다(규칙 제53조 제1항).

　㉠ 신규로 설치될 유해하거나 위험한 설비에 대해서는 설치 과정 및 설치 완료 후 시운전 단계에서 각 1회

　㉡ 기존에 설치되어 사용 중인 유해하거나 위험한 설비에 대해서는 심사 완료 후 3개월 이내

　㉢ 유해하거나 위험한 설비와 관련한 공정의 중대한 변경이 있는 경우에는 변경 완료 후 1개월 이내

　㉣ 유해하거나 위험한 설비 또는 이와 관련된 공정에 중대한 사고 또는 결함이 발생한 경우에는 1개월 이내. 다만, 안전보건진단을 받은 사업장 등 고용노동부장관이 정하여 고시하는 사업장의 경우에는 공단의 확인을 생략할 수 있다.

② 공단은 사업주로부터 확인요청을 받은 날부터 1개월 이내에 내용이 현장과 일치하는지 여부를 확인하고, 확인한 날부터 15일 이내에 그 결과를 사업주에게 통보하고 지방고용노동관서의 장에게 보고해야 한다(규칙 제53조 제2항).

③ 확인의 절차 등에 관하여 필요한 사항은 고용노동부장관이 정하여 고시한다(규칙 제53조 제3항).

13. 공정안전보고서의 이행 등

(1) 공정안전보고서 내용준수

사업주와 근로자는 심사를 받은 공정안전보고서(보완한 공정안전보고서를 포함한다)의 내용을 지켜야 한다(법 제46조 제1항).

(2) 고용노동부장관의 확인

사업주는 심사를 받은 공정안전보고서의 내용을 실제로 이행하고 있는지 여부에 대하여 고용노동부령으로 정하는 바에 따라 고용노동부장관의 확인을 받아야 한다(법 제46조 제2항).

(3) 변경사유 보완

사업주는 심사를 받은 공정안전보고서의 내용을 변경하여야 할 사유가 발생한 경우에는 지체 없이 그 내용을 보완하여야 한다(법 제46조 제3항).

(4) 공정안전보고서의 정기평가

고용노동부장관은 고용노동부령으로 정하는 바에 따라 공정안전보고서의 이행 상태를 정기적으로 평가할 수 있다(법 제46조 제4항).

(5) 공정안전보고서 이행 상태의 평가

① 고용노동부장관은 공정안전보고서의 확인(신규로 설치되는 유해하거나 위험한 설비의 경우에는 설치 완료 후 시운전 단계에서의 확인을 말한다) 후 1년이 지난 날부터 2년 이내에 공정안전보고서 이행 상태의 평가를 해야 한다(규칙 제54조 제1항).

② 고용노동부장관은 이행상태평가 후 4년마다 이행상태평가를 해야 한다. 다만, 다음의 어느 하나에 해당하는 경우에는 1년 또는 2년마다 이행상태평가를 할 수 있다(규칙 제54조 제2항).

㉠ 이행상태평가 후 사업주가 이행상태평가를 요청하는 경우

㉡ 사업장에 출입하여 검사 및 안전·보건점검 등을 실시한 결과 변경요소 관리계획 미준수로 공정안전보고서 이행상태가 불량한 것으로 인정되는 경우 등 고용노동부장관이

정하여 고시하는 경우

③ 이행상태평가는 공정안전보고서의 세부내용에 관하여 실시한다(규칙 제54조 제3항).

④ 이행상태평가의 방법 등 이행상태평가에 필요한 세부적인 사항은 고용노동부장관이 정한다(규칙 제54조 제4항).

(6) 공정안전보고서 제출명령

고용노동부장관은 평가 결과 보완 상태가 불량한 사업장의 사업주에게는 공정안전보고서의 변경을 명할 수 있으며, 이에 따르지 아니하는 경우 공정안전보고서를 다시 제출하도록 명할 수 있다(법 제46조 제5항).

14. 안전보건진단

(1) 안전보건진단 명령

고용노동부장관은 추락·붕괴, 화재·폭발, 유해하거나 위험한 물질의 누출 등 산업재해 발생의 위험이 현저히 높은 사업장의 사업주에게 지정받은 기관이 실시하는 안전보건진단을 받을 것을 명할 수 있다(법 제47조 제1항).

(2) 안전보건진단의 종류 및 내용

① 안전보건진단의 종류 및 내용은 별표 14와 같다(영 제46조 제1항).

안전보건진단의 종류 및 내용(영 별표 14)

종류	진단내용
종합진단	1. 경영·관리적 사항에 대한 평가 　가. 산업재해 예방계획의 적정성 　나. 안전·보건 관리조직과 그 직무의 적정성 　다. 산업안전보건위원회 설치·운영, 명예산업안전감독관의 역할 등 근로자의 참여 정도 　라. 안전보건관리규정 내용의 적정성 2. 산업재해 또는 사고의 발생 원인(산업재해 또는 사고가 발생한 경우만 해당한다) 3. 작업조건 및 작업방법에 대한 평가 4. 유해·위험요인에 대한 측정 및 분석 　가. 기계·기구 또는 그 밖의 설비에 의한 위험성 　나. 폭발성·물반응성·자기반응성·자기발열성 물질, 자연발화성 액체·고체 및 인화성 액체 등에 의한 위험성 　다. 전기·열 또는 그 밖의 에너지에 의한 위험성 　라. 추락, 붕괴, 낙하, 비래(飛來) 등으로 인한 위험성

	마. 그 밖에 기계·기구·설비·장치·구축물·시설물·원재료 및 공정 등에 의한 위험성 바. 법 제118조제1항에 따른 허가대상물질, 고용노동부령으로 정하는 관리대상 유해물질 및 온도·습도·환기·소음·진동·분진, 유해광선 등의 유해성 또는 위험성 5. 보호구, 안전·보건장비 및 작업환경 개선시설의 적정성 6. 유해물질의 사용·보관·저장, 물질안전보건자료의 작성, 근로자 교육 및 경고표시 부착의 적정성 7. 그 밖에 작업환경 및 근로자 건강 유지·증진 등 보건관리의 개선을 위하여 필요한 사항
안전진단	종합진단 내용 중 제2호·제3호, 제4호 가목부터 마목까지 및 제5호 중 안전 관련 사항
보건진단	종합진단 내용 중 제2호·제3호, 제4호 바목, 제5호 중 보건 관련 사항, 제6호 및 제7호

② 고용노동부장관은 안전보건진단 명령을 할 경우 기계·화공·전기·건설 등 분야별로 한정하여 진단을 받을 것을 명할 수 있다(영 제46조 제2항).

③ 안전보건진단 결과보고서에는 산업재해 또는 사고의 발생원인, 작업조건·작업방법에 대한 평가 등의 사항이 포함되어야 한다(영 제46조 제3항).

(3) 안전보건진단 의뢰

① 사업주는 안전보건진단 명령을 받은 경우 고용노동부령으로 정하는 바에 따라 안전보건진단기관에 안전보건진단을 의뢰하여야 한다(법 제47조 제2항).

② 안전보건진단 명령을 받은 사업주는 15일 이내에 안전보건진단기관에 안전보건진단을 의뢰해야 한다(규칙 제56조).

(4) 안전보건진단 결과의 보고

안전보건진단을 실시한 안전보건진단기관은 진단내용에 해당하는 사항에 대한 조사·평가 및 측정 결과와 그 개선방법이 포함된 보고서를 진단을 의뢰받은 날로부터 30일 이내에 해당 사업장의 사업주 및 관할 지방고용노동관서의 장에게 제출(전자문서로 제출하는 것을 포함한다)해야 한다(규칙 제57조).

(5) 안전보건진단의 방해 또는 기피금지

사업주는 안전보건진단기관이 실시하는 안전보건진단에 적극 협조하여야 하며, 정당한 사유 없이 이를 거부하거나 방해 또는 기피해서는 아니 된다. 이 경우 근로자대표가 요구할 때에는 해당 안전보건진단에 근로자대표를 참여시켜야 한다(법 제47조 제3항).

(6) 안전보건진단 결과보고서 제출

안전보건진단기관은 안전보건진단을 실시한 경우에는 안전보건진단 결과보고서를 고용노동부령으로 정하는 바에 따라 해당 사업장의 사업주 및 고용노동부장관에게 제출하여야 한다(법 제47조 제4항).

(7) 안전보건진단의 종류 및 내용 등

안전보건진단의 종류 및 내용, 안전보건진단 결과보고서에 포함될 사항, 그 밖에 필요한 사항은 대통령령으로 정한다(법 제47조 제5항).

15. 안전보건진단기관

(1) 안전보건진단기관의 지정

안전보건진단기관이 되려는 자는 대통령령으로 정하는 인력·시설 및 장비 등의 요건을 갖추어 고용노동부장관의 지정을 받아야 한다(법 제48조 제1항).

(2) 안전보건진단기관의 지정 요건

안전보건진단기관으로 지정받으려는 자는 법인으로서 안전보건진단 종류별로 종합진단기관은 별표 15, 안전진단기관은 별표 16, 보건진단기관은 별표 17에 따른 인력·시설 및 장비 등의 요건을 각각 갖추어야 한다(영 제47조).

(3) 평가결과 공개

고용노동부장관은 안전보건진단기관에 대하여 평가하고 그 결과를 공개할 수 있다. 이 경우 평가의 기준·방법 및 결과의 공개에 필요한 사항은 고용노동부령으로 정한다(법 제48조 제2항).

(4) 안전보건진단기관의 평가 등

① 안전보건진단기관 평가의 기준은 다음과 같다(규칙 제58조 제1항).
  ㉠ 인력·시설 및 장비의 보유 수준과 그에 대한 관리능력
  ㉡ 유해위험요인의 평가·분석 충실성 등 안전보건진단 업무 수행능력
  ㉢ 안전보건진단 대상 사업장의 만족도
② 안전보건진단기관 평가의 방법 및 평가 결과의 공개에 관하여는 안전관리전문기관 또는 보건관리전문기관의 규정을 준용한다. 이 경우 "안전관리전문기관 또는 보건관리전문기관"은 "안전보건진단기관"으로 본다(규칙 제58조 제2항).

(5) 안전보건진단기관의 지정신청 등

① 안전보건진단기관으로 지정받으려는 자는 안전보건진단기관 지정신청서에 다음의 서류를 첨부하여 지방고용노동청장에게 제출(전자문서로 제출하는 것을 포함한다)해야 한다.
  ㉠ 정관
  ㉡ 인력기준에 해당하는 사람의 자격과 채용을 증명할 수 있는 자격증(국가기술자격증은 제외한다), 경력증명서 및 재직증명서 등의 서류
  ㉢ 건물임대차계약서 사본이나 그 밖에 사무실의 보유를 증명할 수 있는 서류와 시설·장비 명세서
  ㉣ 최초 1년간의 안전보건진단사업계획서
② 신청서를 제출받은 지방고용노동청장은 행정정보의 공동이용을 통하여 법인등기사항증명서 및 국가기술자격증을 확인해야 하며, 신청인이 국가기술자격증의 확인에 동의하지 않는 경우에는 그 사본을 첨부하도록 해야 한다.
③ 안전보건진단기관에 대한 지정서의 발급, 지정받은 사항의 변경, 지정서의 반납 등에 관하여는 안전관리전문기관 또는 보건관리전문기관의 규정을 준용한다. 이 경우 "안전관리전문기관 또는 보건관리전문기관"은 "안전보건진단기관"으로, "고용노동부장관 또는 지방고용노동청장"은 "지방고용노동청장"으로 본다.

(6) 안전보건진단기관의 지정 취소 등의 사유(영 제48조)

① 안전보건진단 업무 관련 서류를 거짓으로 작성한 경우
② 정당한 사유 없이 안전보건진단 업무의 수탁을 거부한 경우
③ 인력기준에 해당하지 않은 사람에게 안전보건진단 업무를 수행하게 한 경우
④ 안전보건진단 업무를 수행하지 않고 위탁 수수료를 받은 경우
⑤ 안전보건진단 업무와 관련된 비치서류를 보존하지 않은 경우
⑥ 안전보건진단 업무 수행과 관련한 대가 외의 금품을 받은 경우
⑦ 법에 따른 관계 공무원의 지도·감독을 거부·방해 또는 기피한 경우

16. 안전보건개선계획의 수립·시행 명령

(1) 안전보건개선계획의 수립·시행 명령

고용노동부장관은 다음의 어느 하나에 해당하는 사업장으로서 산업재해 예방을 위하여 종합적인 개선조치를 할 필요가 있다고 인정되는 사업장의 사업주에게 고용노동부령으로 정하는 바에

따라 그 사업장, 시설, 그 밖의 사항에 관한 안전 및 보건에 관한 개선계획을 수립하여 시행할 것을 명할 수 있다. 이 경우 대통령령으로 정하는 사업장의 사업주에게는 안전보건진단을 받아 안전보건개선계획을 수립하여 시행할 것을 명할 수 있다(법 제49조 제1항).

① 산업재해율이 같은 업종의 규모별 평균 산업재해율보다 높은 사업장
② 사업주가 필요한 안전조치 또는 보건조치를 이행하지 아니하여 중대재해가 발생한 사업장
③ 대통령령으로 정하는 수 이상의 직업성 질병자가 발생한 사업장
④ 유해인자의 노출기준을 초과한 사업장

(2) 안전보건진단을 받아 안전보건개선계획을 수립할 대상(영 제49조)

① 산업재해율이 같은 업종 평균 산업재해율의 2배 이상인 사업장
② 사업주가 필요한 안전조치 또는 보건조치를 이행하지 아니하여 중대재해가 발생한 사업장
③ 직업성 질병자가 연간 2명 이상(상시근로자 1천명 이상 사업장의 경우 3명 이상) 발생한 사업장
④ 그 밖에 작업환경 불량, 화재·폭발 또는 누출 사고 등으로 사업장 주변까지 피해가 확산된 사업장으로서 고용노동부령으로 정하는 사업장

(3) 안전보건개선계획 수립 대상

직업성 질병자가 연간 2명 이상 발생한 사업장을 말한다(영 제50조).

(4) 산업안전보건위원회의 심의

사업주는 안전보건개선계획을 수립할 때에는 산업안전보건위원회의 심의를 거쳐야 한다. 다만, 산업안전보건위원회가 설치되어 있지 아니한 사업장의 경우에는 근로자대표의 의견을 들어야 한다(법 제49조 제2항).

17. 안전보건개선계획서의 제출 등

(1) 안전보건개선계획서의 제출

안전보건개선계획의 수립·시행 명령을 받은 사업주는 고용노동부령으로 정하는 바에 따라 안전보건개선계획서를 작성하여 고용노동부장관에게 제출하여야 한다(법 제50조 제1항).

(2) 안전보건개선계획의 제출 등

① 안전보건개선계획서를 제출해야 하는 사업주는 안전보건개선계획서 수립·시행 명령을 받은 날부터 60일 이내에 관할 지방고용노동관서의 장에게 해당 계획서를 제출(전자문서로 제출하는 것을 포함한다)해야 한다(규칙 제61조 제1항).

② 안전보건개선계획서에는 시설, 안전보건관리체제, 안전보건교육, 산업재해 예방 및 작업환경의 개선을 위하여 필요한 사항이 포함되어야 한다(규칙 제61조 제2항).

(3) 안전보건개선계획서의 검토 등

① 지방고용노동관서의 장이 안전보건개선계획서를 접수한 경우에는 접수일부터 15일 이내에 심사하여 사업주에게 그 결과를 알려야 한다(규칙 제62조 제1항).

② 지방고용노동관서의 장은 안전보건개선계획서에 정한 사항이 적정하게 포함되어 있는지 검토해야 한다. 이 경우 지방고용노동관서의 장은 안전보건개선계획서의 적정 여부 확인을 공단 또는 지도사에게 요청할 수 있다(규칙 제62조 제2항).

(4) 안전보건개선계획서의 보완명령

고용노동부장관은 제출받은 안전보건개선계획서를 고용노동부령으로 정하는 바에 따라 심사하여 그 결과를 사업주에게 서면으로 알려 주어야 한다. 이 경우 고용노동부장관은 근로자의 안전 및 보건의 유지·증진을 위하여 필요하다고 인정하는 경우 해당 안전보건개선계획서의 보완을 명할 수 있다(법 제50조 제2항).

(5) 안전보건개선계획서 준수

사업주와 근로자는 심사를 받은 안전보건개선계획서(보완한 안전보건개선계획서를 포함한다)를 준수하여야 한다(법 제50조 제3항).

18. 사업주의 작업중지

사업주는 산업재해가 발생할 급박한 위험이 있을 때에는 즉시 작업을 중지시키고 근로자를 작업장소에서 대피시키는 등 안전 및 보건에 관하여 필요한 조치를 하여야 한다(법 제51조).

19. 근로자의 작업중지

(1) 근로자의 작업중지와 대피

근로자는 산업재해가 발생할 급박한 위험이 있는 경우에는 작업을 중지하고 대피할 수 있다(법 제52조 제1항).

(2) 작업중지와 대피의 보고

작업을 중지하고 대피한 근로자는 지체 없이 그 사실을 관리감독자 또는 그 밖에 부서의 장에게 보고하여야 한다(법 제52조 제2항).

(3) 안전 및 보건에 관한 조치

관리감독자등은 보고를 받으면 안전 및 보건에 관하여 필요한 조치를 하여야 한다(법 제52조 제3항).

(4) 불리한 처우금지

사업주는 산업재해가 발생할 급박한 위험이 있다고 근로자가 믿을 만한 합리적인 이유가 있을 때에는 작업을 중지하고 대피한 근로자에 대하여 해고나 그 밖의 불리한 처우를 해서는 아니 된다(법 제52조 제4항).

20. 고용노동부장관의 시정조치 등

(1) 고용노동부장관의 시정조치

고용노동부장관은 사업주가 사업장의 건설물 또는 그 부속건설물 및 기계·기구·설비·원재료에 대하여 안전 및 보건에 관하여 고용노동부령으로 정하는 필요한 조치를 하지 아니하여 근로자에게 현저한 유해·위험이 초래될 우려가 있다고 판단될 때에는 해당 기계·설비등에 대하여 사용중지·대체·제거 또는 시설의 개선, 그 밖에 안전 및 보건에 관하여 고용노동부령으로 정하는 필요한 조치를 명할 수 있다(법 제53조 제1항).

(2) 기계·설비 등에 대한 안전 및 보건조치(규칙 제63조)

① 안전보건규칙에서 건설물 또는 그 부속건설물·기계·기구·설비·원재료에 대하여 정하는 안전조치 또는 보건조치

② 안전인증대상기계등의 사용금지
③ 자율안전확인대상기계등의 사용금지
④ 안전검사대상기계등의 사용금지
⑤ 안전검사대상기계등의 사용금지
⑥ 제조등금지물질의 사용금지
⑦ 허가대상물질에 대한 허가의 취득

(3) 사용의 중지

① 고용노동부장관이 사용중지를 명하려는 경우에는 사용중지명령서 또는 고용노동부장관이 정하는 표지를 발부하거나 부착할 수 있다(규칙 제64조 제1항).
② 사업주는 사용중지명령서등을 받은 경우에는 관계 근로자에게 해당 사항을 알려야 한다(규칙 제64조 제2항).
③ 사용중지명령서를 받은 사업주는 발부받은 때부터 그 개선이 완료되어 고용노동부장관이 사용중지명령을 해제할 때까지 해당 건설물 또는 그 부속건설물 및 기계·기구·설비·원재료를 사용해서는 안 된다(규칙 제64조 제3항).
④ 사업주는 발부되거나 부착된 사용중지명령서등을 해당 건설물 또는 그 부속건설물 및 기계·기구·설비·원재료로부터 임의로 제거하거나 훼손해서는 안 된다(규칙 제64조 제4항).
⑤ 지방고용노동관서의 장은 사용중지를 해제하는 경우 그 내용을 사업주에게 알려주어야 한다(규칙 제64조 제5항).

(4) 시정조치 명령서의 게시

① 시정조치 명령을 받은 사업주는 해당 기계·설비등에 대하여 시정조치를 완료할 때까지 시정조치 명령 사항을 사업장 내에 근로자가 쉽게 볼 수 있는 장소에 게시하여야 한다(법 제53조 제2항).
② 이 법 위반으로 고용노동부장관의 시정조치 명령을 받은 사업주는 해당 내용을 시정할 때까지 위반 장소 또는 사내 게시판 등에 게시해야 한다(규칙 제66조).

(5) 작업의 전부 또는 일부의 중지명령

고용노동부장관은 사업주가 해당 기계·설비등에 대한 시정조치 명령을 이행하지 아니하여 유해·위험 상태가 해소 또는 개선되지 아니하거나 근로자에 대한 유해·위험이 현저히 높아질 우려가 있는 경우에는 해당 기계·설비등과 관련된 작업의 전부 또는 일부의 중지를 명할 수 있다(법 제53조 제3항).

(6) 작업의 중지

① 고용노동부장관은 작업의 전부 또는 일부 중지를 명하려는 경우에는 작업중지명령서 또는 고용노동부장관이 정하는 표지를 발부하거나 부착할 수 있다(규칙 제65조 제1항).
② 작업중지명령 고지 등에 관하여는 사용중지명령서등을 준용한다. 이 경우 "사용중지명령서등"은 "작업중지명령서등"으로, "사용중지명령서"는 "작업중지명령서"로, "사용중지"는 "작업중지"로 본다.

(7) 작업중지의 해제요청

사용중지 명령 또는 작업중지 명령을 받은 사업주는 그 시정조치를 완료한 경우에는 고용노동부장관에게 사용중지 또는 작업중지의 해제를 요청할 수 있다(법 제53조 제4항).

(8) 작업중지 해제

고용노동부장관은 해제 요청에 대하여 시정조치가 완료되었다고 판단될 때에는 사용중지 또는 작업중지를 해제하여야 한다(법 제53조 제5항).

21. 중대재해 발생 시 사업주의 조치

(1) 중대재해 발생 시 사업주의 조치

사업주는 중대재해가 발생하였을 때에는 즉시 해당 작업을 중지시키고 근로자를 작업장소에서 대피시키는 등 안전 및 보건에 관하여 필요한 조치를 하여야 한다(법 제54조 제1항).

(2) 중대재해가 발생한 사실 보고

① 사업주는 중대재해가 발생한 사실을 알게 된 경우에는 고용노동부령으로 정하는 바에 따라 지체 없이 고용노동부장관에게 보고하여야 한다. 다만, 천재지변 등 부득이한 사유가 발생한 경우에는 그 사유가 소멸되면 지체 없이 보고하여야 한다(법 제54조 제2항).
② 사업주는 중대재해가 발생한 사실을 알게 된 경우에는 지체 없이 다음의 사항을 사업장 소재지를 관할하는 지방고용노동관서의 장에게 전화·팩스 또는 그 밖의 적절한 방법으로 보고해야 한다(규칙 제67조).
　㉠ 발생 개요 및 피해 상황

ⓒ 조치 및 전망
　　ⓔ 그 밖의 중요한 사항

22. 중대재해 발생 시 고용노동부장관의 작업중지 조치

(1) 급박한 위험에 따른 작업중지명령

고용노동부장관은 중대재해가 발생하였을 때 다음의 어느 하나에 해당하는 작업으로 인하여 해당 사업장에 산업재해가 다시 발생할 급박한 위험이 있다고 판단되는 경우에는 그 작업의 중지를 명할 수 있다(법 제55조 제1항).
① 중대재해가 발생한 해당 작업
② 중대재해가 발생한 작업과 동일한 작업

(2) 작업중지명령서

작업중지를 명하는 경우에는 작업중지명령서를 발부해야 한다(규칙 제68조).

(3) 산업재해 확산 가능성에 따른 작업중지명령

고용노동부장관은 토사·구축물의 붕괴, 화재·폭발, 유해하거나 위험한 물질의 누출 등으로 인하여 중대재해가 발생하여 그 재해가 발생한 장소 주변으로 산업재해가 확산될 수 있다고 판단되는 등 불가피한 경우에는 해당 사업장의 작업을 중지할 수 있다(법 제55조 제2항).

(4) 작업중지 해제에 관한 심의

고용노동부장관은 사업주가 작업중지의 해제를 요청한 경우에는 작업중지 해제에 관한 전문가 등으로 구성된 심의위원회의 심의를 거쳐 고용노동부령으로 정하는 바에 따라 작업중지를 해제하여야 한다(법 제55조 제3항).

(5) 작업중지의 해제

① 사업주가 작업중지의 해제를 요청할 경우에는 작업중지명령 해제신청서를 작성하여 사업장의 소재지를 관할하는 지방고용노동관서의 장에게 제출해야 한다(규칙 제69조 제1항).
② 사업주가 작업중지명령 해제신청서를 제출하는 경우에는 미리 유해·위험요인 개선내용에 대하여 중대재해가 발생한 해당작업 근로자의 의견을 들어야 한다(규칙 제69조 제2항).

③ 지방고용노동관서의 장은 작업중지명령 해제를 요청받은 경우에는 근로감독관으로 하여금 안전·보건을 위하여 필요한 조치를 확인하도록 하고, 천재지변 등 불가피한 경우를 제외하고는 해제요청일 다음 날부터 4일 이내(토요일과 공휴일을 포함하되, 토요일과 공휴일이 연속하는 경우에는 3일까지만 포함한다)에 작업중지해제 심의위원회를 개최하여 심의한 후 해당조치가 완료되었다고 판단될 경우에는 즉시 작업중지명령을 해제해야 한다(규칙 제69조 제3항).

(6) 작업중지해제 심의위원회

① 심의위원회는 지방고용노동관서의 장, 공단 소속 전문가 및 해당 사업장과 이해관계가 없는 외부전문가 등을 포함하여 4명 이상으로 구성해야 한다(규칙 제70조 제1항).
② 지방고용노동관서의 장은 심의위원회가 작업중지명령 대상 유해·위험업무에 대한 안전·보건조치가 충분히 개선되었다고 심의·의결하는 경우에는 즉시 작업중지명령의 해제를 결정해야 한다(규칙 제70조 제2항).
③ 심의위원회의 구성 및 운영에 필요한 사항은 고용노동부장관이 정한다(규칙 제70조 제3항).

23. 중대재해 원인조사 등

(1) 중대재해 원인조사

고용노동부장관은 중대재해가 발생하였을 때에는 그 원인 규명 또는 산업재해 예방대책 수립을 위하여 그 발생 원인을 조사할 수 있다(법 제56조 제1항).

(2) 안전보건개선계획의 수립·시행, 그 밖에 필요한 조치명령

고용노동부장관은 중대재해가 발생한 사업장의 사업주에게 안전보건개선계획의 수립·시행, 그 밖에 필요한 조치를 명할 수 있다(법 제56조 제2항).

(3) 원인조사 방해금지

누구든지 중대재해 발생 현장을 훼손하거나 고용노동부장관의 원인조사를 방해해서는 아니 된다(법 제56조 제3항).

(4) 중대재해 원인조사의 내용 등

중대재해 원인조사를 하는 때에는 현장을 방문하여 조사해야 하며 재해조사에 필요한 안전보건

관련 서류 및 목격자의 진술 등을 확보하도록 노력해야 한다. 이 경우 중대재해 발생의 원인이 사업주의 법 위반에 기인한 것인지 등을 조사해야 한다(규칙 제71조).

24. 산업재해 발생 은폐 금지 및 보고 등

(1) 산업재해 발생 은폐 금지

사업주는 산업재해가 발생하였을 때에는 그 발생 사실을 은폐해서는 아니 된다(법 제57조 제1항).

(2) 산업재해의 발생원인 등 기록보존

사업주는 고용노동부령으로 정하는 바에 따라 산업재해의 발생원인 등을 기록하여 보존하여야 한다(법 제57조 제2항).

(3) 산업재해 기록 등

사업주는 산업재해가 발생한 때에는 다음의 사항을 기록·보존해야 한다. 다만, 산업재해조사표의 사본을 보존하거나 요양신청서의 사본에 재해 재발방지 계획을 첨부하여 보존한 경우에는 그렇지 않다(규칙 제72조).
① 사업장의 개요 및 근로자의 인적사항
② 재해 발생의 일시 및 장소
③ 재해 발생의 원인 및 과정
④ 재해 재발방지 계획

(4) 산업재해 발생 보고 등

① 사업주는 산업재해로 사망자가 발생하거나 3일 이상의 휴업이 필요한 부상을 입거나 질병에 걸린 사람이 발생한 경우에는 해당 산업재해가 발생한 날부터 1개월 이내에 산업재해조사표를 작성하여 관할 지방고용노동관서의 장에게 제출(전자문서로 제출하는 것을 포함한다)해야 한다(규칙 제73조 제1항).

② 다음의 모두에 해당하지 않는 사업주가 2014년 7월 1일 이후 해당 사업장에서 처음 발생한 산업재해에 대하여 지방고용노동관서의 장으로부터 산업재해조사표를 작성하여 제출하도록 명령을 받은 경우 그 명령을 받은 날부터 15일 이내에 이를 이행한 때에는 보고를 한 것으로 본다. 보고기한이 지난 후에 자진하여 산업재해조사표를 작성·제출

한 경우에도 또한 같다(규칙 제73조 제2항).
  ㉠ 안전관리자 또는 보건관리자를 두어야 하는 사업주
  ㉡ 안전보건총괄책임자를 지정해야 하는 도급인
  ㉢ 건설재해예방전문지도기관의 지도를 받아야 하는 건설공사도급법인
  ㉣ 산업재해 발생사실을 은폐하려고 한 건설공사도급인
③ 사업주는 산업재해조사표에 근로자대표의 확인을 받아야 하며, 그 기재 내용에 대하여 근로자대표의 이견이 있는 경우에는 그 내용을 첨부해야 한다. 다만, 근로자대표가 없는 경우에는 재해자 본인의 확인을 받아 산업재해조사표를 제출할 수 있다(규칙 제73조 제3항).
④ 산업재해발생 보고에 필요한 사항은 고용노동부장관이 정한다(규칙 제73조 제4항).
⑤ 요양급여의 신청을 받은 근로복지공단은 지방고용노동관서의 장 또는 공단으로부터 요양신청서 사본, 요양업무 관련 전산입력자료, 그 밖에 산업재해예방업무 수행을 위하여 필요한 자료의 송부를 요청받은 경우에는 이에 협조해야 한다(규칙 제73조 제5항).

(6) 고용노동부장관에게 보고

사업주는 고용노동부령으로 정하는 산업재해에 대해서는 그 발생 개요·원인 및 보고 시기, 재발방지 계획 등을 고용노동부령으로 정하는 바에 따라 고용노동부장관에게 보고하여야 한다(법 제57조 제3항).

PART 05 도급 시 산업재해 예방

제1절 도급의 제한

1. 유해한 작업의 도급금지

(1) 유해한 작업의 도급금지

사업주는 근로자의 안전 및 보건에 유해하거나 위험한 작업으로서 다음의 어느 하나에 해당하는 작업을 도급하여 자신의 사업장에서 수급인의 근로자가 그 작업을 하도록 해서는 아니 된다(법 제58조 제1항).

① 도금작업
② 수은, 납 또는 카드뮴을 제련, 주입, 가공 및 가열하는 작업
③ 허가대상물질을 제조하거나 사용하는 작업

(2) 수급인의 근로자가 작업할 수 있는 경우

사업주는 다음의 어느 하나에 해당하는 경우에는 작업을 도급하여 자신의 사업장에서 수급인의 근로자가 그 작업을 하도록 할 수 있다(법 제58조 제2항).

① 일시·간헐적으로 하는 작업을 도급하는 경우
② 수급인이 보유한 기술이 전문적이고 사업주(수급인에게 도급을 한 도급인으로서의 사업주를 말한다)의 사업 운영에 필수 불가결한 경우로서 고용노동부장관의 승인을 받은 경우

(3) 안전 및 보건에 관한 평가

사업주는 고용노동부장관의 승인을 받으려는 경우에는 고용노동부령으로 정하는 바에 따라 고용노동부장관이 실시하는 안전 및 보건에 관한 평가를 받아야 한다(법 제58조 제3항).

(4) 승인의 유효기간

승인의 유효기간은 3년의 범위에서 정한다(법 제58조 제4항).

(5) 유효기간의 만료와 안전 및 보건에 관한 평가

고용노동부장관은 유효기간이 만료되는 경우에 사업주가 유효기간의 연장을 신청하면 승인의 유효기간이 만료되는 날의 다음 날부터 3년의 범위에서 고용노동부령으로 정하는 바에 따라 그 기간의 연장을 승인할 수 있다. 이 경우 사업주는 안전 및 보건에 관한 평가를 받아야 한다(법 제58조 제5항).

(6) 안전 및 보건에 관한 평가의 내용 등

① 사업주는 승인 및 연장승인을 받으려는 경우 고용노동부장관이 고시하는 기관을 통하여 안전 및 보건에 관한 평가를 받아야 한다(규칙 제74조 제1항).
② 안전 및 보건에 관한 평가에 대한 내용은 별표 12와 같다(규칙 제74조 제1항).

안전 및 보건에 관한 평가의 내용(규칙 별표 12)

종류	평가항목

종합평가	1. 작업조건 및 작업방법에 대한 평가
	2. 유해·위험요인에 대한 측정 및 분석
	  가. 기계·기구 또는 그 밖의 설비에 의한 위험성
	  나. 폭발성·물반응성·자기반응성·자기발열성 물질, 자연발화성 액체·고체 및 인화성 액체 등에 의한 위험성
	  다. 전기·열 또는 그 밖의 에너지에 의한 위험성
	  라. 추락, 붕괴, 낙하, 비래 등으로 인한 위험성
	  마. 그 밖에 기계·기구·설비·장치·구축물·시설물·원재료 및 공정 등에 의한 위험성
	  바. 영 제88조에 따른 허가 대상 유해물질, 고용노동부령으로 정하는 관리 대상 유해물질 및 온도·습도·환기·소음·진동·분진, 유해광선 등의 유해성 또는 위험성
	3. 보호구, 안전·보건장비 및 작업환경 개선시설의 적정성
	4. 유해물질의 사용·보관·저장, 물질안전보건자료의 작성, 근로자 교육 및 경고표시 부착의 적정성
	  가. 화학물질 안전보건 정보의 제공
	  나. 수급인 안전보건교육 지원에 관한 사항
	  다. 화학물질 경고표시 부착에 관한 사항 등
	5. 수급인의 안전보건관리 능력의 적정성
	  가. 안전보건관리체제(안전·보건관리자, 안전보건관리담당자, 관리감독자 선임관계 등)
	  나. 건강검진 현황(신규자는 배치전건강진단 실시여부 확인 등)
	  다. 특별안전보건교육 실시 여부 등
	6. 그 밖에 작업환경 및 근로자 건강 유지·증진 등 보건관리의 개선을 위하여 필요한 사항

안전평가	종합평가 항목 중 제1호의 사항, 제2호 가목부터 마목까지의 사항, 제3호 중 안전 관련 사항, 제5호의 사항
보건평가	종합평가 항목 중 제1호의 사항, 제2호 바목의 사항, 제3호 중 보건 관련 사항, 제4호·제5호 및 제6호의 사항

(7) 변경하려는 경우 승인

사업주는 승인을 받은 사항 중 고용노동부령으로 정하는 사항을 변경하려는 경우에는 고용노동부령으로 정하는 바에 따라 변경에 대한 승인을 받아야 한다(법 제58조 제6항).

(8) 승인, 연장승인 또는 변경승인 취소

고용노동부장관은 승인, 연장승인 또는 변경승인을 받은 자가 기준에 미달하게 된 경우에는 승인, 연장승인 또는 변경승인을 취소하여야 한다(법 제58조 제7항).

(9) 도급승인 등의 절차·방법 및 기준 등

① 승인, 연장승인 또는 변경승인을 받으려는 자는 도급승인 신청서, 연장신청서 및 변경신청서에 다음의 서류를 첨부하여 관할 지방고용노동관서의 장에게 제출해야 한다(규칙 제75조 제1항).
  ㉠ 도급대상 작업의 공정 관련 서류 일체(기계·설비의 종류 및 운전조건, 유해·위험물질의 종류·사용량, 유해·위험요인의 발생 실태 및 종사 근로자 수 등에 관한 사항이 포함되어야 한다)
  ㉡ 도급작업 안전보건관리계획서(안전작업절차, 도급 시 안전·보건관리 및 도급작업에 대한 안전·보건시설 등에 관한 사항이 포함되어야 한다)
  ㉢ 안전 및 보건에 관한 평가 결과(변경승인은 해당되지 않는다)
② 승인, 연장승인 또는 변경승인의 작업별 도급승인 기준은 다음과 같다(규칙 제75조 제2항).
  ㉠ 공통 : 작업공정의 안전성, 안전보건관리계획 및 안전 및 보건에 관한 평가 결과의 적정성
  ㉡ 도금작업 및 수은, 납 또는 카드뮴을 제련, 주입, 가공 및 가열하는 작업 : 안전보건규칙 제5조, 제7조, 제8조, 제10조, 제11조, 제17조, 제19조, 제21조, 제22조, 제33조, 제72조부터 제79조까지, 제81조, 제83조부터 제85조까지, 제225조, 제232조, 제299조, 제301조부터 제305조까지, 제422조, 제429조부터 제435조까지, 제442조부터 제444조까지, 제448조, 제450조, 제451조 및 제513조에서 정한 기준
  ㉢ 허가대상물질을 제조하거나 사용하는 작업 : 안전보건규칙 제5조, 제7조, 제8조, 제10조, 제11조, 제17조, 제19조, 제21조, 제22조까지, 제33조, 제72조부터 제79조까지, 제81조, 제83조부터 제85조까지, 제225조, 제232조, 제299조, 제301조부터 제305조까지, 제453조부터 제455조까지, 제459조, 제461조, 제463조부터 제466조까지, 제469조부터 제474조까지 및 제513조에서 정한 기준

③ 지방고용노동관서의 장은 필요한 경우 승인, 연장승인 또는 변경승인을 신청한 사업장이 도급승인 기준을 준수하고 있는지 공단으로 하여금 확인하게 할 수 있다(규칙 제75조 제3항).

④ 도급승인 신청을 받은 지방고용노동관서의 장은 도급승인 기준을 충족한 경우 신청서가 접수된 날부터 14일 이내에 승인서를 신청인에게 발급해야 한다(규칙 제75조 제4항).

(10) 도급승인 변경 사항(규칙 제76조)

① 도급공정
② 도급공정 사용 최대 유해화학 물질량
③ 도급기간(3년 미만으로 승인 받은 자가 승인일부터 3년 내에서 연장하는 경우만 해당한다)

(11) 도급승인의 취소

고용노동부장관은 승인, 연장승인 또는 변경승인을 받은 자가 다음의 어느 하나에 해당하는 경우에는 승인을 취소해야 한다(규칙 제77조).

① 도급승인 기준에 미달하게 된 때
② 거짓이나 그 밖의 부정한 방법으로 승인, 연장승인, 변경승인을 받은 경우
③ 연장승인 및 변경승인을 받지 않고 사업을 계속한 경우

2. 도급의 승인

(1) 안전 및 보건에 관한 평가

사업주는 자신의 사업장에서 안전 및 보건에 유해하거나 위험한 작업 중 급성 독성, 피부 부식성 등이 있는 물질의 취급 등 대통령령으로 정하는 작업을 도급하려는 경우에는 고용노동부장관의 승인을 받아야 한다. 이 경우 사업주는 고용노동부령으로 정하는 바에 따라 안전 및 보건에 관한 평가를 받아야 한다(법 제59조 제1항).

(2) 도급승인 대상 작업

급성 독성, 피부 부식성 등이 있는 물질의 취급 등 대통령령으로 정하는 작업이란 다음의 어느 하나에 해당하는 작업을 말한다(영 제51조).

① 중량비율 1퍼센트 이상의 황산, 불화수소, 질산 또는 염화수소를 취급하는 설비를 개조·분해·해체·철거하는 작업 또는 해당 설비의 내부에서 이루어지는 작업. 다만, 도

급인이 해당 화학물질을 모두 제거한 후 증명자료를 첨부하여 고용노동부장관에게 신고한 경우는 제외한다.
② 그 밖에 산업재해보상보험및예방심의위원회의 심의를 거쳐 고용노동부장관이 정하는 작업

(3) 도급승인 등의 신청

① 안전 및 보건에 유해하거나 위험한 작업의 도급에 대한 승인, 연장승인 또는 변경승인을 받으려는 자는 도급승인 신청서, 연장신청서 및 변경신청서에 다음의 서류를 첨부하여 관할 지방고용노동관서의 장에게 제출해야 한다(규칙 제78조 제1항).
  ㉠ 도급대상 작업의 공정 관련 서류 일체(기계·설비의 종류 및 운전조건, 유해·위험물질의 종류·사용량, 유해·위험요인의 발생 실태 및 종사 근로자 수 등에 관한 사항이 포함되어야 한다)
  ㉡ 도급작업 안전보건관리계획서(안전작업절차, 도급 시 안전·보건관리 및 도급작업에 대한 안전·보건시설 등에 관한 사항이 포함되어야 한다)
  ㉢ 안전 및 보건에 관한 평가 결과(변경승인은 해당되지 않는다)
② 산업재해가 발생할 급박한 위험이 있어 긴급하게 도급을 해야 할 경우에는 ① ㉠ 및 ㉢의 서류를 제출하지 않을 수 있다(규칙 제78조 제2항).
③ 승인, 연장승인 또는 변경승인의 작업별 도급승인 기준은 다음과 같다(규칙 제78조 제3항).
  ㉠ 공통 : 작업공정의 안전성, 안전보건관리계획 및 안전 및 보건에 관한 평가 결과의 적정성
  ㉡ 중량비율 1퍼센트 이상의 황산, 불화수소, 질산 또는 염화수소를 취급하는 설비를 개조·분해·해체·철거하는 작업 또는 해당 설비의 내부에서 이루어지는 작업 : 안전보건규칙 제5조, 제7조, 제8조, 제10조, 제11조, 제17조, 제19조, 제21조, 제22조, 제33조, 제42조부터 제44조까지, 제72조부터 제79조까지, 제81조, 제83조부터 제85조까지, 제225조, 제232조, 제297조부터 제299조까지, 제301조부터 제305조까지, 제422조, 제429조부터 제435조까지, 제442조부터 제444조까지, 제448조, 제450조, 제451조, 제513조, 제619조, 제620조, 제624조, 제625조, 제630조 및 제631조에서 정한 기준
  ㉢ 그 밖에 산업재해보상보험및예방심의위원회의 심의를 거쳐 고용노동부장관이 정하는 작업 : 고용노동부장관이 정한 기준

3. 도급의 승인 시 하도급 금지

승인, 연장승인 또는 변경승인 및 승인을 받은 작업을 도급받은 수급인은 그 작업을 하도급할 수 없다(법 제60조).

4. 적격 수급인 선정 의무

사업주는 산업재해 예방을 위한 조치를 할 수 있는 능력을 갖춘 사업주에게 도급하여야 한다(법 제61조).

제2절 도급인의 안전조치 및 보건조치

1. 안전보건총괄책임자

(1) 안전보건총괄책임자 지정

도급인은 관계수급인 근로자가 도급인의 사업장에서 작업을 하는 경우에는 그 사업장의 안전보건관리책임자를 도급인의 근로자와 관계수급인 근로자의 산업재해를 예방하기 위한 업무를 총괄하여 관리하는 안전보건총괄책임자로 지정하여야 한다. 이 경우 안전보건관리책임자를 두지 아니하여도 되는 사업장에서는 그 사업장에서 사업을 총괄하여 관리하는 사람을 안전보건총괄책임자로 지정하여야 한다(법 제62조 제1항).

(2) 안전보건총괄책임자 지정 대상사업

안전보건총괄책임자를 지정해야 하는 사업의 종류 및 사업장의 상시근로자 수는 관계수급인에게 고용된 근로자를 포함한 상시근로자가 100명(선박 및 보트 건조업, 1차 금속 제조업 및 토사석 광업의 경우에는 50명) 이상인 사업이나 관계수급인의 공사금액을 포함한 해당 공사의 총공사금액이 20억원 이상인 건설업으로 한다(영 제52조).

(3) 안전보건총괄책임자의 직무 등

① 안전보건총괄책임자의 직무는 다음과 같다(영 제53조 제1항).
  ㉠ 위험성평가의 실시에 관한 사항
  ㉡ 작업의 중지
  ㉢ 도급 시 산업재해 예방조치
  ㉣ 산업안전보건관리비의 관계수급인 간의 사용에 관한 협의·조정 및 그 집행의 감독
  ㉤ 안전인증대상기계등과 자율안전확인대상기계등의 사용 여부 확인
② 안전보건총괄책임자에 대한 지원에 관하여는 안전보건관리책임자에 관한 규정을 준용한다. 이 경우 "안전보건관리책임자"는 "안전보건총괄책임자"로 본다(영 제53조 제2항).
③ 사업주는 안전보건총괄책임자를 선임했을 때에는 그 선임 사실 및 직무의 수행내용을 증명할 수 있는 서류를 갖추어 두어야 한다(영 제53조 제3항).

(4) 「건설기술 진흥법」에 따른 안전총괄책임자

안전보건총괄책임자를 지정한 경우에는 「건설기술 진흥법」에 따른 안전총괄책임자를 둔 것으로 본다(법 제62조 제2항).

(5) 안전보건총괄책임자를 지정하여야 하는 사업의 종류와 사업장의 상시근로자 수 등

안전보건총괄책임자를 지정하여야 하는 사업의 종류와 사업장의 상시근로자 수, 안전보건총괄책임자의 직무·권한, 그 밖에 필요한 사항은 대통령령으로 정한다(법 제62조 제3항).

2. 도급인의 안전조치 및 보건조치

도급인은 관계수급인 근로자가 도급인의 사업장에서 작업을 하는 경우에 자신의 근로자와 관계수급인 근로자의 산업재해를 예방하기 위하여 안전 및 보건 시설의 설치 등 필요한 안전조치 및 보건조치를 하여야 한다. 다만, 보호구 착용의 지시 등 관계수급인 근로자의 작업행동에 관한 직접적인 조치는 제외한다(법 제63조).

> **관련판례**
>
> 대규모 조선소 작업 현장에서 크레인 간 충돌 사고로 여러 명의 근로자들이 사망하거나 부상당하여 사업주인 甲 주식회사와 협력업체 대표 乙이 구 산업안전보건법 위반으로 기소된 사안에서, 위 현장은 수많은 근로자가 동시에 투입되고, 대형 크레인이 상시적으로 이용되며, 사업장 내 크레인 간 충돌 사고를 포함하여 과거 여러 차례 다양한 산업재해가 발생한 전력이 있는 대규모 조선소인 점, 구 산업안전보건법과 구 산업안전보건법 시행규칙 및 구 산업안전보건기준에 관한 규칙의 개별 조항에서는 사업주로 하여금 기계, 기구, 중량물 취급, 그 밖의 설비 혹은 불량한 작업방법으로 인한 위험의 예방에 필요한 조치를 할 의무를 부과하고 있고, 크레인 등 양중기에 의한 충돌 등 위험이 있는 작업을 하는 장소에서는 그 위험을 방지하기 위하여 필요한 조치를 취할 의무가 있음을 특별히 명시하고 있는 점 등을 종합하면, 甲 회사 등에게는 구 산업안전보건법 제23조 등 규정에 따라 크레인 간 충돌로 인한 산업안전사고 예방에 합리적으로 필요한 정도의 안전조치 의무가 부과되어 있다고 해석되는데, 甲 회사 등은 작업계획서에 충돌 사고를 방지할 수 있는 구체적인 조치를 포함시키지 않는 등 그 의무를 다하지 아니하였다고 보아, 이와 달리 공소사실을 무죄로 판단한 원심판결에 구 산업안전보건법 제23조에서 정한 사업주의 안전조치 의무 등에 관한 법리오해의 위법이 있다고 한 사례(대판 2020도3996)

3. 도급에 따른 산업재해 예방조치

(1) 도급인의 이행사항

도급인은 관계수급인 근로자가 도급인의 사업장에서 작업을 하는 경우 다음의 사항을 이행하여야 한다(법 제64조 제1항).

① 도급인과 수급인을 구성원으로 하는 안전 및 보건에 관한 협의체의 구성 및 운영
② 작업장 순회점검
③ 관계수급인이 근로자에게 하는 안전보건교육을 위한 장소 및 자료의 제공 등 지원
④ 관계수급인이 근로자에게 하는 안전보건교육의 실시 확인
⑤ 다음의 어느 하나의 경우에 대비한 경보체계 운영과 대피방법 등 훈련
  ㉠ 작업 장소에서 발파작업을 하는 경우
  ㉡ 작업 장소에서 화재·폭발, 토사·구축물 등의 붕괴 또는 지진 등이 발생한 경우
⑥ 위생시설 등 고용노동부령으로 정하는 시설의 설치 등을 위하여 필요한 장소의 제공 또는 도급인이 설치한 위생시설 이용의 협조
⑦ 같은 장소에서 이루어지는 도급인과 관계수급인 등의 작업에 있어서 관계수급인 등의 작업시기·내용, 안전조치 및 보건조치 등의 확인
⑧ 확인 결과 관계수급인 등의 작업 혼재로 인하여 화재·폭발 등 대통령령으로 정하는 위험이 발생할 우려가 있는 경우 관계수급인 등의 작업시기·내용 등의 조정

(2) 협의체의 구성 및 운영

　① 안전 및 보건에 관한 협의체는 도급인 및 그의 수급인 전원으로 구성해야 한다(규칙 제79조 제1항).
　② 협의체는 다음의 사항을 협의해야 한다(규칙 제79조 제2항).
　　㉠ 작업의 시작 시간
　　㉡ 작업 또는 작업장 간의 연락방법
　　㉢ 재해발생 위험이 있는 경우 대피방법
　　㉣ 작업장에서의 위험성평가의 실시에 관한 사항
　　㉤ 사업주와 수급인 또는 수급인 상호 간의 연락 방법 및 작업공정의 조정
　③ 협의체는 매월 1회 이상 정기적으로 회의를 개최하고 그 결과를 기록·보존해야 한다(규칙 제79조 제3항).

(3) 도급사업 시의 안전·보건조치 등

　① 도급인은 작업장 순회점검을 다음의 구분에 따라 실시해야 한다(규칙 제80조 제1항).
　　㉠ 다음의 사업 : 2일에 1회 이상
　　　ⓐ 건설업
　　　ⓑ 제조업
　　　ⓒ 토사석 광업
　　　ⓓ 서적, 잡지 및 기타 인쇄물 출판업
　　　ⓔ 음악 및 기타 오디오물 출판업
　　　ⓕ 금속 및 비금속 원료 재생업
　　㉡ ㉠의 사업을 제외한 사업 : 1주일에 1회 이상
　② 관계수급인은 도급인이 실시하는 순회점검을 거부·방해 또는 기피해서는 안 되며 점검결과 도급인의 시정요구가 있으면 이에 따라야 한다(규칙 제80조 제2항).
　③ 도급인은 관계수급인이 실시하는 근로자의 안전·보건교육에 필요한 장소 및 자료의 제공 등을 요청받은 경우 협조해야 한다(규칙 제80조 제3항).

(4) 위생시설의 설치 등 협조

　① 위생시설 등 고용노동부령으로 정하는 시설이란 다음의 시설을 말한다(규칙 제81조 제1항).
　　㉠ 휴게시설

ⓒ 세면·목욕시설
　　　ⓒ 세탁시설
　　　ⓔ 탈의시설
　　　ⓜ 수면시설
　② 도급인이 시설을 설치할 때에는 해당 시설에 대해 안전보건규칙에서 정하고 있는 기준을 준수해야 한다(규칙 제81조 제2항).

(5) 도급에 따른 산업재해 예방조치

화재·폭발 등 대통령령으로 정하는 위험이 발생할 우려가 있는 경우란 다음의 경우를 말한다(영 제53조의2).
　① 화재·폭발이 발생할 우려가 있는 경우
　② 동력으로 작동하는 기계·설비 등에 끼일 우려가 있는 경우
　③ 차량계 하역운반기계, 건설기계, 양중기 등 동력으로 작동하는 기계와 충돌할 우려가 있는 경우
　④ 근로자가 추락할 우려가 있는 경우
　⑤ 물체가 떨어지거나 날아올 우려가 있는 경우
　⑥ 기계·기구 등이 넘어지거나 무너질 우려가 있는 경우
　⑦ 토사·구축물·인공구조물 등이 붕괴될 우려가 있는 경우
　⑧ 산소 결핍이나 유해가스로 질식이나 중독의 우려가 있는 경우

(6) 작업장의 안전 및 보건에 관한 점검

도급인은 고용노동부령으로 정하는 바에 따라 자신의 근로자 및 관계수급인 근로자와 함께 정기적으로 또는 수시로 작업장의 안전 및 보건에 관한 점검을 하여야 한다(법 제64조 제2항).

(7) 도급사업의 합동 안전·보건점검

　① 도급인이 작업장의 안전 및 보건에 관한 점검을 할 때에는 다음의 사람으로 점검반을 구성해야 한다(규칙 제82조 제1항).
　　　㉠ 도급인(같은 사업 내에 지역을 달리하는 사업장이 있는 경우에는 그 사업장의 안전보건관리책임자)
　　　ⓒ 관계수급인(같은 사업 내에 지역을 달리하는 사업장이 있는 경우에는 그 사업장의 안전보건관리책임자)

ⓒ 도급인 및 관계수급인의 근로자 각 1명(관계수급인의 근로자의 경우에는 해당 공정만 해당한다)
② 정기 안전·보건점검의 실시 횟수는 다음의 구분에 따른다(규칙 제82조 제2항).
㉠ 다음의 사업 : 2개월에 1회 이상
ⓐ 건설업
ⓑ 선박 및 보트 건조업
㉡ ㉠의 사업을 제외한 사업 : 분기에 1회 이상

4. 도급인의 안전 및 보건에 관한 정보 제공 등

(1) 수급인에게 안전 및 보건에 관한 정보제공

다음의 작업을 도급하는 자는 그 작업을 수행하는 수급인 근로자의 산업재해를 예방하기 위하여 고용노동부령으로 정하는 바에 따라 해당 작업 시작 전에 수급인에게 안전 및 보건에 관한 정보를 문서로 제공하여야 한다(법 제65조 제1항).

① 폭발성·발화성·인화성·독성 등의 유해성·위험성이 있는 화학물질 중 고용노동부령으로 정하는 화학물질 또는 그 화학물질을 포함한 혼합물을 제조·사용·운반 또는 저장하는 반응기·증류탑·배관 또는 저장탱크로서 고용노동부령으로 정하는 설비를 개조·분해·해체 또는 철거하는 작업
② 설비의 내부에서 이루어지는 작업
③ 질식 또는 붕괴의 위험이 있는 작업으로서 대통령령으로 정하는 작업

(2) 질식 또는 붕괴의 위험이 있는 작업(영 제54조)

① 산소결핍, 유해가스 등으로 인한 질식의 위험이 있는 장소로서 고용노동부령으로 정하는 장소(밀폐공간)에서 이루어지는 작업
② 토사·구축물·인공구조물 등의 붕괴 우려가 있는 장소에서 이루어지는 작업

(3) 안전·보건 정보제공 등

① (1)의 어느 하나에 해당하는 작업을 도급하는 자는 다음의 사항을 적은 문서(전자문서를 포함한다.)를 해당 도급작업이 시작되기 전까지 수급인에게 제공해야 한다(규칙 제83조 제1항).

㉠ 화학설비 및 그 부속설비에서 제조·사용·운반 또는 저장하는 위험물질 및 관리대상 유해물질의 명칭과 그 유해성·위험성

㉡ 안전·보건상 유해하거나 위험한 작업에 대한 안전·보건상의 주의사항

㉢ 안전·보건상 유해하거나 위험한 물질의 유출 등 사고가 발생한 경우에 필요한 조치의 내용

② 수급인이 도급받은 작업을 하도급하는 경우에는 제공받은 문서의 사본을 해당 하도급작업이 시작되기 전까지 하수급인에게 제공해야 한다(규칙 제83조 제2항).

③ 도급하는 작업에 대한 정보를 제공한 자는 수급인이 사용하는 근로자가 제공된 정보에 따라 필요한 조치를 받고 있는지 확인해야 한다. 이 경우 확인을 위하여 필요할 때에는 해당 조치와 관련된 기록 등 자료의 제출을 수급인에게 요청할 수 있다(규칙 제83조 제3항).

(4) 화학물질

① 고용노동부령으로 정하는 화학물질 또는 그 화학물질을 함유한 혼합물이란 안전보건규칙 별표 1 및 별표 12에 따른 위험물질 및 관리대상 유해물질을 말한다(규칙 제84조 제1항).

② 고용노동부령으로 정하는 설비란 안전보건규칙 별표 7에 따른 화학설비 및 그 부속설비를 말한다(규칙 제84조 제2항).

(5) 수급인의 정보제공 요청

도급인이 안전 및 보건에 관한 정보를 해당 작업 시작 전까지 제공하지 아니한 경우에는 수급인이 정보 제공을 요청할 수 있다(법 제65조 제2항).

(6) 안전조치 및 보건조치 확인

도급인은 수급인이 제공받은 안전 및 보건에 관한 정보에 따라 필요한 안전조치 및 보건조치를 하였는지를 확인하여야 한다(법 제65조 제3항).

(7) 정보 미제공과 이행지체 책임

수급인은 요청에도 불구하고 도급인이 정보를 제공하지 아니하는 경우에는 해당 도급 작업을 하지 아니할 수 있다. 이 경우 수급인은 계약의 이행 지체에 따른 책임을 지지 아니한다(법 제65조 제4항).

5. 도급인의 관계수급인에 대한 시정조치

(1) 위반행위 시정조치

도급인은 관계수급인 근로자가 도급인의 사업장에서 작업을 하는 경우에 관계수급인 또는 관계수급인 근로자가 도급받은 작업과 관련하여 이 법 또는 이 법에 따른 명령을 위반하면 관계수급인에게 그 위반행위를 시정하도록 필요한 조치를 할 수 있다. 이 경우 관계수급인은 정당한 사유가 없으면 그 조치에 따라야 한다(법 제66조 제1항).

(2) 명령위반에 대한 시정조치

도급인은 작업을 도급하는 경우에 수급인 또는 수급인 근로자가 도급받은 작업과 관련하여 이 법 또는 이 법에 따른 명령을 위반하면 수급인에게 그 위반행위를 시정하도록 필요한 조치를 할 수 있다. 이 경우 수급인은 정당한 사유가 없으면 그 조치에 따라야 한다(법 제66조 제2항).

제3절 건설업 등의 산업재해 예방

1. 건설공사발주자의 산업재해 예방 조치

(1) 산업재해 예방 조치

대통령령으로 정하는 건설공사(총공사금액이 50억원 이상인 공사)의 건설공사발주자는 산업재해 예방을 위하여 건설공사의 계획, 설계 및 시공 단계에서 다음의 구분에 따른 조치를 하여야 한다(법 제67조 제1항, 영 제55조).
① 건설공사 계획단계 : 해당 건설공사에서 중점적으로 관리하여야 할 유해·위험요인과 이의 감소방안을 포함한 기본안전보건대장을 작성할 것
② 건설공사 설계단계 : 기본안전보건대장을 설계자에게 제공하고, 설계자로 하여금 유해·위험요인의 감소방안을 포함한 설계안전보건대장을 작성하게 하고 이를 확인할 것
③ 건설공사 시공단계 : 건설공사발주자로부터 건설공사를 최초로 도급받은 수급인에게 설계안전보건대장을 제공하고, 그 수급인에게 이를 반영하여 안전한 작업을 위한 공사안전보건대장을 작성하게 하고 그 이행 여부를 확인할 것

> **관련판례**
>
> ○ 사업주가 자신이 운영하는 사업장에서 기계·기구, 그 밖의 설비에 의한 위험(산업안전보건법 제23조 제1항 제1호), 폭발성, 발화성 및 인화성 물질 등에 의한 위험(같은 항 제2호), 전기, 열, 그 밖의 에너지에 의한 위험(같은 항 제3호)을 예방하기 위하여 필요한 조치로서 산업안전보건기준에 관한 규칙에 따른 안전조치를 하지 않은 채, 근로자에게 안전상의 위험성이 있는 작업을 하도록 지시한 경우에는, 산업안전보건법 제67조 제1호, 제23조 제1항 위반죄가 성립하며, 이러한 법리는 사업주가 소속 근로자로 하여금 사업주로부터 도급을 받은 제3자가 수행하는 작업을 현장에서 감시·감독하도록 지시한 경우에도 그 감시·감독 작업에 위와 같은 안전상의 위험성이 있는 때에는 마찬가지로 적용된다(대판 2014도3542).
>
> ○ 차량계 하역운반기계 등을 사용하는 작업을 하는 경우에 사업주는 차량계 하역운반기계 등에 의한 산업재해를 방지하기 위하여 작업지휘자 또는 유도자를 지정·배치하는 것이므로, 특별한 사정이 없는 한 차량계 하역운반기계 등의 운전자 및 그와 더불어 작업 중이어서 차량계 하역운반기계 등에 접촉될 위험이 있는 근로자는 작업지휘자 또는 유도자가 될 수 없다(대판 2013도1602).
>
> ○ 위험기계 등을 대여하는 자로 하여금 대여를 받는 자에게 당해 기계 등의 능력 및 방호조치의 내역, 특성 및 사용상의 주의사항, 수리·보수 및 점검 내역과 주요 부품의 제조일을 기재한 서면을 교부하도록 하고, 위 시행령 [별표 8호] 제12호는 그러한 위험기계 등에 '버킷굴삭기'를 규정하고 있는바, 위와 같은 서면 교부의무는 위험기계 등을 대여받는 자로 하여금 그 방호조치 등을 숙지하도록 함으로써 사업장 내의 위험을 예방하여 작업자들의 안전을 도모하고자 하는 데에 그 취지가 있으므로, 비록 '버킷굴삭기'를 대여하는 자가 운전원을 함께 파견하였다고 하더라도 대여를 받는 자에 대한 위 서면 교부의무가 면제된다고 볼 수는 없다(대판 2009도3835).

(2) 기본안전보건대장 등

① 기본안전보건대장에는 다음의 사항이 포함되어야 한다(규칙 제86조 제1항).
    ㉠ 건설공사 계획단계에서 예상되는 공사내용, 공사규모 등 공사 개요
    ㉡ 공사현장 제반 정보
    ㉢ 건설공사에 설치·사용 예정인 구조물, 기계·기구 등 고용노동부장관이 정하여 고시하는 유해·위험요인과 그에 대한 안전조치 및 위험성 감소방안
    ㉣ 산업재해 예방을 위한 건설공사발주자의 법령상 주요 의무사항 및 이에 대한 확인

② 설계안전보건대장에는 다음의 사항이 포함되어야 한다. 다만, 건설공사발주자가 설계용역에 대하여 건설엔지니어링사업자로 하여금 건설사업관리를 하게 하고 해당 설계용역에 대하여 공사기간 및 공사비의 적정성 검토가 포함된 건설사업관리 결과보고서를 작성·제출받은 경우에는 ㉠을 포함하지 않을 수 있다(규칙 제86조 제2항).
    ㉠ 안전한 작업을 위한 적정 공사기간 및 공사금액 산출서
    ㉡ 건설공사 중 발생할 수 있는 유해·위험요인 및 시공단계에서 고려해야 할 유해·위험요인 감소방안

ⓒ 산업안전보건관리비의 산출내역서
③ 공사안전보건대장에 포함하여 이행여부를 확인해야 할 사항은 다음과 같다(규칙 제86조 제3항).
  ㉠ 설계안전보건대장의 유해·위험요인 감소방안을 반영한 건설공사 중 안전보건 조치 이행계획
  ㉡ 유해위험방지계획서의 심사 및 확인결과에 대한 조치내용
  ㉢ 고용노동부장관이 정하여 고시하는 건설공사용 기계·기구의 안전성 확보를 위한 배치 및 이동계획
  ㉣ 건설공사의 산업재해 예방 지도를 위한 계약 여부, 지도결과 및 조치내용
④ 기본안전보건대장, 설계안전보건대장 및 공사안전보건대장의 작성과 공사안전보건대장의 이행여부 확인 방법 및 절차 등에 관하여 필요한 사항은 고용노동부장관이 정하여 고시한다(규칙 제86조 제4항).

(3) 공사기간 연장 요청 등

① 건설공사도급인은 공사기간 연장을 요청하려면 사유가 종료된 날부터 10일이 되는 날까지 공사기간 연장 요청서에 다음의 서류를 첨부하여 건설공사발주자에게 제출해야 한다. 다만, 해당 공사기간의 연장 사유가 그 건설공사의 계약기간 만료 후에도 지속될 것으로 예상되는 경우에는 그 계약기간 만료 전에 건설공사발주자에게 공사기간 연장을 요청할 예정임을 통지하고, 그 사유가 종료된 날부터 10일이 되는 날까지 공사기간 연장을 요청할 수 있다(규칙 제87조 제1항).
  ㉠ 공사기간 연장 요청 사유 및 그에 따른 공사 지연사실을 증명할 수 있는 서류
  ㉡ 공사기간 연장 요청 기간 산정 근거 및 공사 지연에 따른 공정 관리 변경에 관한 서류
② 건설공사의 관계수급인은 공사기간 연장을 요청하려면 사유가 종료된 날부터 10일이 되는 날까지 공사기간 연장 요청서에 ①의 서류를 첨부하여 건설공사도급인에게 제출해야 한다. 다만, 해당 공사기간 연장 사유가 그 건설공사의 계약기간 만료 후에도 지속될 것으로 예상되는 경우에는 그 계약기간 만료 전에 건설공사도급인에게 공사기간 연장을 요청할 예정임을 통지하고, 그 사유가 종료된 날부터 10일이 되는 날까지 공사기간 연장을 요청할 수 있다(규칙 제87조 제2항).
③ 건설공사도급인은 요청을 받은 날부터 30일 이내에 공사기간 연장 조치를 하거나 10일 이내에 건설공사발주자에게 그 기간의 연장을 요청해야 한다(규칙 제87조 제3항).
④ 건설공사발주자는 요청을 받은 날부터 30일 이내에 공사기간 연장 조치를 해야 한다.

다만, 남은 공사기간 내에 공사를 마칠 수 있다고 인정되는 경우에는 그 사유와 그 사유를 증명하는 서류를 첨부하여 건설공사도급인에게 통보해야 한다(규칙 제87조 제4항).
⑤ 공사기간 연장을 요청받은 건설공사도급인은 건설공사발주자로부터 공사기간 연장 조치에 대한 결과를 통보받은 날부터 5일 이내에 관계수급인에게 그 결과를 통보해야 한다(규칙 제87조 제5항).

(4) 적정성 등 확인

건설공사발주자는 대통령령으로 정하는 안전보건 분야의 전문가에게 대장에 기재된 내용의 적정성 등을 확인받아야 한다(법 제67조 제2항).

(5) 안전보건전문가(영 제55조의2)

① 건설안전 분야의 산업안전지도사 자격을 가진 사람
② 건설안전기술사 자격을 가진 사람
③ 건설안전기사 자격을 취득한 후 건설안전 분야에서 3년 이상의 실무경력이 있는 사람
④ 건설안전산업기사 자격을 취득한 후 건설안전 분야에서 5년 이상의 실무경력이 있는 사람

(6) 적정한 비용과 기간 계상·설정

건설공사발주자는 설계자 및 건설공사를 최초로 도급받은 수급인이 건설현장의 안전을 우선적으로 고려하여 설계·시공 업무를 수행할 수 있도록 적정한 비용과 기간을 계상·설정하여야 한다(법 제67조 제3항).

2. 안전보건조정자

(1) 안전보건조정자 선임

2개 이상의 건설공사를 도급한 건설공사발주자는 그 2개 이상의 건설공사가 같은 장소에서 행해지는 경우에 작업의 혼재로 인하여 발생할 수 있는 산업재해를 예방하기 위하여 건설공사 현장에 안전보건조정자를 두어야 한다(법 제68조 제1항).

(2) 안전보건조정자의 선임 등

① 안전보건조정자를 두어야 하는 건설공사는 각 건설공사의 금액의 합이 50억원 이상인 경우를 말한다(영 제56조 제1항).

② 안전보건조정자를 두어야 하는 건설공사발주자는 ㉠ 또는 ㉣부터 ㉦까지에 해당하는 사람 중에서 안전보건조정자를 선임하거나 ㉡ 또는 ㉢에 해당하는 사람 중에서 안전보건조정자를 지정해야 한다(영 제56조 제2항).

㉠ 산업안전지도사 자격을 가진 사람

㉡ 발주청이 발주하는 건설공사인 경우 발주청이 선임한 공사감독자

㉢ 다음의 어느 하나에 해당하는 사람으로서 해당 건설공사 중 주된 공사의 책임감리자

ⓐ 공사감리자

ⓑ 감리업무를 수행하는 사람

ⓒ 감리자

ⓓ 감리원

ⓔ 건설공사에 대하여 감리업무를 수행하는 사람

㉣ 종합공사에 해당하는 건설현장에서 안전보건관리책임자로서 3년 이상 재직한 사람

㉤ 건설안전기술사

㉥ 건설안전기사 또는 산업안전기사 자격을 취득한 후 건설안전 분야에서 5년 이상의 실무경력이 있는 사람

㉦ 건설안전산업기사 자격을 취득한 후 건설안전 분야에서 7년 이상의 실무경력이 있는 사람

③ 안전보건조정자를 두어야 하는 건설공사발주자는 분리하여 발주되는 공사의 착공일 전날까지 안전보건조정자를 선임하거나 지정하여 각각의 공사 도급인에게 그 사실을 알려야 한다(영 제56조 제3항).

(3) 안전보건조정자의 업무

① 안건보건조정자의 업무(영 제57조 제1항)

㉠ 같은 장소에서 이루어지는 각각의 공사 간에 혼재된 작업의 파악

㉡ 혼재된 작업으로 인한 산업재해 발생의 위험성 파악

㉢ 혼재된 작업으로 인한 산업재해를 예방하기 위한 작업의 시기·내용 및 안전보건 조치 등의 조정

㉣ 각각의 공사 도급인의 안전보건관리책임자 간 작업 내용에 관한 정보 공유 여부의 확인

② 안전보건조정자는 업무를 수행하기 위하여 필요한 경우 해당 공사의 도급인과 관계수급인에게 자료의 제출을 요구할 수 있다(영 제57조 제2항).

3. 공사기간 단축 및 공법변경 금지

(1) 산정된 공사기간 단축금지

건설공사발주자 또는 건설공사도급인(건설공사발주자로부터 해당 건설공사를 최초로 도급받은 수급인 또는 건설공사의 시공을 주도하여 총괄·관리하는 자를 말한다.)은 설계도서 등에 따라 산정된 공사기간을 단축해서는 아니 된다(법 제69조 제1항).

(2) 위험성 공법 및 공법변경금지

건설공사발주자 또는 건설공사도급인은 공사비를 줄이기 위하여 위험성이 있는 공법을 사용하거나 정당한 사유 없이 정해진 공법을 변경해서는 아니 된다(법 제69조 제2항).

4. 건설공사 기간의 연장

(1) 공사기간의 연장요청

건설공사발주자는 다음의 어느 하나에 해당하는 사유로 건설공사가 지연되어 해당 건설공사도급인이 산업재해 예방을 위하여 공사기간의 연장을 요청하는 경우에는 특별한 사유가 없으면 공사기간을 연장하여야 한다(법 제70조 제1항).
  ① 태풍·홍수 등 악천후, 전쟁·사변, 지진, 화재, 전염병, 폭동, 그 밖에 계약 당사자가 통제할 수 없는 사태의 발생 등 불가항력의 사유가 있는 경우
  ② 건설공사발주자에게 책임이 있는 사유로 착공이 지연되거나 시공이 중단된 경우

(2) 건설공사도급인에게 책임이 있는 사유 연장요청

건설공사의 관계수급인은 (1) ①에 해당하는 사유 또는 건설공사도급인에게 책임이 있는 사유로 착공이 지연되거나 시공이 중단되어 해당 건설공사가 지연된 경우에 산업재해 예방을 위하여 건설공사도급인에게 공사기간의 연장을 요청할 수 있다. 이 경우 건설공사도급인은 특별한 사유가 없으면 공사기간을 연장하거나 건설공사발주자에게 그 기간의 연장을 요청하여야 한다(법 제70조 제2항).

(3) 건설공사 기간의 연장 요청 절차 등

건설공사 기간의 연장 요청 절차, 그 밖에 필요한 사항은 고용노동부령으로 정한다(법 제70조 제3항).

5. 설계변경의 요청

(1) 건설공사의 설계변경 요청

건설공사도급인은 해당 건설공사 중에 대통령령으로 정하는 가설구조물의 붕괴 등으로 산업재해가 발생할 위험이 있다고 판단되면 건축·토목 분야의 전문가 등 대통령령으로 정하는 전문가의 의견을 들어 건설공사발주자에게 해당 건설공사의 설계변경을 요청할 수 있다. 다만, 건설공사발주자가 설계를 포함하여 발주한 경우는 그러하지 아니하다(법 제71조 제1항).

(2) 설계변경 요청 대상 및 전문가의 범위

① 대통령령으로 정하는 가설구조물이란 다음의 어느 하나에 해당하는 것을 말한다(영 제58조 제1항).
  ㉠ 높이 31미터 이상인 비계
  ㉡ 작업발판 일체형 거푸집 또는 높이 5미터 이상인 거푸집 동바리[타설된 콘크리트가 일정 강도에 이르기까지 하중 등을 지지하기 위하여 설치하는 부재]
  ㉢ 터널의 지보공(지보공 : 무너지지 않도록 지지하는 구조물) 또는 높이 2미터 이상인 흙막이 지보공
  ㉣ 동력을 이용하여 움직이는 가설구조물
② 건축·토목 분야의 전문가 등 대통령령으로 정하는 전문가란 공단 또는 다음의 어느 하나에 해당하는 사람으로서 해당 건설공사도급인 또는 관계수급인에게 고용되지 않은 사람을 말한다(영 제58조 제2항).
  ㉠ 건축구조기술사(토목공사 및 지보공의 경우는 제외한다)
  ㉡ 토목구조기술사(토목공사로 한정한다)
  ㉢ 토질및기초기술사(지보공의 경우로 한정한다)
  ㉣ 건설기계기술사(동력을 이용하여 움직이는 가설구조물의 경우로 한정한다)

(3) 설계변경의 요청 방법 등

① 건설공사도급인이 설계변경을 요청할 때에는 건설공사 설계변경 요청서에 다음의 서류를 첨부하여 건설공사발주자에게 제출해야 한다(규칙 제88조 제1항).
  ㉠ 설계변경 요청 대상 공사의 도면
  ㉡ 당초 설계의 문제점 및 변경요청 이유서
  ㉢ 가설구조물의 구조계산서 등 당초 설계의 안전성에 관한 전문가의 검토 의견서 및 그

전문가(전문가가 공단인 경우는 제외한다)의 자격증 사본
  ⓔ 그 밖에 재해발생의 위험이 높아 설계변경이 필요함을 증명할 수 있는 서류
② 건설공사도급인이 설계변경을 요청할 때에는 건설공사 설계변경 요청서에 다음의 서류를 첨부하여 건설공사발주자에게 제출해야 한다(규칙 제88조 제2항).
  ㉠ 유해위험방지계획서 심사결과 통지서
  ㉡ 지방고용노동관서의 장이 명령한 공사착공중지명령 또는 계획변경명령 등의 내용
  ㉢ 설계변경 요청 대상 공사의 도면·당초 설계의 문제점 및 변경요청 이유서 및 그 밖에 재해발생의 위험이 높아 설계변경이 필요함을 증명할 수 있는 서류
③ 관계수급인이 설계변경을 요청할 때에는 건설공사 설계변경 요청서에 ①의 서류를 첨부하여 건설공사도급인에게 제출해야 한다(규칙 제88조 제3항).
④ 설계변경을 요청받은 건설공사도급인은 설계변경 요청서를 받은 날부터 30일 이내에 설계를 변경한 후 건설공사 설계변경 승인 통지서를 건설공사의 관계수급인에게 통보하거나 설계변경 요청서를 받은 날부터 10일 이내에 건설공사 설계변경 요청서에 ①의 서류를 첨부하여 건설공사발주자에게 제출해야 한다(규칙 제88조 제4항).
⑤ 설계변경을 요청받은 건설공사발주자는 설계변경 요청서를 받은 날부터 30일 이내에 설계를 변경한 후 건설공사 설계변경 승인 통지서를 건설공사도급인에게 통보해야 한다. 다만, 설계변경 요청의 내용이 기술적으로 적용이 불가능함이 명백한 경우에는 건설공사 설계변경 불승인 통지서에 설계를 변경할 수 없는 사유를 증명하는 서류를 첨부하여 건설공사도급인에게 통보해야 한다(규칙 제88조 제5항).
⑥ 설계변경을 요청받은 건설공사 도급인이 건설공사발주자로부터 설계변경 승인 통지서 또는 설계변경 불승인 통지서를 받은 경우에는 통보 받은 날부터 5일 이내에 관계수급인에게 그 결과를 통보해야 한다(규칙 제88조 제6항).

(4) 설계변경 요청

고용노동부장관으로부터 공사중지 또는 유해위험방지계획서의 변경 명령을 받은 건설공사도급인은 설계변경이 필요한 경우 건설공사발주자에게 설계변경을 요청할 수 있다(법 제71조 제2항).

(5) 산업재해가 발생할 위험에 따른 설계변경 요청

건설공사의 관계수급인은 건설공사 중에 가설구조물의 붕괴 등으로 산업재해가 발생할 위험이 있다고 판단되면 전문가의 의견을 들어 건설공사도급인에게 해당 건설공사의 설계변경을 요청할 수 있다. 이 경우 건설공사도급인은 그 요청받은 내용이 기술적으로 적용이 불가능한 명백한

경우가 아니면 이를 반영하여 해당 건설공사의 설계를 변경하거나 건설공사발주자에게 설계변경을 요청하여야 한다(법 제71조 제3항).

(6) 설계변경

설계변경 요청을 받은 건설공사발주자는 그 요청받은 내용이 기술적으로 적용이 불가능한 명백한 경우가 아니면 이를 반영하여 설계를 변경하여야 한다(법 제71조 제4항).

(7) 설계변경의 요청 절차·방법 등

설계변경의 요청 절차·방법, 그 밖에 필요한 사항은 고용노동부령으로 정한다. 이 경우 미리 국토교통부장관과 협의하여야 한다(법 제71조 제5항).

6. 건설공사 등의 산업안전보건관리비 계상 등

(1) 산업재해 예방을 위하여 사용하는 비용 계상

건설공사발주자가 도급계약을 체결하거나 건설공사의 시공을 주도하여 총괄·관리하는 자(건설공사발주자로부터 건설공사를 최초로 도급받은 수급인은 제외한다)가 건설공사 사업 계획을 수립할 때에는 고용노동부장관이 정하여 고시하는 바에 따라 산업재해 예방을 위하여 사용하는 비용을 도급금액 또는 사업비에 계상하여야 한다(법 제72조 제1항).

(2) 산업안전보건관리비의 효율적인 사용을 위한 사항

고용노동부장관은 산업안전보건관리비의 효율적인 사용을 위하여 다음의 사항을 정할 수 있다(법 제72조 제2항).
① 사업의 규모별·종류별 계상 기준
② 건설공사의 진척 정도에 따른 사용비율 등 기준
③ 그 밖에 산업안전보건관리비의 사용에 필요한 사항

(3) 산업안전보건관리비의 사용

① 건설공사도급인은 도급금액 또는 사업비에 계상된 산업안전보건관리비의 범위에서 그의 관계수급인에게 해당 사업의 위험도를 고려하여 적정하게 산업안전보건관리비를 지급하여 사용하게 할 수 있다(규칙 제89조 제1항).
② 건설공사도급인은 산업안전보건관리비를 사용하는 해당 건설공사의 금액(고용노동부장

관이 정하여 고시하는 방법에 따라 산정한 금액을 말한다)이 4천만원 이상인 때에는 고용노동부장관이 정하는 바에 따라 매월(건설공사가 1개월 이내에 종료되는 사업의 경우에는 해당 건설공사가 끝나는 날이 속하는 달을 말한다) 사용명세서를 작성하고, 건설공사 종료 후 1년 동안 보존해야 한다(규칙 제89조 제2항).

(4) 산업안전보건관리비를 사업비에 계상

선박의 건조 또는 수리를 최초로 도급받은 수급인은 사업 계획을 수립할 때에는 고용노동부장관이 정하여 고시하는 바에 따라 산업안전보건관리비를 사업비에 계상하여야 한다(법 제72조 제4항).

(5) 산업안전보건관리비의 목적외 사용금지

건설공사도급인 또는 선박의 건조 또는 수리를 최초로 도급받은 수급인은 산업안전보건관리비를 산업재해 예방 외의 목적으로 사용해서는 아니 된다(법 제72조 제5항).

7. 건설공사의 산업재해 예방 지도

(1) 지도계약 체결

대통령령으로 정하는 건설공사의 건설공사발주자 또는 건설공사도급인(건설공사발주자로부터 건설공사를 최초로 도급받은 수급인은 제외한다)은 해당 건설공사를 착공하려는 경우 지정받은 전문기관과 건설 산업재해 예방을 위한 지도계약을 체결하여야 한다(법 제73조 제1항).

(2) 기술지도계약 체결 대상 건설공사 및 체결 시기

① 대통령령으로 정하는 건설공사도급인이란 공사금액 1억원 이상 120억원(종합공사를 시공하는 업종의 건설업종란 에 따른 토목공사업에 속하는 공사는 150억원) 미만인 공사를 하는 자와 건축허가의 대상이 되는 공사를 하는 자를 말한다. 다만, 다음의 어느 하나에 해당하는 공사를 하는 자는 제외한다(영 제59조 제1항).
   ㉠ 공사기간이 1개월 미만인 공사
   ㉡ 육지와 연결되지 않은 섬 지역(제주특별자치도는 제외한다)에서 이루어지는 공사
   ㉢ 사업주가 안전관리자의 자격을 가진 사람을 선임(같은 광역지방자치단체의 구역 내에서 같은 사업주가 시공하는 셋 이하의 공사에 대하여 공동으로 안전관리자의 자격을 가진 사람 1명을 선임한 경우를 포함한다)하여 안전관리자의 업무만을 전담하도록 하는 공사

ⓔ 유해위험방지계획서를 제출해야 하는 공사
② 건설공사의 건설공사발주자 또는 건설공사도급인(건설공사도급인은 건설공사발주자로부터 건설공사를 최초로 도급받은 수급인은 제외한다)은 건설 산업재해 예방을 위한 지도계약을 해당 건설공사 착공일의 전날까지 체결해야 한다(영 제59조 제2항).
③ 기술지도계약서 등(규칙 제89조의2)
  ㉠ 기술지도계약의 지도계약서는 별지 제104호 서식에 따른다.
  ㉡ 기술지도 완료증명서는 별지 제105호 서식에 따른다.

(3) 건설재해예방전문지도기관의 지도 기준

건설재해예방전문지도기관의 지도업무의 내용, 지도대상 분야, 지도의 수행방법, 그 밖에 필요한 사항은 별표 18과 같다(영 제80조).

건설재해예방전문지도기관의 지도 기준(영 별표 16)

1. 건설재해예방전문지도기관의 지도대상 분야
   건설재해예방전문지도기관이 법 제73조제1항에 따라 건설공사도급인에 대하여 실시하는 지도(이하 "기술지도"라 한다)는 공사의 종류에 따라 다음 각 목의 지도 분야로 구분한다.
   가. 건설공사(「전기공사업법」, 「정보통신공사업법」 및 「소방시설공사업법」에 따른 전기공사, 정보통신공사 및 소방시설공사는 제외한다) 지도 분야
   나. 「전기공사업법」, 「정보통신공사업법」 및 「소방시설공사업법」에 따른 전기공사, 정보통신공사 및 소방시설공사 지도 분야
2. 기술지도계약
   가. 건설재해예방전문지도기관의 기술지도를 받아야 하는 건설공사도급인은 공사 착공 전날까지 고용노동부령으로 정하는 서식에 따라 건설재해예방전문지도기관과 기술지도계약을 체결하고 그 증명서류를 갖추어 두어야 한다.
   나. 건설재해예방전문지도기관이 기술지도계약을 체결할 때에는 고용노동부장관이 정하는 전산시스템을 통해 발급한 계약서를 사용해야 한다.
   다. 건설공사발주자는 기술지도계약을 체결하지 않은 건설공사도급인(건설공사의 시공을 주도하여 총괄·관리하는 자는 제외한다. 이하 이 표에서 같다)에게 법 제72조제1항에 따라 계상한 산업안전보건관리비의 20%에 해당하는 금액을 지급하지 않거나 환수할 수 있다.
   라. 건설공사발주자는 건설공사도급인이 기술지도계약을 늦게 체결하여 기술지도의 대가(代價)가 조정된 경우에는 조정된 금액만큼 산업안전보건관리비를 지급하지 않거나 환수할 수 있다.
3. 기술지도의 수행방법
   가. 기술지도 횟수
     1) 기술지도는 특별한 사유가 없으면 다음의 계산식에 따른 횟수로 하고, 공사시작 후 15일 이내마다 1회 실시하되, 공사금액이 40억원 이상인 공사에 대해서는 별표 19 제1호 및 제2호의 구분에 따른 분야 중 그 공사에 해당하는 지도 분야의 같은 표 제1호나목 지도인력기준란 1) 및 같은 표 제2호나목 지도인력기준란 1)에 해당하는 사람이 8회마다 한 번 이상 방문하여 기술지도를 해야 한다.

$$\text{기술지도 횟수(회)} = \frac{\text{공사기간(일)}}{15\text{일}} \quad \text{※ 단, 소수점은 버린다.}$$

2) 공사가 조기에 준공된 경우, 기술지도계약이 지연되어 체결된 경우 및 공사기간이 현저히 짧은 경우 등의 사유로 기술지도 횟수기준을 지키기 어려운 경우에는 그 공사의 공사감독자(공사감독자가 없는 경우에는 감리자를 말한다)의 승인을 받아 기술지도 횟수를 조정할 수 있다.

나. 기술지도 한계 및 기술지도 지역
1) 건설재해예방전문지도기관의 사업장 지도 담당 요원 1명당 기술지도 횟수는 1일당 최대 4회로 하고, 월 최대 80회로 한다.
2) 건설재해예방전문지도기관의 기술지도 지역은 건설재해예방전문지도기관으로 지정을 받은 지방고용노동청 및 지방고용노동청의 소속 사무소 관할지역으로 한다.

4. 기술지도 업무의 내용
가. 기술지도 범위 및 준수의무
1) 건설재해예방전문지도기관은 기술지도를 할 때에는 공사의 종류, 공사 규모, 담당 사업장 수 등을 고려하여 담당 요원을 지정해야 하고, 담당 요원은 해당 사업주에게 산업안전보건관리비 집행 및 산업재해 예방을 위하여 필요한 사항을 권고해야 한다.
2) 건설재해예방전문지도기관이 해당 사업주에게 권고를 할 때에는 법 제13조에 따른 기술에 관한 표준 등 「산업안전보건법」 및 같은 법 시행령에 따른 사항을 고려해야 한다.
3) 건설재해예방전문지도기관의 개선 권고를 받은 사업주는 그 사항을 이행해야 한다.

나. 기술지도 결과의 기록
1) 건설재해예방전문지도기관은 기술지도를 하고 기술지도 결과보고서를 작성하여 공사 관계자의 확인을 받은 후 해당 사업주에게 발급하고 기술지도를 한 날부터 7일 이내에 고용노동부장관이 정하는 전산시스템에 입력해야 한다.
2) 건설재해예방전문지도기관은 공사 종료 시 건설공사발주자와 건설공사도급인에게 고용노동부령으로 정하는 서식에 따른 기술지도 완료증명서를 제출해야 한다.

5. 기술지도 관련 서류의 보존
건설재해예방전문지도기관은 기술지도계약서, 기술지도 결과보고서, 그 밖에 기술지도업무 수행에 관한 서류를 기술지도가 끝난 후 3년 동안 보존해야 한다.

(4) 산업재해 예방을 위한 지도실시

건설재해예방전문지도기관은 건설공사도급인에게 산업재해 예방을 위한 지도를 실시하여야 하고, 건설공사도급인은 지도에 따라 적절한 조치를 하여야 한다(법 제73조 제2항).

(5) 지도업무의 내용, 지도대상 분야 등

건설재해예방전문지도기관의 지도업무의 내용, 지도대상 분야, 지도의 수행방법, 그 밖에 필요한 사항은 대통령령으로 정한다(법 제73조 제3항).

8. 건설재해예방전문지도기관

(1) 건설재해예방전문지도기관의 지정
건설재해예방전문지도기관이 되려는 자는 대통령령으로 정하는 인력·시설 및 장비 등의 요건을 갖추어 고용노동부장관의 지정을 받아야 한다(법 제74조 제1항).

(2) 건설재해예방전문지도기관의 지정 요건
건설재해예방전문지도기관으로 지정받을 수 있는 자는 다음의 어느 하나에 해당하는 자로서 인력·시설 및 장비를 갖춘 자로 한다(영 제61조).
  ① 산업안전지도사(전기안전 또는 건설안전 분야의 산업안전지도사만 해당한다)
  ② 건설 산업재해 예방 업무를 하려는 법인

(3) 건설재해예방전문지도기관의 지정신청
  ① 건설재해예방전문지도기관으로 지정받으려는 자는 고용노동부령으로 정하는 바에 따라 건설재해예방전문지도기관 지정신청서를 고용노동부장관에게 제출해야 한다(영 제82조 제1항).
  ② 건설재해예방전문지도기관에 대한 지정서의 재발급 등에 관하여는 고용노동부령으로 정한다(영 제82조 제2항).
  ③ 대통령령으로 정하는 사유에 해당하는 경우란 다음의 경우를 말한다(영 제82조 제3항).
    ㉠ 지도업무 관련 서류를 거짓으로 작성한 경우
    ㉡ 정당한 사유 없이 지도업무를 거부한 경우
    ㉢ 지도업무를 게을리하거나 지도업무에 차질을 일으킨 경우
    ㉣ 지도업무의 내용, 지도대상 분야 또는 지도의 수행방법을 위반한 경우
    ㉤ 지도를 실시하고 그 결과를 고용노동부장관이 정하는 전산시스템에 3회 이상 입력하지 않은 경우
    ㉥ 지도업무와 관련된 비치서류를 보존하지 않은 경우
    ㉦ 법에 따른 관계 공무원의 지도·감독을 거부·방해 또는 기피한 경우

(4) 건설재해예방전문지도기관의 지정신청 등
  ① 건설재해예방전문지도기관으로 지정받으려는 자는 건설재해예방전문지도기관 지정신청서에 다음의 서류를 첨부하여 지방고용노동청장에게 제출(전자문서로 제출하는 것을 포함한다)해야 한다(규칙 제90조 제1항).

㉠ 정관(산업안전지도사의 경우에는 등록증을 말한다)
㉡ 인력기준에 해당하는 사람의 자격과 채용을 증명할 수 있는 자격증(국가기술자격증은 제외한다), 경력증명서 및 재직증명서 등의 서류
㉢ 건물임대차계약서 사본이나 그 밖에 사무실 보유를 증명할 수 있는 서류와 시설·장비 명세서
② 신청서를 제출받은 지방고용노동청장은 행정정보의 공동이용을 통하여 법인등기사항증명서 및 국가기술자격증을 확인해야 한다. 이 경우 신청인이 국가기술자격증의 확인에 동의하지 않는 경우에는 그 사본을 첨부하도록 해야 한다(규칙 제90조 제2항).
③ 지방고용노동청장은 건설재해예방전문지도기관 지정신청서가 접수되면 인력·시설 및 장비기준을 검토하여 신청서가 접수된 날부터 20일 이내에 신청서를 반려하거나 지정서를 신청인에게 발급해야 한다(규칙 제90조 제3항).
④ 건설재해예방전문지도기관에 대한 지정서의 재발급, 지정받은 사항의 변경, 지정서의 반납 등에 관하여는 안전관리전문기관 또는 보건관리전문기관의 규정을 준용한다. 이 경우 "안전관리전문기관 또는 보건관리전문기관"은 "건설재해예방전문지도기관"으로, "고용노동부장관 또는 지방고용노동청장"은 "지방고용노동청장"으로 본다(규칙 제90조 제4항).
⑤ 건설재해예방전문지도기관(전기 및 정보통신공사 분야에 해당하는 경우로 한정한다)으로 지정을 받은 자가 그 지정을 한 해당 지방고용노동청의 관할구역과 인접한 지방고용노동청의 관할지역에 걸쳐서 기술지도 업무를 하려는 경우에는 각 관할 지방고용노동청장에게 지정신청을 해야 한다. 이 경우 인접한 지방고용노동청은 해당 관할 지방고용노동청장과 상호 협의하여 지정 여부를 결정해야 한다(규칙 제90조 제5항).

(5) 건설재해예방전문지도기관에 대한 평가 및 결과공개

고용노동부장관은 건설재해예방전문지도기관에 대하여 평가하고 그 결과를 공개할 수 있다. 이 경우 평가의 기준·방법, 결과의 공개에 필요한 사항은 고용노동부령으로 정한다(법 제74조 제3항).

(6) 건설재해예방전문지도기관의 평가 기준 등

① 공단이 건설재해예방전문지도기관을 평가하는 기준은 다음과 같다(규칙 제91조 제1항).
㉠ 인력·시설 및 장비의 보유 수준과 그에 대한 관리능력
㉡ 유해위험요인의 평가·분석 충실성 및 사업장의 재해발생 현황 등 기술지도 업무 수행능력

ⓒ 기술지도 대상 사업장의 만족도
② 건설재해예방전문지도기관에 대한 평가 방법 및 평가 결과의 공개에 관하여는 안전관리전문기관 또는 보건관리전문기관의 규정을 준용한다. 이 경우 "안전관리전문기관 또는 보건관리전문기관"은 "건설재해예방전문지도기관"으로 본다(규칙 제91조 제2항).

(7) 건설재해예방전문지도기관의 지도ㆍ감독

건설재해예방전문지도기관에 대한 지도ㆍ감독에 관하여는 안전관리전문기관 또는 보건관리전문기관의 규정을 준용한다. 이 경우 "안전관리전문기관 또는 보건관리전문기관"은 "건설재해예방전문지도기관"으로 본다(규칙 제92조).

9. 안전 및 보건에 관한 협의체 등의 구성ㆍ운영에 관한 특례

(1) 안전 및 보건에 관한 협의체 등의 구성ㆍ운영

대통령령으로 정하는 규모의 건설공사의 건설공사도급인은 해당 건설공사 현장에 근로자위원과 사용자위원이 같은 수로 구성되는 안전 및 보건에 관한 협의체를 대통령령으로 정하는 바에 따라 구성ㆍ운영할 수 있다(법 제75조 제1항).

(2) 노사협의체의 설치 대상

대통령령으로 정하는 규모의 건설공사란 공사금액이 120억원(종합공사를 시공하는 업종의 건설업종란에 따른 토목공사업은 150억원) 이상인 건설공사를 말한다(영 제63조).

(3) 노사협의체의 구성

① 노사협의체는 다음에 따라 근로자위원과 사용자위원으로 구성한다(영 제64조 제1항).
  ㉠ 근로자위원
    ⓐ 도급 또는 하도급 사업을 포함한 전체 사업의 근로자대표
    ⓑ 근로자대표가 지명하는 명예산업안전감독관 1명. 다만, 명예산업안전감독관이 위촉되어 있지 않은 경우에는 근로자대표가 지명하는 해당 사업장 근로자 1명
    ⓒ 공사금액이 20억원 이상인 공사의 관계수급인의 각 근로자대표
  ㉡ 사용자위원
    ⓐ 도급 또는 하도급 사업을 포함한 전체 사업의 대표자
    ⓑ 안전관리자 1명

ⓒ 보건관리자 1명(보건관리자 선임대상 건설업으로 한정한다)

ⓓ 공사금액이 20억원 이상인 공사의 관계수급인의 각 대표자

② 노사협의체의 근로자위원과 사용자위원은 합의하여 노사협의체에 공사금액이 20억원 미만인 공사의 관계수급인 및 관계수급인 근로자대표를 위원으로 위촉할 수 있다(영 제64조 제2항).

③ 노사협의체의 근로자위원과 사용자위원은 합의하여 건설기계를 직접 운전하는 사람을 노사협의체에 참여하도록 할 수 있다(영 제64조 제3항).

(4) 노사협의체의 운영 등

① 노사협의체의 회의는 정기회의와 임시회의로 구분하여 개최하되, 정기회의는 2개월마다 노사협의체의 위원장이 소집하며, 임시회의는 위원장이 필요하다고 인정할 때에 소집한다(영 제65조 제1항).

② 노사협의체 위원장의 선출, 노사협의체의 회의, 노사협의체에서 의결되지 않은 사항에 대한 처리방법 및 회의 결과 등의 공지에 관하여는 각각 산업안전보건위원회의 규정을 준용한다. 이 경우 "산업안전보건위원회"는 "노사협의체"로 본다(영 제65조 제2항).

(5) 노사협의체의 구성의제

건설공사도급인이 노사협의체를 구성·운영하는 경우에는 산업안전보건위원회 및 안전 및 보건에 관한 협의체를 각각 구성·운영하는 것으로 본다(법 제75조 제2항).

(6) 노사협의체의 심의·의결

노사협의체를 구성·운영하는 건설공사도급인은 노사협의체의 심의·의결을 거쳐야 한다. 이 경우 노사협의체에서 의결되지 아니한 사항의 처리방법은 대통령령으로 정한다(법 제75조 제3항).

(7) 회의록의 작성 및 보존

노사협의체는 대통령령으로 정하는 바에 따라 회의를 개최하고 그 결과를 회의록으로 작성하여 보존하여야 한다(법 제75조 제4항).

(8) 대피방법 협의

① 노사협의체는 산업재해 예방 및 산업재해가 발생한 경우의 대피방법 등 고용노동부령으로 정하는 사항에 대하여 협의하여야 한다(법 제75조 제5항).

② 노사협의체 협의사항 등(규칙 제93조)

㉠ 산업재해 예방방법 및 산업재해가 발생한 경우의 대피방법
㉡ 작업의 시작시간, 작업 및 작업장 간의 연락방법
㉢ 그 밖의 산업재해 예방과 관련된 사항

(9) 심의·의결한 사항의 성실한 이행

노사협의체를 구성·운영하는 건설공사도급인·근로자 및 관계수급인·근로자는 노사협의체가 심의·의결한 사항을 성실하게 이행하여야 한다(법 제75조 제6항).

(10) 준용

노사협의체에 관하여는 산업안전보건위원회의 규정을 준용한다. 이 경우 "산업안전보건위원회"는 "노사협의체"로 본다(법 제75조 제7항).

10. 기계·기구 등에 대한 건설공사도급인의 안전조치

(1) 안전조치 및 보건조치

건설공사도급인은 자신의 사업장에서 타워크레인 등 대통령령으로 정하는 기계·기구 또는 설비 등이 설치되어 있거나 작동하고 있는 경우 또는 이를 설치·해체·조립하는 등의 작업이 이루어지고 있는 경우에는 필요한 안전조치 및 보건조치를 하여야 한다(법 제76조).

(2) 기계·기구 등

타워크레인 등 대통령령으로 정하는 기계·기구 또는 설비 등이란 다음의 어느 하나에 해당하는 기계·기구 또는 설비를 말한다(영 제66조).
① 타워크레인
② 건설용 리프트
③ 항타기(해머나 동력을 사용하여 말뚝을 박는 기계) 및 항발기(박힌 말뚝을 빼내는 기계)

(3) 기계·기구 등에 대한 안전조치 등

건설공사도급인은 기계·기구 또는 설비가 설치되어 있거나 작동하고 있는 경우 또는 이를 설치·해체·조립하는 등의 작업을 하는 경우에는 다음의 사항을 실시·확인 또는 조치해야 한다(규칙 제94조).
① 작업시작 전 기계·기구 등을 소유 또는 대여하는 자와 합동으로 안전점검 실시

② 작업을 수행하는 사업주의 작업계획서 작성 및 이행여부 확인(타워크레인 및 항타기 및 항발기에 한정한다)

③ 작업자가 자격·면허·경험 또는 기능을 가지고 있는지 여부 확인(타워크레인 및 항타기 및 항발기에 한정한다)

④ 그 밖에 해당 기계·기구 또는 설비 등에 대하여 안전보건규칙에서 정하고 있는 안전보건 조치

⑤ 기계·기구 등의 결함, 작업방법과 절차 미준수, 강풍 등 이상 환경으로 인하여 작업수행 시 현저한 위험이 예상되는 경우 작업중지 조치

제4절 그 밖의 고용형태에서의 산업재해 예방

1. 특수형태근로종사자에 대한 안전조치 및 보건조치 등

(1) 특수형태근로종사자에 대한 안전조치 및 보건조치

계약의 형식에 관계없이 근로자와 유사하게 노무를 제공하여 업무상의 재해로부터 보호할 필요가 있음에도 「근로기준법」 등이 적용되지 아니하는 사람으로서 다음의 요건을 모두 충족하는 사람의 노무를 제공받는 자는 특수형태근로종사자의 산업재해 예방을 위하여 필요한 안전조치 및 보건조치를 하여야 한다(법 제77조 제1항).

① 대통령령으로 정하는 직종에 종사할 것
② 주로 하나의 사업에 노무를 상시적으로 제공하고 보수를 받아 생활할 것
③ 노무를 제공할 때 타인을 사용하지 아니할 것

(2) 특수형태근로종사자의 범위 등(영 제67조)

① 보험을 모집하는 사람으로서 다음의 어느 하나에 해당하는 사람
  ㉠ 보험설계사
  ㉡ 우체국보험의 모집을 전업으로 하는 사람
② 건설기계를 직접 운전하는 사람
③ 통계청장이 고시하는 직업에 관한 표준분류의 세세분류에 따른 학습지 방문강사, 교육 교구 방문강사, 그 밖에 회원의 가정 등을 직접 방문하여 아동이나 학생 등을 가르치는 사람

④ 직장체육시설로 설치된 골프장 또는 체육시설업의 등록을 한 골프장에서 골프경기를 보조하는 골프장 캐디
⑤ 택배원으로서 택배사업(소화물을 집화·수송 과정을 거쳐 배송하는 사업을 말한다)에서 집화 또는 배송 업무를 하는 사람
⑥ 택배원으로서 고용노동부장관이 정하는 기준에 따라 주로 하나의 퀵서비스업자로부터 업무를 의뢰받아 배송 업무를 하는 사람
⑦ 대출모집인
⑧ 신용카드회원 모집인
⑨ 고용노동부장관이 정하는 기준에 따라 주로 하나의 대리운전업자로부터 업무를 의뢰받아 대리운전 업무를 하는 사람
⑩ 방문판매원이나 후원방문판매원으로서 고용노동부장관이 정하는 기준에 따라 상시적으로 방문판매업무를 하는 사람
⑪ 제품 방문점검원
⑫ 가전제품 설치 및 수리원으로서 가전제품을 배송, 설치 및 시운전하여 작동상태를 확인하는 사람
⑬ 화물차주로서 다음의 어느 하나에 해당하는 사람
　㉠ 특수자동차로 수출입 컨테이너를 운송하는 사람
　㉡ 특수자동차로 시멘트를 운송하는 사람
　㉢ 피견인자동차나 일반형 화물자동차로 철강재를 운송하는 사람
　㉣ 일반형 화물자동차나 특수용도형 화물자동차로 위험물질을 운송하는 사람
⑭ 소프트웨어사업에서 노무를 제공하는 소프트웨어기술자

(3) 안전 및 보건에 관한 교육실시

대통령령으로 정하는 특수형태근로종사자로부터 노무를 제공받는 자는 고용노동부령으로 정하는 바에 따라 안전 및 보건에 관한 교육을 실시하여야 한다(법 제77조 제2항).

(4) 교육시간 및 교육내용 등

① 특수형태근로종사자로부터 노무를 제공받는 자가 특수형태근로종사자에 대하여 실시해야 하는 안전 및 보건에 관한 교육시간은 별표 4와 같고, 교육내용은 별표 5와 같다(규칙 제95조 제1항).
② 특수형태근로종사자로부터 노무를 제공받는 자가 교육을 자체적으로 실시하는 경우 교육을 할 수 있는 사람은 안전보건교육을 할 수 있는 사람으로 한다(규칙 제95조 제2항).

③ 특수형태근로종사자로부터 노무를 제공받는 자는 교육을 안전보건교육기관에 위탁할 수 있다(규칙 제95조 제3항).

④ 교육을 실시하기 위한 교육방법과 그 밖에 교육에 필요한 사항은 고용노동부장관이 정하여 고시한다(규칙 제95조 제4항).

⑤ 특수형태근로종사자의 교육면제에 대해서는 사업주에 관한 규정을 준용한다. 이 경우 "사업주"는 "특수형태근로종사자로부터 노무를 제공받는 자"로, "근로자"는 "특수형태근로종사자"로, "채용"은 "최초 노무제공"으로 본다(규칙 제95조 제5항).

(5) 안전 및 보건 교육 대상 특수형태근로종사자

대통령령으로 정하는 특수형태근로종사자"란 (2) ②, ④부터 ⑥까지 및 ⑨부터 ⑬까지의 규정에 따른 사람을 말한다(영 제68조).

(6) 정부의 비용지원

정부는 특수형태근로종사자의 안전 및 보건의 유지·증진에 사용하는 비용의 일부 또는 전부를 지원할 수 있다(법 제77조 제3항).

2. 배달종사자에 대한 안전조치

이동통신단말장치로 물건의 수거·배달 등을 중개하는 자는 그 중개를 통하여 이륜자동차로 물건을 수거·배달 등을 하는 사람의 산업재해 예방을 위하여 필요한 안전조치 및 보건조치를 하여야 한다(법 제78조).

3. 가맹본부의 산업재해 예방 조치

(1) 가맹본부의 산업재해 예방 조치

가맹본부 중 대통령령으로 정하는 가맹본부는 가맹점사업자에게 가맹점의 설비나 기계, 원자재 또는 상품 등을 공급하는 경우에 가맹점사업자와 그 소속 근로자의 산업재해 예방을 위하여 다음의 조치를 하여야 한다(법 제79조 제1항).

① 가맹점의 안전 및 보건에 관한 프로그램의 마련·시행
② 가맹본부가 가맹점에 설치하거나 공급하는 설비·기계 및 원자재 또는 상품 등에 대하여 가맹점사업자에게 안전 및 보건에 관한 정보의 제공

(2) 산업재해 예방 조치 시행 대상

대통령령으로 정하는 가맹본부란 정보공개서(직전 사업연도 말 기준으로 등록된 것을 말한다)상 업종이 다음의 어느 하나에 해당하는 경우로서 가맹점의 수가 200개 이상인 가맹본부를 말한다(영 제69조).

① 대분류가 외식업인 경우
② 대분류가 도소매업으로서 중분류가 편의점인 경우

(3) 프로그램의 내용 및 시행

① 안전 및 보건에 관한 프로그램에는 다음의 사항이 포함되어야 한다(규칙 제96조 제1항).
　㉠ 가맹본부의 안전보건경영방침 및 안전보건활동 계획
　㉡ 가맹본부의 프로그램 운영 조직의 구성, 역할 및 가맹점사업자에 대한 안전보건교육 지원 체계
　㉢ 가맹점 내 위험요소 및 예방대책 등을 포함한 가맹점 안전보건매뉴얼
　㉣ 가맹점의 재해 발생에 대비한 가맹본부 및 가맹점사업자의 조치사항
② 가맹본부는 가맹점사업자에 대하여 안전 및 보건에 관한 프로그램을 연 1회 이상 교육해야 한다(규칙 제96조 제2항).

(4) 안전 및 보건에 관한 정보 제공 방법

가맹본부는 안전 및 보건에 관한 정보를 제공하려는 경우에는 다음의 어느 하나에 해당하는 방법으로 제공할 수 있다(규칙 제97조).

① 가맹계약서의 관계 서류에 포함하여 제공
② 가맹본부가 가맹점에 설비·기계 및 원자재 또는 상품 등을 설치하거나 공급하는 때에 제공
③ 가맹점사업자와 그 직원에 대한 교육·훈련 시에 제공
④ 그 밖에 프로그램 운영을 위하여 가맹본부가 가맹점사업자에 대하여 정기·수시 방문 지도 시에 제공
⑤ 정보통신망 등을 이용하여 수시로 제공

PART 06 유해·위험 기계 등에 대한 조치

제1절 유해하거나 위험한 기계 등에 대한 방호조치 등

1. 유해하거나 위험한 기계·기구에 대한 방호조치

(1) 유해하거나 위험한 기계·기구를 방호조치를 하지 아니하고 양도, 대여, 설치 또는 사용 등의 금지

누구든지 동력으로 작동하는 기계·기구로서 대통령령으로 정하는 것(영 별표 20에 따른 기계·기구)은 고용노동부령으로 정하는 유해·위험 방지를 위한 방호조치를 하지 아니하고는 양도, 대여, 설치 또는 사용에 제공하거나 양도·대여의 목적으로 진열해서는 아니 된다(법 제80조 제1항).

(2) 방호조치

① 기계·기구에 설치해야 할 방호장치는 다음과 같다(규칙 제98조 제1항).
  ㉠ 예초기 : 날접촉 예방장치
  ㉡ 원심기 : 회전체 접촉 예방장치
  ㉢ 공기압축기 : 압력방출장치
  ㉣ 금속절단기 : 날접촉 예방장치
  ㉤ 지게차 : 헤드 가드, 백레스트(backrest), 전조등, 후미등, 안전벨트
  ㉥ 포장기계 : 구동부 방호 연동장치

② 고용노동부령으로 정하는 방호조치란 다음의 방호조치를 말한다(규칙 제98조 제2항).
  ㉠ 작동 부분의 돌기부분은 묻힘형으로 하거나 덮개를 부착할 것
  ㉡ 동력전달부분 및 속도조절부분에는 덮개를 부착하거나 방호망을 설치할 것
  ㉢ 회전기계의 물림점(롤러나 톱니바퀴 등 반대방향의 두 회전체에 물려 들어가는 위험점)에는 덮개 또는 울을 설치할 것

③ 방호조치에 필요한 사항은 고용노동부장관이 정하여 고시한다(규칙 제98조 제3항).

(3) 방호조치를 하지 아니하고는 양도, 대여, 설치 또는 사용 등이 금지되는 것

누구든지 동력으로 작동하는 기계·기구로서 다음의 어느 하나에 해당하는 것은 고용노동부령으로 정하는 방호조치를 하지 아니하고는 양도, 대여, 설치 또는 사용에 제공하거나 양도·대여의 목적으로 진열해서는 아니 된다(법 제80조 제2항).

① 작동 부분에 돌기 부분이 있는 것
② 동력전달 부분 또는 속도조절 부분이 있는 것
③ 회전기계에 물체 등이 말려 들어갈 부분이 있는 것

(4) 점검 및 정비

사업주는 방호조치가 정상적인 기능을 발휘할 수 있도록 방호조치와 관련되는 장치를 상시적으로 점검하고 정비하여야 한다(법 제80조 제3항).

(5) 안전조치 및 보건조치

사업주와 근로자는 방호조치를 해체하려는 경우 등 고용노동부령으로 정하는 경우에는 필요한 안전조치 및 보건조치를 하여야 한다(법 제80조 제4항).

(6) 방호조치 해체 등에 필요한 조치

① 고용노동부령으로 정하는 경우란 다음의 경우를 말하며, 그에 필요한 안전조치 및 보건조치는 다음에 따른다(규칙 제99조 제1항).
  ㉠ 방호조치를 해체하려는 경우 : 사업주의 허가를 받아 해체할 것
  ㉡ 방호조치 해체 사유가 소멸된 경우 : 방호조치를 지체 없이 원상으로 회복시킬 것
  ㉢ 방호조치의 기능이 상실된 것을 발견한 경우 : 지체 없이 사업주에게 신고할 것
② 사업주는 신고가 있으면 즉시 수리, 보수 및 작업중지 등 적절한 조치를 해야 한다(규칙 제99조 제2항).

2. 기계·기구 등의 대여자 등의 조치

(1) 대여하거나 대여받는 자의 안전조치 및 보건조치

대통령령으로 정하는 기계·기구·설비 또는 건축물 등(영 별표 21에 따른 기계·기구·설비 및 건축물 등)을 타인에게 대여하거나 대여받는 자는 필요한 안전조치 및 보건조치를 하여야

한다(법 제81조).

(2) 기계등 대여자의 조치

기계·기구·설비 및 건축물 등을 타인에게 대여하는 자가 해야 할 유해·위험 방지조치는 다음과 같다(규칙 제100조).

① 해당 기계등을 미리 점검하고 이상을 발견한 경우에는 즉시 보수하거나 그 밖에 필요한 정비를 할 것
② 해당 기계등을 대여받은 자에게 다음의 사항을 적은 서면을 발급할 것
　㉠ 해당 기계등의 성능 및 방호조치의 내용
　㉡ 해당 기계등의 특성 및 사용 시의 주의사항
　㉢ 해당 기계등의 수리·보수 및 점검 내역과 주요 부품의 제조일
　㉣ 해당 기계등의 정밀진단 및 수리 후 안전점검 내역, 주요 안전부품의 교환이력 및 제조일
③ 사용을 위하여 설치·해체 작업(기계등을 높이는 작업을 포함한다.)이 필요한 기계등을 대여하는 경우로서 해당 기계등의 설치·해체 작업을 다른 설치·해체업자에게 위탁하는 경우에는 다음 각 목의 사항을 준수할 것
　㉠ 설치·해체업자가 기계등의 설치·해체에 필요한 법령상 자격을 갖추고 있는지와 설치·해체에 필요한 장비를 갖추고 있는지를 확인할 것
　㉡ 설치·해체업자에게 ②의 사항을 적은 서면을 발급하고, 해당 내용을 주지시킬 것
　㉢ 설치·해체업자가 설치·해체 작업 시 안전보건규칙에 따른 산업안전보건기준을 준수하고 있는지를 확인 할 것
④ 해당 기계등을 대여받은 자에게 확인 결과를 알릴 것

(3) 기계등을 대여받는 자의 조치

① 기계등을 대여받는 자는 그가 사용하는 근로자가 아닌 사람에게 해당 기계등을 조작하도록 하는 경우에는 다음의 조치를 해야 한다. 다만, 해당 기계등을 구입할 목적으로 기종의 선정 등을 위하여 일시적으로 대여받는 경우에는 그렇지 않다(규칙 제101조 제1항).
　㉠ 해당 기계등을 조작하는 사람이 관계 법령에서 정하는 자격이나 기능을 가진 사람인지 확인할 것
　㉡ 해당 기계등을 조작하는 사람에게 다음의 사항을 주지시킬 것
　　ⓐ 작업의 내용
　　ⓑ 지휘계통

　　　　ⓒ 연락·신호 등의 방법
　　　　ⓓ 운행경로, 제한속도, 그 밖에 해당 기계등의 운행에 관한 사항
　　　　ⓔ 그 밖에 해당 기계등의 조작에 따른 산업재해를 방지하기 위하여 필요한 사항
　　② 타워크레인을 대여받은 자는 다음의 조치를 해야 한다(규칙 제101조 제2항).
　　　　㉠ 타워크레인을 사용하는 작업 중에 타워크레인 장비 간 또는 타워크레인과 인접 구조물 간 충돌위험이 있으면 충돌방지장치를 설치하는 등 충돌방지를 위하여 필요한 조치를 할 것
　　　　㉡ 타워크레인 설치·해체 작업이 이루어지는 동안 작업과정 전반(全般)을 영상으로 기록하여 대여기간 동안 보관할 것
　　③ 해당 기계등을 대여하는 자가 (2) ②의 사항을 적은 서면을 발급하지 않는 경우 해당 기계등을 대여받은 자는 해당 사항에 대한 정보 제공을 요구할 수 있다(규칙 제101조 제3항).
　　④ 기계등을 대여받은 자가 기계등을 대여한 자에게 해당 기계등을 반환하는 경우에는 해당 기계등의 수리·보수 및 점검 내역과 부품교체 사항 등이 있는 경우 해당 사항에 대한 정보를 제공해야 한다(규칙 제101조 제4항).

(4) 기계등을 조작하는 자의 의무

기계등을 조작하는 사람은 규정된 사항을 지켜야 한다(규칙 제102조).

(5) 기계등 대여사항의 기록·보존

기계등을 대여하는 자는 해당 기계등의 대여에 관한 사항을 기록·보존해야 한다(규칙 제103조).

(6) 대여 공장건축물에 대한 조치

공용으로 사용하는 공장건축물로서 다음의 어느 하나의 장치가 설치된 것을 대여하는 자는 해당 건축물을 대여받은 자가 2명 이상인 경우로서 다음의 어느 하나의 장치의 전부 또는 일부를 공용으로 사용하는 경우에는 그 공용부분의 기능이 유효하게 작동되도록 하기 위하여 점검·보수 등 필요한 조치를 해야 한다(규칙 제104조).
　① 국소 배기장치
　② 전체 환기장치
　③ 배기처리장치

(7) 편의 제공

건축물을 대여받은 자는 국소 배기장치, 소음방지를 위한 칸막이벽, 그 밖에 산업재해 예방을

위하여 필요한 설비의 설치에 관하여 해당 설비의 설치에 수반된 건축물의 변경승인, 해당 설비의 설치공사에 필요한 시설의 이용 등 편의 제공을 건축물을 대여한 자에게 요구할 수 있다. 이 경우 건축물을 대여한 자는 특별한 사정이 없으면 이에 따라야 한다(규칙 제105조).

3. 타워크레인 설치·해체업의 등록 등

(1) 타워크레인 설치·해체업의 등록

타워크레인을 설치하거나 해체를 하려는 자는 대통령령으로 정하는 바에 따라 인력·시설 및 장비 등의 요건을 갖추어 고용노동부장관에게 등록하여야 한다. 등록한 사항 중 대통령령으로 정하는 중요한 사항을 변경할 때에도 또한 같다(법 제82조 제1항).

(2) 타워크레인 설치·해체업의 등록요건

① 타워크레인을 설치하거나 해체하려는 자가 갖추어야 하는 인력·시설 및 장비의 기준은 별표 22와 같다(영 제72조 제1항).
② 대통령령으로 정하는 중요한 사항이란 다음의 사항을 말한다(영 제72조 제2항).
  ㉠ 업체의 명칭(상호)
  ㉡ 업체의 소재지
  ㉢ 대표자의 성명

(3) 설치·해체업 등록신청 등

① 타워크레인 설치·해체업을 등록하려는 자는 설치·해체업 등록신청서에 다음의 서류를 첨부하여 주된 사무소의 소재지를 관할하는 지방고용노동관서의 장에게 제출해야 한다(규칙 제106조 제1항).
  ㉠ 인력기준에 해당하는 사람의 자격과 채용을 증명할 수 있는 서류
  ㉡ 건물임대차계약서 사본이나 그 밖에 사무실의 보유를 증명할 수 있는 서류와 장비 명세서
② 지방고용노동관서의 장은 타워크레인 설치·해체업 등록신청서를 접수하였을 때에 기준에 적합하면 그 등록신청서가 접수된 날부터 20일 이내에 등록증을 신청인에게 발급해야 한다(규칙 제106조 제2항).
③ 타워크레인 설치·해체업을 등록한 자에 대한 등록증의 재발급, 등록받은 사항의 변경 및 등록증의 반납 등에 관하여는 지정서의 규정을 준용한다. 이 경우 "지정서"는 "등록

증"으로, "안전관리전문기관 또는 보건관리전문기관"은 "타워크레인 설치·해체업을 등록한 자"로, "고용노동부장관 또는 지방고용노동청장"은 "지방고용노동관서의 장"으로 본다(규칙 제106조 제3항).

(4) 등록한 자로 타워크레인 작업

사업주는 등록한 자로 하여금 타워크레인을 설치하거나 해체하는 작업을 하도록 하여야 한다(법 제82조 제2항).

(5) 타워크레인 설치·해체업의 등록 취소 등의 사유(영 제73조)

① 안전조치를 준수하지 않아 벌금형 또는 금고 이상의 형의 선고를 받은 경우
② 법에 따른 관계 공무원의 지도·감독을 거부·방해 또는 기피한 경우

제2절 안전인증

1. 안전인증기준

(1) 안전인증기준 고시

고용노동부장관은 유해하거나 위험한 기계·기구·설비 및 방호장치·보호구의 안전성을 평가하기 위하여 그 안전에 관한 성능과 제조자의 기술 능력 및 생산 체계 등에 관한 기준을 정하여 고시하여야 한다(법 제83조 제1항).

(2) 종류별, 규격 및 형식별 안전인증기준

안전인증기준은 유해·위험기계등의 종류별, 규격 및 형식별로 정할 수 있다(법 제83조 제2항).

2. 안전인증

(1) 안전인증 검증

유해·위험기계등 중 근로자의 안전 및 보건에 위해를 미칠 수 있다고 인정되어 대통령령으로 정하는 것을 제조하거나 수입하는 자(고용노동부령으로 정하는 안전인증대상기계등을 설치·이

전하거나 주요 구조 부분을 변경하는 자를 포함한다.)는 안전인증대상기계등이 안전인증기준에 맞는지에 대하여 고용노동부장관이 실시하는 안전인증을 받아야 한다(법 제84조 제1항).

(2) 안전인증대상기계등

① 대통령령으로 정하는 것이란 다음의 어느 하나에 해당하는 것을 말한다(영 제74조 제1항).

㉠ 다음의 어느 하나에 해당하는 기계 또는 설비
  ⓐ 프레스
  ⓑ 전단기 및 절곡기
  ⓒ 크레인
  ⓓ 리프트
  ⓔ 압력용기
  ⓕ 롤러기
  ⓖ 사출성형기
  ⓗ 고소(高所) 작업대
  ⓘ 곤돌라

㉡ 다음의 어느 하나에 해당하는 방호장치
  ⓐ 프레스 및 전단기 방호장치
  ⓑ 양중기용 과부하 방지장치
  ⓒ 보일러 압력방출용 안전밸브
  ⓓ 압력용기 압력방출용 안전밸브
  ⓔ 압력용기 압력방출용 파열판
  ⓕ 절연용 방호구 및 활선작업용 기구
  ⓖ 방폭구조 전기기계·기구 및 부품
  ⓗ 추락·낙하 및 붕괴 등의 위험 방지 및 보호에 필요한 가설기자재로서 고용노동부장관이 정하여 고시하는 것
  ⓘ 충돌·협착 등의 위험 방지에 필요한 산업용 로봇 방호장치로서 고용노동부장관이 정하여 고시하는 것

㉢ 다음의 어느 하나에 해당하는 보호구
  ⓐ 추락 및 감전 위험방지용 안전모
  ⓑ 안전화
  ⓒ 안전장갑

ⓓ 방진마스크
ⓔ 방독마스크
ⓕ 송기마스크
ⓖ 전동식 호흡보호구
ⓗ 보호복
ⓘ 안전대
ⓙ 차광 및 비산물 위험방지용 보안경
ⓚ 용접용 보안면
ⓛ 방음용 귀마개 또는 귀덮개
② 안전인증대상기계등의 세부적인 종류, 규격 및 형식은 고용노동부장관이 정하여 고시한다(영 제74조 제2항).

(3) 안전인증대상기계등

고용노동부령으로 정하는 안전인증대상기계등이란 다음의 기계 및 설비를 말한다(규칙 제107조).

① 설치·이전하는 경우 안전인증을 받아야 하는 기계
㉠ 크레인
㉡ 리프트
㉢ 곤돌라
② 주요 구조 부분을 변경하는 경우 안전인증을 받아야 하는 기계 및 설비
㉠ 프레스
㉡ 전단기 및 절곡기
㉢ 크레인
㉣ 리프트
㉤ 압력용기
㉥ 롤러기
㉦ 사출성형기
㉧ 고소작업대
㉨ 곤돌라

(4) 안전인증의 신청 등

① 안전인증을 받으려는 자는 심사종류별로 안전인증 신청서에 서류를 첨부하여 안전인증 업무를 위탁받은 기관에 제출(전자적 방법에 의한 제출을 포함한다)해야 한다. 이 경우

외국에서 유해하거나 위험한 기계·기구·설비 및 방호장치·보호구를 제조하는 자는 국내에 거주하는 자를 대리인으로 선정하여 안전인증을 신청하게 할 수 있다(규칙 제108조 제1항).

② 안전인증을 신청하는 경우에는 고용노동부장관이 정하여 고시하는 바에 따라 안전인증 심사에 필요한 시료를 제출해야 한다(규칙 제108조 제2항).

③ 안전인증 신청서를 제출받은 안전인증기관은 행정정보의 공동이용을 통하여 사업자등록증을 확인해야 한다. 다만, 신청인이 확인에 동의하지 않은 경우에는 사업자등록증 사본을 첨부하도록 해야 한다(규칙 제108조 제3항).

(5) 안전인증의 면제

① 안전인증대상기계등이 다음의 어느 하나에 해당하는 경우에는 안전인증을 전부 면제한다(규칙 제109조 제1항).
  ㉠ 연구·개발을 목적으로 제조·수입하거나 수출을 목적으로 제조하는 경우
  ㉡ 「건설기계관리법」에 따른 검사를 받은 경우 또는 형식승인을 받거나 형식신고를 한 경우
  ㉢ 「고압가스 안전관리법」에 따른 검사를 받은 경우
  ㉣ 검사 중 광업시설의 설치공사 또는 변경공사가 완료되었을 때에 받는 검사를 받은 경우
  ㉤ 「방위사업법」에 따른 품질보증을 받은 경우
  ㉥ 「선박안전법」에 따른 검사를 받은 경우
  ㉦ 「에너지이용 합리화법」에 따른 검사를 받은 경우
  ㉧ 「원자력안전법」에 따른 검사를 받은 경우
  ㉨ 「위험물안전관리법」에 따른 검사를 받은 경우
  ㉩ 「전기사업법」에 따른 검사를 받은 경우
  ㉪ 「항만법」에 따른 검사를 받은 경우
  ㉫ 「화재예방, 소방시설 설치·유지 및 안전관리에 관한 법률」에 따른 형식승인을 받은 경우

② 안전인증대상기계등이 다음의 어느 하나에 해당하는 인증 또는 시험을 받았거나 그 일부 항목이 안전인증기준과 같은 수준 이상인 것으로 인정되는 경우에는 해당 인증 또는 시험이나 그 일부 항목에 한정하여 안전인증을 면제한다(규칙 제109조 제2항).
  ㉠ 고용노동부장관이 정하여 고시하는 외국의 안전인증기관에서 인증을 받은 경우
  ㉡ 국제전기기술위원회(IEC)의 국제방폭전기기계·기구 상호인정제도(IECEx Scheme)에 따라 인증을 받은 경우

ⓒ 시험·검사기관에서 실시하는 시험을 받은 경우

ⓔ 인증을 받은 경우

ⓓ 「전기용품 및 생활용품 안전관리법」에 따른 안전인증을 받은 경우

③ 안전인증이 면제되는 안전인증대상기계등을 제조하거나 수입하는 자는 해당 공산품의 출고 또는 통관 전에 안전인증 면제신청서에 다음의 서류를 첨부하여 안전인증기관에 제출해야 한다(규칙 제109조 제3항).

　ⓐ 제품 및 용도설명서

　ⓑ 연구·개발을 목적으로 사용되는 것임을 증명하는 서류

④ 안전인증기관은 안전인증 면제신청을 받으면 이를 확인하고 안전인증 면제확인서를 발급해야 한다(규칙 제109조 제4항).

(6) 안전인증 심사의 종류 및 방법

① 유해·위험기계등이 안전인증기준에 적합한지를 확인하기 위하여 안전인증기관이 하는 심사는 다음과 같다(규칙 제110조 제1항).

　㉠ 예비심사 : 기계 및 방호장치·보호구가 유해·위험기계등 인지를 확인하는 심사(안전인증을 신청한 경우만 해당한다)

　㉡ 서면심사 : 유해·위험기계등의 종류별 또는 형식별로 설계도면 등 유해·위험기계등의 제품기술과 관련된 문서가 안전인증기준에 적합한지에 대한 심사

　㉢ 기술능력 및 생산체계 심사 : 유해·위험기계등의 안전성능을 지속적으로 유지·보증하기 위하여 사업장에서 갖추어야 할 기술능력과 생산체계가 안전인증기준에 적합한지에 대한 심사. 다만, 다음의 어느 하나에 해당하는 경우에는 기술능력 및 생산체계 심사를 생략한다.

　　ⓐ 방호장치 및 보호구를 고용노동부장관이 정하여 고시하는 수량 이하로 수입하는 경우

　　ⓑ 개별 제품심사를 하는 경우

　　ⓒ 안전인증(형식별 제품심사를 하여 안전인증을 받은 경우로 한정한다)을 받은 후 같은 공정에서 제조되는 같은 종류의 안전인증대상기계등에 대하여 안전인증을 하는 경우

　㉣ 제품심사 : 유해·위험기계등이 서면심사 내용과 일치하는지와 유해·위험기계등의 안전에 관한 성능이 안전인증기준에 적합한지에 대한 심사. 다만, 다음의 심사는 유해·위험기계등별로 고용노동부장관이 정하여 고시하는 기준에 따라 어느 하나만을 받는다.

ⓐ 개별 제품심사 : 서면심사 결과가 안전인증기준에 적합할 경우에 유해·위험기계등 모두에 대하여 하는 심사(안전인증을 받으려는 자가 서면심사와 개별 제품심사를 동시에 할 것을 요청하는 경우 병행할 수 있다)

ⓑ 형식별 제품심사 : 서면심사와 기술능력 및 생산체계 심사 결과가 안전인증기준에 적합할 경우에 유해·위험기계등의 형식별로 표본을 추출하여 하는 심사(안전인증을 받으려는 자가 서면심사, 기술능력 및 생산체계 심사와 형식별 제품심사를 동시에 할 것을 요청하는 경우 병행할 수 있다)

② 유해·위험기계등의 종류별 또는 형식별 심사의 절차 및 방법은 고용노동부장관이 정하여 고시한다(규칙 제110조 제2항).

③ 안전인증기관은 안전인증 신청서를 제출받으면 다음의 구분에 따른 심사 종류별 기간 내에 심사해야 한다. 다만, 제품심사의 경우 처리기간 내에 심사를 끝낼 수 없는 부득이한 사유가 있을 때에는 15일의 범위에서 심사기간을 연장할 수 있다(규칙 제110조 제3항).

㉠ 예비심사 : 7일

㉡ 서면심사 : 15일(외국에서 제조한 경우는 30일)

㉢ 기술능력 및 생산체계 심사 : 30일(외국에서 제조한 경우는 45일)

㉣ 제품심사

ⓐ 개별 제품심사 : 15일

ⓑ 형식별 제품심사 : 30일(방호장치와 보호구는 60일)

④ 안전인증기관은 심사가 끝나면 안전인증을 신청한 자에게 심사결과 통지서를 발급해야 한다. 이 경우 해당 심사 결과가 모두 적합한 경우에는 안전인증서를 함께 발급해야 한다(규칙 제110조 제4항).

⑤ 안전인증기관은 안전인증대상기계등이 특수한 구조 또는 재료로 제조되어 안전인증기준의 일부를 적용하기 곤란할 경우 해당 제품이 안전인증기준과 같은 수준 이상의 안전에 관한 성능을 보유한 것으로 인정(안전인증을 신청한 자의 요청이 있거나 필요하다고 판단되는 경우를 포함한다)되면 한국산업표준 또는 관련 국제규격 등을 참고하여 안전인증기준의 일부를 생략하거나 추가하여 심사를 할 수 있다(규칙 제110조 제5항).

⑥ 안전인증기관은 안전인증대상기계등이 안전인증기준과 같은 수준 이상의 안전에 관한 성능을 보유한 것으로 인정되는지와 해당 안전인증대상기계등에 생략하거나 추가하여 적용할 안전인증기준을 심의·의결하기 위하여 안전인증심의위원회를 설치·운영해야 한다. 이 경우 안전인증심의위원회의 구성·개최에 걸리는 기간은 제3항에 따른 심사기간에 산입하지 않는다(규칙 제110조 제6항).

⑦ 안전인증심의위원회의 구성·기능 및 운영 등에 필요한 사항은 고용노동부장관이 정하여 고시한다(규칙 제110조 제7항).

(7) 안전인증의 전부 또는 일부 면제

고용노동부장관은 다음의 어느 하나에 해당하는 경우에는 고용노동부령으로 정하는 바에 따라 안전인증의 전부 또는 일부를 면제할 수 있다(법 제84조 제2항).

① 연구·개발을 목적으로 제조·수입하거나 수출을 목적으로 제조하는 경우
② 고용노동부장관이 정하여 고시하는 외국의 안전인증기관에서 인증을 받은 경우
③ 다른 법령에 따라 안전성에 관한 검사나 인증을 받은 경우로서 고용노동부령으로 정하는 경우

(8) 안전인증 신청

안전인증대상기계등이 아닌 유해·위험기계등을 제조하거나 수입하는 자가 그 유해·위험기계등의 안전에 관한 성능 등을 평가받으려면 고용노동부장관에게 안전인증을 신청할 수 있다. 이 경우 고용노동부장관은 안전인증기준에 따라 안전인증을 할 수 있다(법 제84조 제3항).

(9) 안전인증기준 확인

고용노동부장관은 안전인증을 받은 자가 안전인증기준을 지키고 있는지를 3년 이하의 범위에서 고용노동부령으로 정하는 주기마다 확인하여야 한다. 다만, 안전인증의 일부를 면제받은 경우에는 고용노동부령으로 정하는 바에 따라 확인의 전부 또는 일부를 생략할 수 있다(법 제84조 제4항).

(10) 확인의 방법 및 주기 등

① 안전인증기관은 안전인증을 받은 자에 대하여 다음의 사항을 확인해야 한다(규칙 제111조 제1항).
  ㉠ 안전인증서에 적힌 제조 사업장에서 해당 유해·위험기계등을 생산하고 있는지 여부
  ㉡ 안전인증을 받은 유해·위험기계등이 안전인증기준에 적합한지 여부
  ㉢ 제조자가 안전인증을 받을 당시의 기술능력·생산체계를 지속적으로 유지하고 있는지 여부
  ㉣ 유해·위험기계등이 서면심사 내용과 같은 수준 이상의 재료 및 부품을 사용하고 있는지 여부
② 안전인증기관은 안전인증을 받은 자가 안전인증기준을 지키고 있는지를 2년에 1회 이상

확인해야 한다. 다만, 다음의 모두에 해당하는 경우에는 3년에 1회 이상 확인할 수 있다(규칙 제111조 제2항).

㉠ 최근 3년 동안 안전인증이 취소되거나 안전인증표시의 사용금지 또는 시정명령을 받은 사실이 없는 경우
㉡ 최근 2회의 확인 결과 기술능력 및 생산체계가 고용노동부장관이 정하는 기준 이상인 경우

③ 안전인증기관은 확인한 경우에는 안전인증확인 통지서를 제조자에게 발급해야 한다(규칙 제111조 제3항).
④ 안전인증기관은 확인한 결과 해당하는 사실을 확인한 경우에는 그 사실을 증명할 수 있는 서류를 첨부하여 유해·위험기계등을 제조하는 사업장의 소재지(제품의 제조자가 외국에 있는 경우에는 그 대리인의 소재지로 하되, 대리인이 없는 경우에는 그 안전인증기관의 소재지로 한다)를 관할하는 지방고용노동관서의 장에게 지체 없이 알려야 한다(규칙 제111조 제4항).
⑤ 안전인증기관은 일부 항목에 한정하여 안전인증을 면제한 경우에는 외국의 해당 안전인증기관에서 실시한 안전인증 확인의 결과를 제출받아 고용노동부장관이 정하는 바에 따라 확인의 전부 또는 일부를 생략할 수 있다(규칙 제111조 제5항).

(11) 기록 및 보존

① 안전인증을 받은 자는 안전인증을 받은 안전인증대상기계등에 대하여 고용노동부령으로 정하는 바에 따라 제품명·모델명·제조수량·판매수량 및 판매처 현황 등의 사항을 기록하여 보존하여야 한다(법 제84조 제5항).
② 안전인증제품에 관한 자료의 기록·보존 : 안전인증을 받은 자는 안전인증제품에 관한 자료를 안전인증을 받은 제품별로 기록·보존해야 한다(규칙 제112조).

(12) 안전인증 관련 자료의 제출

① 고용노동부장관은 근로자의 안전 및 보건에 필요하다고 인정하는 경우 안전인증대상기계등을 제조·수입 또는 판매하는 자에게 고용노동부령으로 정하는 바에 따라 해당 안전인증대상기계등의 제조·수입 또는 판매에 관한 자료를 공단에 제출하게 할 수 있다(법 제84조 제6항).
② 안전인증 관련 자료의 제출 등 : 지방고용노동관서의 장은 안전인증대상기계등을 제조·수입 또는 판매하는 자에게 자료의 제출을 요구할 때에는 10일 이상의 기간을 정하여 문서로 요구하되, 부득이한 사유가 있을 때에는 신청을 받아 30일의 범위에서 그 기간을 연장할 수 있다(규칙 제113조).

(13) 안전인증의 신청 방법·절차 등

안전인증의 신청 방법·절차, 확인의 방법·절차, 그 밖에 필요한 사항은 고용노동부령으로 정한다(법 제84조 제7항).

3. 안전인증의 표시 등

(1) 안전인증의 표시

안전인증을 받은 자는 안전인증을 받은 유해·위험기계등이나 이를 담은 용기 또는 포장에 고용노동부령으로 정하는 바에 따라 안전인증의 표시를 하여야 한다(법 제85조 제1항).

(2) 안전인증의 표시 및 표시방법

① 안전인증의 표시 중 안전인증대상기계등의 안전인증의 표시 및 표시방법은 별표 14와 같다(규칙 제114조 제1항).
② 안전인증의 표시 중 안전인증대상기계등이 아닌 유해·위험기계등의 안전인증 표시 및 표시방법은 별표 15와 같다(규칙 제114조 제2항).

(3) 유사표시 및 광고금지

안전인증을 받은 유해·위험기계등이 아닌 것은 안전인증표시 또는 이와 유사한 표시를 하거나 안전인증에 관한 광고를 해서는 아니 된다(법 제85조 제2항).

(4) 안전인증표시의 임의변경 및 제거금지

안전인증을 받은 유해·위험기계등을 제조·수입·양도·대여하는 자는 안전인증표시를 임의로 변경하거나 제거해서는 아니 된다(법 제85조 제3항).

(5) 안전인증표시나 유사표시 제거명령

고용노동부장관은 다음의 어느 하나에 해당하는 경우에는 안전인증표시나 이와 유사한 표시를 제거할 것을 명하여야 한다(법 제85조 제4항).

① 안전인증표시나 이와 유사한 표시를 한 경우
② 안전인증이 취소되거나 안전인증표시의 사용 금지 명령을 받은 경우

4. 안전인증의 취소 등

(1) 안전인증의 취소 및 시정명령

고용노동부장관은 안전인증을 받은 자가 다음의 어느 하나에 해당하면 안전인증을 취소하거나 6개월 이내의 기간을 정하여 안전인증표시의 사용을 금지하거나 안전인증기준에 맞게 시정하도록 명할 수 있다. 다만, ①의 경우에는 안전인증을 취소하여야 한다(법 제86조 제1항).
① 거짓이나 그 밖의 부정한 방법으로 안전인증을 받은 경우
② 안전인증을 받은 유해·위험기계등의 안전에 관한 성능 등이 안전인증기준에 맞지 아니하게 된 경우
③ 정당한 사유 없이 확인을 거부, 방해 또는 기피하는 경우

(2) 안전인증의 취소 공고 등

① 지방고용노동관서의 장은 안전인증을 취소한 경우에는 고용노동부장관에게 보고해야 한다(규칙 제115조 제1항).
② 고용노동부장관은 안전인증을 취소한 경우에는 안전인증을 취소한 날부터 30일 이내에 다음의 사항을 관보와 그 보급지역을 전국으로 하여 등록한 일반일간신문 또는 인터넷 등에 공고해야 한다(규칙 제115조 제2항).
㉠ 유해·위험기계등의 명칭 및 형식번호
㉡ 안전인증번호
㉢ 제조자(수입자) 및 대표자
㉣ 사업장 소재지
㉤ 취소일 및 취소 사유

(3) 안전인증의 신청제한

안전인증이 취소된 자는 안전인증이 취소된 날부터 1년 이내에는 취소된 유해·위험기계등에 대하여 안전인증을 신청할 수 없다(법 제86조 제3항).

5. 안전인증대상기계등의 제조 등의 금지 등

(1) 안전인증대상기계등의 제조 등의 금지

누구든지 다음의 어느 하나에 해당하는 안전인증대상기계등을 제조·수입·양도·대여·사용하거나 양도·대여의 목적으로 진열할 수 없다(법 제87조 제1항).

① 안전인증을 받지 아니한 경우(안전인증이 전부 면제되는 경우는 제외한다)
② 안전인증기준에 맞지 아니하게 된 경우
③ 안전인증이 취소되거나 안전인증표시의 사용 금지 명령을 받은 경우

(2) 수거 및 파기명령

고용노동부장관은 (1)을 위반하여 안전인증대상기계등을 제조·수입·양도·대여하는 자에게 고용노동부령으로 정하는 바에 따라 그 안전인증대상기계등을 수거하거나 파기할 것을 명할 수 있다(법 제87조 제2항).

(3) 안전인증대상기계등의 수거·파기명령

① 지방고용노동관서의 장은 수거·파기명령을 할 때에는 그 사유와 이행에 필요한 기간을 정하여 제조·수입·양도·대여하는 자에게 알려야 한다(규칙 제116조 제1항).
② 지방고용노동관서의 장은 수거·파기명령을 받은 자가 그 제품을 구성하는 부분품을 교체하여 결함을 개선하는 등 안전인증기준의 부적합 사유를 해소할 수 있는 경우에는 해당 부분품에 대해서만 수거·파기할 것을 명령할 수 있다(규칙 제116조 제2항).
③ 수거·파기명령을 받은 자가 명령에 따른 필요한 조치를 이행하면 그 결과를 관할 지방고용노동관서의 장에게 보고해야 한다(규칙 제116조 제3항).
④ 지방고용노동관서의 장은 보고를 받은 경우에는 명령 및 이행 결과 보고의 내용을 고용노동부장관에게 보고해야 한다(규칙 제116조 제4항).

6. 안전인증기관

(1) 안전인증기관 지정

고용노동부장관은 안전인증 업무 및 확인 업무를 위탁받아 수행할 기관을 안전인증기관으로 지정할 수 있다(법 제88조 제1항).

(2) 안전인증기관의 지정 요건

안전인증기관으로 지정받을 수 있는 자는 다음의 어느 하나에 해당하는 자로 한다(영 제75조).
① 공단
② 다음의 어느 하나에 해당하는 기관으로서 인력·시설 및 장비를 갖춘 기관
㉠ 산업 안전·보건 또는 산업재해 예방을 목적으로 설립된 비영리법인

ⓒ 기계 및 설비 등의 인증·검사, 생산기술의 연구개발·교육·평가 등의 업무를 목적으로 설립된 공공기관

(3) 안전인증기관 신청

안전인증기관으로 지정받으려는 자는 대통령령으로 정하는 인력·시설 및 장비 등의 요건을 갖추어 고용노동부장관에게 신청하여야 한다(법 제88조 제2항).

(4) 안전인증기관의 지정 신청 등

① 안전인증기관으로 지정받으려는 자는 안전인증기관 지정신청서에 다음의 서류를 첨부하여 고용노동부장관에게 제출(전자문서로 제출하는 것을 포함한다)해야 한다(규칙 제117조 제1항).
　ⓐ 정관(법인인 경우만 해당한다)
　ⓑ 인력기준을 갖추었음을 증명할 수 있는 자격증(국가기술자격증은 제외한다), 졸업증명서, 경력증명서 및 재직증명서 등 서류
　ⓒ 시설·장비기준을 갖추었음을 증명할 수 있는 서류와 시설·장비 명세서
　ⓓ 최초 1년간의 사업계획서
② 안전인증기관의 지정 신청에 관하여는 고용노동부장관 또는 지방고용노동청장의 규정을 준용한다. 이 경우 "고용노동부장관 또는 지방고용노동청장"은 "고용노동부장관"으로, "안전관리전문기관 또는 보건관리전문기관"은 "안전인증기관"으로 본다(규칙 제117조 제2항).

(5) 안전인증기관에 대한 평가 및 결과공개

고용노동부장관은 지정받은 안전인증기관에 대하여 평가하고 그 결과를 공개할 수 있다. 이 경우 평가의 기준·방법 및 결과의 공개에 필요한 사항은 고용노동부령으로 정한다(법 제88조 제3항).

(6) 안전인증기관의 평가 등

① 안전인증기관의 평가 기준은 다음과 같다(규칙 제118조 제1항).
　ⓐ 인력·시설 및 장비의 보유 여부와 그에 대한 관리능력
　ⓑ 안전인증 업무 수행능력
　ⓒ 안전인증 업무를 위탁한 사업주의 만족도
② 안전인증기관에 대한 평가 방법 및 평가 결과의 공개에 관한 사항은 안전관리전문기관 또는 보건관리전문기관의 규정을 준용한다. 이 경우 "안전관리전문기관 또는 보건관리전문기관"은 "안전인증기관"으로 본다(규칙 제118조 제2항).

(7) 안전인증기관의 지정 취소 등의 사유(영 제76조)

① 안전인증 관련 서류를 거짓으로 작성한 경우
② 정당한 사유 없이 안전인증 업무를 거부한 경우
③ 안전인증 업무를 게을리하거나 업무에 차질을 일으킨 경우
④ 안전인증·확인의 방법 및 절차를 위반한 경우
⑤ 법에 따른 관계 공무원의 지도·감독을 거부·방해 또는 기피한 경우

제3절 자율안전확인의 신고

1. 자율안전확인의 신고

(1) 자율안전확인의 신고 및 면제

안전인증대상기계등이 아닌 유해·위험기계등으로서 대통령령으로 정하는 것을 제조하거나 수입하는 자는 자율안전확인대상기계등의 안전에 관한 성능이 고용노동부장관이 정하여 고시하는 안전기준에 맞는지 확인하여 고용노동부장관에게 신고(신고한 사항을 변경하는 경우를 포함한다)하여야 한다. 다만, 다음의 어느 하나에 해당하는 경우에는 신고를 면제할 수 있다(법 제89조 제1항).

① 연구·개발을 목적으로 제조·수입하거나 수출을 목적으로 제조하는 경우
② 안전인증을 받은 경우(안전인증이 취소되거나 안전인증표시의 사용 금지 명령을 받은 경우는 제외한다)
③ 다른 법령에 따라 안전성에 관한 검사나 인증을 받은 경우로서 고용노동부령으로 정하는 경우

(2) 자율안전확인대상기계등

① 대통령령으로 정하는 것이란 다음의 어느 하나에 해당하는 것을 말한다(영 제77조 제1항).
  ㉠ 다음의 어느 하나에 해당하는 기계 또는 설비
    ⓐ 연삭기 또는 연마기. 이 경우 휴대형은 제외한다.
    ⓑ 산업용 로봇

ⓒ 혼합기

ⓓ 파쇄기 또는 분쇄기

ⓔ 식품가공용 기계(파쇄 · 절단 · 혼합 · 제면기만 해당한다)

ⓕ 컨베이어

ⓖ 자동차정비용 리프트

ⓗ 공작기계(선반, 드릴기, 평삭 · 형삭기, 밀링만 해당한다)

ⓘ 고정형 목재가공용 기계(둥근톱, 대패, 루타기, 띠톱, 모떼기 기계만 해당한다)

ⓙ 인쇄기

㉡ 다음의 어느 하나에 해당하는 방호장치

ⓐ 아세틸렌 용접장치용 또는 가스집합 용접장치용 안전기

ⓑ 교류 아크용접기용 자동전격방지기

ⓒ 롤러기 급정지장치

ⓓ 연삭기 덮개

ⓔ 목재 가공용 둥근톱 반발 예방장치와 날 접촉 예방장치

ⓕ 동력식 수동대패용 칼날 접촉 방지장치

ⓖ 추락 · 낙하 및 붕괴 등의 위험 방지 및 보호에 필요한 가설기자재(가설기자재는 제외한다)로서 고용노동부장관이 정하여 고시하는 것

㉢ 다음의 어느 하나에 해당하는 보호구

ⓐ 안전모

ⓑ 보안경

ⓒ 보안면

② 자율안전확인대상기계등의 세부적인 종류, 규격 및 형식은 고용노동부장관이 정하여 고시한다(영 제77조 제2항).

(3) 신고의 면제(규칙 제119조)

① 검정을 받은 경우

② 인증을 받은 경우

③ 안전인증 및 안전검사를 받은 경우

④ 국제전기기술위원회의 국제방폭전기기계 · 기구 상호인정제도에 따라 인증을 받은 경우

(4) 자율안전확인대상기계등의 신고방법

① 신고해야 하는 자는 자율안전확인대상기계등을 출고하거나 수입하기 전에 자율안전확인

신고서에 다음의 서류를 첨부하여 공단에 제출(전자문서로 제출하는 것을 포함한다)해야 한다(규칙 제120조 제1항).
　㉠ 제품의 설명서
　㉡ 자율안전확인대상기계등의 자율안전기준을 충족함을 증명하는 서류
② 공단은 신고서를 제출받은 경우 행정정보의 공동이용을 통하여 다음의 어느 하나에 해당하는 서류를 확인해야 한다. 다만, ㉡의 서류에 대해서는 신청인이 확인에 동의하지 않는 경우에는 그 사본을 첨부하도록 해야 한다(규칙 제120조 제2항).
　㉠ 법인 : 법인등기사항증명서
　㉡ 개인 : 사업자등록증
③ 공단은 자율안전확인의 신고를 받은 날부터 15일 이내에 자율안전확인 신고증명서를 신고인에게 발급해야 한다(규칙 제120조 제3항).

(5) 신고의 수리

고용노동부장관은 신고를 받은 경우 그 내용을 검토하여 이 법에 적합하면 신고를 수리하여야 한다(법 제89조 제2항).

(6) 서류보존

신고를 한 자는 자율안전확인대상기계등이 자율안전기준에 맞는 것임을 증명하는 서류를 보존하여야 한다(법 제89조 제3항).

(7) 신고의 방법 및 절차 등

신고의 방법 및 절차, 그 밖에 필요한 사항은 고용노동부령으로 정한다(법 제89조 제4항).

2. 자율안전확인의 표시 등

(1) 자율안전확인의 표시

① 신고를 한 자는 자율안전확인대상기계등이나 이를 담은 용기 또는 포장에 고용노동부령으로 정하는 바에 따라 자율안전확인의 표시를 하여야 한다(법 제90조 제1항).
② 자율안전확인의 표시 : 자율안전확인의 표시 및 표시방법은 별표 14와 같다(규칙 제121조).

(2) 자율안전확인에 관한 광고금지

신고된 자율안전확인대상기계등이 아닌 것은 자율안전확인표시 또는 이와 유사한 표시를 하거

나 자율안전확인에 관한 광고를 해서는 아니 된다(법 제90조 제2항).

(3) 자율안전확인표시의 임의변경 및 제거금지

신고된 자율안전확인대상기계등을 제조·수입·양도·대여하는 자는 자율안전확인표시를 임의로 변경하거나 제거해서는 아니 된다(법 제90조 제3항).

(4) 자율안전확인표시나및 유사표시 제거명령

고용노동부장관은 다음의 어느 하나에 해당하는 경우에는 자율안전확인표시나 이와 유사한 표시를 제거할 것을 명하여야 한다(법 제90조 제4항).
  ① 자율안전확인표시나 이와 유사한 표시를 한 경우
  ② 거짓이나 그 밖의 부정한 방법으로 신고를 한 경우
  ③ 자율안전확인표시의 사용 금지 명령을 받은 경우

3. 자율안전확인표시의 사용 금지 등

(1) 자율안전확인표시의 사용금지 및 시정명령

고용노동부장관은 신고된 자율안전확인대상기계등의 안전에 관한 성능이 자율안전기준에 맞지 아니하게 된 경우에는 신고한 자에게 6개월 이내의 기간을 정하여 자율안전확인표시의 사용을 금지하거나 자율안전기준에 맞게 시정하도록 명할 수 있다(법 제91조 제1항).

(2) 자율안전확인 표시의 사용 금지 공고내용 등

  ① 지방고용노동관서의 장은 자율안전확인표시의 사용을 금지한 경우에는 이를 고용노동부장관에게 보고해야 한다(규칙 제122조 제1항).
  ② 고용노동부장관은 자율안전확인표시 사용을 금지한 날부터 30일 이내에 다음의 사항을 관보나 인터넷 등에 공고해야 한다(규칙 제122조 제2항).
    ㉠ 자율안전확인대상기계등의 명칭 및 형식번호
    ㉡ 자율안전확인번호
    ㉢ 제조자(수입자)
    ㉣ 사업장 소재지
    ㉤ 사용금지 기간 및 사용금지 사유

4. 자율안전확인대상기계등의 제조 등의 금지 등

(1) 자율안전확인대상기계등의 제조 등의 금지

누구든지 다음의 어느 하나에 해당하는 자율안전확인대상기계등을 제조·수입·양도·대여·사용하거나 양도·대여의 목적으로 진열할 수 없다(법 제92조 제1항).
① 신고를 하지 아니한 경우(신고가 면제되는 경우는 제외한다)
② 거짓이나 그 밖의 부정한 방법으로 신고를 한 경우
③ 자율안전확인대상기계등의 안전에 관한 성능이 자율안전기준에 맞지 아니하게 된 경우
④ 자율안전확인표시의 사용 금지 명령을 받은 경우

(2) 자율안전확인대상기계등의 수거·파기명령

① 지방고용노동관서의 장은 수거·파기명령을 할 때에는 그 사유와 이행에 필요한 기간을 정하여 제조·수입·양도 또는 대여하는 자에게 알려야 한다(규칙 제123조 제1항).
② 지방고용노동관서의 장은 수거·파기명령을 받은 자가 그 제품을 구성하는 부분품을 교체하여 결함을 개선하는 등 자율안전기준의 부적합 사유를 해소할 수 있는 경우에는 해당 부분품에 대해서만 수거·파기할 것을 명할 수 있다(규칙 제123조 제2항).
③ 수거·파기명령을 받은 자는 명령에 따른 필요한 조치를 이행하면 그 결과를 관할 지방고용노동관서의 장에게 보고해야 한다(규칙 제123조 제3항).
④ 지방고용노동관서의 장은 보고를 받은 경우에는 명령 및 이행 결과 보고의 내용을 고용노동부장관에게 보고해야 한다(규칙 제123조 제4항).

제4절 안전검사

1. 안전검사

(1) 안전검사 실시

유해하거나 위험한 기계·기구·설비로서 대통령령으로 정하는 것을 사용하는 사업주(근로자를 사용하지 아니하고 사업을 하는 자를 포함한다.)는 안전검사대상기계등의 안전에 관한 성능이 고용노동부장관이 정하여 고시하는 검사기준에 맞는지에 대하여 고용노동부장관이 실시하는 검

사를 받아야 한다. 이 경우 안전검사대상기계등을 사용하는 사업주와 소유자가 다른 경우에는 안전검사대상기계등의 소유자가 안전검사를 받아야 한다(법 제93조 제1항).

(2) 안전검사대상기계등

① 대통령령으로 정하는 것이란 다음의 어느 하나에 해당하는 것을 말한다(영 제78조 제1항).
  ㉠ 프레스
  ㉡ 전단기
  ㉢ 크레인(정격 하중이 2톤 미만인 것은 제외한다)
  ㉣ 리프트
  ㉤ 압력용기
  ㉥ 곤돌라
  ㉦ 국소 배기장치(이동식은 제외한다)
  ㉧ 원심기(산업용만 해당한다)
  ㉨ 롤러기(밀폐형 구조는 제외한다)
  ㉩ 사출성형기[형 체결력 294킬로뉴턴(KN) 미만은 제외한다]
  ㉪ 고소작업대(화물자동차 또는 특수자동차에 탑재한 고소작업대로 한정한다)
  ㉫ 컨베이어
  ㉬ 산업용 로봇
  ㉭ 혼합기, 파쇄기 또는 분쇄기
② 안전검사대상기계등의 세부적인 종류, 규격 및 형식은 고용노동부장관이 정하여 고시한다(영 제78조 제2항).

(3) 안전검사의 신청 등

① 안전검사를 받아야 하는 자는 안전검사 신청서를 검사 주기 만료일 30일 전에 안전검사 업무를 위탁받은 기관에 제출(전자문서로 제출하는 것을 포함한다)해야 한다(규칙 제124조 제1항).
② 안전검사 신청을 받은 안전검사기관은 검사 주기 만료일 전후 각각 30일 이내에 해당 기계·기구 및 설비별로 안전검사를 해야 한다. 이 경우 해당 검사기간 이내에 검사에 합격한 경우에는 검사 주기 만료일에 안전검사를 받은 것으로 본다(규칙 제124조 제2항).

(4) 안전검사 면제

안전검사대상기계등이 다른 법령에 따라 안전성에 관한 검사나 인증을 받은 경우로서 고용노동부령으로 정하는 경우에는 안전검사를 면제할 수 있다(법 제93조 제2항).

(5) 안전검사의 면제하는 경우(규칙 제125조)

① 「건설기계관리법」에 따른 검사를 받은 경우(안전검사 주기에 해당하는 시기의 검사로 한정한다)
② 「고압가스 안전관리법」에 따른 검사를 받은 경우
③ 「광산안전법」에 따른 검사 중 광업시설의 설치·변경공사 완료 후 일정한 기간이 지날 때마다 받는 검사를 받은 경우
④ 「선박안전법」에 따른 검사를 받은 경우
⑤ 「에너지이용 합리화법」에 따른 검사를 받은 경우
⑥ 「원자력안전법」에 따른 검사를 받은 경우
⑦ 「위험물안전관리법」에 따른 정기점검 또는 정기검사를 받은 경우
⑧ 「전기사업법」에 따른 검사를 받은 경우
⑨ 「항만법」에 따른 검사를 받은 경우
⑩ 「화재예방, 소방시설 설치·유지 및 안전관리에 관한 법률」에 따른 자체점검 등을 받은 경우
⑪ 「화학물질관리법」에 따른 정기검사를 받은 경우

(6) 안전검사의 신청, 검사 주기 및 검사합격 표시방법 등

안전검사의 신청, 검사 주기 및 검사합격 표시방법, 그 밖에 필요한 사항은 고용노동부령으로 정한다. 이 경우 검사 주기는 안전검사대상기계등의 종류, 사용연한 및 위험성을 고려하여 정한다(법 제93조 제3항).

(7) 안전검사의 주기와 합격표시 및 표시방법

① 안전검사대상기계등의 안전검사 주기는 다음과 같다(규칙 제126조 제1항).
  ㉠ 크레인(이동식 크레인은 제외한다), 리프트(이삿짐운반용 리프트는 제외한다) 및 곤돌라 : 사업장에 설치가 끝난 날부터 3년 이내에 최초 안전검사를 실시하되, 그 이후부터 2년마다(건설현장에서 사용하는 것은 최초로 설치한 날부터 6개월마다)
  ㉡ 이동식 크레인, 이삿짐운반용 리프트 및 고소작업대 : 신규등록 이후 3년 이내에 최초 안전검사를 실시하되, 그 이후부터 2년마다
  ㉢ 프레스, 전단기, 압력용기, 국소 배기장치, 원심기, 롤러기, 사출성형기, 컨베이어, 산업용 로봇, 혼합기, 파쇄기 또는 분쇄기 : 사업장에 설치가 끝난 날부터 3년 이내에

최초 안전검사를 실시하되, 그 이후부터 2년마다(공정안전보고서를 제출하여 확인을 받은 압력용기는 4년마다)
② 안전검사의 합격표시 및 표시방법은 별표 16과 같다(규칙 제126조 제2항).

2. 안전검사합격증명서 발급 등

(1) 안전검사합격증명서 발급

고용노동부장관은 안전검사에 합격한 사업주에게 고용노동부령으로 정하는 바에 따라 안전검사합격증명서를 발급하여야 한다(법 제94조 제1항).

(2) 안전검사 합격증명서의 발급

고용노동부장관은 안전검사에 합격한 사업주에게 안전검사대상기계등에 직접 부착 가능한 안전검사합격증명서를 발급하고, 부적합한 경우에는 해당 사업주에게 안전검사 불합격 통지서에 그 사유를 밝혀 통지해야 한다(규칙 제127조).

(3) 안전검사합격증명서 부착

안전검사합격증명서를 발급받은 사업주는 그 증명서를 안전검사대상기계등에 붙여야 한다(법 제94조 제2항).

3. 안전검사대상기계등의 사용 금지

사업주는 다음의 어느 하나에 해당하는 안전검사대상기계등을 사용해서는 아니 된다(법 제95조).
① 안전검사를 받지 아니한 안전검사대상기계등(안전검사가 면제되는 경우는 제외한다)
② 안전검사에 불합격한 안전검사대상기계등

4. 안전검사기관

(1) 안전검사기관 지정

고용노동부장관은 안전검사 업무를 위탁받아 수행하는 기관을 안전검사기관으로 지정할 수 있다(법 제96조 제1항).

(2) 안전검사기관의 지정 요건

안전검사기관으로 지정받을 수 있는 자는 다음의 어느 하나에 해당하는 자로 한다(영 제79조).

① 공단
② 다음의 어느 하나에 해당하는 기관으로서 인력·시설 및 장비를 갖춘 기관
  ㉠ 산업안전·보건 또는 산업재해 예방을 목적으로 설립된 비영리법인
  ㉡ 기계 및 설비 등의 인증·검사, 생산기술의 연구개발·교육·평가 등의 업무를 목적으로 설립된 공공기관

(3) 인력·시설 및 장비 등의 요건을 갖추어 신청

안전검사기관으로 지정받으려는 자는 대통령령으로 정하는 인력·시설 및 장비 등의 요건을 갖추어 고용노동부장관에게 신청하여야 한다(법 제96조 제2항).

(4) 안전검사기관의 지정 신청 등

① 안전검사기관으로 지정받으려는 자는 안전검사기관 지정신청서에 다음의 서류를 첨부하여 고용노동부장관에게 제출(전자문서로 제출하는 것을 포함한다)해야 한다(규칙 제128조 제1항).
  ㉠ 정관(법인인 경우만 해당한다)
  ㉡ 인력기준을 갖추었음을 증명할 수 있는 자격증(국가기술자격증은 제외한다), 졸업증명서, 경력증명서 및 재직증명서 등 서류
  ㉢ 시설·장비기준을 갖추었음을 증명할 수 있는 서류와 시설·장비 명세서
  ㉣ 최초 1년간의 사업계획서
② 안전검사기관의 지정 신청에 관하여는 고용노동부장관 또는 지방고용노동청장의 규정을 준용한다. 이 경우 "고용노동부장관 또는 지방고용노동청장"은 "고용노동부장관"으로, "안전관리전문기관 또는 보건관리전문기관"은 "안전검사기관"으로 본다(규칙 제128조 제2항).

(5) 안전검사기관의 평가 및 결과공개

고용노동부장관은 지정받은 안전검사기관에 대하여 평가하고 그 결과를 공개할 수 있다. 이 경우 평가의 기준·방법 및 결과의 공개에 필요한 사항은 고용노동부령으로 정한다(법 제96조 제3항).

(6) 안전검사기관의 평가 등

① 안전검사기관의 평가 기준은 다음과 같다(규칙 제129조 제1항).
  ㉠ 인력·시설 및 장비의 보유 여부와 관리능력
  ㉡ 안전검사 업무 수행능력
  ㉢ 안전검사 업무를 위탁한 사업주의 만족도
② 안전검사기관에 대한 평가 방법 및 평가 결과의 공개에 관한 사항은 안전관리전문기관 또는 보건관리전문기관의 규정을 준용한다. 이 경우 "안전관리전문기관 또는 보건관리전문기관"은 "안전검사기관"으로 본다.

(7) 안전검사기관의 지정 취소 등의 사유(영 제80조)

① 안전검사 관련 서류를 거짓으로 작성한 경우
② 정당한 사유 없이 안전검사 업무를 거부한 경우
③ 안전검사 업무를 게을리하거나 업무에 차질을 일으킨 경우
④ 안전검사·확인의 방법 및 절차를 위반한 경우
⑤ 법에 따른 관계 공무원의 지도·감독을 거부·방해 또는 기피한 경우

5. 안전검사기관의 보고의무

안전검사기관은 안전검사대상기계등을 발견하였을 때에는 이를 고용노동부장관에게 지체 없이 보고하여야 한다(법 제97조).

6. 자율검사프로그램에 따른 안전검사

(1) 자율검사프로그램에 따른 안전검사

안전검사를 받아야 하는 사업주가 근로자대표와 협의(근로자를 사용하지 아니하는 경우는 제외한다)하여 검사기준, 검사 주기 등을 충족하는 검사프로그램을 정하고 고용노동부장관의 인정을 받아 다음의 어느 하나에 해당하는 사람으로부터 자율검사프로그램에 따라 안전검사대상기계등에 대하여 안전에 관한 성능검사를 받으면 안전검사를 받은 것으로 본다(법 제98조 제1항).
① 고용노동부령으로 정하는 안전에 관한 성능검사와 관련된 자격 및 경험을 가진 사람

② 고용노동부령으로 정하는 바에 따라 안전에 관한 성능검사 교육을 이수하고 해당 분야의 실무 경험이 있는 사람

(2) 검사원의 자격

고용노동부령으로 정하는 안전에 관한 성능검사와 관련된 자격 및 경험을 가진 사람 및 "고용노동부령으로 정하는 바에 따라 안전에 관한 성능검사 교육을 이수하고 해당 분야의 실무경험이 있는 사람이란 다음의 어느 하나에 해당하는 사람을 말한다(규칙 제130조).

① 기계·전기·전자·화공 또는 산업안전 분야에서 기사 이상의 자격을 취득한 후 해당 분야의 실무경력이 3년 이상인 사람
② 기계·전기·전자·화공 또는 산업안전 분야에서 산업기사 이상의 자격을 취득한 후 해당 분야의 실무경력이 5년 이상인 사람
③ 기계·전기·전자·화공 또는 산업안전 분야에서 기능사 이상의 자격을 취득한 후 해당 분야의 실무경력이 7년 이상인 사람
④ 학교 중 수업연한이 4년인 학교(같은 수준 이상의 학력이 인정되는 학교를 포함한다)에서 기계·전기·전자·화공 또는 산업안전 분야의 관련 학과를 졸업한 후 해당 분야의 실무경력이 3년 이상인 사람
⑤ 「고등교육법」에 따른 학교 중 ④에 따른 학교 외의 학교(같은 수준 이상의 학력이 인정되는 학교를 포함한다)에서 기계·전기·전자·화공 또는 산업안전 분야의 관련 학과를 졸업한 후 해당 분야의 실무경력이 5년 이상인 사람
⑥ 고등학교·고등기술학교에서 기계·전기 또는 전자·화공 관련 학과를 졸업한 후 해당 분야의 실무경력이 7년 이상인 사람
⑦ 자율검사프로그램에 따라 안전에 관한 성능검사 교육을 이수한 후 해당 분야의 실무경력이 1년 이상인 사람

(3) 자율검사프로그램의 유효기간

자율검사프로그램의 유효기간은 2년으로 한다(법 제98조 제2항).

(4) 자율안전검사의 기록보존

사업주는 자율안전검사를 받은 경우에는 그 결과를 기록하여 보존하여야 한다(법 제98조 제3항).

(5) 자율안전검사 위탁

자율안전검사를 받으려는 사업주는 지정받은 검사기관에 자율안전검사를 위탁할 수 있다(법 제98조 제4항).

(6) 성능검사 교육 등

① 고용노동부장관은 사업장에서 안전검사대상기계등의 안전에 관한 성능검사 업무를 담당하는 사람의 인력 수급 등을 고려하여 필요하다고 인정하면 공단이나 해당 분야 전문기관으로 하여금 성능검사 교육을 실시하게 할 수 있다(규칙 제131조 제1항).
② 성능검사 교육의 교육시간은 별표 4와 같고, 교육내용은 별표 5와 같다(규칙 제131조 제2항).

(7) 자율검사프로그램의 인정 등

① 사업주가 자율검사프로그램을 인정받기 위해서는 다음의 요건을 모두 충족해야 한다. 다만, 검사기관에 위탁한 경우에는 ㉠ 및 ㉡을 충족한 것으로 본다(규칙 제132조 제1항).
  ㉠ 검사원을 고용하고 있을 것
  ㉡ 고용노동부장관이 정하여 고시하는 바에 따라 검사를 할 수 있는 장비를 갖추고 이를 유지·관리할 수 있을 것
  ㉢ 안전검사 주기의 2분의 1에 해당하는 주기(크레인 중 건설현장 외에서 사용하는 크레인의 경우에는 6개월)마다 검사를 할 것
  ㉣ 자율검사프로그램의 검사기준이 고용노동부장관이 정하여 고시하는 검사기준을 충족할 것
② 자율검사프로그램에는 다음의 내용이 포함되어야 한다(규칙 제132조 제2항).
  ㉠ 안전검사대상기계등의 보유 현황
  ㉡ 검사원 보유 현황과 검사를 할 수 있는 장비 및 장비 관리방법(자율안전검사기관에 위탁한 경우에는 위탁을 증명할 수 있는 서류를 제출한다)
  ㉢ 안전검사대상기계등의 검사 주기 및 검사기준
  ㉣ 향후 2년간 안전검사대상기계등의 검사수행계획
  ㉤ 과거 2년간 자율검사프로그램 수행 실적(재신청의 경우만 해당한다)
③ 자율검사프로그램을 인정받으려는 자는 자율검사프로그램 인정신청서에 자율검사프로그램을 확인할 수 있는 서류 2부를 첨부하여 공단에 제출해야 한다(규칙 제132조 제3항).

④ 자율검사프로그램 인정신청서를 제출받은 공단은 행정정보의 공동이용을 통하여 다음의 어느 하나에 해당하는 서류를 확인해야 한다. 다만, ⓒ의 서류에 대해서는 신청인이 확인에 동의하지 않는 경우에는 그 사본을 첨부하도록 해야 한다(규칙 제132조 제4항).
  ㉠ 법인 : 법인등기사항증명서
  ㉡ 개인 : 사업자등록증
⑤ 공단은 자율검사프로그램 인정신청서를 제출받은 경우에는 15일 이내에 인정 여부를 결정한다(규칙 제132조 제5항).
⑥ 공단은 신청받은 자율검사프로그램을 인정하는 경우에는 자율검사프로그램 인정서에 인정증명 도장을 찍은 자율검사프로그램 1부를 첨부하여 신청자에게 발급해야 한다(규칙 제132조 제6항).
⑦ 공단은 신청받은 자율검사프로그램을 인정하지 않는 경우에는 자율검사프로그램 부적합 통지서에 부적합한 사유를 밝혀 신청자에게 통지해야 한다(규칙 제132조 제7항).

7. 자율검사프로그램 인정의 취소 등

(1) 자율검사프로그램 인정의 취소

고용노동부장관은 자율검사프로그램의 인정을 받은 자가 다음의 어느 하나에 해당하는 경우에는 자율검사프로그램의 인정을 취소하거나 인정받은 자율검사프로그램의 내용에 따라 검사를 하도록 하는 등 시정을 명할 수 있다. 다만, ①의 경우에는 인정을 취소하여야 한다(법 제99조 제1항).
  ① 거짓이나 그 밖의 부정한 방법으로 자율검사프로그램을 인정받은 경우
  ② 자율검사프로그램을 인정받고도 검사를 하지 아니한 경우
  ③ 인정받은 자율검사프로그램의 내용에 따라 검사를 하지 아니한 경우
  ④ 안전에 관한 성능검사와 관련된 자격 및 경험을 가진 사람 또는 자율안전검사기관이 검사를 하지 아니한 경우

(2) 인정이 취소된 안전검사대상기계등 사용금지

사업주는 자율검사프로그램의 인정이 취소된 안전검사대상기계 등을 사용해서는 아니 된다(법 제99조 제2항).

8. 자율안전검사기관

(1) 자율안전검사기관 지정

자율안전검사기관이 되려는 자는 대통령령으로 정하는 인력·시설 및 장비 등의 요건을 갖추어 고용노동부장관의 지정을 받아야 한다(법 제100조 제1항).

(2) 자율안전검사기관의 지정신청 등

① 자율안전검사기관으로 지정받으려는 자는 자율안전검사기관 지정신청서에 다음의 서류를 첨부하여 지정받으려는 검사기관의 주된 사무소의 소재지를 관할하는 지방고용노동청장에게 제출(전자문서로 제출하는 것을 포함한다)해야 한다(규칙 제133조 제1항).
  ㉠ 정관
  ㉡ 인력기준에 해당하는 사람의 자격과 채용을 증명할 수 있는 자격증(국가기술자격증은 제외한다), 졸업증명서, 경력증명서 및 재직증명서 등의 서류
  ㉢ 건물임대차계약서 사본 등 사무실의 보유를 증명할 수 있는 서류와 시설·장비 명세서
  ㉣ 최초 1년간의 사업계획서
② 신청서를 제출받은 지방고용노동청장은 행정정보의 공동이용을 통하여 법인등기사항증명서 및 국가기술자격증을 확인해야 한다. 다만, 신청인이 국가기술자격증의 확인에 동의하지 않는 경우에는 그 사본을 첨부하도록 해야 한다(규칙 제133조 제2항).
③ 자율안전검사기관의 지정을 위한 심사, 지정서의 발급·재발급, 지정사항의 변경 및 지정서의 반납 등에 관하여는 고용노동부장관 또는 지방고용노동청장의 규정을 준용한다. 이 경우 "고용노동부장관 또는 지방고용노동청장"은 "지방고용노동청장"으로, "안전관리전문기관 또는 보건관리전문기관"은 "자율안전검사기관"으로 본다(규칙 제133조 제3항).
④ 지방고용노동청장이 지정신청서 또는 변경신청서를 접수한 경우에는 해당 자율안전검사기관의 업무 지역을 관할하는 다른 지방고용노동청장과 미리 협의해야 한다(규칙 제133조 제4항).

(3) 자율안전검사기관의 평가 및 결과공개

고용노동부장관은 자율안전검사기관에 대하여 평가하고 그 결과를 공개할 수 있다. 이 경우 평가의 기준·방법 및 결과의 공개에 필요한 사항은 고용노동부령으로 정한다(법 제100조 제2항).

(4) 자율안전검사기관의 평가 등

① 자율안전검사기관을 평가하는 기준은 다음과 같다(규칙 제134조 제1항).
　㉠ 인력·시설 및 장비의 보유 수준과 그에 대한 관리능력
　㉡ 자율검사프로그램의 충실성을 포함한 안전검사 업무 수행능력
　㉢ 안전검사 업무를 위탁한 사업장의 만족도
② 자율안전검사기관에 대한 평가 방법 및 평가 결과의 공개에 관한 사항은 안전관리전문기관 또는 보건관리전문기관의 규정을 준용한다. 이 경우 "안전관리전문기관 또는 보건관리전문기관"은 "자율안전검사기관"으로 본다(규칙 제134조 제2항).

(5) 자율안전검사기관의 업무수행기준

① 자율안전검사기관은 검사 결과 안전검사기준을 충족하지 못하는 사항을 발견하면 구체적인 개선 의견을 그 사업주에게 통보해야 한다(규칙 제135조 제1항).
② 자율안전검사기관은 기계·기구별 검사 내용, 점검 결과 및 조치 사항 등 검사업무의 수행 결과를 기록·관리해야 한다(규칙 제135조 제2항).

(6) 자율안전검사기관의 지정 절차 등

자율안전검사기관의 지정 절차, 그 밖에 필요한 사항은 고용노동부령으로 정한다(법 제100조 제3항).

(7) 자율안전검사기관의 지정 취소 등의 사유(영 제82조)

① 검사 관련 서류를 거짓으로 작성한 경우
② 정당한 사유 없이 검사업무의 수탁을 거부한 경우
③ 검사업무를 하지 않고 위탁 수수료를 받은 경우
④ 검사 항목을 생략하거나 검사방법을 준수하지 않은 경우
⑤ 검사 결과의 판정기준을 준수하지 않거나 검사 결과에 따른 안전조치 의견을 제시하지 않은 경우

(8) 준용규정

자율안전검사기관에 관하여는 안전관리전문기관 또는 보건관리전문기관의 규정을 준용한다. 이 경우 "안전관리전문기관 또는 보건관리전문기관"은 "자율안전검사기관"으로 본다(법 제100조 제4항).

제5절 유해·위험기계등의 조사 및 지원 등

1. 성능시험 등

(1) 안전인증기준 또는 자율안전기준 성능시험

고용노동부장관은 안전인증대상기계등 또는 자율안전확인대상기계등의 안전성능의 저하 등으로 근로자에게 피해를 주거나 줄 우려가 크다고 인정하는 경우에는 대통령령으로 정하는 바에 따라 유해·위험기계등을 제조하는 사업장에서 제품 제조 과정을 조사할 수 있으며, 제조·수입·양도·대여하거나 양도·대여의 목적으로 진열된 유해·위험기계등을 수거하여 안전인증기준 또는 자율안전기준에 적합한지에 대한 성능시험을 할 수 있다(법 제101조).

(2) 성능시험 등

① 제품 제조 과정 조사는 안전인증대상기계등 또는 자율안전확인대상기계등이 안전인증기준 또는 자율안전기준에 맞게 제조되었는지를 대상으로 한다(영 제83조 제1항).
② 고용노동부장관은 유해·위험기계등의 성능시험을 하는 경우에는 제조·수입·양도·대여하거나 양도·대여의 목적으로 진열된 유해·위험기계등 중에서 그 시료를 수거하여 실시한다(영 제83조 제2항).
③ 제품 제조 과정 조사 및 성능시험의 절차 및 방법 등에 관하여 필요한 사항은 고용노동부령으로 정한다(영 제83조 제3항).

2. 유해·위험기계등 제조사업 등의 지원

(1) 유해·위험기계등의 품질·안전성 또는 설계·시공 능력 등의 향상을 위한 지원

고용노동부장관은 다음의 어느 하나에 해당하는 자에게 유해·위험기계등의 품질·안전성 또는 설계·시공 능력 등의 향상을 위하여 예산의 범위에서 필요한 지원을 할 수 있다(법 제102조 제1항).

① 다음의 어느 하나에 해당하는 것의 안전성 향상을 위하여 지원이 필요하다고 인정되는 것을 제조하는 자
  ㉠ 안전인증대상기계등

ⓒ 자율안전확인대상기계등
  ⓒ 그 밖에 산업재해가 많이 발생하는 유해·위험기계등
 ② 작업환경 개선시설을 설계·시공하는 자

(2) 지원을 받으려는 자의 등록

지원을 받으려는 자는 고용노동부령으로 정하는 인력·시설 및 장비 등의 요건을 갖추어 고용노동부장관에게 등록하여야 한다(법 제102조 제2항).

(3) 등록신청 등

① 등록을 하려는 자는 등록신청서에 다음의 서류를 첨부하여 공단에 제출(전자문서로 제출하는 것을 포함한다)해야 한다(규칙 제138조 제1항).
  ㉠ 인력기준에 해당하는 사람의 자격과 채용을 증명할 수 있는 자격증(국가기술자격증은 제외한다), 졸업증명서, 경력증명서 및 재직증명서 등의 서류
  ㉡ 건물임대차계약서 사본이나 그 밖에 사무실의 보유를 증명할 수 있는 서류와 시설·장비 명세서
  ㉢ 제조 인력, 주요 부품 및 완제품 조립·생산용 생산시설 및 자체 품질관리시스템 운영에 관한 서류(국소배기장치 및 전체환기장치 시설업체, 소음·진동 방지장치 시설업체의 경우는 제외한다)
② 등록신청서를 제출받은 공단은 행정정보의 공동이용을 통하여 다음의 어느 하나에 해당하는 서류를 확인해야 한다. 다만, ⓒ의 서류에 대해서는 신청인이 확인에 동의하지 않는 경우에는 그 사본을 첨부하도록 해야 한다(규칙 제138조 제2항).
  ㉠ 법인 : 법인등기사항증명서
  ㉡ 개인 : 사업자등록증
③ 공단은 등록신청서가 접수되었을 때에는 별표 17에서 정한 기준에 적합한지를 확인한 후 등록신청서가 접수된 날부터 30일 이내에 등록증을 신청인에게 발급해야 한다(규칙 제138조 제3항).
④ 등록증을 발급받은 자가 등록사항을 변경하려는 경우에는 변경신청서에 변경내용을 증명하는 서류 및 등록증을 첨부하여 공단에 제출해야 한다. 이 경우 변경신청서의 처리에 관하여는 ③을 준용한다(규칙 제138조 제4항).

(4) 지원내용 등

① 공단은 등록한 자에 대하여 다음의 지원을 할 수 있다(규칙 제139조 제1항).
  ㉠ 설계·시공, 연구·개발 및 시험에 관한 기술 지원

ⓒ 설계·시공, 연구·개발 및 시험 비용의 일부 또는 전부의 지원

ⓒ 연구개발, 품질관리를 위한 시험장비 구매 비용의 일부 또는 전부의 지원

㉣ 국내외 전시회 개최 비용의 일부 또는 전부의 지원

㉤ 공단이 소유하고 있는 공업소유권의 우선사용 지원

㉥ 그 밖에 고용노동부장관이 등록업체의 제조·설계·시공능력의 향상을 위하여 필요하다고 인정하는 사업의 지원

② 지원을 받으려는 자는 지원받으려는 내용 등이 포함된 지원신청서를 공단에 제출해야 한다(규칙 제139조 제2항).

③ 공단은 지원신청서가 접수된 경우에는 30일 이내에 지원 여부, 지원 범위 및 지원 우선순위 등을 심사·결정하여 지원신청자에게 통보해야 한다. 다만, 지원 신청의 경우 30일 이내에 관련 기술조사 등 심사·결정을 끝낼 수 없는 부득이한 사유가 있을 때에는 15일 범위에서 심사기간을 연장할 수 있다(규칙 제139조 제3항).

④ 공단은 등록하거나 지원을 받은 자에 대한 사후관리를 해야 한다(규칙 제139조 제4항).

(5) 등록취소 및 지원제한

고용노동부장관은 등록한 자가 다음의 어느 하나에 해당하는 경우에는 그 등록을 취소하거나 1년의 범위에서 제1항에 따른 지원을 제한할 수 있다. 다만, ①의 경우에는 등록을 취소하여야 한다(법 제102조 제3항).

① 거짓이나 그 밖의 부정한 방법으로 등록한 경우

② 등록 요건에 적합하지 아니하게 된 경우

③ 안전인증이 취소된 경우

(6) 등록취소 등

① 공단은 취소사유에 해당하는 사실을 확인하였을 때에는 그 사실을 증명할 수 있는 서류를 첨부하여 해당 등록업체 소재지를 관할하는 지방고용노동관서의 장에게 보고해야 한다(규칙 제140조 제1항).

② 지방고용노동관서의 장은 등록을 취소하였을 때에는 그 사실을 공단에 통보해야 한다(규칙 제140조 제2항).

③ 등록이 취소된 자는 즉시 등록증을 공단에 반납해야 한다(규칙 제140조 제3항).

④ 고용노동부장관은 지원한 금액 또는 지원에 상응하는 금액을 환수하는 경우에는 지원받은 자에게 반환기한과 반환금액을 명시하여 통보해야 한다. 이 경우 반환기한은 반환통보일부터 1개월 이내로 한다(규칙 제140조 제4항).

(7) 지원한 금액 또는 지원에 상응하는 금액 환수

고용노동부장관은 지원받은 자가 다음의 어느 하나에 해당하는 경우에는 지원한 금액 또는 지원에 상응하는 금액을 환수하여야 한다. 이 경우 ①에 해당하면 지원한 금액에 상당하는 액수 이하의 금액을 추가로 환수할 수 있다(법 제102조 제4항).

① 거짓이나 그 밖의 부정한 방법으로 지원받은 경우
② 지원 목적과 다른 용도로 지원금을 사용한 경우
③ 등록이 취소된 경우

(8) 재등록 제한

고용노동부장관은 등록을 취소한 자에 대하여 등록을 취소한 날부터 2년 이내의 기간을 정하여 등록을 제한할 수 있다(법 제102조 제5항).

3. 유해·위험기계등의 안전 관련 정보의 종합관리

(1) 안전에 관한 정보제공

고용노동부장관은 사업장의 유해·위험기계등의 보유현황 및 안전검사 이력 등 안전에 관한 정보를 종합관리하고, 해당 정보를 안전인증기관 또는 안전검사기관에 제공할 수 있다(법 제103조 제1항).

(2) 자료제출 요청

고용노동부장관은 정보의 종합관리를 위하여 안전인증기관 또는 안전검사기관에 사업장의 유해·위험기계등의 보유현황 및 안전검사 이력 등의 필요한 자료를 제출하도록 요청할 수 있다. 이 경우 요청을 받은 기관은 특별한 사유가 없으면 그 요청에 따라야 한다(법 제103조 제2항).

(3) 종합정보망 구축·운영

고용노동부장관은 정보의 종합관리를 위하여 유해·위험기계등의 보유현황 및 안전검사 이력 등 안전에 관한 종합정보망을 구축·운영하여야 한다(법 제103조 제3항).

유해·위험물질에 대한 조치

제1절 유해·위험물질의 분류 및 관리

1. 유해인자의 분류기준

(1) 유해성·위험성 분류기준 마련

고용노동부장관은 고용노동부령으로 정하는 바에 따라 근로자에게 건강장해를 일으키는 화학물질 및 물리적 인자 등의 유해성·위험성 분류기준을 마련하여야 한다(법 제104조).

(2) 유해인자의 분류기준

근로자에게 건강장해를 일으키는 화학물질 및 물리적 인자 등의 유해성·위험성 분류기준은 별표 18과 같다.

유해인자의 유해성·위험성 분류기준(규칙 별표 18)

1. 화학물질의 분류기준
   가. 물리적 위험성 분류기준
   1) 폭발성 물질 : 자체의 화학반응에 따라 주위환경에 손상을 줄 수 있는 정도의 온도·압력 및 속도를 가진 가스를 발생시키는 고체·액체 또는 혼합물
   2) 인화성 가스 : 20℃, 표준압력(101.3kPa)에서 공기와 혼합하여 인화되는 범위에 있는 가스와 54℃ 이하 공기 중에서 자연발화하는 가스를 말한다.(혼합물을 포함한다)
   3) 인화성 액체 : 표준압력(101.3kPa)에서 인화점이 93℃ 이하인 액체
   4) 인화성 고체 : 쉽게 연소되거나 마찰에 의하여 화재를 일으키거나 촉진할 수 있는 물질
   5) 에어로졸: 재충전이 불가능한 금속·유리 또는 플라스틱 용기에 압축가스·액화가스 또는 용해가스를 충전하고 내용물을 가스에 현탁시킨 고체나 액상입자로, 액상 또는 가스상에서 폼·페이스트·분말상으로 배출되는 분사장치를 갖춘 것
   6) 물반응성 물질 : 물과 상호작용을 하여 자연발화되거나 인화성 가스를 발생시키는 고체·액체 또는 혼합물
   7) 산화성 가스 : 일반적으로 산소를 공급함으로써 공기보다 다른 물질의 연소를 더 잘 일으키거나 촉진하는

가

8) 산화성 액체 : 그 자체로는 연소하지 않더라도, 일반적으로 산소를 발생시켜 다른 물질을 연소시키거나 연소를 촉진하는 액체
9) 산화성 고체 : 그 자체로는 연소하지 않더라도 일반적으로 산소를 발생시켜 다른 물질을 연소시키거나 연소를 촉진하는 고체
10) 고압가스 : 20℃, 200킬로파스칼(kpa) 이상의 압력 하에서 용기에 충전되어 있는 가스 또는 냉동액화가스 형태로 용기에 충전되어 있는 가스(압축가스, 액화가스, 냉동액화가스, 용해가스로 구분한다)
11) 자기반응성 물질 : 열적(熱的)인 면에서 불안정하여 산소가 공급되지 않아도 강렬하게 발열·분해하기 쉬운 액체·고체 또는 혼합물
12) 자연발화성 액체 : 적은 양으로도 공기와 접촉하여 5분 안에 발화할 수 있는 액체
13) 자연발화성 고체 : 적은 양으로도 공기와 접촉하여 5분 안에 발화할 수 있는 고체
14) 자기발열성 물질 : 주위의 에너지 공급 없이 공기와 반응하여 스스로 발열하는 물질(자기발화성 물질은 제외한다)
15) 유기과산화물 : 2가의 -O-O- 구조를 가지고 1개 또는 2개의 수소 원자가 유기라디칼에 의하여 치환된 과산화수소의 유도체를 포함한 액체 또는 고체 유기물질
16) 금속 부식성 물질 : 화학적인 작용으로 금속에 손상 또는 부식을 일으키는 물질

나. 건강 및 환경 유해성 분류기준

1) 급성 독성 물질 : 입 또는 피부를 통하여 1회 투여 또는 24시간 이내에 여러 차례로 나누어 투여하거나 호흡기를 통하여 4시간 동안 흡입하는 경우 유해한 영향을 일으키는 물질
2) 피부 부식성 또는 자극성 물질 : 접촉 시 피부조직을 파괴하거나 자극을 일으키는 물질(피부 부식성 물질 및 피부 자극성 물질로 구분한다)
3) 심한 눈 손상성 또는 자극성 물질 : 접촉 시 눈 조직의 손상 또는 시력의 저하 등을 일으키는 물질(눈 손상성 물질 및 눈 자극성 물질로 구분한다)
4) 호흡기 과민성 물질 : 호흡기를 통하여 흡입되는 경우 기도에 과민반응을 일으키는 물질
5) 피부 과민성 물질 : 피부에 접촉되는 경우 피부 알레르기 반응을 일으키는 물질
6) 발암성 물질 : 암을 일으키거나 그 발생을 증가시키는 물질
7) 생식세포 변이원성 물질 : 자손에게 유전될 수 있는 사람의 생식세포에 돌연변이를 일으킬 수 있는 물질
8) 생식독성 물질 : 생식기능, 생식능력 또는 태아의 발생·발육에 유해한 영향을 주는 물질
9) 특정 표적장기 독성 물질(1회 노출) : 1회 노출로 특정 표적장기 또는 전신에 독성을 일으키는 물질
10) 특정 표적장기 독성 물질(반복 노출) : 반복적인 노출로 특정 표적장기 또는 전신에 독성을 일으키는 물질
11) 흡인 유해성 물질 : 액체 또는 고체 화학물질이 입이나 코를 통하여 직접적으로 또는 구토로 인하여 간접적으로, 기관 및 더 깊은 호흡기관으로 유입되어 화학적 폐렴, 다양한 폐 손상이나 사망과 같은 심각한 급성 영향을 일으키는 물질
12) 수생 환경 유해성 물질 : 단기간 또는 장기간의 노출로 수생생물에 유해한 영향을 일으키는 물질
13) 오존층 유해성 물질 : 「오존층 보호를 위한 특정물질의 제조규제 등에 관한 법률」 제2조제1호에 따른 특정물질

2. 물리적 인자의 분류기준

가. 소음 : 소음성난청을 유발할 수 있는 85데시벨(A) 이상의 시끄러운 소리
나. 진동 : 착암기, 손망치 등의 공구를 사용함으로써 발생되는 백랍병·레이노 현상·말초순환장애 등의 국소 진동 및 차량 등을 이용함으로써 발생되는 관절통·디스크·소화장애 등의 전신 진동
다. 방사선 : 직접·간접으로 공기 또는 세포를 전리하는 능력을 가진 알파선·베타선·감마선·엑스선·중성자선 등의 전자선
라. 이상기압 : 게이지 압력이 제곱센티미터당 1킬로그램 초과 또는 미만인 기압
마. 이상기온 : 고열·한랭·다습으로 인하여 열사병·동상·피부질환 등을 일으킬 수 있는 기온
3. 생물학적 인자의 분류기준
가. 혈액매개 감염인자 : 인간면역결핍바이러스, B형·C형간염바이러스, 매독바이러스 등 혈액을 매개로 다른 사람에게 전염되어 질병을 유발하는 인자
나. 공기매개 감염인자 : 결핵·수두·홍역 등 공기 또는 비말감염 등을 매개로 호흡기를 통하여 전염되는 인자
다. 곤충 및 동물매개 감염인자 : 쯔쯔가무시증, 렙토스피라증, 유행성출혈열 등 동물의 배설물 등에 의하여 전염되는 인자 및 탄저병, 브루셀라병 등 가축 또는 야생동물로부터 사람에게 감염되는 인자
※ 비고 : 제1호에 따른 화학물질의 분류기준 중 가목에 따른 물리적 위험성 분류기준별 세부 구분기준과 나목에 따른 건강 및 환경 유해성 분류기준의 단일물질 분류기준별 세부 구분기준 및 혼합물질의 분류기준은 고용노동부장관이 정하여 고시한다.

2. 유해인자의 유해성·위험성 평가 및 관리

(1) 유해성·위험성 평가 및 공표

고용노동부장관은 유해인자가 근로자의 건강에 미치는 유해성·위험성을 평가하고 그 결과를 관보 등에 공표할 수 있다(법 제105조 제1항).

(2) 유해성·위험성 수준별로 유해인자 구분관리

고용노동부장관은 평과 결과 등을 고려하여 고용노동부령으로 정하는 바에 따라 유해성·위험성 수준별로 유해인자를 구분하여 관리하여야 한다(법 제105조 제2항).

(3) 유해성·위험성 평가대상 선정기준 및 평가방법 등

① 유해성·위험성 평가의 대상이 되는 유해인자의 선정기준은 다음과 같다(규칙 제142조 제1항).
  ㉠ 유해인자로 분류하기 위하여 유해성·위험성 평가가 필요한 유해인자
  ㉡ 노출 시 변이원성(변이원성 : 유전적인 돌연변이를 일으키는 물리적·화학적 성질), 흡입독성, 생식독성(생식독성 : 생물체의 생식에 해를 끼치는 약물 등의 독성), 발암성

등 근로자의 건강장해 발생이 의심되는 유해인자

ⓒ 그 밖에 사회적 물의를 일으키는 등 유해성·위험성 평가가 필요한 유해인자

② 고용노동부장관은 선정된 유해인자에 대한 유해성·위험성 평가를 실시할 때에는 다음의 사항을 고려해야 한다(규칙 제142조 제2항).

㉠ 독성시험자료 등을 통한 유해성·위험성 확인

㉡ 화학물질의 노출이 인체에 미치는 영향

㉢ 화학물질의 노출수준

③ 유해성·위험성 평가의 세부 방법 및 절차, 그 밖에 필요한 사항은 고용노동부장관이 정한다(규칙 제142조 제3항).

(4) 유해인자의 관리 등

① 고용노동부장관은 법 유해성·위험성 평가 결과 등을 고려하여 다음의 물질 또는 인자로 정하여 관리해야 한다(규칙 제143조 제1항).

㉠ 노출기준 설정 대상 유해인자

㉡ 허용기준 설정 대상 유해인자

㉢ 제조 등 금지물질

㉣ 제조 등 허가물질

㉤ 작업환경측정 대상 유해인자

㉥ 특수건강진단 대상 유해인자

㉦ 안전보건규칙에 따른 관리대상 유해물질

② 고용노동부장관은 유해인자의 관리에 필요한 자료를 확보하기 위하여 유해인자의 취급량·노출량, 취급 근로자 수, 취급 공정 등을 주기적으로 조사할 수 있다(규칙 제143조 제2항).

3. 유해인자의 노출기준 설정

(1) 노출기준 고시

고용노동부장관은 유해성·위험성 평가 결과 등 고용노동부령으로 정하는 사항을 고려하여 유해인자의 노출기준을 정하여 고시하여야 한다(법 제106조).

(2) 유해인자의 노출기준의 설정 등

고용노동부장관이 노출기준을 정하는 경우에는 다음의 사항을 고려해야 한다(규칙 제144조).
① 해당 유해인자에 따른 건강장해에 관한 연구·실태조사의 결과
② 해당 유해인자의 유해성·위험성의 평가 결과
③ 해당 유해인자의 노출기준 적용에 관한 기술적 타당성

4. 유해인자 허용기준의 준수

(1) 유해인자 허용기준 이하로 유지

사업주는 발암성 물질 등 근로자에게 중대한 건강장해를 유발할 우려가 있는 유해인자로서 대통령령으로 정하는 유해인자는 작업장 내의 그 노출 농도를 고용노동부령으로 정하는 허용기준 이하로 유지하여야 한다. 다만, 다음의 어느 하나에 해당하는 경우에는 그러하지 아니하다(법 제107조 제1항).
① 유해인자를 취급하거나 정화·배출하는 시설 및 설비의 설치나 개선이 현존하는 기술로 가능하지 아니한 경우
② 천재지변 등으로 시설과 설비에 중대한 결함이 발생한 경우
③ 고용노동부령으로 정하는 임시 작업과 단시간 작업의 경우
④ 그 밖에 대통령령으로 정하는 경우

(2) 유해인자 허용기준 이하 유지 대상 유해인자

대통령령으로 정하는 유해인자란 별표 26에 따른 유해인자를 말한다(영 제84조).

안전인증기관의 인력·시설 및 장비 기준(영 별표 26)

1. 공통사항
   가. 인력기준 : 안전인증 대상별 관련 분야 구분

안전인증 대상	관련 분야
크레인, 리프트, 고소작업대, 프레스, 전단기, 사출성형기, 롤러기, 절곡기, 곤돌라	기계, 전기·전자, 산업안전(기술사는 기계·전기안전으로 한정함)
압력용기	기계, 전기·전자, 화공, 금속, 에너지, 산업안전(기술사는 기계·화공안전으로 한정함)
방폭구조 전기기계·기구 및 부품	기계, 전기·전자, 금속, 화공, 가스
가설기자재	기계, 건축, 토목, 생산관리, 건설·산업안전(기술사는 건설·기계안전으로 한정함)

나. 시설 및 장비기준
  1) 시설기준
    가) 사무실
    나) 장비보관실(냉난방 및 통풍시설이 되어 있어야 함)
  2) 제2호에 따른 개별사항의 시설 및 장비기준란에 규정된 장비 중 둘 이상의 성능을 모두 가지는 장비를 보유한 경우에는 각각의 해당 장비를 갖춘 것으로 인정한다.
다. 안전인증을 행하기 위한 조직·인원 및 업무수행체계가 한국산업규격 KS A ISO Guide 65(제품인증시스템을 운영하는 기관을 위한 일반 요구사항)과 KS Q ISO/IEC 17025(시험기관 및 교정기관의 자격에 대한 일반 요구사항)에 적합해야 한다.
라. 안전인증기관이 지부를 설치하는 경우에는 고용노동부장관과 협의를 해야 한다.

(3) 유해인자의 노출 농도 허용기준 이하로 유지

사업주는 유해인자의 노출 농도를 허용기준 이하로 유지하도록 노력하여야 한다(법 제107조 제2항).

(4) 유해인자 허용기준

① 고용노동부령으로 정하는 허용기준이란 별표 19와 같다(규칙 제145조 제1항).

유해인자별 노출 농도의 허용기준(규칙 별표 19)

유해인자		허용기준			
		시간가중평균값(TWA)		단시간 노출값(STEL)	
		ppm	mg/㎥	ppm	mg/㎥
1. 6가크롬[18540-29-9] 화합물 (Chromium VI compounds)	불용성		0.01		
	수용성		0.05		
2. 납[7439-92-1] 및 그 무기화합물(Lead and its inorganic compounds)			0.05		
3. 니켈[7440-02-0] 화합물(불용성 무기화합물로 한정한다)(Nickel and its insoluble inorganic compounds)			0.2		
4. 니켈카르보닐(Nickel carbonyl; 13463-39-3)		0.001			
5. 디메틸포름아미드(Dimethylformamide; 68-12-2)		10			
6. 디클로로메탄(Dichloromethane; 75-09-2)		50			
7. 1,2-디클로로프로판(1,2-Dichloro propane; 78-87-5)		10		110	
8. 망간[7439-96-5] 및 그 무기화합물(Manganese and its inorganic compounds)			1		
9. 메탄올(Methanol; 67-56-1)		200		250	
10. 메틸렌 비스(페닐 이소시아네이트)[Methylene bis(phenyl isocya nate); 101-68-8 등]		0.005			
11. 베릴륨[7440-41-7] 및 그 화합물(Beryllium and its compounds)			0.002		0.01
12. 벤젠(Benzene; 71-43-2)		0.5		2.5	
13. 1,3-부타디엔(1,3-Butadiene; 106-99-0)		2		10	

유해인자	허용기준			
	시간가중평균값(TWA)		단시간 노출값(STEL)	
	ppm	mg/㎥	ppm	mg/㎥
14. 2-브로모프로판(2-Bromopropane; 75-26-3)	1			
15. 브롬화 메틸(Methyl bromide; 74-83-9)	1			
16. 산화에틸렌(Ethylene oxide; 75-21-8)	1			
17. 석면(제조·사용하는 경우만 해당한다)(Asbestos; 1332-21-4 등)	0.1개/㎤			
18. 수은[7439-97-6] 및 그 무기화합물(Mercury and its inorganic compounds)		0.025		
19. 스티렌(Styrene; 100-42-5)	20		40	
20. 시클로헥사논(Cyclohexanone; 108-94-1)	25		50	
21. 아닐린(Aniline; 62-53-3)	2			
22. 아크릴로니트릴(Acrylonitrile; 107-13-1)	2			
23. 암모니아(Ammonia; 7664-41-7 등)	25		35	
24. 염소(Chlorine; 7782-50-5)	0.5		1	
25. 염화비닐(Vinyl chloride; 75-01-4)	1			
26. 이황화탄소(Carbon disulfide; 75-15-0)	1			
27. 일산화탄소(Carbon monoxide; 630-08-0)	30		200	
28. 카드뮴[7440-43-9] 및 그 화합물(Cadmium and its compounds)		0.01 (호흡성 분진인 경우 0.002)		
29. 코발트[7440-48-4] 및 그 무기화합물(Cobalt and its inorganic compounds)		0.02		
30. 콜타르피치[65996-93-2] 휘발물(Coal tar pitch volatiles)		0.2		
31. 톨루엔(Toluene; 108-88-3)	50		150	
32. 톨루엔-2,4-디이소시아네이트 (Toluene-2,4-diisocyanate; 584-84-9 등)	0.005		0.02	
33. 톨루엔-2,6-디이소시아네이트 (Toluene-2,6-diisocyanate; 91-08-7 등)	0.005		0.02	
34. 트리클로로메탄(Trichloromethane; 67-66-3)	10			
35. 트리클로로에틸렌(Trichloroethylene; 79-01-6)	10		25	
36. 포름알데히드(Formaldehyde; 50-00-0)	0.3			
37. n-헥산(n-Hexane; 110-54-3)	50			
38. 황산(Sulfuric acid; 7664-93-9)		0.2		0.6

② 허용기준 설정 대상 유해인자의 노출 농도 측정에 관하여는 작업환경측정의 규정을 준용한다. 이 경우 "작업환경측정"은 "유해인자의 노출 농도 측정"으로 본다(규칙 제145조 제2항).

(5) 임시 작업과 단시간 작업

고용노동부령으로 정하는 임시 작업과 단시간 작업이란 안전보건규칙에 따른 임시 작업과 단시간 작업을 말한다. 이 경우 "관리대상 유해물질"은 "허용기준 설정 대상 유해인자"로 본다.

5. 신규화학물질의 유해성·위험성 조사

(1) 신규화학물질의 유해성·위험성 조사

대통령령으로 정하는 화학물질 외의 화학물질(신규화학물질)을 제조하거나 수입하려는 자는 신규화학물질에 의한 근로자의 건강장해를 예방하기 위하여 고용노동부령으로 정하는 바에 따라 그 신규화학물질의 유해성·위험성을 조사하고 그 조사보고서를 고용노동부장관에게 제출하여야 한다. 다만, 다음의 어느 하나에 해당하는 경우에는 그러하지 아니하다(법 제108조 제1항).

① 일반 소비자의 생활용으로 제공하기 위하여 신규화학물질을 수입하는 경우로서 고용노동부령으로 정하는 경우
② 신규화학물질의 수입량이 소량이거나 그 밖에 위해의 정도가 적다고 인정되는 경우로서 고용노동부령으로 정하는 경우

(2) 유해성·위험성 조사 제외 화학물질

대통령령으로 정하는 화학물질이란 다음의 어느 하나에 해당하는 화학물질을 말한다(영 제85조).

① 원소
② 천연으로 산출된 화학물질
③ 건강기능식품
④ 군수품[통상품은 제외한다]
⑤ 농약 및 원제
⑥ 마약류
⑦ 비료
⑧ 사료
⑨ 살생물물질 및 살생물제품
⑩ 식품 및 식품첨가물
⑪ 의약품 및 의약외품
⑫ 방사성물질
⑬ 위생용품
⑭ 의료기기

⑮ 화약류

⑯ 화장품과 화장품에 사용하는 원료

⑰ 고용노동부장관이 명칭, 유해성·위험성, 근로자의 건강장해 예방을 위한 조치 사항 및 연간 제조량·수입량을 공표한 물질로서 공표된 연간 제조량·수입량 이하로 제조하거나 수입한 물질

⑱ 고용노동부장관이 환경부장관과 협의하여 고시하는 화학물질 목록에 기록되어 있는 물질

(3) 신규화학물질의 유해성·위험성 조사보고서의 제출

① 신규화학물질을 제조하거나 수입하려는 자는 제조하거나 수입하려는 날 30일(연간 제조하거나 수입하려는 양이 100킬로그램 이상 1톤 미만인 경우에는 14일) 전까지 신규화학물질 유해성·위험성 조사보고서에 별표 20에 따른 서류를 첨부하여 고용노동부장관에게 제출해야 한다. 다만, 그 신규화학물질을 환경부장관에게 등록한 경우에는 고용노동부장관에게 유해성·위험성 조사보고서를 제출한 것으로 본다(규칙 제147조 제1항).

② 환경부장관은 신규화학물질제조자등이 고용노동부장관에게 유해성·위험성 조사보고서를 제출한 것으로 보는 신규화학물질에 관한 등록자료 및 유해성심사 결과를 고용노동부장관에게 제공해야 한다(규칙 제147조 제2항).

③ 고용노동부장관은 신규화학물질제조자등이 시험성적서를 제출한 경우(고용노동부장관에게 유해성·위험성 조사보고서를 제출한 것으로 보는 경우를 포함한다)에도 신규화학물질이 생식세포 변이원성 등으로 중대한 건강장해를 유발할 수 있다고 의심되는 경우에는 신규화학물질제조자등에게 신규화학물질의 유해성·위험성에 대한 추가 검토에 필요한 자료의 제출을 요청할 수 있다(규칙 제147조 제3항).

④ 고용노동부장관은 유해성·위험성 조사보고서 또는 환경부장관으로부터 제공받은 신규화학물질 등록자료 및 유해성심사 결과를 검토한 결과 필요한 조치를 명하려는 경우에는 유해성·위험성 조사보고서를 제출받은 날 또는 환경부장관으로부터 신규화학물질 등록자료 및 유해성심사 결과를 제공받은 날부터 30일(연간 제조하거나 수입하려는 양이 100킬로그램 이상 1톤 미만인 경우에는 14일) 이내에 유해성·위험성 조사보고서를 제출한 자 또는 유해성·위험성 조사보고서를 제출한 것으로 보는 자에게 신규화학물질의 유해성·위험성 조치사항을 통지해야 한다. 다만, 추가 검토에 필요한 자료제출을 요청한 경우에는 그 자료를 제출받은 날부터 30일(연간 제조하거나 수입하려는 양이 100킬로그램 이상 1톤 미만인 경우에는 14일) 이내에 유해성·위험성 조치사항을 통지해야

한다(규칙 제147조 제4항).

(4) 일반소비자 생활용 신규화학물질의 유해성·위험성 조사 제외

① 고용노동부령으로 정하는 경우란 다음의 어느 하나에 해당하는 경우로서 고용노동부장관의 확인을 받은 경우를 말한다(규칙 제148조 제1항).
  ㉠ 해당 신규화학물질이 완성된 제품으로서 국내에서 가공하지 않는 경우
  ㉡ 해당 신규화학물질의 포장 또는 용기를 국내에서 변경하지 않거나 국내에서 포장하거나 용기에 담지 않는 경우
  ㉢ 해당 신규화학물질이 직접 소비자에게 제공되고 국내의 사업장에서 사용되지 않는 경우
② 확인을 받으려는 자는 최초로 신규화학물질을 수입하려는 날 7일 전까지 사실을 증명하는 서류를 첨부하여 고용노동부장관에게 제출해야 한다(규칙 제148조 제2항).

(5) 소량 신규화학물질의 유해성·위험성 조사 제외

① 신규화학물질의 수입량이 소량이어서 유해성·위험성 조사보고서를 제출하지 않는 경우란 신규화학물질의 연간 수입량이 100킬로그램 미만인 경우로서 고용노동부장관의 확인을 받은 경우를 말한다(규칙 제149조 제1항).
② 확인을 받은 자가 수량 이상의 신규화학물질을 수입하였거나 수입하려는 경우에는 그 사유가 발생한 날부터 30일 이내에 유해성·위험성 조사보고서를 고용노동부장관에게 제출해야 한다(규칙 제149조 제2항).
③ 확인의 신청에 관하여는 (4)을 준용한다(규칙 제149조 제3항).
④ 확인의 유효기간은 1년으로 한다. 다만, 신규화학물질의 연간 수입량이 100킬로그램 미만인 경우로서 확인을 받은 것으로 보는 경우에는 그 확인은 계속 유효한 것으로 본다(규칙 제149조 제4항).

(6) 그 밖의 신규화학물질의 유해성·위험성 조사 제외

① 위해의 정도가 적다고 인정되는 경우로서 고용노동부령으로 정하는 경우란 다음의 어느 하나에 해당하는 경우로서 고용노동부장관의 확인을 받은 경우를 말한다(규칙 제150 제1항).
  ㉠ 제조하거나 수입하려는 신규화학물질이 시험·연구를 위하여 사용되는 경우
  ㉡ 신규화학물질을 전량 수출하기 위하여 연간 10톤 이하로 제조하거나 수입하는 경우
  ㉢ 신규화학물질이 아닌 화학물질로만 구성된 고분자화합물로서 고용노동부장관이 정하여 고시하는 경우
② 확인의 신청에 관하여는 (4)을 준용한다(규칙 제150조 제2항).

(7) 확인의 면제

① 확인을 받아야 할 자가 환경부장관으로부터 화학물질의 등록 면제확인을 통지받은 경우에는 확인을 받은 것으로 본다(규칙 제151조 제1항).
② 확인을 받아야 할 자가 환경부장관으로부터 화학물질의 신고를 통지받았거나 등록면제 확인을 받은 것으로 보는 경우에는 확인을 받은 것으로 본다(규칙 제151조 제2항).

(8) 확인 및 결과 통보

고용노동부장관은 신청서가 제출된 경우에는 이를 지체 없이 확인한 후 접수된 날부터 20일 이내에 그 결과를 해당 신청인에게 알려야 한다(규칙 제152조).

(9) 신규화학물질의 명칭 등의 공표

① 고용노동부장관은 신규화학물질제조자등이 유해성·위험성 조사보고서를 제출하거나 환경부장관으로부터 신규화학물질 등록자료 및 유해성심사 결과를 제공받은 경우에는 이에 대하여 지체 없이 검토를 완료한 후 그 신규화학물질의 명칭, 유해성·위험성, 조치사항 및 연간 제조량·수입량을 관보 또는 그 보급지역을 전국으로 하여 등록한 일반일간신문 등에 공표하고, 관계 부처에 통보해야 한다(규칙 제153조 제1항).
② 고용노동부장관은 사업주가 신규화학물질의 명칭과 화학물질식별번호(CAS No.)에 대한 정보보호를 요청하는 경우 그 타당성을 평가하여 해당 정보보호기간 동안에 총칭명으로 공표할 수 있으며, 그 정보보호기간이 끝나면 그 신규화학물질의 명칭 등을 공표해야 한다(규칙 제153조 제2항).
③ 정보보호 요청, 타당성 평가기준 및 정보보호기간 등에 관하여 필요한 사항은 고용노동부장관이 정하여 고시한다(규칙 제153조 제3항).

(10) 의견 청취 등

고용노동부장관은 신규화학물질의 유해성·위험성 조사보고서, 화학물질의 유해성·위험성 조사결과 및 유해성·위험성 평가에 필요한 자료를 검토할 때에는 해당 물질에 대한 환경부장관의 유해성심사 결과를 참고하거나 공단이나 그 밖의 관계 전문가의 의견을 들을 수 있다(규칙 제154조).

(11) 신규화학물질에 의한 근로자의 건강장해 예방조치시행

신규화학물질제조자등은 유해성·위험성을 조사한 결과 해당 신규화학물질에 의한 근로자의 건

강장해를 예방하기 위하여 필요한 조치를 하여야 하는 경우 이를 즉시 시행하여야 한다(법 제108조 제2항).

(12) 신규화학물질의 명칭, 유해성·위험성, 근로자의 건강장해 예방을 위한 조치 사항 등 공표

고용노동부장관은 신규화학물질의 유해성·위험성 조사보고서가 제출되면 고용노동부령으로 정하는 바에 따라 그 신규화학물질의 명칭, 유해성·위험성, 근로자의 건강장해 예방을 위한 조치 사항 등을 공표하고 관계 부처에 통보하여야 한다(법 제108조 제3항).

(13) 보호구를 갖추어 두는 등 조치명령

고용노동부장관은 제출된 신규화학물질의 유해성·위험성 조사보고서를 검토한 결과 근로자의 건강장해 예방을 위하여 필요하다고 인정할 때에는 신규화학물질제조자등에게 시설·설비를 설치·정비하고 보호구를 갖추어 두는 등의 조치를 하도록 명할 수 있다(법 제108조 제4항).

(14) 근로자의 건강장해 예방조치 사항 서류제공

신규화학물질제조자등이 신규화학물질을 양도하거나 제공하는 경우에는 근로자의 건강장해 예방을 위하여 조치하여야 할 사항을 기록한 서류를 함께 제공하여야 한다(법 제108조 제5항).

6. 중대한 건강장해 우려 화학물질의 유해성·위험성 조사

(1) 유해성·위험성 평가에 필요한 자료 제출명령

고용노동부장관은 근로자의 건강장해를 예방하기 위하여 필요하다고 인정할 때에는 고용노동부령으로 정하는 바에 따라 암 또는 그 밖에 중대한 건강장해를 일으킬 우려가 있는 화학물질을 제조·수입하는 자 또는 사용하는 사업주에게 해당 화학물질의 유해성·위험성 조사와 그 결과의 제출 또는 유해성·위험성 평가에 필요한 자료의 제출을 명할 수 있다(법 제109조 제1항).

(2) 화학물질의 유해성·위험성 조사결과 등의 제출

① 화학물질의 유해성·위험성 조사결과의 제출을 명령받은 자는 화학물질의 유해성·위험성 조사결과서에 다음의 서류 및 자료를 첨부하여 명령을 받은 날부터 45일 이내에 고용노동부장관에게 제출해야 한다. 다만, 고용노동부장관은 독성시험 성적에 관한 서류의 경우 해당 화학물질의 시험에 상당한 시일이 걸리는 등 기한 내에 제출할 수 없는 부득이한 사유가 있을 때에는 30일의 범위에서 제출기한을 연장할 수 있다(규칙 제155조 제1항).

㉠ 해당 화학물질의 안전·보건에 관한 자료
　　　㉡ 해당 화학물질의 독성시험 성적서
　　　㉢ 해당 화학물질의 제조 또는 사용·취급방법을 기록한 서류 및 제조 또는 사용 공정도
　　　㉣ 그 밖에 해당 화학물질의 유해성·위험성과 관련된 서류 및 자료
　② 유해성·위험성 평가에 필요한 자료의 제출 명령을 받은 사람은 명령을 받은 날부터 45일 이내에 해당 자료를 고용노동부장관에게 제출해야 한다(규칙 제155조 제2항).

(3) 화학물질의 유해성·위험성 조사 명령을 받은 자가 근로자의 건강장해를 예방하기 위한 조치

화학물질의 유해성·위험성 조사 명령을 받은 자는 유해성·위험성 조사 결과 해당 화학물질로 인한 근로자의 건강장해가 우려되는 경우 근로자의 건강장해를 예방하기 위하여 시설·설비의 설치 또는 개선 등 필요한 조치를 하여야 한다(법 제109조 제2항).

(4) 고용노동부장관이 근로자의 건강장해를 예방하기 위한 조치

고용노동부장관은 제출된 조사 결과 및 자료를 검토하여 근로자의 건강장해를 예방하기 위하여 필요하다고 인정하는 경우에는 해당 화학물질을 구분하여 관리하거나 해당 화학물질을 제조·수입한 자 또는 사용하는 사업주에게 근로자의 건강장해 예방을 위한 시설·설비의 설치 또는 개선 등 필요한 조치를 하도록 명할 수 있다(법 제109조 제3항).

7. 물질안전보건자료의 작성 및 제출

(1) 물질안전보건자료의 작성 및 제출

화학물질 또는 이를 포함한 혼합물로서 분류기준에 해당하는 것(대통령령으로 정하는 것은 제외한다.)을 제조하거나 수입하려는 자는 다음의 사항을 적은 자료를 고용노동부령으로 정하는 바에 따라 작성하여 고용노동부장관에게 제출하여야 한다. 이 경우 고용노동부장관은 고용노동부령으로 물질안전보건자료의 기재 사항이나 작성 방법을 정할 때 「화학물질관리법」 및 「화학물질의 등록 및 평가 등에 관한 법률」과 관련된 사항에 대해서는 환경부장관과 협의하여야 한다(법 제110조 제1항).
　① 제품명
　② 물질안전보건자료대상물질을 구성하는 화학물질 중 분류기준에 해당하는 화학물질의 명칭 및 함유량

③ 안전 및 보건상의 취급 주의 사항
④ 건강 및 환경에 대한 유해성, 물리적 위험성
⑤ 물리·화학적 특성 등 고용노동부령으로 정하는 사항

(2) 분류기준에 해당하지 아니하는 화학물질의 명칭 및 함유량 별도제출

물질안전보건자료대상물질을 제조하거나 수입하려는 자는 물질안전보건자료대상물질을 구성하는 화학물질 중 분류기준에 해당하지 아니하는 화학물질의 명칭 및 함유량을 고용노동부장관에게 별도로 제출하여야 한다. 다만, 다음의 어느 하나에 해당하는 경우는 그러하지 아니하다(법 제110조 제2항).

① 제출된 물질안전보건자료에 화학물질의 명칭 및 함유량이 전부 포함된 경우
② 물질안전보건자료대상물질을 수입하려는 자가 물질안전보건자료대상물질을 국외에서 제조하여 우리나라로 수출하려는 자로부터 물질안전보건자료에 적힌 화학물질 외에는 분류기준에 해당하는 화학물질이 없음을 확인하는 내용의 서류를 받아 제출한 경우

(3) 변경사항 제출

물질안전보건자료대상물질을 제조하거나 수입한 자는 고용노동부령으로 정하는 사항이 변경된 경우 그 변경 사항을 반영한 물질안전보건자료를 고용노동부장관에게 제출하여야 한다(법 제110조 제3항).

(4) 물질안전보건자료의 작성·제출 제외 대상 화학물질 등(영 제86조)

① 건강기능식품
② 농약
③ 마약 및 향정신성의약품
④ 비료
⑤ 사료
⑥ 원료물질
⑦ 안전확인대상생활화학제품 및 살생물제품 중 일반소비자의 생활용으로 제공되는 제품
⑧ 식품 및 식품첨가물
⑨ 의약품 및 의약외품
⑩ 방사성물질
⑪ 위생용품
⑫ 의료기기

⑬ 첨단바이오의약품
⑭ 화약류
⑮ 폐기물
⑯ 화장품
⑰ 화학물질 또는 혼합물로서 일반소비자의 생활용으로 제공되는 것(일반소비자의 생활용으로 제공되는 화학물질 또는 혼합물이 사업장 내에서 취급되는 경우를 포함한다)
⑱ 고용노동부장관이 정하여 고시하는 연구·개발용 화학물질 또는 화학제품. 이 경우 (1)부터 (3)까지의 규정에 따른 자료의 제출만 제외된다.
⑲ 그 밖에 고용노동부장관이 독성·폭발성 등으로 인한 위해의 정도가 적다고 인정하여 고시하는 화학물질

(5) 물질안전보건자료의 작성방법 및 기재사항

① 물질안전보건자료대상물질을 제조·수입하려는 자가 물질안전보건자료를 작성하는 경우에는 그 물질안전보건자료의 신뢰성이 확보될 수 있도록 인용된 자료의 출처를 함께 적어야 한다(규칙 제156조 제1항).

② 물리·화학적 특성 등 고용노동부령으로 정하는 사항이란 다음의 사항을 말한다(규칙 제156조 제2항).
  ㉠ 물리·화학적 특성
  ㉡ 독성에 관한 정보
  ㉢ 폭발·화재 시의 대처방법
  ㉣ 응급조치 요령
  ㉤ 그 밖에 고용노동부장관이 정하는 사항

③ 그 밖에 물질안전보건자료의 세부 작성방법, 용어 등 필요한 사항은 고용노동부장관이 정하여 고시한다(규칙 제156조 제3항).

(6) 물질안전보건자료 등의 제출방법 및 시기

① 물질안전보건자료 및 화학물질의 명칭 및 함유량에 관한 자료(물질안전보건자료에 적힌 화학물질 외에는 분류기준에 해당하는 화학물질이 없음을 확인하는 경우에는 화학물질 확인서류를 말한다)는 물질안전보건자료대상물질을 제조하거나 수입하기 전에 공단에 제출해야 한다(규칙 제157조 제1항).

② 물질안전보건자료를 공단에 제출하는 경우에는 공단이 구축하여 운영하는 물질안전보건자료 제출, 비공개 정보 승인시스템을 통한 전자적 방법으로 제출해야 한다. 다만, 물질안전보건자료시스템이 정상적으로 운영되지 않거나 신청인이 물질안전보건자료시스템

을 이용할 수 없는 등의 부득이한 사유가 있는 경우에는 전자적 기록매체에 수록하여 직접 또는 우편으로 제출(물질안전보건자료시스템을 통하여 신청 또는 자료를 제출하는 경우에도 같다)할 수 있다(규칙 제157조 제2항).

(7) 자료의 열람

고용노동부장관은 환경부장관이 화학물질안전정보의 제공범위에 대한 승인을 위하여 필요하다고 요청하는 경우에는 물질안전보건자료시스템의 자료 중 해당 화학물질과 관련된 자료를 열람하게 할 수 있다(규칙 제158조).

(8) 변경이 필요한 물질안전보건자료의 항목 및 제출시기

① 고용노동부장관이 정하는 사항이란 다음의 사항을 말한다(규칙 제159조 제1항).
  ㉠ 제품명(구성성분의 명칭 및 함유량의 변경이 없는 경우로 한정한다)
  ㉡ 물질안전보건자료대상물질을 구성하는 화학물질 중 분류기준에 해당하는 화학물질의 명칭 및 함유량(제품명의 변경 없이 구성성분의 명칭 및 함유량만 변경된 경우로 한정한다)
  ㉢ 건강 및 환경에 대한 유해성, 물리적 위험성
② 물질안전보건자료대상물질을 제조하거나 수입하는 자는 변경사항을 반영한 물질안전보건자료를 지체 없이 공단에 제출해야 한다(규칙 제159조 제2항).

8. 물질안전보건자료의 제공

(1) 물질안전보건자료 제공

물질안전보건자료대상물질을 양도하거나 제공하는 자는 이를 양도받거나 제공받는 자에게 물질안전보건자료를 제공하여야 한다(법 제111조 제1항).

(2) 변경된 물질안전보건자료 제공

물질안전보건자료대상물질을 제조하거나 수입한 자는 이를 양도받거나 제공받은 자에게 변경된 물질안전보건자료를 제공하여야 한다(법 제111조 제2항).

(3) 물질안전보건자료대상물질을 양도받거나 제공받은 자에게 제공

물질안전보건자료대상물질을 양도하거나 제공한 자(물질안전보건자료대상물질을 제조하거나 수입한 자는 제외한다)는 물질안전보건자료를 제공받은 경우 이를 물질안전보건자료대상물질을 양도받거나 제공받은 자에게 제공하여야 한다(법 제111조 제3항).

(4) 물질안전보건자료의 제공 방법

① 물질안전보건자료를 제공하는 경우에는 물질안전보건자료시스템 제출 시 부여된 번호를 해당 물질안전보건자료에 반영하여 물질안전보건자료대상물질과 함께 제공하거나 그 밖에 고용노동부장관이 정하여 고시한 바에 따라 제공해야 한다(규칙 제160조 제1항).
② 동일한 상대방에게 같은 물질안전보건자료대상물질을 2회 이상 계속하여 양도하거나 제공하는 경우에는 해당 물질안전보건자료대상물질에 대한 물질안전보건자료의 변경이 없으면 추가로 물질안전보건자료를 제공하지 않을 수 있다. 다만, 상대방이 물질안전보건자료의 제공을 요청한 경우에는 그렇지 않다(규칙 제160조 제2항).

9. 물질안전보건자료의 일부 비공개 승인 등

(1) 비공개의 신청

영업비밀과 관련되어 화학물질의 명칭 및 함유량을 물질안전보건자료에 적지 아니하려는 자는 고용노동부령으로 정하는 바에 따라 고용노동부장관에게 신청하여 승인을 받아 해당 화학물질의 명칭 및 함유량을 대체할 수 있는 명칭 및 함유량으로 적을 수 있다. 다만, 근로자에게 중대한 건강장해를 초래할 우려가 있는 화학물질로서 산업재해보상보험및예방심의위원회의 심의를 거쳐 고용노동부장관이 고시하는 것은 그러하지 아니하다(법 제112조 제1항).

(2) 신청결과의 통보

고용노동부장관은 승인 신청을 받은 경우 고용노동부령으로 정하는 바에 따라 화학물질의 명칭 및 함유량의 대체 필요성, 대체자료의 적합성 및 물질안전보건자료의 적정성 등을 검토하여 승인 여부를 결정하고 신청인에게 그 결과를 통보하여야 한다(법 제112조 제2항).

(3) 산업재해보상보험및예방심의위원회의 심의

고용노동부장관은 승인에 관한 기준을 산업재해보상보험및예방심의위원회의 심의를 거쳐 정한다(법 제112조 제3항).

(4) 승인의 유효기간

승인의 유효기간은 승인을 받은 날부터 5년으로 한다(법 제112조 제4항).

(5) 유효기간의 연장승인 신청

고용노동부장관은 유효기간이 만료되는 경우에도 계속하여 대체자료로 적으려는 자가 그 유효기간의 연장승인을 신청하면 유효기간이 만료되는 다음 날부터 5년 단위로 그 기간을 계속하여 연장승인할 수 있다(법 제112조 제5항).

(6) 이의신청

신청인은 승인 또는 연장승인에 관한 결과에 대하여 고용노동부령으로 정하는 바에 따라 고용노동부장관에게 이의신청을 할 수 있다(법 제112조 제6항).

(7) 이의신청에 대한 결과통보

고용노동부장관은 이의신청에 대하여 고용노동부령으로 정하는 바에 따라 승인 또는 연장승인 여부를 결정하고 그 결과를 신청인에게 통보하여야 한다(법 제112조 제7항).

(8) 승인 또는 연장승인 취소

고용노동부장관은 다음의 어느 하나에 해당하는 경우에는 승인 또는 연장승인을 취소할 수 있다. 다만, ①의 경우에는 그 승인 또는 연장승인을 취소하여야 한다(법 제112조 제8항).
① 거짓이나 그 밖의 부정한 방법으로 승인 또는 연장승인을 받은 경우
② 승인 또는 연장승인을 받은 화학물질이 (1)에 따른 화학물질에 해당하게 된 경우

(9) 비공개 승인 또는 연장승인을 위한 제출서류 및 제출시기

① 물질안전보건자료에 화학물질의 명칭 및 함유량을 대체할 수 있는 명칭 및 함유량으로 적기 위하여 승인을 신청하려는 자는 물질안전보건자료대상물질을 제조하거나 수입하기 전에 물질안전보건자료시스템을 통하여 별지 물질안전보건자료 비공개 승인신청서에 다음의 정보를 기재하거나 첨부하여 공단에 제출해야 한다(규칙 제161조 제1항).
   ㉠ 대체자료로 적으려는 화학물질의 명칭 및 함유량이 영업비밀에 해당함을 입증하는 자료로서 고용노동부장관이 정하여 고시하는 자료
   ㉡ 대체자료
   ㉢ 대체자료로 적으려는 화학물질의 명칭 및 함유량, 건강 및 환경에 대한 유해성, 물리적 위험성 정보
   ㉣ 물질안전보건자료

ⓜ 분류기준에 해당하지 않는 화학물질의 명칭 및 함유량
　　　ⓑ 그 밖에 화학물질의 명칭 및 함유량을 대체자료로 적도록 승인하기 위해 필요한 정보로서 고용노동부장관이 정하여 고시하는 서류. 단 제출된 물질안전보건자료에 화학물질의 명칭 및 함유량이 전부 포함된 경우, 물질안전보건자료대상물질을 수입하려는 자가 물질안전보건자료대상물질을 국외에서 제조하여 우리나라로 수출하려는 자로부터 물질안전보건자료에 적힌 화학물질 외에는 화학물질이 없음을 확인하는 내용의 서류를 받아 제출한 경우는 제외한다.
　② 고용노동부장관이 정하여 고시하는 연구·개발용 화학물질 또는 화학제품에 대한 물질안전보건자료에 화학물질의 명칭 및 함유량을 대체자료로 적기 위해 승인을 신청하려는 자는 자료를 생략하여 제출할 수 있다(규칙 제161조 제2항).
　③ 연장승인 신청을 하려는 자는 유효기간이 만료되기 30일 전까지 물질안전보건자료시스템을 통하여 물질안전보건자료 비공개 연장승인 신청서에 ①에 따른 서류를 첨부하여 공단에 제출해야 한다(규칙 제161조 제3항).

(10) 비공개 승인 및 연장승인 심사의 기준, 절차 및 방법 등
　① 공단은 승인 신청 또는 연장승인 신청을 받은 날부터 1개월 이내에 승인 여부를 결정하여 그 결과를 신청인에게 통보해야 한다(규칙 제162조 제1항).
　② 공단은 부득이한 사유로 기간 이내에 승인 여부를 결정할 수 없을 때에는 10일의 범위 내에서 통보 기한을 연장할 수 있다. 이 경우 연장 사실 및 연장 사유를 신청인에게 지체 없이 알려야 한다(규칙 제162조 제2항).
　③ 공단은 승인 신청을 받은 날부터 2주 이내에 승인 여부를 결정하여 그 결과를 신청인에게 통보해야 한다(규칙 제162조 제3항).
　④ 공단은 승인 여부 결정에 필요한 경우에는 신청인에게 자료의 수정 또는 보완을 요청할 수 있다. 이 경우 수정 또는 보완을 요청한 날부터 그에 따른 자료를 제출한 날까지의 기간은 통보 기간에 산입하지 않는다(규칙 제162조 제4항).
　⑤ 승인 또는 연장승인 여부 결정에 필요한 화학물질 명칭 및 함유량의 대체 필요성, 대체자료의 적합성에 대한 판단기준 및 물질안전보건자료의 적정성에 대한 승인기준 등은 고용노동부장관이 정하여 고시한다(규칙 제162조 제5항).
　⑥ 승인 또는 연장승인 결과를 통보받은 신청인은 고용노동부장관이 정하여 고시하는 바에 따라 물질안전보건자료에 그 결과를 반영해야 한다(규칙 제162조 제6항).
　⑦ 승인 또는 연장승인된 물질안전보건자료대상물질을 양도받거나 제공받아 이를 원료로 다른 물질안전보건자료대상물질을 국내 또는 국외에서 제조하는 자 및 그 다른대상물질

을 수입하려는 자는 원료가 되는 비공개대상물질의 물질안전보건자료에 기재된 대체자료(비공개 승인번호 및 유효기간이 포함돼야 한다)를 연계하여 사용할 수 있다. 다만, 그 제조 과정에서 화학적 조성(組成)을 변경하는 등 새로운 화학물질을 제조하는 경우에는 그렇지 않다(규칙 제162조 제7항).
⑧ 고용노동부장관은 승인기준을 정하는 경우에는 환경부장관과 관련 내용에 대하여 협의해야 한다(규칙 제162조 제8항).

(11) 이의신청의 절차 및 비공개 승인 심사 등

① 이의신청을 하려는 신청인은 신청을 받은 날부터 20일 이내에 물질안전보건자료시스템을 통하여 이의신청서를 공단에 제출해야 한다(규칙 제163조 제1항).
② 공단은 이의신청이 있는 경우 신청을 받은 날부터 20일 이내에 승인기준에 따라 승인 여부를 다시 결정하여 그 결과를 신청인에게 통보해야 한다. 이 경우 승인 여부를 다시 결정하기 위하여 필요한 경우에는 외부 전문가의 의견을 들을 수 있다(규칙 제163조 제2항).
③ 승인 결과를 통보받은 신청인은 고용노동부장관이 정하여 고시하는 바에 따라 물질안전보건자료에 그 결과를 반영해야 한다(규칙 제163조 제3항).

(12) 승인 또는 연장승인의 취소

① 고용노동부장관은 승인 또는 연장승인을 취소하는 경우 그 결과를 신청인에게 즉시 통보해야 한다(규칙 제164조 제1항).
② 취소 결정을 통지받은 자는 화학물질의 명칭 및 함유량을 기재하는 등 그 결과를 반영하여 물질안전보건자료를 변경해야 한다(규칙 제164조 제2항).
③ 취소 결정을 통지받은 자는 변경된 물질안전보건자료에 대하여 제출 및 제공 등의 조치를 해야 한다(규칙 제164조 제3항).

(13) 화학물질의 명칭 및 함유량 정보제공

다음의 어느 하나에 해당하는 자는 근로자의 안전 및 보건을 유지하거나 직업성 질환 발생 원인을 규명하기 위하여 근로자에게 중대한 건강장해가 발생하는 등 고용노동부령으로 정하는 경우에는 물질안전보건자료대상물질을 제조하거나 수입한 자에게 대체자료로 적힌 화학물질의 명칭 및 함유량 정보를 제공할 것을 요구할 수 있다. 이 경우 정보 제공을 요구받은 자는 고용노동부장관이 정하여 고시하는 바에 따라 정보를 제공하여야 한다(법 제112조 제10항).

① 근로자를 진료하는 의사
② 보건관리자 및 보건관리전문기관

③ 산업보건의
④ 근로자대표
⑤ 역학조사 실시 업무를 위탁받은 기관
⑥ 업무상질병판정위원회

(14) 대체자료로 적힌 화학물질의 명칭 및 함유량 정보의 제공 요구

근로자에게 중대한 건강장해가 발생하는 등 고용노동부령으로 정하는 경우란 다음의 어느 하나에 해당하는 경우를 말한다(규칙 제165조).
① 근로자를 진료하는 의사 및 산업보건의에 해당하는 자가 물질안전보건자료대상물질로 인하여 발생한 직업성 질병에 대한 근로자의 치료를 위하여 필요하다고 판단하는 경우
② 보건관리자 및 보건관리전문기관, 산업보건의, 근로자대표 또는 기관이 물질안전보건자료대상물질로 인하여 근로자에게 직업성 질환 등 중대한 건강상의 장해가 발생할 우려가 있다고 판단하는 경우
③ 근로자대표, 역학조사 실시 업무를 위탁받은 기관, 업무상질병판정위원회 또는 기관이 근로자에게 발생한 직업성 질환의 원인 규명을 위해 필요하다고 판단하는 경우

10. 국외제조자가 선임한 자에 의한 정보 제출 등

(1) 국외제조자가 선임한 자에 의한 업무수행

국외제조자는 고용노동부령으로 정하는 요건을 갖춘 자를 선임하여 물질안전보건자료대상물질을 수입하는 자를 갈음하여 다음에 해당하는 업무를 수행하도록 할 수 있다(법 제113조 제1항).
① 물질안전보건자료의 작성·제출
② 화학물질의 명칭 및 함유량 또는 확인서류의 제출
③ 대체자료 기재 승인, 유효기간 연장승인 또는 이의신청

(2) 물질안전보건자료 제공

선임된 자는 고용노동부장관에게 물질안전보건자료를 제출하는 경우 그 물질안전보건자료를 해당 물질안전보건자료대상물질을 수입하는 자에게 제공하여야 한다(법 제113조 제2항).

(3) 선임사실의 신고

선임된 자는 고용노동부령으로 정하는 바에 따라 국외제조자에 의하여 선임되거나 해임된 사실

을 고용노동부장관에게 신고하여야 한다(법 제113조 제3항).

(4) 국외제조자가 선임한 자에 대한 선임요건 및 신고절차 등

① 고용노동부령으로 정하는 요건을 갖춘 자란 다음의 어느 하나의 요건을 갖춘 자를 말한다(규칙 제166조 제1항).
  ㉠ 대한민국 국민
  ㉡ 대한민국 내에 주소(법인인 경우에는 그 소재지를 말한다)를 가진 자
② 국외제조자에 의하여 선임되거나 해임된 사실을 신고를 하려는 자는 선임서 또는 해임서에 다음의 서류를 첨부하여 관할 지방고용노동관서의 장에게 제출해야 한다(규칙 제166조 제2항).
  ㉠ ①의 요건을 증명하는 서류
  ㉡ 선임계약서 사본 등 선임 또는 해임 여부를 증명하는 서류
③ 신고를 받은 지방고용노동관서의 장은 행정정보의 공동이용을 통하여 사업자등록증을 확인해야 한다. 다만, 신청인이 사업자등록증의 확인에 동의하지 않는 경우에는 해당 서류를 첨부하게 해야 한다(규칙 제166조 제3항).
④ 지방고용노동관서의 장은 신고를 받은 날부터 7일 이내에 신고증을 발급해야 한다(규칙 제166조 제4항).
⑤ 국외제조자 또는 그에 의하여 선임된 자는 물질안전보건자료대상물질의 수입자에게 신고증 사본을 제공해야 한다(규칙 제166조 제5항).
⑥ 선임된 자가 업무를 수행한 경우에는 그 결과를 물질안전보건자료대상물질의 수입자에게 제공해야 한다(규칙 제166조 제6항).

11. 물질안전보건자료의 게시 및 교육

(1) 물질안전보건자료 게시

물질안전보건자료대상물질을 취급하려는 사업주는 작성하였거나 제공받은 물질안전보건자료를 고용노동부령으로 정하는 방법에 따라 물질안전보건자료대상물질을 취급하는 작업장 내에 이를 취급하는 근로자가 쉽게 볼 수 있는 장소에 게시하거나 갖추어 두어야 한다(법 제114조 제1항).

(2) 물질안전보건자료를 게시하거나 갖추어 두는 방법

① 물질안전보건자료대상물질을 취급하는 사업주는 다음의 어느 하나에 해당하는 장소 또

는 전산장비에 항상 물질안전보건자료를 게시하거나 갖추어 두어야 한다. 다만, ⓒ에 따른 장비에 게시하거나 갖추어 두는 경우에는 고용노동부장관이 정하는 조치를 해야 한다(규칙 제167조 제1항).
  - ㉠ 물질안전보건자료대상물질을 취급하는 작업공정이 있는 장소
  - ㉡ 작업장 내 근로자가 가장 보기 쉬운 장소
  - ㉢ 근로자가 작업 중 쉽게 접근할 수 있는 장소에 설치된 전산장비
② 건설공사, 안전보건규칙에 따른 임시 작업 또는 단시간 작업에 대해서는 물질안전보건자료대상물질의 관리 요령으로 대신 게시하거나 갖추어 둘 수 있다. 다만, 근로자가 물질안전보건자료의 게시를 요청하는 경우에는 게시해야 한다(규칙 제167조 제2항).

(3) 물질안전보건자료대상물질의 관리요령 게시

사업주는 물질안전보건자료대상물질을 취급하는 작업공정별로 고용노동부령으로 정하는 바에 따라 물질안전보건자료대상물질의 관리 요령을 게시하여야 한다(법 제114조 제2항).

(4) 물질안전보건자료대상물질의 관리 요령 게시

① 작업공정별 관리 요령에 포함되어야 할 사항은 다음과 같다(규칙 제168조 제1항).
  - ㉠ 제품명
  - ㉡ 건강 및 환경에 대한 유해성, 물리적 위험성
  - ㉢ 안전 및 보건상의 취급주의 사항
  - ㉣ 적절한 보호구
  - ㉤ 응급조치 요령 및 사고 시 대처방법
② 작업공정별 관리 요령을 작성할 때에는 물질안전보건자료에 적힌 내용을 참고해야 한다(규칙 제168조 제2항).
③ 작업공정별 관리 요령은 유해성·위험성이 유사한 물질안전보건자료대상물질의 그룹별로 작성하여 게시할 수 있다(규칙 제168조 제3항).

(5) 근로자의 안전 및 보건을 위한 조치

사업주는 물질안전보건자료대상물질을 취급하는 근로자의 안전 및 보건을 위하여 고용노동부령으로 정하는 바에 따라 해당 근로자를 교육하는 등 적절한 조치를 하여야 한다(법 제114조 제3항).

(6) 물질안전보건자료에 관한 교육의 시기·내용·방법 등

① 사업주는 다음의 어느 하나에 해당하는 경우에는 작업장에서 취급하는 물질안전보건자

료대상물질의 물질안전보건자료에서 별표 5에 해당되는 내용을 근로자에게 교육해야 한다. 이 경우 교육받은 근로자에 대해서는 해당 교육 시간만큼 안전·보건교육을 실시한 것으로 본다(규칙 제169조 제1항).
  ㉠ 물질안전보건자료대상물질을 제조·사용·운반 또는 저장하는 작업에 근로자를 배치하게 된 경우
  ㉡ 새로운 물질안전보건자료대상물질이 도입된 경우
  ㉢ 유해성·위험성 정보가 변경된 경우
② 사업주는 교육을 하는 경우에 유해성·위험성이 유사한 물질안전보건자료대상물질을 그룹별로 분류하여 교육할 수 있다(규칙 제169조 제2항).
③ 사업주는 교육을 실시하였을 때에는 교육시간 및 내용 등을 기록하여 보존해야 한다(규칙 제169조 제3항).

12. 물질안전보건자료대상물질 용기 등의 경고표시

(1) 물질안전보건자료대상물질 용기 및 포장에 경고표시

물질안전보건자료대상물질을 양도하거나 제공하는 자는 고용노동부령으로 정하는 방법에 따라 이를 담은 용기 및 포장에 경고표시를 하여야 한다. 다만, 용기 및 포장에 담는 방법 외의 방법으로 물질안전보건자료대상물질을 양도하거나 제공하는 경우에는 고용노동부장관이 정하여 고시한 바에 따라 경고표시 기재 항목을 적은 자료를 제공하여야 한다(법 제115조 제1항).

(2) 경고표시 방법 및 기재항목

① 물질안전보건자료대상물질을 양도하거나 제공하는 자 또는 이를 사업장에서 취급하는 사업주가 경고표시를 하는 경우에는 물질안전보건자료대상물질 단위로 경고표지를 작성하여 물질안전보건자료대상물질을 담은 용기 및 포장에 붙이거나 인쇄하는 등 유해·위험정보가 명확히 나타나도록 해야 한다. 다만, 다음의 어느 하나에 해당하는 표시를 한 경우에는 경고표시를 한 것으로 본다(규칙 제170조 제1항).
  ㉠ 「고압가스 안전관리법」에 따른 용기 등의 표시
  ㉡ 「위험물 선박운송 및 저장규칙」에 따른 표시(해양수산부장관이 고시하는 수입물품에 대한 표시는 최초의 사용사업장으로 반입되기 전까지만 해당한다)
  ㉢ 위험물의 운반용기에 관한 표시

ⓔ 「항공안전법 시행규칙」에 따라 국토교통부장관이 고시하는 포장물의 표기(수입물품에 대한 표기는 최초의 사용사업장으로 반입되기 전까지만 해당한다)
ⓜ 유해화학물질에 관한 표시
② 경고표지에는 다음의 사항이 모두 포함되어야 한다(규칙 제170조 제2항).
  ㉠ 명칭 : 제품명
  ㉡ 그림문자 : 화학물질의 분류에 따라 유해·위험의 내용을 나타내는 그림
  ㉢ 신호어 : 유해·위험의 심각성 정도에 따라 표시하는 "위험" 또는 "경고" 문구
  ㉣ 유해·위험 문구 : 화학물질의 분류에 따라 유해·위험을 알리는 문구
  ㉤ 예방조치 문구 : 화학물질에 노출되거나 부적절한 저장·취급 등으로 발생하는 유해·위험을 방지하기 위하여 알리는 주요 유의사항
  ㉥ 공급자 정보 : 물질안전보건자료대상물질의 제조자 또는 공급자의 이름 및 전화번호 등
③ 경고표지의 규격, 그림문자, 신호어, 유해·위험 문구, 예방조치 문구, 그 밖의 경고표시의 방법 등에 관하여 필요한 사항은 고용노동부장관이 정하여 고시한다(규칙 제170조 제3항).
④ 고용노동부령으로 정하는 경우란 다음의 어느 하나에 해당하는 경우를 말한다(규칙 제170조 제4항).
  ㉠ 물질안전보건자료대상물질을 양도하거나 제공하는 자가 물질안전보건자료대상물질을 담은 용기에 이미 경고표시를 한 경우
  ㉡ 근로자가 경고표시가 되어 있는 용기에서 물질안전보건자료대상물질을 옮겨 담기 위하여 일시적으로 용기를 사용하는 경우

13. 물질안전보건자료와 관련된 자료의 제공

(1) 고용노동부장관의 물질안전보건자료와 관련된 자료의 제공

고용노동부장관은 근로자의 안전 및 보건 유지를 위하여 필요하면 물질안전보건자료와 관련된 자료를 근로자 및 사업주에게 제공할 수 있다(법 제116조).

(2) 고용노동부장관 및 공단의 물질안전보건자료 관련 자료의 제공

고용노동부장관 및 공단은 근로자나 사업주에게 물질안전보건자료와 관련된 자료를 제공하기 위하여 필요하다고 인정하는 경우에는 물질안전보건자료대상물질을 제조하거나 수입하는 자에게 물질안전보건자료와 관련된 자료를 요청할 수 있다(규칙 171조).

14. 유해·위험물질의 제조 등 금지

(1) 유해·위험물질의 제조 등 금지

누구든지 다음의 어느 하나에 해당하는 물질로서 대통령령으로 정하는 물질(제조등금지물질)을 제조·수입·양도·제공 또는 사용해서는 아니 된다(법 제117조 제1항).
   ① 직업성 암을 유발하는 것으로 확인되어 근로자의 건강에 특히 해롭다고 인정되는 물질
   ② 유해성·위험성이 평가된 유해인자나 유해성·위험성이 조사된 화학물질 중 근로자에게 중대한 건강장해를 일으킬 우려가 있는 물질

(2) 제조 등이 금지되는 유해물질(영 제87조)

   ① β-나프틸아민[91-59-8]과 그 염(β-Naphthylamine and its salts)
   ② 4-니트로디페닐[92-93-3]과 그 염(4-Nitrodiphenyl and its salts)
   ③ 백연[1319-46-6]을 포함한 페인트(포함된 중량의 비율이 2퍼센트 이하인 것은 제외한다)
   ④ 벤젠[71-43-2]을 포함하는 고무풀(포함된 중량의 비율이 5퍼센트 이하인 것은 제외한다)
   ⑤ 석면(Asbestos; 1332-21-4 등)
   ⑥ 폴리클로리네이티드 터페닐(Polychlorinated terphenyls; 61788-33-8 등)
   ⑦ 황린[12185-10-3] 성냥(Yellow phosphorus match)
   ⑧ ①, ②, ⑤ 또는 ⑥에 해당하는 물질을 포함한 혼합물(포함된 중량의 비율이 1퍼센트 이하인 것은 제외한다)
   ⑨ 「화학물질관리법」에 따른 금지물질
   ⑩ 그 밖에 보건상 해로운 물질로서 산업재해보상보험및예방심의위원회의 심의를 거쳐 고용노동부장관이 정하는 유해물질

(3) 시험·연구 또는 검사 목적의 경우 가능

시험·연구 또는 검사 목적의 경우로서 다음의 어느 하나에 해당하는 경우에는 제조등금지물질을 제조·수입·양도·제공 또는 사용할 수 있다(법 제117조 제2항).
   ① 제조·수입 또는 사용을 위하여 고용노동부령으로 정하는 요건을 갖추어 고용노동부장관의 승인을 받은 경우
   ② 「화학물질관리법」에 따른 금지물질의 판매 허가를 받은 자가 판매 허가를 받은 자나 사용 승인을 받은 자에게 제조등금지물질을 양도 또는 제공하는 경우

(4) 제조 등이 금지되는 물질의 사용승인 신청 등

① 제조등금지물질의 제조·수입 또는 사용승인을 받으려는 자는 다음의 서류를 첨부하여 관할 지방고용노동관서의 장에게 제출해야 한다(규칙 172조 제1항).
  ㉠ 시험·연구계획서(제조·수입·사용의 목적·양 등에 관한 사항이 포함되어야 한다)
  ㉡ 산업보건 관련 조치를 위한 시설·장치의 명칭·구조·성능 등에 관한 서류
  ㉢ 해당 시험·연구실(작업장)의 전체 작업공정도, 각 공정별로 취급하는 물질의 종류·취급량 및 공정별 종사 근로자 수에 관한 서류
② 지방고용노동관서의 장은 제조·수입 또는 사용 승인신청서가 접수된 경우에는 다음의 사항을 심사하여 신청서가 접수된 날부터 20일 이내에 승인서를 신청인에게 발급하거나 불승인 사실을 알려야 한다. 다만, 수입승인은 해당 물질에 대하여 사용승인을 했거나 사용승인을 하는 경우에만 할 수 있다(규칙 172조 제2항).
  ㉠ 신청서 및 첨부서류의 내용이 적정한지 여부
  ㉡ 제조·사용설비 등이 안전보건규칙의 규정에 적합한지 여부
  ㉢ 수입하려는 물질이 사용승인을 받은 물질과 같은지 여부, 사용승인 받은 양을 초과하는지 여부, 그 밖에 사용승인신청 내용과 일치하는지 여부(수입승인의 경우만 해당한다)
③ 승인을 받은 자는 승인서를 분실하거나 승인서가 훼손된 경우에는 재발급을 신청할 수 있다(규칙 172조 제3항).
④ 승인을 받은 자가 해당 업무를 폐지하거나 승인이 취소된 경우에는 즉시 승인서를 관할 지방고용노동관서의 장에게 반납해야 한다(규칙 172조 제4항).

(5) 승인취소

고용노동부장관은 승인을 받은 자가 승인요건에 적합하지 아니하게 된 경우에는 승인을 취소하여야 한다(법 제117조 제3항).

(6) 승인 절차, 승인 취소 절차 등

승인 절차, 승인 취소 절차, 그 밖에 필요한 사항은 고용노동부령으로 정한다(법 제117조 제4항).

15. 유해·위험물질의 제조 등 허가

(1) 유해·위험물질의 제조 등 허가

유해·위험물질에 해당하는 물질로서 대체물질이 개발되지 아니한 물질 등 대통령령으로 정하는 물질(허가대상물질)을 제조하거나 사용하려는 자는 고용노동부장관의 허가를 받아야 한다. 허가받은 사항을 변경할 때에도 또한 같다(법 제118조 제1항).

(2) 허가대상물질의 제조·사용설비, 작업방법 등

허가대상물질의 제조·사용설비, 작업방법, 그 밖의 허가기준은 고용노동부령으로 정한다(법 제118조 제2항).

(3) 허가기준에 적합하도록 유지

허가를 받은 자(허가대상물질제조·사용자)는 그 제조·사용설비를 허가기준에 적합하도록 유지하여야 하며, 그 기준에 적합한 작업방법으로 허가대상물질을 제조·사용하여야 한다(법 제118조 제3항).

(4) 적합한 작업방법으로 제조·사용하도록 명령

고용노동부장관은 허가대상물질제조·사용자의 제조·사용설비 또는 작업방법이 허가기준에 적합하지 아니하다고 인정될 때에는 그 기준에 적합하도록 제조·사용설비를 수리·개조 또는 이전하도록 하거나 그 기준에 적합한 작업방법으로 그 물질을 제조·사용하도록 명할 수 있다(법 제118조 제4항).

(5) 허가취소 또는 영업정지

고용노동부장관은 허가대상물질제조·사용자가 다음의 어느 하나에 해당하면 그 허가를 취소하거나 6개월 이내의 기간을 정하여 영업을 정지하게 할 수 있다. 다만, ①에 해당할 때에는 그 허가를 취소하여야 한다(법 제118조 제5항).

① 거짓이나 그 밖의 부정한 방법으로 허가를 받은 경우
② 허가기준에 맞지 아니하게 된 경우
③ (3)을 위반한 경우
④ (4)에 따른 명령을 위반한 경우
⑤ 자체검사 결과 이상을 발견하고도 즉시 보수 및 필요한 조치를 하지 아니한 경우

(6) 제조 등 허가의 신청 및 심사

① 유해물질(허가대상물질)의 제조허가 또는 사용허가를 받으려는 자는 제조·사용 허가신청서에 다음의 서류를 첨부하여 관할 지방고용노동관서의 장에게 제출해야 한다(규칙

제173조 제1항).
　㉠ 사업계획서(제조·사용의 목적·양 등에 관한 사항이 포함되어야 한다)
　㉡ 산업보건 관련 조치를 위한 시설·장치의 명칭·구조·성능 등에 관한 서류
　㉢ 해당 사업장의 전체 작업공정도, 각 공정별로 취급하는 물질의 종류·취급량 및 공정별 종사 근로자 수에 관한 서류
② 지방고용노동관서의 장은 제조·사용허가신청서가 접수되면 다음의 사항을 심사하여 신청서가 접수된 날부터 20일 이내에 허가증을 신청인에게 발급하거나 불허가 사실을 알려야 한다(규칙 제173조 제2항).
　㉠ 신청서 및 첨부서류의 내용이 적정한지 여부
　㉡ 제조·사용 설비 등이 안전보건규칙의 규정에 적합한지 여부
　㉢ 그 밖에 법 또는 법에 따른 명령의 이행에 관한 사항
③ 지방고용노동관서의 장은 제조·사용허가신청서를 심사하기 위하여 필요한 경우 공단에 신청서 및 첨부서류의 검토 등을 요청할 수 있다(규칙 제173조 제3항).
④ 공단은 요청을 받은 경우에는 요청받은 날부터 10일 이내에 그 결과를 지방고용노동관서의 장에게 보고해야 한다(규칙 제173조 제4항).
⑤ 허가대상물질의 제조·사용 허가증의 재발급, 허가증의 반납에 관하여는 승인 및 승인서의 규정을 준용한다. 이 경우 "승인"은 "허가"로, "승인서"는 "허가증"으로 본다(규칙 제173조 제5항).

(7) 허가 취소 등의 통보

지방고용노동관서의 장은 허가의 취소 또는 영업의 정지를 명한 경우에는 해당 사업장을 관할하는 특별자치시장·특별자치도지사·시장·군수·구청장에게 통보해야 한다(규칙 제174조).

제2절 석면에 대한 조치

1. 석면조사

(1) 건축물을 철거 및 해체하는 경우 조사기록보존

건축물이나 설비를 철거하거나 해체하려는 경우에 해당 건축물이나 설비의 소유주 또는 임차인 등은 다음의 사항을 고용노동부령으로 정하는 바에 따라 조사한 후 그 결과를 기록하여 보존하여야 한다(법 제119조 제1항).

① 해당 건축물이나 설비에 석면이 포함되어 있는지 여부
② 해당 건축물이나 설비 중 석면이 포함된 자재의 종류, 위치 및 면적

(2) 건축물의 석면조사 및 조사기록보존

건축물이나 설비 중 대통령령으로 정하는 규모 이상의 건축물·설비소유주등은 지정받은 기관에 다음의 사항을 조사하도록 한 후 그 결과를 기록하여 보존하여야 한다. 다만, 석면함유 여부가 명백한 경우 등 대통령령으로 정하는 사유에 해당하여 고용노동부령으로 정하는 절차에 따라 확인을 받은 경우에는 기관석면조사를 생략할 수 있다(법 제119조 제2항).

① 해당 건축물이나 설비에 석면이 포함되어 있는지 여부
② 해당 건축물이나 설비에 포함된 석면의 종류 및 함유량

(3) 기관석면조사 대상

① 대통령령으로 정하는 규모 이상란 다음의 어느 하나에 해당하는 경우를 말한다(영 제89조 제1항).

㉠ 건축물(주택은 제외한다.)의 연면적 합계가 50㎡ 이상이면서, 그 건축물의 철거·해체하려는 부분의 면적 합계가 50㎡ 이상인 경우

㉡ 주택(부속건축물을 포함한다.)의 연면적 합계가 200㎡ 이상이면서, 그 주택의 철거·해체하려는 부분의 면적 합계가 200㎡ 이상인 경우

㉢ 설비의 철거·해체하려는 부분에 다음의 어느 하나에 해당하는 자재(물질을 포함한다.)를 사용한 면적의 합이 15㎡ 이상 또는 그 부피의 합이 1㎥ 이상인 경우

ⓐ 단열재
ⓑ 보온재
ⓒ 분무재
ⓓ 내화피복재

ⓔ 개스킷(Gasket : 누설방지재)
ⓕ 패킹재(Packing material : 틈박이재)
ⓖ 실링재(Sealing material : 액상 메움재)
ⓗ 그 밖에 ⓐ부터 ⓖ까지의 자재와 유사한 용도로 사용되는 자재로서 고용노동부장관이 정하여 고시하는 자재
㉣ 파이프 길이의 합이 80미터 이상이면서, 그 파이프의 철거·해체하려는 부분의 보온재로 사용된 길이의 합이 80미터 이상인 경우

② 석면함유 여부가 명백한 경우 등 대통령령으로 정하는 사유란 다음의 어느 하나에 해당하는 경우를 말한다(영 제89조 제2항).
㉠ 건축물이나 설비의 철거·해체 부분에 사용된 자재가 설계도서, 자재 이력 등 관련 자료를 통해 석면을 포함하고 있지 않음이 명백하다고 인정되는 경우
㉡ 건축물이나 설비의 철거·해체 부분에 석면이 중량비율 1퍼센트가 넘게 포함된 자재를 사용하였음이 명백하다고 인정되는 경우

(4) 석면조사의 생략 등 확인 절차

① 건축물이나 설비의 소유주 또는 임차인 등이 석면조사의 생략 대상 건축물이나 설비에 대하여 확인을 받으려는 경우에는 석면조사의 생략 등 확인신청서에 다음의 구분에 따른 서류를 첨부하여 관할 지방고용노동관서의 장에게 제출해야 한다. 이 경우 제2호에 따른 건축물대장 사본을 제출한 경우에는 제3항에 따른 확인 통지가 된 것으로 본다(규칙 제175조 제1항).
㉠ 건축물이나 설비에 석면이 함유되어 있지 않은 경우 : 이를 증명할 수 있는 설계도서 사본, 건축자재의 목록·사진·성분분석표, 건축물 안팎의 사진 등의 서류. 이 경우 성분분석표는 건축자재 생산회사가 발급한 것으로 한다.
㉡ 건축물이 2017년 7월 1일 이후「건축법」제21조에 따른 착공신고를 한 신축 건축물인 경우 : 건축물대장 사본
㉢ 건축물이나 설비에 석면이 1퍼센트(무게 퍼센트) 초과하여 함유되어 있는 경우: 공사계약서 사본(자체공사인 경우에는 공사계획서)

② 건축물·설비소유주등이 석면조사를 실시한 경우에는 석면조사의 생략 등 확인신청서에 석면조사를 하였음을 표시하고 그 석면조사 결과서를 첨부하여 관할 지방고용노동관서의 장에게 제출해야 한다. 다만, 건축물석면조사 결과를 관계 행정기관의 장에게 제출한 경우에는 석면조사의 생략 등 확인신청서를 제출하지 않을 수 있다(규칙 제175조 제2항).

③ 지방고용노동관서의 장은 신청서가 제출되면 이를 확인한 후 접수된 날부터 20일 이내에 그 결과를 해당 신청인에게 통지해야 한다(규칙 제175조 제3항).
④ 지방고용노동관서의 장은 신청서의 내용을 확인하기 위하여 기술적인 사항에 대하여 공단에 검토를 요청할 수 있다(규칙 제175조 제4항).

(5) 일반석면조사 또는 기관석면조사 의제

건축물·설비소유주등이「석면안전관리법」등 다른 법률에 따라 건축물이나 설비에 대하여 석면조사를 실시한 경우에는 고용노동부령으로 정하는 바에 따라 일반석면조사 또는 기관석면조사를 실시한 것으로 본다(법 제119조 제3항).

(6) 일반석면조사 또는 기관석면조사를 하지 아니한 경우 조치사항

고용노동부장관은 건축물·설비소유주등이 일반석면조사 또는 기관석면조사를 하지 아니하고 건축물이나 설비를 철거하거나 해체하는 경우에는 다음의 조치를 명할 수 있다(법 제119조 제4항).
① 해당 건축물·설비소유주등에 대한 일반석면조사 또는 기관석면조사의 이행 명령
② 해당 건축물이나 설비를 철거하거나 해체하는 자에 대하여 제1호에 따른 이행 명령의 결과를 보고받을 때까지의 작업중지 명령

(7) 기관석면조사의 방법 등

① 기관석면조사방법은 다음과 같다(규칙 제176조 제1항).
  ㉠ 건축도면, 설비제작도면 또는 사용자재의 이력 등을 통하여 석면 함유 여부에 대한 예비조사를 할 것
  ㉡ 건축물이나 설비의 해체·제거할 자재 등에 대하여 성질과 상태가 다른 부분들을 각각 구분할 것
  ㉢ 시료채취는 구분된 부분들 각각에 대하여 그 크기를 고려하여 채취 수를 달리하여 조사를 할 것
② 구분된 부분들 각각에서 크기를 고려하여 1개만 고형시료를 채취·분석하는 경우에는 그 1개의 결과를 기준으로 해당 부분의 석면 함유 여부를 판정해야 하며, 2개 이상의 고형시료를 채취·분석하는 경우에는 석면 함유율이 가장 높은 결과를 기준으로 해당 부분의 석면 함유 여부를 판정해야 한다(규칙 제176조 제2항).
③ 조사방법 및 판정의 구체적인 사항, 크기별 시료채취 수, 석면조사 결과서 작성, 그 밖에 필요한 사항은 고용노동부장관이 정하여 고시한다(규칙 제176조 제3항).

2. 석면조사기관

(1) 석면조사기관 지정

석면조사기관이 되려는 자는 대통령령으로 정하는 인력·시설 및 장비 등의 요건을 갖추어 고용노동부장관의 지정을 받아야 한다(법 제120조 제1항).

(2) 석면조사기관의 지정 요건 등

석면조사기관으로 지정받을 수 있는 자는 다음의 어느 하나에 해당하는 자로서 인력·시설 및 장비를 갖추고 고용노동부장관이 실시하는 석면조사기관의 석면조사 능력 확인에서 적합 판정을 받은 자로 한다(영 제90조).
  ① 국가 또는 지방자치단체의 소속기관
  ② 종합병원 또는 병원
  ③ 「고등교육법」에 따른 대학 또는 그 부속기관
  ④ 석면조사 업무를 하려는 법인

(3) 석면조사기관의 지정신청 등

① 석면조사기관으로 지정받으려는 자는 석면조사기관 지정신청서에 다음의 서류를 첨부하여 주된 사무소의 소재지를 관할하는 지방고용노동청장에게 제출해야 한다(규칙 제177조 제1항).
  ㉠ 정관
  ㉡ 정관을 갈음할 수 있는 서류(법인이 아닌 경우만 해당한다)
  ㉢ 법인등기사항증명서를 갈음할 수 있는 서류(법인이 아닌 경우만 해당한다)
  ㉣ 인력기준에 해당하는 사람의 자격과 채용을 증명할 수 있는 자격증(국가기술자격증은 제외한다), 경력증명서 및 재직증명서 등의 서류
  ㉤ 건물임대차계약서 사본이나 그 밖에 사무실의 보유를 증명할 수 있는 서류와 시설·장비 명세서
  ㉥ 최근 1년 이내의 석면조사 능력 평가의 적합판정서
② 신청서를 제출받은 관할 지방고용노동청장은 행정정보의 공동이용을 통하여 법인등기사항증명서(법인인 경우만 해당한다) 및 국가기술자격증을 확인해야 한다. 다만, 신청인이 국가기술자격증의 확인에 동의하지 않는 경우에는 그 사본을 첨부하도록 해야 한다(규칙 제177조 제2항).

③ 석면조사기관에 대한 지정서의 발급, 지정받은 사항의 변경, 지정서의 반납 등에 관하여는 고용노동부장관 또는 지방고용노동청장의 규정을 준용한다. 이 경우 "고용노동부장관 또는 지방고용노동청장"은 "지방고용노동청장"으로, "안전관리전문기관 또는 보건관리전문기관"은 "석면조사기관"으로 본다(규칙 제177조 제3항).

(4) 석면조사기관의 지도 및 교육

고용노동부장관은 기관석면조사의 결과에 대한 정확성과 정밀도를 확보하기 위하여 석면조사기관의 석면조사 능력을 확인하고, 석면조사기관을 지도하거나 교육할 수 있다. 이 경우 석면조사 능력의 확인, 석면조사기관에 대한 지도 및 교육의 방법, 절차, 그 밖에 필요한 사항은 고용노동부장관이 정하여 고시한다(법 제120조 제2항).

(5) 석면조사기관의 평가 및 결과공개

고용노동부장관은 석면조사기관에 대하여 평가하고 그 결과를 공개(석면조사 능력의 확인 결과를 포함한다)할 수 있다. 이 경우 평가의 기준·방법 및 결과의 공개에 필요한 사항은 고용노동부령으로 정한다(법 제120조 제3항).

(6) 석면조사기관의 평가 등

① 공단이 석면조사기관을 평가하는 기준은 다음과 같다(규칙 제178조 제1항).
   ㉠ 인력·시설 및 장비의 보유 수준과 그에 대한 관리능력
   ㉡ 석면조사, 석면농도측정 및 시료분석의 신뢰도 등을 포함한 업무 수행능력
   ㉢ 석면조사 및 석면농도측정 대상 사업장의 만족도
② 석면조사기관에 대한 평가 방법 및 평가 결과의 공개에 관하여는 안전관리전문기관 또는 보건관리전문기관의 규정을 준용한다. 이 경우 "안전관리전문기관 또는 보건관리전문기관"은 "석면조사기관"으로 본다(규칙 제178조 제2항).

(7) 석면조사기관의 지정 절차 등

석면조사기관의 지정 절차, 그 밖에 필요한 사항은 고용노동부령으로 정한다(법 제120조 제4항).

(8) 안전관리전문기관 또는 보건관리전문기관 준용

석면조사기관에 관하여는 안전관리전문기관 또는 보건관리전문기관을 준용한다. 이 경우 "안전관리전문기관 또는 보건관리전문기관"은 "석면조사기관"으로 본다(법 제120조 제5항).

(9) 석면조사기관의 지정 취소 등의 사유(영 제91조)

① 기관석면조사 또는 공기 중 석면농도 관련 서류를 거짓으로 작성한 경우
② 정당한 사유 없이 석면조사 업무를 거부한 경우
③ 인력기준에 해당하지 않는 사람에게 석면조사 업무를 수행하게 한 경우
④ 고용노동부령으로 정하는 조사 방법과 그 밖에 필요한 사항을 위반한 경우
⑤ 고용노동부장관이 실시하는 석면조사기관의 석면조사 능력 확인을 받지 않거나 부적합 판정을 받은 경우
⑥ 자격을 갖추지 않은 자에게 석면농도를 측정하게 한 경우
⑦ 석면농도 측정방법을 위반한 경우
⑧ 법에 따른 관계 공무원의 지도·감독을 거부·방해 또는 기피한 경우

3. 석면해체·제거업의 등록 등

(1) 석면해체·제거업의 등록

석면해체·제거를 업으로 하려는 자는 대통령령으로 정하는 인력·시설 및 장비를 갖추어 고용노동부장관에게 등록하여야 한다(법 제121조 제1항).

(2) 석면해체·제거업자의 등록 요건

석면해체·제거업자로 등록하려는 자는 별표 28에 따른 인력·시설 및 장비를 갖추어야 한다(영 제92조).

(3) 석면해체·제거업의 등록신청 등

① 석면해체·제거업자로 등록하려는 자는 석면해체·제거업 등록신청서에 다음의 서류를 첨부하여 주된 사무소의 소재지를 관할하는 지방고용노동관서의 장에게 제출해야 한다(규칙 제179조 제1항).
  ㉠ 인력기준에 해당하는 사람의 자격과 채용을 증명할 수 있는 서류
  ㉡ 건물임대차계약서 사본이나 그 밖에 사무실의 보유를 증명할 수 있는 서류와 시설·장비 명세서
② 지방고용노동관서의 장은 석면해체·제거업 등록신청서를 접수한 경우 기준에 적합하면 그 등록신청서가 접수된 날부터 20일 이내에 석면해체·제거업 등록증을 신청인에게 발

급해야 한다(규칙 제179조 제2항).
③ 등록한 자가 등록한 사항을 변경하려는 경우에는 석면해체·제거업 변경신청서에 변경을 증명하는 서류와 등록증을 첨부하여 주된 사무소 소재지를 관할하는 지방고용노동관서의 장에게 제출해야 한다. 이 경우 변경신청서의 처리에 관하여는 ②를 준용한다(규칙 제179조 제3항).
④ 등록증을 발급받은 자는 등록증을 분실하거나 등록증이 훼손된 경우에는 재발급 신청을 할 수 있다(규칙 제179조 제4항).
⑤ 석면해체·제거업자가 해당 업무를 폐지하거나 등록이 취소된 경우에는 즉시 등록증을 주된 사무소 소재지를 관할하는 지방고용노동관서의 장에게 반납해야 한다(규칙 제179조 제5항).

(4) 석면해체·제거업의 평가 및 결과공개

고용노동부장관은 등록한 자의 석면해체·제거작업의 안전성을 고용노동부령으로 정하는 바에 따라 평가하고 그 결과를 공개할 수 있다. 이 경우 평가의 기준·방법 및 결과의 공개에 필요한 사항은 고용노동부령으로 정한다(법 제121조 제2항).

(5) 석면해체·제거작업의 안전성 평가 등

① 석면해체·제거작업의 안전성의 평가기준은 다음과 같다(규칙 제180조 제1항).
  ㉠ 석면해체·제거작업 기준의 준수 여부
  ㉡ 장비의 성능
  ㉢ 보유인력의 교육이수, 능력개발, 전산화 정도 및 그 밖에 필요한 사항
② 석면해체·제거작업의 안전성의 평가항목, 평가등급 등 평가방법 및 공표방법 등에 관하여 필요한 사항은 고용노동부장관이 정하여 고시한다(규칙 제180조 제2항).

(6) 등록 절차 등

등록 절차, 그 밖에 필요한 사항은 고용노동부령으로 정한다(법 제121조 제3항).

(7) 석면해체·제거업자의 등록 취소 등의 사유(영 제93조)

① 서류를 거짓이나 그 밖의 부정한 방법으로 작성한 경우
② 신고(변경신고는 제외한다) 또는 서류 보존 의무를 이행하지 않은 경우
③ 고용노동부령으로 정하는 석면해체·제거의 작업기준을 준수하지 않아 벌금형의 선고 또는 금고 이상의 형의 선고를 받은 경우

④ 법에 따른 관계 공무원의 지도·감독을 거부·방해 또는 기피한 경우

(8) 준용규정

석면해체·제거업자에 관하여는 안전관리전문기관 또는 보건관리전문기관을 준용한다. 이 경우 "안전관리전문기관 또는 보건관리전문기관"은 "석면해체·제거업자"로, "지정"은 "등록"으로 본다(법 제121조 제4항).

4. 석면의 해체·제거

(1) 석면의 해체·제거

기관석면조사 대상인 건축물이나 설비에 대통령령으로 정하는 함유량과 면적 이상의 석면이 포함되어 있는 경우 해당 건축물·설비소유주등은 석면해체·제거업자로 하여금 그 석면을 해체·제거하도록 하여야 한다. 다만, 건축물·설비소유주등이 인력·장비 등에서 석면해체·제거업자와 동등한 능력을 갖추고 있는 경우 등 대통령령으로 정하는 사유에 해당할 경우에는 스스로 석면을 해체·제거할 수 있다(법 제122조 제1항).

(2) 석면해체·제거업자를 통한 석면해체·제거 대상
  ① 대통령령으로 정하는 함유량과 면적 이상의 석면이 포함되어 있는 경우란 다음의 어느 하나에 해당하는 경우를 말한다(영 제94조 제1항).
    ㉠ 철거·해체하려는 벽체재료, 바닥재, 천장재 및 지붕재 등의 자재에 석면이 중량비율 1퍼센트가 넘게 포함되어 있고 그 자재의 면적의 합이 50㎡ 이상인 경우
    ㉡ 석면이 중량비율 1퍼센트가 넘게 포함된 분무재 또는 내화피복재를 사용한 경우
    ㉢ 석면이 중량비율 1퍼센트가 넘게 포함된 제89조제1항제3호 각 목의 어느 하나(다목 및 라목은 제외한다)에 해당하는 자재의 면적의 합이 15㎡ 이상 또는 그 부피의 합이 1세㎡ 이상인 경우
    ㉣ 파이프에 사용된 보온재에서 석면이 중량비율 1퍼센트가 넘게 포함되어 있고 그 보온재 길이의 합이 80미터 이상인 경우
  ② 석면해체·제거업자와 동등한 능력을 갖추고 있는 경우 등 대통령령으로 정하는 사유에 해당할 경우란 석면해체·제거작업을 스스로 하려는 자가 인력·시설 및 장비를 갖추고 고용노동부령으로 정하는 바에 따라 이를 증명하는 경우를 말한다(영 제94조 제2항).

(3) 석면해체 · 제거의 면제

석면해체 · 제거는 해당 건축물이나 설비에 대하여 기관석면조사를 실시한 기관이 해서는 아니 된다(법 제122조 제2항).

(4) 석면해체 · 제거작업의 신고

석면해체 · 제거업자((1) 단서의 경우에는 건축물 · 설비소유주등을 말한다.)는 석면해체 · 제거작업을 하기 전에 고용노동부령으로 정하는 바에 따라 고용노동부장관에게 신고하고, 석면해체 · 제거작업에 관한 서류를 보존하여야 한다(법 제122조 제3항).

(5) 석면해체 · 제거작업 신고 절차 등

① 석면해체 · 제거업자는 석면해체 · 제거작업 시작 7일 전까지 석면해체 · 제거작업 신고서에 다음의 서류를 첨부하여 해당 석면해체 · 제거작업 장소의 소재지를 관할하는 지방고용노동관서의 장에게 제출해야 한다. 이 경우 석면해체 · 제거작업을 스스로 하려는 자는 등록에 필요한 인력, 시설 및 장비를 갖추고 있음을 증명하는 서류를 함께 제출해야 한다(규칙 181조 제1항).
  ㉠ 공사계약서 사본
  ㉡ 석면 해체 · 제거 작업계획서(석면 흩날림 방지 및 폐기물 처리방법을 포함한다)
  ㉢ 석면조사결과서

② 석면해체 · 제거업자는 제출한 석면해체 · 제거작업 신고서의 내용이 변경된[신고한 석면함유자재(물질)의 종류가 감소하거나 석면함유자재(물질)의 종류별 석면해체 · 제거작업 면적이 축소된 경우는 제외한다] 경우에는 지체 없이 석면해체 · 제거작업 변경 신고서를 석면해체 · 제거작업 장소의 소재지를 관할하는 지방고용노동관서의 장에게 제출해야 한다(규칙 181조 제2항).

③ 지방고용노동관서의 장은 석면해체 · 제거작업 신고서 또는 변경 신고서를 받았을 때에 그 신고서 및 첨부서류의 내용이 적합한 것으로 확인된 경우에는 그 신고서를 받은 날부터 7일 이내에 석면해체 · 제거작업 신고(변경) 증명서를 신청인에게 발급해야 한다. 다만, 현장책임자 또는 작업근로자의 변경에 관한 사항인 경우에는 지체 없이 그 적합 여부를 확인하여 변경증명서를 신청인에게 발급해야 한다(규칙 181조 제3항).

④ 지방고용노동관서의 장은 확인 결과 사실과 다르거나 첨부서류가 누락된 경우 등 필요하다고 인정하는 경우에는 해당 신고서의 보완을 명할 수 있다(규칙 181조 제4항).

⑤ 고용노동부장관은 지방고용노동관서의 장이 석면해체·제거작업 신고서 또는 변경 신고서를 제출받았을 때에는 그 내용을 해당 석면해체·제거작업 대상 건축물 등의 소재지를 관할하는 시장·군수·구청장에게 전자적 방법 등으로 제공할 수 있다(규칙 181조 제5항).

(6) 신고수리

고용노동부장관은 신고를 받은 경우 그 내용을 검토하여 이 법에 적합하면 신고를 수리하여야 한다(법 제122조 제4항).

5. 석면해체·제거 작업기준의 준수

(1) 석면해체·제거의 작업기준 준수

석면이 포함된 건축물이나 설비를 철거하거나 해체하는 자는 고용노동부령으로 정하는 석면해체·제거의 작업기준을 준수하여야 한다(법 제123조 제1항).

(2) 조치사항 준수

근로자는 석면이 포함된 건축물이나 설비를 철거하거나 해체하는 자가 작업기준에 따라 근로자에게 한 조치로서 고용노동부령으로 정하는 조치 사항을 준수하여야 한다(법 제123조 제2항).

6. 석면농도기준의 준수

(1) 증명자료 제출

석면해체·제거업자는 석면해체·제거작업이 완료된 후 해당 작업장의 공기 중 석면농도가 1세제곱센티미터당 0.01개 이하가 되도록 하고, 그 증명자료를 고용노동부장관에게 제출하여야 한다(법 제124조 제1항, 규칙 제182조).

(2) 석면농도측정 결과의 제출

석면해체·제거업자는 석면해체·제거작업이 완료된 후에는 석면농도측정 결과보고서에 해당 기관이 작성한 석면농도측정 결과표를 첨부하여 지체 없이 석면농도기준의 준수 여부에 대한 증명자료를 관할 지방고용노동관서의 장에게 제출(전자문서로 제출하는 것을 포함한다)해야 한다(규칙 제183조).

(3) 석면농도를 측정할 수 있는 자의 자격(규칙 제184조)

　① 석면조사기관에 소속된 산업위생관리산업기사 또는 대기환경산업기사 이상의 자격을 가진 사람
　② 작업환경측정기관에 소속된 산업위생관리산업기사 이상의 자격을 가진 사람

(4) 석면농도의 측정방법

　① 석면농도의 측정방법은 다음과 같다(규칙 제185조 제1항).
　　㉠ 석면해체·제거작업장 내의 작업이 완료된 상태를 확인한 후 공기가 건조한 상태에서 측정할 것
　　㉡ 작업장 내에 침전된 분진을 흩날린 후 측정할 것
　　㉢ 시료채취기를 작업이 이루어진 장소에 고정하여 공기 중 입자상 물질을 채취하는 지역 시료채취방법으로 측정할 것
　② 측정방법의 구체적인 사항, 그 밖의 시료채취 수, 분석방법 등에 관하여 필요한 사항은 고용노동부장관이 정하여 고시한다(규칙 제185조 제2항).

(5) 석면농도가 기준을 초과한 경우 철거 및 해체금지

건축물·설비소유주등은 석면해체·제거작업 완료 후에도 작업장의 공기 중 석면농도가 기준을 초과한 경우 해당 건축물이나 설비를 철거하거나 해체해서는 아니 된다(법 제124조 제3항).

PART 08 근로자 보건관리

제1절 근로환경의 개선

1. 작업환경측정

(1) 작업환경측정

사업주는 유해인자로부터 근로자의 건강을 보호하고 쾌적한 작업환경을 조성하기 위하여 인체에 해로운 작업을 하는 작업장으로서 고용노동부령으로 정하는 작업장에 대하여 산업위생관리산업기사 이상의 자격을 가진 자로 하여금 작업환경측정을 하도록 하여야 한다(법 제125조 제1항, 규칙 제187조).

(2) 작업환경측정 대상 작업장 등

① 고용노동부령으로 정하는 작업장이란 작업환경측정 대상 유해인자에 노출되는 근로자가 있는 작업장을 말한다. 다만, 다음의 어느 하나에 해당하는 경우에는 작업환경측정을 하지 않을 수 있다(규칙 제186조 제1항).
  ㉠ 안전보건규칙에 따른 관리대상 유해물질의 허용소비량을 초과하지 않는 작업장(그 관리대상 유해물질에 관한 작업환경측정만 해당한다)
  ㉡ 안전보건규칙에 따른 임시 작업 및 단시간 작업을 하는 작업장(고용노동부장관이 정하여 고시하는 물질을 취급하는 작업을 하는 경우는 제외한다)
  ㉢ 안전보건규칙에 따른 분진작업의 적용 제외 작업장(분진에 관한 작업환경측정만 해당한다)
  ㉣ 그 밖에 작업환경측정 대상 유해인자의 노출 수준이 노출기준에 비하여 현저히 낮은 경우로서 고용노동부장관이 정하여 고시하는 작업장
② 안전보건진단기관이 안전보건진단을 실시하는 경우에 작업장의 유해인자 전체에 대하여 고용노동부장관이 정하는 방법에 따라 작업환경을 측정하였을 때에는 사업주는 해당 측

정주기에 실시해야 할 해당 작업장의 작업환경측정을 하지 않을 수 있다(규칙 제186조 제2항).

(3) 도급인의 작업환경측정

도급인의 사업장에서 관계수급인 또는 관계수급인의 근로자가 작업을 하는 경우에는 도급인이 자격을 가진 자로 하여금 작업환경측정을 하도록 하여야 한다(법 제125조 제2항).

(4) 작업환경측정 위탁

사업주(도급인을 포함한다.)는 작업환경측정을 지정받은 기관에 위탁할 수 있다. 이 경우 필요한 때에는 작업환경측정 중 시료의 분석만을 위탁할 수 있다(법 제125조 제3항).

(5) 작업환경측정 시 근로자대표

사업주는 근로자대표(관계수급인의 근로자대표를 포함한다.)가 요구하면 작업환경측정 시 근로자대표를 참석시켜야 한다(법 제125조 제4항).

(6) 작업환경측정 결과의 기록 및 보고

사업주는 작업환경측정 결과를 기록하여 보존하고 고용노동부령으로 정하는 바에 따라 고용노동부장관에게 보고하여야 한다. 다만, 사업주로부터 작업환경측정을 위탁받은 작업환경측정기관이 작업환경측정을 한 후 그 결과를 고용노동부령으로 정하는 바에 따라 고용노동부장관에게 제출한 경우에는 작업환경측정 결과를 보고한 것으로 본다(법 제125조 제5항).

(7) 작업환경측정 결과 근로자에게 통보

사업주는 작업환경측정 결과를 해당 작업장의 근로자(관계수급인 및 관계수급인 근로자를 포함한다.)에게 알려야 하며, 그 결과에 따라 근로자의 건강을 보호하기 위하여 해당 시설·설비의 설치·개선 또는 건강진단의 실시 등의 조치를 하여야 한다(법 제125조 제6항).

(8) 작업환경측정 결과에 대한 설명회 등 개최

사업주는 산업안전보건위원회 또는 근로자대표가 요구하면 작업환경측정 결과에 대한 설명회 등을 개최하여야 한다. 이 경우 작업환경측정을 위탁하여 실시한 경우에는 작업환경측정기관에 작업환경측정 결과에 대하여 설명하도록 할 수 있다(법 제125조 제7항).

(9) 작업환경측정 결과의 보고

① 사업주는 작업환경측정을 한 경우에는 작업환경측정 결과보고서에 작업환경측정 결과표

를 첨부하여 시료채취방법으로 시료채취를 마친 날부터 30일 이내에 관할 지방고용노동관서의 장에게 제출해야 한다. 다만, 시료분석 및 평가에 상당한 시간이 걸려 시료채취를 마친 날부터 30일 이내에 보고하는 것이 어려운 사업장의 사업주는 고용노동부장관이 정하여 고시하는 바에 따라 그 사실을 증명하여 관할 지방고용노동관서의 장에게 신고하면 30일의 범위에서 제출기간을 연장할 수 있다(규칙 제188조 제1항).

② 작업환경측정기관이 작업환경측정을 한 경우에는 시료채취를 마친 날부터 30일 이내에 작업환경측정 결과표를 전자적 방법으로 지방고용노동관서의 장에게 제출해야 한다. 다만, 시료분석 및 평가에 상당한 시간이 걸려 시료채취를 마친 날부터 30일 이내에 보고하는 것이 어려운 작업환경측정기관은 고용노동부장관이 정하여 고시하는 바에 따라 그 사실을 증명하여 관할 지방고용노동관서의 장에게 신고하면 30일의 범위에서 제출기간을 연장할 수 있다(규칙 제188조 제2항).

③ 사업주는 작업환경측정 결과 노출기준을 초과한 작업공정이 있는 경우에는 해당 시설·설비의 설치·개선 또는 건강진단의 실시 등 적절한 조치를 하고 시료채취를 마친 날부터 60일 이내에 해당 작업공정의 개선을 증명할 수 있는 서류 또는 개선 계획을 관할 지방고용노동관서의 장에게 제출해야 한다(규칙 제188조 제3항).

④ 작업환경측정 결과의 보고내용, 방식 및 절차에 관한 사항은 고용노동부장관이 정하여 고시한다(규칙 제188조 제4항).

(10) 작업환경측정방법

① 사업주는 작업환경측정을 할 때에는 다음의 사항을 지켜야 한다(규칙 제189조 제1항).
  ㉠ 작업환경측정을 하기 전에 예비조사를 할 것
  ㉡ 작업이 정상적으로 이루어져 작업시간과 유해인자에 대한 근로자의 노출 정도를 정확히 평가할 수 있을 때 실시할 것
  ㉢ 모든 측정은 개인 시료채취방법으로 하되, 개인 시료채취방법이 곤란한 경우에는 지역 시료채취방법으로 실시할 것. 이 경우 그 사유를 작업환경측정 결과표에 분명하게 밝혀야 한다.
  ㉣ 작업환경측정기관에 위탁하여 실시하는 경우에는 해당 작업환경측정기관에 공정별 작업내용, 화학물질의 사용실태 및 물질안전보건자료 등 작업환경측정에 필요한 정보를 제공할 것

② 사업주는 근로자대표 또는 해당 작업공정을 수행하는 근로자가 요구하면 예비조사에 참석시켜야 한다(규칙 제189조 제2항).

③ 측정방법 외에 유해인자별 세부 측정방법 등에 관하여 필요한 사항은 고용노동부장관이 정한다(규칙 제189조 제3항).

(11) 작업환경측정 주기 및 횟수

① 사업주는 작업장 또는 작업공정이 신규로 가동되거나 변경되는 등으로 작업환경측정 대상 작업장이 된 경우에는 그 날부터 30일 이내에 작업환경측정을 하고, 그 후 반기에 1회 이상 정기적으로 작업환경을 측정해야 한다. 다만, 작업환경측정 결과가 다음의 어느 하나에 해당하는 작업장 또는 작업공정은 해당 유해인자에 대하여 그 측정일부터 3개월에 1회 이상 작업환경측정을 해야 한다(규칙 제190조 제1항).
  ㉠ 화학적 인자(고용노동부장관이 정하여 고시하는 물질만 해당한다)의 측정치가 노출기준을 초과하는 경우
  ㉡ 화학적 인자(고용노동부장관이 정하여 고시하는 물질은 제외한다)의 측정치가 노출기준을 2배 이상 초과하는 경우
② 사업주는 최근 1년간 작업공정에서 공정 설비의 변경, 작업방법의 변경, 설비의 이전, 사용 화학물질의 변경 등으로 작업환경측정 결과에 영향을 주는 변화가 없는 경우로서 다음의 어느 하나에 해당하는 경우에는 해당 유해인자에 대한 작업환경측정을 연 1회 이상 할 수 있다. 다만, 고용노동부장관이 정하여 고시하는 물질을 취급하는 작업공정은 그렇지 않다(규칙 제190조 제2항).
  ㉠ 작업공정 내 소음의 작업환경측정 결과가 최근 2회 연속 85데시벨(dB) 미만인 경우
  ㉡ 작업공정 내 소음 외의 다른 모든 인자의 작업환경측정 결과가 최근 2회 연속 노출기준 미만인 경우

2. 작업환경측정기관

(1) 작업환경측정기관의 지정

작업환경측정기관이 되려는 자는 대통령령으로 정하는 인력·시설 및 장비 등의 요건을 갖추어 고용노동부장관의 지정을 받아야 한다(법 제126조 제1항).

(2) 작업환경측정기관의 지정 요건

작업환경측정기관으로 지정받을 수 있는 자는 다음의 어느 하나에 해당하는 자로서 작업환경측정기관의 유형별로 별표 29에 따른 인력·시설 및 장비를 갖추고 고용노동부장관이 실시하는

작업환경측정기관의 측정·분석능력 확인에서 적합 판정을 받은 자로 한다(영 제95조).
① 국가 또는 지방자치단체의 소속기관
② 종합병원 또는 병원
③ 대학 또는 그 부속기관
④ 작업환경측정 업무를 하려는 법인
⑤ 작업환경측정 대상 사업장의 부속기관(해당 부속기관이 소속된 사업장 등 고용노동부령으로 정하는 범위로 한정하여 지정받으려는 경우로 한정한다)

(3) 작업환경측정기관의 지도 및 교육

고용노동부장관은 작업환경측정기관의 측정·분석 결과에 대한 정확성과 정밀도를 확보하기 위하여 작업환경측정기관의 측정·분석능력을 확인하고, 작업환경측정기관을 지도하거나 교육할 수 있다. 이 경우 측정·분석능력의 확인, 작업환경측정기관에 대한 교육의 방법·절차, 그 밖에 필요한 사항은 고용노동부장관이 정하여 고시한다(법 제126조 제2항).

(4) 작업환경측정기관의 평가 등

① 공단이 작업환경측정기관을 평가하는 기준은 다음과 같다(규칙 제191조 제1항).
  ㉠ 인력·시설 및 장비의 보유 수준과 그에 대한 관리능력
  ㉡ 작업환경측정 및 시료분석 능력과 그 결과의 신뢰도
  ㉢ 작업환경측정 대상 사업장의 만족도
② 작업환경측정기관에 대한 평가 방법 및 평가 결과의 공개에 관하여는 안전관리전문기관 또는 보건관리전문기관의 규정을 준용한다. 이 경우 "안전관리전문기관 또는 보건관리전문기관"은 "작업환경측정기관"으로 본다(규칙 제191조 제2항).

(5) 작업환경측정기관의 평가 및 결과공개

고용노동부장관은 작업환경측정의 수준을 향상시키기 위하여 필요한 경우 작업환경측정기관을 평가하고 그 결과(측정·분석능력의 확인 결과를 포함한다)를 공개할 수 있다. 이 경우 평가 기준·방법 및 결과의 공개, 그 밖에 필요한 사항은 고용노동부령으로 정한다(법 제126조 제3항).

(6) 작업환경측정기관의 유형과 업무 범위

작업환경측정기관의 유형 및 유형별 작업환경측정기관이 작업환경측정을 할 수 있는 사업장의 범위는 다음과 같다(규칙 제192조).
① 사업장 위탁측정기관 : 위탁받은 사업장

② 사업장 자체측정기관 : 그 사업장(계열회사 사업장을 포함한다) 또는 그 사업장 내에서 사업의 일부가 도급계약에 의하여 시행되는 경우에는 수급인의 사업장

(7) 작업환경측정기관의 지정신청 등

① 작업환경측정기관으로 지정받으려는 자는 작업환경측정·분석 능력이 적합하다는 고용노동부장관의 확인을 받은 후 작업환경측정기관 지정신청서에 다음의 서류를 첨부하여 측정을 하려는 지역을 관할하는 지방고용노동관서의 장에게 제출해야 한다. 다만, 사업장 부속기관의 경우에는 작업환경측정기관으로 지정받으려는 사업장의 소재지를 관할하는 지방고용노동관서의 장에게 제출해야 한다(규칙 제193조 제1항).
  ㉠ 정관
  ㉡ 정관을 갈음할 수 있는 서류(법인이 아닌 경우만 해당한다)
  ㉢ 법인등기사항증명서를 갈음할 수 있는 서류(법인이 아닌 경우만 해당한다)
  ㉣ 인력기준에 해당하는 사람의 자격과 채용을 증명할 수 있는 자격증(국가기술자격증은 제외한다), 경력증명서 및 재직증명서 등의 서류
  ㉤ 건물임대차계약서 사본이나 그 밖에 사무실의 보유를 증명할 수 있는 서류와 시설·장비 명세서
  ㉥ 최초 1년간의 측정사업계획서(사업장 부속기관의 경우에는 측정대상 사업장의 명단 및 최종 작업환경측정 결과서 사본)
② 신청서를 제출받은 지방고용노동관서의 장은 행정정보의 공동이용을 통하여 법인등기사항증명서(법인인 경우만 해당한다) 및 국가기술자격증을 확인해야 한다. 다만, 신청인이 국가기술자격증의 확인에 동의하지 않는 경우에는 그 사본을 첨부하도록 해야 한다(규칙 제193조 제2항).
③ 작업환경측정기관에 대한 지정서의 발급, 지정받은 사항의 변경, 지정서의 반납 등에 관하여는 고용노동부장관 또는 지방고용노동청장의 규정을 준용한다. 이 경우 "고용노동부장관 또는 지방고용노동청장"은 "지방고용노동관서의 장"으로, "안전관리전문기관 또는 보건관리전문기관"은 "작업환경측정기관"으로 본다(규칙 제193조 제3항).
④ 작업환경측정기관의 수, 담당 지역, 그 밖에 필요한 사항은 고용노동부장관이 정하여 고시한다(규칙 제193조 제4항).

(8) 준용규정

작업환경측정기관에 관하여는 안전관리전문기관 또는 보건관리전문기관의 규정을 준용한다. 이 경우 "안전관리전문기관 또는 보건관리전문기관"은 "작업환경측정기관"으로 본다(법 제126조

제5항).

(9) 작업환경측정기관의 지정 취소 등의 사유(영 제96조)

① 작업환경측정 관련 서류를 거짓으로 작성한 경우
② 정당한 사유 없이 작업환경측정 업무를 거부한 경우
③ 위탁받은 작업환경측정 업무에 차질을 일으킨 경우
④ 고용노동부령으로 정하는 작업환경측정 방법 등을 위반한 경우
⑤ 고용노동부장관이 실시하는 작업환경측정기관의 측정·분석능력 확인을 1년 이상 받지 않거나 작업환경측정기관의 측정·분석능력 확인에서 부적합 판정을 받은 경우
⑥ 작업환경측정 업무와 관련된 비치서류를 보존하지 않은 경우
⑦ 법에 따른 관계 공무원의 지도·감독을 거부·방해 또는 기피한 경우

(10) 휴게시설 설치·관리기준 준수 대상 사업장의 사업주

사업의 종류 및 사업장의 상시 근로자 수 등 대통령령으로 정하는 기준에 해당하는 사업장이란 다음의 어느 하나에 해당하는 사업장을 말한다(영 제96조의2).

① 상시근로자(관계수급인의 근로자를 포함한다.) 20명 이상을 사용하는 사업장(건설업의 경우에는 관계수급인의 공사금액을 포함한 해당 공사의 총공사금액이 20억원 이상인 사업장으로 한정한다)
② 다음의 어느 하나에 해당하는 직종(통계청장이 고시하는 한국표준직업분류에 따른다)의 상시근로자가 2명 이상인 사업장으로서 상시근로자 10명 이상 20명 미만을 사용하는 사업장(건설업은 제외한다)
  ㉠ 전화 상담원
  ㉡ 돌봄 서비스 종사원
  ㉢ 텔레마케터
  ㉣ 배달원
  ㉤ 청소원 및 환경미화원
  ㉥ 아파트 경비원
  ㉦ 건물 경비원

3. 작업환경측정 신뢰성 평가

(1) 작업환경측정의 신뢰성 평가
고용노동부장관은 작업환경측정 결과에 대하여 그 신뢰성을 평가할 수 있다(법 제127조 제1항).

(2) 신뢰성 평가의 협조
사업주와 근로자는 고용노동부장관이 신뢰성을 평가할 때에는 적극적으로 협조하여야 한다(법 제127조 제2항).

(3) 작업환경측정 신뢰성평가의 대상 등
① 공단은 다음의 어느 하나에 해당하는 경우에는 작업환경측정 신뢰성평가를 할 수 있다(규칙 제194조 제1항).
  ㉠ 작업환경측정 결과가 노출기준 미만인데도 직업병 유소견자가 발생한 경우
  ㉡ 공정설비, 작업방법 또는 사용 화학물질의 변경 등 작업 조건의 변화가 없는데도 유해인자 노출수준이 현저히 달라진 경우
  ㉢ 작업환경측정방법을 위반하여 작업환경측정을 한 경우 등 신뢰성평가의 필요성이 인정되는 경우
② 공단이 신뢰성평가를 할 때에는 작업환경측정 결과와 작업환경측정 서류를 검토하고, 해당 작업공정 또는 사업장에 대하여 작업환경측정을 해야 하며, 그 결과를 해당 사업장의 소재지를 관할하는 지방고용노동관서의 장에게 보고해야 한다(규칙 제194조 제2항).
③ 지방고용노동관서의 장은 작업환경측정 결과 노출기준을 초과한 경우에는 사업주로 하여금 해당 시설·설비의 설치·개선 또는 건강진단의 실시 등 적절한 조치를 하도록 해야 한다(규칙 제194조 제3항).

(4) 휴게시설의 설치·관리기준
크기, 위치, 온도, 조명 등 고용노동부령으로 정하는 설치·관리기준이란 별표 21의2의 휴게시설 설치·관리기준을 말한다(규칙 제194조의2).

4. 작업환경전문연구기관의 지정

(1) 작업환경전문연구기관의 지정 및 지원

고용노동부장관은 작업장의 유해인자로부터 근로자의 건강을 보호하고 작업환경관리방법 등에 관한 전문연구를 촉진하기 위하여 유해인자별·업종별 작업환경전문연구기관을 지정하여 예산의 범위에서 필요한 지원을 할 수 있다(법 제128조 제1항).

(2) 작업환경전문연구기관의 지정기준 등

유해인자별·업종별 작업환경전문연구기관의 지정기준, 그 밖에 필요한 사항은 고용노동부장관이 정하여 고시한다(법 제128조 제2항).

(3) 휴게시설의 설치·관리기준

크기, 위치, 온도, 조명 등 고용노동부령으로 정하는 설치·관리기준이란 휴게시설 설치·관리기준을 말한다(규칙 제194조의2).

휴게시설 설치·관리기준(규칙 별표 21의2)

1. 크기
   - 가. 휴게시설의 최소 바닥면적은 6제곱미터로 한다. 다만, 둘 이상의 사업장의 근로자가 공동으로 같은 휴게시설(이하 이 표에서 "공동휴게시설"이라 한다)을 사용하게 하는 경우 공동휴게시설의 바닥면적은 6제곱미터에 사업장의 개수를 곱한 면적 이상으로 한다.
   - 나. 휴게시설의 바닥에서 천장까지의 높이는 2.1미터 이상으로 한다.
   - 다. 가목 본문에도 불구하고 근로자의 휴식 주기, 이용자 성별, 동시 사용인원 등을 고려하여 최소면적을 근로자대표와 협의하여 6제곱미터가 넘는 면적으로 정한 경우에는 근로자대표와 협의한 면적을 최소 바닥면적으로 한다.
   - 라. 가목 단서에도 불구하고 근로자의 휴식 주기, 이용자 성별, 동시 사용인원 등을 고려하여 공동휴게시설의 바닥면적을 근로자대표와 협의하여 정한 경우에는 근로자대표와 협의한 면적을 공동휴게시설의 최소 바닥면적으로 한다.
2. 위치: 다음 각 목의 요건을 모두 갖춰야 한다.
   - 가. 근로자가 이용하기 편리하고 가까운 곳에 있어야 한다. 이 경우 공동휴게시설은 각 사업장에서 휴게시설까지의 왕복 이동에 걸리는 시간이 휴식시간의 20퍼센트를 넘지 않는 곳에 있어야 한다.
   - 나. 다음의 모든 장소에서 떨어진 곳에 있어야 한다.
     1) 화재·폭발 등의 위험이 있는 장소
     2) 유해물질을 취급하는 장소
     3) 인체에 해로운 분진 등을 발산하거나 소음에 노출되어 휴식을 취하기 어려운 장소

3. 온도

   적정한 온도(18℃ ~ 28℃)를 유지할 수 있는 냉난방 기능이 갖춰져 있어야 한다.

4. 습도

   적정한 습도(50% ~ 55%. 다만, 일시적으로 대기 중 상대습도가 현저히 높거나 낮아 적정한 습도를 유지하기 어렵다고 고용노동부장관이 인정하는 경우는 제외한다)를 유지할 수 있는 습도 조절 기능이 갖춰져 있어야 한다.

5. 조명

   적정한 밝기(100럭스 ~ 200럭스)를 유지할 수 있는 조명 조절 기능이 갖춰져 있어야 한다.

6. 창문 등을 통하여 환기가 가능해야 한다.
7. 의자 등 휴식에 필요한 비품이 갖춰져 있어야 한다.
8. 마실 수 있는 물이나 식수 설비가 갖춰져 있어야 한다.
9. 휴게시설임을 알 수 있는 표지가 휴게시설 외부에 부착돼 있어야 한다.
10. 휴게시설의 청소·관리 등을 하는 담당자가 지정돼 있어야 한다. 이 경우 공동휴게시설은 사업장마다 각각 담당자가 지정돼 있어야 한다.
11. 물품 보관 등 휴게시설 목적 외의 용도로 사용하지 않도록 한다.

※ 비고

다음 각 목에 해당하는 경우에는 다음 각 목의 구분에 따라 제1호부터 제6호까지의 규정에 따른 휴게시설 설치·관리기준의 일부를 적용하지 않는다.

가. 사업장 전용면적의 총 합이 300제곱미터 미만인 경우: 제1호 및 제2호의 기준

나. 작업장소가 일정하지 않거나 전기가 공급되지 않는 등 작업특성상 실내에 휴게시설을 갖추기 곤란한 경우로서 그늘막 등 간이 휴게시설을 설치한 경우: 제3호부터 제6호까지의 규정에 따른 기준

다. 건조 중인 선박 등에 휴게시설을 설치하는 경우: 제4호의 기준

5. 휴게시설의 설치

(1) 휴게시설 설치

사업주는 근로자(관계수급인의 근로자를 포함한다.)가 신체적 피로와 정신적 스트레스를 해소할 수 있도록 휴식시간에 이용할 수 있는 휴게시설을 갖추어야 한다(법 제128조의2 제1항).

(2) 휴게시설의 설치·관리기준 준수

사업주 중 사업의 종류 및 사업장의 상시 근로자 수 등 대통령령으로 정하는 기준에 해당하는 사업장의 사업주는 휴게시설을 갖추는 경우 크기, 위치, 온도, 조명 등 고용노동부령으로 정하는 설치·관리기준을 준수하여야 한다(법 제128조의2 제2항).

제2절 건강진단 및 건강관리

1. 일반건강진단

(1) 일반건강진단 실시

사업주는 상시 사용하는 근로자의 건강관리를 위하여 건강진단을 실시하여야 한다. 다만, 사업주가 고용노동부령으로 정하는 건강진단을 실시한 경우에는 그 건강진단을 받은 근로자에 대하여 일반건강진단을 실시한 것으로 본다(법 제129조 제1항).

(2) 특수건강진단기관 또는 건강검진기관에서 일반건강진단 실시

사업주는 특수건강진단기관 또는 건강검진기관에서 일반건강진단을 실시하여야 한다(법 제129조 제2항).

(3) 근로자 건강진단 실시에 대한 협력 등

① 사업주는 특수건강진단기관 또는 건강검진기관이 근로자의 건강진단을 위하여 다음의 정보를 요청하는 경우 해당 정보를 제공하는 등 근로자의 건강진단이 원활히 실시될 수 있도록 적극 협조해야 한다(규칙 제195조 제1항).
  ㉠ 근로자의 작업장소, 근로시간, 작업내용, 작업방식 등 근무환경에 관한 정보
  ㉡ 건강진단 결과, 작업환경측정 결과, 화학물질 사용 실태, 물질안전보건자료 등 건강진단에 필요한 정보
② 근로자는 사업주가 실시하는 건강진단 및 의학적 조치에 적극 협조해야 한다(규칙 제195조 제2항).
③ 건강진단기관은 사업주가 건강진단을 실시하기 위하여 출장검진을 요청하는 경우에는 출장검진을 할 수 있다(규칙 제195조 제3항).

(4) 일반건강진단 실시의 인정(규칙 제196조)

① 「국민건강보험법」에 따른 건강검진
② 「선원법」에 따른 건강진단
③ 「진폐의 예방과 진폐근로자의 보호 등에 관한 법률」에 따른 정기 건강진단
④ 「학교보건법」에 따른 건강검사

⑤ 「항공안전법」에 따른 신체검사
⑥ 그 밖에 일반건강진단의 검사항목을 모두 포함하여 실시한 건강진단

(5) 일반건강진단의 주기 등

① 사업주는 상시 사용하는 근로자 중 사무직에 종사하는 근로자(공장 또는 공사현장과 같은 구역에 있지 않은 사무실에서 서무·인사·경리·판매·설계 등의 사무업무에 종사하는 근로자를 말하며, 판매업무 등에 직접 종사하는 근로자는 제외한다)에 대해서는 2년에 1회 이상, 그 밖의 근로자에 대해서는 1년에 1회 이상 일반건강진단을 실시해야 한다(규칙 제197조 제1항).

② 일반건강진단을 실시해야 할 사업주는 일반건강진단 실시 시기를 안전보건관리규정 또는 취업규칙에 규정하는 등 일반건강진단이 정기적으로 실시되도록 노력해야 한다(규칙 제197조 제2항).

(6) 일반건강진단의 검사항목 및 실시방법 등

① 일반건강진단의 제1차 검사항목은 다음과 같다(규칙 제198조 제1항).
  ㉠ 과거병력, 작업경력 및 자각·타각증상(시진·촉진·청진 및 문진)
  ㉡ 혈압·혈당·요당·요단백 및 빈혈검사
  ㉢ 체중·시력 및 청력
  ㉣ 흉부방사선 촬영
  ㉤ AST(SGOT) 및 ALT(SGPT), γ-GTP 및 총콜레스테롤

② 제1차 검사항목 중 혈당·γ-GTP 및 총콜레스테롤 검사는 고용노동부장관이 정하는 근로자에 대하여 실시한다(규칙 제198조 제2항).

③ 검사 결과 질병의 확진이 곤란한 경우에는 제2차 건강진단을 받아야 하며, 제2차 건강진단의 범위, 검사항목, 방법 및 시기 등은 고용노동부장관이 정하여 고시한다(규칙 제198조 제3항).

④ 법령과 그 밖에 다른 법령에 따라 검사항목과 같은 항목의 건강진단을 실시한 경우에는 해당 항목에 한정하여 검사를 생략할 수 있다(규칙 제198조 제4항).

⑤ 일반건강진단의 검사방법, 실시방법, 그 밖에 필요한 사항은 고용노동부장관이 정한다(규칙 제198조 제5항).

(7) 일반건강진단 결과의 제출

지방고용노동관서의 장은 근로자의 건강 유지를 위하여 필요하다고 인정되는 사업장의 경우 해

당 사업주에게 일반건강진단 결과표를 제출하게 할 수 있다(규칙 제199조).

2. 특수건강진단 등

(1) 특수건강진단 실시

사업주는 다음의 어느 하나에 해당하는 근로자의 건강관리를 위하여 건강진단(특수건강진단)을 실시하여야 한다. 다만, 사업주가 고용노동부령으로 정하는 건강진단을 실시한 경우에는 그 건강진단을 받은 근로자에 대하여 해당 유해인자에 대한 특수건강진단을 실시한 것으로 본다(법 제130조 제1항).
 ① 고용노동부령으로 정하는 유해인자에 노출되는 업무(특수건강진단대상업무)에 종사하는 근로자
 ② 건강진단 실시 결과 직업병 소견이 있는 근로자로 판정받아 작업 전환을 하거나 작업 장소를 변경하여 해당 판정의 원인이 된 특수건강진단대상업무에 종사하지 아니하는 사람으로서 해당 유해인자에 대한 건강진단이 필요하다는 의사의 소견이 있는 근로자

(2) 특수건강진단 실시의 인정

고용노동부령으로 정하는 건강진단이란 다음의 어느 하나에 해당하는 건강진단을 말한다(규칙 제200조).
 ① 「원자력안전법」에 따른 건강진단(방사선만 해당한다)
 ② 「진폐의 예방과 진폐근로자의 보호 등에 관한 법률」에 따른 정기 건강진단(광물성 분진만 해당한다)
 ③ 「진단용 방사선 발생장치의 안전관리에 관한 규칙」에 따른 건강진단(방사선만 해당한다)
 ④ 「동물 진단용 방사선발생장치의 안전관리에 관한 규칙」에 따른 건강진단(방사선만 해당한다)
 ⑤ 그 밖에 다른 법령에 따라 특수건강진단의 검사항목을 모두 포함하여 실시한 건강진단(해당하는 유해인자만 해당한다)

(4) 특수건강진단의 실시 시기 및 주기 등

 ① 사업주는 특수건강진단대상업무에 종사하는 근로자에 대해서는 특수건강진단 대상 유해인자별로 정한 시기 및 주기에 따라 특수건강진단을 실시해야 한다(규칙 제202조 제1항).

② 사업장의 작업환경측정 결과 또는 특수건강진단 실시 결과에 따라 다음의 어느 하나에 해당하는 근로자에 대해서는 다음 회에 한정하여 관련 유해인자별로 특수건강진단 주기를 2분의 1로 단축해야 한다(규칙 제202조 제2항).
    ㉠ 작업환경을 측정한 결과 노출기준 이상인 작업공정에서 해당 유해인자에 노출되는 모든 근로자
    ㉡ 특수건강진단, 수시건강진단 또는 임시건강진단을 실시한 결과 직업병 유소견자가 발견된 작업공정에서 해당 유해인자에 노출되는 모든 근로자. 다만, 고용노동부장관이 정하는 바에 따라 특수건강진단·수시건강진단 또는 임시건강진단을 실시한 의사로부터 특수건강진단 주기를 단축하는 것이 필요하지 않다는 소견을 받은 경우는 제외한다.
    ㉢ 특수건강진단 또는 임시건강진단을 실시한 결과 해당 유해인자에 대하여 특수건강진단 실시 주기를 단축해야 한다는 의사의 소견을 받은 근로자
③ 사업주는 해당 유해인자에 대한 건강진단이 필요하다는 의사의 소견이 있는 근로자에 대해서는 직업병 유소견자 발생의 원인이 된 유해인자에 대하여 해당 근로자를 진단한 의사가 필요하다고 인정하는 시기에 특수건강진단을 실시해야 한다(규칙 제202조 제3항).
④ 특수건강진단을 실시해야 할 사업주는 특수건강진단 실시 시기를 안전보건관리규정 또는 취업규칙에 규정하는 등 특수건강진단이 정기적으로 실시되도록 노력해야 한다(규칙 제202조 제4항).

(5) 배치전건강진단 실시

사업주는 특수건강진단대상업무에 종사할 근로자의 배치 예정 업무에 대한 적합성 평가를 위하여 건강진단(배치전건강진단)을 실시하여야 한다. 다만, 고용노동부령으로 정하는 근로자에 대해서는 배치전건강진단을 실시하지 아니할 수 있다(법 제130조 제2항).

(6) 배치전건강진단 실시의 면제(규칙 제203조)

① 다른 사업장에서 해당 유해인자에 대하여 다음의 어느 하나에 해당하는 건강진단을 받고 6개월(별표 23 제4호부터 제6호까지의 유해인자에 대하여 건강진단을 받은 경우에는 12개월로 한다)이 지나지 않은 근로자로서 건강진단 결과를 적은 서류(건강진단개인표) 또는 그 사본을 제출한 근로자
    ㉠ (5)의 배치전건강진단
    ㉡ 배치전건강진단의 제1차 검사항목을 포함하는 특수건강진단, 수시건강진단 또는 임시건강진단

ⓒ 배치전건강진단의 제1차 검사항목 및 제2차 검사항목을 포함하는 건강진단
　② 해당 사업장에서 해당 유해인자에 대하여 ①의 어느 하나에 해당하는 건강진단을 받고 6개월이 지나지 않은 근로자

(7) 배치전건강진단의 실시 시기

사업주는 특수건강진단대상업무에 근로자를 배치하려는 경우에는 해당 작업에 배치하기 전에 배치전건강진단을 실시해야 하고, 특수건강진단기관에 해당 근로자가 담당할 업무나 배치하려는 작업장의 특수건강진단 대상 유해인자 등 관련 정보를 미리 알려 주어야 한다(규칙 제204조).

(8) 수시건강진단 실시

사업주는 특수건강진단대상업무에 따른 유해인자로 인한 것이라고 의심되는 건강장해 증상을 보이거나 의학적 소견이 있는 근로자 중 보건관리자 등이 사업주에게 건강진단 실시를 건의하는 등 고용노동부령으로 정하는 근로자에 대하여 건강진단(수시건강진단)을 실시하여야 한다(법 제130조 제3항).

(9) 수시건강진단 대상 근로자 등

　① 고용노동부령으로 정하는 근로자란 특수건강진단대상업무로 인하여 해당 유해인자로 인한 것이라고 의심되는 직업성 천식, 직업성 피부염, 그 밖에 건강장해 증상을 보이거나 의학적 소견이 있는 근로자로서 다음의 어느 하나에 해당하는 근로자를 말한다. 다만, 사업주가 직전 특수건강진단을 실시한 특수건강진단기관의 의사로부터 수시건강진단이 필요하지 않다는 소견을 받은 경우는 제외한다(규칙 제205조 제1항).
　　ⓐ 산업보건의, 보건관리자, 보건관리 업무를 위탁받은 기관이 필요하다고 판단하여 사업주에게 수시건강진단을 건의한 근로자
　　ⓑ 해당 근로자나 근로자대표 또는 위촉된 명예산업안전감독관이 사업주에게 수시건강진단을 요청한 근로자
　② 사업주는 ①에 해당하는 근로자에 대해서는 지체 없이 수시건강진단을 실시해야 한다(규칙 제205조 제2항).
　③ 수시건강진단의 실시방법, 그 밖에 필요한 사항은 고용노동부장관이 정한다(규칙 제205조 제3항).

(10) 특수건강진단기관에서 건강진단 실시

사업주는 특수건강진단기관에서 건강진단을 실시하여야 한다(법 제130조 제4항).

(11) 특수건강진단 등의 검사항목 및 실시방법 등

① 특수건강진단·배치전건강진단 및 수시건강진단의 검사항목은 제1차 검사항목과 제2차 검사항목으로 구분하며, 각 세부 검사항목은 별표 24와 같다(규칙 제206조 제1항).
② 제1차 검사항목은 특수건강진단, 배치전건강진단 및 수시건강진단의 대상이 되는 근로자 모두에 대하여 실시한다(규칙 제206조 제2항).
③ 제2차 검사항목은 제1차 검사항목에 대한 검사 결과 건강수준의 평가가 곤란하거나 질병이 의심되는 사람에 대하여 고용노동부장관이 정하여 고시하는 바에 따라 실시해야 한다. 다만, 건강진단 담당 의사가 해당 유해인자에 대한 근로자의 노출 정도, 병력 등을 고려하여 필요하다고 인정하면 제2차 검사항목의 일부 또는 전부에 대하여 제1차 검사항목을 검사할 때에 추가하여 실시할 수 있다(규칙 제206조 제3항).
④ 법령과 그 밖에 다른 법령에 따라 검사항목과 건강진단을 실시한 경우에는 해당 항목에 한정하여 검사를 생략할 수 있다(규칙 제206조 제4항).
⑤ 특수건강진단·배치전건강진단 및 수시건강진단의 검사방법, 실시방법, 그 밖에 필요한 사항은 고용노동부장관이 정한다(규칙 제206조 제5항).

(12) 건강진단의 시기·주기·항목·방법 및 비용 등

건강진단의 시기·주기·항목·방법 및 비용, 그 밖에 필요한 사항은 고용노동부령으로 정한다(법 제130조 제5항).

3. 임시건강진단 명령 등

(1) 임시건강진단의 실시나 작업전환, 그 밖에 필요한 조치명령

고용노동부장관은 같은 유해인자에 노출되는 근로자들에게 유사한 질병의 증상이 발생한 경우 등 고용노동부령으로 정하는 경우에는 근로자의 건강을 보호하기 위하여 사업주에게 특정 근로자에 대한 건강진단(임시건강진단)의 실시나 작업전환, 그 밖에 필요한 조치를 명할 수 있다(법 제131조 제1항).

(2) 임시건강진단의 항목 등

임시건강진단의 항목, 그 밖에 필요한 사항은 고용노동부령으로 정한다(법 제131조 제2항).

(3) 임시건강진단 명령 등

① 고용노동부령으로 정하는 경우란 특수건강진단 대상 유해인자 또는 그 밖의 유해인자에 의한 중독 여부, 질병에 걸렸는지 여부 또는 질병의 발생원인 등을 확인하기 위하여 필요하다고 인정되는 경우로서 다음에 어느 하나에 해당하는 경우를 말한다(규칙 제207조 제1항).
　㉠ 같은 부서에 근무하는 근로자 또는 같은 유해인자에 노출되는 근로자에게 유사한 질병의 자각·타각 증상이 발생한 경우
　㉡ 직업병 유소견자가 발생하거나 여러 명이 발생할 우려가 있는 경우
　㉢ 그 밖에 지방고용노동관서의 장이 필요하다고 판단하는 경우
② 임시건강진단의 검사항목은 특수건강진단의 검사항목 중 전부 또는 일부와 건강진단 담당 의사가 필요하다고 인정하는 검사항목으로 한다(규칙 제207조 제2항).
③ 임시건강진단의 검사방법, 실시방법, 그 밖에 필요한 사항은 고용노동부장관이 정한다(규칙 제207조 제3항).

(4) 건강진단비용

일반건강진단, 특수건강진단, 배치전건강진단, 수시건강진단, 임시건강진단의 비용은 「국민건강보험법」에서 정한 기준에 따른다(규칙 제208조).

(5) 건강진단 결과의 보고 등

① 건강진단기관이 건강진단을 실시하였을 때에는 그 결과를 고용노동부장관이 정하는 건강진단개인표에 기록하고, 건강진단을 실시한 날부터 30일 이내에 근로자에게 송부해야 한다(규칙 제209조 제1항).
② 건강진단기관은 건강진단을 실시한 결과 질병 유소견자가 발견된 경우에는 건강진단을 실시한 날부터 30일 이내에 해당 근로자에게 의학적 소견 및 사후관리에 필요한 사항과 업무수행의 적합성 여부(특수건강진단기관인 경우만 해당한다)를 설명해야 한다. 다만, 해당 근로자가 소속한 사업장의 의사인 보건관리자에게 이를 설명한 경우에는 그렇지 않다(규칙 제209조 제2항).
③ 건강진단기관은 건강진단을 실시한 날부터 30일 이내에 다음의 구분에 따라 건강진단 결과표를 사업주에게 송부해야 한다(규칙 제209조 제3항).
　㉠ 일반건강진단을 실시한 경우 : 일반건강진단 결과표

ⓒ 특수건강진단·배치전건강진단·수시건강진단 및 임시건강진단을 실시한 경우 : 특수·배치전·수시·임시건강진단 결과표

④ 특수건강진단기관은 특수건강진단·배치전건강진단·수시건강진단 또는 임시건강진단을 실시한 경우에는 건강진단을 실시한 날부터 30일 이내에 건강진단 결과표를 지방고용노동관서의 장에게 제출해야 한다. 다만, 건강진단개인표 전산입력자료를 고용노동부장관이 정하는 바에 따라 공단에 송부한 경우에는 그렇지 않다(규칙 제209조 제4항).

⑤ 건강진단을 한 기관은 사업주가 근로자의 건강보호를 위하여 건강진단 결과를 요청하는 경우 일반건강진단 결과표를 사업주에게 송부해야 한다(규칙 제209조 제5항).

(6) 건강진단 결과에 따른 사후관리 등

① 사업주는 건강진단 결과표에 따라 근로자의 건강을 유지하기 위하여 필요하면 조치를 하고, 근로자에게 해당 조치 내용에 대하여 설명해야 한다(규칙 제210조 제1항).

② 고용노동부장관은 사업주가 조치를 하는 데 필요한 사항을 정하여 고시할 수 있다(규칙 제210조 제2항).

③ 고용노동부령으로 정하는 사업주란 특수건강진단, 수시건강진단, 임시건강진단의 결과 특정 근로자에 대하여 근로 금지 및 제한, 작업전환, 근로시간 단축, 직업병 확진 의뢰 안내의 조치가 필요하다는 건강진단을 실시한 의사의 소견이 있는 건강진단 결과표를 송부받은 사업주를 말한다(규칙 제210조 제3항).

④ 사업주는 건강진단 결과표를 송부받은 날부터 30일 이내에 사후관리 조치결과 보고서에 건강진단 결과표, 조치의 실시를 증명할 수 있는 서류 또는 실시 계획 등을 첨부하여 관할 지방고용노동관서의 장에게 제출해야 한다(규칙 제210조 제4항).

⑤ 그 밖에 사후관리 조치결과 보고서 등의 제출에 필요한 사항은 고용노동부장관이 정한다(규칙 제210조 제5항).

4. 건강진단에 관한 사업주의 의무

(1) 근로자대표 참석

사업주는 건강진단을 실시하는 경우 근로자대표가 요구하면 근로자대표를 참석시켜야 한다(법 제132조 제1항).

(2) 건강진단 결과 설명

사업주는 산업안전보건위원회 또는 근로자대표가 요구할 때에는 직접 또는 건강진단을 한 건강진단기관에 건강진단 결과에 대하여 설명하도록 하여야 한다. 다만, 개별 근로자의 건강진단 결과는 본인의 동의 없이 공개해서는 아니 된다(법 제132조 제2항).

(3) 건강진단의 결과 목적 외 사용금지

사업주는 건강진단의 결과를 근로자의 건강 보호 및 유지 외의 목적으로 사용해서는 아니 된다(법 제132조 제3항).

(4) 사업주의 적절한 조치

사업주는 건강진단의 규정 또는 다른 법령에 따른 건강진단의 결과 근로자의 건강을 유지하기 위하여 필요하다고 인정할 때에는 작업장소 변경, 작업 전환, 근로시간 단축, 야간근로(오후 10시부터 다음 날 오전 6시까지 사이의 근로를 말한다)의 제한, 작업환경측정 또는 시설·설비의 설치·개선 등 고용노동부령으로 정하는 바에 따라 적절한 조치를 하여야 한다(법 제132조 제4항).

(5) 적절한 조치결과 제출

적절한 조치를 하여야 하는 사업주로서 고용노동부령으로 정하는 사업주는 그 조치 결과를 고용노동부령으로 정하는 바에 따라 고용노동부장관에게 제출하여야 한다(법 제132조 제5항).

5. 건강진단에 관한 근로자의 의무

근로자는 사업주가 실시하는 건강진단을 받아야 한다. 다만, 사업주가 지정한 건강진단기관이 아닌 건강진단기관으로부터 이에 상응하는 건강진단을 받아 그 결과를 증명하는 서류를 사업주에게 제출하는 경우에는 사업주가 실시하는 건강진단을 받은 것으로 본다(법 제133조).

6. 건강진단기관 등의 결과보고 의무

(1) 건강진단 결과 근로자 및 사업주에게 통보

건강진단기관은 건강진단을 실시한 때에는 고용노동부령으로 정하는 바에 따라 그 결과를 근로자 및 사업주에게 통보하고 고용노동부장관에게 보고하여야 한다(법 제134조 제1항).

(2) 건강진단기관의 사업주에게 통보

건강진단을 실시한 기관은 사업주가 근로자의 건강보호를 위하여 그 결과를 요청하는 경우 고용노동부령으로 정하는 바에 따라 그 결과를 사업주에게 통보하여야 한다(법 제134조 제2항).

7. 특수건강진단기관

(1) 특수건강진단기관 지정

의료기관이 특수건강진단, 배치전건강진단 또는 수시건강진단을 수행하려는 경우에는 고용노동부장관으로부터 건강진단을 할 수 있는 기관(특수건강진단기관)으로 지정받아야 한다(법 제135조 제1항).

(2) 특수건강진단기관의 지정 요건

① 특수건강진단기관으로 지정받을 수 있는 자는 의료기관으로서 인력·시설 및 장비를 갖추고 고용노동부장관이 실시하는 특수건강진단기관의 진단·분석능력 확인에서 적합 판정을 받은 자로 한다(영 제97조 제1항).

② 고용노동부장관은 특수건강진단기관이 없는 시·군(수도권에 속하는 시는 제외한다) 또는 행정시의 경우에는 고용노동부령으로 정하는 유해인자에 대하여 건강검진기관 중 고용노동부령으로 정하는 건강검진기관으로서 해당 기관에 의사(특수건강진단과 관련하여 고용노동부장관이 정하는 교육을 이수한 의사를 말한다) 및 간호사가 각각 1명 이상 있는 의료기관을 해당 지역의 특수건강진단기관으로 지정할 수 있다(영 제97조 제2항).

(3) 특수건강진단기관의 지정신청 등

① 특수건강진단기관으로 지정받으려는 자는 특수건강진단기관 지정신청서에 다음의 구분에 따라 서류를 첨부하여 주된 사무소의 소재지를 관할하는 지방고용노동관서의 장에게 제출(전자문서로 제출하는 것을 포함한다)해야 한다(규칙 제211조 제1항).

　㉠ 특수건강진단기관으로 지정받으려는 경우에는 다음의 서류
　　ⓐ 인력기준에 해당하는 사람의 자격과 채용을 증명할 수 있는 자격증(국가기술자격증, 의료면허증 또는 전문의자격증은 제외한다), 경력증명서 및 재직증명서 등의 서류
　　ⓑ 건물임대차계약서 사본이나 그 밖에 사무실의 보유를 증명할 수 있는 서류와 시설·장비 명세서

ⓒ 최초 1년간의 건강진단사업계획서
ⓓ 최근 1년 이내에 건강진단기관의 건강진단·분석 능력 평가 결과 적합판정을 받았음을 증명하는 서류(건강진단·분석 능력 평가 결과 적합판정을 받은 건강진단기관과 생물학적 노출지표 분석의뢰계약을 체결한 경우에는 그 계약서를 말한다)
ⓛ 특수건강진단기관으로 지정을 받으려는 경우에는 다음의 서류
ⓐ 일반검진기관 지정서 및 일반검진기관으로서의 지정요건을 갖추었음을 입증할 수 있는 서류
ⓑ 인력기준에 해당하는 사람의 자격과 채용을 증명할 수 있는 자격증(의료면허증은 제외한다) 및 재직증명서 등의 서류
ⓒ 소속 의사가 특수건강진단과 관련하여 고용노동부장관이 정하는 교육을 이수하였음을 입증할 수 있는 서류
ⓓ 최초 1년간의 건강진단사업계획서
② 고용노동부령으로 정하는 유해인자란 별표 22 제4호를 말한다(규칙 제211조 제2항).
③ 고용노동부령으로 정하는 건강검진기관이란 일반검진기관으로서 해당 지정요건을 갖추고 있는 기관을 말한다(규칙 제211조 제3항).
④ 특수건강진단기관 지정신청을 받은 지방고용노동관서의 장은 지정신청의 경우 행정정보의 공동이용을 통하여 국가기술자격증, 의료면허증 또는 전문의자격증을 확인해야 한다. 다만, 신청인이 확인에 동의하지 않는 경우에는 해당 서류의 사본을 첨부하도록 해야 한다(규칙 제211조 제4항).
⑤ 지방고용노동관서의 장은 지정신청을 받아 특수건강진단기관을 지정하는 경우에는 다음의 기준을 모두 갖추도록 해야 한다(규칙 제211조 제5항).
㉠ 의사 1명당 연간 특수건강진단 실시 인원이 1만명을 초과하지 않을 것
㉡ 의사 1명당 연간 특수건강진단 및 배치전건강진단의 실시 인원의 합이 1만3천명을 초과하지 않을 것
⑥ 특수건강진단기관에 대한 지정서의 발급, 지정받은 사항의 변경, 지정서의 반납 등에 관하여는 고용노동부장관 또는 지방고용노동청장의 규정을 준용한다. 이 경우 "고용노동부장관 또는 지방고용노동청장"은 "지방고용노동관서의 장"으로, "안전관리전문기관 또는 보건관리전문기관"은 "특수건강진단기관"으로 본다(규칙 제211조 제6항).
⑦ 특수건강진단기관의 지정방법, 관할지역, 그 밖에 특수건강진단기관의 지정·관리에 필요한 사항은 고용노동부장관이 정하여 고시한다(규칙 제211조 제7항).

(4) 특수건강진단기관의 진단·분석능력 확인 등

고용노동부장관은 특수건강진단기관의 진단·분석 결과에 대한 정확성과 정밀도를 확보하기 위하여 특수건강진단기관의 진단·분석능력을 확인하고, 특수건강진단기관을 지도하거나 교육할 수 있다. 이 경우 진단·분석능력의 확인, 특수건강진단기관에 대한 지도 및 교육의 방법, 절차, 그 밖에 필요한 사항은 고용노동부장관이 정하여 고시한다(법 제135조 제3항).

(5) 특수건강진단기관의 평가 및 결과공개

고용노동부장관은 특수건강진단기관을 평가하고 그 결과(진단·분석능력의 확인 결과를 포함한다)를 공개할 수 있다. 이 경우 평가 기준·방법 및 결과의 공개, 그 밖에 필요한 사항은 고용노동부령으로 정한다(법 제135조 제4항).

(6) 특수건강진단기관의 평가 등

① 공단이 특수건강진단기관을 평가하는 기준은 다음과 같다(규칙 제212조 제1항).
  ㉠ 인력·시설·장비의 보유 수준과 그에 관한 관리 능력
  ㉡ 건강진단·분석 능력, 건강진단 결과 및 판정의 신뢰도 등 건강진단 업무 수행능력
  ㉢ 건강진단을 받은 사업장과 근로자의 만족도 및 그 밖에 필요한 사항
② 특수건강진단기관에 대한 평가 방법 및 평가 결과의 공개 등에 관하여는 안전관리전문기관 또는 보건관리전문기관의 규정을 준용한다. 이 경우 "안전관리전문기관 또는 보건관리전문기관"은 "특수건강진단기관"으로 본다(규칙 제212조 제2항).

(7) 특수건강진단기관의 지정 신청 절차 등

특수건강진단기관의 지정 신청 절차, 업무 수행에 관한 사항, 업무를 수행할 수 있는 지역, 그 밖에 필요한 사항은 고용노동부령으로 정한다(법 제135조 제5항).

(8) 준용규정

특수건강진단기관에 관하여는 안전관리전문기관 또는 보건관리전문기관의 규정을 준용한다. 이 경우 "안전관리전문기관 또는 보건관리전문기관"은 "특수건강진단기관"으로 본다(법 제135조 제6항).

(9) 특수건강진단기관의 지정 취소 등의 사유(영 제98조)

① 고용노동부령으로 정하는 검사항목을 빠뜨리거나 검사방법 및 실시 절차를 준수하지 않고 건강진단을 하는 경우

② 고용노동부령으로 정하는 건강진단의 비용을 줄이는 등의 방법으로 건강진단을 유인하거나 건강진단의 비용을 부당하게 징수한 경우

③ 고용노동부장관이 실시하는 특수건강진단기관의 진단·분석 능력 확인에서 부적합 판정을 받은 경우

④ 건강진단 결과를 거짓으로 판정하거나 고용노동부령으로 정하는 건강진단 개인표 등 건강진단 관련 서류를 거짓으로 작성한 경우

⑤ 무자격자 또는 특수건강진단기관의 지정 요건을 충족하지 못하는 자가 건강진단을 한 경우

⑥ 정당한 사유 없이 건강진단의 실시를 거부하거나 중단한 경우

⑦ 정당한 사유 없이 특수건강진단기관의 평가를 거부한 경우

⑧ 법에 따른 관계 공무원의 지도·감독을 거부·방해 또는 기피한 경우

8. 유해인자별 특수건강진단 전문연구기관의 지정

(1) 유해인자별 특수건강진단 전문연구기관의 지정 및 지원

고용노동부장관은 작업장의 유해인자에 관한 전문연구를 촉진하기 위하여 유해인자별 특수건강진단 전문연구기관을 지정하여 예산의 범위에서 필요한 지원을 할 수 있다(법 제136조 제1항).

(2) 특수건강진단 전문연구기관 지원업무의 대행

고용노동부장관은 특수건강진단 전문연구기관의 지원에 필요한 업무를 공단으로 하여금 대행하게 할 수 있다(규칙 제213조).

(3) 유해인자별 특수건강진단 전문연구기관의 지정 기준 및 절차 등

유해인자별 특수건강진단 전문연구기관의 지정 기준 및 절차, 그 밖에 필요한 사항은 고용노동부장관이 정하여 고시한다(법 제136조 제2항).

9. 건강관리카드

(1) 건강관리카드 발급

고용노동부장관은 고용노동부령으로 정하는 건강장해가 발생할 우려가 있는 업무에 종사하였거

나 종사하고 있는 사람 중 고용노동부령으로 정하는 요건을 갖춘 사람의 직업병 조기발견 및 지속적인 건강관리를 위하여 건강관리카드를 발급하여야 한다(법 제137조 제1항).

(2) 건강관리카드의 발급 대상(규칙 214조)

건강관리카드의 발급 대상(규칙 별표 25)

구분	건강장해가 발생할 우려가 있는 업무	대상 요건
1	베타-나프틸아민 또는 그 염(같은 물질이 함유된 화합물의 중량 비율이 1퍼센트를 초과하는 제제를 포함한다)을 제조하거나 취급하는 업무	3개월 이상 종사한 사람
2	벤지딘 또는 그 염(같은 물질이 함유된 화합물의 중량 비율이 1퍼센트를 초과하는 제제를 포함한다)을 제조하거나 취급하는 업무	3개월 이상 종사한 사람
3	베릴륨 또는 그 화합물(같은 물질이 함유된 화합물의 중량 비율이 1퍼센트를 초과하는 제제를 포함한다) 또는 그 밖에 베릴륨 함유물질(베릴륨이 함유된 화합물의 중량 비율이 3퍼센트를 초과하는 물질만 해당된다)을 제조하거나 취급하는 업무	제조하거나 취급하는 업무에 종사한 사람 중 양쪽 폐부분에 베릴륨에 의한 만성 결절성 음영이 있는 사람
4	비스-(클로로메틸)에테르(같은 물질이 함유된 화합물의 중량 비율이 1퍼센트를 초과하는 제제를 포함한다)를 제조하거나 취급하는 업무	3년 이상 종사한 사람
5	가. 석면 또는 석면방직제품을 제조하는 업무	3개월 이상 종사한 사람
	나. 다음의 어느 하나에 해당하는 업무 　1) 석면함유제품(석면방직제품은 제외한다)을 제조하는 업무 　2) 석면함유제품(석면이 1퍼센트를 초과하여 함유된 제품만 해당한다. 이하 다목에서 같다)을 절단하는 등 석면을 가공하는 업무 　3) 설비 또는 건축물에 분무된 석면을 해체·제거 또는 보수하는 업무 　4) 석면이 1퍼센트 초과하여 함유된 보온재 또는 내화피복제(耐火被覆劑)를 해체·제거 또는 보수하는 업무	1년 이상 종사한 사람
	다. 설비 또는 건축물에 포함된 석면시멘트, 석면마찰제품 또는 석면개스킷제품 등 석면함유제품을 해체·제거 또는 보수하는 업무	10년 이상 종사한 사람
	라. 나목 또는 다목 중 하나 이상의 업무에 중복하여 종사한 경우	다음의 계산식으로 산출한 숫자가 120을 초과하는 사람: (나목의 업무에 종사한 개월 수)×10+(다목의 업무에 종사한 개월 수)
	마. 가목부터 다목까지의 업무로서 가목부터 다목까지의 규정에서 정한 종사 기간에 해당하지 않는 경우	흉부방사선상 석면으로 인한 질병 징후(흉막반 등)가 있는 사람
6	벤조트리클로라이드를 제조(태양광선에 의한 염소화반응에 의하여 제조하는 경우만 해당한다)하거나 취급하는 업무	3년 이상 종사한 사람
7	가. 갱내에서 동력을 사용하여 토석(土石)·광물 또는 암석(습기가 있는 것은 제외한다. 이하 "암석등"이라 한다)을 굴착 하는 작업 나. 갱내에서 동력(동력 수공구(手工具)에 의한 것은 제외한다)을 사용하여 암석 등을 파쇄(破碎)·분쇄 또는 체질하는 장소에서의 작업 다. 갱내에서 암석 등을 차량계 건설기계로 싣거나 내리거나 쌓아두는 장소에서의 작업 라. 갱내에서 암석 등을 컨베이어(이동식 컨베이어는 제외한다)에 싣거나 내리는 장소에서의 작업	3년 이상 종사한 사람으로서 흉부방사선 사진 상 진폐증이 있다고 인정되는 사람(「진폐의 예방과 진폐근로자의 보호 등에 관한 법률」에 따라 건강관리수첩을 발급받은 사람은 제외한다). 다만, 너목의 업무에 대해서는 5년 이상 종사한 사람(「진폐의 예방과 진폐근로자의 보

구분	건강장해가 발생할 우려가 있는 업무	대상 요건

	마. 옥내에서 동력을 사용하여 암석 또는 광물을 조각 하거나 마무리하는 장소에서의 작업
	바. 옥내에서 연마재를 분사하여 암석 또는 광물을 조각하는 장소에서의 작업
	사. 옥내에서 동력을 사용하여 암석·광물 또는 금속을 연마·주물 또는 추출하거나 금속을 재단하는 장소에서의 작업
	아. 옥내에서 동력을 사용하여 암석등·탄소원료 또는 알미늄박을 파쇄·분쇄 또는 체질하는 장소에서의 작업
	자. 옥내에서 시멘트, 티타늄, 분말상의 광석, 탄소원료, 탄소제품, 알미늄 또는 산화티타늄을 포장하는 장소에서의 작업
	차. 옥내에서 분말상의 광석, 탄소원료 또는 그 물질을 함유한 물질을 혼합·혼입 또는 살포하는 장소에서의 작업
	카. 옥내에서 원료를 혼합하는 장소에서의 작업 중 다음의 어느 하나에 해당하는 작업
	  1) 유리 또는 법랑을 제조하는 공정에서 원료를 혼합하는 작업이나 원료 또는 혼합물을 용해로에 투입하는 작업(수중에서 원료를 혼합하는 작업은 제외한다)
	  2) 도자기·내화물·형상토제품(형상을 본떠 흙으로 만든 제품) 또는 연마재를 제조하는 공정에서 원료를 혼합 또는 성형하거나, 원료 또는 반제품을 건조하거나, 반제품을 차에 싣거나 쌓아 두는 장소에서의 작업 또는 가마 내부에서의 작업(도자기를 제조하는 공정에서 원료를 투입 또는 성형하여 반제품을 완성하거나 제품을 내리고 쌓아 두는 장소에서의 작업과 수중에서 원료를 혼합하는 장소에서의 작업은 제외한다)
	  3) 탄소제품을 제조하는 공정에서 탄소원료를 혼합하거나 성형하여 반제품을 노(爐: 가공할 원료를 녹이거나 굽는 시설)에 넣거나 반제품 또는 제품을 노에서 꺼내거나 제작하는 장소에서의 작업
	타. 옥내에서 내화 벽돌 또는 타일을 제조하는 작업 중 동력을 사용하여 원료(습기가 있는 것은 제외한다)를 성형하는 장소에서의 작업
	파. 옥내에서 동력을 사용하여 반제품 또는 제품을 다듬질하는 장소에서의 작업 중 다음의 의 어느 하나에 해당하는 작업
	  1) 도자기·내화물·형상토제품 또는 연마재를 제조하는 공정에서 원료를 혼합 또는 성형하거나, 원료 또는 반제품을 건조하거나, 반제품을 차에 싣거나 쌓은 장소에서의 작업 또는 가마 내부에서의 작업(도자기를 제조하는 공정에서 원료를 투입 또는 성형하여 반제품을 완성하거나 제품을 내리고 쌓아 두는 장소에서의 작업과 수중에서 원료를 혼합하는 장소에서의 작업은 제외한다)
	  2) 탄소제품을 제조하는 공정에서 탄소원료를 혼합하거나 성형하여 반제품을 노에 넣거나 반제품 또는 제품을 노에서 꺼내거나 제작하는 장소에서의 작업
	하. 옥내에서 거푸집을 해체하거나, 분해장치를 이용하여 사형(似形: 광물의 결정형태)을 부수거나, 모래를 털어 내거나 동력을 사용하여 주물모래를 재생하거나 혼련(열과 기계를 사용하여 내용물을 고르게 섞는 것)하거나 주물품을 절삭(切削)하는 장소에서의 작업
	거. 옥내에서 수지식(手指式) 용융분사기를 이용하지 않고 금속을 용융분사하는 장소에서의 작업
	너. 석탄을 원료로 사용하는 발전소에서 발전을 위한 공정[하역, 이송, 저장, 혼합, 분쇄, 연소, 집진(集塵), 재처리 등의 과정을 말한다] 및 관련 설비의 운전·정비가 이루어지는 장소에서의 작업
		호 등에 관한 법률」에 따라 건강관리수첩을 발급받은 사람은 제외한다)으로 한다.

구분	건강장해가 발생할 우려가 있는 업무	대상 요건
8	가. 염화비닐을 중합(결합 화합물화)하는 업무 또는 밀폐되어 있지 않은 원심분리기를 사용하여 폴리염화비닐(염화비닐의 중합체를 말한다)의 현탁액(懸濁液)에서 물을 분리시키는 업무 나. 염화비닐을 제조하거나 사용하는 석유화학설비를 유지·보수하는 업무	4년 이상 종사한 사람
9	크롬산·중크롬산 또는 이들 염(같은 물질이 함유된 화합물의 중량 비율이 1퍼센트를 초과하는 제제를 포함한다)을 광석으로부터 추출하여 제조하거나 취급하는 업무	4년 이상 종사한 사람
10	삼산화비소를 제조하는 공정에서 배소(낮은 온도로 가열하여 변화를 일으키는 과정) 또는 정제를 하는 업무나 비소가 함유된 화합물의 중량 비율이 3퍼센트를 초과하는 광석을 제련하는 업무	5년 이상 종사한 사람
11	니켈(니켈카보닐을 포함한다) 또는 그 화합물을 광석으로부터 추출하여 제조하거나 취급하는 업무	5년 이상 종사한 사람
12	카드뮴 또는 그 화합물을 광석으로부터 추출하여 제조하거나 취급하는 업무	5년 이상 종사한 사람
13	가. 벤젠을 제조하거나 사용하는 업무(석유화학 업종만 해당한다) 나. 벤젠을 제조하거나 사용하는 석유화학설비를 유지·보수하는 업무	6년 이상 종사한 사람
14	제철용 코크스 또는 제철용 가스발생로를 제조하는 업무(코크스로 또는 가스발생로 상부에서의 업무 또는 코크스로에 접근하여 하는 업무만 해당한다)	6년 이상 종사한 사람
15	비파괴검사(X-선) 업무	1년 이상 종사한 사람 또는 연간 누적선량이 20mSv 이상이었던 사람

(3) 건강관리카드 소지자의 건강진단

① 건강관리카드를 발급받은 근로자가 카드의 발급 대상 업무에 더 이상 종사하지 않는 경우에는 공단 또는 특수건강진단기관에서 실시하는 건강진단을 매년(카드 발급 대상 업무에서 종사하지 않게 된 첫 해는 제외한다) 1회 받을 수 있다. 다만, 카드를 발급받은 근로자가 카드의 발급 대상 업무와 같은 업무에 재취업하고 있는 기간 중에는 그렇지 않다(규칙 제215조 제1항).

② 공단은 건강진단을 받는 카드소지자에게 교통비 및 식비를 지급할 수 있다(규칙 제215조 제2항).

③ 카드소지자는 건강진단을 받을 때에 해당 건강진단을 실시하는 의료기관에 카드 또는 주민등록증 등 신분을 확인할 수 있는 증명서를 제시해야 한다(규칙 제215조 제3항).

④ 의료기관은 건강진단을 실시한 날부터 30일 이내에 건강진단 실시 결과를 카드소지자 및 공단에 송부해야 한다(규칙 제215조 제4항).

⑤ 의료기관은 건강진단 결과에 따라 카드소지자의 건강 유지를 위하여 필요하면 건강상담, 직업병 확진 의뢰 안내 등 고용노동부장관이 정하는 바에 따른 조치를 하고, 카드소지자에게 해당 조치 내용에 대하여 설명해야 한다(규칙 제215조 제5항).

⑥ 카드소지자에 대한 건강진단의 실시방법과 그 밖에 필요한 사항은 고용노동부장관이 정하여 고시한다(규칙 제215조 제6항).

(4) 건강관리카드의 대용

건강관리카드를 발급받은 사람이 요양급여를 신청하는 경우에는 건강관리카드를 제출함으로써 해당 재해에 관한 의학적 소견을 적은 서류의 제출을 대신할 수 있다(법 제137조 제2항).

(5) 건강관리카드의 양도 및 대여금지

건강관리카드를 발급받은 사람은 그 건강관리카드를 타인에게 양도하거나 대여해서는 아니 된다(법 제137조 제3항).

(6) 특수건강진단에 준하는 건강진단

건강관리카드를 발급받은 사람 중 건강관리카드를 발급받은 업무에 종사하지 아니하는 사람은 고용노동부령으로 정하는 바에 따라 특수건강진단에 준하는 건강진단을 받을 수 있다(법 제137조 제4항).

(7) 건강관리카드의 발급 절차

① 카드를 발급받으려는 사람은 공단에 발급신청을 해야 한다. 다만, 재직 중인 근로자가 사업주에게 의뢰하는 경우에는 사업주가 공단에 카드의 발급을 신청할 수 있다(규칙 제217조 제1항).
② 카드의 발급을 신청하려는 사람은 건강관리카드 발급신청서에 별표 25의 어느 하나에 해당하는 사실을 증명하는 서류와 사진 1장을 첨부하여 공단에 제출(전자문서로 제출하는 것을 포함한다)해야 한다(규칙 제217조 제2항).
③ 발급신청을 받은 공단은 제출된 서류를 확인한 후 카드발급 요건에 적합하다고 인정되는 경우에는 카드를 발급해야 한다(규칙 제217조 제3항).
④ 카드발급을 신청한 사업주가 공단으로부터 카드를 발급받은 경우에는 지체 없이 해당 근로자에게 전달해야 한다(규칙 제217조 제4항).

(8) 건강관리카드의 재발급 등

① 카드소지자가 카드를 잃어버리거나 카드가 훼손된 경우에는 즉시 건강관리카드 재발급 신청서를 공단에 제출하고 카드를 재발급받아야 한다. 카드가 훼손된 경우에는 해당 카드를 함께 제출해야 한다(규칙 제218조 제1항).
② 카드를 잃어버린 사유로 카드를 재발급받은 사람이 잃어버린 카드를 발견한 경우에는 즉시 공단에 반환하거나 폐기해야 한다(규칙 제218조 제2항).

③ 카드소지자가 주소지를 변경한 경우에는 변경한 날부터 30일 이내에 건강관리카드 기재 내용 변경신청서에 해당 카드를 첨부하여 공단에 제출해야 한다(규칙 제218조 제3항).

(9) 건강진단의 권고

공단은 카드를 발급한 경우에는 카드소지자에게 건강진단을 받게 하거나 그 밖에 건강보호를 위하여 필요한 조치를 권고할 수 있다(규칙 제219조).

10. 질병자의 근로 금지·제한

(1) 질병자의 근로 금지·제한

사업주는 감염병, 정신질환 또는 근로로 인하여 병세가 크게 악화될 우려가 있는 질병으로서 고용노동부령으로 정하는 질병에 걸린 사람에게는 의사의 진단에 따라 근로를 금지하거나 제한하여야 한다(법 제138조 제1항).

(2) 질병자의 근로금지

① 사업주는 다음의 어느 하나에 해당하는 사람에 대해서는 근로를 금지해야 한다(규칙 제220조 제1항).
  ㉠ 전염될 우려가 있는 질병에 걸린 사람. 다만, 전염을 예방하기 위한 조치를 한 경우는 제외한다.
  ㉡ 조현병, 마비성 치매에 걸린 사람
  ㉢ 심장·신장·폐 등의 질환이 있는 사람으로서 근로에 의하여 병세가 악화될 우려가 있는 사람
  ㉣ ㉠부터 ㉢까지의 규정에 준하는 질병으로서 고용노동부장관이 정하는 질병에 걸린 사람
② 사업주는 근로를 금지하거나 근로를 다시 시작하도록 하는 경우에는 미리 보건관리자(의사인 보건관리자만 해당한다), 산업보건의 또는 건강진단을 실시한 의사의 의견을 들어야 한다(규칙 제220조 제2항).

(3) 질병자 등의 근로 제한

① 사업주는 건강진단 결과 유기화합물·금속류 등의 유해물질에 중독된 사람, 해당 유해물질에 중독될 우려가 있다고 의사가 인정하는 사람, 진폐의 소견이 있는 사람 또는 방사선에 피폭된 사람을 해당 유해물질 또는 방사선을 취급하거나 해당 유해물질의 분진·

증기 또는 가스가 발산되는 업무 또는 해당 업무로 인하여 근로자의 건강을 악화시킬 우려가 있는 업무에 종사하도록 해서는 안 된다(규칙 제221조 제1항).

② 사업주는 다음의 어느 하나에 해당하는 질병이 있는 근로자를 고기압 업무에 종사하도록 해서는 안 된다(규칙 제221조 제2항).

㉠ 감압증이나 그 밖에 고기압에 의한 장해 또는 그 후유증
㉡ 결핵, 급성상기도감염, 진폐, 폐기종, 그 밖의 호흡기계의 질병
㉢ 빈혈증, 심장판막증, 관상동맥경화증, 고혈압증, 그 밖의 혈액 또는 순환기계의 질병
㉣ 정신신경증, 알코올중독, 신경통, 그 밖의 정신신경계의 질병
㉤ 메니에르씨병, 중이염, 그 밖의 이관(耳管)협착을 수반하는 귀 질환
㉥ 관절염, 류마티스, 그 밖의 운동기계의 질병
㉦ 천식, 비만증, 바세도우씨병, 그 밖에 알레르기성·내분비계·물질대사 또는 영양장해 등과 관련된 질병

③ 사업주는 다음의 어느 하나에 해당하는 경우에는 미리 보건관리자(의사인 보건관리자만 해당한다), 산업보건의 또는 건강진단을 실시한 의사의 의견을 들어야 한다(규칙 제221조 제3항).

㉠ 근로를 제한하려는 경우
㉡ 근로가 제한된 근로자 중 건강이 회복된 근로자를 다시 근로하게 하려는 경우

(4) 건강회복과 근로 참여

사업주는 근로가 금지되거나 제한된 근로자가 건강을 회복하였을 때에는 지체 없이 근로를 할 수 있도록 하여야 한다(법 제138조 제2항).

11. 유해·위험작업에 대한 근로시간 제한 등

(1) 유해·위험작업에 대한 근로시간 제한

사업주는 유해하거나 위험한 작업으로서 높은 기압에서 하는 작업 등 대통령령으로 정하는 작업에 종사하는 근로자에게는 1일 6시간, 1주 34시간을 초과하여 근로하게 해서는 아니 된다(법 제139조 제1항).

(2) 유해·위험작업에 대한 근로자의 건강 보호조치

사업주는 대통령령으로 정하는 유해하거나 위험한 작업에 종사하는 근로자에게 필요한 안전조

치 및 보건조치 외에 작업과 휴식의 적정한 배분 및 근로시간과 관련된 근로조건의 개선을 통하여 근로자의 건강 보호를 위한 조치를 하여야 한다(법 제139조 제2항).

(3) 유해 · 위험작업에 대한 근로시간 제한 등

① 높은 기압에서 하는 작업 등 대통령령으로 정하는 작업이란 잠함 또는 잠수 작업 등 높은 기압에서 하는 작업을 말한다(영 제99조 제1항).
② 작업에서 잠함 · 잠수 작업시간, 가압 · 감압방법 등 해당 근로자의 안전과 보건을 유지하기 위하여 필요한 사항은 고용노동부령으로 정한다(영 제99조 제2항).
③ 대통령령으로 정하는 유해하거나 위험한 작업이란 다음의 어느 하나에 해당하는 작업을 말한다(영 제99조 제3항).
  ㉠ 갱 내에서 하는 작업
  ㉡ 다량의 고열물체를 취급하는 작업과 현저히 덥고 뜨거운 장소에서 하는 작업
  ㉢ 다량의 저온물체를 취급하는 작업과 현저히 춥고 차가운 장소에서 하는 작업
  ㉣ 라듐방사선이나 엑스선, 그 밖의 유해 방사선을 취급하는 작업
  ㉤ 유리 · 흙 · 돌 · 광물의 먼지가 심하게 날리는 장소에서 하는 작업
  ㉥ 강렬한 소음이 발생하는 장소에서 하는 작업
  ㉦ 착암기(바위에 구멍을 뚫는 기계) 등에 의하여 신체에 강렬한 진동을 주는 작업
  ㉧ 인력으로 중량물을 취급하는 작업
  ㉨ 납 · 수은 · 크롬 · 망간 · 카드뮴 등의 중금속 또는 이황화탄소 · 유기용제, 그 밖에 고용노동부령으로 정하는 특정 화학물질의 먼지 · 증기 또는 가스가 많이 발생하는 장소에서 하는 작업

12. 자격 등에 의한 취업 제한 등

(1) 상당한 지식이나 숙련도가 요구되는 작업제한

사업주는 유해하거나 위험한 작업으로서 상당한 지식이나 숙련도가 요구되는 고용노동부령으로 정하는 작업의 경우 그 작업에 필요한 자격 · 면허 · 경험 또는 기능을 가진 근로자가 아닌 사람에게 그 작업을 하게 해서는 아니 된다(법 제140조 제1항).

(2) 기능 습득을 위한 교육기관 지정

고용노동부장관은 자격 · 면허의 취득 또는 근로자의 기능 습득을 위하여 교육기관을 지정할 수 있다(법 제140조 제2항).

(3) 자격·면허·경험·기능, 교육기관의 지정 요건 및 지정 절차 등

자격·면허·경험·기능, 교육기관의 지정 요건 및 지정 절차, 그 밖에 필요한 사항은 고용노동부령으로 정한다(법 제140조 제3항).

(4) 준용규정

교육기관에 관하여는 안전관리전문기관 또는 보건관리전문기관의 규정을 준용한다. 이 경우 "안전관리전문기관 또는 보건관리전문기관"은 "(2)에 따른 교육기관"으로 본다(법 제140조 제4항).

(5) 교육기관의 지정 취소 등의 사유(영 제100조)

① 교육과 관련된 서류를 거짓으로 작성한 경우
② 정당한 사유 없이 특정인에 대한 교육을 거부한 경우
③ 정당한 사유 없이 1개월 이상의 휴업으로 인하여 위탁받은 교육 업무의 수행에 차질을 일으킨 경우
④ 교육과 관련된 비치서류를 보존하지 않은 경우
⑤ 교육과 관련한 수수료 외의 금품을 받은 경우
⑥ 법에 따른 관계 공무원의 지도·감독을 거부·방해 또는 기피한 경우

13. 역학조사

(1) 역학조사 실시

고용노동부장관은 직업성 질환의 진단 및 예방, 발생 원인의 규명을 위하여 필요하다고 인정할 때에는 근로자의 질환과 작업장의 유해요인의 상관관계에 관한 역학조사를 할 수 있다. 이 경우 사업주 또는 근로자대표, 그 밖에 고용노동부령으로 정하는 사람이 요구할 때 고용노동부령으로 정하는 바에 따라 역학조사에 참석하게 할 수 있다(법 제141조 제1항).

(2) 역학조사의 거부·방해·기피금지

사업주 및 근로자는 고용노동부장관이 역학조사를 실시하는 경우 적극 협조하여야 하며, 정당한 사유 없이 역학조사를 거부·방해하거나 기피해서는 아니 된다(법 제141조 제2항).

(3) 역학조사 참석의 거부·방해금지

누구든지 역학조사 참석이 허용된 사람의 역학조사 참석을 거부하거나 방해해서는 아니 된다(법 제141조 제3항).

(4) 비밀누설 및 도용금지

역학조사에 참석하는 사람은 역학조사 참석과정에서 알게 된 비밀을 누설하거나 도용해서는 아니 된다(법 제141조 제4항).

(5) 자료의 요청

고용노동부장관은 역학조사를 위하여 필요하면 근로자의 건강진단 결과, 요양급여기록 및 건강검진 결과, 고용정보, 질병정보 및 사망원인 정보 등을 관련 기관에 요청할 수 있다. 이 경우 자료의 제출을 요청받은 기관은 특별한 사유가 없으면 이에 따라야 한다(법 제141조 제5항).

(6) 역학조사의 대상 및 절차 등

① 공단은 다음의 어느 하나에 해당하는 경우에는 역학조사를 할 수 있다(규칙 제222조 제1항).
  ㉠ 작업환경측정 또는 건강진단의 실시 결과만으로 직업성 질환에 걸렸는지를 판단하기 곤란한 근로자의 질병에 대하여 사업주·근로자대표·보건관리자(보건관리전문기관을 포함한다) 또는 건강진단기관의 의사가 역학조사를 요청하는 경우
  ㉡ 근로복지공단이 고용노동부장관이 정하는 바에 따라 업무상 질병 여부의 결정을 위하여 역학조사를 요청하는 경우
  ㉢ 공단이 직업성 질환의 예방을 위하여 필요하다고 판단하여 역학조사평가위원회의 심의를 거친 경우
  ㉣ 그 밖에 직업성 질환에 걸렸는지 여부로 사회적 물의를 일으킨 질병에 대하여 작업장 내 유해요인과의 연관성 규명이 필요한 경우 등으로서 지방고용노동관서의 장이 요청하는 경우
② 사업주 또는 근로자대표가 역학조사를 요청하는 경우에는 산업안전보건위원회의 의결을 거치거나 각각 상대방의 동의를 받아야 한다. 다만, 관할 지방고용노동관서의 장이 역학조사의 필요성을 인정하는 경우에는 그렇지 않다(규칙 제222조 제2항).
③ 역학조사의 방법 등에 필요한 사항은 고용노동부장관이 정하여 고시한다(규칙 제222조 제3항).

(7) 역학조사에의 참석

① 고용노동부령으로 정하는 사람이란 해당 질병에 대하여 요양급여 및 유족급여를 신청한 자 또는 그 대리인(역학조사에 한한다)을 말한다(규칙 제223조 제1항).
② 공단은 역학조사 참석을 요구받은 경우 사업주, 근로자대표 또는 ①에 해당하는 사람에게 참석 시기와 장소를 통지한 후 해당 역학조사에 참석시킬 수 있다(규칙 제223조 제2항).

(8) 역학조사평가위원회

① 공단은 역학조사 결과의 공정한 평가 및 그에 따른 근로자 건강보호방안 개발 등을 위하여 역학조사평가위원회를 설치·운영해야 한다(규칙 제224조 제1항).
② 역학조사평가위원회의 구성·기능 및 운영 등에 필요한 사항은 고용노동부장관이 정한다(규칙 제224조 제2항).

산업안전지도사 및 산업보건지도사

1. 산업안전지도사 등의 직무

(1) 산업안전지도사의 직무

산업안전지도사는 다음의 직무를 수행한다(법 제142조 제1항).
① 공정상의 안전에 관한 평가·지도
② 유해·위험의 방지대책에 관한 평가·지도
③ ① 및 ②의 사항과 관련된 계획서 및 보고서의 작성
④ 그 밖에 산업안전에 관한 사항으로서 대통령령으로 정하는 사항(영 제101조 제1항)
　㉠ 위험성평가의 지도
　㉡ 안전보건개선계획서의 작성
　㉢ 그 밖에 산업안전에 관한 사항의 자문에 대한 응답 및 조언

(2) 산업보건지도사의 직무

산업보건지도사는 다음의 직무를 수행한다(법 제142조 제2항).
① 작업환경의 평가 및 개선 지도
② 작업환경 개선과 관련된 계획서 및 보고서의 작성
③ 근로자 건강진단에 따른 사후관리 지도
④ 직업성 질병 진단(의사인 산업보건지도사만 해당한다) 및 예방 지도
⑤ 산업보건에 관한 조사·연구
⑥ 그 밖에 산업보건에 관한 사항으로서 대통령령으로 정하는 사항(영 제101조 제2항)
　㉠ 위험성평가의 지도
　㉡ 안전보건개선계획서의 작성
　㉢ 그 밖에 산업보건에 관한 사항의 자문에 대한 응답 및 조언

(3) 산업안전지도사 등의 업무 영역별 종류 등

① 등록한 산업안전지도사의 업무 영역은 기계안전·전기안전·화공안전·건설안전 분야로

구분하고, 같은 항에 따라 등록한 산업보건지도사의 업무 영역은 직업환경의학·산업위생 분야로 구분한다(영 제102조 제1항).

② 등록한 산업안전지도사 또는 산업보건지도사의 해당 업무 영역별 업무 범위는 별표 31과 같다(영 제102조 제2항).

지도사의 업무 영역별 업무 범위(영 별표 31)

1. 법 제145조 제1항에 따라 등록한 산업안전지도사(기계안전·전기안전·화공안전 분야)
   가. 유해위험방지계획서, 안전보건개선계획서, 공정안전보고서, 기계·기구·설비의 작업계획서 및 물질안전보건자료 작성 지도
   나. 다음의 사항에 대한 설계·시공·배치·보수·유지에 관한 안전성 평가 및 기술 지도
      1) 전기
      2) 기계·기구·설비
      3) 화학설비 및 공정
   다. 정전기·전자파로 인한 재해의 예방, 자동화설비, 자동제어, 방폭전기설비 및 전력시스템 등에 대한 기술 지도
   라. 인화성 가스, 인화성 액체, 폭발성 물질, 급성독성 물질 및 방폭설비 등에 관한 안전성 평가 및 기술 지도
   마. 크레인 등 기계·기구, 전기작업의 안전성 평가
   바. 그 밖에 기계, 전기, 화공 등에 관한 교육 또는 기술 지도

2. 법 제145조제1항에 따라 등록한 산업안전지도사(건설안전 분야)
   가. 유해위험방지계획서, 안전보건개선계획서, 건축·토목 작업계획서 작성 지도
   나. 가설구조물, 시공 중인 구축물, 해체공사, 건설공사 현장의 붕괴우려 장소 등의 안전성 평가
   다. 가설시설, 가설도로 등의 안전성 평가
   라. 굴착공사의 안전시설, 지반붕괴, 매설물 파손 예방의 기술 지도
   마. 그 밖에 토목, 건축 등에 관한 교육 또는 기술 지도

3. 법 제145조 제1항에 따라 등록한 산업보건지도사(산업위생 분야)
   가. 유해위험방지계획서, 안전보건개선계획서, 물질안전보건자료 작성 지도
   나. 작업환경측정 결과에 대한 공학적 개선대책 기술 지도
   다. 작업장 환기시설의 설계 및 시공에 필요한 기술 지도
   라. 보건진단결과에 따른 작업환경 개선에 필요한 직업환경의학적 지도
   마. 석면 해체·제거 작업 기술 지도
   바. 갱내, 터널 또는 밀폐공간의 환기·배기시설의 안전성 평가 및 기술 지도
   사. 그 밖에 산업보건에 관한 교육 또는 기술 지도

4. 법 제145조 제1항에 따라 등록한 산업보건지도사(직업환경의학 분야)
   가. 유해위험방지계획서, 안전보건개선계획서 작성 지도
   나. 건강진단 결과에 따른 근로자 건강관리 지도
   다. 직업병 예방을 위한 작업관리, 건강관리에 필요한 지도
   라. 보건진단 결과에 따른 개선에 필요한 기술 지도
   마. 그 밖에 직업환경의학, 건강관리에 관한 교육 또는 기술 지도

(4) 업무 영역별 종류 및 업무범위 등

산업안전지도사 또는 산업보건지도사의 업무 영역별 종류 및 업무 범위, 그 밖에 필요한 사항은 대통령령으로 정한다(법 제142조 제3항).

2. 지도사의 자격 및 시험

(1) 지도사의 자격

고용노동부장관이 시행하는 지도사 자격시험에 합격한 사람은 지도사의 자격을 가진다(법 제143조 제1항).

(2) 자격시험의 실시 등

① 지도사 자격시험은 필기시험과 면접시험으로 구분하여 실시한다(영 제103조 제1항).
② 지도사 자격시험 중 필기시험의 업무 영역별 과목 및 범위는 별표 32와 같다(영 제103조 제2항).

지도사 자격시험 중 필기시험의 업무 영역별 과목 및 범위(영 별표 32)

구분		산업안전지도사				산업보건지도사	
		기계안전 분야	전기안전 분야	화공안전 분야	건설안전 분야	직업환경의학 분야	산업위생 분야
전공필수	과목	기계안전공학	전기안전공학	화공안전공학	건설안전공학	직업환경의학	산업위생공학
	시험범위	- 기계·기구·설비의 안전 등(위험기계·양중기·운반기계·압력용기 포함) - 공장자동화설비의 안전기술 등 - 기계·기구·설비의 설계·배치·보수·유지기술 등	- 전기기계·기구 등으로 인한 위험 방지 등(전기방폭설비 포함) - 정전기 및 전자파로 인한 재해 예방 등 - 감전사고 방지기술 등 - 컴퓨터·계측제어 설비의 설계 및 관리기술 등	- 가스·방화 및 방폭설비 등, 화학장치·설비 안전 및 방식기술 등 - 정성·정량적 위험성 평가, 위험물 누출·확산 및 피해 예측 등 - 유해위험물질 화재폭발 방지론, 화학공정 안전관리 등	- 건설공사용 가설구조물·기계·기구 등의 안전기술 등 - 건설공법 및 시공방법에 대한 위험성 평가 등 - 추락·낙하·붕괴·폭발 등 재해요인별 안전대책 등 - 건설현장의 유해·위험요인에 대한 안전기술 등	- 직업병의 종류 및 인체발병경로, 직업병의 증상 판단 및 대책 등 - 역학조사의 연구방법, 조사 및 분석방법, 직종별 직업환경의학적 관리대책 등 - 유해인자별 특수건강진단 방법, 판정 및 사후관리대책 등 - 근골격계질환, 직무스트레스 등 업무상 질환의 대책 및 작업관리방법 등	- 산업환기설비의 설계, 시스템의 성능검사·유지관리기술 등 - 유해인자별 작업환경측정 방법, 산업위생통계 처리 및 해석, 공학적 대책 수립기술 등 - 유해인자별 인체에 미치는 영향·대사 및 축적, 인체의 방어기전 등 - 측정시료의전처리 및 분석 방법, 기기 분석 및 정도관리기술 등

구분		산업안전지도사				산업보건지도사	
		기계안전 분야	전기안전 분야	화공안전 분야	건설안전 분야	직업환경의학 분야	산업위생 분야
공통필수 I		산업안전보건법령					
	시험 범위	「산업안전보건법」, 「산업안전보건법 시행령」, 「산업안전보건법 시행규칙」, 「산업안전보건기준에 관한 규칙」					
공통필수 II		산업안전 일반				산업위생 일반	
	시험 범위	산업안전교육론, 안전관리 및 손실방지론, 신뢰성공학, 시스템안전공학, 인간공학, 위험성평가, 산업재해 조사 및 원인 분석 등				산업위생개론, 작업관리, 산업위생보호구, 위험성평가, 산업재해 조사 및 원인 분석 등	
공통필수 III		기업진단 · 지도					
	시험 범위	경영학(인적자원관리, 조직관리, 생산관리), 산업심리학, 산업위생개론				경영학(인적자원관리, 조직관리, 생산관리), 산업심리학, 산업안전개론	

③ 지도사 자격시험 중 필기시험은 제1차 시험과 제2차 시험으로 구분하여 실시하고 제1차 시험은 선택형, 제2차 시험은 논문형을 원칙으로 하되, 각각 주관식 단답형을 추가할 수 있다(영 제103조 제3항).

④ 지도사 자격시험 중 제1차 시험은 공통필수 I, 공통필수 II 및 공통필수 III의 과목 및 범위로 하고, 제2차 시험은 전공필수의 과목 및 범위로 한다(영 제103조 제4항).

⑤ 지도사 자격시험 중 제2차 시험은 제1차 시험 합격자에 대해서만 실시한다(영 제103조 제5항).

⑥ 지도사 자격시험 중 면접시험은 필기시험 합격자 또는 면제자에 대해서만 실시하되, 다음의 사항을 평가한다(영 제103조 제6항).

　㉠ 전문지식과 응용능력

　㉡ 산업안전 · 보건제도에 관한 이해 및 인식 정도

　㉢ 상담 · 지도능력

⑦ 지도사 자격시험의 공고, 응시 절차, 그 밖에 시험에 필요한 사항은 고용노동부령으로 정한다(영 제103조 제7항).

(3) 자격시험의 공고

한국산업인력공단이 지도사 자격시험을 시행하려는 경우에는 시험 응시자격, 시험과목, 일시, 장소, 응시 절차, 그 밖에 자격시험 응시에 필요한 사항을 시험 실시 90일 전까지 일간신문 등에 공고해야 한다(규칙 제225조).

(4) 응시원서의 제출 등

① 지도사 자격시험에 응시하려는 사람은 응시원서를 작성하여 한국산업인력공단에 제출해야 한다(규칙 제226조 제1항).

② 한국산업인력공단은 응시원서를 접수하면 자격시험 응시자 명부에 해당 사항을 적고 응시자에게 응시표를 발급해야 한다. 다만, 기재사항이나 첨부서류 등이 미비된 경우에는 그 보완을 명하고, 보완이 이루어지지 않는 경우에는 응시원서의 접수를 거부할 수 있다(규칙 제226조 제2항).

③ 한국산업인력공단은 응시수수료를 낸 사람이 다음의 어느 하나에 해당하는 경우에는 다음의 구분에 따라 응시수수료의 전부 또는 일부를 반환해야 한다(규칙 제226조 제3항).

　㉠ 수수료를 과오납한 경우: 과오납한 금액의 전부

　㉡ 한국산업인력공단의 귀책사유로 시험에 응하지 못한 경우: 납입한 수수료의 전부

　㉢ 응시원서 접수기간 내에 접수를 취소한 경우: 납입한 수수료의 전부

　㉣ 응시원서 접수 마감일 다음 날부터 시험시행일 20일 전까지 접수를 취소한 경우: 납입한 수수료의 100분의 60

　㉤ 시험시행일 19일 전부터 시험시행일 10일 전까지 접수를 취소한 경우: 납입한 수수료의 100분의 50

④ 한국산업인력공단은 경력증명서를 제출받은 경우 행정정보의 공동이용을 통하여 신청인의 국민연금가입자가입증명 또는 건강보험자격득실확인서를 확인해야 한다. 다만, 신청인이 확인에 동의하지 않는 경우에는 해당 서류를 제출하도록 해야 한다(규칙 제226조 제4항).

(5) 지도사 자격시험의 일부 면제

대통령령으로 정하는 산업 안전 및 보건과 관련된 자격의 보유자에 대해서는 지도사 자격시험의 일부를 면제할 수 있다(법 제143조 제2항).

(6) 자격시험의 일부면제

① 지도사 자격시험의 일부를 면제할 수 있는 자격 및 면제의 범위는 다음과 같다(영 제104조 제1항).

　㉠ 건설안전기술사, 기계안전기술사, 산업위생관리기술사, 인간공학기술사, 전기안전기술사, 화공안전기술사 : 별표 32에 따른 전공필수·공통필수Ⅰ 및 공통필수Ⅱ 과목

　㉡ 건설 직무분야(건축 중 직무분야 및 토목 중 직무분야로 한정한다), 기계 직무분야,

화학 직무분야, 전기·전자 직무분야(전기 중 직무분야로 한정한다)의 기술사 자격 보유자 : 별표 32에 따른 전공필수 과목
ⓒ 직업환경의학과 전문의 : 별표 32에 따른 전공필수·공통필수Ⅰ 및 공통필수Ⅱ 과목
㉣ 공학(건설안전·기계안전·전기안전·화공안전 분야 전공으로 한정한다), 의학(직업환경의학 분야 전공으로 한정한다), 보건학(산업위생 분야 전공으로 한정한다) 박사학위 소지자 : 별표 32에 따른 전공필수 과목
㉤ ⓒ 또는 ㉣에 해당하는 사람으로서 각각의 자격 또는 학위 취득 후 산업안전·산업보건 업무에 3년 이상 종사한 경력이 있는 사람 : 별표 32에 따른 전공필수 및 공통필수Ⅱ 과목
㉥ 공인노무사 : 별표 32에 따른 공통필수Ⅰ 과목
㉦ 지도사 자격 보유자로서 다른 지도사 자격 시험에 응시하는 사람 : 별표 32에 따른 공통필수Ⅰ 및 공통필수Ⅲ 과목
㉧ 지도사 자격 보유자로서 같은 지도사의 다른 분야 지도사 자격 시험에 응시하는 사람 : 별표 32에 따른 공통필수Ⅰ, 공통필수Ⅱ 및 공통필수Ⅲ 과목
② 제1차 필기시험 또는 제2차 필기시험에 합격한 사람에 대해서는 다음 회의 자격시험에 한정하여 합격한 차수의 필기시험을 면제한다(영 제104조 제2항).
③ 지도사 자격시험 일부 면제의 신청에 관한 사항은 고용노동부령으로 정한다(영 제104조 제3항).

(7) 자격시험의 일부 면제의 신청

자격시험의 일부면제의 어느 하나에 해당하는 사람이 지도사 자격시험의 일부를 면제받으려는 경우에는 응시원서를 제출할 때에 다음의 서류를 첨부해야 한다(규칙 제227조).
① 해당 자격증 또는 박사학위증의 발급기관이 발급한 증명서(박사학위증의 경우에는 응시분야에 해당하는 박사학위 소지를 확인할 수 있는 증명서) 1부
② 경력증명서(경력이 해당하는 사람만 첨부하며, 박사학위 또는 자격증 취득일 이후 산업안전·산업보건 업무에 3년 이상 종사한 경력이 분명히 적힌 것이어야 한다) 1부

(8) 합격자의 결정 등

① 지도사 자격시험 중 필기시험은 매 과목 100점을 만점으로 하여 40점 이상, 전과목 평균 60점 이상 득점한 사람을 합격자로 한다(영 제105조 제1항).
② 지도사 자격시험 중 면접시험은 전문지식과 응용능력, 산업안전·보건제도에 관한 이해 및 인식 정도, 상담·지도능력을 평가하되, 10점 만점에 6점 이상인 사람을 합격자로

한다(영 제105조 제2항).

③ 고용노동부장관은 지도사 자격시험에 합격한 사람에게 고용노동부령으로 정하는 바에 따라 지도사 자격증을 발급하고 관리해야 한다(영 제105조 제3항).

(9) 합격자의 공고

한국산업인력공단은 지도사 자격시험의 최종합격자가 결정되면 모든 응시자가 알 수 있는 방법으로 공고하고, 합격자에게는 합격사실을 알려야 한다(규칙 제228조).

(10) 지도사 자격증의 발급 신청 등

지도사 자격증을 발급받으려는 사람은 지도사 자격증 발급·재발급 신청서에 다음의 서류를 첨부하여 지방고용노동관서의 장에게 제출해야 한다(규칙 제228조의2).

① 주민등록증 사본 등 신분을 증명할 수 있는 서류
② 신청일 전 6개월 이내에 찍은 모자를 쓰지 않은 상반신 명함판 사진 1장(디지털 파일로 제출하는 경우를 포함한다)
③ 이전에 발급 받은 지도사 자격증(재발급인 경우만 해당하며, 자격증을 잃어버린 경우는 제외한다)

(11) 시험의 대행

고용노동부장관은 지도사 자격시험 실시를 대통령령으로 정하는 전문기관에 대행하게 할 수 있다. 이 경우 시험 실시에 드는 비용을 예산의 범위에서 보조할 수 있다(법 제143조 제3항).

(12) 자격시험 실시기관

① 대통령령으로 정하는 전문기관이란 한국산업인력공단을 말한다(영 제106조 제1항).
② 고용노동부장관은 지도사 자격시험의 실시를 한국산업인력공단에 대행하게 하는 경우 필요하다고 인정하면 한국산업인력공단으로 하여금 자격시험위원회를 구성·운영하게 할 수 있다(영 제106조 제2항).
③ 자격시험위원회의 구성·운영 등에 필요한 사항은 고용노동부장관이 정한다(영 제106조 제3항).

(13) 공무원의 의제

지도사 자격시험 실시를 대행하는 전문기관의 임직원은 「형법」 제129조부터 제132조까지의 규정을 적용할 때에는 공무원으로 본다(법 제143조 제4항).

3. 부정행위자에 대한 제재

고용노동부장관은 지도사 자격시험에서 부정한 행위를 한 응시자에 대해서는 그 시험을 무효로 하고, 그 처분을 한 날부터 5년간 시험응시자격을 정지한다(법 제144조).

4. 지도사의 등록

(1) 지도사의 등록

지도사가 그 직무를 수행하려는 경우에는 고용노동부령으로 정하는 바에 따라 고용노동부장관에게 등록하여야 한다(법 제145조 제1항).

(2) 등록신청 등

① 지도사의 등록 또는 갱신등록을 하려는 사람은 등록·갱신 신청서에 다음의 서류를 첨부하여 주사무소를 설치하려는 지역(사무소를 두지 않는 경우에는 주소지를 말한다)을 관할하는 지방고용노동관서의 장에게 제출해야 한다. 이 경우 등록신청은 이중으로 할 수 없다(규칙 제229조 제1항).
  ㉠ 신청일 전 6개월 이내에 촬영한 탈모 상반신의 증명사진(가로 3센티미터 × 세로 4센티미터) 1장
  ㉡ 지도사 연수교육 이수증 또는 경력을 증명할 수 있는 서류(등록의 경우만 해당한다)
  ㉢ 지도실적을 확인할 수 있는 서류 또는 지도사 보수교육 이수증(등록의 경우만 해당한다)
② 지방고용노동관서의 장은 등록·갱신 신청서를 접수한 경우에는 적합한지를 확인하여 해당 신청서를 접수한 날부터 30일 이내에 등록증을 신청인에게 발급해야 한다(규칙 제229조 제2항).
③ 지도사는 등록사항이 변경되었을 때에는 지체 없이 등록사항 변경신청서에 변경사항을 증명할 수 있는 서류와 등록증 원본을 첨부하여 지방고용노동관서의 장에게 제출해야 한다(규칙 제229조 제3항).
④ 지도사는 발급받은 등록증을 잃어버리거나 그 등록증이 훼손된 경우 또는 등록사항의 변경 신고를 한 경우에는 등록증 재발급신청서에 등록증(등록증을 잃어버린 경우는 제외한다)을 첨부하여 지방고용노동관서의 장에게 제출하고 등록증을 다시 발급받아야 한다(규칙 제229조 제4항).
⑤ 지방고용노동관서의 장은 등록증을 발급하거나 재발급하는 경우에는 등록부와 등록증

발급대장에 각각 해당 사실을 기재해야 한다. 이 경우 등록부와 등록증 발급대장은 전자적 처리가 불가능한 특별한 사유가 있는 경우를 제외하고는 전자적 방법으로 관리해야 한다(규칙 제229조 제5항).

(3) 법인의 설립

등록한 지도사는 그 직무를 조직적·전문적으로 수행하기 위하여 법인을 설립할 수 있다(법 제145조 제2항).

(4) 등록결격사유

다음의 어느 하나에 해당하는 사람은 등록을 할 수 없다(법 제145조 제3항).
① 피성년후견인 또는 피한정후견인
② 파산선고를 받고 복권되지 아니한 사람
③ 금고 이상의 실형을 선고받고 그 집행이 끝나거나(집행이 끝난 것으로 보는 경우를 포함한다) 집행이 면제된 날부터 2년이 지나지 아니한 사람
④ 금고 이상의 형의 집행유예를 선고받고 그 유예기간 중에 있는 사람
⑤ 이 법을 위반하여 벌금형을 선고받고 1년이 지나지 아니한 사람
⑥ 등록이 취소(① 또는 ②에 해당하여 등록이 취소된 경우는 제외한다)된 후 2년이 지나지 아니한 사람

(5) 등록의 갱신

등록을 한 지도사는 고용노동부령으로 정하는 바에 따라 5년마다 등록을 갱신하여야 한다(법 제145조 제4항).

(6) 갱신등록요건

고용노동부령으로 정하는 지도실적이 있는 지도사만이 갱신등록을 할 수 있다. 다만, 지도실적이 기준에 못 미치는 지도사는 고용노동부령으로 정하는 보수교육을 받은 경우 갱신등록을 할 수 있다(법 제145조 제5항).

(7) 지도실적 등

① 고용노동부령으로 정하는 지도실적이란 지도사 등록의 갱신기간 동안 사업장 또는 고용노동부장관이 정하여 고시하는 산업안전·산업보건 관련 기관·단체에서 지도하거나 종사한 실적을 말한다(규칙 제230조 제1항).

② 지도실적이 기준에 못 미치는 지도사란 지도·종사 실적의 기간이 3년 미만인 지도사를 말한다. 이 경우 지도사가 둘 이상의 사업장 또는 기관·단체에서 지도하거나 종사한 경우에는 각각의 지도·종사 기간을 합산한다(규칙 제230조 제2항).

(8) 지도사 보수교육

① 고용노동부령으로 정하는 보수교육이란 업무교육과 직업윤리교육을 말한다(규칙 제231조 제1항).

② 보수교육의 시간은 업무교육 및 직업윤리교육의 교육시간을 합산하여 총 20시간 이상으로 한다. 다만, 지도사 등록의 갱신기간 동안 지도실적이 2년 이상인 지도사의 교육시간은 10시간 이상으로 한다(규칙 제231조 제2항).

③ 공단이 보수교육을 실시하였을 때에는 그 결과를 보수교육이 끝난 날부터 10일 이내에 고용노동부장관에게 보고해야 하며, 다음의 서류를 5년간 보존해야 한다(규칙 제231조 제3항).
 ㉠ 보수교육 이수자 명단
 ㉡ 이수자의 교육 이수를 확인할 수 있는 서류

④ 공단은 보수교육을 받은 지도사에게 지도사 보수교육 이수증을 발급해야 한다(규칙 제231조 제4항).

⑤ 보수교육의 절차·방법 및 비용 등 보수교육에 필요한 사항은 고용노동부장관의 승인을 거쳐 공단이 정한다(규칙 제231조 제5항).

(9) 합명회사에 관한 규정 적용

법인에 관하여는 「상법」 중 합명회사에 관한 규정을 적용한다(법 제145조 제6항).

5. 지도사의 교육

(1) 등록하기 전 연수교육

지도사 자격이 있는 사람(산업안전 또는 산업보건 분야에서 5년 이상 실무에 종사한 경력이 있는 사람은 제외한다)이 직무를 수행하려면 등록을 하기 전 1년의 범위에서 고용노동부령으로 정하는 연수교육을 받아야 한다(법 제146조).

(2) 지도사 연수교육

① 고용노동부령으로 정하는 연수교육이란 업무교육과 실무수습을 말한다(규칙 제232조 제1항).

② 연수교육의 기간은 업무교육 및 실무수습 기간을 합산하여 3개월 이상으로 한다(규칙 제232조 제2항).
③ 공단이 연수교육을 실시하였을 때에는 그 결과를 연수교육이 끝난 날부터 10일 이내에 고용노동부장관에게 보고해야 하며, 다음의 서류를 3년간 보존해야 한다(규칙 제232조 제3항).
　㉠ 연수교육 이수자 명단
　㉡ 이수자의 교육 이수를 확인할 수 있는 서류
④ 공단은 연수교육을 받은 지도사에게 지도사 연수교육 이수증을 발급해야 한다(규칙 제232조 제4항).
⑤ 연수교육의 절차·방법 및 비용 등 연수교육에 필요한 사항은 고용노동부장관의 승인을 거쳐 공단이 정한다(규칙 제232조 제5항).

6. 지도사에 대한 지도 등

(1) 지도사에 대한 공단의 업무

고용노동부장관은 공단에 다음의 업무를 하게 할 수 있다(법 제147조).
① 지도사에 대한 지도·연락 및 정보의 공동이용체제의 구축·유지
② 지도사의 직무 수행과 관련된 사업주의 불만·고충의 처리 및 피해에 관한 분쟁의 조정
③ 그 밖에 지도사 직무의 발전을 위하여 필요한 사항으로서 고용노동부령으로 정하는 사항

(2) 지도사 업무발전 등

고용노동부령으로 정하는 사항이란 다음과 같다(규칙 제233조).
① 지도결과의 측정과 평가
② 지도사의 기술지도능력 향상 지원
③ 중소기업 지도 시 지원
④ 불성실·불공정 지도행위를 방지하고 건실한 지도 수행을 촉진하기 위한 지도기준의 마련

7. 손해배상의 책임

(1) 손해배상의 책임

지도사는 직무 수행과 관련하여 고의 또는 과실로 의뢰인에게 손해를 입힌 경우에는 그 손해를 배상할 책임이 있다(법 제148조 제1항).

(2) 손해배상책임의 보장

등록한 지도사는 손해배상책임을 보장하기 위하여 대통령령으로 정하는 바에 따라 보증보험에 가입하거나 그 밖에 필요한 조치를 하여야 한다(법 제148조 제2항).

(3) 손해배상을 위한 보증보험 가입 등

① 등록한 지도사(법인을 설립한 경우에는 그 법인을 말한다.)는 보험금액이 2천만원(법인인 경우에는 2천만원에 사원인 지도사의 수를 곱한 금액) 이상인 보증보험에 가입해야 한다(영 제108조 제1항).
② 지도사는 보증보험금으로 손해배상을 한 경우에는 그 날부터 10일 이내에 다시 보증보험에 가입해야 한다(영 제108조 제2항).
③ 손해배상을 위한 보증보험 가입 및 지급에 관한 사항은 고용노동부령으로 정한다(영 제108조 제3항).

(4) 손해배상을 위한 보험가입·지급 등

① 손해배상을 위한 보험에 가입한 지도사(법인을 설립한 경우에는 그 법인을 말한다.)는 가입한 날부터 20일 이내에 보증보험가입 신고서에 증명서류를 첨부하여 해당 지도사의 주된 사무소의 소재지(사무소를 두지 않는 경우에는 주소지를 말한다.)를 관할하는 지방고용노동관서의 장에게 제출해야 한다(규칙 제234조 제1항).
② 지도사는 해당 보증보험의 보증기간이 만료되기 전에 다시 보증보험에 가입하고 가입한 날부터 20일 이내에 보증보험가입 신고서에 증명서류를 첨부하여 해당 지도사의 주된 사무소의 소재지를 관할하는 지방고용노동관서의 장에게 제출해야 한다(규칙 제234조 제2항).
③ 의뢰인이 손해배상금으로 보증보험금을 지급받으려는 경우에는 보증보험금 지급사유 발생확인신청서에 해당 의뢰인과 지도사 간의 손해배상합의서, 화해조서, 법원의 확정판결문 사본, 그 밖에 이에 준하는 효력이 있는 서류를 첨부하여 해당 지도사의 주된 사무소의 소재지를 관할하는 지방고용노동관서의 장에게 제출해야 한다. 이 경우 지방고용노동관서의 장은 보증보험금 지급사유 발생확인서를 지체 없이 발급해야 한다(규칙 제234조 제3항).

8. 유사명칭의 사용 금지

등록한 지도사가 아닌 사람은 산업안전지도사, 산업보건지도사 또는 이와 유사한 명칭을 사용해서는 아니 된다(법 제149조).

9. 품위유지와 성실의무 등

(1) 품위유지와 성실의무

지도사는 항상 품위를 유지하고 신의와 성실로써 공정하게 직무를 수행하여야 한다(법 제150조 제1항).

(2) 서류의 기명·날인

지도사는 직무와 관련하여 작성하거나 확인한 서류에 기명·날인하거나 서명하여야 한다(법 제150조 제2항).

10. 금지 행위

지도사는 다음의 행위를 해서는 아니 된다(법 제151조).
① 거짓이나 그 밖의 부정한 방법으로 의뢰인에게 법령에 따른 의무를 이행하지 아니하게 하는 행위
② 의뢰인에게 법령에 따른 신고·보고, 그 밖의 의무를 이행하지 아니하게 하는 행위
③ 법령에 위반되는 행위에 관한 지도·상담

11. 관계 장부 등의 열람 신청

지도사는 직무를 수행하는 데 필요하면 사업주에게 관계 장부 및 서류의 열람을 신청할 수 있다. 이 경우 그 신청이 직무의 수행을 위한 것이면 열람을 신청받은 사업주는 정당한 사유 없이 이를 거부해서는 아니 된다(법 제152조).

12. 자격대여행위 및 대여알선행위 등의 금지

(1) 자격증이나 등록증 대여금지

지도사는 다른 사람에게 자기의 성명이나 사무소의 명칭을 사용하여 지도사의 직무를 수행하게 하거나 그 자격증이나 등록증을 대여해서는 아니 된다(법 제153조 제1항).

(2) 무자격자의 대여 및 알선금지

누구든지 지도사의 자격을 취득하지 아니하고 그 지도사의 성명이나 사무소의 명칭을 사용하여 지도사의 직무를 수행하거나 자격증·등록증을 대여받아서는 아니 되며, 이를 알선하여서도 아니 된다(법 제153조 제2항).

13. 등록의 취소 등

고용노동부장관은 지도사가 다음의 어느 하나에 해당하는 경우에는 그 등록을 취소하거나 2년 이내의 기간을 정하여 그 업무의 정지를 명할 수 있다. 다만, ①부터 ③까지의 규정에 해당할 때에는 그 등록을 취소하여야 한다(법 제154조).
① 거짓이나 그 밖의 부정한 방법으로 등록 또는 갱신등록을 한 경우
② 업무정지 기간 중에 업무를 수행한 경우
③ 업무 관련 서류를 거짓으로 작성한 경우
④ 직무의 수행과정에서 고의 또는 과실로 인하여 중대재해가 발생한 경우
⑤ 결격사유 중 어느 하나에 해당하게 된 경우
⑥ 보증보험에 가입하지 아니하거나 그 밖에 필요한 조치를 하지 아니한 경우
⑦ 기명·날인 또는 서명을 하지 아니한 경우
⑧ 금지행위, 자격증대여 또는 비밀유지의무를 위반한 경우

10 PART 근로감독관 등

1. 근로감독관의 권한

(1) 근로감독관의 권한

근로감독관은 이 법 또는 이 법에 따른 명령을 시행하기 위하여 필요한 경우 다음의 장소에 출입하여 사업주, 근로자 또는 안전보건관리책임자 등(관계인)에게 질문을 하고, 장부, 서류, 그 밖의 물건의 검사 및 안전보건 점검을 하며, 관계 서류의 제출을 요구할 수 있다(법 제155조 제1항).

① 사업장
② 안전관리전문기관, 안전보건교육기관, 안전보건진단기관, 건설재해예방전문지도기관, 안전인증기관, 안전검사기관, 자율안전검사기관, 석면조사기관, 작업환경측정기관 및 건강진단기관의 사무소
③ 석면해체·제거업자의 사무소
④ 등록한 지도사의 사무소

(2) 감독기준

근로감독관은 다음의 어느 하나에 해당하는 경우 질문·검사·점검하거나 관계 서류의 제출을 요구할 수 있다(규칙 제235조).

① 산업재해가 발생하거나 산업재해 발생의 급박한 위험이 있는 경우
② 근로자의 신고 또는 고소·고발 등에 대한 조사가 필요한 경우
③ 법 또는 법에 따른 명령을 위반한 범죄의 수사 등 사법경찰관리의 직무를 수행하기 위하여 필요한 경우
④ 그 밖에 고용노동부장관 또는 지방고용노동관서의 장이 법 또는 법에 따른 명령의 위반 여부를 조사하기 위하여 필요하다고 인정하는 경우

(3) 기계·설비 등 검사

근로감독관은 기계·설비등에 대한 검사를 할 수 있으며, 검사에 필요한 한도에서 무상으로 제품·원재료 또는 기구를 수거할 수 있다. 이 경우 근로감독관은 해당 사업주 등에게 그 결과를

서면으로 알려야 한다(법 제155조 제2항).

(4) 관계인에게 보고 또는 출석명령

근로감독관은 이 법 또는 이 법에 따른 명령의 시행을 위하여 관계인에게 보고 또는 출석을 명할 수 있다(법 제155조 제3항).

(5) 보고 · 출석기간

① 지방고용노동관서의 장은 보고 또는 출석의 명령을 하려는 경우에는 7일 이상의 기간을 주어야 한다. 다만, 긴급한 경우에는 그렇지 않다(규칙 제236조 제1항).
② 보고 또는 출석의 명령은 문서로 해야 한다(규칙 제236조 제2항).

(6) 증표제시

근로감독관은 이 법 또는 이 법에 따른 명령을 시행하기 위하여 (1)의 어느 하나에 해당하는 장소에 출입하는 경우에 그 신분을 나타내는 증표를 지니고 관계인에게 보여 주어야 하며, 출입 시 성명, 출입시간, 출입 목적 등이 표시된 문서를 관계인에게 내주어야 한다(법 제155조 제4항).

2. 공단 소속 직원의 검사 및 지도 등

(1) 공단 소속 직원의 검사 및 지도

고용노동부장관은 공단이 위탁받은 업무를 수행하기 위하여 필요하다고 인정할 때에는 공단 소속 직원에게 사업장에 출입하여 산업재해 예방에 필요한 검사 및 지도 등을 하게 하거나, 역학조사를 위하여 필요한 경우 관계자에게 질문하거나 필요한 서류의 제출을 요구하게 할 수 있다(법 제156조 제1항).

(2) 검사 또는 지도업무 등 보고

공단 소속 직원이 검사 또는 지도업무 등을 하였을 때에는 그 결과를 고용노동부장관에게 보고하여야 한다(법 제156조 제2항).

(3) 근로감독관에 관한 규정 준용

공단 소속 직원이 사업장에 출입하는 경우에는 근로감독관에 관한 규정을 준용한다. 이 경우

"근로감독관"은 "공단 소속 직원"으로 본다(법 제156조 제3항).

3. 감독기관에 대한 신고

(1) 법 및 명령위반의 신고

사업장에서 이 법 또는 이 법에 따른 명령을 위반한 사실이 있으면 근로자는 그 사실을 고용노동부장관 또는 근로감독관에게 신고할 수 있다(법 제157조 제1항).

(2) 치료정보의 신고

의사·치과의사 또는 한의사는 3일 이상의 입원치료가 필요한 부상 또는 질병이 환자의 업무와 관련성이 있다고 판단할 경우에는 치료과정에서 알게 된 정보를 고용노동부장관에게 신고할 수 있다(법 제157조 제2항).

(3) 신고에 대한 불리한 처우금지

사업주는 신고를 이유로 해당 근로자에 대하여 해고나 그 밖의 불리한 처우를 해서는 아니 된다(법 제157조 제3항).

PART 11 보칙

1. 산업재해 예방활동의 보조·지원

(1) 산업재해 예방사업의 보조·지원

정부는 사업주, 사업주단체, 근로자단체, 산업재해 예방 관련 전문단체, 연구기관 등이 하는 산업재해 예방사업 중 대통령령으로 정하는 사업에 드는 경비의 전부 또는 일부를 예산의 범위에서 보조하거나 그 밖에 필요한 지원을 할 수 있다. 이 경우 고용노동부장관은 보조·지원이 산업재해 예방사업의 목적에 맞게 효율적으로 사용되도록 관리·감독하여야 한다(법 제158조 제1항).

(2) 산업재해 예방사업의 지원

대통령령으로 정하는 사업이란 다음의 어느 하나에 해당하는 업무와 관련된 사업을 말한다(영 제109조).

① 산업재해 예방을 위한 방호장치, 보호구, 안전설비 및 작업환경개선 시설·장비 등의 제작, 구입, 보수, 시험, 연구, 홍보 및 정보제공 등의 업무
② 사업장 안전·보건관리에 대한 기술지원 업무
③ 산업 안전·보건 관련 교육 및 전문인력 양성 업무
④ 산업재해예방을 위한 연구 및 기술개발 업무
⑤ 노무를 제공하는 사람의 건강을 유지·증진하기 위한 시설의 운영에 관한 지원 업무
⑥ 안전·보건의식의 고취 업무
⑦ 위험성평가에 관한 지원 업무
⑧ 안전검사 지원 업무
⑨ 유해인자의 노출 기준 및 유해성·위험성 조사·평가 등에 관한 업무
⑩ 직업성 질환의 발생 원인을 규명하기 위한 역학조사·연구 또는 직업성 질환 예방에 필요하다고 인정되는 시설·장비 등의 구입 업무
⑪ 작업환경측정 및 건강진단 지원 업무

⑫ 작업환경측정기관의 측정·분석 능력의 확인 및 특수건강진단기관의 진단·분석 능력의 확인에 필요한 시설·장비 등의 구입 업무
⑬ 산업의학 분야의 학술활동 및 인력 양성 지원에 관한 업무
⑭ 그 밖에 산업재해 예방을 위한 업무로서 산업재해보상보험및예방심의위원회의 심의를 거쳐 고용노동부장관이 정하는 업무

(3) 보조·지원의 취소

고용노동부장관은 보조·지원을 받은 자가 다음의 어느 하나에 해당하는 경우 보조·지원의 전부 또는 일부를 취소하여야 한다. 다만, ① 및 ②의 경우에는 보조·지원의 전부를 취소하여야 한다(법 제158조 제2항).

① 거짓이나 그 밖의 부정한 방법으로 보조·지원을 받은 경우
② 보조·지원 대상자가 폐업하거나 파산한 경우
③ 보조·지원 대상을 임의매각·훼손·분실하는 등 지원 목적에 적합하게 유지·관리·사용하지 아니한 경우
④ 산업재해 예방사업의 목적에 맞게 사용되지 아니한 경우
⑤ 보조·지원 대상 기간이 끝나기 전에 보조·지원 대상 시설 및 장비를 국외로 이전한 경우
⑥ 보조·지원을 받은 사업주가 필요한 안전조치 및 보건조치 의무를 위반하여 산업재해를 발생시킨 경우로서 고용노동부령으로 정하는 경우

(4) 보조·지원의 환수와 제한

① 고용노동부령으로 정하는 경우란 보조·지원을 받은 후 3년 이내에 해당 시설 및 장비의 중대한 결함이나 관리상 중대한 과실로 인하여 근로자가 사망한 경우를 말한다(규칙 제237조 제1항).
② 보조·지원을 제한할 수 있는 기간은 다음과 같다(규칙 제237조 제2항).
  ㉠ 거짓이나 그 밖의 부정한 방법으로 보조·지원을 받은 경우 : 5년
  ㉡ (3) ②부터 ⑥까지의 어느 하나의 경우 : 3년
  ㉢ (3) ②부터 ⑥까지의 어느 하나를 위반한 후 5년 이내에 ②부터 ⑥까지의 어느 하나를 위반한 경우 : 5년

(5) 보조·지원금액의 환수

고용노동부장관은 보조·지원의 전부 또는 일부를 취소한 경우 해당 금액 또는 지원에 상응하는

금액을 환수하되 대통령령으로 정하는 바에 따라 지급받은 금액의 5배 이하의 금액을 추가로 환수할 수 있고, 보조·지원 대상자가 폐업하거나 파산한 경우(파산한 경우에는 환수하지 아니한다) 또는 보조·지원을 받은 사업주가 필요한 안전조치 및 보건조치 의무를 위반하여 산업재해를 발생시킨 경우에는 해당 금액 또는 지원에 상응하는 금액을 환수한다(법 제158조 제3항).

(6) 보조·지원의 취소에 따른 추가 환수

① 고용노동부장관이 추가로 환수할 수 있는 금액은 다음의 구분에 따른 금액으로 한다(영 제109조의2 제1항).
  ㉠ 거짓이나 그 밖의 부정한 방법으로 보조·지원을 받은 경우 : 지급받은 금액의 5배에 해당하는 금액
  ㉡ (3) ③부터 ⑤까지의 어느 하나에 해당하는 경우 : 지급받은 금액의 2배에 해당하는 금액
  ㉢ (3) ③부터 ⑤까지의 어느 하나에 해당하여 보조·지원이 취소된 후 5년 이내에 같은 사유로 다시 보조·지원이 취소된 경우 : 지급받은 금액의 5배에 해당하는 금액
② 고용노동부장관은 보조·지원을 받은 자가 (3) ③부터 ⑤까지의 어느 하나에 해당하는 경우로서 그 위반행위가 경미한 부주의로 인한 것으로 인정되는 경우에는 추가 환수금액을 2분의 1 범위에서 줄일 수 있다(영 제109조의2 제2항).

(7) 보조·지원의 유예

보조·지원의 전부 또는 일부가 취소된 자에 대해서는 고용노동부령으로 정하는 바에 따라 취소된 날부터 5년 이내의 기간을 정하여 보조·지원을 하지 아니할 수 있다(법 제158조 제4항).

(8) 보조·지원의 대상·방법·절차 등

보조·지원의 대상·방법·절차, 관리 및 감독, 취소 및 환수 방법, 그 밖에 필요한 사항은 고용노동부장관이 정하여 고시한다(법 제158조 제5항).

2. 영업정지의 요청 등

(1) 영업정지 및 제재

고용노동부장관은 사업주가 다음의 어느 하나에 해당하는 산업재해를 발생시킨 경우에는 관계 행정기관의 장에게 관계 법령에 따라 해당 사업의 영업정지나 그 밖의 제재를 할 것을 요청하거

나 공공기관의 장에게 그 기관이 시행하는 사업의 발주 시 필요한 제한을 해당 사업자에게 할 것을 요청할 수 있다(법 제159조 제1항).

① 안전조치, 보건조치 또는 도급인의 안전조치를 위반하여 많은 근로자가 사망하거나 사업장 인근지역에 중대한 피해를 주는 등 대통령령으로 정하는 사고가 발생한 경우
② 고용노동부장관의 시정조치 명령을 위반하여 근로자가 업무로 인하여 사망한 경우

(2) 제재 요청 대상 등

많은 근로자가 사망하거나 사업장 인근지역에 중대한 피해를 주는 등 대통령령으로 정하는 사고란 다음의 어느 하나를 말한다(영 제110조).

① 동시에 2명 이상의 근로자가 사망하는 재해
② 근로자가 사망하거나 부상을 입을 수 있는 설비에서의 누출·화재·폭발 사고
③ 인근 지역의 주민이 인적 피해를 입을 수 있는 설비에서의 누출·화재·폭발 사고

(3) 영업정지의 요청 등

① 고용노동부장관은 사업주가 영업정지 및 제재에 해당하는 경우에는 관계 행정기관 또는 공기업으로 지정된 기관의 장에게 해당 사업주에 대하여 다음의 어느 하나에 해당하는 처분을 할 것을 요청할 수 있다(규칙 제238조 제1항).
  ㉠ 「건설산업기본법」에 따른 영업정지
  ㉡ 「국가를 당사자로 하는 계약에 관한 법률」, 「지방자치단체를 당사자로 하는 계약에 관한 법률」 및 「공공기관의 운영에 관한 법률」에 따른 입찰참가자격의 제한
② 동시에 2명 이상의 근로자가 사망하는 재해란 해당 재해가 발생한 때부터 그 사고가 주 원인이 되어 72시간 이내에 2명 이상이 사망하는 재해를 말한다(규칙 제238조 제2항).

(4) 조치 결과 통보

요청을 받은 관계 행정기관의 장 또는 공공기관의 장은 정당한 사유가 없으면 이에 따라야 하며, 그 조치 결과를 고용노동부장관에게 통보하여야 한다(법 제159조 제2항).

(5) 영업정지 등의 요청 절차 등

영업정지 등의 요청 절차나 그 밖에 필요한 사항은 고용노동부령으로 정한다(법 제159조 제3항).

3. 업무정지 처분을 대신하여 부과하는 과징금 처분

(1) 과징금 부과

고용노동부장관은 업무정지를 명하여야 하는 경우에 그 업무정지가 이용자에게 심한 불편을 주거나 공익을 해칠 우려가 있다고 인정되면 업무정지 처분을 대신하여 10억원 이하의 과징금을 부과할 수 있다(법 제160조 제1항).

(2) 과징금의 부과기준(영 별표 33)

과징금의 부과기준

1. 일반기준
   가. 업무정지기간은 법 제163조 제2항에 따른 업무정지의 기준에 따라 부과되는 기간을 말하며, 업무정지기간의 1개월은 30일로 본다.
   나. 과징금 부과금액은 위반행위를 한 지정기관의 연간 총 매출금액의 1일 평균매출금액을 기준으로 제2호에 따라 산출한다.
   다. 과징금 부과금액의 기초가 되는 1일 평균매출금액은 위반행위를 한 해당 지정기관에 대한 행정처분일이 속한 연도의 전년도 1년간의 총 매출금액을 365로 나눈 금액으로 한다. 다만, 신규 개설 또는 휴업 등으로 전년도 1년간의 총 매출금액을 산출할 수 없거나 1년간의 총 매출금액을 기준으로 하는 것이 타당하지 않다고 인정되는 경우에는 분기(90일을 말한다)별, 월별 또는 일별 매출금액을 해당 단위에 포함된 일수로 나누어 1일 평균매출금액을 산정한다.
   라. 제2호에 따라 산출한 과징금 부과금액이 10억원을 넘는 경우에는 과징금 부과금액을 10억원으로 한다.
   마. 고용노동부장관은 위반행위의 동기, 내용 및 횟수 등을 고려하여 제2호에 따른 과징금 부과금액의 2분의 1 범위에서 과징금을 늘리거나 줄일 수 있다. 다만, 늘리는 경우에도 과징금 부과금액의 총액은 10억원을 넘을 수 없다.
2. 과징금의 산정방법

   과징금 부과금액 = 위반사업자 1일 평균매출금액 × 업무정지 일수 × 0.1

(3) 과세정보 제공 요청

고용노동부장관은 과징금을 징수하기 위하여 필요한 경우에는 다음의 사항을 적은 문서로 관할 세무관서의 장에게 과세 정보 제공을 요청할 수 있다(법 제160조 제2항).

① 납세자의 인적사항
② 사용 목적
③ 과징금 부과기준이 되는 매출 금액
④ 과징금 부과사유 및 부과기준

(4) 납부기한 연기 및 분할 납부의 횟수

고용노동부장관이 「행정기본법」 제29조 단서에 따라 과징금의 납부기한을 연기하거나 분할 납부하게 하는 경우 납부기한의 연기는 그 납부기한의 다음 날부터 1년을 초과할 수 없고, 각 분할된 납부기한 간의 간격은 4개월 이내로 하며, 분할 납부의 횟수는 3회 이내로 한다(영 제112조 제4항).

4. 도급금지 등 의무위반에 따른 과징금 부과

(1) 10억원 이하의 과징금 부과·징수

고용노동부장관은 사업주가 다음의 어느 하나에 해당하는 경우에는 10억원 이하의 과징금을 부과·징수할 수 있다(법 제161조 제1항).
① 유해한 작업을 도급한 경우
② 수급인이 보유한 기술이 전문적이고 사업주의 사업 운영에 필수 불가결한 경우로서 승인을 받지 아니하고 도급한 경우
③ 연장승인 또는 변경승인을 받아 도급받은 작업을 재하도급한 경우

(2) 과징금 부과시 고려사항

고용노동부장관은 과징금을 부과하는 경우에는 다음의 사항을 고려하여야 한다(법 제161조 제2항).
① 도급 금액, 기간 및 횟수 등
② 관계수급인 근로자의 산업재해 예방에 필요한 조치 이행을 위한 노력의 정도
③ 산업재해 발생 여부

(3) 가산금 징수

고용노동부장관은 과징금을 내야 할 자가 납부기한까지 내지 아니하면 납부기한의 다음 날부터 과징금을 납부한 날의 전날까지의 기간에 대하여 내지 아니한 과징금의 연 100분의 6의 범위에서 대통령령으로 정하는 가산금을 징수한다. 이 경우 가산금을 징수하는 기간은 60개월을 초과할 수 없다(법 제161조 제3항).

(4) 국세 체납처분의 예에 따른 징수

고용노동부장관은 과징금을 내야 할 자가 납부기한까지 내지 아니하면 기간을 정하여 독촉을

하고, 그 기간 내에 과징금 및 가산금을 내지 아니하면 국세 체납처분의 예에 따라 징수한다(법 제161조 제4항).

(5) 도급금지 등 의무위반에 따른 과징금 및 가산금

① 부과하는 과징금의 금액은 과징금 부과시 고려사항을 고려하여 별표 34의 과징금 산정 기준을 적용하여 산정한다(영 제113조 제1항).

도급금지 등 의무위반에 따른 과징금의 산정기준(영 별표 34)

1. 일반기준
   과징금은 법 제161조 제1항 각 호의 경우, 같은 조 제2항 각 호의 사항 및 구체적인 위반행위의 내용 등을 종합적으로 고려하여 그 금액을 산정한다.
2. 과징금의 구체적 산정기준
   고용노동부장관은 제1호에 따라 과징금의 금액을 산정하되, 가목의 위반행위 및 도급금액에 따라 산출되는 금액(이하 "기본 산정금액"이라 한다)에 나목의 위반 기간 및 횟수에 따른 조정(이하 "1차 조정"이라 한다)과 다목의 관계수급인 근로자의 산업재해 예방에 필요한 조치 이행을 위한 노력의 정도 및 산업재해(도급인 및 관계수급인의 근로자가 사망한 경우 또는 3일 이상의 휴업이 필요한 부상을 입거나 질병에 걸린 경우로 한정한다. 이하 이 별표에서 같다)의 발생 빈도에 따른 조정(이하 "2차 조정"이라 한다)을 거쳐 과징금 부과액을 산정한다. 다만, 산정된 과징금이 10억원을 초과하는 경우에는 10억원으로 한다.
   가. 위반행위 및 도급금액에 따른 산정기준

위반행위	근거 법조문	기본 산정금액
1) 법 제58조 제1항을 위반하여 도급한 경우	법 제161조 제1항제1호	연간 도급금액의 100분의 50
2) 법 제58조 제2항 제2호를 위반하여 승인을 받지 않고 도급한 경우	법 제161조 제1항제2호	연간 도급금액의 100분의 40
3) 법 제59조 제1항을 위반하여 승인을 받지 않고 도급한 경우	법 제161조 제1항제2호	연간 도급금액의 100분의 40
4) 법 제60조를 위반하여 승인을 받아 도급받은 작업을 재하도급한 경우	법 제161조 제1항제3호	연간 도급금액의 100분의 50

비고 : 도급금액은 다음 각 호에 따라 산출한다.
  1. 도급금지 등 의무위반이 있는 작업과 의무위반이 없는 작업을 함께 도급한 경우 각 작업별로 도급금액을 산출할 수 있으면 의무위반이 있는 작업의 금액만을 도급금액으로 하고, 각 작업을 분리할 수 없어 각 작업별로 도급금액을 산출할 수 없으면 해당 작업의 상시근로자 수에 따른 비율로 도급금액을 추계한다.
  2. 도급금지와 도급승인을 함께 위반한 경우 등 2가지 이상 위반행위가 중복되는 경우에는 중대한 위반행위의 도급금액을 기준으로 한다.

   나. 1차 조정 기준
     1) 위반 기간에 따른 조정

위반 기간	가중치
1년 이내	-
1년 초과 2년 이내	기본 산정금액 × 100분의 20
2년 초과 3년 이내	기본 산정금액 × 100분의 50
3년 이상	기본 산정금액 × 100분의 80

2) 위반 횟수에 따른 조정

위반 횟수	가중치
3년간 1회 위반	기본 산정금액 × 100분의 20
3년간 2회 위반	기본 산정금액 × 100분의 50
3년간 3회 위반	기본 산정금액 × 100분의 80

3) 위반 기간과 위반 횟수에 따른 조정에 모두 해당하는 경우에는 해당 가중치를 합산한다.

다. 2차 조정 기준

1) 관계수급인 근로자의 산업재해 예방에 필요한 조치 이행을 위한 노력의 정도

조치 이행의 노력	감경치
3년간 법 제63조부터 제66조까지의 규정에 따른 도급인의 의무사항 이행 여부에 대한 근로감독관의 점검을 받은 결과 해당 규정 위반을 이유로 행정처분을 받지 않은 경우	1차 조정 기준에 따른 금액 × 100분의 50
3년간 법 제63조부터 제66조까지의 규정에 따른 도급인의 의무사항 이행 여부에 대한 근로감독관의 점검을 받지 않은 경우 또는 해당 점검을 받은 결과 법 제63조부터 제66조까지의 규정 위반을 이유로 행정처분을 받은 경우	-

2) 산업재해 발생 빈도

산업재해 발생 빈도	가중치
3년간 미발생	-
3년간 1회 이상 발생	1차 조정 기준에 따른 금액 × 100분의 20

3) 산업재해 예방에 필요한 조치 이행을 위한 노력의 정도와 산업재해 발생 빈도에 따른 조정에 모두 해당하는 경우에는 해당 감경치와 가중치를 합산한다.

② 대통령령으로 정하는 가산금이란 과징금 납부기한이 지난 날부터 매 1개월이 지날 때마다 체납된 과징금의 1천분의 5에 해당하는 금액을 말한다(영 제113조 제2항).

(6) 도급금지 등 의무위반에 따른 과징금의 부과 및 납부

과징금 및 가산금의 부과와 납부에 관하여는 과징금의 부과 및 납부의 규정을 준용한다(영 제114조).

5. 비밀 유지

다음의 어느 하나에 해당하는 자는 업무상 알게 된 비밀을 누설하거나 도용해서는 아니 된다. 다만, 근로자의 건강장해를 예방하기 위하여 고용노동부장관이 필요하다고 인정하는 경우에는 그러하지 아니하다(법 제162조).

① 유해위험방지계획서를 검토하는 자
② 공정안전보고서를 검토하는 자
③ 안전보건진단을 하는 자
④ 안전인증을 하는 자
⑤ 신고 수리에 관한 업무를 하는 자
⑥ 안전검사를 하는 자
⑦ 자율검사프로그램의 인정업무를 하는 자
⑧ 제출된 유해성·위험성 조사보고서 또는 조사 결과를 검토하는 자
⑨ 물질안전보건자료 등을 제출받는 자
⑩ 대체자료의 승인, 연장승인 여부를 검토하는 자 및 물질안전보건자료의 대체자료를 제공받은 자
⑪ 건강진단을 하는 자
⑫ 역학조사를 하는 자
⑬ 등록한 지도사

6. 청문 및 처분기준

(1) 청문의 대상

고용노동부장관은 다음의 어느 하나에 해당하는 처분을 하려면 청문을 하여야 한다(법 제163조 제1항).

① 안전관리전문기관 또는 보건관리전문기관 지정의 취소
② 안전보건교육기관, 안전관리전문기관 또는 보건관리전문기관, 유해·위험기계등 제조사업 등의 지원, 석면해체·제거업의 등록 및 지도사 등록의 취소
③ 승인, 연장승인 또는 변경승인의 취소
④ 안전인증의 취소

⑤ 자율검사프로그램 인정의 취소
⑥ 유해·위험물질의 제조 등 허가의 취소
⑦ 산업재해 예방활동의 보조·지원의 취소

(2) 취소, 정지, 사용 금지 또는 시정명령의 기준

안전관리전문기관 또는 보건관리전문기관, 승인, 연장승인 또는 변경승인, 안전인증, 자율안전기준, 자율검사프로그램, 유해·위험기계등 제조사업, 유해·위험물질의 제조, 등록에 따른 취소, 정지, 사용 금지 또는 시정명령의 기준은 고용노동부령으로 정한다(법 제163조 제2항).

(3) 지정취소·업무정지 등의 기준

① 지정 등의 취소 또는 업무 등의 정지 기준은 별표 26과 같다(규칙 제240조 제1항).
② 고용노동부장관 또는 지방고용노동관서의 장은 행정처분을 할 때에는 처분의 상대방의 고의·과실 여부와 그 밖의 사정을 고려하여 행정처분을 감경하거나 가중할 수 있다.

7. 서류의 보존

(1) 사업주의 서류보존

사업주는 다음의 서류를 3년(②의 경우 2년을 말한다) 동안 보존하여야 한다. 다만, 고용노동부령으로 정하는 바에 따라 보존기간을 연장할 수 있다(법 제164조 제1항).

① 안전보건관리책임자·안전관리자·보건관리자·안전보건관리담당자 및 산업보건의의 선임에 관한 서류
② 회의록
③ 안전조치 및 보건조치에 관한 사항으로서 고용노동부령으로 정하는 사항을 적은 서류
④ 산업재해의 발생원인 등 기록
⑤ 화학물질의 유해성·위험성 조사에 관한 서류
⑥ 작업환경측정에 관한 서류
⑦ 건강진단에 관한 서류

(2) 서류의 보존

① 작업환경측정 결과를 기록한 서류는 보존(전자적 방법으로 하는 보존을 포함한다)기간을 5년으로 한다. 다만, 고용노동부장관이 정하여 고시하는 물질에 대한 기록이 포함된 서

류는 그 보존기간을 30년으로 한다(규칙 제241조 제1항).

② 사업주는 송부 받은 건강진단 결과표 및 근로자가 제출한 건강진단 결과를 증명하는 서류(이들 자료가 전산입력된 경우에는 그 전산입력된 자료를 말한다)를 5년간 보존해야 한다. 다만, 고용노동부장관이 정하여 고시하는 물질을 취급하는 근로자에 대한 건강진단 결과의 서류 또는 전산입력 자료는 30년간 보존해야 한다(규칙 제241조 제2항).

(3) 안전인증기관 또는 안전검사기관의 서류보존

안전인증 또는 안전검사의 업무를 위탁받은 안전인증기관 또는 안전검사기관은 안전인증·안전검사에 관한 사항으로서 고용노동부령으로 정하는 서류를 3년 동안 보존하여야 하고, 안전인증을 받은 자는 안전인증대상기계등에 대하여 기록한 서류를 3년 동안 보존하여야 하며, 자율안전확인대상기계등을 제조하거나 수입하는 자는 자율안전기준에 맞는 것임을 증명하는 서류를 2년 동안 보존하여야 하고, 자율안전검사를 받은 자는 자율검사프로그램에 따라 실시한 검사 결과에 대한 서류를 2년 동안 보존하여야 한다(법 제164조 제2항, 규칙 제241조 제3항).

① 안전인증 신청서(첨부서류를 포함한다) 및 심사와 관련하여 인증기관이 작성한 서류
② 안전검사 신청서 및 검사와 관련하여 안전검사기관이 작성한 서류

(4) 일반석면조사를 한 건축물·설비소유주의 서류보존

일반석면조사를 한 건축물·설비소유주등은 그 결과에 관한 서류를 그 건축물이나 설비에 대한 해체·제거작업이 종료될 때까지 보존하여야 하고, 기관석면조사를 한 건축물·설비소유주등과 석면조사기관은 그 결과에 관한 서류를 3년 동안 보존하여야 한다(법 제164조 제3항).

(5) 작업환경측정기관의 서류보존

작업환경측정기관은 작업환경측정에 관한 사항으로서 고용노동부령으로 정하는 사항을 적은 서류를 3년 동안 보존하여야 한다(법 제164조 제4항, 규칙 제241조 제4항).

① 측정 대상 사업장의 명칭 및 소재지
② 측정 연월일
③ 측정을 한 사람의 성명
④ 측정방법 및 측정 결과
⑤ 기기를 사용하여 분석한 경우에는 분석자·분석방법 및 분석자료 등 분석과 관련된 사항

(6) 지도사의 서류보존

지도사는 그 업무에 관한 사항으로서 고용노동부령으로 정하는 사항을 적은 서류를 5년 동안

보존하여야 한다(법 제164조 제5항, 규칙 제241조 제5항).
  ① 의뢰자의 성명(법인인 경우에는 그 명칭을 말한다) 및 주소
  ② 의뢰를 받은 연월일
  ③ 실시항목
  ④ 의뢰자로부터 받은 보수액

(7) 석면해체·제거업자의 서류보존

석면해체·제거업자는 석면해체·제거작업에 관한 서류 중 고용노동부령으로 정하는 서류를 30년 동안 보존하여야 한다(법 제164조 제6항, 규칙 제241조 제6항).
  ① 석면해체·제거작업장의 명칭 및 소재지
  ② 석면해체·제거작업 근로자의 인적사항(성명, 생년월일 등을 말한다)
  ③ 작업의 내용 및 작업기간

(8) 전산입력자료로 보존

전산입력자료가 있을 때에는 그 서류를 대신하여 전산입력자료를 보존할 수 있다(법 제164조 제7항).

8. 권한 등의 위임·위탁

(1) 고용노동부장관의 권한위임

이 법에 따른 고용노동부장관의 권한은 대통령령으로 정하는 바에 따라 그 일부를 지방고용노동관서의 장에게 위임할 수 있다(법 제165조 제1항).

(2) 권한의 위임

고용노동부장관은 다음의 권한을 지방고용노동관서의 장에게 위임한다(영 제115조).
  ① 산업재해 발생건수 자료 제출의 요청
  ② 안전관리자, 보건관리자 또는 안전보건관리담당자의 선임 명령 또는 교체 명령
  ③ 안전관리전문기관 또는 보건관리전문기관(업종별·유해인자별 보건관리전문기관은 제외한다)의 지정, 지정 취소 및 업무정지 명령
  ④ 명예산업안전감독관의 위촉
  ⑤ 안전보건교육기관의 등록, 등록 취소 및 업무정지 명령

⑥ 작업 또는 건설공사의 중지 및 유해위험방지계획의 변경 명령
⑦ 공정안전보고서의 변경 명령, 공정안전보고서의 이행 상태 평가 및 재제출 명령
⑧ 안전보건진단 명령 및 안전보건진단 결과보고서의 접수
⑨ 안전보건진단기관의 지정, 지정 취소 및 업무정지 명령
⑩ 안전보건개선계획의 수립·시행 명령
⑪ 안전보건개선계획서의 접수, 심사, 그 결과의 통보 및 안전보건개선계획서의 보완 명령
⑫ 시정조치 명령
⑬ 작업중지 명령
⑭ 사용중지 또는 작업중지 해제
⑮ 사업주의 산업재해 발생 보고의 접수·처리
⑯ 승인, 연장승인, 변경승인과 그 승인·연장승인·변경승인의 취소 및 도급의 승인
⑰ 건설재해예방전문지도기관의 지정, 지정 취소 및 업무정지 명령
⑱ 타워크레인 설치·해체업의 등록, 등록 취소 및 업무정지 명령
⑲ 제조·수입 또는 판매에 관한 자료 제출 명령
⑳ 안전인증 표시 제거 명령
㉑ 안전인증 취소, 안전인증표시의 사용 금지 및 시정 명령
㉒ 수거 또는 파기 명령
㉓ 자율안전확인 표시 제거 명령
㉔ 자율안전확인표시의 사용 금지 및 시정 명령
㉕ 자율안전확인대상기계 수거 또는 파기 명령
㉖ 자율검사프로그램의 인정 취소와 시정 명령
㉗ 자율안전검사기관의 지정, 지정 취소 및 업무정지 명령
㉘ 등록 취소 및 지원 제한
㉙ 승인 또는 연장승인의 취소
㉚ 선임 또는 해임 사실의 신고 접수·처리
㉛ 제조등금지물질의 제조·수입 또는 사용의 승인 및 그 승인의 취소
㉜ 허가대상물질의 제조·사용의 허가와 변경 허가, 수리·개조 등의 명령, 허가대상물질의 제조·사용 허가의 취소 및 영업정지 명령
㉝ 일반석면조사 또는 기관석면조사의 이행 명령 및 이행 명령의 결과를 보고받을 때까지의 작업중지 명령
㉞ 석면조사기관의 지정, 지정 취소 및 업무정지 명령

㉟ 석면해체·제거업의 등록, 등록 취소 및 업무정지 명령
㊱ 석면해체·제거작업의 안전성 평가 및 그 결과의 공개
㊲ 석면해체·제거작업 신고의 접수 및 수리
㊳ 제출된 석면농도 증명자료의 접수
㊴ 작업환경측정 결과 보고의 접수·처리
㊵ 작업환경측정기관의 지정, 지정 취소 및 업무정지 명령
㊶ 임시건강진단 실시 등의 명령
㊷ 건강진단에 관한 사업주의 조치 결과의 접수
㊸ 건강진단 실시 결과 보고의 접수
㊹ 특수건강진단기관의 지정, 지정 취소 및 업무정지 명령
㊺ 교육기관의 지정, 지정 취소 및 업무정지 명령
㊻ 지도사의 등록, 등록 취소 및 업무정지 명령
㊼ 신고의 접수·처리
㊽ 과징금의 부과·징수(위임된 권한에 관한 사항으로 한정한다)
㊾ 과징금 및 가산금의 부과·징수
㊿ 청문(위임된 권한에 관한 사항으로 한정한다)
㉑ 과태료의 부과·징수(위임된 권한에 관한 사항으로 한정한다)
㉒ 서류의 접수
㉓ 지도사 자격증(고용노동부장관 명의로 된 자격증을 말한다.)의 발급 및 관리
㉔ 그 밖에 권한을 행사하는 데 따르는 감독상의 조치

(3) 고용노동부장관의 업무위탁

고용노동부장관은 이 법에 따른 업무 중 다음의 업무를 대통령령으로 정하는 바에 따라 공단 또는 대통령령으로 정하는 비영리법인 또는 관계 전문기관에 위탁할 수 있다(법 제165조 제2항).

① 정부의 책무에 관한 업무
② 안전보건진단 및 작업환경측정을 위한 시설의 설치·운영 업무
③ 표준제정위원회의 구성·운영
④ 안전관리전문기관 또는 보건관리전문기관에 대한 평가 업무
⑤ 직무와 관련한 안전보건교육
⑥ 안전보건교육을 실시하는 기관의 등록 업무

⑦ 안전보건교육기관에 따른 평가에 관한 업무
⑧ 유해위험방지계획서의 접수·심사, 확인
⑨ 공정안전보고서의 접수, 공정안전보고서의 심사 및 확인
⑩ 안전보건진단기관에 대한 평가 업무
⑪ 안전 및 보건에 관한 평가
⑫ 건설재해예방전문지도기관에 대한 평가 업무
⑬ 안전인증
⑭ 안전인증의 확인
⑮ 안전인증기관에 대한 평가 업무
⑯ 자율안전확인의 신고에 관한 업무
⑰ 안전검사
⑱ 안전검사기관에 대한 평가 업무
⑲ 자율검사프로그램의 인정
⑳ 안전에 관한 성능검사 교육 및 자율안전검사기관에 대한 평가 업무
㉑ 조사, 수거 및 성능시험
㉒ 지원과 등록
㉓ 유해·위험기계등의 안전에 관한 정보의 종합관리
㉔ 유해성·위험성 평가에 관한 업무
㉕ 물질안전보건자료 등의 접수 업무
㉖ 물질안전보건자료의 일부 비공개 승인 등에 관한 업무
㉗ 물질안전보건자료와 관련된 자료의 제공
㉘ 석면조사 능력의 확인 및 석면조사기관에 대한 지도·교육 업무
㉙ 석면조사기관에 대한 평가 업무
㉚ 석면해체·제거작업의 안전성 평가 업무
㉛ 작업환경측정·분석능력의 확인 및 작업환경측정기관에 대한 지도·교육 업무
㉜ 작업환경측정기관에 대한 평가 업무
㉝ 작업환경측정 결과의 신뢰성 평가 업무
㉞ 특수건강진단기관의 진단·분석능력의 확인 및 지도·교육 업무
㉟ 특수건강진단기관에 대한 평가 업무
㊱ 유해인자별 특수건강진단 전문연구기관 지정에 관한 업무
㊲ 건강관리카드에 관한 업무

㊳ 역학조사

㊴ 지도사 보수교육

㊵ 지도사 연수교육

㊶ 보조ㆍ지원 및 보조ㆍ지원의 취소ㆍ환수 업무

(4) 업무의 위탁

① 고용노동부장관은 안전보건진단 및 작업환경측정을 위한 시설의 설치ㆍ운영 업무부터 안전관리전문기관 또는 보건관리전문기관에 대한 평가 업무까지, 안전보건교육을 실시하는 기관의 등록 업무부터 안전보건진단기관에 대한 평가 업무까지, 건설재해예방전문지도기관에 대한 평가 업무, 안전인증기관에 대한 평가 업무, 자율안전확인의 신고에 관한 업무, 안전검사기관에 대한 평가 업무부터 석면해체ㆍ제거작업의 안전성 평가 업무까지, 작업환경측정기관에 대한 평가 업무, 작업환경측정 결과의 신뢰성 평가 업무 및 특수건강진단기관에 대한 평가 업무부터 보조ㆍ지원 및 보조ㆍ지원의 취소ㆍ환수 업무까지의 업무를 공단에 위탁한다(영 제116조 제1항).

② 고용노동부장관은 정부의 책무에 관한 업무, 안전 및 보건에 관한 평가, 안전인증, 안전인증의 확인, 안전검사, 작업환경측정ㆍ분석능력의 확인 및 작업환경측정기관에 대한 지도ㆍ교육 업무 및 특수건강진단기관의 진단ㆍ분석능력의 확인 및 지도ㆍ교육 업무를 다음의 법인 또는 기관에 위탁한다(영 제116조 제2항).

㉠ 공단

㉡ 다음의 법인 또는 기관 중에서 위탁업무를 수행할 수 있는 인력ㆍ시설 및 장비를 갖추어 고용노동부장관이 정하여 고시하는 바에 따라 지정을 받거나 등록한 법인 또는 기관

ⓐ 산업안전ㆍ보건 또는 산업재해 예방을 목적으로 「민법」에 따라 설립된 비영리법인

ⓑ 고용노동부장관의 지정을 받은 법인 또는 기관

ⓒ 「고등교육법」에 따른 학교

ⓓ 공공기관

㉢ 그 밖에 고용노동부장관이 산업재해 예방 업무에 전문성이 있다고 인정하여 고시하는 법인 또는 기관

③ 고용노동부장관은 공단, 법인 또는 기관에 그 업무를 위탁한 경우에는 위탁기관의 명칭과 위탁업무 등에 관한 사항을 관보 또는 고용노동부 인터넷 홈페이지 등에 공고해야 한다(영 제116조 제3항).

④ 공단은 위탁받은 업무의 일부를 법인 또는 기관에 고용노동부장관의 승인을 받아 재위탁

할 수 있다. 이 경우 공단은 재위탁받은 법인 또는 기관과 재위탁 업무의 내용을 인터넷 홈페이지에 게재해야 한다(영 제116조 제4항).

(5) 민감정보 및 고유식별정보의 처리

고용노동부장관(고용노동부장관의 권한을 위임받거나 업무를 위탁받은 자와 재위탁받은 자, 지도사 자격시험 실시를 대행하는 자를 포함한다)은 다음의 사무를 수행하기 위해 불가피한 경우 건강에 관한 정보, 범죄경력자료에 해당하는 정보 및 주민등록번호·외국인등록번호가 포함된 자료를 처리할 수 있다(영 제117조).

① 고용노동부장관이 협조를 요청한 사항으로서 산업재해 또는 건강진단 관련 자료의 처리에 관한 사무
② 산업재해 발생 기록 및 보고 등에 관한 사무
③ 건강진단에 관한 사무
④ 건강관리카드 발급에 관한 사무
⑤ 질병자의 근로 금지·제한에 관한 지도, 감독에 관한 사무
⑥ 역학조사에 관한 사무
⑦ 지도사 자격시험에 관한 사무
⑧ 지도사의 등록에 관한 사무
⑨ 직업성 질병의 예방 및 조기 발견에 관한 사무
⑩ 지도사 자격증의 발급 및 관리

(6) 공무원 의제

업무를 위탁받은 비영리법인 또는 관계 전문기관의 임직원은 「형법」 제129조부터 제132조까지의 규정을 적용할 때에는 공무원으로 본다(법 제165조 제3항).

9. 수수료 등

(1) 수수료 납부

다음의 어느 하나에 해당하는 자는 고용노동부령으로 정하는 바에 따라 수수료를 내야 한다(법 제166조 제1항).

① 안전보건관리책임자 등의 사람에게 안전보건교육을 이수하게 하려는 사업주
② 유해위험방지계획서를 심사받으려는 자

③ 공정안전보고서를 심사받으려는 자
④ 안전 및 보건에 관한 평가를 받으려는 자
⑤ 안전인증을 받으려는 자
⑥ 확인을 받으려는 자
⑦ 안전검사를 받으려는 자
⑧ 자율검사프로그램의 인정을 받으려는 자
⑨ 물질안전보건자료의 일부 비공개 승인 또는 연장승인을 받으려는 자
⑩ 허가를 받으려는 자
⑪ 자격·면허의 취득을 위한 교육을 받으려는 사람
⑫ 지도사 자격시험에 응시하려는 사람
⑬ 지도사의 등록을 하려는 자
⑭ 그 밖에 산업 안전 및 보건과 관련된 자로서 대통령령으로 정하는 자

(2) 수익자의 비용부담

공단은 고용노동부장관의 승인을 받아 공단의 업무 수행으로 인한 수익자로 하여금 그 업무 수행에 필요한 비용의 전부 또는 일부를 부담하게 할 수 있다(법 제166조 제2항).

(3) 수수료 등

① 수수료는 고용노동부장관이 정하여 고시한다(규칙 제242조 제1항).
② 수수료 중 공단 또는 비영리법인에 납부하는 수수료는 현금 또는 정보통신망을 이용하여 전자화폐·전자결제 등의 방법으로 납부할 수 있다(규칙 제242조 제2항).

10. 현장실습생에 대한 특례

현장실습을 받기 위하여 현장실습산업체의 장과 현장실습계약을 체결한 직업교육훈련생에게는 사업주 등의 의무, 근로자에 대한 안전보건교육, 안전조치부터 근로자의 안전조치 및 보건조치 준수까지, 사업주의 작업중지부터 산업재해 발생 은폐 금지 및 보고까지, 도급인의 안전조치 및 보건조치, 물질안전보건자료의 게시 및 교육, 임시건강진단 명령, 질병자의 근로금지·제한, 자격 등에 의한 취업 제한, 근로감독관의 권한부터 감독기관에 대한 신고까지를 준용한다. 이 경우 "사업주"는 "현장실습산업체의 장"으로, "근로"는 "현장실습"으로, "근로자"는 "현장실습생"으로 본다(법 제166조의2).

PART 12 벌칙

1. 7년 이하의 징역 또는 1억원 이하의 벌금

① 안전조치, 보건조치 또는 도급인의 안전조치 및 보건조치를 위반하여 근로자를 사망에 이르게 한 자는 7년 이하의 징역 또는 1억원 이하의 벌금에 처한다(법 제167조 제1항).
② ①의 죄로 형을 선고받고 그 형이 확정된 후 5년 이내에 다시 ①의 죄를 저지른 자는 그 형의 2분의 1까지 가중한다(법 제167조 제2항).

> **관련판례**
> 사업주가 고용한 근로자가 타인의 사업장에서 근로를 제공하는 경우 그 작업장을 사업주가 직접 관리·통제하고 있지 아니한다는 사정만으로 사업주의 재해발생 방지의무가 당연히 부정되는 것은 아니다. 타인의 사업장 내 작업장이 밀폐공간이어서 재해발생의 위험이 있다면 사업주는 당해 근로관계가 근로자파견관계에 해당한다는 등의 특별한 사정이 없는 한 구 산업안전보건법(2019. 1. 15. 법률 제16272호로 전부 개정되기 전의 것, 이하 '법'이라고 한다) 제24조 제1항 제1호에 따라 근로자의 건강장해를 예방하는 데 필요한 조치를 취할 의무가 있다. 따라서 사업주가 근로자의 건강장해를 예방하기 위하여 법 제24조 제1항에 규정된 조치를 취하지 아니한 채 타인의 사업장에서 작업을 하도록 지시하거나 그 보건조치가 취해지지 아니한 상태에서 위 작업이 이루어지고 있다는 사정을 알면서도 이를 방치하는 등 위 규정 위반행위가 사업주에 의하여 이루어졌다고 인정되는 경우에는 법 제66조의2, 제24조 제1항의 위반죄가 성립한다(대판 2016도14559).

2. 5년 이하의 징역 또는 5천만원 이하의 벌금

다음의 어느 하나에 해당하는 자는 5년 이하의 징역 또는 5천만원 이하의 벌금에 처한다(법 제168조).

① 안전조치, 보건조치, 사업주의 작업중지, 중대재해 발생 시 사업주의 조치, 유해·위험물질의 제조 등 금지, 유해·위험물질의 제조 등 허가, 석면의 해체·제거 또는 감독기관에 대한 신고를 위반한 자
② 유해위험방지계획서 변경명령, 고용노동부장관의 시정조치, 중대재해 발생 시 고용노동부장관의 작업중지 조치 또는 유해·위험물질의 제조 등 허가에 따른 명령을 위반한 자

3. 3년 이하의 징역 또는 3천만원 이하의 벌금

다음의 어느 하나에 해당하는 자는 3년 이하의 징역 또는 3천만원 이하의 벌금에 처한다(법 제169조).

① 위험한 설비의 가동, 도급인의 안전조치 및 보건조치, 기계·기구 등에 대한 건설공사도급인의 안전조치, 기계·기구 등의 대여자 등의 조치, 타워크레인을 설치하거나 해체하는 작업, 안전인증, 안전인증대상기계등의 제조 등의 금지, 유해·위험물질의 제조 등 허가, 석면해체·제거 작업기준의 준수, 유해·위험작업에 대한 근로시간 제한 또는 자격 등에 의한 취업 제한을 위반한 자
② 공정안전보고서의 변경, 고용노동부장관의 시정조치, 안전인증대상기계등의 제조 등의 금지, 유해·위험물질의 제조 등 허가, 일반석면조사 또는 기관석면조사 또는 임시건강진단 명령에 따른 명령을 위반한 자
③ 고용노동부장관과 사업주의 안전 및 보건에 관한 업무를 위탁받은 자로서 그 업무를 거짓이나 그 밖의 부정한 방법으로 수행한 자
④ 안전인증 업무를 위탁받은 자로서 그 업무를 거짓이나 그 밖의 부정한 방법으로 수행한 자
⑤ 안전검사 업무를 위탁받은 자로서 그 업무를 거짓이나 그 밖의 부정한 방법으로 수행한 자
⑥ 자율검사프로그램에 따른 안전검사 업무를 거짓이나 그 밖의 부정한 방법으로 수행한 자

4. 1년 이하의 징역 또는 1천만원 이하의 벌금

다음의 어느 하나에 해당하는 자는 1년 이하의 징역 또는 1천만원 이하의 벌금에 처한다(법 제170조).

① 고객의 폭언 등으로 인한 건강장해 예방조치을 위반하여 해고나 그 밖의 불리한 처우를 한 자
② 중대재해 발생 현장을 훼손하거나 고용노동부장관의 원인조사를 방해한 자
③ 산업재해 발생 사실을 은폐한 자 또는 그 발생 사실을 은폐하도록 교사하거나 공모한 자
④ 도급인의 안전 및 보건에 관한 정보 제공, 유해하거나 위험한 기계·기구에 대한 방호조치, 안전인증의 표시, 자율안전확인대상기계등의 제조 등의 금지, 역학조사 또는 비밀유지를 위반한 자
⑤ 안전인증표시나 이와 유사한 표시를 제거명령 또는 자율안전확인대상기계등을 수거하거

나 파기명령을 위반한 자
⑥ 조사, 수거 또는 성능시험을 방해하거나 거부한 자
⑦ 다른 사람에게 자기의 성명이나 사무소의 명칭을 사용하여 지도사의 직무를 수행하게 하거나 자격증·등록증을 대여한 사람
⑧ 지도사의 성명이나 사무소의 명칭을 사용하여 지도사의 직무를 수행하거나 자격증·등록증을 대여받거나 이를 알선한 사람

5. 벌칙

이수명령을 부과받은 사람이 보호관찰소의 장 또는 교정시설의 장의 이수명령 이행에 관한 지시에 따르지 아니하여 「보호관찰 등에 관한 법률」 또는 「형의 집행 및 수용자의 처우에 관한 법률」에 따른 경고를 받은 후 재차 정당한 사유 없이 이수명령 이행에 관한 지시에 따르지 아니한 경우에는 다음에 따른다(법 제170조의2).
① 벌금형과 병과된 경우는 500만원 이하의 벌금에 처한다.
② 징역형 이상의 실형과 병과된 경우에는 1년 이하의 징역 또는 1천만원 이하의 벌금에 처한다.

6. 1천만원 이하의 벌금

다음의 어느 하나에 해당하는 자는 1천만원 이하의 벌금에 처한다(법 제171조).
① 공사기간 단축 및 공법변경 금지, 자율안전확인의 신고, 자율안전확인의 표시, 신규화학물질의 유해성·위험성 조사, 유해성·위험성 화학물질에 대한 조치 또는 질병자의 근로 금지·제한을 위반한 자
② 자율안전확인표시나 이와 유사한 표시를 제거, 보호구를 갖추어 두는 등의 조치 또는 근로자의 건강장해 예방을 위한 시설·설비의 설치 또는 개선 등 필요한 조치에 따른 명령을 위반한 자
③ 해당 시설·설비의 설치·개선 또는 건강진단의 실시 등의 조치를 하지 아니한 자
④ 작업장소 변경 등의 적절한 조치를 하지 아니한 자

7. 500만원 이하의 벌금

도급인과 수급인을 구성원으로 하는 안전 및 보건에 관한 협의체의 구성 및 운영, 작업장 순회점검, 안전보건교육을 위한 장소 및 자료의 제공 등 지원, 안전보건교육의 실시 확인, 경보체계 운영과 대피방법 등 훈련, 작업시기·내용, 안전조치 및 보건조치 등의 확인, 위험이 발생할 우려가 있는 경우 관계수급인 등의 작업시기·내용 등의 조정 또는 작업장의 안전 및 보건에 관한 점검을 위반한 자는 500만원 이하의 벌금에 처한다(법 제172조).

8. 양벌규정

법인의 대표자나 법인 또는 개인의 대리인, 사용인, 그 밖의 종업원이 그 법인 또는 개인의 업무에 관하여 벌칙의 어느 하나에 해당하는 위반행위를 하면 그 행위자를 벌하는 외에 그 법인에게 다음의 구분에 따른 벌금형을, 그 개인에게는 해당 조문의 벌금형을 과(科)한다. 다만, 법인 또는 개인이 그 위반행위를 방지하기 위하여 해당 업무에 관하여 상당한 주의와 감독을 게을리하지 아니한 경우에는 그러하지 아니하다(법 제173조).
① 7년 이하의 징역 또는 1억원 이하의 벌금의 경우 : 10억원 이하의 벌금
② 기타 벌칙의 경우 : 해당 조문의 벌금형

9. 형벌과 수강명령 등의 병과

(1) 수강명령 또는 산업안전보건프로그램의 이수명령 병과

법원은 안전조치, 보건조치 또는 도급인의 안전조치 및 보건조치를 위반하여 근로자를 사망에 이르게 한 사람에게 유죄의 판결(선고유예는 제외한다)을 선고하거나 약식명령을 고지하는 경우에는 200시간의 범위에서 산업재해 예방에 필요한 수강명령 또는 산업안전보건프로그램의 이수명령을 병과할 수 있다(법 제174조 제1항).

(2) 집행유예와 병과

수강명령은 형의 집행을 유예할 경우에 그 집행유예기간 내에서 병과하고, 이수명령은 벌금 이상의 형을 선고하거나 약식명령을 고지할 경우에 병과한다(법 제174조 제2항).

(3) 수강명령 또는 이수명령의 집행

수강명령 또는 이수명령은 형의 집행을 유예할 경우에는 그 집행유예기간 내에, 벌금형을 선고하거나 약식명령을 고지할 경우에는 형 확정일부터 6개월 이내에, 징역형 이상의 실형을 선고할 경우에는 형기 내에 각각 집행한다(법 제174조 제3항).

(4) 수강명령 또는 이수명령의 집행기관

수강명령 또는 이수명령이 벌금형 또는 형의 집행유예와 병과된 경우에는 보호관찰소의 장이 집행하고, 징역형 이상의 실형과 병과된 경우에는 교정시설의 장이 집행한다. 다만, 징역형 이상의 실형과 병과된 이수명령을 모두 이행하기 전에 석방 또는 가석방되거나 미결구금일수 산입 등의 사유로 형을 집행할 수 없게 된 경우에는 보호관찰소의 장이 남은 이수명령을 집행한다(법 제174조 제4항).

(5) 수강명령 또는 이수명령의 내용

수강명령 또는 이수명령은 다음의 내용으로 한다(법 제174조 제5항).
① 안전 및 보건에 관한 교육
② 그 밖에 산업재해 예방을 위하여 필요한 사항

(6) 준용법률

수강명령 및 이수명령에 관하여 이 법에서 규정한 사항 외의 사항에 대해서는 「보호관찰 등에 관한 법률」을 준용한다(법 제174조 제6항).

10. 과태료

(1) 5천만원 이하의 과태료

다음의 어느 하나에 해당하는 자에게는 5천만원 이하의 과태료를 부과한다(법 제175조 제1항).
① 기관석면조사를 하지 아니하고 건축물 또는 설비를 철거하거나 해체한 자
② 석면농도가 기준을 초과한 경우 건축물 또는 설비를 철거하거나 해체한 자

(2) 3천만원 이하의 과태료

다음의 어느 하나에 해당하는 자에게는 3천만원 이하의 과태료를 부과한다(법 제175조 제2항).

① 안전보건교육 또는 소속 근로자의 산업재해 예방을 위반한 자
② 중대재해 발생 시 사업주의 조치를 위반하여 중대재해 발생 사실을 보고하지 아니하거나 거짓으로 보고한 자

(3) 1천500만원 이하의 과태료

다음의 어느 하나에 해당하는 자에게는 1천500만원 이하의 과태료를 부과한다(법 제175조 제3항).

① 안전보건진단을 거부·방해하거나 기피한 자 또는 안전보건진단에 근로자대표를 참여시키지 아니한 자
② 보고를 하지 아니하거나 거짓으로 보고한 자
③ 위생시설 등 고용노동부령으로 정하는 시설의 설치 등을 위하여 필요한 장소의 제공을 하지 아니하거나 도급인이 설치한 위생시설 이용에 협조하지 아니한 자
④ 휴게시설을 갖추지 아니한 자(대통령령으로 정하는 기준에 해당하는 사업장의 사업주로 한정한다)
⑤ 정당한 사유 없이 역학조사를 거부·방해하거나 기피한 자
⑥ 역학조사 참석이 허용된 사람의 역학조사 참석을 거부하거나 방해한 자

(4) 1천만원 이하의 과태료

다음의 어느 하나에 해당하는 자에게는 1천만원 이하의 과태료를 부과한다(법 제175조 제4항).
① 관계수급인에 관한 자료를 제출하지 아니하거나 거짓으로 제출한 자
② 안전 및 보건에 관한 계획을 이사회에 보고하지 아니하거나 승인을 받지 아니한 자
③ 고객의 폭언 등으로 인한 건강장해 예방조치, 유해위험방지계획서 제출, 공정안전보고서 작성, 공정안전보고서 비치, 공정안전보고서 준수, 건설공사발주자의 산업재해 예방조치, 산업재해 예방을 위한 공사기간의 연장, 설계변경 요청 및 변경, 산업안전보건관리비 계상(건설공사도급인만 해당한다), 특수형태근로종사자의 안전조치 및 보건조치, 배달종사자에 대한 안전조치, 안전인증표시, 안전검사, 안전검사대상기계등의 사용 금지, 자율검사프로그램의 인정이 취소된 안전검사대상기계등을 사용 또는 유해인자 허용기준의 준수의 부분 본문을 위반한 자
④ 안전보건진단 또는 안전보건개선계획의 수립·시행에 따른 명령을 위반한 자
⑤ 등록하지 아니하고 타워크레인을 설치·해체하는 자
⑥ 작업환경측정을 하지 아니한 자
⑦ 휴게시설의 설치·관리기준을 준수하지 아니한 자

⑧ 근로자 건강진단을 하지 아니한 자
⑨ 근로감독관의 검사·점검 또는 수거를 거부·방해 또는 기피한 자

(5) 500만원 이하의 과태료

다음의 어느 하나에 해당하는 자에게는 500만원 이하의 과태료를 부과한다(법 제175조 제5항).

① 안전보건관리책임자의 선임, 관리감독자의 선임, 관리감독자 선임, 보건관리자 선임, 안전보건관리담당자 선임, 산업보건의 선임, 산업안전보건위원회 구성·운영, 안전보건관리규정의 작성·변경, 안전보건관리규정의 작성, 건설업 기초안전보건교육, 안전보건관리책임자 등에 대한 직무교육, 안전보건표지의 설치·부착, 공정안전보고서 심의, 안전보건개선계획 심의, 안전보건개선계획서 준수, 안전보건총괄책임자 지정, 도급인의 관계수급인에 대한 시정조치, 안전보건조정자 선임, 노사협의체가 심의·의결한 사항 성실이행, 안전 및 보건에 관한 교육 실시, 자율안전확인의 표시, 안전검사합격증명서 부착, 석면해체·제거, 석면농도 기준이하(증명자료의 제출은 제외한다), 작업환경측정 결과 설명회 개최, 건강진단 결과 설명, 건강관리카드 대여금지 또는 지도사의 등록을 위반한 자
② 안전관리자의 증가 또는 교체, 보건관리자의 증가 또는 교체 또는 안전보건관리담당자의 증가 또는 교체에 따른 명령을 위반한 자
③ 이 법 및 이 법에 따른 명령의 요지, 안전보건관리규정 또는 물질안전보건자료를 게시하지 아니하거나 갖추어 두지 아니한 자
④ 고용노동부장관으로부터 명령받은 사항을 게시하지 아니한 자
⑤ 유해성·위험성 조사보고서를 제출하지 아니하거나 유해성·위험성 조사 결과 또는 유해성·위험성 평가에 필요한 자료를 제출하지 아니한 자
⑥ 물질안전보건자료, 화학물질의 명칭·함유량 또는 변경된 물질안전보건자료를 제출하지 아니한 자
⑦ 국외제조자로부터 물질안전보건자료에 적힌 화학물질 외에는 분류기준에 해당하는 화학물질이 없음을 확인하는 내용의 서류를 거짓으로 제출한 자
⑧ 물질안전보건자료를 제공하지 아니한 자
⑨ 승인을 받지 아니하고 화학물질의 명칭 및 함유량을 대체자료로 적은 자
⑩ 비공개 승인 또는 연장승인 신청 시 영업비밀과 관련되어 보호사유를 거짓으로 작성하여 신청한 자
⑪ 대체자료로 적힌 화학물질의 명칭 및 함유량 정보를 제공하지 아니한 자
⑫ 국외제조자로 선임된 자로서 업무를 거짓으로 수행한 자

⑬ 국외제조자로 선임된 자로서 고용노동부장관에게 제출한 물질안전보건자료를 해당 물질 안전보건자료대상물질을 수입하는 자에게 제공하지 아니한 자
⑭ 작업환경측정 시 고용노동부령으로 정하는 작업환경측정의 방법을 준수하지 아니한 사업주(작업환경측정기관에 위탁한 경우는 제외한다)
⑮ 근로자대표가 요구하였는데도 근로자대표를 참석시키지 아니한 자
⑯ 작업환경측정 결과를 해당 작업장 근로자에게 알리지 아니한 자
⑰ 근로감독관의 명령을 위반하여 보고 또는 출석을 하지 아니하거나 거짓으로 보고한 자

(6) 300만원 이하의 과태료

다음의 어느 하나에 해당하는 자에게는 300만원 이하의 과태료를 부과한다(법 제175조 제6항).
① 소속 근로자로 하여금 안전보건교육을 이수하도록 하지 아니한 자
② 근로자대표에게 통지하지 아니한 자
③ 근로자의 안전조치 및 보건조치 준수, 근로자의 건강장해 예방을 위한 조치, 석면해체·제거 작업기준의 준수, 근로자의 건강 보호 및 유지 외의 목적으로 사용, 건강진단에 관한 근로자의 의무 또는 유사명칭 사용금지를 위반한 자
④ 자격이 있는 자의 의견을 듣지 아니하고 유해위험방지계획서를 작성·제출한 자
⑤ 유해위험방지계획서 이행의 확인 또는 공정안전보고서의 이행을 위반하여 확인을 받지 아니한 자
⑥ 지도계약을 체결하지 아니한 자
⑦ 지도를 실시하지 아니한 자 또는 지도에 따라 적절한 조치를 하지 아니한 자
⑧ 자료 제출 명령을 따르지 아니한 자
⑨ 물질안전보건자료의 변경 내용을 반영하여 제공하지 아니한 자
⑩ 해당 근로자를 교육하는 등 적절한 조치를 하지 아니한 자
⑪ 경고표시를 하지 아니한 자
⑫ 일반석면조사를 하지 아니하고 건축물이나 설비를 철거하거나 해체한 자
⑬ 고용노동부장관에게 신고하지 아니한 자
⑭ 증명자료를 제출하지 아니한 자
⑮ 보고, 제출 또는 통보를 하지 아니하거나 거짓으로 보고, 제출 또는 통보한 자
⑯ 질문에 대하여 답변을 거부·방해 또는 기피하거나 거짓으로 답변한 자
⑰ 검사·지도 등을 거부·방해 또는 기피한 자
⑱ 서류를 보존하지 아니한 자

(7) 과태료의 부과·징수

과태료는 대통령령으로 정하는 바에 따라 고용노동부장관이 부과·징수한다(법 제175조 제7항).

(8) 과태료의 부과기준

과태료의 부과기준은 별표 35와 같다(영 제119조).

과태료의 부과기준(영 별표 35)

1. 일반기준
   가. 위반행위의 횟수에 따른 과태료의 가중된 부과기준은 최근 5년간 같은 위반행위로 과태료 부과처분을 받은 경우에 적용한다. 이 경우 기간의 계산은 위반행위에 대하여 과태료 부과처분을 받은 날과 그 처분 후 다시 같은 위반행위를 하여 적발한 날을 기준으로 한다.
   나. 가목에 따라 가중된 부과처분을 하는 경우 가중처분의 적용 차수는 그 위반행위 전 부과처분 차수(가목에 따른 기간 내에 과태료 부과처분이 둘 이상 있었던 경우에는 높은 차수를 말한다)의 다음 차수로 한다. 다만, 적발된 날부터 소급하여 5년이 되는 날 전에 한 부과처분은 가중처분의 차수 산정 대상에서 제외한다.
   다. 부과권자는 다음의 어느 하나에 해당하는 경우에는 제4호의 개별기준에 따른 과태료 부과금액의 2분의 1 범위에서 그 금액을 줄일 수 있다. 다만, 과태료를 체납하고 있는 위반행위자의 경우에는 그 금액을 줄일 수 없다.
      1) 위반행위자가 자연재해·화재 등으로 재산에 현저한 손실을 입었거나 사업 여건의 악화로 사업이 중대한 위기에 처하는 등의 사정이 있는 경우
      2) 그 밖에 위반행위의 동기와 결과, 위반 정도 등을 고려하여 그 금액을 줄일 필요가 있다고 인정되는 경우
   라. 위반행위에 대하여 다목 및 제3호에 따른 과태료 감경사유가 중복되는 경우에도 감경되는 과태료 부과금액의 총액은 제4호에 따른 과태료 부과금액의 2분의 1을 넘을 수 없다.
   마. 제4호에 따른 과태료 부과금액이 100만원 미만인 경우에는 다목 또는 제3호에 따라 줄이지 않고 제4호에 따라 과태료를 부과한다. 다만, 다목 또는 제3호에 따라 줄인 후 과태료 금액이 100만원 미만이 된 경우에는 100만원으로 부과한다.
2. 특정 사업장에 대한 과태료 부과기준
   다음 각 목의 어느 하나에 해당하는 재해 또는 사고가 발생한 사업장에 대하여 법 제56조제1항에 따라 실시하는 발생원인 조사 또는 이와 관련된 감독에서 적발된 위반행위에 대해서는 그 위반행위에 해당하는 제4호의 개별기준 중 3차 이상 위반 시의 금액에 해당하는 과태료를 부과한다.
   가. 중대재해
   나. 법 제44조 제1항 전단에 따른 중대산업사고
3. 사업장 규모 또는 공사 규모에 따른 과태료 감경기준
   다음 각 목의 어느 하나에 해당하는 규모(건설공사의 경우에는 괄호 안의 공사금액)의 사업장에 대해서는 제4호에 따른 과태료 금액에 해당 목에서 규정한 비율을 곱하여 산출한 금액을 과태료로 부과한다.
   가. 상시근로자 50명(10억원) 이상 100명(40억원) 미만 : 100분의 90
   나. 상시근로자 10명(3억원) 이상 50명(10억원) 미만 : 100분의 80

다. 상시근로자 10명(3억원) 미만 : 100분의 70

4. 개별기준

위반행위	근거 법조문	세부내용	과태료 금액(만원)		
			1차 위반	2차 위반	3차 이상위반
가. 법 제10조 제3항 후단을 위반하여 관계수급인에 관한 자료를 제출하지 않거나 거짓으로 제출한 경우	법 제175조 제4항 제1호		1,000	1,000	1,000
나. 법 제14조 제1항을 위반하여 회사의 안전 및 보건에 관한 계획을 이사회에 보고하지 않거나 승인을 받지 않은 경우	법 제175조 제4항 제2호		1,000	1,000	1,000
다. 법 제15조 제1항을 위반하여 사업장을 실질적으로 총괄하여 관리하는 사람으로 하여금 업무를 총괄하여 관리하도록 하지 않은 경우	법 제175조 제5항 제1호	1) 안전보건관리책임자를 선임하지 않은 경우	500	500	500
		2) 안전보건관리책임자로 하여금 업무를 총괄하여 관리하도록 하지 않은 경우	300	400	500
라. 법 제16조 제1항을 위반하여 관리감독자에게 직무와 관련된 산업 안전 및 보건에 관한 업무를 수행하도록 하지 않은 경우	법 제175조 제5항 제1호		300	400	500
마. 법 제17조 제1항, 제18조 제1항 또는 제19조 제1항 본문을 위반하여 안전관리자, 보건관리자 또는 안전보건관리담당자를 두지 않거나 이들로 하여금 업무를 수행하도록 하지 않은 경우	법 제175조 제5항 제1호	1) 안전관리자를 선임하지 않은 경우	500	500	500
		2) 선임된 안전관리자로 하여금 안전관리자의 업무를 수행하도록 하지 않은 경우	300	400	500
		3) 보건관리자를 선임하지 않은 경우	500	500	500
		4) 선임된 보건관리자로 하여금 보건관리자의 업무를 수행하도록 하지 않은 경우	300	400	500
		5) 안전보건관리담당자를 선임하지 않은 경우	500	500	500
		6) 선임된 안전보건관리담당자로 하여금 안전보건관리담당자의 업무를 수행하도록 하지 않은 경우	300	400	500
바. 법 제17조 제3항 또는 제18조 제3항을 위반하여 안전관리자 또는 보건관리자가 그 업무만을 전담하도록 하지 않은 경우	법 제175조 제5항 제1호		200	300	500

위반행위	근거 법조문	세부내용	과태료 금액(만원)		
			1차 위반	2차 위반	3차 이상위반
사. 법 제17조 제4항, 제18조 제4항 또는 제19조제3항에 따른 명령을 위반하여 안전관리자, 보건관리자 또는 안전보건관리담당자를 늘리지 않거나 교체하지 않은 경우	법 제175조 제5항 제2호		500	500	500
아. 법 제22조 제1항 본문을 위반하여 산업보건의를 두지 않은 경우	법 제175조 제5항 제1호		300	400	500
자. 법 제24조 제1항을 위반하여 산업안전보건위원회를 구성·운영하지 않은 경우(법 제75조에 따라 노사협의체를 구성·운영하지 않은 경우를 포함한다)	법 제175조 제5항 제1호	1) 산업안전보건위원회를 구성하지 않은 경우(법 제75조에 따라 노사협의체를 구성한 경우는 제외한다)	500	500	500
		2) 제37조를 위반하여 산업안전보건위원회(법 제75조에 따라 구성된 노사협의체를 포함한다)의 정기회의를 개최하지 않은 경우(1회당)	50	250	500
차. 법 제24조 제4항을 위반하여 산업안전보건위원회가 심의·의결한 사항을 성실하게 이행하지 않은 경우	법 제175조 제5항 제1호	1) 사업주가 성실하게 이행하지 않은 경우	50	250	500
		2) 근로자가 성실하게 이행하지 않은 경우	10	20	30
카. 법 제25조 제1항을 위반하여 안전보건관리규정을 작성하지 않은 경우	법 제175조 제5항 제1호		150	300	500
타. 법 제26조를 위반하여 안전보건관리규정을 작성하거나 변경할 때 산업안전보건위원회의 심의·의결을 거치지 않거나 근로자대표의 동의를 받지 않은 경우	법 제175조 제5항 제1호		50	250	500
파. 법 제29조 제1항(법 제166조의2에서 준용하는 경우를 포함한다)을 위반하여 정기적으로 안전보건교육을 하지 않은 경우	법 제175조 제5항 제1호	1) 교육대상 근로자 1명당	10	20	50
		2) 교육대상 관리감독자 1명당	50	250	500
하. 법 제29조 제2항(법 제166조의2에서 준용하는 경우를 포함한다)을 위반하여 근로자를 채용할 때와 작업내용을 변경할 때(현장실습생의 경우는 현장실습을 최초로 실시할 때	법 제175조 제5항 제1호	교육대상 근로자 1명당	10	20	50

위반행위	근거 법조문	세부내용	과태료 금액(만원)		
			1차 위반	2차 위반	3차 이상위반
와 실습내용을 변경할 때를 말한다) 안전보건교육을 하지 않은 경우					
거. 법 제29조 제3항(법 제166조의2에서 준용하는 경우를 포함한다)을 위반하여 유해하거나 위험한 작업에 근로자를 사용할 때(현장실습생의 경우는 현장실습을 실시할 때를 말한다) 안전보건교육을 추가로 하지 않은 경우	법 제175조 세2항 제1호	교육대상 근로자 1명당	50	100	150
너. 법 제31조 제1항을 위반하여 건설 일용근로자를 채용할 때 기초안전보건교육을 이수하도록 하지 않은 경우	법 제175조 제5항 제1호	교육대상 근로자 1명당	10	20	50
더. 법 제32조 제1항을 위반하여 안전보건관리책임자 등으로 하여금 직무와 관련한 안전보건교육을 이수하도록 하지 않은 경우	법 제175조 제5항 제1호	1) 법 제32조 제1항 제1호부터 제3호까지의 규정에 해당하는 사람으로 하여금 안전보건교육을 이수하도록 하지 않은 경우	500	500	500
		2) 법 제32조 제1항 제4호에 해당하는 사람으로 하여금 안전보건교육을 이수하도록 하지 않은 경우	100	200	500
	법 제175조 제6항 제1호	3) 법 제32조 제1항 제5호에 해당하는 사람으로 하여금 안전보건교육을 이수하도록 하지 않은 경우	300	300	300
러. 법 제34조를 위반하여 법과 법에 따른 명령의 요지, 안전보건관리규정를 게시하지 않거나 갖추어 두지 않은 경우	법 제175조 제5항 제3호		50	250	500
머. 법 제35조를 위반하여 근로자대표의 요청 사항을 근로자대표에게 통지하지 않은 경우	법 제175조 제6항 제2호		30	150	300
버. 법 제37조 제1항을 위반하여 안전보건표지를 설치·부착하지 않거나 설치·부착된 안전보건표지가 같은 항에 위배되는 경우	법 제175조 제5항 제1호	1개소당	10	30	50
서. 법 제40조(법 제166조의2에서 준용하는 경우를 포함한다)를 위반하여 조치 사항을	법 제175조 제6항 제3호		5	10	15

위반행위	근거 법조문	세부내용	과태료 금액(만원)		
			1차 위반	2차 위반	3차 이상위반
지키지 않은 경우					
어. 법 제41조 제2항(법 제166조의2에서 준용하는 경우를 포함한다)을 위반하여 필요한 조치를 하지 않은 경우	법 제175조 제4항 제3호		300	600	1,000
저. 법 제42조 제1항·제5항·제6항을 위반하여 유해위험방지계획서 또는 심사결과서를 작성하여 제출하지 않거나 심사결과서를 갖추어 두지 않은 경우	법 제175조 제4항 제3호	1) 법 제42조 제1항을 위반하여 유해위험방지계획서 또는 자체 심사결과를 작성하여 제출하지 않은 경우			
		가) 법 제42조 제1항 제1호 또는 제2호에 해당하는 사업주	300	600	1,000
		나) 법 제42조 제1항 제3호에 해당하는 사업주	1,000	1,000	1,000
		2) 법 제42조 제5항을 위반하여 유해위험방지계획서와 그 심사결과서를 사업장에 갖추어 두지 않은 경우	300	600	1,000
		3) 법 제42조 제6항을 위반하여 변경할 필요가 있는 유해위험방지계획서를 변경하여 갖추어 두지 않은 경우			
		가) 유해위험방지계획서를 변경하지 않은 경우	1,000	1,000	1,000
		나) 유해위험방지계획서를 변경했으나 갖추어 두지 않은 경우	300	600	1,000
처. 법 제42조 제2항을 위반하여 자격이 있는 자의 의견을 듣지 않고 유해위험방지계획서를 작성·제출한 경우	법 제175조 제6항 제4호		30	150	300
커. 법 제43조 제1항을 위반하여 고용노동부장관의 확인을 받지 않은 경우	법 제175조 제6항 제5호		30	150	300
터. 법 제44조 제1항 전단을 위반하여 공정안전보고서를 작성하여 제출하지 않은 경우	법 제175조 제4항 제3호		300	600	1,000
퍼. 법 제44조 제2항을 위반하여 공정안전보고서 작성 시 산업안전보건위원회의 심의를 거치지 않거나 근로자대표의 의견을 듣지 않은 경우	법 제175조 제5항 제1호		50	250	500

위반행위	근거 법조문	세부내용	과태료 금액(만원)		
			1차 위반	2차 위반	3차 이상위반
허. 법 제45조 제2항을 위반하여 공정안전보고서를 사업장에 갖추어 두지 않은 경우	법 제175조 제4항 제3호		300	600	1,000
고. 법 제46조 제1항을 위반하여 공정안전보고서의 내용을 지키지 않은 경우	법 제175조 제4항 제3호	1) 사업주가 지키지 않은 경우(내용 위반 1건당)	10	20	30
		2) 근로자가 지키지 않은 경우(내용 위반 1건당)	5	10	15
노. 법 제46조 제2항을 위반하여 공정안전보고서의 내용을 실제로 이행하고 있는지에 대하여 고용노동부장관의 확인을 받지 않은 경우	법 제175조 제6항 제5호		30	150	300
도. 법 제47조 제1항에 따른 명령을 위반하여 안전보건진단기관이 실시하는 안전보건진단을 받지 않은 경우	법 제175조 제4항 제4호		1,000	1,000	1,000
로. 법 제47조 제3항 전단을 위반하여 정당한 사유 없이 안전보건진단을 거부·방해 또는 기피하거나 같은 항 후단을 위반하여 근로자대표가 요구하였음에도 불구하고 안전보건진단에 근로자대표를 참여시키지 않은 경우	법 제175조 제3항 제1호	1) 거부·방해 또는 기피한 경우	1,500	1,500	1,500
		2) 근로자대표를 참여시키지 않은 경우	150	300	500
모. 법 제49조 제1항에 따른 명령을 위반하여 안전보건개선계획을 수립하여 시행하지 않은 경우	법 제175조 제4항 제4호	1) 법 제49조 제1항 전단에 따라 안전보건개선계획을 수립·시행하지 않은 경우	500	750	1,000
		2) 법 제49조 제1항 후단에 따라 안전보건개선계획을 수립·시행하지 않은 경우	1,000	1,000	1,000
보. 법 제49조 제2항을 위반하여 산업안전보건위원회의 심의를 거치지 않거나 근로자대표의 의견을 듣지 않은 경우	법 제175조 제5항 제1호		50	250	500
소. 법 제50조 제3항을 위반하여 안전보건개선계획을 준수하지 않은 경우	법 제175조 제5항 제1호	1) 사업주가 준수하지 않은 경우	200	300	500
		2) 근로자가 준수하지 않은 경우	5	10	15
오. 법 제53조 제2항(법 제166조의2에서 준용하는 경우를 포함한다)을 위반하여 고용노동부장관으로부터 명령받은 사	법 제175조 제5항 제4호		50	250	500

위반행위	근거 법조문	세부내용	과태료 금액(만원)		
			1차 위반	2차 위반	3차 이상위반
항을 게시하지 않은 경우					
조. 법 제54조 제2항(법 제166조의2에서 준용하는 경우를 포함한다)을 위반하여 중대재해 발생 사실을 보고하지 않거나 거짓으로 보고한 경우	법 제175조 제2항 제2호	중대재해 발생 보고를 하지 않거나 거짓으로 보고한 경우(사업장 외 교통사고 등 사업주의 법 위반을 직접적인 원인으로 발생한 중대재해가 아닌 것이 명백한 경우는 제외한다)	3,000	3,000	3,000
초. 법 제57조 제3항(법 제166조의2에서 준용하는 경우를 포함한다)을 위반하여 산업재해를 보고하지 않거나 거짓으로 보고한 경우(오목에 해당하는 경우는 제외한다)	법 제175조 제3항 제2호	1) 산업재해를 보고하지 않은 경우(사업장 외 교통사고 등 사업주의 법 위반을 직접적인 원인으로 발생한 산업재해가 아닌 것이 명백한 경우는 제외한다)	700	1,000	1,500
		2) 산업재해를 거짓으로 보고한 경우	1,500	1,500	1,500
코. 법 제62조 제1항을 위반하여 안전보건총괄책임자를 지정하지 않은 경우	법 제175조 제5항 제1호		500	500	500
토. 법 제66조 제1항 후단을 위반하여 도급인의 조치에 따르지 않은 경우	법 제175조 제5항 제1호		150	300	500
포. 법 제66조 제2항 후단을 위반하여 도급인의 조치에 따르지 않은 경우	법 제175조 제5항 제1호		150	300	500
호. 법 제67조 제1항을 위반하여 건설공사의 계획, 설계 및 시공 단계에서 필요한 조치를 하지 않은 경우	법 제175조 제4항 제3호		1,000	1,000	1,000
구. 법 제67조 제2항을 위반하여 안전보건 분야의 전문가에게 같은 조 제1항 각 호에 따른 안전보건대장에 기재된 내용의 적정성 등을 확인받지 않은 경우	법 제175조 제4항 제3호		1,000	1,000	1,000
누. 법 제68조 제1항을 위반하여 안전보건조정자를 두지 않은 경우	법 제175조 제5항 제1호		500	500	500
두. 법 제70조 제1항을 위반하여 특별한 사유 없이 공사기간 연장 조치를 하지 않은 경우	법 제175조 제4항 제3호		1,000	1,000	1,000
루. 법 제70조 제2항 후단을 위반하여 특별한 사유 없이 공사기	법 제175조 제4항 제3호		1,000	1,000	1,000

위반행위	근거 법조문	세부내용	과태료 금액(만원)		
			1차 위반	2차 위반	3차 이상위반
간을 연장하지 않거나 건설공사발주자에게 그 기간의 연장을 요청하지 않은 경우					
무. 법 제71조 제3항 후단을 위반하여 설계를 변경하지 않거나 건설공사발주자에게 설계변경을 요청하지 않은 경우	법 제175조 제4항 제3호		1,000	1,000	1,000
부. 법 제71조 제4항을 위반하여 설계를 변경하지 않은 경우	법 제175조 제4항 제3호		1,000	1,000	1,000
수. 법 제72조 제1항을 위반하여 산업안전보건관리비를 도급금액 또는 사업비에 계상하지 않거나 일부만 계상한 경우	법 제175조 제4항 제3호	1) 전액을 계상하지 않은 경우	계상하지 않은 금액 (다만, 1,000만원을 초과할 경우 1,000만원)	계상하지 않은 금액 (다만, 1,000만원을 초과할 경우 1,000만원)	계상하지 않은 금액 (다만, 1,000만원을 초과할 경우 1,000만원)
		2) 50% 이상 100% 미만을 계상하지 않은 경우	계상하지 않은 금액 (다만, 100만원을 초과할 경우 100만원)	계상하지 않은 금액 (다만, 300만원을 초과할 경우 300만원)	계상하지 않은 금액 (다만, 600만원을 초과할 경우 600만원)
		3) 50% 미만을 계상하지 않은 경우	계상하지 않은 금액 (다만, 100만원을 초과할 경우 100만원)	계상하지 않은 금액 (다만, 200만원을 초과할 경우 200만원)	계상하지 않은 금액 (다만, 300만원을 초과할 경우 300만원)
우. 법 제72조 제3항을 위반하여 산업안전보건관리비 사용명세서를 작성하지 않거나 보존하지 않은 경우	법 제175조 제4항 제3호	1) 작성하지 않은 경우	100	500	1,000
		2) 공사 종료 후 1년간 보존하지 않은 경우	100	200	300
주. 법 제72조 제5항을 위반하여 산업안전보건관리비를 다른 목적으로 사용한 경우(건설공사도급인만 해당한다)	법 제175조 제4항 제3호	1) 사용한 금액이 1천만원 이상인 경우	1,000	1,000	1,000
		2) 사용한 금액이 1천만원 미만인 경우	목적 외 사용금액	목적 외 사용금액	목적 외 사용금액
추. 법 제73조 제1항을 위반하여 건설재해예방전문지도기관의 지도를 받지 않은 경우	법 제175조 제6항 제6호		200	250	300
쿠. 법 제75조 제6항을 위반하여 노사협의체가 심의·의결한 사항을 성실하게 이행하지 않	법 제175조 제5항 제1호	1) 건설공사도급인 또는 관계수급인이 성실하게 이행하지 않은 경우	50	250	500

위반행위	근거 법조문	세부내용	과태료 금액(만원)		
			1차 위반	2차 위반	3차 이상위반
은 경우		2) 근로자가 성실하게 이행하지 않은 경우	10	20	30
투. 법 제77조 제1항을 위반하여 안전조치 및 보건조치를 하지 않은 경우	법 제175조 제4항 제3호		500	700	1,000
푸. 법 제77조 제2항을 위반하여 안전보건에 관한 교육을 실시하지 않은 경우	법 제175조 제5항 제1호	1) 최초로 노무를 제공받았을 때 교육을 실시하지 않은 경우(1인당)	10	20	50
		2) 고용노동부령으로 정하는 안전 및 보건에 관한 교육을 실시하지 않은 경우(1인당)	50	100	150
후. 법 제78조를 위반하여 안전조치 및 보건조치를 하지 않은 경우	법 제175조 제4항 제3호		500	700	1,000
그. 법 제79조 제1항을 위반하여 가맹점의 안전·보건에 관한 프로그램을 마련·시행하지 않거나 가맹사업자에게 안전·보건에 관한 정보를 제공하지 않은 경우	법 제175조 제2항 제1호		1,500	2,000	3,000
느. 법 제82조 제1항 전단을 위반하여 등록하지 않고 타워크레인을 설치·해체한 경우	법 제175조 제4항 제5호		500	700	1,000
드. 법 제84조 제6항을 위반하여 안전인증대상기계등의 제조·수입 또는 판매에 관한 자료 제출 명령을 따르지 않은 경우	법 제175조 제6항 제7호		300	300	300
르. 법 제85조 제1항을 위반하여 안전인증표시를 하지 않은 경우(안전인증대상별)	법 제175조 제4항 제3호		100	500	1,000
므. 법 제90조 제1항을 위반하여 자율안전확인표시를 하지 않은 경우(자율안전확인대상별)	법 제175조 제5항 제1호		50	250	500
브. 법 제93조 제1항 전단을 위반하여 안전검사를 받지 않은 경우(1대당)	법 제175조 제4항 제3호		200	600	1,000
스. 법 제94조 제2항을 위반하여 안전검사합격증명서를 안전검사대상기계등에 부착하지 않은 경우(1대당)	법 제175조 제5항 제1호		50	250	500

위반행위	근거 법조문	세부내용	과태료 금액(만원)		
			1차 위반	2차 위반	3차 이상위반
ㅇ. 법 제95조를 위반하여 안전검사대상기계등을 사용한 경우 (1대당)	법 제175조 제4항 제3호	1) 안전검사를 받지 않은 안전검사대상기계등을 사용한 경우	300	600	1,000
		2) 안전검사에 불합격한 안전검사대상기계등을 사용한 경우	300	600	1,000
ㅈ. 법 제99조 제2항을 위반하여 자율검사프로그램의 인정이 취소된 안전검사대상기계등을 사용한 경우(1대당)	법 제175조 제4항 제3호		300	600	1,000
ㅊ. 법 제107조 제1항 각 호 외의 부분 본문을 위반하여 작업장 내 유해인자의 노출 농도를 허용기준 이하로 유지하지 않은 경우	법 제175조 제4항 제3호		1,000	1,000	1,000
ㅋ. 법 제108조 제1항에 따른 신규화학물질의 유해성·위험성 조사보고서를 제출하지 않은 경우	법 제175조 제5항 제4호의2		100	200	500
ㅌ. 법 제108조 제5항을 위반하여 근로자의 건강장해 예방을 위한 조치 사항을 기록한 서류를 제공하지 않은 경우	법 제175조 제6항 제3호		30	150	300
ㅍ. 법 제109조 제1항에 따른 유해성·위험성 조사 결과 및 유해성·위험성 평가에 필요한 자료를 제출하지 않은 경우	법 제175조 제5항 제4호의2		500	500	500
ㅎ. 법 제110조 제1항부터 제3항까지의 규정을 위반하여 물질안전보건자료, 화학물질의 명칭·함유량 또는 변경된 물질안전보건자료를 제출하지 않은 경우(물질안전보건자료대상물질 1종당)	법 제175조 제5항 제5호	1) 물질안전보건자료대상물질을 제조하거나 수입하려는 자가 물질안전보건자료를 제출하지 않은 경우	100	200	500
		2) 물질안전보건자료대상물질을 제조하거나 수입하려는 자가 화학물질의 명칭 및 함유량을 제출하지 않은 경우	100	200	500
		3) 물질안전보건자료대상물질을 제조하거나 수입한 자가 변경 사항을 반영한 물질안전보건자료를 제출하지 않은 경우	50	100	500
ㄱ. 법 제110조 제2항 제2호를 위반하여 국외제조자로부터 물질안전보건자료에 적힌 화	법 제175조 제5항 제6호		500	500	500

위반행위	근거 법조문	세부내용	과태료 금액(만원)		
			1차 위반	2차 위반	3차 이상위반
학물질 외에는 법 제104조에 따른 분류기준에 해당하는 화학물질이 없음을 확인하는 내용의 서류를 거짓으로 제출한 경우(물질안전보건자료대상물질 1종당)					
니. 법 제111조 제1항을 위반하여 물질안전보건자료를 제공하지 않은 경우(물질안전보건자료대상물질 1종당)	법 제175조 제5항 제7호	1) 물질안전보건자료대상물질을 양도·제공하는 자가 물질안전보건자료를 제공하지 않은 경우(제공하지 않은 사업장 1개소당)			
		가) 물질안전보건자료대상물질을 양도·제공하는 자가 물질안전보건자료를 제공하지 않은 경우[나)에 해당하는 경우는 제외한다]	100	200	500
		나) 종전의 물질안전보건자료대상물질 양도·제공자로부터 물질안전보건자료를 제공받지 못하여 상대방에게 물질안전보건자료를 제공하지 않은 경우	10	20	50
		2) 물질안전보건자료의 기재사항을 잘못 작성하여 제공한 경우(제공한 사업장 1개소당)			
		가) 물질안전보건자료의 기재사항을 거짓으로 작성하여 제공한 경우	100	200	500
		나) 과실로 잘못 작성하거나 누락하여 제공한 경우	10	20	50
디. 법 제111조 제2항 또는 제3항을 위반하여 물질안전보건자료의 변경 내용을 반영하여 제공하지 않은 경우(물질안전보건자료대상물질 1종당)	법 제175조 제6항 제9호	1) 물질안전보건자료대상물질을 제조·수입한 자가 변경사항을 반영한 물질안전보건자료를 제공하지 않은 경우(제공하지 않은 사업장 1개소당)	50	100	300
		2) 종전의 물질안전보건자료대상물질 양도·제공자로부터 변경된 물질안전보건자료를 제공받지 못하여 상대방에게 변경된 물질안전보건자료를 제공하지 않은 경우(제공하지 않은 사업장 1개소당)	10	20	30

위반행위	근거 법조문	세부내용	과태료 금액(만원)		
			1차 위반	2차 위반	3차 이상위반
리. 법 제112조 제1항 본문을 위반하여 승인을 받지 않고 화학물질의 명칭 및 함유량을 대체자료로 적은 경우(물질안전보건자료대상물질 1종당)	법 제175조 제5항 제8호	1) 물질안전보건자료대상물질을 제조·수입하는 자가 승인을 받지 않은 경우	100	200	500
		2) 물질안전보건자료에 승인 결과를 거짓으로 적용한 경우	500	500	500
		3) 물질안전보건자료대상물질을 제조·수입한 자가 승인의 유효기간이 지났음에도 불구하고 대체자료가 아닌 명칭 및 함유량을 물질안전보건자료에 반영하지 않은 경우	100	200	500
미. 법 제112조 제1항 또는 제5항에 따른 비공개 승인 또는 연장승인 신청 시 영업비밀과 관련되어 보호사유를 거짓으로 작성하여 신청한 경우(물질안전보건자료대상물질 1종당)	법 제175조 제5항 제9호		500	500	500
비. 법 제112조 제10항 각 호 외의 부분 후단을 위반하여 대체자료로 적힌 화학물질의 명칭 및 함유량 정보를 제공하지 않은 경우	법 제175조 제5항 제10호		100	200	500
시. 법 제113조 제1항에 따라 선임된 자로서 같은 항 각 호의 업무를 거짓으로 수행한 경우	법 제175조 제5항 제11호		500	500	500
이. 법 제113조 제1항에 따라 선임된 자로서 같은 조 제2항에 따라 고용노동부장관에게 제출한 물질안전보건자료를 해당 물질안전보건자료대상물질을 수입하는 자에게 제공하지 않은 경우(물질안전보건자료대상물질 1종당)	법 제175조 제5항 제12호		100	200	500
지. 법 제114조 제1항을 위반하여 물질안전보건자료를 게시하지 않거나 갖추어 두지 않은 경우(물질안전보건자료대상물질 1종당)	법 제175조 제5항 제3호	1) 작성한 물질안전보건자료를 게시하지 않거나 갖추어 두지 않은 경우(작업장 1개소당)	100	200	500
		2) 제공받은 물질안전보건자료를 게시하지 않거나 갖추어 두지 않은 경우(작업장 1개소당)	100	200	500
		3) 물질안전보건자료대상물질을 양도 또는 제공한 자로부터 물질안전보건자료를 제공받지 못하	10	20	50

위반행위	근거 법조문	세부내용	과태료 금액(만원)		
			1차 위반	2차 위반	3차 이상위반
		여 게시하지 않거나 갖추어 두지 않은 경우(작업장 1개소당)			
치. 법 제114조 제3항(법 제166 조의2에서 준용하는 경우를 포함한다)을 위반하여 해당 근로자 또는 현장실습생을 교육하는 등 적절한 조치를 하지 않은 경우	법 제175조 제6항 제10호	교육대상 근로자 1명당	50	100	300
키. 법 제115조 제1항 또는 같은 조 제2항 본문을 위반하여 경고표시를 하지 않은 경우(물질안전보건자료대상물질 1종당)	법 제175조 제6항 제11호	1) 물질안전보건자료대상물질을 담은 용기 및 포장에 경고표시를 하지 않은 경우			
		가) 물질안전보건자료대상물질을 용기 및 포장에 담는 방법으로 양도·제공하는 자가 용기 및 포장에 경고표시를 하지 않은 경우(양도·제공받은 사업장 1개소당)	50	100	300
		나) 물질안전보건자료대상물질을 사용하는 사업주가 용기에 경고표시를 하지 않은 경우	50	100	300
		다) 종전의 물질안전보건자료대상물질 양도·제공자로부터 경고표시를 한 용기 및 포장을 제공받지 못해 경고표시를 하지 않은 채로 물질안전보건자료대상물질을 양도·제공한 경우(경고표시를 하지 않고 양도·제공받은 사업장 1개소당)	10	20	50
		라) 용기 및 포장의 경고표시가 제거되거나 경고표시의 내용을 알아볼 수 없을 정도로 훼손된 경우	10	20	50
		2) 물질안전보건자료대상물질을 용기 및 포장에 담는 방법이 아닌 방법으로 양도·제공하는 자가 경고표시 기재항목을 적은 자료를 제공하지 않는 경우(제공받지 않은 사업장 1개소당)	50	100	300
티. 법 제119조 제1항을 위반하여 일반석면조사를 하지 않고 건축물이나 설비를 철거하거나 해체한 경우	법 제175조 제6항 제12호		철거 또는 해체 공사 금액의 100분의 5에 해	200	300

위반행위	근거 법조문	세부내용	과태료 금액(만원)		
			1차 위반	2차 위반	3차 이상위반
			당하는 금액. 다만, 해당 금액이 10만원 미만인 경우에는 10만원으로, 해당 금액이 100만원을 초과하는 경우에는 100만원으로 한다.		
피. 법 제119조제2항을 위반하여 기관석면조사를 하지 않고 건축물 또는 설비를 철거하거나 해체한 경우	법 제175조제1항 제1호	1) 개인 소유의 단독주택(다중주택, 다가구주택, 공관은 제외한다)	철거 또는 해체 공사 금액의 100분의 5에 해당하는 금액. 다만, 해당 금액이 50만원 미만인 경우에는 50만원으로, 해당 금액이 500만원을 초과하는 경우에는 500만원으로 한다.	1,000	1,500
		2) 그 밖의 경우	철거 또는 해체 공사 금액의 100분의 5에 해당하는 금액. 다만, 해당 금액이 150만원 미만인 경우에는 150만원으로, 해당 금액이 1,500만원을 초과하는 경우에는 1,500만원으로 한다.	3,000	5,000
히. 법 제122조 제2항을 위반하여 기관석면조사를 실시한 기관으로 하여금 석면해체·제거를 하도록 한 경우	법 제175조 제5항 제1호		150	300	500

위반행위	근거 법조문	세부내용	과태료 금액(만원)		
			1차 위반	2차 위반	3차 이상위반
갸. 법 제122조 제3항을 위반하여 석면해체·제거작업을 고용노동부장관에게 신고하지 않은 경우	법 제175조 제6항 제13호	1) 신고하지 않은 경우	100	200	300
		2) 변경신고를 하지 않은 경우	50	100	150
냐. 법 제123조 제2항을 위반하여 석면이 함유된 건축물이나 설비를 철거하거나 해체하는 자가 한 조치 사항을 준수하지 않은 경우	법 제175조 제6항 제3호		5	10	15
댜. 법 제124조 제1항을 위반하여 공기 중 석면농도가 석면농도기준 이하가 되도록 하지 않은 경우	법 제175조 제5항 제1호		150	300	500
랴. 법 제124조 제1항을 위반하여 공기 중 석면농도가 석면농도기준 이하임을 증명하는 자료를 제출하지 않은 경우	법 제175조 제6항 제14호		100	200	300
먀. 법 제124조 제3항을 위반하여 공기 중 석면농도가 석면농도기준을 초과함에도 건축물 또는 설비를 철거하거나 해체한 경우	법 제175조 제1항 제2호		1,500	3,000	5,000
뱌. 법 제125조 제1항 및 제2항에 따라 작업환경측정을 하지 않은 경우	법 제175조 제4항 제6호	측정대상 작업장의 근로자 1명당	20	50	100
샤. 법 제125조 제1항 및 제2항을 위반하여 작업환경측정 시 고용노동부령으로 정한 작업환경측정의 방법을 준수하지 않은 경우	법 제175조 제5항 제13호		100	300	500
야. 법 제125조 제4항을 위반하여 작업환경측정 시 근로자대표가 요구하였는 데도 근로자대표를 참석시키지 않은 경우	법 제175조 제5항 제14호		500	500	500
쟈. 법 제125조 제5항을 위반하여 작업환경측정 결과를 보고하지 않거나 거짓으로 보고한 경우	법 제175조 제6항 제15호	1) 보고하지 않은 경우	50	150	300
		2) 거짓으로 보고한 경우	300	300	300
챠. 법 제125조 제6항을 위반하여 작업환경측정의 결과를 해당 작업장 근로자에게 알리지 않은 경우	법 제175조 제5항 제15호		100	300	500

위반행위	근거 법조문	세부내용	과태료 금액(만원)		
			1차 위반	2차 위반	3차 이상위반
캬. 법 제125조 제7항을 위반하여 산업안전보건위원회 또는 근로자대표가 작업환경측정 결과에 대한 설명회의 개최를 요구했음에도 이에 따르지 않은 경우	법 제175조 제5항 제1호		100	300	500
탸. 법 제129조 제1항 또는 제130조 제1항부터 제3항까지의 규정을 위반하여 근로자의 건강진단을 하지 않은 경우	법 제175조 제4항 제7호	건강진단 대상 근로자 1명당	10	20	30
퍄. 법 제132조 제1항을 위반하여 건강진단을 할 때 근로자대표가 요구하였는 데도 근로자대표를 참석시키지 않은 경우	법 제175조 제5항 제14호		500	500	500
햐. 법 제132조 제2항 전단을 위반하여 산업안전보건위원회 또는 근로자대표가 건강진단 결과에 대한 설명을 요구했음에도 이에 따르지 않은 경우	법 제175조 제5항 제1호		100	300	500
겨. 법 제132조 제3항을 위반하여 건강진단 결과를 근로자 건강 보호 및 유지 외의 목적으로 사용한 경우	법 제175조 제6항 제3호		300	300	300
녀. 법 제132조 제5항을 위반하여 조치결과를 제출하지 않거나 거짓으로 제출한 경우	법 제175조 제6항 제15호	1) 제출하지 않은 경우	50	150	300
		2) 거짓으로 제출한 경우	300	300	300
뎌. 법 제133조를 위반하여 건강진단을 받지 않은 경우	법 제175조 제6항 제3호		5	10	15
려. 법 제134조 제1항을 위반하여 건강진단의 실시결과를 통보·보고하지 않거나 거짓으로 통보·보고한 경우	법 제175조 제6항 제15호	1) 통보 또는 보고하지 않은 경우	50	150	300
		2) 거짓으로 통보 또는 보고한 경우	300	300	300
며. 법 제134조 제2항을 위반하여 건강진단의 실시결과를 통보하지 않거나 거짓으로 통보한 경우	법 제175조 제6항 제15호	1) 통보하지 않은 경우	50	150	300
		2) 거짓으로 통보한 경우	300	300	300
벼. 법 제137조 제3항을 위반하여 건강관리카드를 타인에게 양도하거나 대여한 경우	법 제175조 제5항 제1호		500	500	500
셔. 법 제141조 제2항을 위반하여 정당한 사유 없이 역학조사를 거부·방해·기피한 경우	법 제175조 제3항 제3호	1) 사업주가 거부·방해·기피한 경우	1,500	1,500	1,500

위반행위	근거 법조문	세부내용	과태료 금액(만원)		
			1차 위반	2차 위반	3차 이상위반
		2) 근로자가 거부·방해·기피한 경우	5	10	15
여. 법 제141조 제3항을 위반하여 역학조사 참석이 허용된 사람의 역학조사 참석을 거부하거나 방해한 경우	법 제175조 제3항 제4호		1,500	1,500	1,500
져. 법 제145조 제1항을 위반하여 등록 없이 지도사 직무를 시작한 경우	법 제175조 제5항 제1호		150	300	500
쳐. 법 제149조를 위반하여 지도사 또는 이와 유사한 명칭을 사용한 경우	법 제175조 제6항 제3호	1) 등록한 지도사가 아닌 사람이 지도사 명칭을 사용한 경우	100	200	300
		2) 등록한 지도사가 아닌 사람이 지도사와 유사한 명칭을 사용한 경우	30	150	300
켜. 법 제155조 제1항(법 제166조의2에서 준용하는 경우를 포함한다)에 따른 질문에 답변을 거부·방해 또는 기피하거나 거짓으로 답변한 경우	법 제175조 제6항 제16호		300	300	300
텨. 법 제155조 제1항(법 제166조의2에서 준용하는 경우를 포함한다) 또는 제2항(법 제166조의2에서 준용하는 경우를 포함한다)에 따른 근로감독관의 검사·점검 또는 수거를 거부·방해 또는 기피한 경우	법 제175조 제4항 제8호		1,000	1,000	1,000
펴. 법 제155조 제3항(법 제166조의2에서 준용하는 경우를 포함한다)에 따른 명령을 위반하여 보고·출석을 하지 않거나 거짓으로 보고한 경우	법 제175조 제5항 제16호	1) 보고 또는 출석을 하지 않은 경우	150	300	500
		2) 거짓으로 보고한 경우	500	500	500
혀. 법 제156조 제1항(법 제166조의2에서 준용하는 경우를 포함한다)에 따른 검사·지도 등을 거부·방해 또는 기피한 경우	법 제175조 제6항 제17호		300	300	300
규. 법 제164조 제1항부터 제6항까지의 규정을 위반하여 보존해야 할 서류를 보존기간 동안 보존하지 않은 경우(각 서류당)	법 제175조 제6항 제18호		30	150	300

CHAPTER 02

산업안전보건기준에 관한 규칙

PART 01 총칙
PART 02 안전기준
PART 03 보건기준
PART 04 특수형태근로종사자 등에 대한
         안전조치 및 보건조치

2

CHAPTER 02 산업안전보건기준에 관한 규칙

PART 01 총칙

1. 통칙

(1) 목적

이 규칙은 「산업안전보건법」 제5조, 제16조, 제37조부터 제40조까지, 제63조부터 제66조까지, 제76조부터 제78조까지, 제80조, 제81조, 제83조, 제84조, 제89조, 제93조, 제117조부터 제119조까지 및 제123조 등에서 위임한 산업안전보건기준에 관한 사항과 그 시행에 필요한 사항을 규정함을 목적으로 한다(제1조).

(2) 용어의 정의

이 규칙에서 사용하는 용어의 뜻은 이 규칙에 특별한 규정이 없으면 「산업안전보건법」, 「산업안전보건법 시행령」 및 「산업안전보건법 시행규칙」에서 정하는 바에 따른다(제2조).

2. 작업장

(1) 전도의 방지

① 사업주는 근로자가 작업장에서 넘어지거나 미끄러지는 등의 위험이 없도록 작업장 바닥 등을 안전하고 청결한 상태로 유지하여야 한다(제3조 제1항).

② 사업주는 제품, 자재, 부재 등이 넘어지지 않도록 붙들어 지탱하게 하는 등 안전 조치를 하여야 한다. 다만, 근로자가 접근하지 못하도록 조치한 경우에는 그러하지 아니하다(제3조 제2항).

(2) 작업장의 청결

사업주는 근로자가 작업하는 장소를 항상 청결하게 유지·관리하여야 하며, 폐기물은 정해진 장소에만 버려야 한다(제4조).

(3) 분진의 흩날림 방지

사업주는 분진이 심하게 흩날리는 작업장에 대하여 물을 뿌리는 등 분진이 흩날리는 것을 방지하기 위하여 필요한 조치를 하여야 한다(제4조의2).

(4) 오염된 바닥의 세척 등

① 사업주는 인체에 해로운 물질, 부패하기 쉬운 물질 또는 악취가 나는 물질 등에 의하여 오염될 우려가 있는 작업장의 바닥이나 벽을 수시로 세척하고 소독하여야 한다(제5조 제1항).
② 사업주는 세척 및 소독을 하는 경우에 물이나 그 밖의 액체를 다량으로 사용함으로써 습기가 찰 우려가 있는 작업장의 바닥이나 벽은 불침투성 재료로 칠하고 배수에 편리한 구조로 하여야 한다(제5조 제2항).

(5) 오물의 처리 등

① 사업주는 해당 작업장에서 배출하거나 폐기하는 오물을 일정한 장소에서 노출되지 않도록 처리하고, 병원체로 인하여 오염될 우려가 있는 바닥·벽 및 용기 등을 수시로 소독하여야 한다(제6조 제1항).
② 사업주는 폐기물을 소각 등의 방법으로 처리하려는 경우 해당 근로자가 다이옥신 등 유해물질에 노출되지 않도록 작업공정 개선, 개인보호구지급·착용 등 적절한 조치를 하여야 한다(제6조 제2항).
③ 근로자는 지급된 개인보호구를 사업주의 지시에 따라 착용하여야 한다(제6조 제3항).

(6) 채광 및 조명

사업주는 근로자가 작업하는 장소에 채광 및 조명을 하는 경우 명암의 차이가 심하지 않고 눈이 부시지 않은 방법으로 하여야 한다(제7조).

(7) 조도

사업주는 근로자가 상시 작업하는 장소의 작업면 조도를 다음의 기준에 맞도록 하여야 한다. 다만, 갱내 작업장과 감광재료를 취급하는 작업장은 그러하지 아니하다(제8조).

① 초정밀작업 : 750럭스(lux) 이상
② 정밀작업 : 300럭스 이상
③ 보통작업 : 150럭스 이상
④ 그 밖의 작업 : 75럭스 이상

(8) 작업발판 등

사업주는 선반·롤러기 등 기계·설비의 작업 또는 조작 부분이 그 작업에 종사하는 근로자의 키 등 신체조건에 비하여 지나치게 높거나 낮은 경우 안전하고 적당한 높이의 작업발판을 설치하거나 그 기계·설비를 적정 작업높이로 조절하여야 한다(제9조).

(9) 작업장의 창문

① 작업장의 창문은 열었을 때 근로자가 작업하거나 통행하는 데에 방해가 되지 않도록 하여야 한다(규칙 제10조 제1항).
② 사업주는 근로자가 안전한 방법으로 창문을 여닫거나 청소할 수 있도록 보조도구를 사용하게 하는 등 필요한 조치를 하여야 한다(규칙 제10조 제2항).

(10) 작업장의 출입구

사업주는 작업장에 출입구(비상구는 제외한다.)를 설치하는 경우 다음의 사항을 준수하여야 한다(제11조).

① 출입구의 위치, 수 및 크기가 작업장의 용도와 특성에 맞도록 할 것
② 출입구에 문을 설치하는 경우에는 근로자가 쉽게 열고 닫을 수 있도록 할 것
③ 주된 목적이 하역운반기계용인 출입구에는 인접하여 보행자용 출입구를 따로 설치할 것
④ 하역운반기계의 통로와 인접하여 있는 출입구에서 접촉에 의하여 근로자에게 위험을 미칠 우려가 있는 경우에는 비상등·비상벨 등 경보장치를 할 것
⑤ 계단이 출입구와 바로 연결된 경우에는 작업자의 안전한 통행을 위하여 그 사이에 1.2m 이상 거리를 두거나 안내표지 또는 비상벨 등을 설치할 것. 다만, 출입구에 문을 설치하지 아니한 경우에는 그러하지 아니하다.

(11) 동력으로 작동되는 문의 설치 조건

사업주는 동력으로 작동되는 문을 설치하는 경우 다음의 기준에 맞는 구조로 설치하여야 한다(제12조).

① 동력으로 작동되는 문에 근로자가 끼일 위험이 있는 2.5m 높이까지는 위급하거나 위험한 사태가 발생한 경우에 문의 작동을 정지시킬 수 있도록 비상정지장치 설치 등 필요한 조치를 할 것. 다만, 위험구역에 사람이 없어야만 문이 작동되도록 안전장치가 설치되어 있거나 운전자가 특별히 지정되어 상시 조작하는 경우에는 그러하지 아니하다.
② 동력으로 작동되는 문의 비상정지장치는 근로자가 잘 알아볼 수 있고 쉽게 조작할 수 있을 것
③ 동력으로 작동되는 문의 동력이 끊어진 경우에는 즉시 정지되도록 할 것. 다만, 방화문의 경우에는 그러하지 아니하다.
④ 수동으로 열고 닫을 수 있도록 할 것. 다만, 동력으로 작동되는 문에 수동으로 열고 닫을 수 있는 문을 별도로 설치하여 근로자가 통행할 수 있도록 한 경우에는 그러하지 아니하다.
⑤ 동력으로 작동되는 문을 수동으로 조작하는 경우에는 제어장치에 의하여 즉시 정지시킬 수 있는 구조일 것

(12) 안전난간의 구조 및 설치요건

사업주는 근로자의 추락 등의 위험을 방지하기 위하여 안전난간을 설치하는 경우 다음의 기준에 맞는 구조로 설치해야 한다(제13조).

① 상부 난간대, 중간 난간대, 발끝막이판 및 난간기둥으로 구성할 것. 다만, 중간 난간대, 발끝막이판 및 난간기둥은 이와 비슷한 구조와 성능을 가진 것으로 대체할 수 있다.
② 상부 난간대는 바닥면·발판 또는 경사로의 표면(바닥면등)으로 부터 90cm 이상 지점에 설치하고, 상부 난간대를 120cm 이하에 설치하는 경우에는 중간 난간대는 상부 난간대와 바닥면등의 중간에 설치해야 하며, 120cm 이상 지점에 설치하는 경우에는 중간 난간대를 2단 이상으로 균등하게 설치하고 난간의 상하 간격은 60cm 이하가 되도록 할 것. 다만, 난간기둥 간의 간격이 25cm 이하인 경우에는 중간 난간대를 설치하지 않을 수 있다.
③ 발끝막이판은 바닥면등으로부터 10cm 이상의 높이를 유지할 것. 다만, 물체가 떨어지거나 날아올 위험이 없거나 그 위험을 방지할 수 있는 망을 설치하는 등 필요한 예방 조치를 한 장소는 제외한다.

④ 난간기둥은 상부 난간대와 중간 난간대를 견고하게 떠받칠 수 있도록 적정한 간격을 유지할 것
⑤ 상부 난간대와 중간 난간대는 난간 길이 전체에 걸쳐 바닥면등과 평행을 유지할 것
⑥ 난간대는 지름 2.7cm 이상의 금속제 파이프나 그 이상의 강도가 있는 재료일 것
⑦ 안전난간은 구조적으로 가장 취약한 지점에서 가장 취약한 방향으로 작용하는 100kg 이상의 하중에 견딜 수 있는 튼튼한 구조일 것

(13) 낙하물에 의한 위험의 방지

① 사업주는 작업장의 바닥, 도로 및 통로 등에서 낙하물이 근로자에게 위험을 미칠 우려가 있는 경우 보호망을 설치하는 등 필요한 조치를 하여야 한다(제14조 제1항).
② 사업주는 작업으로 인하여 물체가 떨어지거나 날아올 위험이 있는 경우 낙하물 방지망, 수직보호망 또는 방호선반의 설치, 출입금지구역의 설정, 보호구의 착용 등 위험을 방지하기 위하여 필요한 조치를 하여야 한다. 이 경우 낙하물 방지망 및 수직보호망은 한국산업표준에서 정하는 성능기준에 적합한 것을 사용하여야 한다(제14조 제2항).
③ 낙하물 방지망 또는 방호선반을 설치하는 경우에는 다음의 사항을 준수하여야 한다(제14조 제3항).
㉠ 높이 10m 이내마다 설치하고, 내민 길이는 벽면으로부터 2m 이상으로 할 것
㉡ 수평면과의 각도는 20도 이상 30도 이하를 유지할 것

(14) 투하설비 등

사업주는 높이가 3m 이상인 장소로부터 물체를 투하하는 경우 적당한 투하설비를 설치하거나 감시인을 배치하는 등 위험을 방지하기 위하여 필요한 조치를 하여야 한다(제15조).

(15) 위험물 등의 보관

사업주는 별표 1에 규정된 위험물질을 작업장 외의 별도의 장소에 보관하여야 하며, 작업장 내부에는 작업에 필요한 양만 두어야 한다(제16조).

위험물질의 종류(별표 1)

1. 폭발성 물질 및 유기과산화물
  가. 질산에스테르류
  나. 니트로화합물
  다. 니트로소화합물

라. 아조화합물

마. 디아조화합물

바. 하이드라진 유도체

사. 유기과산화물

아. 그 밖에 가목부터 사목까지의 물질과 같은 정도의 폭발 위험이 있는 물질

자. 가목부터 아목까지의 물질을 함유한 물질

2. 물반응성 물질 및 인화성 고체

가. 리튬

나. 칼륨·나트륨

다. 황

라. 황린

마. 황화인·적린

바. 셀룰로이드류

사. 알킬알루미늄·알킬리튬

아. 마그네슘 분말

자. 금속 분말(마그네슘 분말은 제외한다)

차. 알칼리금속(리튬·칼륨 및 나트륨은 제외한다)

카. 유기 금속화합물(알킬알루미늄 및 알킬리튬은 제외한다)

타. 금속의 수소화물

파. 금속의 인화물

하. 칼슘 탄화물, 알루미늄 탄화물

거. 그 밖에 가목부터 하목까지의 물질과 같은 정도의 발화성 또는 인화성이 있는 물질

너. 가목부터 거목까지의 물질을 함유한 물질

3. 산화성 액체 및 산화성 고체

가. 차아염소산 및 그 염류

나. 아염소산 및 그 염류

다. 염소산 및 그 염류

라. 과염소산 및 그 염류

마. 브롬산 및 그 염류

바. 요오드산 및 그 염류

사. 과산화수소 및 무기 과산화물

아. 질산 및 그 염류

자. 과망간산 및 그 염류

차. 중크롬산 및 그 염류

카. 그 밖에 가목부터 차목까지의 물질과 같은 정도의 산화성이 있는 물질

타. 가목부터 카목까지의 물질을 함유한 물질

4. 인화성 액체

가. 에틸에테르, 가솔린, 아세트알데히드, 산화프로필렌, 그 밖에 인화점이 섭씨 23도 미만이고 초기끓는점이 섭씨 35도 이하인 물질

나. 노르말헥산, 아세톤, 메틸에틸케톤, 메틸알코올, 에틸알코올, 이황화탄소, 그 밖에 인화점이 섭씨 23도 미만이고 초기 끓는점이 섭씨 35도를 초과하는 물질
다. 크실렌, 아세트산아밀, 등유, 경유, 테레핀유, 이소아밀알코올, 아세트산, 하이드라진, 그 밖에 인화점이 섭씨 23도 이상 섭씨 60도 이하인 물질
5. 인화성 가스
   가. 수소
   나. 아세틸렌
   다. 에틸렌
   라. 메탄
   마. 에탄
   바. 프로판
   사. 부탄
   아. 영 별표 13에 따른 인화성 가스
6. 부식성 물질
   가. 부식성 산류
      (1) 농도가 20% 이상인 염산, 황산, 질산, 그 밖에 이와 같은 정도 이상의 부식성을 가지는 물질
      (2) 농도가 60% 이상인 인산, 아세트산, 불산, 그 밖에 이와 같은 정도 이상의 부식성을 가지는 물질
   나. 부식성 염기류
      농도가 40% 이상인 수산화나트륨, 수산화칼륨, 그 밖에 이와 같은 정도 이상의 부식성을 가지는 염기류
7. 급성 독성 물질
   가. 쥐에 대한 경구투입실험에 의하여 실험동물의 50%를 사망시킬 수 있는 물질의 양, 즉 LD50(경구, 쥐)이 kg당 300m그램-(체중) 이하인 화학물질
   나. 쥐 또는 토끼에 대한 경피흡수실험에 의하여 실험동물의 50%를 사망시킬 수 있는 물질의 양, 즉 LD50(경피, 토끼 또는 쥐)이 kg당 1000m그램 -(체중) 이하인 화학물질
   다. 쥐에 대한 4시간 동안의 흡입실험에 의하여 실험동물의 50%를 사망시킬 수 있는 물질의 농도, 즉 가스 LC50(쥐, 4시간 흡입)이 2500ppm 이하인 화학물질, 증기 LC50(쥐, 4시간 흡입)이 10mg/ℓ 이하인 화학물질, 분진 또는 미스트 1mg/ℓ 이하인 화학물질

(16) 비상구의 설치

① 사업주는 별표 1에 규정된 위험물질을 제조·취급하는 작업장과 그 작업장이 있는 건축물에 출입구 외에 안전한 장소로 대피할 수 있는 비상구 1개 이상을 다음의 기준을 모두 충족하는 구조로 설치해야 한다. 다만, 작업장 바닥면의 가로 및 세로가 각 3m 미만인 경우에는 그렇지 않다. 다만, 작업장이 있는 층에 「건축법 시행령」 제34조 제1항에 따라 피난층(직접 지상으로 통하는 출입구가 있는 층과 「건축법 시행령」 제34조 제3항 및 제4항에 따른 피난안전구역을 말한다) 또는 지상으로 통하는 직통계단(경사로를 포함한다)을 설치한 경우에는 그 부분에 한정하여 본문에 따른 기준을 충족한 것으로 본다(제17조 제1항).

㉠ 출입구와 같은 방향에 있지 아니하고, 출입구로부터 3m 이상 떨어져 있을 것
㉡ 작업장의 각 부분으로부터 하나의 비상구 또는 출입구까지의 수평거리가 50m 이하가 되도록 할 것
㉢ 비상구의 너비는 0.75m 이상으로 하고, 높이는 1.5m 이상으로 할 것
㉣ 비상구의 문은 피난 방향으로 열리도록 하고, 실내에서 항상 열 수 있는 구조로 할 것
② 사업주는 비상구에 문을 설치하는 경우 항상 사용할 수 있는 상태로 유지하여야 한다(제17조 제2항).

(17) 비상구 등의 유지

사업주는 비상구·비상통로 또는 비상용 기구를 쉽게 이용할 수 있도록 유지하여야 한다(제18조).

(18) 경보용 설비 등

사업주는 연면적이 400㎡ 이상이거나 상시 50명 이상의 근로자가 작업하는 옥내작업장에는 비상시에 근로자에게 신속하게 알리기 위한 경보용 설비 또는 기구를 설치하여야 한다(제19조).

(19) 출입의 금지 등

사업주는 다음의 작업 또는 장소에 울타리를 설치하는 등 관계 근로자가 아닌 사람의 출입을 금지해야 한다. 다만, ② 및 ⑦의 장소에서 수리 또는 점검 등을 위하여 그 암(arm) 등의 움직임에 의한 하중을 충분히 견딜 수 있는 안전지지대 또는 안전블록 등을 사용하도록 한 경우에는 그렇지 않다(제20조).

① 추락에 의하여 근로자에게 위험을 미칠 우려가 있는 장소
② 유압, 체인 또는 로프 등에 의하여 지탱되어 있는 기계·기구의 덤프, 램(ram), 리프트, 포크(fork) 및 암 등이 갑자기 작동함으로써 근로자에게 위험을 미칠 우려가 있는 장소
③ 케이블 크레인을 사용하여 작업을 하는 경우에는 권상용 와이어로프 또는 횡행용 와이어로프가 통하고 있는 도르래 또는 그 부착부의 파손에 의하여 위험을 발생시킬 우려가 있는 그 와이어로프의 내각측에 속하는 장소
④ 인양전자석 부착 크레인을 사용하여 작업을 하는 경우에는 달아 올려진 화물의 아래쪽 장소
⑤ 인양전자석 부착 이동식 크레인을 사용하여 작업을 하는 경우에는 달아 올려진 화물의 아래쪽 장소
⑥ 리프트를 사용하여 작업을 하는 다음 각 목의 장소
㉠ 리프트 운반구가 오르내리다가 근로자에게 위험을 미칠 우려가 있는 장소

ⓒ 리프트의 권상용 와이어로프 내각측에 그 와이어로프가 통하고 있는 도르래 또는 그 부착부가 떨어져 나감으로써 근로자에게 위험을 미칠 우려가 있는 장소
⑦ 지게차·구내운반차(작업장 내 운반을 주목적으로 하는 차량으로 한정한다.)·화물자동차 등의 차량계 하역운반기계 및 고소작업대(차량계 하역운반기계등)의 포크·버킷(bucket)·암 또는 이들에 의하여 지탱되어 있는 화물의 밑에 있는 장소. 다만, 구조상 갑작스러운 하강을 방지하는 장치가 있는 것은 제외한다.
⑧ 운전 중인 항타기 또는 항발기의 권상용 와이어로프 등의 부착 부분의 파손에 의하여 와이어로프가 벗겨지거나 드럼(drum), 도르래 뭉치 등이 떨어져 근로자에게 위험을 미칠 우려가 있는 장소
⑨ 화재 또는 폭발의 위험이 있는 장소
⑩ 낙반 등의 위험이 있는 다음의 장소
　　㉠ 부석의 낙하에 의하여 근로자에게 위험을 미칠 우려가 있는 장소
　　ⓒ 터널 지보공의 보강작업 또는 보수작업을 하고 있는 장소로서 낙반 또는 낙석 등에 의하여 근로자에게 위험을 미칠 우려가 있는 장소
⑪ 토사·암석 등의 붕괴 또는 낙하로 인하여 근로자에게 위험을 미칠 우려가 있는 토사 등의 굴착작업 또는 채석작업을 하는 장소 및 그 아래 장소
⑫ 암석 채취를 위한 굴착작업, 채석에서 암석을 분할가공하거나 운반하는 작업, 그 밖에 이러한 작업에 수반한 작업을 하는 경우에는 운전 중인 굴착기계·분할기계·적재기계 또는 운반기계에 접촉함으로써 근로자에게 위험을 미칠 우려가 있는 장소
⑬ 해체작업을 하는 장소
⑭ 하역작업을 하는 경우에는 쌓아놓은 화물이 무너지거나 화물이 떨어져 근로자에게 위험을 미칠 우려가 있는 장소
⑮ 다음의 항만하역작업 장소
　　㉠ 해치커버[해치보드(hatch board) 및 해치빔(hatch beam)을 포함한다]의 개폐·설치 또는 해체작업을 하고 있어 해치 보드 또는 해치빔 등이 떨어져 근로자에게 위험을 미칠 우려가 있는 장소
　　ⓒ 양화장치 붐(boom)이 넘어짐으로써 근로자에게 위험을 미칠 우려가 있는 장소
　　ⓒ 양화장치, 데릭(derrick), 크레인, 이동식 크레인에 매달린 화물이 떨어져 근로자에게 위험을 미칠 우려가 있는 장소
⑯ 벌목, 목재의 집하 또는 운반 등의 작업을 하는 경우에는 벌목한 목재 등이 아래 방향으로 굴러 떨어지는 등의 위험이 발생할 우려가 있는 장소

⑰ 양화장치등을 사용하여 화물의 적하[부두 위의 화물에 훅(hook)을 걸어 선 내에 적재하기까지의 작업을 말한다] 또는 양하(선 내의 화물을 부두 위에 내려 놓고 훅을 풀기까지의 작업을 말한다)를 하는 경우에는 통행하는 근로자에게 화물이 떨어지거나 충돌할 우려가 있는 장소

⑱ 굴착기 붐·암·버킷 등의 선회(旋回)에 의하여 근로자에게 위험을 미칠 우려가 있는 장소

3. 통로

(1) 통로의 조명

사업주는 근로자가 안전하게 통행할 수 있도록 통로에 75럭스 이상의 채광 또는 조명시설을 하여야 한다. 다만, 갱도 또는 상시 통행을 하지 아니하는 지하실 등을 통행하는 근로자에게 휴대용 조명기구를 사용하도록 한 경우에는 그러하지 아니하다(제21조).

(2) 통로의 설치

① 사업주는 작업장으로 통하는 장소 또는 작업장 내에 근로자가 사용할 안전한 통로를 설치하고 항상 사용할 수 있는 상태로 유지하여야 한다(제22조 제1항).

② 사업주는 통로의 주요 부분에 통로표시를 하고, 근로자가 안전하게 통행할 수 있도록 하여야 한다(제22조 제2항).

③ 사업주는 통로면으로 부터 높이 2m 이내에는 장애물이 없도록 하여야 한다. 다만, 부득이하게 통로면으로 부터 높이 2m 이내에 장애물을 설치할 수밖에 없거나 통로면으로 부터 높이 2m 이내의 장애물을 제거하는 것이 곤란하다고 고용노동부장관이 인정하는 경우에는 근로자에게 발생할 수 있는 부상 등의 위험을 방지하기 위한 안전 조치를 하여야 한다(제22조 제3항).

(3) 가설통로의 구조

사업주는 가설통로를 설치하는 경우 다음의 사항을 준수하여야 한다(제23조).

① 견고한 구조로 할 것

② 경사는 30도 이하로 할 것. 다만, 계단을 설치하거나 높이 2m 미만의 가설통로로서 튼튼한 손잡이를 설치한 경우에는 그러하지 아니하다.

③ 경사가 15도를 초과하는 경우에는 미끄러지지 아니하는 구조로 할 것

④ 추락할 위험이 있는 장소에는 안전난간을 설치할 것. 다만, 작업상 부득이한 경우에는

필요한 부분만 임시로 해체할 수 있다.
⑤ 수직갱에 가설된 통로의 길이가 15m 이상인 경우에는 10m 이내마다 계단참을 설치할 것
⑥ 건설공사에 사용하는 높이 8m 이상인 비계다리에는 7m 이내마다 계단참을 설치할 것

(4) 사다리식 통로 등의 구조

① 사업주는 사다리식 통로 등을 설치하는 경우 다음의 사항을 준수하여야 한다(제24조 제1항).
  ㉠ 견고한 구조로 할 것
  ㉡ 심한 손상·부식 등이 없는 재료를 사용할 것
  ㉢ 발판의 간격은 일정하게 할 것
  ㉣ 발판과 벽과의 사이는 15cm 이상의 간격을 유지할 것
  ㉤ 폭은 30cm 이상으로 할 것
  ㉥ 사다리가 넘어지거나 미끄러지는 것을 방지하기 위한 조치를 할 것
  ㉦ 사다리의 상단은 걸쳐놓은 지점으로부터 60cm 이상 올라가도록 할 것
  ㉧ 사다리식 통로의 길이가 10m 이상인 경우에는 5m 이내마다 계단참을 설치할 것
  ㉨ 사다리식 통로의 기울기는 75도 이하로 할 것. 다만, 고정식 사다리식 통로의 기울기는 90도 이하로 하고, 그 높이가 7미터 이상인 경우에는 다음의 구분에 따른 조치를 할 것
    ⓐ 등받이울이 있어도 근로자 이동에 지장이 없는 경우: 바닥으로부터 높이가 2.5미터 되는 지점부터 등받이울을 설치할 것
    ⓑ 등받이울이 있으면 근로자가 이동이 곤란한 경우: 한국산업표준에서 정하는 기준에 적합한 개인용 추락 방지 시스템을 설치하고 근로자로 하여금 한국산업표준에서 정하는 기준에 적합한 전신안전대를 사용하도록 할 것
  ㉩ 접이식 사다리 기둥은 사용 시 접혀지거나 펼쳐지지 않도록 철물 등을 사용하여 견고하게 조치할 것

② 잠함 내 사다리식 통로와 건조·수리 중인 선박의 구명줄이 설치된 사다리식 통로(건조·수리작업을 위하여 임시로 설치한 사다리식 통로는 제외한다)에 대해서는 ① ㉤부터 ㉨까지의 규정을 적용하지 아니한다(제24조 제2항).

(5) 갱내통로 등의 위험 방지

사업주는 갱내에 설치한 통로 또는 사다리식 통로에 권상장치가 설치된 경우 권상장치와 근로자의 접촉에 의한 위험이 있는 장소에 판자벽이나 그 밖에 위험 방지를 위한 격벽을 설치하여야 한다(제25조).

(6) 계단의 강도

① 사업주는 계단 및 계단참을 설치하는 경우 매㎡당 500kg 이상의 하중에 견딜 수 있는 강도를 가진 구조로 설치하여야 하며, 안전율[안전의 정도를 표시하는 것으로서 재료의 파괴응력도와 허용응력도의 비율을 말한다)]은 4 이상으로 하여야 한다(제26조 제1항).

② 사업주는 계단 및 승강구 바닥을 구멍이 있는 재료로 만드는 경우 렌치나 그 밖의 공구 등이 낙하할 위험이 없는 구조로 하여야 한다(제26조 제2항).

(7) 계단의 폭

① 사업주는 계단을 설치하는 경우 그 폭을 1m 이상으로 하여야 한다. 다만, 급유용·보수용·비상용 계단 및 나선형 계단이거나 높이 1m 미만의 이동식 계단인 경우에는 그러하지 아니하다(제27조 제1항).

② 사업주는 계단에 손잡이 외의 다른 물건 등을 설치하거나 쌓아 두어서는 아니 된다(제27조 제2항).

(8) 계단참의 설치

사업주는 높이가 3m를 초과하는 계단에 높이 3m 이내마다 진행방향으로 길이 1.2m 이상의 계단참을 설치해야 한다(제28조).

(9) 천장의 높이

사업주는 계단을 설치하는 경우 바닥면으로부터 높이 2m 이내의 공간에 장애물이 없도록 하여야 한다. 다만, 급유용·보수용·비상용 계단 및 나선형 계단인 경우에는 그러하지 아니하다(제29조).

(10) 계단의 난간

사업주는 높이 1m 이상인 계단의 개방된 측면에 안전난간을 설치하여야 한다(제30조).

4. 보호구

(1) 보호구의 제한적 사용

① 사업주는 보호구를 사용하지 아니하더라도 근로자가 유해·위험작업으로부터 보호를 받을

수 있도록 설비개선 등 필요한 조치를 하여야 한다(제31조 제1항).
② 사업주는 조치를 하기 어려운 경우에만 제한적으로 해당 작업에 맞는 보호구를 사용하도록 하여야 한다(제31조 제2항).

(2) 보호구의 지급 등

① 사업주는 다음의 어느 하나에 해당하는 작업을 하는 근로자에 대해서는 다음의 구분에 따라 그 작업조건에 맞는 보호구를 작업하는 근로자 수 이상으로 지급하고 착용하도록 하여야 한다(제32조 제1항).
  ㉠ 물체가 떨어지거나 날아올 위험 또는 근로자가 추락할 위험이 있는 작업 : 안전모
  ㉡ 높이 또는 깊이 2m 이상의 추락할 위험이 있는 장소에서 하는 작업 : 안전대
  ㉢ 물체의 낙하·충격, 물체에의 끼임, 감전 또는 정전기의 대전에 의한 위험이 있는 작업 : 안전화
  ㉣ 물체가 흩날릴 위험이 있는 작업 : 보안경
  ㉤ 용접 시 불꽃이나 물체가 흩날릴 위험이 있는 작업 : 보안면
  ㉥ 감전의 위험이 있는 작업 : 절연용 보호구
  ㉦ 고열에 의한 화상 등의 위험이 있는 작업 : 방열복
  ㉧ 선창 등에서 분진이 심하게 발생하는 하역작업 : 방진마스크
  ㉨ 섭씨 영하 18도 이하인 급냉동어창에서 하는 하역작업 : 방한모·방한복·방한화·방한장갑
  ㉩ 물건을 운반하거나 수거·배달하기 위해 자전거 등을 운행하는 작업 : 안전모
  ㉪ 물건을 운반하거나 수거·배달하기 위하여 이륜자동차를 운행하는 작업 : 승차용 안전모
② 사업주로부터 보호구를 받거나 착용지시를 받은 근로자는 그 보호구를 착용하여야 한다(제32조 제2항).

(3) 보호구의 관리

① 사업주는 이 규칙에 따라 보호구를 지급하는 경우 상시 점검하여 이상이 있는 것은 수리하거나 다른 것으로 교환해 주는 등 늘 사용할 수 있도록 관리하여야 하며, 청결을 유지하도록 하여야 한다. 다만, 근로자가 청결을 유지하는 안전화, 안전모, 보안경의 경우에는 그러하지 아니하다(제33조 제1항).
② 사업주는 방진마스크의 필터 등을 언제나 교환할 수 있도록 충분한 양을 갖추어 두어야 한다(제33조 제2항).

(4) 전용 보호구 등

사업주는 보호구를 공동사용 하여 근로자에게 질병이 감염될 우려가 있는 경우 개인 전용 보호구를 지급하고 질병 감염을 예방하기 위한 조치를 하여야 한다(제34조).

5. 관리감독자의 직무, 사용의 제한 등

(1) 관리감독자의 유해·위험 방지 업무 등

① 사업주는 관리감독자(건설업의 경우 직장·조장 및 반장의 지위에서 그 작업을 직접 지휘·감독하는 관리감독자를 말하며, 이하 관리감독자라 한다)로 하여금 별표 2에서 정하는 바에 따라 유해·위험을 방지하기 위한 업무를 수행하도록 하여야 한다(제35조 제1항).

관리감독자의 유해·위험 방지(별표 2)

작업의 종류	직무수행 내용
1. 프레스등을 사용하는 작업(제2편제1장제3절)	가. 프레스등 및 그 방호장치를 점검하는 일 나. 프레스등 및 그 방호장치에 이상이 발견 되면 즉시 필요한 조치를 하는 일 다. 프레스등 및 그 방호장치에 전환스위치를 설치했을 때 그 전환스위치의 열쇠를 관리하는 일 라. 금형의 부착·해체 또는 조정작업을 직접 지휘하는 일
2. 목재가공용 기계를 취급하는 작업(제2편제1장제4절)	가. 목재가공용 기계를 취급하는 작업을 지휘하는 일 나. 목재가공용 기계 및 그 방호장치를 점검하는 일 다. 목재가공용 기계 및 그 방호장치에 이상이 발견된 즉시 보고 및 필요한 조치를 하는 일 라. 작업 중 지그(jig) 및 공구 등의 사용 상황을 감독하는 일
3. 크레인을 사용하는 작업(제2편제1장제9절제2관·제3관)	가. 작업방법과 근로자 배치를 결정하고 그 작업을 지휘하는 일 나. 재료의 결함 유무 또는 기구 및 공구의 기능을 점검하고 불량품을 제거하는 일 다. 작업 중 안전대 또는 안전모의 착용 상황을 감시하는 일
4. 위험물을 제조하거나 취급하는 작업(제2편제2장제1절)	가. 작업을 지휘하는 일 나. 위험물을 제조하거나 취급하는 설비 및 그 설비의 부속설비가 있는 장소의 온도·습도·차광 및 환기 상태 등을 수시로 점검하고 이상을 발견하면 즉시 필요한 조치를 하는 일 다. 나목에 따라 한 조치를 기록하고 보관하는 일
5. 건조설비를 사용하는 작업(제2편제2장제5절)	가. 건조설비를 처음으로 사용하거나 건조방법 또는 건조물의 종류를 변경했을 때에는 근로자에게 미리 그 작업방법을 교육하고 작업을 직접 지휘하는 일 나. 건조설비가 있는 장소를 항상 정리정돈하고 그 장소에 가연성 물질을 두지 않도록 하는 일

작업의 종류	직무수행 내용

6. 아세틸렌 용접장치를 사용하는 금속의 용접·용단 또는 가열작업(제2편 제2장제6절제1관)	가. 작업방법을 결정하고 작업을 지휘하는 일
	나. 아세틸렌 용접장치의 취급에 종사하는 근로자로 하여금 다음의 작업요령을 준수하도록 하는 일
	  (1) 사용 중인 발생기에 불꽃을 발생시킬 우려가 있는 공구를 사용하거나 그 발생기에 충격을 가하지 않도록 할 것
	  (2) 아세틸렌 용접장치의 가스누출을 점검할 때에는 비눗물을 사용하는 등 안전한 방법으로 할 것
	  (3) 발생기실의 출입구 문을 열어 두지 않도록 할 것
	  (4) 이동식 아세틸렌 용접장치의 발생기에 카바이드를 교환할 때에는 옥외의 안전한 장소에서 할 것
	다. 아세틸렌 용접작업을 시작할 때에는 아세틸렌 용접장치를 점검하고 발생기 내부로부터 공기와 아세틸렌의 혼합가스를 배제하는 일
	라. 안전기는 작업 중 그 수위를 쉽게 확인할 수 있는 장소에 놓고 1일 1회 이상 점검하는 일
	마. 아세틸렌 용접장치 내의 물이 동결되는 것을 방지하기 위하여 아세틸렌 용접장치를 보온하거나 가열할 때에는 온수나 증기를 사용하는 등 안전한 방법으로 하도록 하는 일
	바. 발생기 사용을 중지하였을 때에는 물과 잔류 카바이드가 접촉하지 않은 상태로 유지하는 일
	사. 발생기를 수리·가공·운반 또는 보관할 때에는 아세틸렌 및 카바이드에 접촉하지 않은 상태로 유지하는 일
	아. 작업에 종사하는 근로자의 보안경 및 안전장갑의 착용 상황을 감시하는 일

7. 가스집합용접장치의 취급작업(제2편제2장제6절제2관)	가. 작업방법을 결정하고 작업을 직접 지휘하는 일
	나. 가스집합장치의 취급에 종사하는 근로자로 하여금 다음의 작업요령을 준수하도록 하는 일
	  (1) 부착할 가스용기의 마개 및 배관 연결부에 붙어 있는 유류·찌꺼기 등을 제거할 것
	  (2) 가스용기를 교환할 때에는 그 용기의 마개 및 배관 연결부 부분의 가스누출을 점검하고 배관 내의 가스가 공기와 혼합되지 않도록 할 것
	  (3) 가스누출 점검은 비눗물을 사용하는 등 안전한 방법으로 할 것
	  (4) 밸브 또는 콕은 서서히 열고 닫을 것
	다. 가스용기의 교환작업을 감시하는 일
	라. 작업을 시작할 때에는 호스·취관·호스밴드 등의 기구를 점검하고 손상·마모 등으로 인하여 가스나 산소가 누출될 우려가 있다고 인정할 때에는 보수하거나 교환하는 일
	마. 안전기는 작업 중 그 기능을 쉽게 확인할 수 있는 장소에 두고 1일 1회 이상 점검하는 일
	바. 작업에 종사하는 근로자의 보안경 및 안전장갑의 착용 상황을 감시하는 일

8. 거푸집 및 동바리의 고정·조립 또는 해체 작업/노천굴착작업/흙막이 지보공의 고정·조립 또는 해체 작업/터널의 굴착작업/구축물 등의 해체 작업(제2편제4장제1절제2관·제4장제2절제1관·제4장제2절제3관제1속·제4장제4절)	가. 안전한 작업방법을 결정하고 작업을 지휘하는 일 나. 재료·기구의 결함 유무를 점검하고 불량품을 제거하는 일 다. 작업 중 안전대 및 안전모 등 보호구 착용 상황을 감시하는 일

작업의 종류	직무수행 내용
9. 높이 5미터 이상의 비계(飛階)를 조립·해체하거나 변경하는 작업(해체작업의 경우 가목은 적용 제외)(제1편제7장제2절)	가. 재료의 결함 유무를 점검하고 불량품을 제거하는 일 나. 기구·공구·안전대 및 안전모 등의 기능을 점검하고 불량품을 제거하는 일 다. 작업방법 및 근로자 배치를 결정하고 작업 진행 상태를 감시하는 일 라. 안전대와 안전모 등의 착용 상황을 감시하는 일
10. 달비계 작업(제1편제7장제4절)	가. 작업용 섬유로프, 작업용 섬유로프의 고정점, 구명줄의 조정점, 작업대, 고리걸이용 철구 및 안전대 등의 결손 여부를 확인하는 일 나. 작업용 섬유로프 및 안전대 부착설비용 로프가 고정점에 풀리지 않는 매듭방법으로 결속되었는지 확인하는 일 다. 근로자가 작업대에 탑승하기 전 안전모 및 안전대를 착용하고 안전대를 구명줄에 체결했는지 확인하는 일 라. 작업방법 및 근로자 배치를 결정하고 작업 진행 상태를 감시하는 일
11. 발파작업(제2편제4장제2절제2관)	가. 점화 전에 점화작업에 종사하는 근로자가 아닌 사람에게 대피를 지시하는 일 나. 점화작업에 종사하는 근로자에게 대피장소 및 경로를 지시하는 일 다. 점화 전에 위험구역 내에서 근로자가 대피한 것을 확인하는 일 라. 점화순서 및 방법에 대하여 지시하는 일 마. 점화신호를 하는 일 바. 점화작업에 종사하는 근로자에게 대피신호를 하는 일 사. 발파 후 터지지 않은 장약이나 남은 장약의 유무, 용수(湧水)의 유무 및 토사 등 낙하 여부 등을 점검하는 일 아. 점화하는 사람을 정하는 일 자. 공기압축기의 안전밸브 작동 유무를 점검하는 일 차. 안전모 등 보호구 착용 상황을 감시하는 일
12. 채석을 위한 굴착작업(제2편제4장제2절제5관)	가. 대피방법을 미리 교육하는 일 나. 작업을 시작하기 전 또는 폭우가 내린 후에는 토사 등의 낙하·균열의 유무 또는 함수(含水)·용수(湧水) 및 동결의 상태를 점검하는 일 다. 발파한 후에는 발파장소 및 그 주변의 토사 등 낙하·균열의 유무를 점검하는 일
13. 화물취급작업(제2편제6장제1절)	가. 작업방법 및 순서를 결정하고 작업을 지휘하는 일 나. 기구 및 공구를 점검하고 불량품을 제거하는 일 다. 그 작업장소에는 관계 근로자가 아닌 사람의 출입을 금지하는 일 라. 로프 등의 해체작업을 할 때에는 하대(荷臺) 위의 화물의 낙하위험 유무를 확인하고 작업의 착수를 지시하는 일
14. 부두와 선박에서의 하역작업 (제2편제6장제2절)	가. 작업방법을 결정하고 작업을 지휘하는 일 나. 통행설비·하역기계·보호구 및 기구·공구를 점검·정비하고 이들의 사용 상황을 감시하는 일 다. 주변 작업자간의 연락을 조정하는 일
15. 전로 등 전기작업 또는 그 지지물의 설치, 점검, 수리 및 도장 등의 작업 (제2편제3장)	가. 작업구간 내의 충전전로 등 모든 충전 시설을 점검하는 일 나. 작업방법 및 그 순서를 결정(근로자 교육 포함)하고 작업을 지휘하는 일 다. 작업근로자의 보호구 또는 절연용 보호구 착용 상황을 감시하고 감전재해 요소를 제거하는 일 라. 작업 공구, 절연용 방호구 등의 결함 여부와 기능을 점검하고 불량품을

작업의 종류	직무수행 내용
	제거하는 일 마. 작업장소에 관계 근로자 외에는 출입을 금지하고 주변 작업자와의 연락을 조정하며 도로작업 시 차량 및 통행인 등에 대한 교통통제 등 작업전반에 대해 지휘·감시하는 일 바. 활선작업용 기구를 사용하여 작업할 때 안전거리가 유지되는지 감시하는 일 사. 감전재해를 비롯한 각종 산업재해에 따른 신속한 응급처치를 할 수 있도록 근로자들을 교육하는 일
16. 관리대상 유해물질을 취급하는 작업(제3편제1장)	가. 관리대상 유해물질을 취급하는 근로자가 물질에 오염되지 않도록 작업방법을 결정하고 작업을 지휘하는 업무 나. 관리대상 유해물질을 취급하는 장소나 설비를 매월 1회 이상 순회점검하고 국소배기장치 등 환기설비에 대해서는 다음 각 호의 사항을 점검하여 필요한 조치를 하는 업무. 단, 환기설비를 점검하는 경우에는 다음의 사항을 점검 (1) 후드(hood)나 덕트(duct)의 마모·부식, 그 밖의 손상 여부 및 정도 (2) 송풍기와 배풍기의 주유 및 청결 상태 (3) 덕트 접속부가 헐거워졌는지 여부 (4) 전동기와 배풍기를 연결하는 벨트의 작동 상태 (5) 흡기 및 배기 능력 상태 다. 보호구의 착용 상황을 감시하는 업무 라. 근로자가 탱크 내부에서 관리대상 유해물질을 취급하는 경우에 다음의 조치를 했는지 확인하는 업무 (1) 관리대상 유해물질에 관하여 필요한 지식을 가진 사람이 해당 작업을 지휘 (2) 관리대상 유해물질이 들어올 우려가 없는 경우에는 작업을 하는 설비의 개구부를 모두 개방 (3) 근로자의 신체가 관리대상 유해물질에 의하여 오염되었거나 작업이 끝난 경우에는 즉시 몸을 씻는 조치 (4) 비상시에 작업설비 내부의 근로자를 즉시 대피시키거나 구조하기 위한 기구와 그 밖의 설비를 갖추는 조치 (5) 작업을 하는 설비의 내부에 대하여 작업 전에 관리대상 유해물질의 농도를 측정하거나 그 밖의 방법으로 근로자가 건강에 장해를 입을 우려가 있는지를 확인하는 조치 (6) 제(5)에 따른 설비 내부에 관리대상 유해물질이 있는 경우에는 설비 내부를 충분히 환기하는 조치 (7) 유기화합물을 넣었던 탱크에 대하여 제(1)부터 제(6)까지의 조치 외에 다음의 조치 (가) 유기화합물이 탱크로부터 배출된 후 탱크 내부에 재유입되지 않도록 조치 (나) 물이나 수증기 등으로 탱크 내부를 씻은 후 그 씻은 물이나 수증기 등을 탱크로부터 배출 (다) 탱크 용적의 3배 이상의 공기를 채웠다가 내보내거나 탱크에 물을 가득 채웠다가 내보내거나 탱크에 물을 가득 채웠다가 배출 마. 나목에 따른 점검 및 조치 결과를 기록·관리하는 업무
17. 허가대상 유해물질 취급작업(제3편제2장)	가. 근로자가 허가대상 유해물질을 들이마시거나 허가대상 유해물질에 오염되지 않도록 작업수칙을 정하고 지휘하는 업무

작업의 종류	직무수행 내용
	나. 작업장에 설치되어 있는 국소배기장치나 그 밖에 근로자의 건강장해 예방을 위한 장치 등을 매월 1회 이상 점검하는 업무 다. 근로자의 보호구 착용 상황을 점검하는 업무
18. 석면 해체·제거작업(제3편제2장 제6절)	가. 근로자가 석면분진을 들이마시거나 석면분진에 오염되지 않도록 작업방법을 정하고 지휘하는 업무 나. 작업장에 설치되어 있는 석면분진 포집장치, 음압기 등의 장비의 이상 유무를 점검하고 필요한 조치를 하는 업무 다. 근로자의 보호구 착용 상황을 점검하는 업무

19. 고압작업(제3편제5장)	가. 작업방법을 결정하여 고압작업자를 직접 지휘하는 업무
	나. 유해가스의 농도를 측정하는 기구를 점검하는 업무
	다. 고압작업자가 작업실에 입실하거나 퇴실하는 경우에 고압작업자의 수를 점검하는 업무
	라. 작업실에서 공기조절을 하기 위한 밸브나 콕을 조작하는 사람과 연락하여 작업실 내부의 압력을 적정한 상태로 유지하도록 하는 업무
	마. 공기를 기압조절실로 보내거나 기압조절실에서 내보내기 위한 밸브나 콕을 조작하는 사람과 연락하여 고압작업자에 대하여 가압이나 감압을 다음과 같이 따르도록 조치하는 업무
	  (1) 가압을 하는 경우 1분에 제곱센티미터당 0.8킬로그램 이하의 속도로 함
	  (2) 감압을 하는 경우에는 고용노동부장관이 정하여 고시하는 기준에 맞도록 함
	바. 작업실 및 기압조절실 내 고압작업자의 건강에 이상이 발생한 경우 필요한 조치를 하는 업무

20. 밀폐공간 작업(제3편제10장)	가. 산소가 결핍된 공기나 유해가스에 노출되지 않도록 작업 시작 전에 해당 근로자의 작업을 지휘하는 업무 나. 작업을 하는 장소의 공기가 적절한지를 작업 시작 전에 측정하는 업무 다. 측정장비·환기장치 또는 공기호흡기 또는 송기마스크를 작업 시작 전에 점검하는 업무 라. 근로자에게 공기호흡기 또는 송기마스크의 착용을 지도하고 착용 상황을 점검하는 업무

② 사업주는 별표 3에서 정하는 바에 따라 작업을 시작하기 전에 관리감독자로 하여금 필요한 사항을 점검하도록 하여야 한다(제35조 제2항).

작업시작 전 점검사항(별표 3)

작업의 종류	점검내용
1. 프레스등을 사용하여 작업을 할 때 (제2편제1장제3절)	가. 클러치 및 브레이크의 기능 나. 크랭크축·플라이휠·슬라이드·연결봉 및 연결 나사의 풀림 여부 다. 1행정 1정지기구·급정지장치 및 비상정지장치의 기능 라. 슬라이드 또는 칼날에 의한 위험방지 기구의 기능 마. 프레스의 금형 및 고정볼트 상태 바. 방호장치의 기능 사. 전단기(剪斷機)의 칼날 및 테이블의 상태

작업의 종류	점검내용
2. 로봇의 작동 범위에서 그 로봇에 관하여 교시 등(로봇의 동력원을 차단하고 하는 것은 제외한다)의 작업을 할 때(제2편제1장제13절)	가. 외부 전선의 피복 또는 외장의 손상 유무 나. 매니퓰레이터(manipulator) 작동의 이상 유무 다. 제동장치 및 비상정지장치의 기능
3. 공기압축기를 가동할 때(제2편제1장제7절)	가. 공기저장 압력용기의 외관 상태 나. 드레인밸브(drain valve)의 조작 및 배수 다. 압력방출장치의 기능 라. 언로드밸브(unloading valve)의 기능 마. 윤활유의 상태 바. 회전부의 덮개 또는 울 사. 그 밖의 연결 부위의 이상 유무
4. 크레인을 사용하여 작업을 하는 때(제2편제1장제9절제2관)	가. 권과방지장치·브레이크·클러치 및 운전장치의 기능 나. 주행로의 상측 및 트롤리(trolley)가 횡행하는 레일의 상태 다. 와이어로프가 통하고 있는 곳의 상태
5. 이동식 크레인을 사용하여 작업을 할 때(제2편제1장제9절제3관)	가. 권과방지장치나 그 밖의 경보장치의 기능 나. 브레이크·클러치 및 조정장치의 기능 다. 와이어로프가 통하고 있는 곳 및 작업장소의 지반상태
6. 리프트(자동차정비용 리프트를 포함한다)를 사용하여 작업을 할 때(제2편제1장제9절제4관)	가. 방호장치·브레이크 및 클러치의 기능 나. 와이어로프가 통하고 있는 곳의 상태
7. 곤돌라를 사용하여 작업을 할 때(제2편제1장제9절제5관)	가. 방호장치·브레이크의 기능 나. 와이어로프·슬링와이어(sling wire) 등의 상태
8. 양중기의 와이어로프·달기체인·섬유로프·섬유벨트 또는 훅·샤클·링 등의 철구(이하 "와이어로프등"이라 한다)를 사용하여 고리걸이작업을 할 때(제2편제1장제9절제7관)	와이어로프등의 이상 유무
9. 지게차를 사용하여 작업을 하는 때(제2편제1장제10절제2관)	가. 제동장치 및 조종장치 기능의 이상 유무 나. 하역장치 및 유압장치 기능의 이상 유무 다. 바퀴의 이상 유무 라. 전조등·후미등·방향지시기 및 경보장치 기능의 이상 유무
10. 구내운반차를 사용하여 작업을 할 때(제2편제1장제10절제3관)	가. 제동장치 및 조종장치 기능의 이상 유무 나. 하역장치 및 유압장치 기능의 이상 유무 다. 바퀴의 이상 유무 라. 전조등·후미등·방향지시기 및 경음기 기능의 이상 유무 마. 충전장치를 포함한 홀더 등의 결합상태의 이상 유무
11. 고소작업대를 사용하여 작업을 할 때(제2편제1장제10절제4관)	가. 비상정지장치 및 비상하강 방지장치 기능의 이상 유무 나. 과부하 방지장치의 작동 유무(와이어로프 또는 체인구동방식의 경우) 다. 아웃트리거 또는 바퀴의 이상 유무 라. 작업면의 기울기 또는 요철 유무 마. 활선작업용 장치의 경우 홈·균열·파손 등 그 밖의 손상 유무

작업의 종류	점검내용
12. 화물자동차를 사용하는 작업을 하게 할 때(제2편제1장제10절제5관)	가. 제동장치 및 조종장치의 기능 나. 하역장치 및 유압장치의 기능 다. 바퀴의 이상 유무
13. 컨베이어등을 사용하여 작업을 할 때(제2편제1장제11절)	가. 원동기 및 풀리(pulley) 기능의 이상 유무 나. 이탈 등의 방지장치 기능의 이상 유무 다. 비상정지장치 기능의 이상 유무 라. 원동기·회전축·기어 및 풀리 등의 덮개 또는 울 등의 이상 유무
14. 차량계 건설기계를 사용하여 작업을 할 때(제2편제1장제12절제1관)	브레이크 및 클러치 등의 기능
14의2. 용접·용단 작업 등의 화재위험작업을 할 때 (제2편제2장제2절)	가. 작업 준비 및 작업 절차 수립 여부 나. 화기작업에 따른 인근 가연성물질에 대한 방호조치 및 소화기구 비치 여부 다. 용접불티 비산방지덮개 또는 용접방화포 등 불꽃·불티 등의 비산을 방지하기 위한 조치 여부 라. 인화성 액체의 증기 또는 인화성 가스가 남아 있지 않도록 하는 환기조치 여부 마. 작업근로자에 대한 화재예방 및 피난교육 등 비상조치 여부
15. 이동식 방폭구조(防爆構造) 전기 기계·기구를 사용할 때(제2편제3장제1절)	전선 및 접속부 상태
16. 근로자가 반복하여 계속적으로 중량물을 취급하는 작업을 할 때(제2편제5장)	가. 중량물 취급의 올바른 자세 및 복장 나. 위험물이 날아 흩어짐에 따른 보호구의 착용 다. 카바이드·생석회(산화칼슘) 등과 같이 온도상승이나 습기에 의하여 위험성이 존재하는 중량물의 취급방법 라. 그 밖에 하역운반기계등의 적절한 사용방법
17. 양화장치를 사용하여 화물을 싣고 내리는 작업을 할 때(제2편제6장제2절)	가. 양화장치(揚貨裝置)의 작동상태 나. 양화장치에 제한하중을 초과하는 하중을 실었는지 여부
18. 슬링 등을 사용하여 작업을 할 때 (제2편제6장제2절)	가. 훅이 붙어 있는 슬링·와이어슬링 등이 매달린 상태 나. 슬링·와이어슬링 등의 상태(작업시작 전 및 작업 중 수시로 점검)

③ 사업주는 점검 결과 이상이 발견되면 즉시 수리하거나 그 밖에 필요한 조치를 하여야 한다(제35조 제3항).

(2) 사용의 제한

사업주는 방호조치 등의 조치를 하지 않거나 안전인증기준, 자율안전기준 또는 안전검사기준에 적합하지 않은 기계·기구·설비 및 방호장치·보호구 등을 사용해서는 아니 된다(제36조).

(3) 악천후 및 강풍 시 작업 중지

① 사업주는 비·눈·바람 또는 그 밖의 기상상태의 불안정으로 인하여 근로자가 위험해질 우려가 있는 경우 작업을 중지하여야 한다. 다만, 태풍 등으로 위험이 예상되거나 발생되어 긴급 복구작업을 필요로 하는 경우에는 그러하지 아니하다(제37조 제1항).

② 사업주는 순간풍속이 초당 10m를 초과하는 경우 타워크레인의 설치·수리·점검 또는 해체 작업을 중지하여야 하며, 순간풍속이 초당 15m를 초과하는 경우에는 타워크레인의 운전작업을 중지하여야 한다(제37조 제2항).

(4) 사전조사 및 작업계획서의 작성 등

① 사업주는 다음의 작업을 하는 경우 근로자의 위험을 방지하기 위하여 별표 4에 따라 해당 작업, 작업장의 지형·지반 및 지층 상태 등에 대한 사전조사를 하고 그 결과를 기록·보존해야 하며, 조사결과를 고려하여 별표 4의 구분에 따른 사항을 포함한 작업계획서를 작성하고 그 계획에 따라 작업을 하도록 해야 한다(제38조 제1항).

㉠ 타워크레인을 설치·조립·해체하는 작업

㉡ 차량계 하역운반기계등을 사용하는 작업(화물자동차를 사용하는 도로상의 주행작업은 제외한다. 이하 같다)

㉢ 차량계 건설기계를 사용하는 작업

㉣ 화학설비와 그 부속설비를 사용하는 작업

㉤ 전기작업(해당 전압이 50볼트를 넘거나 전기에너지가 250볼트암페어를 넘는 경우로 한정한다)

㉥ 굴착면의 높이가 2m 이상이 되는 지반의 굴착작업

㉦ 터널굴착작업

㉧ 교량(상부구조가 금속 또는 콘크리트로 구성되는 교량으로서 그 높이가 5m 이상이거나 교량의 최대 지간 길이가 30m 이상인 교량으로 한정한다)의 설치·해체 또는 변경 작업

㉨ 채석작업

㉩ 건물 등의 해체작업

㉪ 중량물의 취급작업

㉫ 궤도나 그 밖의 관련 설비의 보수·점검작업

㉬ 열차의 교환·연결 또는 분리 작업

㉭ 구축물, 건축물, 그 밖의 시설물 등의 해체작업

사전조사 및 작업계획서 내용(별표 4)

작업명	사전조사 내용	작업계획서 내용
1. 타워크레인을 설치·조립·해체하는 작업	-	가. 타워크레인의 종류 및 형식 나. 설치·조립 및 해체순서 다. 작업도구·장비·가설설비(假設設備) 및 방호설비 라. 작업인원의 구성 및 작업근로자의 역할 범위 마. 제142조에 따른 지지 방법
2. 차량계 하역운반기계등을 사용하는 작업	-	가. 해당 작업에 따른 추락·낙하·전도·협착 및 붕괴 등의 위험 예방대책 나. 차량계 하역운반기계등의 운행경로 및 작업방법
3. 차량계 건설기계를 사용하는 작업	해당 기계의 굴러 떨어짐, 지반의 붕괴 등으로 인한 근로자의 위험을 방지하기 위한 해당 작업장소의 지형 및 지반상태	가. 사용하는 차량계 건설기계의 종류 및 성능 나. 차량계 건설기계의 운행경로 다. 차량계 건설기계에 의한 작업방법
4. 화학설비와 그 부속설비 사용작업	-	가. 밸브·콕 등의 조작(해당 화학설비에 원재료를 공급하거나 해당 화학설비에서 제품 등을 꺼내는 경우만 해당한다) 나. 냉각장치·가열장치·교반장치(攪拌裝置) 및 압축장치의 조작 다. 계측장치 및 제어장치의 감시 및 조정 라. 안전밸브, 긴급차단장치, 그 밖의 방호장치 및 자동경보장치의 조정 마. 덮개판·플랜지(flange)·밸브·콕 등의 접합부에서 위험물 등의 누출 여부에 대한 점검 바. 시료의 채취 사. 화학설비에서는 그 운전이 일시적 또는 부분적으로 중단된 경우의 작업방법 또는 운전 재개 시의 작업방법 아. 이상 상태가 발생한 경우의 응급조치 자. 위험물 누출 시의 조치 차. 그 밖에 폭발·화재를 방지하기 위하여 필요한 조치
5. 제318조에 따른 전기작업	-	가. 전기작업의 목적 및 내용 나. 전기작업 근로자의 자격 및 적정 인원 다. 작업 범위, 작업책임자 임명, 전격·아크 섬광·아크 폭발 등 전기 위험 요인 파악, 접근 한계거리, 활선접근 경보장치 휴대 등 작업시작 전에 필요한 사항 라. 제319조에 따른 전로 차단에 관한 작업계획 및 전원(電源) 재투입 절차 등 작업 상황에 필요한 안전 작업 요령 마. 절연용 보호구 및 방호구, 활선작업용 기구·장

작업명	사전조사 내용	작업계획서 내용
		치 등의 준비·점검·착용·사용 등에 관한 사항 바. 점검·시운전을 위한 일시 운전, 작업 중단 등에 관한 사항 사. 교대 근무 시 근무 인계(引繼)에 관한 사항 아. 전기작업장소에 대한 관계 근로자가 아닌 사람의 출입금지에 관한 사항 자. 전기안전작업계획서를 해당 근로자에게 교육할 수 있는 방법과 작성된 전기안전작업계획서의 평가·관리계획 차. 전기 도면, 기기 세부 사항 등 작업과 관련되는 자료
6. 굴착작업	가. 형상·지질 및 지층의 상태 나. 균열·함수(含水)·용수 및 동결의 유무 또는 상태 다. 매설물 등의 유무 또는 상태 라. 지반의 지하수위 상태	가. 굴착방법 및 순서, 토사 등 반출 방법 나. 필요한 인원 및 장비 사용계획 다. 매설물 등에 대한 이설·보호대책 라. 사업장 내 연락방법 및 신호방법 마. 흙막이 지보공 설치방법 및 계측계획 바. 작업지휘자의 배치계획 사. 그 밖에 안전·보건에 관련된 사항
7. 터널굴착작업	보링(boring) 등 적절한 방법으로 낙반·출수(出水) 및 가스폭발 등으로 인한 근로자의 위험을 방지하기 위하여 미리 지형·지질 및 지층상태를 조사	가. 굴착의 방법 나. 터널지보공 및 복공(覆工)의 시공방법과 용수(湧水)의 처리방법 다. 환기 또는 조명시설을 설치할 때에는 그 방법
8. 교량작업	-	가. 작업 방법 및 순서 나. 부재(部材)의 낙하·전도 또는 붕괴를 방지하기 위한 방법 다. 작업에 종사하는 근로자의 추락 위험을 방지하기 위한 안전조치 방법 라. 공사에 사용되는 가설 철구조물 등의 설치·사용·해체 시 안전성 검토 방법 마. 사용하는 기계 등의 종류 및 성능, 작업방법 바. 작업지휘자 배치계획 사. 그 밖에 안전·보건에 관련된 사항
9. 채석작업	지반의 붕괴·굴착기계의 굴러 떨어짐 등에 의한 근로자에게 발생할 위험을 방지하기 위한 해당 작업장의 지형·지질 및 지층의 상태	가. 노천굴착과 갱내굴착의 구별 및 채석방법 나. 굴착면의 높이와 기울기 다. 굴착면 소단(小段: 비탈면의 경사를 완화시키기 위해 중간에 좁은 폭으로 설치하는 평탄한 부분)의 위치와 넓이 라. 갱내에서의 낙반 및 붕괴방지 방법 마. 발파방법 바. 암석의 분할방법 사. 암석의 가공장소 아. 사용하는 굴착기계·분할기계·적재기계 또는

작업명	사전조사 내용	작업계획서 내용
		운반기계(이하 "굴착기계등"이라 한다)의 종류 및 성능 자. 토석 또는 암석의 적재 및 운반방법과 운반경로 차. 표토 또는 용수(湧水)의 처리방법
10. 건물 등의 해체작업	해체건물 등의 구조, 주변 상황 등	가. 해체의 방법 및 해체 순서도면 나. 가설설비·방호설비·환기설비 및 살수·방화 설비 등의 방법 다. 사업장 내 연락방법 라. 해체물의 처분계획 마. 해체작업용 기계·기구 등의 작업계획서 바. 해체작업용 화약류 등의 사용계획서 사. 그 밖에 안전·보건에 관련된 사항
11. 중량물의 취급 작업	-	가. 추락위험을 예방할 수 있는 안전대책 나. 낙하위험을 예방할 수 있는 안전대책 다. 전도위험을 예방할 수 있는 안전대책 라. 협착위험을 예방할 수 있는 안전대책 마. 붕괴위험을 예방할 수 있는 안전대책
12. 궤도와 그 밖의 관련설비의 보수·점검작업 13. 입환작업(入換作業)	-	가. 적절한 작업 인원 나. 작업량 다. 작업순서 라. 작업방법 및 위험요인에 대한 안전조치방법 등

② 사업주는 작성한 작업계획서의 내용을 해당 근로자에게 알려야 한다(제38조 제2항).

③ 사업주는 항타기나 항발기를 조립·해체·변경 또는 이동하는 작업을 하는 경우 그 작업방법과 절차를 정하여 근로자에게 주지시켜야 한다(제38조 제3항).

④ 사업주는 궤도나 그 밖의 관련 설비의 보수·점검작업에 모터카(motor car), 멀티플타이탬퍼(multiple tie tamper), 밸러스트 콤팩터(ballast compactor, 철도자갈다짐기), 궤도안정기 등의 작업차량을 사용하는 경우 미리 그 구간을 운행하는 열차의 운행관계자와 협의하여야 한다(제38조 제4항).

(5) 작업지휘자의 지정

① 사업주는 차량계 하역운반기계등을 사용하는 작업·굴착면의 높이가 2미터 이상이 되는 지반의 굴착작업·교량의 설치·해체 또는 변경 작업 및 중량물의 취급작업의 작업계획서를 작성한 경우 작업지휘자를 지정하여 작업계획서에 따라 작업을 지휘하도록 해야 한다. 다만, 차량계 하역운반기계등을 사용하는 작업에 대하여 작업장소에 다른 근로자가 접근할 수 없거나 한 대의 차량계 하역운반기계등을 운전하는 작업으로서 주위에 근

로자가 없어 충돌 위험이 없는 경우에는 작업지휘자를 지정하지 않을 수 있다(제39조 제1항).

② 사업주는 항타기나 항발기를 조립·해체·변경 또는 이동하여 작업을 하는 경우 작업지휘자를 지정하여 지휘·감독하도록 하여야 한다(제39조 제2항).

> **관련판례**
>
> 차량계 하역운반기계 등을 사용하는 작업을 하는 경우에 사업주는 차량계 하역운반기계 등에 의한 산업재해를 방지하기 위하여 작업지휘자 또는 유도자를 지정·배치하는 것이므로, 특별한 사정이 없는 한 차량계 하역운반기계 등의 운전자 및 그와 더불어 작업 중이어서 차량계 하역운반기계 등에 접촉될 위험이 있는 근로자는 작업지휘자 또는 유도자가 될 수 없다(대판 2013도1602).

(6) 신호

① 사업주는 다음의 작업을 하는 경우 일정한 신호방법을 정하여 신호하도록 하여야 하며, 운전자는 그 신호에 따라야 한다(제40조 제1항).

㉠ 양중기를 사용하는 작업

㉡ 전도 등의 방지 및 접촉의 방지에 따라 유도자를 배치하는 작업

㉢ 차량계 건설기계를 유도하는 경우에 따라 유도자를 배치하는 작업

㉣ 항타기 또는 항발기의 운전작업

㉤ 중량물을 2명 이상의 근로자가 취급하거나 운반하는 작업

㉥ 양화장치를 사용하는 작업

㉦ 궤도작업차량을 유도에 따라 유도자를 배치하는 작업

㉧ 입환작업

② 운전자나 근로자는 신호방법이 정해진 경우 이를 준수하여야 한다(제40조 제2항).

(7) 운전위치의 이탈금지

① 사업주는 다음의 기계를 운전하는 경우 운전자가 운전위치를 이탈하게 해서는 아니 된다(제41조 제1항).

㉠ 양중기

㉡ 항타기 또는 항발기(권상장치에 하중을 건 상태)

㉢ 양화장치(화물을 적재한 상태)

② 운전자는 운전 중에 운전위치를 이탈해서는 아니 된다(제41조 제2항).

6. 추락 또는 붕괴에 의한 위험 방지

(1) 추락의 방지

① 사업주는 근로자가 추락하거나 넘어질 위험이 있는 장소[작업발판의 끝·개구부 등을 제외한다] 또는 기계·설비·선박블록 등에서 작업을 할 때에 근로자가 위험해질 우려가 있는 경우 비계를 조립하는 등의 방법으로 작업발판을 설치하여야 한다(제42조 제1항).

② 사업주는 작업발판을 설치하기 곤란한 경우 다음의 기준에 맞는 추락방호망을 설치해야 한다. 다만, 추락방호망을 설치하기 곤란한 경우에는 근로자에게 안전대를 착용하도록 하는 등 추락위험을 방지하기 위해 필요한 조치를 해야 한다(제42조 제2항).

　㉠ 추락방호망의 설치위치는 가능하면 작업면으로부터 가까운 지점에 설치하여야 하며, 작업면으로부터 망의 설치지점까지의 수직거리는 10m를 초과하지 아니할 것

　㉡ 추락방호망은 수평으로 설치하고, 망의 처짐은 짧은 변 길이의 12% 이상이 되도록 할 것

　㉢ 건축물 등의 바깥쪽으로 설치하는 경우 추락방호망의 내민 길이는 벽면으로부터 3m 이상 되도록 할 것. 다만, 그물코가 20mm 이하인 추락방호망을 사용한 경우에는 낙하물 방지망을 설치한 것으로 본다.

③ 사업주는 추락방호망을 설치하는 경우에는 한국산업표준에서 정하는 성능기준에 적합한 추락방호망을 사용하여야 한다(제42조 제3항).

④ 사업주는 작업발판 및 추락방호망을 설치하기 곤란한 경우에는 근로자로 하여금 3개 이상의 버팀대를 가지고 지면으로부터 안정적으로 세울 수 있는 구조를 갖춘 이동식 사다리를 사용하여 작업을 하게 할 수 있다. 이 경우 사업주는 근로자가 다음의 사항을 준수하도록 조치해야 한다(제42조 제4항).

　㉠ 평탄하고 견고하며 미끄럽지 않은 바닥에 이동식 사다리를 설치할 것

　㉡ 이동식 사다리의 넘어짐을 방지하기 위해 다음의 어느 하나 이상에 해당하는 조치를 할 것

　　ⓐ 이동식 사다리를 견고한 시설물에 연결하여 고정할 것

　　ⓑ 아웃트리거(outrigger, 전도방지용 지지대)를 설치하거나 아웃트리거가 붙어있는 이동식 사다리를 설치할 것

　　ⓒ 이동식 사다리를 다른 근로자가 지지하여 넘어지지 않도록 할 것

　㉢ 이동식 사다리의 제조사가 정하여 표시한 이동식 사다리의 최대사용하중을 초과하지 않는 범위 내에서만 사용할 것

　㉣ 이동식 사다리를 설치한 바닥면에서 높이 3.5m 이하의 장소에서만 작업할 것

ⓜ 이동식 사다리의 최상부 발판 및 그 하단 디딤대에 올라서서 작업하지 않을 것. 다만, 높이 1미터 이하의 사다리는 제외한다.
ⓗ 안전모를 착용하되, 작업 높이가 2m 이상인 경우에는 안전모와 안전대를 함께 착용할 것
ⓢ 이동식 사다리 사용 전 변형 및 이상 유무 등을 점검하여 이상이 발견되면 즉시 수리하거나 그 밖에 필요한 조치를 할 것

(2) 개구부 등의 방호 조치

① 사업주는 작업발판 및 통로의 끝이나 개구부로서 근로자가 추락할 위험이 있는 장소에는 안전난간, 울타리, 수직형 추락방망 또는 덮개 등의 방호 조치를 충분한 강도를 가진 구조로 튼튼하게 설치하여야 하며, 덮개를 설치하는 경우에는 뒤집히거나 떨어지지 않도록 설치하여야 한다. 이 경우 어두운 장소에서도 알아볼 수 있도록 개구부임을 표시해야 하며, 수직형 추락방망은 한국산업표준에서 정하는 성능기준에 적합한 것을 사용해야 한다(제43조 제1항).
② 사업주는 난간등을 설치하는 것이 매우 곤란하거나 작업의 필요상 임시로 난간등을 해체하여야 하는 경우 기준에 맞는 추락방호망을 설치하여야 한다. 다만, 추락방호망을 설치하기 곤란한 경우에는 근로자에게 안전대를 착용하도록 하는 등 추락할 위험을 방지하기 위하여 필요한 조치를 하여야 한다(제43조 제2항).

(3) 안전대의 부착설비 등

① 사업주는 추락할 위험이 있는 높이 2m 이상의 장소에서 근로자에게 안전대를 착용시킨 경우 안전대를 안전하게 걸어 사용할 수 있는 설비 등을 설치하여야 한다. 이러한 안전대 부착설비로 지지로프 등을 설치하는 경우에는 처지거나 풀리는 것을 방지하기 위하여 필요한 조치를 하여야 한다(제44조 제1항).
② 사업주는 안전대 및 부속설비의 이상 유무를 작업을 시작하기 전에 점검하여야 한다(제44조 제2항).

(4) 지붕 위에서의 위험 방지

① 사업주는 근로자가 지붕 위에서 작업을 할 때에 추락하거나 넘어질 위험이 있는 경우에는 다음의 조치를 해야 한다(제45조 제1항).
  ㉠ 지붕의 가장자리에 안전난간을 설치할 것
  ㉡ 채광창(skylight)에는 견고한 구조의 덮개를 설치할 것

ⓒ 슬레이트 등 강도가 약한 재료로 덮은 지붕에는 폭 30cm 이상의 발판을 설치할 것
② 사업주는 작업 환경 등을 고려할 때 조치를 하기 곤란한 경우에는 기준을 갖춘 추락방호망을 설치해야 한다. 다만, 사업주는 작업 환경 등을 고려할 때 추락방호망을 설치하기 곤란한 경우에는 근로자에게 안전대를 착용하도록 하는 등 추락 위험을 방지하기 위하여 필요한 조치를 해야 한다(제45조 제2항).

(5) 승강설비의 설치

사업주는 높이 또는 깊이가 2m를 초과하는 장소에서 작업하는 경우 해당 작업에 종사하는 근로자가 안전하게 승강하기 위한 건설용 리프트 등의 설비를 설치해야 한다. 다만, 승강설비를 설치하는 것이 작업의 성질상 곤란한 경우에는 그렇지 않다(제46조).

(6) 구명구 등

사업주는 수상 또는 선박건조 작업에 종사하는 근로자가 물에 빠지는 등 위험의 우려가 있는 경우 그 작업을 하는 장소에 구명을 위한 배 또는 구명장구의 비치 등 구명을 위하여 필요한 조치를 하여야 한다(제47조).

(7) 울타리의 설치

사업주는 근로자에게 작업 중 또는 통행 시 굴러 떨어짐으로 인하여 근로자가 화상·질식 등의 위험에 처할 우려가 있는 케틀(kettle, 가열 용기), 호퍼(hopper, 깔때기 모양의 출입구가 있는 큰 통), 피트(pit, 구덩이) 등이 있는 경우에 그 위험을 방지하기 위하여 필요한 장소에 높이 90cm 이상의 울타리를 설치하여야 한다(제48조).

(8) 조명의 유지

사업주는 근로자가 높이 2m 이상에서 작업을 하는 경우 그 작업을 안전하게 하는 데에 필요한 조명을 유지하여야 한다(제49조).

(9) 토사 등에 의한 위험 방지

사업주는 토사 등 또는 구축물의 붕괴 또는 낙하 등에 의하여 근로자가 위험해질 우려가 있는 경우 그 위험을 방지하기 위하여 다음의 조치를 해야 한다(제50조).
① 지반은 안전한 경사로 하고 낙하의 위험이 있는 토석을 제거하거나 옹벽, 흙막이 지보공 등을 설치할 것
② 토사 등의 붕괴 또는 낙하 원인이 되는 빗물이나 지하수 등을 배제할 것

③ 갱내의 낙반·측벽 붕괴의 위험이 있는 경우에는 지보공을 설치하고 부석을 제거하는 등 필요한 조치를 할 것

(10) 구축물 등의 안전 유지

사업주는 구축물 등이 고정하중, 적재하중, 시공·해체 작업 중 발생하는 하중, 적설, 풍압, 지진이나 진동 및 충격 등에 의하여 전도·폭발하거나 무너지는 등의 위험을 예방하기 위하여 설계도면, 시방서, 「건축물의 구조기준 등에 관한 규칙」 제2조 제15호에 따른 구조설계도서, 해체계획서 등 설계도서를 준수하여 필요한 조치를 해야 한다(제51조).

(11) 구축물등의 안전성 평가

사업주는 구축물등이 다음의 어느 하나에 해당하는 경우에는 구축물등에 대한 구조검토, 안전진단 등의 안전성 평가를 하여 근로자에게 미칠 위험성을 미리 제거해야 한다(제52조).

① 구축물 또는 이와 유사한 시설물의 인근에서 굴착·항타작업 등으로 침하·균열 등이 발생하여 붕괴의 위험이 예상될 경우
② 구축물 등에 지진, 동해, 부동침하 등으로 균열·비틀림 등이 발생했을 경우
③ 구축물 등이 그 자체의 무게·적설·풍압 또는 그 밖에 부가되는 하중 등으로 붕괴 등의 위험이 있을 경우
④ 화재 등으로 구축물 등의 내력이 심하게 저하됐을 경우
⑤ 오랜 기간 사용하지 않던 구축물 등을 재사용하게 되어 안전성을 검토해야 하는 경우
⑥ 구축물 등의 주요구조부에 대한 설계 및 시공 방법의 전부 또는 일부를 변경하는 경우
⑦ 그 밖의 잠재위험이 예상될 경우

(12) 계측장치의 설치 등

사업주는 다음의 어느 하나에 해당하는 경우에는 그에 필요한 계측장치를 설치하여 계측결과를 확인하고 그 결과를 통하여 안전성을 검토하는 등 위험을 방지하기 위한 조치를 해야 한다(제53조).

① 건설공사에 대한 유해위험방지계획서 심사 시 계측시공을 지시받은 경우
② 건설공사에서 토사등이나 구축물 등의 붕괴로 근로자가 위험해질 우려가 있는 경우
③ 설계도서에서 계측장치를 설치하도록 하고 있는 경우

7. 비계

(1) 비계의 재료

① 사업주는 비계의 재료로 변형·부식 또는 심하게 손상된 것을 사용해서는 아니 된다(제54조 제1항).
② 사업주는 강관비계의 재료로 한국산업표준에서 정하는 기준 이상의 것을 사용해야 한다(제54조 제2항).

(2) 작업발판의 최대적재하중

사업주는 비계의 구조 및 재료에 따라 작업발판의 최대적재하중을 정하고, 이를 초과하여 실어서는 안 된다(제55조).

① 사업주는 비계의 구조 및 재료에 따라 작업발판의 최대적재하중을 정하고, 이를 초과하여 실어서는 아니 된다(제55조 제1항).
② 달비계(곤돌라의 달비계는 제외한다)의 최대 적재하중을 정하는 경우 그 안전계수는 다음과 같다(제55조 제2항).
  ㉠ 달기 와이어로프 및 달기 강선의 안전계수 : 10 이상
  ㉡ 달기 체인 및 달기 훅의 안전계수 : 5 이상
  ㉢ 달기 강대와 달비계의 하부 및 상부 지점의 안전계수 : 강재의 경우 2.5 이상, 목재의 경우 5 이상
③ 안전계수는 와이어로프 등의 절단하중 값을 그 와이어로프 등에 걸리는 하중의 최대값으로 나눈 값을 말한다(제55조 제3항).

(3) 작업발판의 구조

사업주는 비계(달비계, 달대비계 및 말비계는 제외한다)의 높이가 2m 이상인 작업장소에 다음의 기준에 맞는 작업발판을 설치하여야 한다(제56조).

① 발판재료는 작업할 때의 하중을 견딜 수 있도록 견고한 것으로 할 것
② 작업발판의 폭은 40cm 이상으로 하고, 발판재료 간의 틈은 3cm 이하로 할 것. 다만, 외줄비계의 경우에는 고용노동부장관이 별도로 정하는 기준에 따른다.
③ 선박 및 보트 건조작업의 경우 선박블록 또는 엔진실 등의 좁은 작업공간에 작업발판을 설치하기 위하여 필요하면 작업발판의 폭을 30cm 이상으로 할 수 있고, 걸침비계의 경우 강관기둥 때문에 발판재료 간의 틈을 3cm 이하로 유지하기 곤란하면 5cm 이하로 할 수 있다. 이 경우 그 틈 사이로 물체 등이 떨어질 우려가 있는 곳에는 출입금지 등의 조치를 하여야 한다.

④ 추락의 위험이 있는 장소에는 안전난간을 설치할 것. 다만, 작업의 성질상 안전난간을 설치하는 것이 곤란한 경우, 작업의 필요상 임시로 안전난간을 해체할 때에 추락방호망을 설치하거나 근로자로 하여금 안전대를 사용하도록 하는 등 추락위험 방지조치를 한 경우에는 그러하지 아니하다.
⑤ 작업발판의 지지물은 하중에 의하여 파괴될 우려가 없는 것을 사용할 것
⑥ 작업발판재료는 뒤집히거나 떨어지지 않도록 둘 이상의 지지물에 연결하거나 고정시킬 것
⑦ 작업발판을 작업에 따라 이동시킬 경우에는 위험 방지에 필요한 조치를 할 것

(4) 비계 등의 조립·해체 및 변경

① 사업주는 달비계 또는 높이 5m 이상의 비계를 조립·해체하거나 변경하는 작업을 하는 경우 다음의 사항을 준수하여야 한다(제57조 제1항).
  ㉠ 근로자가 관리감독자의 지휘에 따라 작업하도록 할 것
  ㉡ 조립·해체 또는 변경의 시기·범위 및 절차를 그 작업에 종사하는 근로자에게 주지시킬 것
  ㉢ 조립·해체 또는 변경 작업구역에는 해당 작업에 종사하는 근로자가 아닌 사람의 출입을 금지하고 그 내용을 보기 쉬운 장소에 게시할 것
  ㉣ 비, 눈, 그 밖의 기상상태의 불안정으로 날씨가 몹시 나쁜 경우에는 그 작업을 중지시킬 것
  ㉤ 비계재료의 연결·해체작업을 하는 경우에는 폭 20cm 이상의 발판을 설치하고 근로자로 하여금 안전대를 사용하도록 하는 등 추락을 방지하기 위한 조치를 할 것
  ㉥ 재료·기구 또는 공구 등을 올리거나 내리는 경우에는 근로자가 달줄 또는 달포대 등을 사용하게 할 것
② 사업주는 강관비계 또는 통나무비계를 조립하는 경우 쌍줄로 하여야 한다. 다만, 별도의 작업발판을 설치할 수 있는 시설을 갖춘 경우에는 외줄로 할 수 있다(제57조 제2항).

(5) 비계의 점검 및 보수

사업주는 비, 눈, 그 밖의 기상상태의 악화로 작업을 중지시킨 후 또는 비계를 조립·해체하거나 변경한 후에 그 비계에서 작업을 하는 경우에는 해당 작업을 시작하기 전에 다음의 사항을 점검하고, 이상을 발견하면 즉시 보수하여야 한다(제58조).
① 발판 재료의 손상 여부 및 부착 또는 걸림 상태
② 해당 비계의 연결부 또는 접속부의 풀림 상태
③ 연결 재료 및 연결 철물의 손상 또는 부식 상태
④ 손잡이의 탈락 여부
⑤ 기둥의 침하, 변형, 변위 또는 흔들림 상태

⑥ 로프의 부착 상태 및 매단 장치의 흔들림 상태

(6) 강관비계 조립 시의 준수사항

사업주는 강관비계를 조립하는 경우에 다음의 사항을 준수해야 한다(제59조).
① 비계기둥에는 미끄러지거나 침하하는 것을 방지하기 위하여 밑받침철물을 사용하거나 깔판·받침목 등을 사용하여 밑둥잡이를 설치하는 등의 조치를 할 것
② 강관의 접속부 또는 교차부는 적합한 부속철물을 사용하여 접속하거나 단단히 묶을 것
③ 교차 가새로 보강할 것
④ 외줄비계·쌍줄비계 또는 돌출비계에 대해서는 다음에서 정하는 바에 따라 벽이음 및 버팀을 설치할 것. 다만, 창틀의 부착 또는 벽면의 완성 등의 작업을 위하여 벽이음 또는 버팀을 제거하는 경우, 그 밖에 작업의 필요상 부득이한 경우로서 해당 벽이음 또는 버팀 대신 비계기둥 또는 띠장에 사재를 설치하는 등 비계가 넘어지는 것을 방지하기 위한 조치를 한 경우에는 그러하지 아니하다.
  ㉠ 강관비계의 조립 간격은 별표 5의 기준에 적합하도록 할 것
  ㉡ 강관·통나무 등의 재료를 사용하여 견고한 것으로 할 것
  ㉢ 인장재와 압축재로 구성된 경우에는 인장재와 압축재의 간격을 1m 이내로 할 것
⑤ 가공전로에 근접하여 비계를 설치하는 경우에는 가공전로를 이설하거나 가공전로에 절연용 방호구를 장착하는 등 가공전로와의 접촉을 방지하기 위한 조치를 할 것

강관비계의 조립간격(별표 5)

강관비계의 종류	조립간격(단위: m)	
	수직방향	수평방향
단관비계	5	5
틀비계(높이가 5m 미만인 것은 제외한다)	6	8

(7) 강관비계의 구조

사업주는 강관을 사용하여 비계를 구성하는 경우 다음의 사항을 준수해야 한다(제60조).
① 비계기둥의 간격은 띠장 방향에서는 1.85m 이하, 장선 방향에서는 1.5m 이하로 할 것. 다만, 다음의 어느 하나에 해당하는 작업의 경우에는 안전성에 대한 구조검토를 실시하고 조립도를 작성하면 띠장 방향 및 장선 방향으로 각각 2.7m 이하로 할 수 있다.
  ㉠ 선박 및 보트 건조작업
  ㉡ 그 밖에 장비 반입·반출을 위하여 공간 등을 확보할 필요가 있는 등 작업의 성질상 비계기둥 간격에 관한 기준을 준수하기 곤란한 작업

② 띠장 간격은 2.0m 이하로 할 것. 다만, 작업의 성질상 이를 준수하기가 곤란하여 쌍기둥틀 등에 의하여 해당 부분을 보강한 경우에는 그러하지 아니하다.
③ 비계기둥의 제일 윗부분으로부터 31m되는 지점 밑부분의 비계기둥은 2개의 강관으로 묶어 세울 것. 다만, 브라켓(bracket, 까치발) 등으로 보강하여 2개의 강관으로 묶을 경우 이상의 강도가 유지되는 경우에는 그러하지 아니하다.
④ 비계기둥 간의 적재하중은 400kg을 초과하지 않도록 할 것

(8) 강관의 강도 식별

사업주는 바깥지름 및 두께가 같거나 유사하면서 강도가 다른 강관을 같은 사업장에서 사용하는 경우 강관에 색 또는 기호를 표시하는 등 강관의 강도를 알아볼 수 있는 조치를 하여야 한다(제61조).

(9) 강관틀비계

사업주는 강관틀 비계를 조립하여 사용하는 경우 다음의 사항을 준수하여야 한다(제62조).
① 비계기둥의 밑둥에는 밑받침 철물을 사용하여야 하며 밑받침에 고저차가 있는 경우에는 조절형 밑받침철물을 사용하여 각각의 강관틀비계가 항상 수평 및 수직을 유지하도록 할 것
② 높이가 20m를 초과하거나 중량물의 적재를 수반하는 작업을 할 경우에는 주틀 간의 간격을 1.8m 이하로 할 것
③ 주틀 간에 교차 가새를 설치하고 최상층 및 5층 이내마다 수평재를 설치할 것
④ 수직방향으로 6m, 수평방향으로 8m 이내마다 벽이음을 할 것
⑤ 길이가 띠장 방향으로 4m 이하이고 높이가 10m를 초과하는 경우에는 10m 이내마다 띠장 방향으로 버팀기둥을 설치할 것

(10) 달비계의 구조

① 사업주는 곤돌라형 달비계를 설치하는 경우에는 다음의 사항을 준수해야 한다(제63조 제1항).
  ㉠ 다음의 어느 하나에 해당하는 와이어로프를 달비계에 사용해서는 아니 된다.
    ⓐ 이음매가 있는 것
    ⓑ 와이어로프의 한 꼬임[(스트랜드(strand)를 말한다.)]에서 끊어진 소선[필러(pillar)선은 제외한다]의 수가 10% 이상(비자전로프의 경우에는 끊어진 소선의 수가 와이어로프 호칭지름의 6배 길이 이내에서 4개 이상이거나 호칭지름 30배 길이 이내에서 8개 이상)인 것
    ⓒ 지름의 감소가 공칭지름의 7%를 초과하는 것
    ⓓ 꼬인 것

ⓔ 심하게 변형되거나 부식된 것
ⓕ 열과 전기충격에 의해 손상된 것
ⓒ 다음의 어느 하나에 해당하는 달기 체인을 달비계에 사용해서는 아니 된다.
　ⓐ 달기 체인의 길이가 달기 체인이 제조된 때의 길이의 5%를 초과한 것
　ⓑ 링의 단면지름이 달기 체인이 제조된 때의 해당 링의 지름의 10%를 초과하여 감소한 것
　ⓒ 균열이 있거나 심하게 변형된 것
ⓒ 달기 강선 및 달기 강대는 심하게 손상·변형 또는 부식된 것을 사용하지 않도록 할 것
ⓔ 달기 와이어로프, 달기 체인, 달기 강선, 달기 강대는 한쪽 끝을 비계의 보 등에, 다른 쪽 끝을 내민 보, 앵커볼트 또는 건축물의 보 등에 각각 풀리지 않도록 설치할 것
ⓜ 작업발판은 폭을 40cm 이상으로 하고 틈새가 없도록 할 것
ⓗ 작업발판의 재료는 뒤집히거나 떨어지지 않도록 비계의 보 등에 연결하거나 고정시킬 것
ⓢ 비계가 흔들리거나 뒤집히는 것을 방지하기 위하여 비계의 보·작업발판 등에 버팀을 설치하는 등 필요한 조치를 할 것
ⓞ 선반 비계에서는 보의 접속부 및 교차부를 철선·이음철물 등을 사용하여 확실하게 접속시키거나 단단하게 연결시킬 것
ⓩ 근로자의 추락 위험을 방지하기 위하여 다음의 조치를 할 것
　ⓐ 달비계에 구명줄을 설치할 것
　ⓑ 근로자에게 안전대를 착용하도록 하고 근로자가 착용한 안전줄을 달비계의 구명줄에 체결하도록 할 것
　ⓒ 달비계에 안전난간을 설치할 수 있는 구조인 경우에는 달비계에 안전난간을 설치할 것
② 사업주는 작업의자형 달비계를 설치하는 경우에는 다음의 사항을 준수해야 한다(제63조 제2항).
　㉠ 달비계의 작업대는 나무 등 근로자의 하중을 견딜 수 있는 강도의 재료를 사용하여 견고한 구조로 제작할 것
　㉡ 작업대의 4개 모서리에 로프를 매달아 작업대가 뒤집히거나 떨어지지 않도록 연결할 것
　㉢ 작업용 섬유로프는 콘크리트에 매립된 고리, 건축물의 콘크리트 또는 철재 구조물 등 2개 이상의 견고한 고정점에 풀리지 않도록 결속(結束)할 것
　㉣ 작업용 섬유로프와 구명줄은 다른 고정점에 결속되도록 할 것
　㉤ 작업하는 근로자의 하중을 견딜 수 있을 정도의 강도를 가진 작업용 섬유로프, 구명줄 및 고정점을 사용할 것
　㉥ 근로자가 작업용 섬유로프에 작업대를 연결하여 하강하는 방법으로 작업을 하는 경우 근로자의 조종 없이는 작업대가 하강하지 않도록 할 것

Ⓢ 작업용 섬유로프 또는 구명줄이 결속된 고정점의 로프는 다른 사람이 풀지 못하게 하고 작업 중임을 알리는 경고표지를 부착할 것

ⓞ 작업용 섬유로프와 구명줄이 건물이나 구조물의 끝부분, 날카로운 물체 등에 의하여 절단되거나 마모될 우려가 있는 경우에는 로프에 이를 방지할 수 있는 보호 덮개를 씌우는 등의 조치를 할 것

ⓩ 달비계에 다음의 작업용 섬유로프 또는 안전대의 섬유벨트를 사용하지 않을 것
ⓐ 꼬임이 끊어진 것
ⓑ 심하게 손상되거나 부식된 것
ⓒ 2개 이상의 작업용 섬유로프 또는 섬유벨트를 연결한 것
ⓓ 작업높이보다 길이가 짧은 것

ⓒ 근로자의 추락 위험을 방지하기 위하여 다음의 조치를 할 것
ⓐ 달비계에 구명줄을 설치할 것
ⓑ 근로자에게 안전대를 착용하도록 하고 근로자가 착용한 안전줄을 달비계의 구명줄에 체결하도록 할 것

(11) 달비계의 점검 및 보수

사업주는 달비계에서 근로자에게 작업을 시키는 경우에 작업을 시작하기 전에 그 달비계에 대하여 비계의 점검 및 보수의 사항을 점검하고 이상을 발견하면 즉시 보수하여야 한다(제64조).

(12) 달대비계

사업주는 달대비계를 조립하여 사용하는 경우 하중에 충분히 견딜 수 있도록 조치하여야 한다(제65조).

(13) 높은 디딤판 등의 사용금지

사업주는 달비계 또는 달대 비계 위에서 높은 디딤판, 사다리 등을 사용하여 근로자에게 작업을 시켜서는 아니 된다(제66조).

(14) 걸침비계의 구조

사업주는 선박 및 보트 건조작업에서 걸침비계를 설치하는 경우에는 다음의 사항을 준수하여야 한다(제66조의2).
① 지지점이 되는 매달림부재의 고정부는 구조물로부터 이탈되지 않도록 견고히 고정할 것
② 비계재료 간에는 서로 움직임, 뒤집힘 등이 없어야 하고, 재료가 분리되지 않도록 철물

또는 철선으로 충분히 결속할 것. 다만, 작업발판 밑 부분에 띠장 및 장선으로 사용되는 수평부재 간의 결속은 철선을 사용하지 않을 것
③ 매달림부재의 안전율은 4 이상일 것
④ 작업발판에는 구조검토에 따라 설계한 최대적재하중을 초과하여 적재하여서는 아니 되며, 그 작업에 종사하는 근로자에게 최대적재하중을 충분히 알릴 것

(15) 말비계

사업주는 말비계를 조립하여 사용하는 경우에 다음의 사항을 준수하여야 한다(제67조).
① 지주부재의 하단에는 미끄럼 방지장치를 하고, 근로자가 양측 끝부분에 올라서서 작업하지 않도록 할 것
② 지주부재와 수평면의 기울기를 75도 이하로 하고, 지주부재와 지주부재 사이를 고정시키는 보조부재를 설치할 것
③ 말비계의 높이가 2m를 초과하는 경우에는 작업발판의 폭을 40cm 이상으로 할 것

(16) 이동식비계

사업주는 이동식비계를 조립하여 작업을 하는 경우에는 다음의 사항을 준수하여야 한다(제68조).
① 이동식비계의 바퀴에는 뜻밖의 갑작스러운 이동 또는 전도를 방지하기 위하여 브레이크·쐐기 등으로 바퀴를 고정시킨 다음 비계의 일부를 견고한 시설물에 고정하거나 아웃트리거를 설치하는 등 필요한 조치를 할 것
② 승강용사다리는 견고하게 설치할 것
③ 비계의 최상부에서 작업을 하는 경우에는 안전난간을 설치할 것
④ 작업발판은 항상 수평을 유지하고 작업발판 위에서 안전난간을 딛고 작업을 하거나 받침대 또는 사다리를 사용하여 작업하지 않도록 할 것
⑤ 작업발판의 최대적재하중은 250kg을 초과하지 않도록 할 것

(17) 시스템 비계의 구조

사업주는 시스템 비계를 사용하여 비계를 구성하는 경우에 다음의 사항을 준수하여야 한다(제69조).
① 수직재·수평재·가새재를 견고하게 연결하는 구조가 되도록 할 것
② 비계 밑단의 수직재와 받침철물은 밀착되도록 설치하고, 수직재와 받침철물의 연결부의

겹침길이는 받침철물 전체길이의 3분의 1 이상이 되도록 할 것
　③ 수평재는 수직재와 직각으로 설치하여야 하며, 체결 후 흔들림이 없도록 견고하게 설치할 것
　④ 수직재와 수직재의 연결철물은 이탈되지 않도록 견고한 구조로 할 것
　⑤ 벽 연결재의 설치간격은 제조사가 정한 기준에 따라 설치할 것

(18) 시스템비계의 조립 작업 시 준수사항

사업주는 시스템 비계를 조립 작업하는 경우 다음의 사항을 준수하여야 한다(제70조).
　① 비계 기둥의 밑둥에는 밑받침 철물을 사용하여야 하며, 밑받침에 고저차가 있는 경우에는 조절형 밑받침 철물을 사용하여 시스템 비계가 항상 수평 및 수직을 유지하도록 할 것
　② 경사진 바닥에 설치하는 경우에는 피벗형 받침 철물 또는 쐐기 등을 사용하여 밑받침 철물의 바닥면이 수평을 유지하도록 할 것
　③ 가공전로에 근접하여 비계를 설치하는 경우에는 가공전로를 이설하거나 가공전로에 절연용 방호구를 설치하는 등 가공전로와의 접촉을 방지하기 위하여 필요한 조치를 할 것
　④ 비계 내에서 근로자가 상하 또는 좌우로 이동하는 경우에는 반드시 지정된 통로를 이용하도록 주지시킬 것
　⑤ 비계 작업 근로자는 같은 수직면상의 위와 아래 동시 작업을 금지할 것
　⑥ 작업발판에는 제조사가 정한 최대적재하중을 초과하여 적재해서는 아니 되며, 최대적재하중이 표기된 표지판을 부착하고 근로자에게 주지시키도록 할 것

8. 환기장치

(1) 후드

사업주는 인체에 해로운 분진, 흄(fume, 열이나 화학반응에 의하여 형성된 고체증기가 응축되어 생긴 미세입자), 미스트(mist, 공기 중에 떠다니는 작은 액체방울), 증기 또는 가스 상태의 물질을 배출하기 위하여 설치하는 국소배기장치의 후드가 다음의 기준에 맞도록 하여야 한다(제72조).
　① 유해물질이 발생하는 곳마다 설치할 것
　② 유해인자의 발생형태와 비중, 작업방법 등을 고려하여 해당 분진등의 발산원을 제어할 수 있는 구조로 설치할 것
　③ 후드(hood) 형식은 가능하면 포위식 또는 부스식 후드를 설치할 것
　④ 외부식 또는 리시버식 후드는 해당 분진등의 발산원에 가장 가까운 위치에 설치할 것

(2) 덕트

사업주는 분진등을 배출하기 위하여 설치하는 국소배기장치(이동식은 제외한다)의 덕트(duct)가 다음의 기준에 맞도록 하여야 한다(제73조).

① 가능하면 길이는 짧게 하고 굴곡부의 수는 적게 할 것
② 접속부의 안쪽은 돌출된 부분이 없도록 할 것
③ 청소구를 설치하는 등 청소하기 쉬운 구조로 할 것
④ 덕트 내부에 오염물질이 쌓이지 않도록 이송속도를 유지할 것
⑤ 연결 부위 등은 외부 공기가 들어오지 않도록 할 것

(3) 배풍기

사업주는 국소배기장치에 공기정화장치를 설치하는 경우 정화 후의 공기가 통하는 위치에 배풍기를 설치하여야 한다. 다만, 빨아들여진 물질로 인하여 폭발할 우려가 없고 배풍기의 날개가 부식될 우려가 없는 경우에는 정화 전의 공기가 통하는 위치에 배풍기를 설치할 수 있다(제74조).

(4) 배기구

사업주는 분진등을 배출하기 위하여 설치하는 국소배기장치(공기정화장치가 설치된 이동식 국소배기장치는 제외한다)의 배기구를 직접 외부로 향하도록 개방하여 실외에 설치하는 등 배출되는 분진등이 작업장으로 재유입되지 않는 구조로 하여야 한다(제75조).

(5) 배기의 처리

사업주는 분진등을 배출하는 장치나 설비에는 그 분진등으로 인하여 근로자의 건강에 장해가 발생하지 않도록 흡수·연소·집진 또는 그 밖의 적절한 방식에 의한 공기정화장치를 설치하여야 한다(제76조).

(6) 전체환기장치

사업주는 분진등을 배출하기 위하여 설치하는 전체환기장치가 다음의 기준에 맞도록 하여야 한다(제77조).

① 송풍기 또는 배풍기(덕트를 사용하는 경우에는 그 덕트의 흡입구를 말한다)는 가능하면 해당 분진등의 발산원에 가장 가까운 위치에 설치할 것
② 송풍기 또는 배풍기는 직접 외부로 향하도록 개방하여 실외에 설치하는 등 배출되는 분진등이 작업장으로 재유입되지 않는 구조로 할 것

(7) 환기장치의 가동

① 사업주는 분진등을 배출하기 위하여 국소배기장치나 전체환기장치를 설치한 경우 그 분진등에 관한 작업을 하는 동안 국소배기장치나 전체환기장치를 가동하여야 한다(제78조 제1항).
② 사업주는 국소배기장치나 전체환기장치를 설치한 경우 조정판을 설치하여 환기를 방해하는 기류를 없애는 등 그 장치를 충분히 가동하기 위하여 필요한 조치를 하여야 한다(제78조 제2항).

9. 휴게시설 등

(1) 휴게시설

① 사업주는 근로자들이 신체적 피로와 정신적 스트레스를 해소할 수 있도록 휴식시간에 이용할 수 있는 휴게시설을 갖추어야 한다(제79조 제1항).
② 사업주는 휴게시설을 인체에 해로운 분진등을 발산하는 장소나 유해물질을 취급하는 장소와 격리된 곳에 설치하여야 한다. 다만, 갱내 등 작업장소의 여건상 격리된 장소에 휴게시설을 갖출 수 없는 경우에는 그러하지 아니하다(제79조 제2항).

(2) 세척시설 등

사업주는 근로자로 하여금 다음의 어느 하나에 해당하는 업무에 상시적으로 종사하도록 하는 경우 근로자가 접근하기 쉬운 장소에 세면·목욕시설, 탈의 및 세탁시설을 설치하고 필요한 용품과 용구를 갖추어 두어야 한다(제79조의2).

① 환경미화 업무
② 음식물쓰레기·분뇨 등 오물의 수거·처리 업무
③ 폐기물·재활용품의 선별·처리 업무
④ 그 밖에 미생물로 인하여 신체 또는 피복이 오염될 우려가 있는 업무

(3) 의자의 비치

사업주는 지속적으로 서서 일하는 근로자가 작업 중 때때로 앉을 수 있는 기회가 있으면 해당 근로자가 이용할 수 있도록 의자를 갖추어 두어야 한다(제80조).

(4) 수면장소 등의 설치

① 사업주는 야간에 작업하는 근로자에게 수면을 취하도록 할 필요가 있는 경우에는 적당한 수면을 취할 수 있는 장소를 남녀 각각 구분하여 설치하여야 한다(제81조 제1항).

② 사업주는 ①의 장소에 침구와 그 밖에 필요한 용품을 갖추어 두고 청소·세탁 및 소독 등을 정기적으로 하여야 한다(제81조 제2항).

(5) 구급용구

① 사업주는 부상자의 응급처치에 필요한 다음의 구급용구를 갖추어 두고, 그 장소와 사용방법을 근로자에게 알려야 한다(제82조 제1항).
  ㉠ 붕대재료·탈지면·핀셋 및 반창고
  ㉡ 외상용 소독약
  ㉢ 지혈대·부목 및 들것
  ㉣ 화상약(고열물체를 취급하는 작업장이나 그 밖에 화상의 우려가 있는 작업장에만 해당한다)

② 사업주는 구급용구를 관리하는 사람을 지정하여 언제든지 사용할 수 있도록 청결하게 유지하여야 한다(제82조 제2항).

10. 잔재물 등의 조치기준

(1) 가스 등의 발산 억제 조치

사업주는 가스·증기·미스트·흄 또는 분진 등이 발산되는 실내작업장에 대하여 근로자의 건강장해가 발생하지 않도록 해당 가스등의 공기 중 발산을 억제하는 설비나 발산원을 밀폐하는 설비 또는 국소배기장치나 전체환기장치를 설치하는 등 필요한 조치를 하여야 한다(제83조).

(2) 공기의 부피와 환기

사업주는 근로자가 가스등에 노출되는 작업을 수행하는 실내작업장에 대하여 공기의 부피와 환기를 다음의 기준에 맞도록 하여야 한다(제84조).

① 바닥으로부터 4m 이상 높이의 공간을 제외한 나머지 공간의 공기의 부피는 근로자 1명당 10㎥ 이상이 되도록 할 것

② 직접 외부를 향하여 개방할 수 있는 창을 설치하고 그 면적은 바닥면적의 20분의 1 이상으로 할 것(근로자의 보건을 위하여 충분한 환기를 할 수 있는 설비를 설치한 경우는 제외한다)
③ 기온이 섭씨 10도 이하인 상태에서 환기를 하는 경우에는 근로자가 매초 1m 이상의 기류에 닿지 않도록 할 것

(3) 잔재물등의 처리

① 사업주는 인체에 해로운 기체, 액체 또는 잔재물 등을 근로자의 건강에 장해가 발생하지 않도록 중화·침전·여과 또는 그 밖의 적절한 방법으로 처리하여야 한다(제85조 제1항).
② 사업주는 병원체에 의하여 오염된 기체나 잔재물등에 대하여 해당 병원체로 인하여 근로자의 건강에 장해가 발생하지 않도록 소독·살균 또는 그 밖의 적절한 방법으로 처리하여야 한다(제85조 제2항).
③ 사업주는 기체나 잔재물등을 위탁하여 처리하는 경우에는 그 기체나 잔재물등의 주요 성분, 오염인자의 종류와 그 유해·위험성 등에 대한 정보를 위탁처리자에게 제공하여야 한다(제85조 제3항).

안전기준

1. 기계·기구 및 그 밖의 설비에 의한 위험예방

(1) 탑승의 제한

① 사업주는 크레인을 사용하여 근로자를 운반하거나 근로자를 달아 올린 상태에서 작업에 종사시켜서는 아니 된다. 다만, 크레인에 전용 탑승설비를 설치하고 추락 위험을 방지하기 위하여 다음의 조치를 한 경우에는 그러하지 아니하다(제86조 제1항).
  ㉠ 탑승설비가 뒤집히거나 떨어지지 않도록 필요한 조치를 할 것
  ㉡ 안전대나 구명줄을 설치하고, 안전난간을 설치할 수 있는 구조인 경우에는 안전난간을 설치할 것
  ㉢ 탑승설비를 하강시킬 때에는 동력하강방법으로 할 것
② 사업주는 이동식 크레인을 사용하여 근로자를 운반하거나 근로자를 달아 올린 상태에서 작업에 종사시켜서는 안 된다. 다만, 작업 장소의 구조, 지형 등으로 고소작업대를 사용하기가 곤란하여 이동식 크레인 중 기중기를 한국산업표준에서 정하는 안전기준에 따라 사용하는 경우는 제외한다(제86조 제2항).
③ 사업주는 내부에 비상정지장치·조작스위치 등 탑승조작장치가 설치되어 있지 아니한 리프트의 운반구에 근로자를 탑승시켜서는 아니 된다. 다만, 리프트의 수리·조정 및 점검 등의 작업을 하는 경우로서 그 작업에 종사하는 근로자가 추락할 위험이 없도록 조치를 한 경우에는 그러하지 아니하다(제86조 제3항).
④ 사업주는 자동차정비용 리프트에 근로자를 탑승시켜서는 아니 된다. 다만, 자동차정비용 리프트의 수리·조정 및 점검 등의 작업을 할 때에 그 작업에 종사하는 근로자가 위험해질 우려가 없도록 조치한 경우에는 그러하지 아니하다(제86조 제4항).
⑤ 사업주는 곤돌라의 운반구에 근로자를 탑승시켜서는 아니 된다. 다만, 추락 위험을 방지하기 위하여 다음의 조치를 한 경우에는 그러하지 아니하다(제86조 제5항).
  ㉠ 운반구가 뒤집히거나 떨어지지 않도록 필요한 조치를 할 것
  ㉡ 안전대나 구명줄을 설치하고, 안전난간을 설치할 수 있는 구조인 경우이면 안전난간을

설치할 것

⑥ 사업주는 소형화물용 엘리베이터에 근로자를 탑승시켜서는 아니 된다. 다만, 소형화물용 엘리베이터의 수리·조정 및 점검 등의 작업을 하는 경우에는 그러하지 아니하다(제86조 제6항).

⑦ 사업주는 차량계 하역운반기계(화물자동차는 제외한다)를 사용하여 작업을 하는 경우 승차석이 아닌 위치에 근로자를 탑승시켜서는 아니 된다. 다만, 추락 등의 위험을 방지하기 위한 조치를 한 경우에는 그러하지 아니하다(제86조 제7항).

⑧ 사업주는 화물자동차 적재함에 근로자를 탑승시켜서는 아니 된다. 다만, 화물자동차에 울 등을 설치하여 추락을 방지하는 조치를 한 경우에는 그러하지 아니하다(제86조 제8항).

⑨ 사업주는 운전 중인 컨베이어 등에 근로자를 탑승시켜서는 아니 된다. 다만, 근로자를 운반할 수 있는 구조를 갖춘 컨베이어 등으로서 추락·접촉 등에 의한 위험을 방지할 수 있는 조치를 한 경우에는 그러하지 아니하다(제86조 제9항).

⑩ 사업주는 이삿짐운반용 리프트 운반구에 근로자를 탑승시켜서는 아니 된다. 다만, 이삿짐운반용 리프트의 수리·조정 및 점검 등의 작업을 할 때에 그 작업에 종사하는 근로자가 추락할 위험이 없도록 조치한 경우에는 그러하지 아니하다(제86조 제10항).

⑪ 사업주는 전조등, 제동등, 후미등, 후사경 또는 제동장치가 정상적으로 작동되지 아니하는 이륜자동차에 근로자를 탑승시켜서는 아니 된다(제86조 제11항).

(2) 원동기·회전축 등의 위험 방지

① 사업주는 기계의 원동기·회전축·기어·풀리·플라이휠·벨트 및 체인 등 근로자가 위험에 처할 우려가 있는 부위에 덮개·울·슬리브 및 건널다리 등을 설치하여야 한다(제87조 제1항).

② 사업주는 회전축·기어·풀리 및 플라이휠 등에 부속되는 키·핀 등의 기계요소는 묻힘형으로 하거나 해당 부위에 덮개를 설치하여야 한다(제87조 제2항).

③ 사업주는 벨트의 이음 부분에 돌출된 고정구를 사용해서는 아니 된다(제87조 제3항).

④ 사업주는 제1항의 건널다리에는 안전난간 및 미끄러지지 아니하는 구조의 발판을 설치하여야 한다(제87조 제4항).

⑤ 사업주는 연삭기 또는 평삭기의 테이블, 형삭기 램 등의 행정끝이 근로자에게 위험을 미칠 우려가 있는 경우에 해당 부위에 덮개 또는 울 등을 설치하여야 한다(제87조 제5항).

⑥ 사업주는 선반 등으로부터 돌출하여 회전하고 있는 가공물이 근로자에게 위험을 미칠

우려가 있는 경우에 덮개 또는 울 등을 설치하여야 한다(제87조 제6항).
⑦ 사업주는 원심기(원심력을 이용하여 물질을 분리하거나 추출하는 일련의 작업을 하는 기기를 말한다.)에는 덮개를 설치하여야 한다(제87조 제7항).
⑧ 사업주는 분쇄기・파쇄기・마쇄기・미분기・혼합기 및 혼화기 등을 가동하거나 원료가 흩날리거나 하여 근로자가 위험해질 우려가 있는 경우 해당 부위에 덮개를 설치하는 등 필요한 조치해야 하며, 분쇄기등의 가동 중 덮개를 열어야 하는 경우에는 다음의 어느 하나 이상에 해당하는 조치를 해야 한다(제87조 제8항).
　㉠ 근로자가 덮개를 열기 전에 분쇄기등의 가동을 정지하도록 할 것
　㉡ 분쇄기등과 덮개 간에 연동장치를 설치하여 덮개가 열리면 분쇄기등이 자동으로 멈추도록 할 것
　㉢ 분쇄기등에 광전자식 방호장치 등 감응형(感應形) 방호장치를 설치하여 근로자의 신체가 위험한계에 들어가게 되면 분쇄기등이 자동으로 멈추도록 할 것
⑨ 사업주는 근로자가 분쇄기등의 개구부로부터 가동 부분에 접촉함으로써 위해를 입을 우려가 있는 경우 덮개 또는 울 등을 설치해야 하며, 분쇄기등의 가동 중 덮개 또는 울 등을 열어야 하는 경우에는 다음의 어느 하나 이상에 해당하는 조치를 해야 한다(제87조 제9항).
　㉠ 근로자가 덮개 또는 울 등을 열기 전에 분쇄기등의 가동을 정지하도록 할 것
　㉡ 분쇄기등과 덮개 또는 울 등 간에 연동장치를 설치하여 덮개 또는 울 등이 열리면 분쇄기등이 자동으로 멈추도록 할 것
　㉢ 분쇄기등에 광전자식 방호장치 등 감응형 방호장치를 설치하여 근로자의 신체가 위험한계에 들어가게 되면 분쇄기등이 자동으로 멈추도록 할 것
⑩ 사업주는 종이・천・비닐 및 와이어 로프 등의 감김통 등에 의하여 근로자가 위험해질 우려가 있는 부위에 덮개 또는 울 등을 설치하여야 한다(제87조 제10항).
⑪ 사업주는 압력용기 및 공기압축기 등에 부속하는 원동기・축이음・벨트・풀리의 회전 부위 등 근로자가 위험에 처할 우려가 있는 부위에 덮개 또는 울 등을 설치하여야 한다(제87조 제11항).

(3) 기계의 동력차단장치

① 사업주는 동력으로 작동되는 기계에 스위치・클러치(clutch) 및 벨트이동장치 등 동력차단장치를 설치하여야 한다. 다만, 연속하여 하나의 집단을 이루는 기계로서 공통의 동력차단장치가 있거나 공정 도중에 인력에 의한 원재료의 공급과 인출 등이 필요 없는 경우에는 그러하지 아니하다(제88조 제1항).

② 사업주는 동력차단장치를 설치할 때에는 기계 중 절단·인발·압축·꼬임·타발 또는 굽힘 등의 가공을 하는 기계에 설치하되, 근로자가 작업위치를 이동하지 아니하고 조작할 수 있는 위치에 설치하여야 한다(제88조 제2항).
③ 동력차단장치는 조작이 쉽고 접촉 또는 진동 등에 의하여 갑자기 기계가 움직일 우려가 없는 것이어야 한다(제88조 제3항).
④ 사업주는 사용 중인 기계·기구 등의 클러치·브레이크, 그 밖에 제어를 위하여 필요한 부위의 기능을 항상 유효한 상태로 유지하여야 한다(제88조 제4항).

(4) 운전 시작 전 조치

① 사업주는 기계의 운전을 시작할 때에 근로자가 위험해질 우려가 있으면 근로자 배치 및 교육, 작업방법, 방호장치 등 필요한 사항을 미리 확인한 후 위험 방지를 위하여 필요한 조치를 하여야 한다(제89조 제1항).
② 사업주는 기계의 운전을 시작하는 경우 일정한 신호방법과 해당 근로자에게 신호할 사람을 정하고, 신호방법에 따라 그 근로자에게 신호하도록 하여야 한다(제89조 제2항).

(5) 날아오는 가공물 등에 의한 위험의 방지

사업주는 가공물 등이 절단되거나 절삭편이 날아오는 등 근로자가 위험해질 우려가 있는 기계에 덮개 또는 울 등을 설치하여야 한다. 다만, 해당 작업의 성질상 덮개 또는 울 등을 설치하기가 매우 곤란하여 근로자에게 보호구를 사용하도록 한 경우에는 그러하지 아니하다(제90조).

(6) 고장난 기계의 정비 등

① 사업주는 기계 또는 방호장치의 결함이 발견된 경우 반드시 정비한 후에 근로자가 사용하도록 하여야 한다(제91조 제1항).
② 정비가 완료될 때까지는 해당 기계 및 방호장치 등의 사용을 금지하여야 한다(제91조 제2항).

(7) 정비 등의 작업 시의 운전정지 등

① 사업주는 동력으로 작동되는 기계의 정비·청소·급유·검사·수리·교체 또는 조정 작업 또는 그 밖에 이와 유사한 작업을 할 때에 근로자가 위험해질 우려가 있으면 해당 기계의 운전을 정지하여야 한다. 다만, 덮개가 설치되어 있는 등 기계의 구조상 근로자가 위험해질 우려가 없는 경우에는 그렇지 않다(제92조 제1항).
② 사업주는 기계의 운전을 정지한 경우에 다른 사람이 그 기계를 운전하는 것을 방지하기

위하여 기계의 기동장치에 잠금장치를 하고 그 열쇠를 별도 관리하거나 표지판을 설치하는 등 필요한 방호 조치를 하여야 한다(제92조 제2항).

③ 사업주는 작업하는 과정에서 적절하지 아니한 작업방법으로 인하여 기계가 갑자기 가동될 우려가 있는 경우 작업지휘자를 배치하는 등 필요한 조치를 하여야 한다(제92조 제3항).

④ 사업주는 기계·기구 및 설비 등의 내부에 압축된 기체 또는 액체 등이 방출되어 근로자가 위험해질 우려가 있는 경우에 압축된 기체 또는 액체 등을 미리 방출시키는 등 위험방지를 위하여 필요한 조치를 하여야 한다(제92조 제4항).

(8) 방호장치의 해체 금지

① 사업주는 기계·기구 또는 설비에 설치한 방호장치를 해체하거나 사용을 정지해서는 아니 된다. 다만, 방호장치의 수리·조정 및 교체 등의 작업을 하는 경우에는 그러하지 아니하다(제93조 제1항).

② 방호장치에 대하여 수리·조정 또는 교체 등의 작업을 완료한 후에는 즉시 방호장치가 정상적인 기능을 발휘할 수 있도록 하여야 한다(제93조 제2항).

(9) 작업모 등의 착용

사업주는 동력으로 작동되는 기계에 근로자의 머리카락 또는 의복이 말려 들어갈 우려가 있는 경우에는 해당 근로자에게 작업에 알맞은 작업모 또는 작업복을 착용하도록 하여야 한다(제94조).

(10) 장갑의 사용 금지

사업주는 근로자가 날·공작물 또는 축이 회전하는 기계를 취급하는 경우 그 근로자의 손에 밀착이 잘되는 가죽 장갑 등과 같이 손이 말려 들어갈 위험이 없는 장갑을 사용하도록 하여야 한다(제95조).

(11) 작업도구 등의 목적 외 사용 금지 등

① 사업주는 기계·기구·설비 및 수공구 등을 제조 당시의 목적 외의 용도로 사용하도록 해서는 아니 된다(제96조 제1항).

② 사업주는 레버풀러(lever puller) 또는 체인블록(chain block)을 사용하는 경우 다음의 사항을 준수하여야 한다(제96조 제2항).

㉠ 정격하중을 초과하여 사용하지 말 것

㉡ 레버풀러 작업 중 훅이 빠져 튕길 우려가 있을 경우에는 훅을 대상물에 직접 걸지 말고

피벗클램프(pivot clamp)나 러그(lug)를 연결하여 사용할 것
ⓒ 레버풀러의 레버에 파이프 등을 끼워서 사용하지 말 것
ⓔ 체인블록의 상부 훅(top hook)은 인양하중에 충분히 견디는 강도를 갖고, 정확히 지탱될 수 있는 곳에 걸어서 사용할 것
ⓜ 훅의 입구(hook mouth) 간격이 제조자가 제공하는 제품사양서 기준으로 10% 이상 벌어진 것은 폐기할 것
ⓗ 체인블록은 체인의 꼬임과 헝클어지지 않도록 할 것
ⓢ 훅은 변형, 파손, 부식, 마모되거나 균열된 것을 사용하지 않도록 조치할 것
ⓞ 다음의 어느 하나에 해당하는 체인을 사용하지 않도록 조치할 것
  ⓐ 변형, 파손, 부식, 마모되거나 균열된 것
  ⓑ 체인의 길이가 체인이 제조된 때의 길이의 5%를 초과한 것
  ⓒ 링의 단면지름이 체인이 제조된 때의 해당 링의 지름의 10%를 초과하여 감소한 것

(12) 볼트·너트의 풀림 방지

사업주는 기계에 부속된 볼트·너트가 풀릴 위험을 방지하기 위하여 그 볼트·너트가 적정하게 조여져 있는지를 수시로 확인하는 등 필요한 조치를 하여야 한다(제97조).

(13) 제한속도의 지정 등

① 사업주는 차량계 하역운반기계, 차량계 건설기계(최대제한속도가 시속 10km 이하인 것은 제외한다)를 사용하여 작업을 하는 경우 미리 작업장소의 지형 및 지반 상태 등에 적합한 제한속도를 정하고, 운전자로 하여금 준수하도록 하여야 한다(제98조 제1항).

② 사업주는 궤도작업차량을 사용하는 작업, 입환기(입환작업에 이용되는 열차를 말한다.)로 입환작업을 하는 경우에 작업에 적합한 제한속도를 정하고, 운전자로 하여금 준수하도록 해야 한다(제98조 제2항).

③ 운전자는 제한속도를 초과하여 운전해서는 아니 된다(제98조 제3항).

(14) 운전위치 이탈 시의 조치

① 사업주는 차량계 하역운반기계등, 차량계 건설기계의 운전자가 운전위치를 이탈하는 경우 해당 운전자에게 다음의 사항을 준수하도록 하여야 한다(제99조 제1항).
  ㉠ 포크, 버킷, 디퍼 등의 장치를 가장 낮은 위치 또는 지면에 내려 둘 것
  ㉡ 원동기를 정지시키고 브레이크를 확실히 거는 등 차량계 하역운반기계등, 차량계 건설기계의 갑작스러운 이동을 방지하기 위한 조치를 할 것

ⓒ 운전석을 이탈하는 경우에는 시동키를 운전대에서 분리시킬 것. 다만, 운전석에 잠금장치를 하는 등 운전자가 아닌 사람이 운전하지 못하도록 조치한 경우에는 그러하지 아니하다.

② 차량계 하역운반기계등, 차량계 건설기계의 운전자는 운전위치에서 이탈하는 경우 ①의 조치를 하여야 한다(제99조 제2항).

(15) 띠톱기계의 덮개 등

사업주는 띠톱기계(목재가공용 띠톱기계는 제외한다)의 절단에 필요한 톱날 부위 외의 위험한 톱날 부위에 덮개 또는 울 등을 설치하여야 한다(제100조).

(16) 원형톱기계의 톱날접촉예방장치

사업주는 원형톱기계(목재가공용 둥근톱기계는 제외한다)에는 톱날접촉예방장치를 설치하여야 한다(제101조).

(17) 탑승의 금지

사업주는 운전 중인 평삭기의 테이블 또는 수직선반 등의 테이블에 근로자를 탑승시켜서는 아니 된다. 다만, 테이블에 탑승한 근로자 또는 배치된 근로자가 즉시 기계를 정지할 수 있도록 하는 등 우려되는 위험을 방지하기 위하여 필요한 조치를 한 경우에는 그러하지 아니하다(제102조).

(18) 프레스 등의 위험 방지

① 사업주는 프레스 또는 전단기를 사용하여 작업하는 근로자의 신체 일부가 위험한계에 들어가지 않도록 해당 부위에 덮개를 설치하는 등 필요한 방호 조치를 하여야 한다. 다만, 슬라이드 또는 칼날에 의한 위험을 방지하는 구조로 되어 있는 프레스등에 대해서는 그러하지 아니하다(제103조 제1항).

② 사업주는 작업의 성질상 조치가 곤란한 경우에 프레스등의 종류, 압력능력, 분당 행정의 수, 행정의 길이 및 작업방법에 상응하는 성능(양수조작식 안전장치 및 감응형 안전장치의 경우에는 프레스등의 정지성능에 상응하는 성능)을 갖는 방호장치를 설치하는 등 필요한 조치를 하여야 한다(제103조 제2항).

③ 사업주는 조치를 하기 위하여 행정의 전환스위치, 방호장치의 전환스위치 등을 부착한 프레스등에 대하여 해당 전환스위치 등을 항상 유효한 상태로 유지하여야 한다(제103조 제3항).

④ 사업주는 조치를 한 경우 해당 방호장치의 성능을 유지하여야 하며, 발 스위치를 사용함으로써 방호장치를 사용하지 아니할 우려가 있는 경우에 발 스위치를 제거하는 등 필요

한 조치를 하여야 한다. 다만, ①의 조치를 한 경우에는 발 스위치를 제거하지 아니할 수 있다(제103조 제4항).

(19) 금형조정작업의 위험 방지

사업주는 프레스등의 금형을 부착·해체 또는 조정하는 작업을 할 때에 해당 작업에 종사하는 근로자의 신체가 위험한계 내에 있는 경우 슬라이드가 갑자기 작동함으로써 근로자에게 발생할 우려가 있는 위험을 방지하기 위하여 안전블록을 사용하는 등 필요한 조치를 하여야 한다(제104조).

(20) 둥근톱기계의 반발예방장치

사업주는 목재가공용 둥근톱기계[(가로 절단용 둥근톱기계 및 반발에 의하여 근로자에게 위험을 미칠 우려가 없는 것은 제외한다)]에 분할날 등 반발예방장치를 설치하여야 한다(제105조).

(21) 둥근톱기계의 톱날접촉예방장치

사업주는 목재가공용 둥근톱기계(휴대용 둥근톱을 포함하되, 원목제재용 둥근톱기계 및 자동이송장치를 부착한 둥근톱기계를 제외한다)에는 톱날접촉예방장치를 설치하여야 한다(제106조).

(22) 띠톱기계의 덮개

사업주는 목재가공용 띠톱기계의 절단에 필요한 톱날 부위 외의 위험한 톱날 부위에 덮개 또는 울 등을 설치하여야 한다(제107조).

(23) 띠톱기계의 날접촉예방장치 등

사업주는 목재가공용 띠톱기계에서 스파이크가 붙어 있는 이송롤러 또는 요철형 이송롤러에 날접촉예방장치 또는 덮개를 설치하여야 한다. 다만, 스파이크가 붙어 있는 이송롤러 또는 요철형 이송롤러에 급정지장치가 설치되어 있는 경우에는 그러하지 아니하다(제108조).

(24) 대패기계의 날접촉예방장치

사업주는 작업대상물이 수동으로 공급되는 동력식 수동대패기계에 날접촉예방장치를 설치하여야 한다(제109조).

(25) 모떼기기계의 날접촉예방장치

사업주는 모떼기기계(자동이송장치를 부착한 것은 제외한다)에 날접촉예방장치를 설치하여야 한다. 다만, 작업의 성질상 날접촉예방장치를 설치하는 것이 곤란하여 해당 근로자에게 적절한 작업공구 등을 사용하도록 한 경우에는 그러하지 아니하다(제110조).

(26) 운전의 정지

사업주는 원심기 또는 분쇄기등으로부터 내용물을 꺼내거나 원심기 또는 분쇄기등의 정비·청소·검사·수리 또는 그 밖에 이와 유사한 작업을 하는 경우에 그 기계의 운전을 정지하여야 한다. 다만, 내용물을 자동으로 꺼내는 구조이거나 그 기계의 운전 중에 정비·청소·검사·수리 또는 그 밖에 이와 유사한 작업을 하여야 하는 경우로서 안전한 보조기구를 사용하거나 위험한 부위에 필요한 방호 조치를 한 경우에는 그러하지 아니하다(제111조).

(27) 최고사용회전수의 초과 사용 금지

사업주는 원심기의 최고사용회전수를 초과하여 사용해서는 아니 된다(제112조).

(28) 폭발성 물질 등의 취급 시 조치

사업주는 분쇄기등으로 폭발성 물질, 유기과산화물을 취급하거나 분진이 발생할 우려가 있는 작업을 하는 경우 폭발 등에 의한 산업재해를 예방하기 위하여 폭발성 물질, 유기과산화물을 화기나 그 밖에 점화원이 될 우려가 있는 것에 접근시키거나 가열하거나 마찰시키거나 충격을 가하는 행위를 제한하는 등 필요한 조치를 하여야 한다(제113조).

(29) 회전시험 중의 위험 방지

사업주는 고속회전체[(터빈로터·원심분리기의 버킷 등의 회전체로서 원주속도가 초당 25m를 초과하는 것으로 한정한다.)]의 회전시험을 하는 경우 고속회전체의 파괴로 인한 위험을 방지하기 위하여 전용의 견고한 시설물의 내부 또는 견고한 장벽 등으로 격리된 장소에서 하여야 한다. 다만, 고속회전체의 회전시험으로서 시험설비에 견고한 덮개를 설치하는 등 그 고속회전체의 파괴에 의한 위험을 방지하기 위하여 필요한 조치를 한 경우에는 그러하지 아니하다(제114조).

(30) 비파괴검사의 실시

사업주는 고속회전체(회전축의 중량이 1톤을 초과하고 원주속도가 초당 120m 이상인 것으로 한정한다)의 회전시험을 하는 경우 미리 회전축의 재질 및 형상 등에 상응하는 종류의 비파괴검사를 해서 결함 유무를 확인하여야 한다(제115조).

(31) 압력방출장치

① 사업주는 보일러의 안전한 가동을 위하여 보일러 규격에 맞는 압력방출장치를 1개 또는

2개 이상 설치하고 최고사용압력(설계압력 또는 최고허용압력을 말한다.) 이하에서 작동되도록 하여야 한다. 다만, 압력방출장치가 2개 이상 설치된 경우에는 최고사용압력 이하에서 1개가 작동되고, 다른 압력방출장치는 최고사용압력 1.05배 이하에서 작동되도록 부착하여야 한다(제116조 제1항).

② 압력방출장치는 매년 1회 이상 산업통상자원부장관의 지정을 받은 국가교정업무 전담기관에서 교정을 받은 압력계를 이용하여 설정압력에서 압력방출장치가 적정하게 작동하는지를 검사한 후 납으로 봉인하여 사용하여야 한다. 다만, 공정안전보고서 제출 대상으로서 고용노동부장관이 실시하는 공정안전보고서 이행상태 평가결과가 우수한 사업장은 압력방출장치에 대하여 4년마다 1회 이상 설정압력에서 압력방출장치가 적정하게 작동하는지를 검사할 수 있다(제116조 제2항).

(32) 압력제한스위치

사업주는 보일러의 과열을 방지하기 위하여 최고사용압력과 상용압력 사이에서 보일러의 버너 연소를 차단할 수 있도록 압력제한스위치를 부착하여 사용하여야 한다(제117조).

(33) 고저수위 조절장치

사업주는 고저수위 조절장치의 동작 상태를 작업자가 쉽게 감시하도록 하기 위하여 고저수위지점을 알리는 경보등·경보음장치 등을 설치하여야 하며, 자동으로 급수되거나 단수되도록 설치하여야 한다(제118조).

(34) 폭발위험의 방지

사업주는 보일러의 폭발 사고를 예방하기 위하여 압력방출장치, 압력제한스위치, 고저수위 조절장치, 화염 검출기 등의 기능이 정상적으로 작동될 수 있도록 유지·관리하여야 한다(제119조).

(35) 최고사용압력의 표시 등

사업주는 압력용기등을 식별할 수 있도록 하기 위하여 그 압력용기등의 최고사용압력, 제조연월일, 제조회사명 등이 지워지지 않도록 각인 표시된 것을 사용하여야 한다(제120조).

(36) 사출성형기 등의 방호장치

① 사업주는 사출성형기·주형조형기 및 형단조기(프레스등은 제외한다) 등에 근로자의 신체 일부가 말려들어갈 우려가 있는 경우 게이트가드(gate guard) 또는 양수조작식 등에 의한 방호장치, 그 밖에 필요한 방호 조치를 하여야 한다(제121조 제1항).

② 게이트가드는 닫지 아니하면 기계가 작동되지 아니하는 연동구조여야 한다(제121조 제2항).

③ 사업주는 기계의 히터 등의 가열 부위 또는 감전 우려가 있는 부위에는 방호덮개를 설치하는 등 필요한 안전 조치를 하여야 한다(제121조 제3항).

(37) 연삭숫돌의 덮개 등

① 사업주는 회전 중인 연삭숫돌(지름이 5cm 이상인 것으로 한정한다)이 근로자에게 위험을 미칠 우려가 있는 경우에 그 부위에 덮개를 설치하여야 한다(제122조 제1항).

② 사업주는 연삭숫돌을 사용하는 작업의 경우 작업을 시작하기 전에는 1분 이상, 연삭숫돌을 교체한 후에는 3분 이상 시험운전을 하고 해당 기계에 이상이 있는지를 확인하여야 한다(제122조 제2항).

③ 시험운전에 사용하는 연삭숫돌은 작업시작 전에 결함이 있는지를 확인한 후 사용하여야 한다(제122조 제3항).

④ 사업주는 연삭숫돌의 최고 사용회전속도를 초과하여 사용하도록 해서는 아니 된다(제122조 제4항).

⑤ 사업주는 측면을 사용하는 것을 목적으로 하지 않는 연삭숫돌을 사용하는 경우 측면을 사용하도록 해서는 아니 된다(제122조 제15항).

(38) 롤러기의 울 등 설치

사업주는 합판·종이·천 및 금속박 등을 통과시키는 롤러기로서 근로자가 위험해질 우려가 있는 부위에는 울 또는 가이드롤러(guide roller) 등을 설치하여야 한다(제123조).

(49) 직기의 북이탈방지장치

사업주는 북(shuttle)이 부착되어 있는 직기에 북이탈방지장치를 설치하여야 한다(제124조).

(50) 신선기의 인발블록의 덮개 등

사업주는 신선기의 인발블록(drawing block) 또는 꼬는 기계의 케이지(cage)로서 근로자가 위험해질 우려가 있는 경우 해당 부위에 덮개 또는 울 등을 설치하여야 한다(제125조).

(51) 버프연마기의 덮개

사업주는 버프연마기(천 또는 코르크 등을 사용하는 버프연마기는 제외한다)의 연마에 필요한 부위를 제외하고는 덮개를 설치하여야 한다(제126조).

(52) 선풍기 등에 의한 위험의 방지

사업주는 선풍기·송풍기 등의 회전날개에 의하여 근로자가 위험해질 우려가 있는 경우 해당 부위에 망 또는 울 등을 설치하여야 한다(제127조).

(53) 포장기계의 덮개 등

사업주는 종이상자·자루 등의 포장기 또는 충진기 등의 작동 부분이 근로자를 위험하게 할 우려가 있는 경우 덮개 설치 등 필요한 조치를 해야 한다(제128조).

(54) 정련기에 의한 위험 방지

① 정련기를 이용한 작업에 관하여는 원심기를 준용한다. 이 경우 원심기는 정련기로 본다(제129조 제1항).
② 사업주는 정련기의 배출구 뚜껑 등을 여는 경우에 내통의 회전이 정지되었는지와 내부의 압력과 온도가 근로자를 위험하게 할 우려가 없는지를 미리 확인하여야 한다(제129조 제2항).

(55) 식품가공용 기계에 의한 위험 방지

① 사업주는 식품 등을 손으로 직접 넣어 분쇄하는 기계의 작동 부분이 근로자를 위험하게 할 우려가 있는 경우 식품 등을 분쇄기에 넣거나 꺼내는 데에 필요한 부위를 제외하고는 덮개를 설치하고, 분쇄물투입용 보조기구를 사용하도록 하는 등 근로자의 손 등이 말려 들어가지 않도록 필요한 조치를 하여야 한다(제130조 제1항).
② 사업주는 식품을 제조하는 과정에서 내용물이 담긴 용기를 들어올려 부어주는 기계를 작동할 때 근로자에게 위험이 발생할 우려가 있는 경우에는 근로자가 잘 볼 수 있는 곳에 즉시 기계의 작동을 정지시킬 수 있는 비상정지장치를 설치하고, 근로자의 안전을 확보하기 위해 다음의 어느 하나 이상의 조치를 해야 한다(제130조 제2항).
　㉠ 고정식 가드 또는 울타리를 설치하여 근로자의 신체가 위험한계에 들어가는 것을 방지할 것
　㉡ 센서 등 감응형 방호장치를 설치하여 근로자의 신체가 위험한계에 들어가면 기계가 자동으로 멈추도록 할 것
　㉢ 기계의 용기를 올리거나 내리는 버튼을 근로자가 직접 누르고 있는 동안에만 운반기계가 작동하도록 기능 변경 등 필요한 조치를 할 것

(56) 농업용기계에 의한 위험 방지

사업주는 농업용기계를 이용하여 작업을 하는 경우에 「농업기계화 촉진법」에 따라 검정을 받은

농업기계를 사용해야 한다(제131조).

(57) 양중기

① 양중기란 다음의 기계를 말한다(제132조 제1항).
   ㉠ 크레인(호이스트(hoist)를 포함한다)
   ㉡ 이동식 크레인
   ㉢ 리프트(이삿짐운반용 리프트의 경우에는 적재하중이 0.1톤 이상인 것으로 한정한다)
   ㉣ 곤돌라
   ㉤ 승강기

② ①의 기계의 뜻은 다음과 같다(제132조 제2항).
   ㉠ "크레인"이란 동력을 사용하여 중량물을 매달아 상하 및 좌우[수평 또는 선회를 말한다]로 운반하는 것을 목적으로 하는 기계 또는 기계장치를 말하며, "호이스트"란 훅이나 그 밖의 달기구 등을 사용하여 화물을 권상 및 횡행 또는 권상동작만을 하여 양중하는 것을 말한다.
   ㉡ "이동식 크레인"이란 원동기를 내장하고 있는 것으로서 불특정 장소에 스스로 이동할 수 있는 크레인으로 동력을 사용하여 중량물을 매달아 상하 및 좌우(수평 또는 선회를 말한다)로 운반하는 설비로서 「건설기계관리법」을 적용 받는 기중기 또는 화물·특수자동차의 작업부에 탑재하여 화물운반 등에 사용하는 기계 또는 기계장치를 말한다.
   ㉢ "리프트"란 동력을 사용하여 사람이나 화물을 운반하는 것을 목적으로 하는 기계설비로서 다음의 것을 말한다.
      ⓐ 건설용 리프트 : 동력을 사용하여 가이드레일(운반구를 지지하여 상승 및 하강 동작을 안내하는 레일)을 따라 상하로 움직이는 운반구를 매달아 사람이나 화물을 운반할 수 있는 설비 또는 이와 유사한 구조 및 성능을 가진 것으로 건설현장에서 사용하는 것
      ⓑ 산업용 리프트 : 동력을 사용하여 가이드레일을 따라 상하로 움직이는 운반구를 매달아 화물을 운반할 수 있는 설비 또는 이와 유사한 구조 및 성능을 가진 것으로 건설현장 외의 장소에서 사용하는 것
      ⓒ 자동차정비용 리프트 : 동력을 사용하여 가이드레일을 따라 움직이는 지지대로 자동차 등을 일정한 높이로 올리거나 내리는 구조의 리프트로서 자동차 정비에 사용하는 것
      ⓓ 이삿짐운반용 리프트 : 연장 및 축소가 가능하고 끝단을 건축물 등에 지지하는 구조의 사다리형 붐에 따라 동력을 사용하여 움직이는 운반구를 매달아 화물을 운반하는 설비로서 화물자동차 등 차량 위에 탑재하여 이삿짐 운반 등에 사용하는 것
   ㉣ "곤돌라"란 달기발판 또는 운반구, 승강장치, 그 밖의 장치 및 이들에 부속된 기계부품

에 의하여 구성되고, 와이어로프 또는 달기강선에 의하여 달기발판 또는 운반구가 전용 승강장치에 의하여 오르내리는 설비를 말한다.

ⓜ "승강기"란 건축물이나 고정된 시설물에 설치되어 일정한 경로에 따라 사람이나 화물을 승강장으로 옮기는 데에 사용되는 설비로서 다음의 것을 말한다.

ⓐ 승객용 엘리베이터 : 사람의 운송에 적합하게 제조·설치된 엘리베이터

ⓑ 승객화물용 엘리베이터 : 사람의 운송과 화물 운반을 겸용하는데 적합하게 제조·설치된 엘리베이터

ⓒ 화물용 엘리베이터 : 화물 운반에 적합하게 제조·설치된 엘리베이터로서 조작자 또는 화물취급자 1명은 탑승할 수 있는 것(적재용량이 300kg 미만인 것은 제외한다)

ⓓ 소형화물용 엘리베이터 : 음식물이나 서적 등 소형 화물의 운반에 적합하게 제조·설치된 엘리베이터로서 사람의 탑승이 금지된 것

ⓔ 에스컬레이터 : 일정한 경사로 또는 수평로를 따라 위·아래 또는 옆으로 움직이는 디딤판을 통해 사람이나 화물을 승강장으로 운송시키는 설비

(58) 정격하중 등의 표시

사업주는 양중기(승강기는 제외한다) 및 달기구를 사용하여 작업하는 운전자 또는 작업자가 보기 쉬운 곳에 해당 기계의 정격하중, 운전속도, 경고표시 등을 부착하여야 한다. 다만, 달기구는 정격하중만 표시한다(제133조).

(59) 방호장치의 조정

① 사업주는 다음의 양중기에 과부하방지장치, 권과방지장치, 비상정지장치 및 제동장치, 그 밖의 방호장치[(승강기의 파이널 리미트 스위치(final limit switch), 속도조절기, 출입문 인터 록(inter lock) 등을 말한다]가 정상적으로 작동될 수 있도록 미리 조정해 두어야 한다(제134조 제1항).

㉠ 크레인

㉡ 이동식 크레인

㉢ 리프트

㉣ 곤돌라

㉤ 승강기

② 양중기에 대한 권과방지장치는 훅·버킷 등 달기구의 윗면(그 달기구에 권상용 도르래가 설치된 경우에는 권상용 도르래의 윗면)이 드럼, 상부 도르래, 트롤리프레임 등 권상장치의 아랫면과 접촉할 우려가 있는 경우에 그 간격이 0.25m 이상[(직동식 권과방지장치는

0.05m 이상으로 한다)]이 되도록 조정하여야 한다(제134조 제2항).

③ 권과방지장치를 설치하지 않은 크레인에 대해서는 권상용 와이어로프에 위험표시를 하고 경보장치를 설치하는 등 권상용 와이어로프가 지나치게 감겨서 근로자가 위험해질 상황을 방지하기 위한 조치를 하여야 한다(제134조 제3항).

(60) 과부하의 제한 등

사업주는 양중기에 그 적재하중을 초과하는 하중을 걸어서 사용하도록 해서는 아니 된다(제135조).

(61) 안전밸브의 조정

사업주는 유압을 동력으로 사용하는 크레인의 과도한 압력상승을 방지하기 위한 안전밸브에 대하여 정격하중(지브 크레인은 최대의 정격하중으로 한다)을 건 때의 압력 이하로 작동되도록 조정하여야 한다. 다만, 하중시험 또는 안전도시험을 하는 경우 그러하지 아니하다(제136조).

(62) 해지장치의 사용

사업주는 훅걸이용 와이어로프 등이 훅으로부터 벗겨지는 것을 방지하기 위한 장치를 구비한 크레인을 사용하여야 하며, 그 크레인을 사용하여 짐을 운반하는 경우에는 해지장치를 사용하여야 한다(제137조).

(63) 경사각의 제한

사업주는 지브 크레인을 사용하여 작업을 하는 경우에 크레인 명세서에 적혀 있는 지브의 경사각(인양하중이 3톤 미만인 지브 크레인의 경우에는 제조한 자가 지정한 지브의 경사각)의 범위에서 사용하도록 하여야 한다(제138조).

(64) 크레인의 수리 등의 작업

① 사업주는 같은 주행로에 병렬로 설치되어 있는 주행 크레인의 수리·조정 및 점검 등의 작업을 하는 경우, 주행로상이나 그 밖에 주행 크레인이 근로자와 접촉할 우려가 있는 장소에서 작업을 하는 경우 등에 주행 크레인끼리 충돌하거나 주행 크레인이 근로자와 접촉할 위험을 방지하기 위하여 감시인을 두고 주행로상에 스토퍼(stopper)를 설치하는 등 위험 방지 조치를 하여야 한다(제139조 제1항).

② 사업주는 갠트리 크레인 등과 같이 작업장 바닥에 고정된 레일을 따라 주행하는 크레인의 새들(saddle) 돌출부와 주변 구조물 사이의 안전공간이 40cm 이상 되도록 바닥에 표시를 하는 등 안전공간을 확보하여야 한다(제139조 제2항).

(65) 폭풍에 의한 이탈 방지

사업주는 순간풍속이 초당 30m를 초과하는 바람이 불어올 우려가 있는 경우 옥외에 설치되어 있는 주행 크레인에 대하여 이탈방지장치를 작동시키는 등 이탈 방지를 위한 조치를 하여야 한다(제140조).

(66) 조립 등의 작업 시 조치사항

사업주는 크레인의 설치·조립·수리·점검 또는 해체 작업을 하는 경우 다음의 조치를 하여야 한다(제141조).
① 작업순서를 정하고 그 순서에 따라 작업을 할 것
② 작업을 할 구역에 관계 근로자가 아닌 사람의 출입을 금지하고 그 취지를 보기 쉬운 곳에 표시할 것
③ 비, 눈, 그 밖에 기상상태의 불안정으로 날씨가 몹시 나쁜 경우에는 그 작업을 중지시킬 것
④ 작업장소는 안전한 작업이 이루어질 수 있도록 충분한 공간을 확보하고 장애물이 없도록 할 것
⑤ 들어올리거나 내리는 기자재는 균형을 유지하면서 작업을 하도록 할 것
⑥ 크레인의 성능, 사용조건 등에 따라 충분한 응력을 갖는 구조로 기초를 설치하고 침하 등이 일어나지 않도록 할 것
⑦ 규격품인 조립용 볼트를 사용하고 대칭되는 곳을 차례로 결합하고 분해할 것

(67) 타워크레인의 지지

① 사업주는 타워크레인을 자립고 이상의 높이로 설치하는 경우 건축물 등의 벽체에 지지하도록 하여야 한다. 다만, 지지할 벽체가 없는 등 부득이한 경우에는 와이어로프에 의하여 지지할 수 있다(제142조 제1항).
② 사업주는 타워크레인을 벽체에 지지하는 경우 다음의 사항을 준수하여야 한다(제142조 제2항).
  ㉠ 서면심사에 관한 서류(형식승인서류를 포함한다) 또는 제조사의 설치작업설명서 등에 따라 설치할 것
  ㉡ 서면심사 서류 등이 없거나 명확하지 아니한 경우에는 건축구조·건설기계·기계안전·건설안전기술사 또는 건설안전분야 산업안전지도사의 확인을 받아 설치하거나 기종별·모델별 공인된 표준방법으로 설치할 것
  ㉢ 콘크리트구조물에 고정시키는 경우에는 매립이나 관통 또는 이와 같은 수준 이상의 방법으로 충분히 지지되도록 할 것

ㄹ 건축 중인 시설물에 지지하는 경우에는 그 시설물의 구조적 안정성에 영향이 없도록 할 것
③ 사업주는 타워크레인을 와이어로프로 지지하는 경우 다음의 사항을 준수해야 한다(제142조 제3항).
  ㄱ ② ㄱ 또는 ㄴ의 조치를 취할 것
  ㄴ 와이어로프를 고정하기 위한 전용 지지프레임을 사용할 것
  ㄷ 와이어로프 설치각도는 수평면에서 60도 이내로 하되, 지지점은 4개소 이상으로 하고, 같은 각도로 설치할 것
  ㄹ 와이어로프와 그 고정부위는 충분한 강도와 장력을 갖도록 설치하고, 와이어로프를 클립·샤클(shackle, 연결고리) 등의 고정기구를 사용하여 견고하게 고정시켜 풀리지 않도록 하며, 사용 중에는 충분한 강도와 장력을 유지하도록 할 것. 이 경우 클립·샤클 등의 고정기구는 한국산업표준 제품이거나 한국산업표준이 없는 제품의 경우에는 이에 준하는 규격을 갖춘 제품이어야 한다.
  ㅁ 와이어로프가 가공전선에 근접하지 않도록 할 것

(68) 폭풍 등으로 인한 이상 유무 점검

사업주는 순간풍속이 초당 30m를 초과하는 바람이 불거나 중진 이상 진도의 지진이 있은 후에 옥외에 설치되어 있는 양중기를 사용하여 작업을 하는 경우에는 미리 기계 각 부위에 이상이 있는지를 점검하여야 한다(제143조).

(69) 건설물 등과의 사이 통로

① 사업주는 주행 크레인 또는 선회 크레인과 건설물 또는 설비와의 사이에 통로를 설치하는 경우 그 폭을 0.6m 이상으로 하여야 한다. 다만, 그 통로 중 건설물의 기둥에 접촉하는 부분에 대해서는 0.4m 이상으로 할 수 있다(제144조 제1항).
② 사업주는 통로 또는 주행궤도 상에서 정비·보수·점검 등의 작업을 하는 경우 그 작업에 종사하는 근로자가 주행하는 크레인에 접촉될 우려가 없도록 크레인의 운전을 정지시키는 등 필요한 안전 조치를 하여야 한다(제144조 제2항).

(70) 건설물 등의 벽체와 통로의 간격 등

사업주는 다음의 간격을 0.3m 이하로 하여야 한다. 다만, 근로자가 추락할 위험이 없는 경우에는 그 간격을 0.3m 이하로 유지하지 아니할 수 있다(제145조).
① 크레인의 운전실 또는 운전대를 통하는 통로의 끝과 건설물 등의 벽체의 간격

② 크레인 거더(girder)의 통로 끝과 크레인 거더의 간격
③ 크레인 거더의 통로로 통하는 통로의 끝과 건설물 등의 벽체의 간격

(71) 크레인 작업 시의 조치

① 사업주는 크레인을 사용하여 작업을 하는 경우 다음의 조치를 준수하고, 그 작업에 종사하는 관계 근로자가 그 조치를 준수하도록 하여야 한다(제148조 제1항).
  ㉠ 인양할 하물을 바닥에서 끌어당기거나 밀어내는 작업을 하지 아니할 것
  ㉡ 유류드럼이나 가스통 등 운반 도중에 떨어져 폭발하거나 누출될 가능성이 있는 위험물 용기는 보관함(또는 보관고)에 담아 안전하게 매달아 운반할 것
  ㉢ 고정된 물체를 직접 분리·제거하는 작업을 하지 아니할 것
  ㉣ 미리 근로자의 출입을 통제하여 인양 중인 하물이 작업자의 머리 위로 통과하지 않도록 할 것
  ㉤ 인양할 하물이 보이지 아니하는 경우에는 어떠한 동작도 하지 아니할 것(신호하는 사람에 의하여 작업을 하는 경우는 제외한다)
② 사업주는 조종석이 설치되지 아니한 크레인에 대하여 다음의 조치를 하여야 한다(제148조 제2항).
  ㉠ 고용노동부장관이 고시하는 크레인의 제작기준과 안전기준에 맞는 무선원격제어기 또는 펜던트 스위치를 설치·사용할 것
  ㉡ 무선원격제어기 또는 펜던트 스위치를 취급하는 근로자에게는 작동요령 등 안전조작에 관한 사항을 충분히 주지시킬 것
③ 사업주는 타워크레인을 사용하여 작업을 하는 경우 타워크레인마다 근로자와 조종 작업을 하는 사람 간에 신호업무를 담당하는 사람을 각각 두어야 한다(제148조 제3항).

(72) 설계기준 준수

사업주는 이동식 크레인을 사용하는 경우에 그 이동식 크레인이 넘어지거나 그 이동식 크레인의 구조 부분을 구성하는 강재 등이 변형되거나 부러지는 일 등을 방지하기 위하여 해당 이동식 크레인의 설계기준(제조자가 제공하는 사용설명서)을 준수하여야 한다(제147조).

(73) 안전밸브의 조정

사업주는 유압을 동력으로 사용하는 이동식 크레인의 과도한 압력상승을 방지하기 위한 안전밸브에 대하여 최대의 정격하중을 건 때의 압력 이하로 작동되도록 조정하여야 한다. 다만, 하중시험 또는 안전도시험을 실시할 때에 시험하중에 맞는 압력으로 작동될 수 있도록 조정한 경우에는 그러하지 아니하다(제148조).

(74) 해지장치의 사용

사업주는 이동식 크레인을 사용하여 하물을 운반하는 경우에는 해지장치를 사용하여야 한다(제149조).

(75) 경사각의 제한

사업주는 이동식 크레인을 사용하여 작업을 하는 경우 이동식 크레인 명세서에 적혀 있는 지브의 경사각(인양하중이 3톤 미만인 이동식 크레인의 경우에는 제조한 자가 지정한 지브의 경사각)의 범위에서 사용하도록 하여야 한다(제150조).

(76) 권과 방지 등

사업주는 리프트(자동차정비용 리프트는 제외한다.)의 운반구 이탈 등의 위험을 방지하기 위하여 권과방지장치, 과부하방지장치, 비상정지장치 등을 설치하는 등 필요한 조치를 하여야 한다(제151조).

(77) 무인작동의 제한

① 사업주는 운반구의 내부에만 탑승조작장치가 설치되어 있는 리프트를 사람이 탑승하지 아니한 상태로 작동하게 해서는 아니 된다(제152조 제1항).
② 사업주는 리프트 조작반에 잠금장치를 설치하는 등 관계 근로자가 아닌 사람이 리프트를 임의로 조작함으로써 발생하는 위험을 방지하기 위하여 필요한 조치를 하여야 한다(제152조 제2항).

(78) 피트 청소 시의 조치

사업주는 리프트의 피트 등의 바닥을 청소하는 경우 운반구의 낙하에 의한 근로자의 위험을 방지하기 위하여 다음의 조치를 하여야 한다(제153조).
① 승강로에 각재 또는 원목 등을 걸칠 것
② 걸친 각재 또는 원목 위에 운반구를 놓고 역회전방지기가 붙은 브레이크를 사용하여 구동모터 또는 윈치(winch)를 확실하게 제동해 둘 것

(79) 붕괴 등의 방지

① 사업주는 지반침하, 불량한 자재사용 또는 헐거운 결선 등으로 리프트가 붕괴되거나 넘어지지 않도록 필요한 조치를 하여야 한다(제154조 제1항).
② 사업주는 순간풍속이 초당 35m를 초과하는 바람이 불어올 우려가 있는 경우 건설용 리

프트(지하에 설치되어 있는 것은 제외한다)에 대하여 받침의 수를 증가시키는 등 그 붕괴 등을 방지하기 위한 조치를 하여야 한다(제154조 제2항).

(80) 운반구의 정지위치

사업주는 리프트 운반구를 주행로 위에 달아 올린 상태로 정지시켜 두어서는 아니 된다(제155조).

(81) 조립 등의 작업

① 사업주는 리프트의 설치·조립·수리·점검 또는 해체 작업을 하는 경우 다음의 조치를 하여야 한다(제156조 제1항).
  ㉠ 작업을 지휘하는 사람을 선임하여 그 사람의 지휘하에 작업을 실시할 것
  ㉡ 작업을 할 구역에 관계 근로자가 아닌 사람의 출입을 금지하고 그 취지를 보기 쉬운 장소에 표시할 것
  ㉢ 비, 눈, 그 밖에 기상상태의 불안정으로 날씨가 몹시 나쁜 경우에는 그 작업을 중지시킬 것
② 사업주는 작업을 지휘하는 사람에게 다음의 사항을 이행하도록 하여야 한다(제156조 제2항).
  ㉠ 작업방법과 근로자의 배치를 결정하고 해당 작업을 지휘하는 일
  ㉡ 재료의 결함 유무 또는 기구 및 공구의 기능을 점검하고 불량품을 제거하는 일
  ㉢ 작업 중 안전대 등 보호구의 착용 상황을 감시하는 일

> **관련판례**
>
> 산업안전보건법 제33조 제1항은 "유해 또는 위험한 작업을 필요로 하거나 동력에 의하여 작동하는 기계·기구로서 대통령령이 정하는 것은 노동부장관이 정하는 유해·위험방지를 위한 방호조치를 하지 아니하고는 이를 양도·대여·설치 또는 사용하거나, 양도·대여의 목적으로 진열하여서는 아니 된다."고 규정하고 있는바, 위 법조항이 그 행위주체를 사업주로 한정하지 않고 있음은 그 문언상 명백하고, 승강기 등 유해·위험 기계·기구를 양도·대여·설치·사용·진열하는 자가 반드시 사업주와 일치하는 것도 아니므로, 위 법조항은 사업주의 개념을 전제로 한 규정이 아니라고 할 것이다. 즉, 산업안전보건법의 입법 목적 등을 고려하면, 위 법조항은 승강기 등 유해·위험 기계·기구에 대하여 유해·위험방지를 위한 방호조치를 하여야 할 법령상의 의무가 있는 자가 필요한 방호조치를 하지 아니한 경우뿐만 아니라, 널리 누구라도 승강기 등 유해·위험 기계·기구가 유해·위험방지를 위한 방호조치를 취하지 아니한 상태라는 점을 인식하면서 이를 사업장에 양도·대여·설치·사용하거나 양도·대여의 목적으로 진열하는 행위를 금지하는 규정이라고 해석함이 상당하고, 그렇게 해석하는 이상 위 법조항이 유해·위험 기계·기구를 이용하여 근로에 종사하는 근로자의 사업주만을 수범자로 하는 규정이라고 볼 아무런 근거가 없으며, 한편 여기서 말하는 '사용'이란 '사용에의 제공'을 뜻하는 것이라고 보아야 한다(대판 2004도8875).

(82) 이삿짐운반용 리프트 운전방법의 주지

사업주는 이삿짐운반용 리프트를 사용하는 근로자에게 운전방법 및 고장이 났을 경우의 조치방법을 주지시켜야 한다(제157조).

(83) 이삿짐 운반용 리프트 전도의 방지

사업주는 이삿짐 운반용 리프트를 사용하는 작업을 하는 경우 이삿짐 운반용 리프트의 전도를 방지하기 위하여 다음을 준수하여야 한다(제158조).

① 아웃트리거가 정해진 작동위치 또는 최대전개위치에 있지 않는 경우(아웃트리거 발이 닿지 않는 경우를 포함한다)에는 사다리 붐 조립체를 펼친 상태에서 화물 운반작업을 하지 않을 것
② 사다리 붐 조립체를 펼친 상태에서 이삿짐 운반용 리프트를 이동시키지 않을 것
③ 지반의 부동침하 방지 조치를 할 것

(84) 화물의 낙하 방지

사업주는 이삿짐 운반용 리프트 운반구로부터 화물이 빠지거나 떨어지지 않도록 다음의 낙하방지 조치를 하여야 한다(제159조).

① 화물을 적재시 하중이 한쪽으로 치우치지 않도록 할 것
② 적재화물이 떨어질 우려가 있는 경우에는 화물에 로프를 거는 등 낙하 방지 조치를 할 것

(85) 운전방법 등의 주지

사업주는 곤돌라의 운전방법 또는 고장이 났을 때의 처치방법을 그 곤돌라를 사용하는 근로자에게 주지시켜야 한다(제160조).

(86) 폭풍에 의한 무너짐 방지

사업주는 순간풍속이 초당 35m를 초과하는 바람이 불어 올 우려가 있는 경우 옥외에 설치되어 있는 승강기에 대하여 받침의 수를 증가시키는 등 승강기가 무너지는 것을 방지하기 위한 조치를 하여야 한다(제161조).

(87) 조립 등의 작업

① 사업주는 사업장에 승강기의 설치·조립·수리·점검 또는 해체 작업을 하는 경우 다음의 조치를 해야 한다(제162조 제1항).
  ㉠ 작업을 지휘하는 사람을 선임하여 그 사람의 지휘하에 작업을 실시할 것
  ㉡ 작업을 할 구역에 관계 근로자가 아닌 사람의 출입을 금지하고 그 취지를 보기 쉬운 장소에 표시할 것
  ㉢ 비, 눈, 그 밖에 기상상태의 불안정으로 날씨가 몹시 나쁜 경우에는 그 작업을 중지시킬 것

② 사업주는 작업을 지휘하는 사람에게 다음의 사항을 이행하도록 하여야 한다(제162조 제2항).
  ㉠ 작업방법과 근로자의 배치를 결정하고 해당 작업을 지휘하는 일
  ㉡ 재료의 결함 유무 또는 기구 및 공구의 기능을 점검하고 불량품을 제거하는 일
  ㉢ 작업 중 안전대 등 보호구의 착용 상황을 감시하는 일

(88) 와이어로프 등 달기구의 안전계수

① 사업주는 양중기의 와이어로프 등 달기구의 안전계수(달기구 절단하중의 값을 그 달기구에 걸리는 하중의 최대값으로 나눈 값을 말한다)가 다음의 구분에 따른 기준에 맞지 아니한 경우에는 이를 사용해서는 아니 된다(제163조 제1항).
  ㉠ 근로자가 탑승하는 운반구를 지지하는 달기와이어로프 또는 달기체인의 경우 : 10 이상
  ㉡ 화물의 하중을 직접 지지하는 달기와이어로프 또는 달기체인의 경우 : 5 이상
  ㉢ 훅, 샤클, 클램프, 리프팅 빔의 경우 : 3 이상
  ㉣ 그 밖의 경우 : 4 이상
② 사업주는 달기구의 경우 최대허용하중 등의 표식이 견고하게 붙어 있는 것을 사용하여야 한다(제163조 제2항).

(89) 고리걸이 훅 등의 안전계수

사업주는 양중기의 달기 와이어로프 또는 달기 체인과 일체형인 고리걸이 훅 또는 샤클의 안전계수(훅 또는 샤클의 절단하중 값을 각각 그 훅 또는 샤클에 걸리는 하중의 최대값으로 나눈 값을 말한다)가 사용되는 달기 와이어로프 또는 달기체인의 안전계수와 같은 값 이상의 것을 사용하여야 한다(제164조).

(90) 와이어로프의 절단방법 등

① 사업주는 와이어로프를 절단하여 양중작업용구를 제작하는 경우 반드시 기계적인 방법으로 절단하여야 하며, 가스용단 등 열에 의한 방법으로 절단해서는 아니 된다(제165조 제1항).
② 사업주는 아크(arc), 화염, 고온부 접촉 등으로 인하여 열영향을 받은 와이어로프를 사용해서는 아니 된다(제165조 제2항).

(91) 이음매가 있는 와이어로프 등의 사용 금지

와이어 로프의 사용에 관하여는 달비계를 준용한다. 이 경우 "달비계"는 "양중기"로 본다(제166조).

(92) 늘어난 달기체인 등의 사용 금지

달기 체인 사용에 관하여는 양중기를 준용한다. 이 경우 "달비계"는 "양중기"로 본다(제167조).

(93) 변형되어 있는 훅·샤클 등의 사용금지 등

① 사업주는 훅·샤클·클램프 및 링 등의 철구로서 변형되어 있는 것 또는 균열이 있는 것을 크레인 또는 이동식 크레인의 고리걸이용구로 사용해서는 아니 된다(제168조 제1항).

② 사업주는 중량물을 운반하기 위해 제작하는 지그, 훅의 구조를 운반 중 주변 구조물과의 충돌로 슬링이 이탈되지 않도록 하여야 한다(제168조 제2항).

③ 사업주는 안전성 시험을 거쳐 안전율이 3 이상 확보된 중량물 취급용구를 구매하여 사용하거나 자체 제작한 중량물 취급용구에 대하여 비파괴시험을 하여야 한다(제168조 제3항).

(94) 꼬임이 끊어진 섬유로프 등의 사용금지

섬유로프 사용에 관하여는 양중기를 준용한다. 이 경우 "달비계"는 "양중기"로 본다(제169조).

(95) 링 등의 구비

① 사업주는 엔드리스(endless)가 아닌 와이어로프 또는 달기 체인에 대하여 그 양단에 훅·샤클·링 또는 고리를 구비한 것이 아니면 크레인 또는 이동식 크레인의 고리걸이용구로 사용해서는 아니 된다(제170조 제1항).

② 고리는 꼬아넣기[(아이 스플라이스(eye splice)를 말한다.)], 압축멈춤 또는 이러한 것과 같은 정도 이상의 힘을 유지하는 방법으로 제작된 것이어야 한다. 이 경우 꼬아넣기는 와이어로프의 모든 꼬임을 3회 이상 끼워 짠 후 각각의 꼬임의 소선 절반을 잘라내고 남은 소선을 다시 2회 이상(모든 꼬임을 4회 이상 끼워 짠 경우에는 1회 이상) 끼워 짜야 한다(제170조 제2항).

(96) 전도 등의 방지

사업주는 차량계 하역운반기계등을 사용하는 작업을 할 때에 그 기계가 넘어지거나 굴러떨어짐으로써 근로자에게 위험을 미칠 우려가 있는 경우에는 그 기계를 유도하는 사람을 배치하고 지반의 부동침하지 및 갓길 붕괴를 방지하기 위한 조치를 해야 한다(제171조).

(97) 접촉의 방지

① 사업주는 차량계 하역운반기계등을 사용하여 작업을 하는 경우에 하역 또는 운반 중인 화물이나 그 차량계 하역운반기계등에 접촉되어 근로자가 위험해질 우려가 있는 장소에

는 근로자를 출입시켜서는 아니 된다. 다만, 작업지휘자 또는 유도자를 배치하고 그 차량계 하역운반기계등을 유도하는 경우에는 그러하지 아니하다(제172조 제1항).

② 차량계 하역운반기계등의 운전자는 작업지휘자 또는 유도자가 유도하는 대로 따라야 한다(제172조 제2항).

(98) 화물적재 시의 조치

① 사업주는 차량계 하역운반기계등에 화물을 적재하는 경우에 다음의 사항을 준수하여야 한다(제173조 제1항).
  ㉠ 하중이 한쪽으로 치우치지 않도록 적재할 것
  ㉡ 구내운반차 또는 화물자동차의 경우 화물의 붕괴 또는 낙하에 의한 위험을 방지하기 위하여 화물에 로프를 거는 등 필요한 조치를 할 것
  ㉢ 운전자의 시야를 가리지 않도록 화물을 적재할 것
② 화물을 적재하는 경우에는 최대적재량을 초과해서는 아니 된다(제173조 제2항).

(99) 차량계 하역운반기계등의 이송

사업주는 차량계 하역운반기계등을 이송하기 위하여 자주 또는 견인에 의하여 화물자동차에 싣거나 내리는 작업을 할 때에 발판·성토 등을 사용하는 경우에는 해당 차량계 하역운반기계등의 전도 또는 굴러 떨어짐에 의한 위험을 방지하기 위하여 다음의 사항을 준수하여야 한다(제174조).

① 싣거나 내리는 작업은 평탄하고 견고한 장소에서 할 것
② 발판을 사용하는 경우에는 충분한 길이·폭 및 강도를 가진 것을 사용하고 적당한 경사를 유지하기 위하여 견고하게 설치할 것
③ 가설대 등을 사용하는 경우에는 충분한 폭 및 강도와 적당한 경사를 확보할 것
④ 지정운전자의 성명·연락처 등을 보기 쉬운 곳에 표시하고 지정운전자 외에는 운전하지 않도록 할 것

(100) 주용도 외의 사용 제한

사업주는 차량계 하역운반기계등을 화물의 적재·하역 등 주된 용도에만 사용하여야 한다. 다만, 근로자가 위험해질 우려가 없는 경우에는 그러하지 아니하다(제175조).

(101) 수리 등의 작업 시 조치

사업주는 차량계 하역운반기계등의 수리 또는 부속장치의 장착 및 해체작업을 하는 경우 해당 작업의 지휘자를 지정하여 다음의 사항을 준수하도록 하여야 한다(제176조).

① 작업순서를 결정하고 작업을 지휘할 것
② 안전지지대 또는 안전블록 등의 사용 상황 등을 점검할 것

(102) 싣거나 내리는 작업

사업주는 차량계 하역운반기계등에 단위화물의 무게가 100kg 이상인 화물을 싣는 작업(로프 걸이 작업 및 덮개 덮기 작업을 포함한다.) 또는 내리는 작업(로프 풀기 작업 또는 덮개 벗기기 작업을 포함한다.)을 하는 경우에 해당 작업의 지휘자에게 다음의 사항을 준수하도록 하여야 한다(제177조).

① 작업순서 및 그 순서마다의 작업방법을 정하고 작업을 지휘할 것
② 기구와 공구를 점검하고 불량품을 제거할 것
③ 해당 작업을 하는 장소에 관계 근로자가 아닌 사람이 출입하는 것을 금지할 것
④ 로프 풀기 작업 또는 덮개 벗기기 작업은 적재함의 화물이 떨어질 위험이 없음을 확인한 후에 하도록 할 것

> **관련판례**
>
> 공소외 1이 외부적 요인의 개입 없이 화물 차량 적재함에 적재된 포대 위에서 추락했을 가능성이 희박하여, 피고인 1이 그래플을 조작하다가 공소외 1을 충격하거나 또는 피고인 1이 그래플로 포대를 눌러 공소외 1로 하여금 균형을 잃게 한 것이 원인이 되어 공소외 1이 위 포대 위에서 추락한 것으로 보아야 하므로, 피고인들의 업무상 과실과 공소외 1의 추락으로 인한 사망 사이에 인과관계가 인정됨에도, 피고인 1, 2에 대한 업무상과실치사의 점에 관하여 무죄를 선고한 원심판결에는 사실을 오인하여 판결에 영향을 미친 위법이 있다(강릉지원 2012노353).

(103) 허용하중 초과 등의 제한

① 사업주는 지게차의 허용하중(지게차의 구조, 재료 및 포크·램 등 화물을 적재하는 장치에 적재하는 화물의 중심위치에 따라 실을 수 있는 최대하중을 말한다)을 초과하여 사용해서는 아니 되며, 안전한 운행을 위한 유지·관리 및 그 밖의 사항에 대하여 해당 지게차를 제조한 자가 제공하는 제품설명서에서 정한 기준을 준수하여야 한다(제178조 제1항).
② 사업주는 구내운반차, 화물자동차를 사용할 때에는 그 최대적재량을 초과해서는 아니 된다(제178조 제2항).

(104) 전조등 등의 설치

① 사업주는 전조등과 후미등을 갖추지 아니한 지게차를 사용해서는 아니 된다. 다만, 작업을 안전하게 수행하기 위하여 필요한 조명이 확보되어 있는 장소에서 사용하는 경우에

는 그러하지 아니하다(제179조 제1항).
② 사업주는 지게차 작업 중 근로자와 충돌할 위험이 있는 경우에는 지게차에 후진경보기와 경광등을 설치하거나 후방감지기를 설치하는 등 후방을 확인할 수 있는 조치를 해야 한다(제179조 제2항).

(105) 헤드가드

사업주는 다음에 따른 적합한 헤드가드(head guard)를 갖추지 아니한 지게차를 사용해서는 안 된다. 다만, 화물의 낙하에 의하여 지게차의 운전자에게 위험을 미칠 우려가 없는 경우에는 그렇지 않다(제180조).
① 강도는 지게차의 최대하중의 2배 값(4톤을 넘는 값에 대해서는 4톤으로 한다)의 등분포 정하중에 견딜 수 있을 것
② 상부틀의 각 개구의 폭 또는 길이가 16cm 미만일 것
③ 운전자가 앉아서 조작하거나 서서 조작하는 지게차의 헤드가드는 한국산업표준에서 정하는 높이 기준 이상일 것

(106) 백레스트

사업주는 백레스트(backrest)를 갖추지 아니한 지게차를 사용해서는 아니 된다. 다만, 마스트의 후방에서 화물이 낙하함으로써 근로자가 위험해질 우려가 없는 경우에는 그러하지 아니하다(제181조).

(107) 팔레트 등

사업주는 지게차에 의한 하역운반작업에 사용하는 팔레트(pallet) 또는 스키드(skid)는 다음에 해당하는 것을 사용하여야 한다(제182조).
① 적재하는 화물의 중량에 따른 충분한 강도를 가질 것
② 심한 손상·변형 또는 부식이 없을 것

(108) 좌석 안전띠의 착용 등

① 사업주는 앉아서 조작하는 방식의 지게차를 운전하는 근로자에게 좌석 안전띠를 착용하도록 하여야 한다(제183조 제1항).
② 지게차를 운전하는 근로자는 좌석 안전띠를 착용하여야 한다(제183조 제2항).

(109) 제동장치 등

사업주는 구내운반차를 사용하는 경우에 다음의 사항을 준수해야 한다(제184조).

① 주행을 제동하거나 정지상태를 유지하기 위하여 유효한 제동장치를 갖출 것
② 경음기를 갖출 것
③ 운전석이 차 실내에 있는 것은 좌우에 한개씩 방향지시기를 갖출 것
④ 전조등과 후미등을 갖출 것. 다만, 작업을 안전하게 하기 위하여 필요한 조명이 있는 장소에서 사용하는 구내운반차에 대해서는 그러하지 아니하다.
⑤ 구내운반차가 후진 중에 주변의 근로자 또는 차량계하역운반기계등과 충돌할 위험이 있는 경우에는 구내운반차에 후진경보기와 경광등을 설치할 것

(110) 연결장치

사업주는 구내운반차에 피견인차를 연결하는 경우에는 적합한 연결장치를 사용하여야 한다(제185조).

(111) 고소작업대 설치 등의 조치

① 사업주는 고소작업대를 설치하는 경우에는 다음에 해당하는 것을 설치하여야 한다(제186조 제1항).
  ㉠ 작업대를 와이어로프 또는 체인으로 올리거나 내릴 경우에는 와이어로프 또는 체인이 끊어져 작업대가 떨어지지 아니하는 구조여야 하며, 와이어로프 또는 체인의 안전율은 5 이상일 것
  ㉡ 작업대를 유압에 의해 올리거나 내릴 경우에는 작업대를 일정한 위치에 유지할 수 있는 장치를 갖추고 압력의 이상저하를 방지할 수 있는 구조일 것
  ㉢ 권과방지장치를 갖추거나 압력의 이상상승을 방지할 수 있는 구조일 것
  ㉣ 붐의 최대 지면경사각을 초과 운전하여 전도되지 않도록 할 것
  ㉤ 작업대에 정격하중(안전율 5 이상)을 표시할 것
  ㉥ 작업대에 끼임·충돌 등 재해를 예방하기 위한 가드 또는 과상승방지장치를 설치할 것
  ㉦ 조작반의 스위치는 눈으로 확인할 수 있도록 명칭 및 방향표시를 유지할 것
② 사업주는 고소작업대를 설치하는 경우에는 다음의 사항을 준수하여야 한다(제186조 제2항).
  ㉠ 바닥과 고소작업대는 가능하면 수평을 유지하도록 할 것
  ㉡ 갑작스러운 이동을 방지하기 위하여 아웃트리거 또는 브레이크 등을 확실히 사용할 것
③ 사업주는 고소작업대를 이동하는 경우에는 다음의 사항을 준수해야 한다(제186조 제3항).
  ㉠ 작업대를 가장 낮게 내릴 것
  ㉡ 작업자를 태우고 이동하지 말 것. 다만, 이동 중 전도 등의 위험예방을 위하여 유도하는 사람을 배치하고 짧은 구간을 이동하는 경우에는 작업대를 가장 낮게 내린 상태에서

작업자를 태우고 이동할 수 있다.
ⓒ 이동통로의 요철상태 또는 장애물의 유무 등을 확인할 것
④ 사업주는 고소작업대를 사용하는 경우에는 다음의 사항을 준수하여야 한다(제186조 제4항).
㉠ 작업자가 안전모·안전대 등의 보호구를 착용하도록 할 것
㉡ 관계자가 아닌 사람이 작업구역에 들어오는 것을 방지하기 위하여 필요한 조치를 할 것
㉢ 안전한 작업을 위하여 적정수준의 조도를 유지할 것
㉣ 전로에 근접하여 작업을 하는 경우에는 작업감시자를 배치하는 등 감전사고를 방지하기 위하여 필요한 조치를 할 것
㉤ 작업대를 정기적으로 점검하고 붐·작업대 등 각 부위의 이상 유무를 확인할 것
㉥ 전환스위치는 다른 물체를 이용하여 고정하지 말 것
㉦ 작업대는 정격하중을 초과하여 물건을 싣거나 탑승하지 말 것
㉧ 작업대의 붐대를 상승시킨 상태에서 탑승자는 작업대를 벗어나지 말 것. 다만, 작업대에 안전대 부착설비를 설치하고 안전대를 연결하였을 때에는 그러하지 아니하다.

(112) 승강설비

사업주는 바닥으로부터 짐 윗면까지의 높이가 2m 이상인 화물자동차에 짐을 싣는 작업 또는 내리는 작업을 하는 경우에는 근로자의 추가 위험을 방지하기 위하여 해당 작업에 종사하는 근로자가 바닥과 적재함의 짐 윗면 간을 안전하게 오르내리기 위한 설비를 설치하여야 한다(제187조).

(113) 꼬임이 끊어진 섬유로프 등의 사용 금지

사업주는 다음의 어느 하나에 해당하는 섬유로프 등을 화물자동차의 짐걸이로 사용해서는 아니 된다(제188조).
① 꼬임이 끊어진 것
② 심하게 손상되거나 부식된 것

(114) 섬유로프 등의 점검 등

① 사업주는 섬유로프 등을 화물자동차의 짐걸이에 사용하는 경우에는 해당 작업을 시작하기 전에 다음의 조치를 하여야 한다(제189조 제1항).
㉠ 작업순서와 순서별 작업방법을 결정하고 작업을 직접 지휘하는 일
㉡ 기구와 공구를 점검하고 불량품을 제거하는 일
㉢ 해당 작업을 하는 장소에 관계 근로자가 아닌 사람의 출입을 금지하는 일

㉣ 로프 풀기 작업 및 덮개 벗기기 작업을 하는 경우에는 적재함의 화물에 낙하 위험이 없음을 확인한 후에 해당 작업의 착수를 지시하는 일

② 사업주는 섬유로프 등에 대하여 이상 유무를 점검하고 이상이 발견된 섬유로프 등을 교체하여야 한다(제189조 제2항).

(115) 화물 중간에서 빼내기 금지

사업주는 화물자동차에서 화물을 내리는 작업을 하는 경우에는 그 작업을 하는 근로자에게 쌓여 있는 화물의 중간에서 화물을 빼내도록 해서는 아니 된다(제190조).

(116) 이탈 등의 방지

사업주는 컨베이어, 이송용 롤러 등을 사용하는 경우에는 정전·전압강하 등에 따른 화물 또는 운반구의 이탈 및 역주행을 방지하는 장치를 갖추어야 한다. 다만, 무동력상태 또는 수평상태로만 사용하여 근로자가 위험해질 우려가 없는 경우에는 그러하지 아니하다(제191조).

(117) 비상정지장치

사업주는 컨베이어등에 해당 근로자의 신체의 일부가 말려드는 등 근로자가 위험해질 우려가 있는 경우 및 비상시에는 즉시 컨베이어등의 운전을 정지시킬 수 있는 장치를 설치하여야 한다. 다만, 무동력상태로만 사용하여 근로자가 위험해질 우려가 없는 경우에는 그러하지 아니하다(제192조).

(118) 낙하물에 의한 위험 방지

사업주는 컨베이어등으로부터 화물이 떨어져 근로자가 위험해질 우려가 있는 경우에는 해당 컨베이어등에 덮개 또는 울을 설치하는 등 낙하 방지를 위한 조치를 하여야 한다(제193조).

(119) 트롤리 컨베이어

사업주는 트롤리 컨베이어(trolley conveyor)를 사용하는 경우에는 트롤리와 체인·행거(hanger)가 쉽게 벗겨지지 않도록 서로 확실하게 연결하여 사용하도록 하여야 한다(제194조).

(120) 통행의 제한 등

① 사업주는 운전 중인 컨베이어등의 위로 근로자를 넘어가도록 하는 경우에는 위험을 방지하기 위하여 건널다리를 설치하는 등 필요한 조치를 하여야 한다(제195조 제1항).

② 사업주는 동일선상에 구간별 설치된 컨베이어에 중량물을 운반하는 경우에는 중량물 충돌에 대비한 스토퍼를 설치하거나 작업자 출입을 금지하여야 한다(제195조 제2항).

(121) 차량계 건설기계의 정의

"차량계 건설기계"란 동력원을 사용하여 특정되지 아니한 장소로 스스로 이동할 수 있는 건설기계로서 별표 6에서 정한 기계를 말한다(제196조).

차량계 건설기계(별표 6)

1. 도저형 건설기계(불도저, 스트레이트도저, 틸트도저, 앵글도저, 버킷도저 등)
2. 모터그레이더(motor grader, 땅 고르는 기계)
3. 로더(포크 등 부착물 종류에 따른 용도 변경 형식을 포함한다)
4. 스크레이퍼(scraper, 흙을 절삭·운반하거나 펴 고르는 등의 작업을 하는 토공기계)
5. 크레인형 굴착기계(크램쉘, 드래그라인 등)
6. 굴착기(브레이커, 크러셔, 드릴 등 부착물 종류에 따른 용도 변경 형식을 포함한다)
7. 항타기 및 항발기
8. 천공용 건설기계(어스드릴, 어스오거, 크롤러드릴, 점보드릴 등)
9. 지반 압밀침하용 건설기계(샌드드레인머신, 페이퍼드레인머신, 팩드레인머신 등)
10. 지반 다짐용 건설기계(타이어롤러, 매커덤롤러, 탠덤롤러 등)
11. 준설용 건설기계(버킷준설선, 그래브준설선, 펌프준설선 등)
12. 콘크리트 펌프카
13. 덤프트럭
14. 콘크리트 믹서 트럭
15. 도로포장용 건설기계(아스팔트 살포기, 콘크리트 살포기, 아스팔트 피니셔, 콘크리트 피니셔 등)
16. 골재 채취 및 살포용 건설기계(쇄석기, 자갈채취기, 골재살포기 등)
17. 제1호부터 제15호까지와 유사한 구조 또는 기능을 갖는 건설기계로서 건설작업에 사용하는 것

(122) 전조등의 설치

사업주는 차량계 건설기계에 전조등을 갖추어야 한다. 다만, 작업을 안전하게 수행하기 위하여 필요한 조명이 있는 장소에서 사용하는 경우에는 그러하지 아니하다(제197조).

(123) 낙하물 보호구조

사업주는 토사 등이 떨어질 우려가 있는 등 위험한 장소에서 차량계 건설기계[불도저, 트랙터, 굴착기, 로더(loader: 흙 따위를 퍼올리는 데 쓰는 기계), 스크레이퍼(scraper : 흙을 절삭·운반하거나 펴 고르는 등의 작업을 하는 토공기계), 덤프트럭, 모터그레이더(motor grader: 땅 고르는 기계), 롤러(roller : 지반 다짐용 건설기계), 천공기, 항타기 및 항발기로 한정한다]를 사용하는 경우에는 해당 차량계 건설기계에 견고한 낙하물 보호구조를 갖추어야 한다(제198조).

(124) 전도 등의 방지

사업주는 차량계 건설기계를 사용하는 작업할 때에 그 기계가 넘어지거나 굴러떨어짐으로써 근로자가 위험해질 우려가 있는 경우에는 유도하는 사람을 배치하고 지반의 부동침하 방지, 갓길의 붕괴 방지 및 도로 폭의 유지 등 필요한 조치를 하여야 한다(제199조).

(125) 접촉 방지

① 사업주는 차량계 건설기계를 사용하여 작업을 하는 경우에는 운전 중인 해당 차량계 건설기계에 접촉되어 근로자가 부딪칠 위험이 있는 장소에 근로자를 출입시켜서는 아니 된다. 다만, 유도자를 배치하고 해당 차량계 건설기계를 유도하는 경우에는 그러하지 아니하다(제200조 제1항).

② 차량계 건설기계의 운전자는 유도자가 유도하는 대로 따라야 한다(제200조 제2항).

(126) 차량계 건설기계의 이송

사업주는 차량계 건설기계를 이송하기 위해 자주 또는 견인에 의해 화물자동차 등에 싣거나 내리는 작업을 할 때에 발판·성토 등을 사용하는 경우에는 해당 차량계 건설기계의 전도 또는 굴러 떨어짐에 의한 위험을 방지하기 위해 다음의 사항을 준수해야 한다(제201조).

① 싣거나 내리는 작업은 평탄하고 견고한 장소에서 할 것

② 발판을 사용하는 경우에는 충분한 길이·폭 및 강도를 가진 것을 사용하고 적당한 경사를 유지하기 위하여 견고하게 설치할 것

③ 자루·가설대 등을 사용하는 경우에는 충분한 폭 및 강도와 적당한 경사를 확보할 것

(127) 승차석 외의 탑승금지

사업주는 차량계 건설기계를 사용하여 작업을 하는 경우 승차석이 아닌 위치에 근로자를 탑승시켜서는 아니 된다(제202조).

(128) 안전도 등의 준수

사업주는 차량계 건설기계를 사용하여 작업을 하는 경우 그 차량계 건설기계가 넘어지거나 붕괴될 위험 또는 붐·암 등 작업장치가 파괴될 위험을 방지하기 위하여 그 기계의 구조 및 사용상 안전도 및 최대사용하중을 준수하여야 한다(제203조).

(129) 주용도 외의 사용 제한

사업주는 차량계 건설기계를 그 기계의 주된 용도에만 사용하여야 한다. 다만, 근로자가 위험해

질 우려가 없는 경우에는 그러하지 아니하다(제204조).

(130) 붐 등의 강하에 의한 위험 방지

사업주는 차량계 건설기계의 붐·암 등을 올리고 그 밑에서 수리·점검작업 등을 하는 경우 붐·암 등이 갑자기 내려옴으로써 발생하는 위험을 방지하기 위하여 해당 작업에 종사하는 근로자에게 안전지지대 또는 안전블록 등을 사용하도록 하여야 한다(제205조).

(131) 수리 등의 작업 시 조치

사업주는 차량계 건설기계의 수리나 부속장치의 장착 및 제거작업을 하는 경우 그 작업을 지휘하는 사람을 지정하여 다음의 사항을 준수하도록 하여야 한다(제206조).
　① 작업순서를 결정하고 작업을 지휘할 것
　② 안전지지대 또는 안전블록 등의 사용상황 등을 점검할 것

(132) 조립·해체 시 점검사항

　① 사업주는 항타기 또는 항발기를 조립하거나 해체하는 경우 다음의 사항을 준수해야 한다(제207조 제1항).
　　㉠ 항타기 또는 항발기에 사용하는 권상기에 쐐기장치 또는 역회전방지용 브레이크를 부착할 것
　　㉡ 항타기 또는 항발기의 권상기가 들리거나 미끄러지거나 흔들리지 않도록 설치할 것
　　㉢ 그 밖에 조립·해체에 필요한 사항은 제조사에서 정한 설치·해체 작업 설명서에 따를 것
　② 사업주는 항타기 또는 항발기를 조립하거나 해체하는 경우 다음의 사항을 점검해야 한다(제207조 제2항).
　　㉠ 본체 연결부의 풀림 또는 손상의 유무
　　㉡ 권상용 와이어로프·드럼 및 도르래의 부착상태의 이상 유무
　　㉢ 권상장치의 브레이크 및 쐐기장치 기능의 이상 유무
　　㉣ 권상기의 설치상태의 이상 유무
　　㉤ 리더(leader)의 버팀 방법 및 고정상태의 이상 유무
　　㉥ 본체·부속장치 및 부속품의 강도가 적합한지 여부
　　㉦ 본체·부속장치 및 부속품에 심한 손상·마모·변형 또는 부식이 있는지 여부

(133) 무너짐의 방지

사업주는 동력을 사용하는 항타기 또는 항발기에 대하여 무너짐을 방지하기 위하여 다음의 사항

을 준수해야 한다(제209조).
① 연약한 지반에 설치하는 경우에는 아웃트리거·받침 등 지지구조물의 침하를 방지하기 위하여 깔판·받침목 등을 사용할 것
② 시설 또는 가설물 등에 설치하는 경우에는 그 내력을 확인하고 내력이 부족하면 그 내력을 보강할 것
③ 아웃트리거·받침 등 지지구조물이 미끄러질 우려가 있는 경우에는 말뚝 또는 쐐기 등을 사용하여 해당 지지구조물을 고정시킬 것
④ 궤도 또는 차로 이동하는 항타기 또는 항발기에 대해서는 불시에 이동하는 것을 방지하기 위하여 레일 클램프(rail clamp) 및 쐐기 등으로 고정시킬 것
⑤ 상단 부분은 버팀대·버팀줄로 고정하여 안정시키고 그 하단 부분은 견고한 버팀·말뚝 또는 철골 등으로 고정시킬 것

(134) 이음매가 있는 권상용 와이어로프의 사용 금지

사업주는 항타기 또는 항발기의 권상용 와이어로프로 해당하는 것을 사용해서는 안 된다(제210조).

(135) 권상용 와이어로프의 안전계수

사업주는 항타기 또는 항발기의 권상용 와이어로프의 안전계수가 5 이상이 아니면 이를 사용해서는 아니 된다(제211조).

(136) 권상용 와이어로프의 길이 등

사업주는 항타기 또는 항발기에 권상용 와이어로프를 사용하는 경우에 다음의 사항을 준수해야 한다(제212조).
① 권상용 와이어로프는 추 또는 해머가 최저의 위치에 있을 때 또는 널말뚝을 빼내기 시작할 때를 기준으로 권상장치의 드럼에 적어도 2회 감기고 남을 수 있는 충분한 길이일 것
② 권상용 와이어로프는 권상장치의 드럼에 클램프·클립 등을 사용하여 견고하게 고정할 것
③ 권상용 와이어로프에서 추·해머 등과의 연결은 클램프·클립 등을 사용하여 견고하게 할 것
④ 클램프·클립 등은 한국산업표준 제품이거나 한국산업표준이 없는 제품의 경우에는 이에 준하는 규격을 갖춘 제품을 사용할 것

(137) 널말뚝 등과의 연결

사업주는 항발기의 권상용 와이어로프·도르래 등은 충분한 강도가 있는 샤클·고정철물 등을

사용하여 말뚝·널말뚝 등과 연결시켜야 한다(제213조).

(138) 도르래의 부착 등

① 사업주는 항타기나 항발기에 도르래나 도르래 뭉치를 부착하는 경우에는 부착부가 받는 하중에 의하여 파괴될 우려가 없는 브라켓·샤클 및 와이어로프 등으로 견고하게 부착하여야 한다(제216조 제1항).
② 사업주는 항타기 또는 항발기의 권상장치의 드럼축과 권상장치로부터 첫 번째 도르래의 축 간의 거리를 권상장치 드럼폭의 15배 이상으로 하여야 한다(제216조 제2항).
③ 도르래는 권상장치의 드럼 중심을 지나야 하며 축과 수직면상에 있어야 한다(제216조 제3항).
④ 항타기나 항발기의 구조상 권상용 와이어로프가 꼬일 우려가 없는 경우에는 적용하지 아니한다(제216조 제4항).

(139) 사용 시의 조치 등

① 사업주는 압축공기를 동력원으로 하는 항타기나 항발기를 사용하는 경우에는 다음의 사항을 준수하여야 한다(제217조 제1항).
  ㉠ 해머의 운동에 의하여 공기호스와 해머의 접속부가 파손되거나 벗겨지는 것을 방지하기 위하여 그 접속부가 아닌 부위를 선정하여 또는 공기호스를 해머에 고정시킬 것
  ㉡ 공기를 차단하는 장치를 해머의 운전자가 쉽게 조작할 수 있는 위치에 설치할 것
② 사업주는 항타기나 항발기의 권상장치의 드럼에 권상용 와이어로프가 꼬인 경우에는 와이어로프에 하중을 걸어서는 아니 된다(제217조 제2항).
③ 사업주는 항타기나 항발기의 권상장치에 하중을 건 상태로 정지하여 두는 경우에는 쐐기장치 또는 역회전방지용 브레이크를 사용하여 제동하는 등 확실하게 정지시켜 두어야 한다(제217조 제3항).

(140) 말뚝 등을 끌어올릴 경우의 조치

① 사업주는 항타기를 사용하여 말뚝 및 널말뚝 등을 끌어올리는 경우에는 그 훅 부분이 드럼 또는 도르래의 바로 아래에 위치하도록 하여 끌어올려야 한다(제218조 제1항).
② 항타기에 체인블록 등의 장치를 부착하여 말뚝 또는 널말뚝 등을 끌어 올리는 경우에는 ①을 준용한다(제218조 제2항).

(141) 항타기 등의 이동

사업주는 두 개의 지주 등으로 지지하는 항타기 또는 항발기를 이동시키는 경우에는 이들 각

부위를 당김으로 인하여 항타기 또는 항발기가 넘어지는 것을 방지하기 위하여 반대측에서 윈치로 장력와이어로프를 사용하여 확실히 제동하여야 한다(제220조).

(142) 가스배관 등의 손상 방지

사업주는 항타기를 사용하여 작업할 때에 가스배관, 지중전선로 및 그 밖의 지하공작물의 손상으로 근로자가 위험에 처할 우려가 있는 경우에는 미리 작업장소에 가스배관·지중전선로 등이 있는지를 조사하여 이전 설치나 매달기 보호 등의 조치를 하여야 한다(제221조).

(143) 충돌위험 방지조치

① 사업주는 굴착기에 사람이 부딪히는 것을 방지하기 위해 후사경과 후방영상표시장치 등 굴착기를 운전하는 사람이 좌우 및 후방을 확인할 수 있는 장치를 굴착기에 갖춰야 한다(제221조의2 제1항).
② 사업주는 굴착기로 작업을 하기 전에 후사경과 후방영상표시장치 등의 부착상태와 작동여부를 확인해야 한다(제221조의2 제2항).

(144) 좌석안전띠의 착용

① 사업주는 굴착기를 운전하는 사람이 좌석안전띠를 착용하도록 해야 한다(제221조의3 제1항).
② 굴착기를 운전하는 사람은 좌석안전띠를 착용해야 한다(제221조의3 제2항).

(145) 잠금장치의 체결

사업주는 굴착기 퀵커플러(quick coupler)에 버킷, 브레이커(breaker), 크램셸(clamshell) 등 작업장치를 장착 또는 교환하는 경우에는 안전핀 등 잠금장치를 체결하고 이를 확인해야 한다(제221조의4).

(146) 인양작업 시 조치

① 사업주는 다음의 사항을 모두 갖춘 굴착기의 경우에는 굴착기를 사용하여 화물 인양작업을 할 수 있다(제221조의5 제1항).
  ㉠ 굴착기의 퀵커플러 또는 작업장치에 달기구(훅, 걸쇠 등을 말한다)가 부착되어 있는 등 인양작업이 가능하도록 제작된 기계일 것
  ㉡ 굴착기 제조사에서 정한 정격하중이 확인되는 굴착기를 사용할 것
  ㉢ 달기구에 해지장치가 사용되는 등 작업 중 인양물의 낙하 우려가 없을 것
② 사업주는 굴착기를 사용하여 인양작업을 하는 경우에는 다음의 사항을 준수해야 한다(제

221조의5 제2항).

  ㉠ 굴착기 제조사에서 정한 작업설명서에 따라 인양할 것
  ㉡ 사람을 지정하여 인양작업을 신호하게 할 것
  ㉢ 인양물과 근로자가 접촉할 우려가 있는 장소에 근로자의 출입을 금지시킬 것
  ㉣ 지반의 침하 우려가 없고 평평한 장소에서 작업할 것
  ㉤ 인양 대상 화물의 무게는 정격하중을 넘지 않을 것
③ 굴착기를 이용한 인양작업 시 와이어로프 등 달기구의 사용에 관해서는 제163조(달기구)부터 제170조(링)까지의 규정을 준용한다. 이 경우 "양중기" 또는 "크레인"은 "굴착기"로 본다(제221조의5 제3항).

(147) 교시 등

사업주는 산업용 로봇의 작동범위에서 해당 로봇에 대하여 교시 등[매니퓰레이터(manipulator)의 작동순서, 위치·속도의 설정·변경 또는 그 결과를 확인하는 것을 말한다.]의 작업을 하는 경우에는 해당 로봇의 예기치 못한 작동 또는 오조작에 의한 위험을 방지하기 위하여 다음의 조치를 하여야 한다. 다만, 로봇의 구동원을 차단하고 작업을 하는 경우에는 ②와 ③의 조치를 하지 아니할 수 있다(제222조).

① 다음의 사항에 관한 지침을 정하고 그 지침에 따라 작업을 시킬 것
  ㉠ 로봇의 조작방법 및 순서
  ㉡ 작업 중의 매니퓰레이터의 속도
  ㉢ 2명 이상의 근로자에게 작업을 시킬 경우의 신호방법
  ㉣ 이상을 발견한 경우의 조치
  ㉤ 이상을 발견하여 로봇의 운전을 정지시킨 후 이를 재가동시킬 경우의 조치
  ㉥ 그 밖에 로봇의 예기치 못한 작동 또는 오조작에 의한 위험을 방지하기 위하여 필요한 조치
② 작업에 종사하고 있는 근로자 또는 그 근로자를 감시하는 사람은 이상을 발견하면 즉시 로봇의 운전을 정지시키기 위한 조치를 할 것
③ 작업을 하고 있는 동안 로봇의 기동스위치 등에 작업 중이라는 표시를 하는 등 작업에 종사하고 있는 근로자가 아닌 사람이 그 스위치 등을 조작할 수 없도록 필요한 조치를 할 것

(148) 운전 중 위험 방지

사업주는 로봇의 운전(교시 등을 위한 로봇의 운전과 로봇의 운전은 제외한다)으로 인하여 근로자에게 발생할 수 있는 부상 등의 위험을 방지하기 위하여 높이 1.8m 이상의 울타리(로봇의

가동범위 등을 고려하여 높이로 인한 위험성이 없는 경우에는 높이를 그 이하로 조절할 수 있다)를 설치해야 하며, 컨베이어 시스템의 설치 등으로 울타리를 설치할 수 없는 일부 구간에 대해서는 안전매트 또는 광전자식 방호장치 등 감응형 방호장치를 설치하여야 한다. 다만, 고용노동부장관이 해당 로봇의 안전기준이 한국산업표준에서 정하고 있는 안전기준 또는 국제적으로 통용되는 안전기준에 부합한다고 인정하는 경우에는 본문에 따른 조치를 하지 않을 수 있다(제223조).

(149) 수리 등 작업 시의 조치 등

사업주는 로봇의 작동범위에서 해당 로봇의 수리·검사·조정(교시 등에 해당하는 것은 제외한다)·청소·급유 또는 결과에 대한 확인작업을 하는 경우에는 해당 로봇의 운전을 정지함과 동시에 그 작업을 하고 있는 동안 로봇의 기동스위치를 열쇠로 잠근 후 열쇠를 별도 관리하거나 해당 로봇의 기동스위치에 작업 중이란 내용의 표지판을 부착하는 등 해당 작업에 종사하고 있는 근로자가 아닌 사람이 해당 기동스위치를 조작할 수 없도록 필요한 조치를 하여야 한다. 다만, 로봇의 운전 중에 작업을 하지 아니하면 안되는 경우로서 해당 로봇의 예기치 못한 작동 또는 오조작에 의한 위험을 방지하기 위하여 조치를 한 경우에는 그러하지 아니하다(제224조).

2. 폭발·화재 및 위험물누출에 의한 위험방지

(1) 위험물질 등의 제조 등 작업 시의 조치

사업주는 위험물질을 제조하거나 취급하는 경우에 폭발·화재 및 누출을 방지하기 위한 적절한 방호조치를 하지 아니하고 다음의 행위를 해서는 아니 된다(제225조).
 ① 폭발성 물질, 유기과산화물을 화기나 그 밖에 점화원이 될 우려가 있는 것에 접근시키거나 가열하거나 마찰시키거나 충격을 가하는 행위
 ② 물반응성 물질, 인화성 고체를 각각 그 특성에 따라 화기나 그 밖에 점화원이 될 우려가 있는 것에 접근시키거나 발화를 촉진하는 물질 또는 물에 접촉시키거나 가열하거나 마찰시키거나 충격을 가하는 행위
 ③ 산화성 액체·산화성 고체를 분해가 촉진될 우려가 있는 물질에 접촉시키거나 가열하거나 마찰시키거나 충격을 가하는 행위
 ④ 인화성 액체를 화기나 그 밖에 점화원이 될 우려가 있는 것에 접근시키거나 주입 또는 가열하거나 증발시키는 행위

⑤ 인화성 가스를 화기나 그 밖에 점화원이 될 우려가 있는 것에 접근시키거나 압축·가열 또는 주입하는 행위
⑥ 부식성 물질 또는 급성 독성물질을 누출시키는 등으로 인체에 접촉시키는 행위
⑦ 위험물을 제조하거나 취급하는 설비가 있는 장소에 인화성 가스 또는 산화성 액체 및 산화성 고체를 방치하는 행위

(2) 물과의 접촉 금지

사업주는 물반응성 물질·인화성 고체를 취급하는 경우에는 물과의 접촉을 방지하기 위하여 완전 밀폐된 용기에 저장 또는 취급하거나 빗물 등이 스며들지 아니하는 건축물 내에 보관 또는 취급하여야 한다(제226조).

(3) 호스 등을 사용한 인화성 액체 등의 주입

사업주는 위험물을 액체 상태에서 호스 또는 배관 등을 사용하여 별표 7의 화학설비, 탱크로리, 드럼 등에 주입하는 작업을 하는 경우에는 그 호스 또는 배관 등의 결합부를 확실히 연결하고 누출이 없는지를 확인한 후에 작업을 하여야 한다(제227조).

화학설비 및 그 부속설비의 종류(별표 7)

1. 화학설비
  가. 반응기·혼합조 등 화학물질 반응 또는 혼합장치
  나. 증류탑·흡수탑·추출탑·감압탑 등 화학물질 분리장치
  다. 저장탱크·계량탱크·호퍼·사일로 등 화학물질 저장설비 또는 계량설비
  라. 응축기·냉각기·가열기·증발기 등 열교환기류
  마. 고로 등 점화기를 직접 사용하는 열교환기류
  바. 캘린더(calender)·혼합기·발포기·인쇄기·압출기 등 화학제품 가공설비
  사. 분쇄기·분체분리기·용융기 등 분체화학물질 취급장치
  아. 결정조·유동탑·탈습기·건조기 등 분체화학물질 분리장치
  자. 펌프류·압축기·이젝터(ejector) 등의 화학물질 이송 또는 압축설비
2. 화학설비의 부속설비
  가. 배관·밸브·관·부속류 등 화학물질 이송 관련 설비
  나. 온도·압력·유량 등을 지시·기록 등을 하는 자동제어 관련 설비
  다. 안전밸브·안전판·긴급차단 또는 방출밸브 등 비상조치 관련 설비
  라. 가스누출감지 및 경보 관련 설비
  마. 세정기, 응축기, 벤트스택(bent stack), 플레어스택(flare stack) 등 폐가스처리설비
  바. 사이클론, 백필터(bag filter), 전기집진기 등 분진처리설비
  사. 가목부터 바목까지의 설비를 운전하기 위하여 부속된 전기 관련 설비
  아. 정전기 제거장치, 긴급 샤워설비 등 안전 관련 설비

(4) 가솔린이 남아 있는 설비에 등유 등의 주입

사업주는 별표 7의 화학설비로서 가솔린이 남아 있는 화학설비(위험물을 저장하는 것으로 한정한다.), 탱크로리, 드럼 등에 등유나 경유를 주입하는 작업을 하는 경우에는 미리 그 내부를 깨끗하게 씻어내고 가솔린의 증기를 불활성 가스로 바꾸는 등 안전한 상태로 되어 있는지를 확인한 후에 그 작업을 하여야 한다. 다만, 다음의 조치를 하는 경우에는 그러하지 아니하다(제228조).
① 등유나 경유를 주입하기 전에 탱크·드럼 등과 주입설비 사이에 접속선이나 접지선을 연결하여 전위차를 줄이도록 할 것
② 등유나 경유를 주입하는 경우에는 그 액표면의 높이가 주입관의 선단의 높이를 넘을 때까지 주입속도를 초당 1m 이하로 할 것

(5) 산화에틸렌 등의 취급

① 사업주는 산화에틸렌, 아세트알데히드 또는 산화프로필렌을 별표 7의 화학설비, 탱크로리, 드럼 등에 주입하는 작업을 하는 경우에는 미리 그 내부의 불활성가스가 아닌 가스나 증기를 불활성가스로 바꾸는 등 안전한 상태로 되어 있는 지를 확인한 후에 해당 작업을 하여야 한다(제229조 제1항).
② 사업주는 산화에틸렌, 아세트알데히드 또는 산화프로필렌을 별표 7의 화학설비, 탱크로리, 드럼 등에 저장하는 경우에는 항상 그 내부의 불활성가스가 아닌 가스나 증기를 불활성가스로 바꾸어 놓는 상태에서 저장하여야 한다(제229조 제2항).

(6) 폭발위험이 있는 장소의 설정 및 관리

① 사업주는 다음의 장소에 대하여 폭발위험장소의 구분도를 작성하는 경우에는 한국산업표준으로 정하는 기준에 따라 가스폭발 위험장소 또는 분진폭발 위험장소로 설정하여 관리해야 한다(제230조 제1항).
㉠ 인화성 액체의 증기나 인화성 가스 등을 제조·취급 또는 사용하는 장소
㉡ 인화성 고체를 제조·사용하는 장소
② 사업주는 폭발위험장소의 구분도를 작성·관리하여야 한다(제230조 제2항).

(7) 인화성 액체 등을 수시로 취급하는 장소

① 사업주는 인화성 액체, 인화성 가스 등을 수시로 취급하는 장소에서는 환기가 충분하지 않은 상태에서 전기기계·기구를 작동시켜서는 아니 된다(제231조 제1항).
② 사업주는 수시로 밀폐된 공간에서 스프레이 건을 사용하여 인화성 액체로 세척·도장

등의 작업을 하는 경우에는 다음의 조치를 하고 전기기계·기구를 작동시켜야 한다(제231조 제2항).

　㉠ 인화성 액체, 인화성 가스 등으로 폭발위험 분위기가 조성되지 않도록 해당 물질의 공기 중 농도가 인화하한계값의 25%를 넘지 않도록 충분히 환기를 유지할 것
　㉡ 조명 등은 고무, 실리콘 등의 패킹이나 실링재료를 사용하여 완전히 밀봉할 것
　㉢ 가열성 전기기계·기구를 사용하는 경우에는 세척 또는 도장용 스프레이 건과 동시에 작동되지 않도록 연동장치 등의 조치를 할 것
　㉣ 방폭구조 외의 스위치와 콘센트 등의 전기기기는 밀폐 공간 외부에 설치되어 있을 것
③ 사업주는 방폭성능을 갖는 전기기계·기구에 대해서는 상태 및 조치를 하지 아니한 상태에서도 작동시킬 수 있다(제231조 제3항).

(8) 폭발 또는 화재 등의 예방

① 사업주는 인화성 액체의 증기, 인화성 가스 또는 인화성 고체가 존재하여 폭발이나 화재가 발생할 우려가 있는 장소에서 해당 증기·가스 또는 분진에 의한 폭발 또는 화재를 예방하기 위해 환풍기, 배풍기 등 환기장치를 적절하게 설치해야 한다(제232조 제1항).
② 사업주는 증기나 가스에 의한 폭발이나 화재를 미리 감지하기 위하여 가스 검지 및 경보 성능을 갖춘 가스 검지 및 경보 장치를 설치해야 한다. 다만, 한국산업표준에 따른 0종 또는 1종 폭발위험장소에 해당하는 경우로서 방폭구조 전기기계·기구를 설치한 경우에는 그렇지 않다(제232조 제2항).

(9) 가스용접 등의 작업

사업주는 인화성 가스, 불활성 가스 및 산소를 사용하여 금속의 용접·용단 또는 가열작업을 하는 경우에는 가스등의 누출 또는 방출로 인한 폭발·화재 또는 화상을 예방하기 위해 다음의 사항을 준수해야 한다(제233조).

① 가스등의 호스와 취관은 손상·마모 등에 의하여 가스등이 누출할 우려가 없는 것을 사용할 것
② 가스등의 취관 및 호스의 상호 접촉부분은 호스밴드, 호스클립 등 조임기구를 사용하여 가스등이 누출되지 않도록 할 것
③ 가스등의 호스에 가스등을 공급하는 경우에는 미리 그 호스에서 가스등이 방출되지 않도록 필요한 조치를 할 것
④ 사용 중인 가스등을 공급하는 공급구의 밸브나 콕에는 그 밸브나 콕에 접속된 가스등의 호스를 사용하는 사람의 이름표를 붙이는 등 가스등의 공급에 대한 오조작을 방지하기

위한 표시를 할 것

⑤ 용단작업을 하는 경우에는 취관으로부터 산소의 과잉방출로 인한 화상을 예방하기 위하여 근로자가 조절밸브를 서서히 조작하도록 주지시킬 것

⑥ 작업을 중단하거나 마치고 작업장소를 떠날 경우에는 가스등의 공급구의 밸브나 콕을 잠글 것

⑦ 가스등의 분기관은 전용 접속기구를 사용하여 불량체결을 방지하여야 하며, 서로 이어지지 않는 구조의 접속기구 사용, 서로 다른 색상의 배관·호스의 사용 및 꼬리표 부착 등을 통하여 서로 다른 가스배관과의 불량체결을 방지할 것

(10) 가스등의 용기

사업주는 금속의 용접·용단 또는 가열에 사용되는 가스등의 용기를 취급하는 경우에 다음의 사항을 준수하여야 한다(제234조).

① 다음의 어느 하나에 해당하는 장소에서 사용하거나 해당 장소에 설치·저장 또는 방치하지 않도록 할 것
  ㉠ 통풍이나 환기가 불충분한 장소
  ㉡ 화기를 사용하는 장소 및 그 부근
  ㉢ 위험물 또는 인화성 액체를 취급하는 장소 및 그 부근
② 용기의 온도를 섭씨 40도 이하로 유지할 것
③ 전도의 위험이 없도록 할 것
④ 충격을 가하지 않도록 할 것
⑤ 운반하는 경우에는 캡을 씌울 것
⑥ 사용하는 경우에는 용기의 마개에 부착되어 있는 유류 및 먼지를 제거할 것
⑦ 밸브의 개폐는 서서히 할 것
⑧ 사용 전 또는 사용 중인 용기와 그 밖의 용기를 명확히 구별하여 보관할 것
⑨ 용해아세틸렌의 용기는 세워 둘 것
⑩ 용기의 부식·마모 또는 변형상태를 점검한 후 사용할 것

(11) 서로 다른 물질의 접촉에 의한 발화 등의 방지

사업주는 서로 다른 물질끼리 접촉함으로 인하여 해당 물질이 발화하거나 폭발할 위험이 있는 경우에는 해당 물질을 가까이 저장하거나 동일한 운반기에 적재해서는 아니 된다. 다만, 접촉방지를 위한 조치를 한 경우에는 그러하지 아니하다(제235조).

(12) 화재 위험이 있는 작업의 장소 등

① 사업주는 합성섬유·합성수지·면·양모·천조각·톱밥·짚·종이류 또는 인화성이 있는 액체(1기압에서 인화점이 섭씨 250도 미만의 액체를 말한다)를 다량으로 취급하는 작업을 하는 장소·설비 등은 화재예방을 위하여 적절한 배치 구조로 하여야 한다(제236조 제1항).

② 사업주는 근로자에게 용접·용단 및 금속의 가열 등 화기를 사용하는 작업이나 연삭숫돌에 의한 건식연마작업 등 그 밖에 불꽃이 발생될 우려가 있는 작업을 하도록 하는 경우 제1항에 따른 물질을 화재위험이 없는 장소에 별도로 보관·저장해야 하며, 작업장 내부에는 해당 작업에 필요한 양만 두어야 한다(제236조 제2항).

(13) 자연발화의 방지

사업주는 질화면, 알킬알루미늄 등 자연발화의 위험이 있는 물질을 쌓아 두는 경우 위험한 온도로 상승하지 못하도록 화재예방을 위한 조치를 하여야 한다(제237조).

(14) 유류 등이 묻어 있는 걸레 등의 처리

사업주는 기름 또는 인쇄용 잉크류 등이 묻은 천조각이나 휴지 등은 뚜껑이 있는 불연성 용기에 담아 두는 등 화재예방을 위한 조치를 하여야 한다(제238조).

(15) 위험물 등이 있는 장소에서 화기 등의 사용 금지

사업주는 위험물이 있어 폭발이나 화재가 발생할 우려가 있는 장소 또는 그 상부에서 불꽃이나 아크를 발생하거나 고온으로 될 우려가 있는 화기·기계·기구 및 공구 등을 사용해서는 아니 된다(제239조).

(16) 유류 등이 있는 배관이나 용기의 용접 등

사업주는 위험물, 위험물 외의 인화성 유류 또는 인화성 고체가 있을 우려가 있는 배관·탱크 또는 드럼 등의 용기에 대하여 미리 위험물 외의 인화성 유류, 인화성 고체 또는 위험물을 제거하는 등 폭발이나 화재의 예방을 위한 조치를 한 후가 아니면 화재위험작업을 시켜서는 아니 된다(제240조).

(17) 화재위험작업 시의 준수사항

① 사업주는 통풍이나 환기가 충분하지 않은 장소에서 화재위험작업을 하는 경우에는 통풍 또는 환기를 위하여 산소를 사용해서는 아니 된다(제241조 제1항).

② 사업주는 가연성물질이 있는 장소에서 화재위험작업을 하는 경우에는 화재예방에 필요한 다음의 사항을 준수하여야 한다(제241조 제2항).
  ㉠ 작업 준비 및 작업 절차 수립
  ㉡ 작업장 내 위험물의 사용·보관 현황 파악
  ㉢ 화기작업에 따른 인근 가연성물질에 대한 방호조치 및 소화기구 비치
  ㉣ 용접불티 비산방지덮개, 용접방화포 등 불꽃, 불티 등 비산방지조치
  ㉤ 인화성 액체의 증기 및 인화성 가스가 남아 있지 않도록 환기 등의 조치
  ㉥ 작업근로자에 대한 화재예방 및 피난교육 등 비상조치
③ 사업주는 작업시작 전에 ②의 사항을 확인하고 불꽃·불티 등의 비산을 방지하기 위한 조치 등 안전조치를 이행한 후 근로자에게 화재위험작업을 하도록 해야 한다(제241조 제3항).
④ 사업주는 화재위험작업이 시작되는 시점부터 종료 될 때까지 작업내용, 작업일시, 안전점검 및 조치에 관한 사항 등을 해당 작업장소에 서면으로 게시해야 한다. 다만, 같은 장소에서 상시·반복적으로 화재위험작업을 하는 경우에는 생략할 수 있다(제241조 제4항).

(18) 화재감시자

① 사업주는 근로자에게 다음의 어느 하나에 해당하는 장소에서 용접·용단 작업을 하도록 하는 경우에는 화재감시자를 지정하여 용접·용단 작업 장소에 배치해야 한다. 다만, 같은 장소에서 상시·반복적으로 용접·용단작업을 할 때 경보용 설비·기구, 소화설비 또는 소화기가 갖추어진 경우에는 화재감시자를 지정·배치하지 않을 수 있다(제241조의2 제1항).
  ㉠ 작업반경 11m 이내에 건물구조 자체나 내부(개구부 등으로 개방된 부분을 포함한다)에 가연성물질이 있는 장소
  ㉡ 작업반경 11m 이내의 바닥 하부에 가연성물질이 11m 이상 떨어져 있지만 불꽃에 의해 쉽게 발화될 우려가 있는 장소
  ㉢ 가연성물질이 금속으로 된 칸막이·벽·천장 또는 지붕의 반대쪽 면에 인접해 있어 열전도나 열복사에 의해 발화될 우려가 있는 장소
② 화재감시자는 다음의 업무를 수행한다(제241조의2 제2항).
  ㉠ ①에 해당하는 장소에 가연성물질이 있는지 여부의 확인
  ㉡ 가스 검지, 경보 성능을 갖춘 가스 검지 및 경보 장치의 작동 여부의 확인
  ㉢ 화재 발생 시 사업장 내 근로자의 대피 유도
③ 사업주는 배치된 화재감시자에게 업무 수행에 필요한 확성기, 휴대용 조명기구 및 화재대피용 마스크(한국산업표준 제품이거나 한국소방산업기술원이 정하는 기준을 충족하는 것이어야 한다) 등 대피용 방연장비를 지급해야 한다(제241조의2 제3항).

(19) 화기사용 금지

사업주는 화재 또는 폭발의 위험이 있는 장소에서 다음의 화재 위험이 있는 물질을 취급하는 경우에는 화기의 사용을 금지해야 한다(제242조).

① 합성섬유·합성수지·면·양모·천조각·톱밥·짚·종이류 또는 인화성이 있는 액체
② 질산에스테르류·니트로화합물 및 디아조화합물

(20) 소화설비

① 사업주는 건축물, 화학설비 또는 위험물 건조설비가 있는 장소, 그 밖에 위험물이 아닌 인화성 유류 등 폭발이나 화재의 원인이 될 우려가 있는 물질을 취급하는 장소에는 소화설비를 설치하여야 한다(제243조 제1항).
② 소화설비는 건축물등의 규모·넓이 및 취급하는 물질의 종류 등에 따라 예상되는 폭발이나 화재를 예방하기에 적합하여야 한다(제243조 제2항).

(21) 방화조치

사업주는 화로, 가열로, 가열장치, 소각로, 철제굴뚝, 그 밖에 화재를 일으킬 위험이 있는 설비 및 건축물과 그 밖에 인화성 액체와의 사이에는 방화에 필요한 안전거리를 유지하거나 불연성 물체를 차열재료로 하여 방호하여야 한다(제244조).

(22) 화기사용 장소의 화재 방지

① 사업주는 흡연장소 및 난로 등 화기를 사용하는 장소에 화재예방에 필요한 설비를 하여야 한다(제245조 제1항).
② 화기를 사용한 사람은 불티가 남지 않도록 뒤처리를 확실하게 하여야 한다(제245조 제2항).

(23) 소각장

사업주는 소각장을 설치하는 경우 화재가 번질 위험이 없는 위치에 설치하거나 불연성 재료로 설치하여야 한다(제246조).

(24) 고열물 취급설비의 구조

사업주는 화로 등 다량의 고열물을 취급하는 설비에 대하여 화재를 예방하기 위한 구조로 하여야 한다(제247조).

(25) 용융고열물 취급 피트의 수증기 폭발방지

사업주는 용융한 고열의 광물을 취급하는 피트(고열의 금속찌꺼기를 물로 처리하는 것은 제외한

다)에 대하여 수증기 폭발을 방지하기 위하여 다음의 조치를 하여야 한다(제248조).
  ① 지하수가 내부로 새어드는 것을 방지할 수 있는 구조로 할 것. 다만, 내부에 고인 지하수를 배출할 수 있는 설비를 설치한 경우에는 그러하지 아니하다.
  ② 작업용수 또는 빗물 등이 내부로 새어드는 것을 방지할 수 있는 격벽 등의 설비를 주위에 설치할 것

(26) 건축물의 구조

사업주는 용융고열물을 취급하는 설비를 내부에 설치한 건축물에 대하여 수증기 폭발을 방지하기 위하여 다음의 조치를 하여야 한다(249조).
  ① 바닥은 물이 고이지 아니하는 구조로 할 것
  ② 지붕·벽·창 등은 빗물이 새어들지 아니하는 구조로 할 것

(27) 용융고열물의 취급작업

사업주는 용융고열물을 취급하는 작업(고열의 금속찌꺼기를 물로 처리하는 작업과 폐기하는 작업은 제외한다)을 하는 경우에는 수증기 폭발을 방지하기 위하여 피트, 건축물의 바닥, 그 밖에 해당 용융고열물을 취급하는 설비에 물이 고이거나 습윤 상태에 있지 않음을 확인한 후 작업하여야 한다(제250조).

(28) 고열의 금속찌꺼기 물처리 등

사업주는 고열의 금속찌꺼기를 물로 처리하거나 폐기하는 작업을 하는 경우에는 수증기 폭발을 방지하기 위하여 배수가 잘되는 장소에서 작업을 하여야 한다. 다만, 수쇄처리를 하는 경우에는 그러하지 아니하다(제251조).

(29) 고열 금속찌꺼기 처리작업

사업주는 고열의 금속찌꺼기를 물로 처리하거나 폐기하는 작업을 하는 경우에는 수증기 폭발을 방지하기 위하여 장소에 물이 고이지 않음을 확인한 후에 작업을 하여야 한다. 다만, 수쇄처리를 하는 경우에는 그러하지 아니하다(제252조).

(30) 금속의 용해로에 금속부스러기를 넣는 작업

사업주는 금속의 용해로에 금속부스러기를 넣는 작업을 하는 경우에는 수증기 등의 폭발을 방지하기 위하여 금속부스러기에 물·위험물 및 밀폐된 용기 등이 들어있지 않음을 확인한 후에 작업을 하여야 한다(제253조).

(31) 화상 등의 방지

① 사업주는 용광로, 용선로 또는 유리 용해로, 그 밖에 다량의 고열물을 취급하는 작업을 하는 장소에 대하여 해당 고열물의 비산 및 유출 등으로 인한 화상이나 그 밖의 위험을 방지하기 위하여 적절한 조치를 하여야 한다(제254조 제1항).

② 사업주는 ①의 장소에서 화상, 그 밖의 위험을 방지하기 위하여 근로자에게 방열복 또는 적합한 보호구를 착용하도록 하여야 한다(제254조 제2항).

(32) 화학설비를 설치하는 건축물의 구조

사업주는 화학설비 및 그 부속설비를 건축물 내부에 설치하는 경우에는 건축물의 바닥·벽·기둥·계단 및 지붕 등에 불연성 재료를 사용하여야 한다(제255조).

(33) 부식 방지

사업주는 화학설비 또는 그 배관(화학설비 또는 그 배관의 밸브나 콕은 제외한다) 중 위험물 또는 인화점이 섭씨 60도 이상인 물질이 접촉하는 부분에 대해서는 위험물질등에 의하여 그 부분이 부식되어 폭발·화재 또는 누출되는 것을 방지하기 위하여 위험물질등의 종류·온도·농도 등에 따라 부식이 잘 되지 않는 재료를 사용하거나 도장 등의 조치를 하여야 한다(제256조).

(34) 덮개 등의 접합부

사업주는 화학설비 또는 그 배관의 덮개·플랜지·밸브 및 콕의 접합부에 대해서는 접합부에서 위험물질등이 누출되어 폭발·화재 또는 위험물이 누출되는 것을 방지하기 위하여 적절한 개스킷(gasket)을 사용하고 접합면을 서로 밀착시키는 등 적절한 조치를 하여야 한다(제257조).

(35) 밸브 등의 개폐방향의 표시 등

사업주는 화학설비 또는 그 배관의 밸브·콕 또는 이것들을 조작하기 위한 스위치 및 누름버튼 등에 대하여 오조작으로 인한 폭발·화재 또는 위험물의 누출을 방지하기 위하여 열고 닫는 방향을 색채 등으로 표시하여 구분되도록 하여야 한다(제258조).

(36) 밸브 등의 재질

사업주는 화학설비 또는 그 배관의 밸브나 콕에는 개폐의 빈도, 위험물질등의 종류·온도·농도 등에 따라 내구성이 있는 재료를 사용하여야 한다(제259조).

(37) 공급 원재료의 종류 등의 표시

사업주는 화학설비에 원재료를 공급하는 근로자의 오조작으로 인하여 발생하는 폭발·화재 또는 위험물의 누출을 방지하기 위하여 그 근로자가 보기 쉬운 위치에 원재료의 종류, 원재료가 공급되는 설비명 등을 표시하여야 한다(제260조).

(38) 안전밸브 등의 설치

① 사업주는 다음의 어느 하나에 해당하는 설비에 대해서는 과압에 따른 폭발을 방지하기 위하여 폭발 방지 성능과 규격을 갖춘 안전밸브 또는 파열판을 설치하여야 한다. 다만, 안전밸브등에 상응하는 방호장치를 설치한 경우에는 그러하지 아니하다(제261조 제1항).
  ㉠ 압력용기(안지름이 150mm 이하인 압력용기는 제외하며, 압력 용기 중 관형 열교환기의 경우에는 관의 파열로 인하여 상승한 압력이 압력용기의 최고사용압력을 초과할 우려가 있는 경우만 해당한다)
  ㉡ 정변위 압축기
  ㉢ 정변위 펌프(토출측에 차단밸브가 설치된 것만 해당한다)
  ㉣ 배관(2개 이상의 밸브에 의하여 차단되어 대기온도에서 액체의 열팽창에 의하여 파열될 우려가 있는 것으로 한정한다)
  ㉤ 그 밖의 화학설비 및 그 부속설비로서 해당 설비의 최고사용압력을 초과할 우려가 있는 것
② 안전밸브등을 설치하는 경우에는 다단형 압축기 또는 직렬로 접속된 공기압축기에 대해서는 각 단 또는 각 공기압축기별로 안전밸브등을 설치하여야 한다(제261조 제2항).
③ 설치된 안전밸브에 대해서는 다음의 구분에 따른 검사주기마다 국가교정기관에서 교정을 받은 압력계를 이용하여 설정압력에서 안전밸브가 적정하게 작동하는지를 검사한 후 납으로 봉인하여 사용하여야 한다. 다만, 공기나 질소취급용기 등에 설치된 안전밸브 중 안전밸브 자체에 부착된 레버 또는 고리를 통하여 수시로 안전밸브가 적정하게 작동하는지를 확인할 수 있는 경우에는 검사하지 아니할 수 있고 납으로 봉인하지 아니할 수 있다(제261조 제3항).
  ㉠ 화학공정 유체와 안전밸브의 디스크 또는 시트가 직접 접촉될 수 있도록 설치된 경우 : 2년마다 1회 이상
  ㉡ 안전밸브 전단에 파열판이 설치된 경우 : 3년마다 1회 이상
  ㉢ 공정안전보고서 제출 대상으로서 고용노동부장관이 실시하는 공정안전보고서 이행상태 평가결과가 우수한 사업장의 안전밸브의 경우 : 4년마다 1회 이상
④ 검사주기에도 불구하고 안전밸브가 설치된 압력용기에 대하여 「고압가스 안전관리법」에 따라 시장·군수 또는 구청장의 재검사를 받는 경우로서 압력용기의 재검사주기에 대하여 산업통상자원부장관이 정하여 고시하는 기법에 따라 산정하여 그 적합성을 인정받은 경우

에는 해당 안전밸브의 검사주기는 그 압력용기의 재검사주기에 따른다(제261조 제4항).
⑤ 사업주는 납으로 봉인된 안전밸브를 해체하거나 조정할 수 없도록 조치하여야 한다(제261조 제5항).

(39) 파열판의 설치

사업주는 설비가 다음의 어느 하나에 해당하는 경우에는 파열판을 설치하여야 한다(제262조).
① 반응 폭주 등 급격한 압력 상승 우려가 있는 경우
② 급성 독성물질의 누출로 인하여 주위의 작업환경을 오염시킬 우려가 있는 경우
③ 운전 중 안전밸브에 이상 물질이 누적되어 안전밸브가 작동되지 아니할 우려가 있는 경우

(40) 파열판 및 안전밸브의 직렬설치

사업주는 급성 독성물질이 지속적으로 외부에 유출될 수 있는 화학설비 및 그 부속설비에 파열판과 안전밸브를 직렬로 설치하고 그 사이에는 압력지시계 또는 자동경보장치를 설치하여야 한다(제263조).

(41) 안전밸브등의 작동요건

사업주는 설치한 안전밸브등이 안전밸브등을 통하여 보호하려는 설비의 최고사용압력 이하에서 작동되도록 하여야 한다. 다만, 안전밸브등이 2개 이상 설치된 경우에 1개는 최고사용압력의 1.05배(외부화재를 대비한 경우에는 1.1배) 이하에서 작동되도록 설치할 수 있다(제264조).

(42) 안전밸브등의 배출용량

사업주는 안전밸브등에 대하여 배출용량은 그 작동원인에 따라 각각의 소요분출량을 계산하여 가장 큰 수치를 해당 안전밸브등의 배출용량으로 하여야 한다(제265조).

(43) 차단밸브의 설치 금지

사업주는 안전밸브등의 전단·후단에 차단밸브를 설치해서는 아니 된다. 다만, 다음의 어느 하나에 해당하는 경우에는 자물쇠형 또는 이에 준하는 형식의 차단밸브를 설치할 수 있다(제266조).
① 인접한 화학설비 및 그 부속설비에 안전밸브등이 각각 설치되어 있고, 해당 화학설비 및 그 부속설비의 연결배관에 차단밸브가 없는 경우
② 안전밸브등의 배출용량의 2분의 1 이상에 해당하는 용량의 자동압력조절밸브(구동용 동력원의 공급을 차단하는 경우 열리는 구조인 것으로 한정한다)와 안전밸브등이 병렬로 연결된 경우

③ 화학설비 및 그 부속설비에 안전밸브등이 복수방식으로 설치되어 있는 경우
④ 예비용 설비를 설치하고 각각의 설비에 안전밸브등이 설치되어 있는 경우
⑤ 열팽창에 의하여 상승된 압력을 낮추기 위한 목적으로 안전밸브가 설치된 경우
⑥ 하나의 플레어 스택(flare stack)에 둘 이상의 단위공정의 플레어 헤더(flare header)를 연결하여 사용하는 경우로서 각각의 단위공정의 플레어헤더에 설치된 차단밸브의 열림·닫힘 상태를 중앙제어실에서 알 수 있도록 조치한 경우

(44) 배출물질의 처리

사업주는 안전밸브등으로부터 배출되는 위험물은 연소·흡수·세정·포집 또는 회수 등의 방법으로 처리하여야 한다. 다만, 다음의 어느 하나에 해당하는 경우에는 배출되는 위험물을 안전한 장소로 유도하여 외부로 직접 배출할 수 있다(제267조).

① 배출물질을 연소·흡수·세정·포집 또는 회수 등의 방법으로 처리할 때에 파열판의 기능을 저해할 우려가 있는 경우
② 배출물질을 연소처리할 때에 유해성가스를 발생시킬 우려가 있는 경우
③ 고압상태의 위험물이 대량으로 배출되어 연소·흡수·세정·포집 또는 회수 등의 방법으로 완전히 처리할 수 없는 경우
④ 공정설비가 있는 지역과 떨어진 인화성 가스 또는 인화성 액체 저장탱크에 안전밸브등이 설치될 때에 저장탱크에 냉각설비 또는 자동소화설비 등 안전상의 조치를 하였을 경우
⑤ 그 밖에 배출량이 적거나 배출 시 급격히 분산되어 재해의 우려가 없으며, 냉각설비 또는 자동소화설비를 설치하는 등 안전상의 조치를 하였을 경우

> **관련판례**
> 사업주가 자리를 비운 사이에 자동차정비공장의 공장장이 연료탱크의 용접작업을 임의로 의뢰받아 필요한 안전조치를 취하지 아니한 채 실시한 사안에서, 사업주에게 산업안전보건법 제23조 제1항에 규정된 안전상 조치의무를 다하지 아니한 책임을 물을 수 없다고 한 사례(대판 2006도8874)

(45) 통기설비

① 사업주는 인화성 액체를 저장·취급하는 대기압탱크에는 통기관 또는 통기밸브(breather valve) 등을 설치하여야 한다(제268조 제1항).
② 통기설비는 정상운전 시에 대기압탱크 내부가 진공 또는 가압되지 않도록 충분한 용량의 것을 사용하여야 하며, 철저하게 유지·보수를 하여야 한다(제268조 제2항).

(46) 화염방지기의 설치 등

① 사업주는 인화성 액체 및 인화성 가스를 저장·취급하는 화학설비에서 증기나 가스를 대기로 방출하는 경우에는 외부로부터의 화염을 방지하기 위하여 화염방지기를 그 설비 상단에 설치해야 한다. 다만, 대기로 연결된 통기관에 화염방지 기능이 있는 통기밸브가 설치되어 있거나, 인화점이 섭씨 38도 이상 60도 이하인 인화성 액체를 저장·취급할 때에 화염방지 기능을 가지는 인화방지망을 설치한 경우에는 그렇지 않다(제269조 제1항).

② 사업주는 화염방지기를 설치하는 경우에는 한국산업표준에서 정하는 화염방지장치 기준에 적합한 것을 설치하여야 하며, 항상 철저하게 보수·유지하여야 한다(제269조 제2항).

(47) 내화기준

① 사업주는 가스폭발 위험장소 또는 분진폭발 위험장소에 설치되는 건축물 등에 대해서는 다음에 해당하는 부분을 내화구조로 하여야 하며, 그 성능이 항상 유지될 수 있도록 점검·보수 등 적절한 조치를 하여야 한다. 다만, 건축물 등의 주변에 화재에 대비하여 물 분무시설 또는 폼 헤드(foam head)설비 등의 자동소화설비를 설치하여 건축물 등이 화재시에 2시간 이상 그 안전성을 유지할 수 있도록 한 경우에는 내화구조로 하지 아니할 수 있다(제270조 제1항).

㉠ 건축물의 기둥 및 보: 지상 1층(지상 1층의 높이가 6m를 초과하는 경우에는 6m)까지

㉡ 위험물 저장·취급용기의 지지대(높이가 30cm 이하인 것은 제외한다): 지상으로부터 지지대의 끝부분까지

㉢ 배관·전선관 등의 지지대: 지상으로부터 1단(1단의 높이가 6m를 초과하는 경우에는 6m)까지

② 내화재료는 한국산업표준으로 정하는 기준에 적합하거나 그 이상의 성능을 가지는 것이어야 한다(제270조 제2항).

(48) 안전거리

사업주는 위험물을 저장·취급하는 화학설비 및 그 부속설비를 설치하는 경우에는 폭발이나 화재에 따른 피해를 줄일 수 있도록 별표 8에 따라 설비 및 시설 간에 충분한 안전거리를 유지하여야 한다. 다만, 다른 법령에 따라 안전거리 또는 보유공지를 유지하거나, 공정안전보고서를 제출하여 피해최소화를 위한 위험성 평가를 통하여 그 안전성을 확인받은 경우에는 그러하지 아니하다(제271조).

안전거리(별표 8)

구분	안전거리
1. 단위공정시설 및 설비로부터 다른 단위공정시설 및 설비의 사이	설비의 바깥 면으로부터 10미터 이상
2. 플레어스택으로부터 단위공정시설 및 설비, 위험물질 저장탱크 또는 위험물질 하역설비의 사이	플레어스택으로부터 반경 20미터 이상. 다만, 단위공정시설 등이 불연재로 시공된 지붕 아래에 설치된 경우에는 그러하지 아니하다.
3. 위험물질 저장탱크로부터 단위공정시설 및 설비, 보일러 또는 가열로의 사이	저장탱크의 바깥 면으로부터 20미터 이상. 다만, 저장탱크의 방호벽, 원격조종 소화설비 또는 살수설비를 설치한 경우에는 그러하지 아니하다.
4. 사무실·연구실·실험실·정비실 또는 식당으로부터 단위공정시설 및 설비, 위험물질 저장탱크, 위험물질 하역설비, 보일러 또는 가열로의 사이	사무실 등의 바깥 면으로부터 20미터 이상. 다만, 난방용 보일러인 경우 또는 사무실 등의 벽을 방호구조로 설치한 경우에는 그러하지 아니하다.

(49) 방유제 설치

사업주는 위험물을 액체상태로 저장하는 저장탱크를 설치하는 경우에는 위험물질이 누출되어 확산되는 것을 방지하기 위하여 방유제를 설치하여야 한다(제272조).

(50) 계측장치 등의 설치

사업주는 별표 9에 따른 위험물을 같은 표에서 정한 기준량 이상으로 제조하거나 취급하는 다음의 어느 하나에 해당하는 화학설비를 설치하는 경우에는 내부의 이상 상태를 조기에 파악하기 위하여 필요한 온도계·유량계·압력계 등의 계측장치를 설치하여야 한다(제273조).

① 발열반응이 일어나는 반응장치
② 증류·정류·증발·추출 등 분리를 하는 장치
③ 가열시켜 주는 물질의 온도가 가열되는 위험물질의 분해온도 또는 발화점보다 높은 상태에서 운전되는 설비
④ 반응폭주 등 이상 화학반응에 의하여 위험물질이 발생할 우려가 있는 설비
⑤ 온도가 섭씨 350도 이상이거나 게이지 압력이 980킬로파스칼 이상인 상태에서 운전되는 설비
⑥ 가열로 또는 가열기

위험물질의 기준량(별표 9)

위험물질	기준량
1. 폭발성 물질 및 유기과산화물 　가. 질산에스테르류 　　　니트로글리콜·니트로글리세린·니트로셀룰로오스 등	10킬로그램
나. 니트로 화합물	200킬로그램

위험물질	기준량
트리니트로벤젠·트리니트로톨루엔·피크린산 등	
다. 니트로소 화합물	200킬로그램
라. 아조 화합물	200킬로그램
마. 디아조 화합물	200킬로그램
바. 하이드라진 유도체	200킬로그램
사. 유기과산화물	50킬로그램
과초산, 메틸에틸케톤 과산화물, 과산화벤조일 등	
2. 물반응성 물질 및 인화성 고체	
가. 리튬	5킬로그램
나. 칼륨·나트륨	10킬로그램
다. 황	100킬로그램
라. 황린	20킬로그램
마. 황화인·적린	50킬로그램
바. 셀룰로이드류	150킬로그램
사. 알킬알루미늄·알킬리튬	10킬로그램
아. 마그네슘 분말	500킬로그램
자. 금속 분말(마그네슘 분말은 제외한다)	1,000킬로그램
차. 알칼리금속(리튬·칼륨 및 나트륨은 제외한다)	50킬로그램
카. 유기금속화합물(알킬알루미늄 및 알킬리튬은 제외한다)	50킬로그램
타. 금속의 수소화물	300킬로그램
파. 금속의 인화물	300킬로그램
하. 칼슘 탄화물, 알루미늄 탄화물	300킬로그램
3. 산화성 액체 및 산화성 고체	
가. 차아염소산 및 그 염류	
(1) 차아염소산	
(2) 차아염소산칼륨, 그 밖의 차아염소산염류	300킬로그램
나. 아염소산 및 그 염류	50킬로그램
(1) 아염소산	
(2) 아염소산칼륨, 그 밖의 아염소산염류	300킬로그램
다. 염소산 및 그 염류	50킬로그램
(1) 염소산	
(2) 염소산칼륨, 염소산나트륨, 염소산암모늄, 그 밖의 염소산염류	300킬로그램
라. 과염소산 및 그 염류	50킬로그램
(1) 과염소산	
(2) 과염소산칼륨, 과염소산나트륨, 과염소산암모늄, 그 밖의 과염소산염류	300킬로그램
마. 브롬산 및 그 염류	50킬로그램
브롬산염류	
바. 요오드산 및 그 염류	
요오드산염류	100킬로그램
사. 과산화수소 및 무기 과산화물	
(1) 과산화수소	
(2) 과산화칼륨, 과산화나트륨, 과산화바륨, 그 밖의 무기 과산화물	300킬로그램
아. 질산 및 그 염류	300킬로그램
질산칼륨, 질산나트륨, 질산암모늄, 그 밖의 질산염류	50킬로그램
자. 과망간산 및 그 염류	
차. 중크롬산 및 그 염류	1,000킬로그램

위험물질	기준량
4. 인화성 액체	1,000킬로그램
가. 에틸에테르·가솔린·아세트알데히드·산화프로필렌, 그 밖에 인화점이 23℃ 미만이고 초기 끓는점이 35℃ 이하인 물질	3,000킬로그램
나. 노말헥산·아세톤·메틸에틸케톤·메틸알코올·에틸알코올·이황화탄소, 그 밖에 인화점이 23℃ 미만이고 초기 끓는점이 35℃를 초과하는 물질	200리터
다. 크실렌·아세트산아밀·등유·경유·테레핀유·이소아밀알코올·아세트산·하이드라진, 그 밖에 인화점이 23℃ 이상 60℃ 이하인 물질	400리터
5. 인화성 가스	
가. 수소	
나. 아세틸렌	1,000리터
다. 에틸렌	
라. 메탄	
마. 에탄	
바. 프로판	50세제곱미터
사. 부탄	
아. 영 별표 13에 따른 인화성 가스	
6. 부식성 물질로서 다음 각 목의 어느 하나에 해당하는 물질	
가. 부식성 산류	
(1) 농도가 20퍼센트 이상인 염산·황산·질산, 그 밖에 이와 동등 이상의 부식성을 가지는 물질	300킬로그램
(2) 농도가 60퍼센트 이상인 인산·아세트산·불산, 그 밖에 이와 동등 이상의 부식성을 가지는 물질	300킬로그램
나. 부식성 염기류 농도가 40퍼센트 이상인 수산화나트륨·수산화칼륨, 그 밖에 이와 동등 이상의 부식성을 가지는 염기류	5킬로그램
7. 급성 독성 물질	
가. 시안화수소·플루오르아세트산 및 소디움염·디옥신 등 LD50(경구, 쥐)이 킬로그램당 5밀리그램 이하인 독성물질	5킬로그램
나. LD50(경피, 토끼 또는 쥐)이 킬로그램당 50밀리그램(체중) 이하인 독성물질	5킬로그램
다. 데카보란·디보란·포스핀·이산화질소·메틸이소시아네이트·디클로로아세틸렌·플루오로아세트아마이드·케텐·1,4-디클로로-2-부텐·메틸비닐케톤·벤조트라이클로라이드·산화카드뮴·규산메틸·디페닐메탄디이소시아네이트·디페닐설페이트 등 가스 LC50(쥐, 4시간 흡입)이 100ppm 이하인 화학물질, 증기 LC50(쥐, 4시간 흡입)이 0.5mg/ℓ 이하인 화학물질, 분진 또는 미스트 0.05mg/ℓ 이하인 독성물질	5킬로그램
라. 산화제2수은·시안화나트륨·시안화칼륨·폴리비닐알코올·2-클로로아세트알데히드·염화제2수은 등 LD50(경구, 쥐)이 킬로그램당 5밀리그램(체중) 이상 50밀리그램(체중) 이하인 독성물질	20킬로그램
마. LD50(경피, 토끼 또는 쥐)이 킬로그램당 50밀리그램(체중)이상 200밀리그램(체중) 이하인 독성물질	20킬로그램
바. 황화수소·황산·질산·테트라메틸납·디에틸렌트리아민·플루오린화 카보닐·헥사플루오로아세톤·트리플루오르화염소·푸르푸릴알코올·아닐린·불소·카보닐플루오라이드·발연황산·메틸에틸케톤 과산화물·디메틸에테르·페놀·벤질클로라이드·포스포러스펜톡사이드·벤질디메틸아민·피롤리딘 등 가스 LC50(쥐, 4시간 흡입)이 100ppm 이상 500ppm 이하인 화학물질, 증기 LC50(쥐, 4시간 흡입)이 0.5mg/ℓ 이상 2.0mg/ℓ 이하인 화학물질, 분진 또는 미스트 0.05mg/ℓ 이상 0.5mg/ℓ 이하인 독성물질	20킬로그램
사. 이소프로필아민·염화카드뮴·산화제2코발트·사이클로헥실아민·2-아미노피리딘·아조	100킬로그램

위험물질	기준량
디이소부티로니트릴 등 LD50(경구, 쥐)이 킬로그램당 50밀리그램(체중) 이상 300밀리그램(체중) 이하인 독성물질	
아. 에틸렌디아민 등 LD50(경피, 토끼 또는 쥐)이 킬로그램당 200밀리그램(체중) 이상 1,000밀리그램(체중) 이하인 독성물질	100킬로그램
자. 불화수소·산화에틸렌·트리에틸아민·에틸아크릴산·브롬화수소·무수아세트산·황화불소·메틸프로필케톤·사이클로헥실아민 등 가스 LC50(쥐, 4시간 흡입)이 500ppm 이상 2,500ppm 이하인 독성물질, 증기 LC50(쥐, 4시간 흡입)이 2.0mg/ℓ 이상 10mg/ℓ 이하인 독성물질, 분진 또는 미스트 0.5mg/ℓ 이상 1.0mg/ℓ 이하인 독성물질	100킬로그램

(51) 자동경보장치의 설치 등

사업주는 특수화학설비를 설치하는 경우에는 그 내부의 이상 상태를 조기에 파악하기 위하여 필요한 자동경보장치를 설치하여야 한다. 다만, 자동경보장치를 설치하는 것이 곤란한 경우에는 감시인을 두고 그 특수화학설비의 운전 중 설비를 감시하도록 하는 등의 조치를 하여야 한다(제274조).

(52) 긴급차단장치의 설치 등

① 사업주는 특수화학설비를 설치하는 경우에는 이상 상태의 발생에 따른 폭발·화재 또는 위험물의 누출을 방지하기 위하여 원재료 공급의 긴급차단, 제품 등의 방출, 불활성가스의 주입이나 냉각용수 등의 공급을 위하여 필요한 장치 등을 설치하여야 한다(제275조 제1항).
② 장치 등은 안전하고 정확하게 조작할 수 있도록 보수·유지되어야 한다(제275조 제2항).

(53) 예비동력원 등

사업주는 특수화학설비와 그 부속설비에 사용하는 동력원에 대하여 다음의 사항을 준수하여야 한다(제276조).
① 동력원의 이상에 의한 폭발이나 화재를 방지하기 위하여 즉시 사용할 수 있는 예비동력원을 갖추어 둘 것
② 밸브·콕·스위치 등에 대해서는 오조작을 방지하기 위하여 잠금장치를 하고 색채표시 등으로 구분할 것

(54) 사용 전의 점검 등

① 사업주는 다음의 어느 하나에 해당하는 경우에는 화학설비 및 그 부속설비의 안전검사내용을 점검한 후 해당 설비를 사용하여야 한다(제277조 제1항).

㉠ 처음으로 사용하는 경우
㉡ 분해하거나 개조 또는 수리를 한 경우
㉢ 계속하여 1개월 이상 사용하지 아니한 후 다시 사용하는 경우
② 사업주는 ①의 경우 외에 해당 화학설비 또는 그 부속설비의 용도를 변경하는 경우(사용하는 원재료의 종류를 변경하는 경우를 포함한다)에도 해당 설비의 다음의 사항을 점검한 후 사용하여야 한다(제277조 제2항).
㉠ 그 설비 내부에 폭발이나 화재의 우려가 있는 물질이 있는지 여부
㉡ 안전밸브·긴급차단장치 및 그 밖의 방호장치 기능의 이상 유무
㉢ 냉각장치·가열장치·교반장치·압축장치·계측장치 및 제어장치 기능의 이상 유무

(55) 개조·수리 등

사업주는 화학설비와 그 부속설비의 개조·수리 및 청소 등을 위하여 해당 설비를 분해하거나 해당 설비의 내부에서 작업을 하는 경우에는 다음의 사항을 준수하여야 한다(제278조).
① 작업책임자를 정하여 해당 작업을 지휘하도록 할 것
② 작업장소에 위험물 등이 누출되거나 고온의 수증기가 새어나오지 않도록 할 것
③ 작업장 및 그 주변의 인화성 액체의 증기나 인화성 가스의 농도를 수시로 측정할 것

(56) 대피 등

① 사업주는 폭발이나 화재에 의한 산업재해발생의 급박한 위험이 있는 경우에는 즉시 작업을 중지하고 근로자를 안전한 장소로 대피시켜야 한다(제279조 제1항).
② 사업주는 근로자가 산업재해를 입을 우려가 없음이 확인될 때까지 해당 작업장에 관계자가 아닌 사람의 출입을 금지하고, 그 취지를 보기 쉬운 장소에 표시하여야 한다(제279조 제2항).

(57) 위험물 건조설비를 설치하는 건축물의 구조

사업주는 다음의 어느 하나에 해당하는 위험물 건조설비 중 건조실을 설치하는 건축물의 구조는 독립된 단층건물로 하여야 한다. 다만, 해당 건조실을 건축물의 최상층에 설치하거나 건축물이 내화구조인 경우에는 그러하지 아니하다(제280조).
① 위험물 또는 위험물이 발생하는 물질을 가열·건조하는 경우 내용적이 $1m^3$ 이상인 건조설비
② 위험물이 아닌 물질을 가열·건조하는 경우로서 다음의 어느 하나의 용량에 해당하는 건조설비

㉠ 고체 또는 액체연료의 최대사용량이 시간당 10kg 이상
㉡ 기체연료의 최대사용량이 시간당 1㎥ 이상
㉢ 전기사용 정격용량이 10킬로와트 이상

(58) 건조설비의 구조 등

사업주는 건조설비를 설치하는 경우에 다음과 같은 구조로 설치하여야 한다. 다만, 건조물의 종류, 가열건조의 정도, 열원의 종류 등에 따라 폭발이나 화재가 발생할 우려가 없는 경우에는 그러하지 아니하다(제281조).

① 건조설비의 바깥 면은 불연성 재료로 만들 것
② 건조설비(유기과산화물을 가열 건조하는 것은 제외한다)의 내면과 내부의 선반이나 틀은 불연성 재료로 만들 것
③ 위험물 건조설비의 측벽이나 바닥은 견고한 구조로 할 것
④ 위험물 건조설비는 그 상부를 가벼운 재료로 만들고 주위상황을 고려하여 폭발구를 설치할 것
⑤ 위험물 건조설비는 건조하는 경우에 발생하는 가스·증기 또는 분진을 안전한 장소로 배출시킬 수 있는 구조로 할 것
⑥ 액체연료 또는 인화성 가스를 열원의 연료로 사용하는 건조설비는 점화하는 경우에는 폭발이나 화재를 예방하기 위하여 연소실이나 그 밖에 점화하는 부분을 환기시킬 수 있는 구조로 할 것
⑦ 건조설비의 내부는 청소하기 쉬운 구조로 할 것
⑧ 건조설비의 감시창·출입구 및 배기구 등과 같은 개구부는 발화 시에 불이 다른 곳으로 번지지 아니하는 위치에 설치하고 필요한 경우에는 즉시 밀폐할 수 있는 구조로 할 것
⑨ 건조설비는 내부의 온도가 부분적으로 상승하지 아니하는 구조로 설치할 것
⑩ 위험물 건조설비의 열원으로서 직화를 사용하지 아니할 것
⑪ 위험물 건조설비가 아닌 건조설비의 열원으로서 직화를 사용하는 경우에는 불꽃 등에 의한 화재를 예방하기 위하여 덮개를 설치하거나 격벽을 설치할 것

(59) 건조설비의 부속전기설비

① 사업주는 건조설비에 부속된 전열기·전동기 및 전등 등에 접속된 배선 및 개폐기를 사용하는 경우에는 그 건조설비 전용의 것을 사용하여야 한다(제282조 제1항).
② 사업주는 위험물 건조설비의 내부에서 전기불꽃의 발생으로 위험물의 점화원이 될 우려가 있는 전기기계·기구 또는 배선을 설치해서는 아니 된다(제282조 제2항).

(60) 건조설비의 사용

사업주는 건조설비를 사용하여 작업을 하는 경우에 폭발이나 화재를 예방하기 위하여 다음의 사항을 준수하여야 한다(제283조).

① 위험물 건조설비를 사용하는 경우에는 미리 내부를 청소하거나 환기할 것
② 위험물 건조설비를 사용하는 경우에는 건조로 인하여 발생하는 가스·증기 또는 분진에 의하여 폭발·화재의 위험이 있는 물질을 안전한 장소로 배출시킬 것
③ 위험물 건조설비를 사용하여 가열건조하는 건조물은 쉽게 이탈되지 않도록 할 것
④ 고온으로 가열건조한 인화성 액체는 발화의 위험이 없는 온도로 냉각한 후에 격납시킬 것
⑤ 건조설비(바깥 면이 현저히 고온이 되는 설비만 해당한다)에 가까운 장소에는 인화성 액체를 두지 않도록 할 것

(61) 건조설비의 온도 측정

사업주는 건조설비에 대하여 내부의 온도를 수시로 측정할 수 있는 장치를 설치하거나 내부의 온도가 자동으로 조정되는 장치를 설치하여야 한다(제284조).

(62) 압력의 제한

사업주는 아세틸렌 용접장치를 사용하여 금속의 용접·용단 또는 가열작업을 하는 경우에는 게이지 압력이 127킬로파스칼을 초과하는 압력의 아세틸렌을 발생시켜 사용해서는 아니 된다(제285조).

(63) 발생기실의 설치장소 등

① 사업주는 아세틸렌 용접장치의 아세틸렌 발생기를 설치하는 경우에는 전용의 발생기실에 설치하여야 한다(제286조 제1항).
② 발생기실은 건물의 최상층에 위치하여야 하며, 화기를 사용하는 설비로부터 3m를 초과하는 장소에 설치하여야 한다(제286조 제2항).
③ 발생기실을 옥외에 설치한 경우에는 그 개구부를 다른 건축물로부터 1.5m 이상 떨어지도록 하여야 한다(제286조 제3항).

(64) 발생기실의 구조 등

사업주는 발생기실을 설치하는 경우에 다음의 사항을 준수하여야 한다(제287조).

① 벽은 불연성 재료로 하고 철근 콘크리트 또는 그 밖에 이와 같은 수준이거나 그 이상의 강도를 가진 구조로 할 것

② 지붕과 천장에는 얇은 철판이나 가벼운 불연성 재료를 사용할 것
③ 바닥면적의 16분의 1 이상의 단면적을 가진 배기통을 옥상으로 돌출시키고 그 개구부를 창이나 출입구로부터 1.5m 이상 떨어지도록 할 것
④ 출입구의 문은 불연성 재료로 하고 두께 1.5mm 이상의 철판이나 그 밖에 그 이상의 강도를 가진 구조로 할 것
⑤ 벽과 발생기 사이에는 발생기의 조정 또는 카바이드 공급 등의 작업을 방해하지 않도록 간격을 확보할 것

(65) 격납실

사업주는 사용하지 않고 있는 이동식 아세틸렌 용접장치를 보관하는 경우에는 전용의 격납실에 보관하여야 한다. 다만, 기종을 분리하고 발생기를 세척한 후 보관하는 경우에는 임의의 장소에 보관할 수 있다(제288조).

(66) 안전기의 설치

① 사업주는 아세틸렌 용접장치의 취관마다 안전기를 설치하여야 한다. 다만, 주관 및 취관에 가장 가까운 분기관마다 안전기를 부착한 경우에는 그러하지 아니하다(제289조 제1항).
② 사업주는 가스용기가 발생기와 분리되어 있는 아세틸렌 용접장치에 대하여 발생기와 가스용기 사이에 안전기를 설치하여야 한다(제289조 제2항).

(67) 아세틸렌 용접장치의 관리 등

사업주는 아세틸렌 용접장치를 사용하여 금속의 용접·용단 또는 가열작업을 하는 경우에 다음의 사항을 준수하여야 한다(제290조).
① 발생기(이동식 아세틸렌 용접장치의 발생기는 제외한다)의 종류, 형식, 제작업체명, 매시 평균 가스발생량 및 1회 카바이드 공급량을 발생기실 내의 보기 쉬운 장소에 게시할 것
② 발생기실에는 관계 근로자가 아닌 사람이 출입하는 것을 금지할 것
③ 발생기에서 5m 이내 또는 발생기실에서 3m 이내의 장소에서는 흡연, 화기의 사용 또는 불꽃이 발생할 위험한 행위를 금지시킬 것
④ 도관에는 산소용과 아세틸렌용의 혼동을 방지하기 위한 조치를 할 것
⑤ 아세틸렌 용접장치의 설치장소에는 소화기 한 대 이상을 갖출 것
⑥ 이동식 아세틸렌용접장치의 발생기는 고온의 장소, 통풍이나 환기가 불충분한 장소 또는 진동이 많은 장소 등에 설치하지 않도록 할 것

(68) 가스집합장치의 위험 방지

① 사업주는 가스집합장치에 대해서는 화기를 사용하는 설비로부터 5m 이상 떨어진 장소에 설치하여야 한다(제291조 제1항).
② 사업주는 가스집합장치를 설치하는 경우에는 전용의 방에 설치하여야 한다. 다만, 이동하면서 사용하는 가스집합장치의 경우에는 그러하지 아니하다(제291조 제2항).
③ 사업주는 가스장치실에서 가스집합장치의 가스용기를 교환하는 작업을 할 때 가스장치실의 부속설비 또는 다른 가스용기에 충격을 줄 우려가 있는 경우에는 고무판 등을 설치하는 등 충격방지 조치를 하여야 한다(제291조 제3항).

(69) 가스장치실의 구조 등

사업주는 가스장치실을 설치하는 경우에 다음의 구조로 설치하여야 한다(제292조).
① 가스가 누출된 경우에는 그 가스가 정체되지 않도록 할 것
② 지붕과 천장에는 가벼운 불연성 재료를 사용할 것
③ 벽에는 불연성 재료를 사용할 것

(70) 가스집합용접장치의 배관

사업주는 가스집합용접장치(이동식을 포함한다)의 배관을 하는 경우에는 다음의 사항을 준수하여야 한다(제293조).
① 플랜지·밸브·콕 등의 접합부에는 개스킷을 사용하고 접합면을 상호 밀착시키는 등의 조치를 할 것
② 주관 및 분기관에는 안전기를 설치할 것. 이 경우 하나의 취관에 2개 이상의 안전기를 설치하여야 한다.

(71) 구리의 사용 제한

사업주는 용해아세틸렌의 가스집합용접장치의 배관 및 부속기구는 구리나 구리 함유량이 70% 이상인 합금을 사용해서는 아니 된다(제294조).

(72) 가스집합용접장치의 관리 등

사업주는 가스집합용접장치를 사용하여 금속의 용접·용단 및 가열작업을 하는 경우에는 다음의 사항을 준수하여야 한다(제295조).
① 사용하는 가스의 명칭 및 최대가스저장량을 가스장치실의 보기 쉬운 장소에 게시할 것

② 가스용기를 교환하는 경우에는 관리감독자가 참여한 가운데 할 것
③ 밸브·콕 등의 조작 및 점검요령을 가스장치실의 보기 쉬운 장소에 게시할 것
④ 가스장치실에는 관계근로자가 아닌 사람의 출입을 금지할 것
⑤ 가스집합장치로부터 5m 이내의 장소에서는 흡연, 화기의 사용 또는 불꽃을 발생할 우려가 있는 행위를 금지할 것
⑥ 도관에는 산소용과의 혼동을 방지하기 위한 조치를 할 것
⑦ 가스집합장치의 설치장소에는 소화설비(소화설비(간이소화용구를 제외한다)) 중 어느 하나 이상을 갖출
⑧ 이동식 가스집합용접장치의 가스집합장치는 고온의 장소, 통풍이나 환기가 불충분한 장소 또는 진동이 많은 장소에 설치하지 않도록 할 것
⑨ 해당 작업을 행하는 근로자에게 보안경과 안전장갑을 착용시킬 것

(73) 지하작업장 등

사업주는 인화성 가스가 발생할 우려가 있는 지하작업장에서 작업하는 경우(터널 등의 건설작업의 경우는 제외한다) 또는 가스도관에서 가스가 발산될 위험이 있는 장소에서 굴착작업(해당 작업이 이루어지는 장소 및 그와 근접한 장소에서 이루어지는 지반의 굴삭 또는 이에 수반한 토사 등의 운반 등의 작업을 말한다)을 하는 경우에는 폭발이나 화재를 방지하기 위해 다음의 조치를 해야 한다(제296조).
① 가스의 농도를 측정하는 사람을 지명하고 다음의 경우에 그로 하여금 해당 가스의 농도를 측정하도록 할 것
㉠ 매일 작업을 시작하기 전
㉡ 가스의 누출이 의심되는 경우
㉢ 가스가 발생하거나 정체할 위험이 있는 장소가 있는 경우
㉣ 장시간 작업을 계속하는 경우(이 경우 4시간마다 가스 농도를 측정하도록 하여야 한다)
② 가스의 농도가 인화하한계 값의 25% 이상으로 밝혀진 경우에는 즉시 근로자를 안전한 장소에 대피시키고 화기나 그 밖에 점화원이 될 우려가 있는 기계·기구 등의 사용을 중지하며 통풍·환기 등을 할 것

(74) 부식성 액체의 압송설비

사업주는 부식성 물질을 동력을 사용하여 호스로 압송하는 작업을 하는 경우에는 해당 압송에 사용하는 설비에 대하여 다음의 조치를 하여야 한다(제297조).
① 압송에 사용하는 설비를 운전하는 사람이 보기 쉬운 위치에 압력계를 설치하고 운전자가

쉽게 조작할 수 있는 위치에 동력을 차단할 수 있는 조치를 할 것
② 호스와 그 접속용구는 압송하는 부식성 액체에 대하여 내식성, 내열성 및 내한성을 가진 것을 사용할 것
③ 호스에 사용정격압력을 표시하고 그 사용정격압력을 초과하여 압송하지 아니할 것
④ 호스 내부에 이상압력이 가하여져 위험할 경우에는 압송에 사용하는 설비에 과압방지장치를 설치할 것
⑤ 호스와 호스 외의 관 및 호스 간의 접속부분에는 접속용구를 사용하여 누출이 없도록 확실히 접속할 것
⑥ 운전자를 지정하고 압송에 사용하는 설비의 운전 및 압력계의 감시를 하도록 할 것
⑦ 호스 및 그 접속용구는 매일 사용하기 전에 점검하고 손상·부식 등의 결함에 의하여 압송하는 부식성 액체가 날아 흩어지거나 새어나갈 위험이 있으면 교환할 것

(75) 공기 외의 가스 사용 제한

사업주는 압축한 가스의 압력을 사용하여 부식성 액체를 압송하는 작업을 하는 경우에는 공기가 아닌 가스를 해당 압축가스로 사용해서는 안 된다. 다만, 해당 작업을 마친 후 즉시 해당 가스를 배출한 경우 또는 해당 가스가 남아있음을 표시하는 등 근로자가 압송에 사용한 설비의 내부에 출입하여도 질식 위험이 발생할 우려가 없도록 조치한 경우에는 질소나 이산화탄소를 사용할 수 있다(제298조).

(76) 독성이 있는 물질의 누출 방지

사업주는 급성 독성물질의 누출로 인한 위험을 방지하기 위하여 다음의 조치를 하여야 한다(제299조).
① 사업장 내 급성 독성물질의 저장 및 취급량을 최소화할 것
② 급성 독성물질을 취급 저장하는 설비의 연결 부분은 누출되지 않도록 밀착시키고 매월 1회 이상 연결부분에 이상이 있는지를 점검할 것
③ 급성 독성물질을 폐기·처리하여야 하는 경우에는 냉각·분리·흡수·흡착·소각 등의 처리공정을 통하여 급성 독성물질이 외부로 방출되지 않도록 할 것
④ 급성 독성물질 취급설비의 이상 운전으로 급성 독성물질이 외부로 방출될 경우에는 저장·포집 또는 처리설비를 설치하여 안전하게 회수할 수 있도록 할 것
⑤ 급성 독성물질을 폐기·처리 또는 방출하는 설비를 설치하는 경우에는 자동으로 작동될 수 있는 구조로 하거나 원격조정할 수 있는 수동조작구조로 설치할 것

⑥ 급성 독성물질을 취급하는 설비의 작동이 중지된 경우에는 근로자가 쉽게 알 수 있도록 필요한 경보설비를 근로자와 가까운 장소에 설치할 것
⑦ 급성 독성물질이 외부로 누출된 경우에는 감지·경보할 수 있는 설비를 갖출 것

(77) 기밀시험시의 위험 방지

① 사업주는 배관, 용기, 그 밖의 설비에 대하여 질소·이산화탄소 등 불활성가스의 압력을 이용하여 기밀시험을 하는 경우에는 지나친 압력의 주입 또는 불량한 작업방법 등으로 발생할 수 있는 파열에 의한 위험을 방지하기 위하여 국가교정기관에서 교정을 받은 압력계를 설치하고 내부압력을 수시로 확인해야 한다(제300조 제1항).
② 압력계는 기밀시험을 하는 배관 등의 내부압력을 항상 확인할 수 있도록 작업자가 보기 쉬운 장소에 설치하여야 한다(제300조 제2항).
③ 기밀시험을 종료한 후 설비 내부를 점검할 때에는 반드시 환기를 하고 불활성가스가 남아 있는지를 측정하여 안전한 상태를 확인한 후 점검하여야 한다(제300조 제3항).
④ 사업주는 기밀시험장비가 주입압력에 충분히 견딜 수 있도록 견고하게 설치하여야 하며, 이상압력에 의한 연결파이프 등의 파열방지를 위한 안전조치를 하고 그 상태를 미리 확인하여야 한다(제300조 제4항).

3. 전기로 인한 위험 방지

(1) 전기 기계·기구 등의 충전부 방호

① 사업주는 근로자가 작업이나 통행 등으로 인하여 전기기계, 기구 [전동기·변압기·접속기·개폐기·분전반·배전반 등 전기를 통하는 기계·기구, 그 밖의 설비 중 배선 및 이동전선 외의 것을 말한다.)] 또는 전로 등의 충전부분(전열기의 발열체 부분, 저항접속기의 전극 부분 등 전기기계·기구의 사용 목적에 따라 노출이 불가피한 충전부분은 제외한다.)에 접촉(충전부분과 연결된 도전체와의 접촉을 포함한다.)하거나 접근함으로써 감전 위험이 있는 충전부분에 대하여 감전을 방지하기 위하여 다음의 방법 중 하나 이상의 방법으로 방호하여야 한다(제301조 제1항).
㉠ 충전부가 노출되지 않도록 폐쇄형 외함이 있는 구조로 할 것
㉡ 충전부에 충분한 절연효과가 있는 방호망이나 절연덮개를 설치할 것
㉢ 충전부는 내구성이 있는 절연물로 완전히 덮어 감쌀 것

ⓔ 발전소·변전소 및 개폐소 등 구획되어 있는 장소로서 관계 근로자가 아닌 사람의 출입이 금지되는 장소에 충전부를 설치하고, 위험표시 등의 방법으로 방호를 강화할 것

ⓜ 전주 위 및 철탑 위 등 격리되어 있는 장소로서 관계 근로자가 아닌 사람이 접근할 우려가 없는 장소에 충전부를 설치할 것

② 사업주는 근로자가 노출 충전부가 있는 맨홀 또는 지하실 등의 밀폐공간에서 작업하는 경우에는 노출 충전부와의 접촉으로 인한 전기위험을 방지하기 위하여 덮개, 울타리 또는 절연 칸막이 등을 설치하여야 한다(제301조 제2항).

③ 사업주는 근로자의 감전위험을 방지하기 위하여 개폐되는 문, 경첩이 있는 패널 등(분전반 또는 제어반 문)을 견고하게 고정시켜야 한다(제301조 제3항).

(2) 전기 기계·기구의 접지

① 사업주는 누전에 의한 감전의 위험을 방지하기 위하여 다음의 부분에 대하여 접지를 해야 한다(제302조 제1항).

㉠ 전기 기계·기구의 금속제 외함, 금속제 외피 및 철대

㉡ 고정 설치되거나 고정배선에 접속된 전기기계·기구의 노출된 비충전 금속체 중 충전될 우려가 있는 다음의 어느 하나에 해당하는 비충전 금속체
  ⓐ 지면이나 접지된 금속체로부터 수직거리 2.4m, 수평거리 1.5m 이내인 것
  ⓑ 물기 또는 습기가 있는 장소에 설치되어 있는 것
  ⓒ 금속으로 되어 있는 기기접지용 전선의 피복·외장 또는 배선관 등
  ⓓ 사용전압이 대지전압 150볼트를 넘는 것

㉢ 전기를 사용하지 아니하는 설비 중 다음의 어느 하나에 해당하는 금속체
  ⓐ 전동식 양중기의 프레임과 궤도
  ⓑ 전선이 붙어 있는 비전동식 양중기의 프레임
  ⓒ 고압(1.5천볼트 초과 7천볼트 이하의 직류전압 또는 1천볼트 초과 7천볼트 이하의 교류전압을 말한다.) 이상의 전기를 사용하는 전기 기계·기구 주변의 금속제 칸막이·망 및 이와 유사한 장치

㉣ 코드와 플러그를 접속하여 사용하는 전기 기계·기구 중 다음의 어느 하나에 해당하는 노출된 비충전 금속체
  ⓐ 사용전압이 대지전압 150볼트를 넘는 것
  ⓑ 냉장고·세탁기·컴퓨터 및 주변기기 등과 같은 고정형 전기기계·기구
  ⓒ 고정형·이동형 또는 휴대형 전동기계·기구

ⓓ 물 또는 도전성이 높은 곳에서 사용하는 전기기계·기구, 비접지형 콘센트

ⓔ 휴대형 손전등

ⓜ 수중펌프를 금속제 물탱크 등의 내부에 설치하여 사용하는 경우 그 탱크(이 경우 탱크를 수중펌프의 접지선과 접속하여야 한다)

② 사업주는 다음의 어느 하나에 해당하는 경우에는 ①을 적용하지 않을 수 있다(제302조 제2항).

㉠ 「전기용품 및 생활용품 안전관리법」이 적용되는 이중절연 또는 이와 같은 수준 이상으로 보호되는 구조로 된 전기기계·기구

㉡ 절연대 위 등과 같이 감전 위험이 없는 장소에서 사용하는 전기기계·기구

㉢ 비접지방식의 전로(그 전기기계·기구의 전원측의 전로에 설치한 절연변압기의 2차 전압이 300볼트 이하, 정격용량이 3킬로볼트암페어 이하이고 그 절연전압기의 부하측의 전로가 접지되어 있지 아니한 것으로 한정한다)에 접속하여 사용되는 전기 기계·기구

③ 사업주는 특별고압(7천볼트를 초과하는 직교류전압을 말한다.)의 전기를 취급하는 변전소·개폐소, 그 밖에 이와 유사한 장소에서 지락 사고가 발생하는 경우에는 접지극의 전위상승에 의한 감전위험을 줄이기 위한 조치를 하여야 한다(제302조 제3항).

④ 사업주는 설치된 접지설비에 대하여 항상 적정상태가 유지되는지를 점검하고 이상이 발견되면 즉시 보수하거나 재설치하여야 한다(제302조 제4항).

(3) 전기 기계·기구의 적정설치 등

① 사업주는 전기기계·기구를 설치하려는 경우에는 다음의 사항을 고려하여 적절하게 설치해야 한다(제303조 제1항).

㉠ 전기기계·기구의 충분한 전기적 용량 및 기계적 강도

㉡ 습기·분진 등 사용장소의 주위 환경

㉢ 전기적·기계적 방호수단의 적정성

② 사업주는 전기 기계·기구를 사용하는 경우에는 국내외의 공인된 인증기관의 인증을 받은 제품을 사용하되, 제조자의 제품설명서 등에서 정하는 조건에 따라 설치하고 사용하여야 한다(제303조 제2항).

(4) 누전차단기에 의한 감전방지

① 사업주는 다음의 전기 기계·기구에 대하여 누전에 의한 감전위험을 방지하기 위하여

해당 전로의 정격에 적합하고 감도(전류 등에 반응하는 정도)가 양호하며 확실하게 작동하는 감전방지용 누전차단기를 설치해야 한다(제304조 제1항).
  ㉠ 대지전압이 150볼트를 초과하는 이동형 또는 휴대형 전기기계·기구
  ㉡ 물 등 도전성이 높은 액체가 있는 습윤장소에서 사용하는 저압(1.5천볼트 이하 직류전압이나 1천볼트 이하의 교류전압을 말한다)용 전기기계·기구
  ㉢ 철판·철골 위 등 도전성이 높은 장소에서 사용하는 이동형 또는 휴대형 전기기계·기구
  ㉣ 임시배선의 전로가 설치되는 장소에서 사용하는 이동형 또는 휴대형 전기기계·기구
② 사업주는 감전방지용 누전차단기를 설치하기 어려운 경우에는 작업시작 전에 접지선의 연결 및 접속부 상태 등이 적합한지 확실하게 점검하여야 한다(제304조 제2항).
③ 다음의 어느 하나에 해당하는 경우에는 ①과 ②를 적용하지 않는다(제304조 제3항).
  ㉠ 「전기용품 및 생활용품 안전관리법」이 적용되는 이중절연 또는 이와 같은 수준 이상으로 보호되는 구조로 된 전기기계·기구
  ㉡ 절연대 위 등과 같이 감전위험이 없는 장소에서 사용하는 전기기계·기구
  ㉢ 비접지방식의 전로
④ 사업주는 전기기계·기구를 사용하기 전에 해당 누전차단기의 작동상태를 점검하고 이상이 발견되면 즉시 보수하거나 교환하여야 한다(제304조 제4항).
⑤ 사업주는 설치한 누전차단기를 접속하는 경우에 다음의 사항을 준수하여야 한다(제304조 제5항).
  ㉠ 전기기계·기구에 설치되어 있는 누전차단기는 정격감도전류가 30m암페어 이하이고 작동시간은 0.03초 이내일 것. 다만, 정격전부하전류가 50암페어 이상인 전기기계·기구에 접속되는 누전차단기는 오작동을 방지하기 위하여 정격감도전류는 200m암페어 이하로, 작동시간은 0.1초 이내로 할 수 있다.
  ㉡ 분기회로 또는 전기기계·기구마다 누전차단기를 접속할 것. 다만, 평상시 누설전류가 매우 적은 소용량부하의 전로에는 분기회로에 일괄하여 접속할 수 있다.
  ㉢ 누전차단기는 배전반 또는 분전반 내에 접속하거나 꽂음접속기형 누전차단기를 콘센트에 접속하는 등 파손이나 감전사고를 방지할 수 있는 장소에 접속할 것
  ㉣ 지락보호전용 기능만 있는 누전차단기는 과전류를 차단하는 퓨즈나 차단기 등과 조합하여 접속할 것

(5) 과전류 차단장치

사업주는 과전류[(정격전류를 초과하는 전류로서 단락사고전류, 지락사고전류를 포함하는 것을

말한다.)]로 인한 재해를 방지하기 위하여 다음의 방법으로 과전류차단장치[(차단기·퓨즈 또는 보호계전기 등과 이에 수반되는 변성기를 말한다.)]를 설치하여야 한다(제305조).

① 과전류차단장치는 반드시 접지선이 아닌 전로에 직렬로 연결하여 과전류 발생 시 전로를 자동으로 차단하도록 설치할 것
② 차단기·퓨즈는 계통에서 발생하는 최대 과전류에 대하여 충분하게 차단할 수 있는 성능을 가질 것
③ 과전류차단장치가 전기계통상에서 상호 협조·보완되어 과전류를 효과적으로 차단하도록 할 것

(6) 교류아크용접기 등

① 사업주는 아크용접 등(자동용접은 제외한다)의 작업에 사용하는 용접봉의 홀더에 대하여 한국산업표준에 적합하거나 그 이상의 절연내력 및 내열성을 갖춘 것을 사용하여야 한다(제306조 제1항).
② 사업주는 다음의 어느 하나에 해당하는 장소에서 교류아크용접기(자동으로 작동되는 것은 제외한다)를 사용하는 경우에는 교류아크용접기에 자동전격방지기를 설치하여야 한다(제306조 제2항).
  ㉠ 선박의 이중 선체 내부, 밸러스트 탱크(ballast tank, 평형수 탱크), 보일러 내부 등 도전체에 둘러싸인 장소
  ㉡ 추락할 위험이 있는 높이 2m 이상의 장소로 철골 등 도전성이 높은 물체에 근로자가 접촉할 우려가 있는 장소
  ㉢ 근로자가 물·땀 등으로 인하여 도전성이 높은 습윤 상태에서 작업하는 장소

(7) 단로기 등의 개폐

사업주는 부하전류를 차단할 수 없는 고압 또는 특별고압의 단로기 또는 선로개폐기를 개로·폐로하는 경우에는 그 단로기등의 오조작을 방지하기 위하여 근로자에게 해당 전로가 무부하임을 확인한 후에 조작하도록 주의 표지판 등을 설치하여야 한다. 다만, 그 단로기등에 전로가 무부하로 되지 아니하면 개로·폐로할 수 없도록 하는 연동장치를 설치한 경우에는 그러하지 아니하다(제307조).

(8) 비상전원

① 사업주는 정전에 의한 기계·설비의 갑작스러운 정지로 인하여 화재·폭발 등 재해가

발생할 우려가 있는 경우에는 해당 기계·설비에 비상발전기, 비상전원용 수전설비, 축전지 설비, 전기저장장치 등 비상전원을 접속하여 정전 시 비상전력이 공급되도록 하여야 한다(제308조 제1항).

② 비상전원의 용량은 연결된 부하를 각각의 필요에 따라 충분히 가동할 수 있어야 한다(제308조 제2항).

(9) 임시로 사용하는 전등 등의 위험 방지

① 사업주는 이동전선에 접속하여 임시로 사용하는 전등이나 가설의 배선 또는 이동전선에 접속하는 가공매달기식 전등 등을 접촉함으로 인한 감전 및 전구의 파손에 의한 위험을 방지하기 위하여 보호망을 부착하여야 한다(제309조 제1항).

② 보호망을 설치하는 경우에는 다음의 사항을 준수하여야 한다(제309조 제2항).
  ㉠ 전구의 노출된 금속 부분에 근로자가 쉽게 접촉되지 아니하는 구조로 할 것
  ㉡ 재료는 쉽게 파손되거나 변형되지 아니하는 것으로 할 것

(10) 전기 기계·기구의 조작 시 등의 안전조치

① 사업주는 전기기계·기구의 조작부분을 점검하거나 보수하는 경우에는 근로자가 안전하게 작업할 수 있도록 전기 기계·기구로부터 폭 70cm 이상의 작업공간을 확보하여야 한다. 다만, 작업공간을 확보하는 것이 곤란하여 근로자에게 절연용 보호구를 착용하도록 한 경우에는 그러하지 아니하다(제310조 제1항).

② 사업주는 전기적 불꽃 또는 아크에 의한 화상의 우려가 있는 고압 이상의 충전전로 작업에 근로자를 종사시키는 경우에는 방염처리된 작업복 또는 난연성능을 가진 작업복을 착용시켜야 한다(제310조 제2항).

(11) 폭발위험장소에서 사용하는 전기 기계·기구의 선정 등

① 사업주는 가스폭발 위험장소 또는 분진폭발 위험장소에서 전기 기계·기구를 사용하는 경우에는 한국산업표준에서 정하는 기준으로 그 증기, 가스 또는 분진에 대하여 적합한 방폭성능을 가진 방폭구조 전기 기계·기구를 선정하여 사용하여야 한다(제311조 제1항).

② 사업주는 방폭구조 전기 기계·기구에 대하여 그 성능이 항상 정상적으로 작동될 수 있는 상태로 유지·관리되도록 하여야 한다.

(12) 변전실 등의 위치

사업주는 가스폭발 위험장소 또는 분진폭발 위험장소에는 변전실, 배전반실, 제어실, 그 밖에 이와 유사한 시설을 설치해서는 아니 된다. 다만, 변전실등의 실내기압이 항상 양압(25파스칼 이상의 압력을 말한다.)을 유지하도록 하고 다음의 조치를 하거나, 가스폭발 위험장소 또는 분진폭발 위험장소에 적합한 방폭성능을 갖는 전기 기계·기구를 변전실등에 설치·사용한 경우에는 그러하지 아니하다(제312조).

① 양압을 유지하기 위한 환기설비의 고장 등으로 양압이 유지되지 아니한 경우 경보를 할 수 있는 조치
② 환기설비가 정지된 후 재가동하는 경우 변전실등에 가스 등이 있는지를 확인할 수 있는 가스검지기 등 장비의 비치
③ 환기설비에 의하여 변전실등에 공급되는 공기는 가스폭발 위험장소 또는 분진폭발 위험장소가 아닌 곳으로부터 공급되도록 하는 조치

(13) 배선 등의 절연피복 등

① 사업주는 근로자가 작업 중에나 통행하면서 접촉하거나 접촉할 우려가 있는 배선 또는 이동전선에 대하여 절연피복이 손상되거나 노화됨으로 인한 감전의 위험을 방지하기 위하여 필요한 조치를 하여야 한다(제313조 제1항).
② 사업주는 전선을 서로 접속하는 경우에는 해당 전선의 절연성능 이상으로 절연될 수 있는 것으로 충분히 피복하거나 적합한 접속기구를 사용하여야 한다(제313조 제2항).

(14) 습윤한 장소의 이동전선 등

사업주는 물 등의 도전성이 높은 액체가 있는 습윤한 장소에서 근로자가 작업 중에나 통행하면서 이동전선 및 이에 부속하는 접속기구에 접촉할 우려가 있는 경우에는 충분한 절연효과가 있는 것을 사용하여야 한다(제314조).

(15) 통로바닥에서의 전선 등 사용 금지

사업주는 통로바닥에 전선 또는 이동전선등을 설치하여 사용해서는 아니 된다. 다만, 차량이나 그 밖의 물체의 통과 등으로 인하여 해당 전선의 절연피복이 손상될 우려가 없거나 손상되지 않도록 적절한 조치를 하여 사용하는 경우에는 그러하지 아니하다(제315조).

(16) 꽂음접속기의 설치·사용 시 준수사항

사업주는 꽂음접속기를 설치하거나 사용하는 경우에는 다음의 사항을 준수하여야 한다(제316조).

① 서로 다른 전압의 꽂음 접속기는 서로 접속되지 아니한 구조의 것을 사용할 것
② 습윤한 장소에 사용되는 꽂음 접속기는 방수형 등 그 장소에 적합한 것을 사용할 것
③ 근로자가 해당 꽂음 접속기를 접속시킬 경우에는 땀 등으로 젖은 손으로 취급하지 않도록 할 것
④ 해당 꽂음 접속기에 잠금장치가 있는 경우에는 접속 후 잠그고 사용할 것

(17) 이동 및 휴대장비 등의 사용 전기 작업

① 사업주는 이동중에나 휴대장비 등을 사용하는 작업에서 다음의 조치를 하여야 한다(제317조 제1항).
  ㉠ 근로자가 착용하거나 취급하고 있는 도전성 공구·장비 등이 노출 충전부에 닿지 않도록 할 것
  ㉡ 근로자가 사다리를 노출 충전부가 있는 곳에서 사용하는 경우에는 도전성 재질의 사다리를 사용하지 않도록 할 것
  ㉢ 근로자가 젖은 손으로 전기기계·기구의 플러그를 꽂거나 제거하지 않도록 할 것
  ㉣ 근로자가 전기회로를 개방, 변환 또는 투입하는 경우에는 전기 차단용으로 특별히 설계된 스위치, 차단기 등을 사용하도록 할 것
  ㉤ 차단기 등의 과전류 차단장치에 의하여 자동 차단된 후에는 전기회로 또는 전기기계·기구가 안전하다는 것이 증명되기 전까지는 과전류 차단장치를 재투입하지 않도록 할 것
② 사업주가 작업지시를 하면 근로자는 이행하여야 한다(제317조 제2항).

(18) 전기작업자의 제한

사업주는 근로자가 감전위험이 있는 전기기계·기구 또는 전로의 설치·해체·정비·점검(설비의 유효성을 장비, 도구를 이용하여 확인하는 점검으로 한정한다) 등의 작업을 하는 경우에는 「유해·위험작업의 취업 제한에 관한 규칙」에 제3조에 따른 자격·면허·경험 또는 기능을 갖춘 사람이 작업을 수행하도록 해야 한다(제318조).

(19) 정전전로에서의 전기작업

① 사업주는 근로자가 노출된 충전부 또는 그 부근에서 작업함으로써 감전될 우려가 있는 경우에는 작업에 들어가기 전에 해당 전로를 차단하여야 한다. 다만, 다음의 경우에는 그러하지 아니하다(제319조 제1항).
   ㉠ 생명유지장치, 비상경보설비, 폭발위험장소의 환기설비, 비상조명설비 등의 장치·설비의 가동이 중지되어 사고의 위험이 증가되는 경우
   ㉡ 기기의 설계상 또는 작동상 제한으로 전로차단이 불가능한 경우
   ㉢ 감전, 아크 등으로 인한 화상, 화재·폭발의 위험이 없는 것으로 확인된 경우

② 전로 차단은 다음 각 호의 절차에 따라 시행하여야 한다(제319조 제2항).
   ㉠ 전기기기등에 공급되는 모든 전원을 관련 도면, 배선도 등으로 확인할 것
   ㉡ 전원을 차단한 후 각 단로기 등을 개방하고 확인할 것
   ㉢ 차단장치나 단로기 등에 잠금장치 및 꼬리표를 부착할 것
   ㉣ 개로된 전로에서 유도전압 또는 전기에너지가 축적되어 근로자에게 전기위험을 끼칠 수 있는 전기기기등은 접촉하기 전에 잔류전하를 완전히 방전시킬 것
   ㉤ 검전기를 이용하여 작업 대상 기기가 충전되었는지를 확인할 것
   ㉥ 전기기기등이 다른 노출 충전부와의 접촉, 유도 또는 예비동력원의 역송전 등으로 전압이 발생할 우려가 있는 경우에는 충분한 용량을 가진 단락 접지기구를 이용하여 접지할 것

③ 사업주는 작업 중 또는 작업을 마친 후 전원을 공급하는 경우에는 작업에 종사하는 근로자 또는 그 인근에서 작업하거나 정전된 전기기기등(고정 설치된 것으로 한정한다)과 접촉할 우려가 있는 근로자에게 감전의 위험이 없도록 다음의 사항을 준수하여야 한다(제319조 제3항).
   ㉠ 작업기구, 단락 접지기구 등을 제거하고 전기기기등이 안전하게 통전될 수 있는지를 확인할 것
   ㉡ 모든 작업자가 작업이 완료된 전기기기등에서 떨어져 있는지를 확인할 것
   ㉢ 잠금장치와 꼬리표는 설치한 근로자가 직접 철거할 것
   ㉣ 모든 이상 유무를 확인한 후 전기기기등의 전원을 투입할 것

(20) 정전전로 인근에서의 전기작업

사업주는 근로자가 전기위험에 노출될 수 있는 정전전로 또는 그 인근에서 작업하거나 정전된

전기기기 등(고정 설치된 것으로 한정한다)과 접촉할 우려가 있는 경우에 작업 전에 차단장치나 단로기 등에 잠금장치 및 꼬리표를 부착할 것을 확인하여야 한다(제320조).

(21) 충전전로에서의 전기작업

① 사업주는 근로자가 충전전로를 취급하거나 그 인근에서 작업하는 경우에는 다음의 조치를 하여야 한다(제321조 제1항).
  ⊙ 충전전로를 정전시키는 경우에는 (19)에 따른 조치를 할 것
  ⓒ 충전전로를 방호, 차폐하거나 절연 등의 조치를 하는 경우에는 근로자의 신체가 전로와 직접 접촉하거나 도전재료, 공구 또는 기기를 통하여 간접 접촉되지 않도록 할 것
  ⓒ 충전전로를 취급하는 근로자에게 그 작업에 적합한 절연용 보호구를 착용시킬 것
  ② 충전전로에 근접한 장소에서 전기작업을 하는 경우에는 해당 전압에 적합한 절연용 방호구를 설치할 것. 다만, 저압인 경우에는 해당 전기작업자가 절연용 보호구를 착용하되, 충전전로에 접촉할 우려가 없는 경우에는 절연용 방호구를 설치하지 아니할 수 있다.
  ⓜ 고압 및 특별고압의 전로에서 전기작업을 하는 근로자에게 활선작업용 기구 및 장치를 사용하도록 할 것
  ⓑ 근로자가 절연용 방호구의 설치·해체작업을 하는 경우에는 절연용 보호구를 착용하거나 활선작업용 기구 및 장치를 사용하도록 할 것
  ⓢ 유자격자가 아닌 근로자가 충전전로 인근의 높은 곳에서 작업할 때에 근로자의 몸 또는 긴 도전성 물체가 방호되지 않은 충전전로에서 대지전압이 50킬로볼트 이하인 경우에는 300cm 이내로, 대지전압이 50킬로볼트를 넘는 경우에는 10킬로볼트당 10cm씩 더한 거리 이내로 각각 접근할 수 없도록 할 것
  ⓞ 유자격자가 충전전로 인근에서 작업하는 경우에는 다음의 경우를 제외하고는 노출 충전부에 다음 표에 제시된 접근한계거리 이내로 접근하거나 절연 손잡이가 없는 도전체에 접근할 수 없도록 할 것
    ⓐ 근로자가 노출 충전부로부터 절연된 경우 또는 해당 전압에 적합한 절연장갑을 착용한 경우
    ⓑ 노출 충전부가 다른 전위를 갖는 도전체 또는 근로자와 절연된 경우
    ⓒ 근로자가 다른 전위를 갖는 모든 도전체로부터 절연된 경우

충전전로의 선간전압(단위 : 킬로볼트)	충전선로에 대한 접근 한계거리(단위 : cm)
0.3 이하	접촉금지
0.3 초과 0.75 이하	30
0.75 초과 2 이하	45
2 초과 15 이하	60
15 초과 37 이하	90
37 초과 88 이하	110
88 초과 121 이하	130
121 초과 145 이하	150
145 초과 169 이하	170
169 초과 242 이하	230
242 초과 362 이하	380
362 초과 550 이하	550
550 초과 800 이하	790

② 사업주는 절연이 되지 않은 충전부나 그 인근에 근로자가 접근하는 것을 막거나 제한할 필요가 있는 경우에는 울타리를 설치하고 근로자가 쉽게 알아볼 수 있도록 하여야 한다. 다만, 전기와 접촉할 위험이 있는 경우에는 도전성이 있는 금속제 울타리를 사용하거나, 표에 정한 접근 한계거리 이내에 설치해서는 아니 된다(제321조 제2항).

③ 사업주는 조치가 곤란한 경우에는 근로자를 감전위험에서 보호하기 위하여 사전에 위험을 경고하는 감시인을 배치하여야 한다(제321조 제3항).

(22) 충전전로 인근에서의 차량·기계장치 작업

① 사업주는 충전전로 인근에서 차량, 기계장치 등의 작업이 있는 경우에는 차량등을 충전전로의 충전부로부터 300cm 이상 이격시켜 유지시키되, 대지전압이 50킬로볼트를 넘는 경우 이격시켜 유지하여야 하는 거리는 10킬로볼트 증가할 때마다 10cm씩 증가시켜야 한다. 다만, 차량등의 높이를 낮춘 상태에서 이동하는 경우에는 이격거리를 120cm 이상(대지전압이 50킬로볼트를 넘는 경우에는 10킬로볼트 증가할 때마다 이격거리를 10cm씩 증가)으로 할 수 있다(제322조 제1항).

② 충전전로의 전압에 적합한 절연용 방호구 등을 설치한 경우에는 이격거리를 절연용 방호구 앞면까지로 할 수 있으며, 차량등의 가공 붐대의 버킷이나 끝부분 등이 충전전로의 전압에 적합하게 절연되어 있고 유자격자가 작업을 수행하는 경우에는 붐대의 절연되지 않은 부분과 충전전로 간의 이격거리는 (21)의 표에 따른 접근 한계거리까지로 할 수 있다(제322조 제2항).

③ 사업주는 다음의 경우를 제외하고는 근로자가 차량등의 그 어느 부분과도 접촉하지 않도록 울타리를 설치하거나 감시인 배치 등의 조치를 하여야 한다(제322조 제3항).

㉠ 근로자가 해당 전압에 적합한 절연용 보호구등을 착용하거나 사용하는 경우
㉡ 차량등의 절연되지 않은 부분이 (21)의 표에 따른 접근 한계거리 이내로 접근하지 않도록 하는 경우

④ 사업주는 충전전로 인근에서 접지된 차량등이 충전전로와 접촉할 우려가 있을 경우에는 지상의 근로자가 접지점에 접촉하지 않도록 조치하여야 한다.

(23) 절연용 보호구 등의 사용

① 사업주는 다음의 작업에 사용하는 절연용 보호구, 절연용 방호구, 활선작업용 기구, 활선작업용 장치에 대하여 각각의 사용목적에 적합한 종별·재질 및 치수의 것을 사용해야 한다(제323조 제1항).
㉠ 밀폐공간에서의 전기작업
㉡ 이동 및 휴대장비 등을 사용하는 전기작업
㉢ 정전전로 또는 그 인근에서의 전기작업
㉣ 충전전로에서의 전기작업
㉤ 충전전로 인근에서의 차량·기계장치 등의 작업

② 사업주는 절연용 보호구등이 안전한 성능을 유지하고 있는지를 정기적으로 확인하여야 한다(제323조 제2항).

③ 사업주는 근로자가 절연용 보호구등을 사용하기 전에 흠·균열·파손, 그 밖의 손상 유무를 발견하여 정비 또는 교환을 요구하는 경우에는 즉시 조치하여야 한다(제323조 제3항).

(24) 적용 제외

화학설비와 그 부속설비를 사용하는 작업, 전기 기계·기구 등의 충전부 방호부터 전기 기계·기구의 조작 시 등의 안전조치까지 및 배선 등의 절연피복 등부터 절연용 보호구 등의 사용까지의 규정은 대지전압이 30볼트 이하인 전기기계·기구·배선 또는 이동전선에 대해서는 적용하지 아니한다(제324조).

(25) 정전기로 인한 화재 폭발 등 방지

① 사업주는 다음의 설비를 사용할 때에 정전기에 의한 화재 또는 폭발 등의 위험이 발생할 우려가 있는 경우에는 해당 설비에 대하여 확실한 방법으로 접지를 하거나, 도전성 재료를 사용하거나 가습 및 점화원이 될 우려가 없는 제전장치를 사용하는 등 정전기의 발생을 억제하거나 제거하기 위하여 필요한 조치를 하여야 한다(제325조 제1항).
㉠ 위험물을 탱크로리·탱크차 및 드럼 등에 주입하는 설비
㉡ 탱크로리·탱크차 및 드럼 등 위험물저장설비

ⓒ 인화성 액체를 함유하는 도료 및 접착제 등을 제조·저장·취급 또는 도포(塗布)하는 설비
ⓔ 위험물 건조설비 또는 그 부속설비
ⓜ 인화성 고체를 저장하거나 취급하는 설비
ⓗ 드라이클리닝설비, 염색가공설비 또는 모피류 등을 씻는 설비 등 인화성유기용제를 사용하는 설비
ⓢ 유압, 압축공기 또는 고전위정전기 등을 이용하여 인화성 액체나 인화성 고체를 분무하거나 이송하는 설비
ⓞ 고압가스를 이송하거나 저장·취급하는 설비
ⓩ 화약류 제조설비
ⓧ 발파공에 장전된 화약류를 점화시키는 경우에 사용하는 발파기(발파공을 막는 재료로 물을 사용하거나 갱도발파를 하는 경우는 제외한다)

② 사업주는 인체에 대전된 정전기에 의한 화재 또는 폭발 위험이 있는 경우에는 정전기 대전방지용 안전화 착용, 제전복 착용, 정전기 제전용구 사용 등의 조치를 하거나 작업장 바닥 등에 도전성을 갖추도록 하는 등 필요한 조치를 하여야 한다(제325조 제2항).

③ 생산공정상 정전기에 의한 감전 위험이 발생할 우려가 있는 경우의 조치에 관하여는 ①과 ②를 준용한다(제325조 제3항).

(26) 피뢰설비의 설치

① 사업주는 화약류 또는 위험물을 저장하거나 취급하는 시설물에 낙뢰에 의한 산업재해를 예방하기 위하여 피뢰설비를 설치하여야 한다(제326조 제1항).

② 사업주는 피뢰설비를 설치하는 경우에는 한국산업표준에 적합한 피뢰설비를 사용하여야 한다(제326조 제2항).

(27) 전자파에 의한 기계·설비의 오작동 방지

사업주는 전기 기계·기구 사용에 의하여 발생하는 전자파로 인하여 기계·설비의 오작동을 초래함으로써 산업재해가 발생할 우려가 있는 경우에는 다음의 조치를 하여야 한다(제327조).

① 전기기계·기구에서 발생하는 전자파의 크기가 다른 기계·설비가 원래 의도된 대로 작동하는 것을 방해하지 않도록 할 것

② 기계·설비는 원래 의도된 대로 작동할 수 있도록 적절한 수준의 전자파 내성을 가지도록 하거나, 이에 준하는 전자파 차폐조치를 할 것

4. 건설작업 등에 의한 위험 예방

(1) 재료

사업주는 콘크리트 구조물이 일정 강도에 이르기까지 그 형상을 유지하기 위하여 설치하는 거푸집 및 동바리의 재료로 변형·부식 또는 심하게 손상된 것을 사용해서는 안 된다(제328조).

(2) 부재의 재료 사용기준

사업주는 거푸집 및 동바리에 사용하는 부재의 재료는 한국산업표준에서 정하는 기준 이상의 것을 사용해야 한다(제329조)

(3) 거푸집 및 동바리의 구조

사업주는 거푸집 및 동바리를 사용하는 경우에는 거푸집의 형상 및 콘크리트 타설방법 등에 따른 견고한 구조의 것을 사용해야 한다(제330조).

(4) 조립도

① 사업주는 거푸집 및 동바리를 조립하는 경우에는 그 구조를 검토한 후 조립도를 작성하고, 그 조립도에 따라 조립하도록 해야 한다(제331조 제1항).
② 조립도에는 거푸집 및 동바리를 구성하는 부재의 재질·단면규격·설치간격 및 이음방법 등을 명시해야 한다(제331조 제2항).

(5) 거푸집 조립 시의 안전조치

사업주는 거푸집을 조립하는 경우에는 다음의 사항을 준수해야 한다(제331조의2).
① 거푸집을 조립하는 경우에는 거푸집이 콘크리트 하중이나 그 밖의 외력에 견딜 수 있거나, 넘어지지 않도록 견고한 구조의 긴결재(콘크리트를 타설할 때 거푸집이 변형되지 않게 연결하여 고정하는 재료를 말한다), 버팀대 또는 지지대를 설치하는 등 필요한 조치를 할 것
② 거푸집이 곡면인 경우에는 버팀대의 부착 등 그 거푸집의 부상(浮上)을 방지하기 위한 조치를 할 것

(6) 작업발판 일체형 거푸집의 안전조치

① "작업발판 일체형 거푸집"이란 거푸집의 설치·해체, 철근 조립, 콘크리트 타설, 콘크리트 면처리 작업 등을 위하여 거푸집을 작업발판과 일체로 제작하여 사용하는 거푸집으

로서 다음의 거푸집을 말한다(제337조 제1항).
  ㉠ 갱 폼(gang form)
  ㉡ 슬립 폼(slip form)
  ㉢ 클라이밍 폼(climbing form)
  ㉣ 터널 라이닝 폼(tunnel lining form)
  ㉤ 그 밖에 거푸집과 작업발판이 일체로 제작된 거푸집 등
② 갱 폼의 조립·이동·양중·해체 작업을 하는 경우에는 다음의 사항을 준수해야 한다(제337조 제2항).
  ㉠ 조립등의 범위 및 작업절차를 미리 그 작업에 종사하는 근로자에게 주지시킬 것
  ㉡ 근로자가 안전하게 구조물 내부에서 갱 폼의 작업발판으로 출입할 수 있는 이동통로를 설치할 것
  ㉢ 갱 폼의 지지 또는 고정철물의 이상 유무를 수시점검하고 이상이 발견된 경우에는 교체하도록 할 것
  ㉣ 갱 폼을 조립하거나 해체하는 경우에는 갱폼을 인양장비에 매단 후에 작업을 실시하도록 하고, 인양장비에 매달기 전에 지지 또는 고정철물을 미리 해체하지 않도록 할 것
  ㉤ 갱 폼 인양 시 작업발판용 케이지에 근로자가 탑승한 상태에서 갱폼의 인양작업을 하지 않을 것
③ 사업주는 슬립 폼(slip form)부터 거푸집과 작업발판이 일체로 제작된 거푸집 등의 조립 등의 작업을 하는 경우에는 다음의 사항을 준수하여야 한다(제337조 제3항).
  ㉠ 조립등 작업 시 거푸집 부재의 변형 여부와 연결 및 지지재의 이상 유무를 확인할 것
  ㉡ 조립등 작업과 관련한 이동·양중·운반 장비의 고장·오조작 등으로 인해 근로자에게 위험을 미칠 우려가 있는 장소에는 근로자의 출입을 금지하는 등 위험 방지 조치를 할 것
  ㉢ 거푸집이 콘크리트면에 지지될 때에 콘크리트의 굳기정도와 거푸집의 무게, 풍압 등의 영향으로 거푸집의 갑작스런 이탈 또는 낙하로 인해 근로자가 위험해질 우려가 있는 경우에는 설계도서에서 정한 콘크리트의 양생기간을 준수하거나 콘크리트면에 견고하게 지지하는 등 필요한 조치를 할 것
  ㉣ 연결 또는 지지 형식으로 조립된 부재의 조립등 작업을 하는 경우에는 거푸집을 인양 장비에 매단 후에 작업을 하도록 하는 등 낙하·붕괴·전도의 위험 방지를 위하여 필요한 조치를 할 것

(7) 거푸집동바리의 안전조치

사업주는 거푸집동바리를 조립하는 경우에는 다음의 사항을 준수해야 한다(제332조).

① 깔목의 사용, 콘크리트 타설, 말뚝박기 등 동바리의 침하를 방지하기 위한 조치를 할 것
② 개구부 상부에 동바리를 설치하는 경우에는 상부하중을 견딜 수 있는 견고한 받침대를 설치할 것
③ 동바리의 상하 고정 및 미끄러짐 방지 조치를 하고, 하중의 지지상태를 유지할 것
④ 동바리의 이음은 맞댄이음이나 장부이음으로 하고 같은 품질의 재료를 사용할 것
⑤ 강재와 강재의 접속부 및 교차부는 볼트·클램프 등 전용철물을 사용하여 단단히 연결할 것
⑥ 거푸집이 곡면인 경우에는 버팀대의 부착 등 그 거푸집의 부상(浮上)을 방지하기 위한 조치를 할 것
⑦ 동바리로 사용하는 강관 [파이프 서포트(pipe support)는 제외한다]에 대해서는 다음의 사항을 따를 것
　㉠ 높이 2m 이내마다 수평연결재를 2개 방향으로 만들고 수평연결재의 변위를 방지할 것
　㉡ 멍에 등을 상단에 올릴 경우에는 해당 상단에 강재의 단판을 붙여 멍에 등을 고정시킬 것
⑧ 동바리로 사용하는 파이프 서포트에 대해서는 다음의 사항을 따를 것
　㉠ 파이프 서포트를 3개 이상 이어서 사용하지 않도록 할 것
　㉡ 파이프 서포트를 이어서 사용하는 경우에는 4개 이상의 볼트 또는 전용철물을 사용하여 이을 것
　㉢ 높이가 3.5m를 초과하는 경우에는 높이 2m 이내마다 수평연결재를 2개 방향으로 만들고 수평연결재의 변위를 방지할 것
⑨ 동바리로 사용하는 강관틀에 대해서는 다음의 사항을 따를 것
　㉠ 강관틀과 강관틀 사이에 교차가새를 설치할 것
　㉡ 최상층 및 5층 이내마다 거푸집 동바리의 측면과 틀면의 방향 및 교차가새의 방향에서 5개 이내마다 수평연결재를 설치하고 수평연결재의 변위를 방지할 것
　㉢ 최상층 및 5층 이내마다 거푸집동바리의 틀면의 방향에서 양단 및 5개틀 이내마다 교차가새의 방향으로 띠장틀을 설치할 것
　㉣ 멍에 등을 상단에 올릴 경우에는 해당 상단에 강재의 단판을 붙여 멍에 등을 고정시킬 것
⑩ 동바리로 사용하는 조립강주에 대해서는 다음의 사항을 따를 것
　㉠ 멍에 등을 상단에 올릴 경우에는 해당 상단에 강재의 단판을 붙여 멍에 등을 고정시킬 것
　㉡ 높이가 4m를 초과하는 경우에는 높이 4m 이내마다 수평연결재를 2개 방향으로 설치하고 수평연결재의 변위를 방지할 것
⑪ 시스템 동바리(규격화·부품화된 수직재, 수평재 및 가새재 등의 부재를 현장에서 조립하여 거푸집으로 지지하는 동바리 형식을 말한다)는 다음의 방법에 따라 설치할 것

㉠ 수평재는 수직재와 직각으로 설치하여야 하며, 흔들리지 않도록 견고하게 설치할 것
㉡ 연결철물을 사용하여 수직재를 견고하게 연결하고, 연결 부위가 탈락 또는 꺾어지지 않도록 할 것
㉢ 수직 및 수평하중에 의한 동바리 본체의 변위로부터 구조적 안전성이 확보되도록 조립도에 따라 수직재 및 수평재에는 가새재를 견고하게 설치하도록 할 것
㉣ 동바리 최상단과 최하단의 수직재와 받침철물은 서로 밀착되도록 설치하고 수직재와 받침철물의 연결부의 겹침길이는 받침철물 전체길이의 3분의 1 이상 되도록 할 것
⑫ 동바리로 사용하는 목재에 대해서는 다음의 사항을 따를 것
  ㉠ 높이 2m 이내마다 수평연결재를 2개 방향으로 만들고 수평연결재의 변위를 방지할 것
  ㉡ 목재를 이어서 사용하는 경우에는 2개 이상의 덧댐목을 대고 네 군데 이상 견고하게 묶은 후 상단을 보나 멍에에 고정시킬 것
⑬ 보로 구성된 것은 다음의 사항을 따를 것
  ㉠ 보의 양끝을 지지물로 고정시켜 보의 미끄러짐 및 탈락을 방지할 것
  ㉡ 보와 보 사이에 수평연결재를 설치하여 보가 옆으로 넘어지지 않도록 견고하게 할 것
⑭ 거푸집을 조립하는 경우에는 거푸집이 콘크리트 하중이나 그 밖의 외력에 견딜 수 있거나, 넘어지지 않도록 견고한 구조의 긴결재, 버팀대 또는 지지대를 설치하는 등 필요한 조치를 할 것

(8) 동바리 조립 시의 안전조치

사업주는 동바리를 조립하는 경우에는 하중의 지지상태를 유지할 수 있도록 다음의 사항을 준수해야 한다(제332조).

① 받침목이나 깔판의 사용, 콘크리트 타설, 말뚝박기 등 동바리의 침하를 방지하기 위한 조치를 할 것
② 동바리의 상하 고정 및 미끄러짐 방지 조치를 할 것
③ 상부·하부의 동바리가 동일 수직선상에 위치하도록 하여 깔판·받침목에 고정시킬 것
④ 개구부 상부에 동바리를 설치하는 경우에는 상부하중을 견딜 수 있는 견고한 받침대를 설치할 것
⑤ U헤드 등의 단판이 없는 동바리의 상단에 멍에 등을 올릴 경우에는 해당 상단에 U헤드 등의 단판을 설치하고, 멍에 등이 전도되거나 이탈되지 않도록 고정시킬 것
⑥ 동바리의 이음은 같은 품질의 재료를 사용할 것
⑦ 강재의 접속부 및 교차부는 볼트·클램프 등 전용철물을 사용하여 단단히 연결할 것

⑧ 거푸집의 형상에 따른 부득이한 경우를 제외하고는 깔판이나 받침목은 2단 이상 끼우지 않도록 할 것
⑨ 깔판이나 받침목을 이어서 사용하는 경우에는 그 깔판·받침목을 단단히 연결할 것

(9) 동바리 유형에 따른 동바리 조립 시의 안전조치

사업주는 동바리를 조립할 때 동바리의 유형별로 다음의 구분에 따른 각 목의 사항을 준수해야 한다(제332조의2).

① 동바리로 사용하는 파이프 서포트의 경우
  ㉠ 파이프 서포트를 3개 이상 이어서 사용하지 않도록 할 것
  ㉡ 파이프 서포트를 이어서 사용하는 경우에는 4개 이상의 볼트 또는 전용철물을 사용하여 이을 것
  ㉢ 높이가 3.5미터를 초과하는 경우에는 높이 2미터 이내마다 수평연결재를 2개 방향으로 만들고 수평연결재의 변위를 방지할 것
② 동바리로 사용하는 강관틀의 경우
  ㉠ 강관틀과 강관틀 사이에 교차가새를 설치할 것
  ㉡ 최상단 및 5단 이내마다 동바리의 측면과 틀면의 방향 및 교차가새의 방향에서 5개 이내마다 수평연결재를 설치하고 수평연결재의 변위를 방지할 것
  ㉢ 최상단 및 5단 이내마다 동바리의 틀면의 방향에서 양단 및 5개틀 이내마다 교차가새의 방향으로 띠장틀을 설치할 것
③ 동바리로 사용하는 조립강주의 경우: 조립강주의 높이가 4미터를 초과하는 경우에는 높이 4미터 이내마다 수평연결재를 2개 방향으로 설치하고 수평연결재의 변위를 방지할 것
④ 시스템 동바리(규격화·부품화된 수직재, 수평재 및 가새재 등의 부재를 현장에서 조립하여 거푸집을 지지하는 지주 형식의 동바리를 말한다)의 경우
  ㉠ 수평재는 수직재와 직각으로 설치해야 하며, 흔들리지 않도록 견고하게 설치할 것
  ㉡ 연결철물을 사용하여 수직재를 견고하게 연결하고, 연결부위가 탈락 또는 꺾어지지 않도록 할 것
  ㉢ 수직 및 수평하중에 대해 동바리의 구조적 안정성이 확보되도록 조립도에 따라 수직재 및 수평재에는 가새재를 견고하게 설치할 것
  ㉣ 동바리 최상단과 최하단의 수직재와 받침철물은 서로 밀착되도록 설치하고 수직재와 받침철물의 연결부의 겹침길이는 받침철물 전체길이의 3분의 1 이상 되도록 할 것
⑤ 보 형식의 동바리[강제 갑판(steel deck), 철재트러스 조립 보 등 수평으로 설치하여 거푸

집을 지지하는 동바리를 말한다]의 경우
  ㉠ 접합부는 충분한 걸침 길이를 확보하고 못, 용접 등으로 양끝을 지지물에 고정시켜 미끄러짐 및 탈락을 방지할 것
  ㉡ 양끝에 설치된 보 거푸집을 지지하는 동바리 사이에는 수평연결재를 설치하거나 동바리를 추가로 설치하는 등 보 거푸집이 옆으로 넘어지지 않도록 견고하게 할 것
  ㉢ 설계도면, 시방서 등 설계도서를 준수하여 설치할 것

(10) 콘크리트의 타설작업

사업주는 콘크리트 타설작업을 하는 경우에는 다음의 사항을 준수해야 한다(제334조).
  ① 당일의 작업을 시작하기 전에 해당 작업에 관한 거푸집 및 동바리의 변형·변위 및 지반의 침하 유무 등을 점검하고 이상이 있으면 보수할 것
  ② 작업 중에는 감시자를 배치하는 등의 방법으로 거푸집 및 동바리의 변형·변위 및 침하 유무 등을 확인해야 하며, 이상이 있으면 작업을 중지하고 근로자를 대피시킬 것
  ③ 콘크리트 타설작업 시 거푸집 붕괴의 위험이 발생할 우려가 있으면 충분한 보강조치를 할 것
  ④ 설계도서상의 콘크리트 양생기간을 준수하여 거푸집 및 동바리를 해체할 것
  ⑤ 콘크리트를 타설하는 경우에는 편심이 발생하지 않도록 골고루 분산하여 타설할 것

(11) 콘크리트 타설장비 사용 시의 준수사항

사업주는 콘크리트 타설작업을 하기 위하여 콘크리트 플레이싱 붐(placing boom), 콘크리트 분배기, 콘크리트 펌프카 등을 사용하는 경우에는 다음의 사항을 준수해야 한다(제335조).
  ① 작업을 시작하기 전에 콘크리트타설장비를 점검하고 이상을 발견하였으면 즉시 보수할 것
  ② 건축물의 난간 등에서 작업하는 근로자가 호스의 요동·선회로 인하여 추락하는 위험을 방지하기 위하여 안전난간 설치 등 필요한 조치를 할 것
  ③ 콘크리트타설장비의 붐을 조정하는 경우에는 주변의 전선 등에 의한 위험을 예방하기 위한 적절한 조치를 할 것
  ④ 작업 중에 지반의 침하나 아웃트리거 등 콘크리트타설장비 지지구조물의 손상 등에 의하여 콘크리트타설장비가 넘어질 우려가 있는 경우에는 이를 방지하기 위한 적절한 조치를 할 것

(12) 조립 등 작업 시의 준수사항

  ① 사업주는 기둥·보·벽체·슬래브 등의 거푸집 및 동바리를 조립하거나 해체하는 작업을 하는 경우에는 다음의 사항을 준수해야 한다(제336조 제1항).

㉠ 해당 작업을 하는 구역에는 관계 근로자가 아닌 사람의 출입을 금지할 것
㉡ 비, 눈, 그 밖의 기상상태의 불안정으로 날씨가 몹시 나쁜 경우에는 그 작업을 중지할 것
㉢ 재료, 기구 또는 공구 등을 올리거나 내리는 경우에는 근로자로 하여금 달줄·달포대 등을 사용하도록 할 것
㉣ 낙하·충격에 의한 돌발적 재해를 방지하기 위하여 버팀목을 설치하고 거푸집동바리 등을 인양장비에 매단 후에 작업을 하도록 하는 등 필요한 조치를 할 것

② 사업주는 철근조립 등의 작업을 하는 경우에는 다음의 사항을 준수하여야 한다(제336조 제2항).
㉠ 양중기로 철근을 운반할 경우에는 두 군데 이상 묶어서 수평으로 운반할 것
㉡ 작업위치의 높이가 2m 이상일 경우에는 작업발판을 설치하거나 안전대를 착용하게 하는 등 위험 방지를 위하여 필요한 조치를 할 것

(13) 굴착작업 사전조사 등

사업주는 굴착작업을 할 때에 토사등의 붕괴 또는 낙하에 의한 위험을 미리 방지하기 위하여 다음의 사항을 점검해야 한다(제338조).
① 작업장소 및 그 주변의 부석·균열의 유무
② 함수(含水)·용수(湧水) 및 동결의 유무 또는 상태의 변화

굴착면의 기울기 기준(별표 11)

지반의 종류	굴착면의 기울기
모래	1 : 1.8
연암 및 풍화암	1 : 1.0
경암	1 : 0.5
그 밖의 흙	1 : 1.2

(14) 굴착면의 붕괴 등에 의한 위험방지

① 사업주는 지반 등을 굴착하는 경우 굴착면의 기울기를 별표 11의 기준에 맞도록 해야 한다. 다만, 「건설기술 진흥법」 제44조 제1항에 따른 건설기준에 맞게 작성한 설계도서 상의 굴착면의 기울기를 준수하거나 흙막이 등 기울기면의 붕괴 방지를 위하여 적절한 조치를 한 경우에는 그렇지 않다(제339조 제1항).
② 사업주는 비가 올 경우를 대비하여 측구(側溝)를 설치하거나 굴착경사면에 비닐을 덮는 등 빗물 등의 침투에 의한 붕괴재해를 예방하기 위하여 필요한 조치를 해야 한다(제339조 제2항).

(15) 매설물 등 파손에 의한 위험방지

① 사업주는 매설물·조적벽·콘크리트벽 또는 옹벽 등의 건설물에 근접한 장소에서 굴착 작업을 할 때에 해당 가설물의 파손 등에 의하여 근로자가 위험해질 우려가 있는 경우에는 해당 건설물을 보강하거나 이설하는 등 해당 위험을 방지하기 위한 조치를 하여야 한다(제341조 제1항).

② 사업주는 굴착작업에 의하여 노출된 매설물 등이 파손됨으로써 근로자가 위험해질 우려가 있는 경우에는 해당 매설물 등에 대한 방호조치를 하거나 이설하는 등 필요한 조치를 하여야 한다(제341조 제2항).

③ 사업주는 매설물 등의 방호작업에 대하여 관리감독자에게 해당 작업을 지휘하도록 하여야 한다(제341조 제3항).

(16) 굴착기계 등에 의한 위험방지

사업주는 굴착작업 시 굴착기계 등을 사용하는 경우 다음의 조치를 해야 한다(제342조).

① 굴착기계 등의 사용으로 가스도관, 지중전선로, 그 밖에 지하에 위치한 공작물이 파손되어 그 결과 근로자가 위험해질 우려가 있는 경우에는 그 기계를 사용한 굴착작업을 중지할 것

② 굴착기계 등의 운행경로 및 토석(土石) 적재장소의 출입방법을 정하여 관계 근로자에게 주지시킬 것

(17) 굴착작업 시 위험방지

사업주는 굴착작업 시 토사등의 붕괴 또는 낙하에 의하여 근로자에게 위험을 미칠 우려가 있는 경우에는 미리 흙막이 지보공의 설치, 방호망의 설치 및 근로자의 출입 금지 등 그 위험을 방지하기 위하여 필요한 조치를 해야 한다(제340조).

(18) 굴착기계 등의 유도

① 사업주는 굴착작업을 할 때에 굴착기계 등이 근로자의 작업장소로 후진하여 근로자에게 접근하거나 굴러 떨어질 우려가 있는 경우에는 유도자를 배치하여 굴착기계 등을 유도하도록 해야 한다(제344조 제1항).

② 운반기계등의 운전자는 유도자의 유도에 따라야 한다(제344조 제2항).

(19) 흙막이지보공의 재료

사업주는 흙막이 지보공의 재료로 변형·부식되거나 심하게 손상된 것을 사용해서는 아니 된다(제345조).

(20) 조립도

① 사업주는 흙막이 지보공을 조립하는 경우 미리 그 구조를 검토한 후 조립도를 작성하여 그 조립도에 따라 조립하도록 해야 한다(제346조 제1항).

② 조립도는 흙막이판·말뚝·버팀대 및 띠장 등 부재의 배치·치수·재질 및 설치방법과 순서가 명시되어야 한다(제346조 제2항).

(21) 붕괴 등의 위험 방지

① 사업주는 흙막이 지보공을 설치하였을 때에는 정기적으로 다음의 사항을 점검하고 이상을 발견하면 즉시 보수하여야 한다(제347조 제1항).
  ㉠ 부재의 손상·변형·부식·변위 및 탈락의 유무와 상태
  ㉡ 버팀대의 긴압의 정도
  ㉢ 부재의 접속부·부착부 및 교차부의 상태
  ㉣ 침하의 정도

② 사업주는 점검 외에 설계도서에 따른 계측을 하고 계측 분석 결과 토압의 증가 등 이상한 점을 발견한 경우에는 즉시 보강조치를 하여야 한다(제347조 제2항).

(22) 발파의 작업기준

사업주는 발파작업에 종사하는 근로자에게 다음의 사항을 준수하도록 하여야 한다(제348조).

① 얼어붙은 다이나마이트는 화기에 접근시키거나 그 밖의 고열물에 직접 접촉시키는 등 위험한 방법으로 융해되지 않도록 할 것

② 화약이나 폭약을 장전하는 경우에는 그 부근에서 화기를 사용하거나 흡연을 하지 않도록 할 것

③ 장전구는 마찰·충격·정전기 등에 의한 폭발의 위험이 없는 안전한 것을 사용할 것

④ 발파공의 충진재료는 점토·모래 등 발화성 또는 인화성의 위험이 없는 재료를 사용할 것

⑤ 점화 후 장전된 화약류가 폭발하지 아니한 경우 또는 장전된 화약류의 폭발 여부를 확인하기 곤란한 경우에는 다음의 사항을 따를 것

  ㉠ 전기뇌관에 의한 경우에는 발파모선을 점화기에서 떼어 그 끝을 단락시켜 놓는 등 재점화되지 않도록 조치하고 그 때부터 5분 이상 경과한 후가 아니면 화약류의 장전장소에 접근시키지 않도록 할 것

  ㉡ 전기뇌관 외의 것에 의한 경우에는 점화한 때부터 15분 이상 경과한 후가 아니면 화약류의 장전장소에 접근시키지 않도록 할 것

⑥ 전기뇌관에 의한 발파의 경우 점화하기 전에 화약류를 장전한 장소로부터 30m 이상 떨어진 안전한 장소에서 전선에 대하여 저항측정 및 도통시험을 할 것

(23) 작업중지 및 피난

① 사업주는 벼락이 떨어질 우려가 있는 경우에는 화약 또는 폭약의 장전 작업을 중지하고 근로자들을 안전한 장소로 대피시켜야 한다(제349조 제1항).
② 사업주는 발파작업 시 근로자가 안전한 거리로 피난할 수 없는 경우에는 앞면과 상부를 견고하게 방호한 피난장소를 설치하여야 한다(제349조 제2항).

(24) 인화성 가스의 농도측정 등

① 사업주는 터널공사 등의 건설작업을 할 때에 인화성 가스가 발생할 위험이 있는 경우에는 폭발이나 화재를 예방하기 위하여 인화성 가스의 농도를 측정할 담당자를 지명하고, 그 작업을 시작하기 전에 가스가 발생할 위험이 있는 장소에 대하여 그 인화성 가스의 농도를 측정하여야 한다(제350조 제1항).
② 사업주는 측정한 결과 인화성 가스가 존재하여 폭발이나 화재가 발생할 위험이 있는 경우에는 인화성 가스 농도의 이상 상승을 조기에 파악하기 위하여 그 장소에 자동경보장치를 설치하여야 한다(제350조 제2항).
③ 지하철도공사를 시행하는 사업주는 터널굴착[개착식을 포함한다)] 등으로 인하여 도시가스관이 노출된 경우에 접속부 등 필요한 장소에 자동경보장치를 설치하고, 해당 도시가스사업자와 합동으로 정기적 순회점검을 하여야 한다(제350조 제3항).
④ 사업주는 자동경보장치에 대하여 당일 작업 시작 전 다음의 사항을 점검하고 이상을 발견하면 즉시 보수하여야 한다(제350조 제4항).
  ㉠ 계기의 이상 유무
  ㉡ 검지부의 이상 유무
  ㉢ 경보장치의 작동상태

(25) 낙반 등에 의한 위험의 방지

사업주는 터널 등의 건설작업을 하는 경우에 낙반 등에 의하여 근로자가 위험해질 우려가 있는 경우에 터널 지보공 및 록볼트의 설치, 부석의 제거 등 위험을 방지하기 위하여 필요한 조치를 해야 한다(제351조).

(26) 출입구 부근 등의 지반 붕괴 등에 의한 위험의 방지

사업주는 터널 등의 건설작업을 할 때에 터널 등의 출입구 부근의 지반의 붕괴나 토석 등의 낙하에 의하여 근로자가 위험해질 우려가 있는 경우에는 흙막이 지보공이나 방호망을 설치하는 등 위험을 방지하기 위하여 필요한 조치를 해야 한다(제352조).

(27) 시계의 유지

사업주는 터널건설작업을 할 때에 터널 내부의 시계가 배기가스나 분진 등에 의하여 현저하게 제한되는 경우에는 환기를 하거나 물을 뿌리는 등 시계를 유지하기 위하여 필요한 조치를 하여야 한다(제353조).

(28) 굴착기계 등의 사용 금지 등

터널건설작업에 관하여는 굴착기계 등의 사용금지부터 운반기계등의 유도까지의 규정을 준용한다(제354조).

(29) 가스제거 등의 조치

사업주는 터널 등의 굴착작업을 할 때에 인화성 가스가 분출할 위험이 있는 경우에는 그 인화성 가스에 의한 폭발이나 화재를 예방하기 위하여 보링(boring)에 의한 가스 제거 및 그 밖에 인화성 가스의 분출을 방지하는 등 필요한 조치를 하여야 한다(제355조).

(30) 용접 등 작업 시의 조치

사업주는 터널건설작업을 할 때에 그 터널 등의 내부에서 금속의 용접·용단 또는 가열작업을 하는 경우에는 화재를 예방하기 위하여 다음의 조치를 하여야 한다(제356조).
  ① 부근에 있는 넝마, 나무부스러기, 종이부스러기, 그 밖의 인화성 액체를 제거하거나, 그 인화성 액체에 불연성 물질의 덮개를 하거나, 그 작업에 수반하는 불티 등이 날아 흩어지는 것을 방지하기 위한 격벽을 설치할 것
  ② 해당 작업에 종사하는 근로자에게 소화설비의 설치장소 및 사용방법을 주지시킬 것
  ③ 해당 작업 종료 후 불티 등에 의하여 화재가 발생할 위험이 있는지를 확인할 것

(31) 점화물질 휴대 금지

사업주는 작업의 성질상 부득이한 경우를 제외하고는 터널 내부에서 근로자가 화기, 성냥, 라이

터, 그 밖에 발화위험이 있는 물건을 휴대하는 것을 금지하고, 그 내용을 터널의 출입구 부근의 보기 쉬운 장소에 게시하여야 한다(제357조).

(32) 방화담당자의 지정 등

사업주는 터널건설작업을 하는 경우에는 그 터널 내부의 화기나 아크를 사용하는 장소에 방화담당자를 지정하여 다음의 업무를 이행하도록 하여야 한다. 다만, 용접 등 작업 시의 조치를 완료한 작업장소에 대해서는 그러하지 아니하다(제358조)

① 화기나 아크 사용 상황을 감시하고 이상을 발견한 경우에는 즉시 필요한 조치를 하는 일
② 불 찌꺼기가 있는지를 확인하는 일

(33) 소화설비 등

사업주는 터널건설작업을 하는 경우에는 해당 터널 내부의 화기나 아크를 사용하는 장소 또는 배전반, 변압기, 차단기 등을 설치하는 장소에 소화설비를 설치하여야 한다(제359조).

(34) 작업의 중지 등

① 사업주는 터널건설작업을 할 때에 낙반·출수 등에 의하여 산업재해가 발생할 급박한 위험이 있는 경우에는 즉시 작업을 중지하고 근로자를 안전한 장소로 대피시켜야 한다 (제360조 제1항).
② 사업주는 재해발생위험을 관계 근로자에게 신속히 알리기 위한 비상벨 등 통신설비 등을 설치하고, 그 설치장소를 관계 근로자에게 알려 주어야 한다(제360조 제2항).

(35) 터널 지보공의 재료

사업주는 터널 지보공의 재료로 변형·부식 또는 심하게 손상된 것을 사용해서는 아니 된다(제361조).

(36) 터널 지보공의 구조

사업주는 터널 지보공을 설치하는 장소의 지반과 관계되는 지질·지층·함수·용수·균열 및 부식의 상태와 굴착 방법에 상응하는 견고한 구조의 터널 지보공을 사용하여야 한다(제362조).

(37) 조립도

① 사업주는 터널 지보공을 조립하는 경우에는 미리 그 구조를 검토한 후 조립도를 작성하고, 그 조립도에 따라 조립하도록 하여야 한다(제363조 제1항).
② 조립도에는 재료의 재질, 단면규격, 설치간격 및 이음방법 등을 명시하여야 한다(제363조 제2항).

(38) 조립 또는 변경시의 조치

사업주는 터널 지보공을 조립하거나 변경하는 경우에는 다음의 사항을 조치하여야 한다(제364조).
① 주재를 구성하는 1세트의 부재는 동일 평면 내에 배치할 것
② 목재의 터널 지보공은 그 터널 지보공의 각 부재의 긴압 정도가 균등하게 되도록 할 것
③ 기둥에는 침하를 방지하기 위하여 받침목을 사용하는 등의 조치를 할 것
④ 강아치 지보공의 조립은 다음의 사항을 따를 것
　㉠ 조립간격은 조립도에 따를 것
　㉡ 주재가 아치작용을 충분히 할 수 있도록 쐐기를 박는 등 필요한 조치를 할 것
　㉢ 연결볼트 및 띠장 등을 사용하여 주재 상호간을 튼튼하게 연결할 것
　㉣ 터널 등의 출입구 부분에는 받침대를 설치할 것
　㉤ 낙하물이 근로자에게 위험을 미칠 우려가 있는 경우에는 널판 등을 설치할 것
⑤ 목재 지주식 지보공은 다음의 사항을 따를 것
　㉠ 주기둥은 변위를 방지하기 위하여 쐐기 등을 사용하여 지반에 고정시킬 것
　㉡ 양끝에는 받침대를 설치할 것
　㉢ 터널 등의 목재 지주식 지보공에 세로방향의 하중이 걸림으로써 넘어지거나 비틀어질 우려가 있는 경우에는 양끝 외의 부분에도 받침대를 설치할 것
　㉣ 부재의 접속부는 꺾쇠 등으로 고정시킬 것
⑥ 강아치 지보공 및 목재지주식 지보공 외의 터널 지보공에 대해서는 터널 등의 출입구 부분에 받침대를 설치할 것

(39) 부재의 해체

사업주는 하중이 걸려 있는 터널 지보공의 부재를 해체하는 경우에는 해당 부재에 걸려있는 하중을 터널 터널 거푸집 및 동바리의 재료 동바리가 받도록 조치를 한 후에 그 부재를 해체해야 한다(제365조).

(40) 붕괴 등의 방지

사업주는 터널 지보공을 설치한 경우에 다음의 사항을 수시로 점검하여야 하며, 이상을 발견한 경우에는 즉시 보강하거나 보수하여야 한다(제366조).
　① 부재의 손상·변형·부식·변위 탈락의 유무 및 상태
　② 부재의 긴압 정도
　③ 부재의 접속부 및 교차부의 상태
　④ 기둥침하의 유무 및 상태

(41) 터널 거푸집 및 동바리의 재료

사업주는 터널 거푸집 및 동바리의 재료로 변형·부식되거나 심하게 손상된 것을 사용해서는 안 된다(제367조).

(42) 터널 거푸집 및 동바리의 구조

사업주는 터널 거푸집 및 동바리에 걸리는 하중 또는 거푸집의 형상 등에 상응하는 견고한 구조의 터널 거푸집 및 동바리를 사용해야 한다(제368조).

(43) 작업 시 준수사항

사업주는 교량의 설치·해체 또는 변경작업을 하는 경우에는 다음의 사항을 준수하여야 한다(제369조).
　① 작업을 하는 구역에는 관계 근로자가 아닌 사람의 출입을 금지할 것
　② 재료, 기구 또는 공구 등을 올리거나 내릴 경우에는 근로자로 하여금 달줄, 달포대 등을 사용하도록 할 것
　③ 중량물 부재를 크레인 등으로 인양하는 경우에는 부재에 인양용 고리를 견고하게 설치하고, 인양용 로프는 부재에 두 군데 이상 결속하여 인양하여야 하며, 중량물이 안전하게 거치되기 전까지는 걸이로프를 해제시키지 아니할 것
　④ 자재나 부재의 낙하·전도 또는 붕괴 등에 의하여 근로자에게 위험을 미칠 우려가 있을 경우에는 출입금지구역의 설정, 자재 또는 가설시설의 좌굴 또는 변형 방지를 위한 보강재 부착 등의 조치를 할 것

(44) 지반 붕괴 등의 위험방지

사업주는 채석작업을 하는 경우 지반의 붕괴 또는 토석 등의 낙하로 인하여 근로자에게 발생할

우려가 있는 위험을 방지하기 위하여 다음의 조치를 해야 한다(제370조).
① 점검자를 지명하고 당일 작업 시작 전에 작업장소 및 그 주변 지반의 부석과 균열의 유무와 상태, 함수·용수 및 동결상태의 변화를 점검할 것
② 점검자는 발파 후 그 발파 장소와 그 주변의 부석 및 균열의 유무와 상태를 점검할 것

(45) 인접채석장과의 연락

사업주는 지반의 붕괴, 토석 등의 비래 등으로 인한 근로자의 위험을 방지하기 위하여 인접한 채석장에서의 발파 시기·부석 제거 방법 등 필요한 사항에 관하여 그 채석장과 연락을 유지해야 한다(제371조).

(46) 붕괴 등에 의한 위험 방지

사업주는 채석작업(갱내에서의 작업은 제외한다)을 하는 경우에 붕괴 또는 낙하에 의하여 근로자를 위험하게 할 우려가 있는 토석·입목 등을 미리 제거하거나 방호망을 설치하는 등 위험을 방지하기 위하여 필요한 조치를 하여야 한다(제372조).

(47) 낙반 등에 의한 위험 방지

사업주는 갱내에서 채석작업을 하는 경우로서 토사 등의 낙하 또는 측벽의 붕괴로 인하여 근로자에게 위험이 발생할 우려가 있는 경우에 동바리 또는 버팀대를 설치한 후 천장을 아치형으로 하는 등 그 위험을 방지하기 위한 조치를 해야 한다(제373조).

(48) 운행경로 등의 주지

① 사업주는 채석작업을 하는 경우에 미리 굴착기계등의 운행경로 및 토석의 적재장소에 대한 출입방법을 정하여 관계 근로자에게 주지시켜야 한다(제374조 제1항).
② 사업주는 작업을 하는 경우에 운행경로의 보수, 그밖에 경로를 유효하게 유지하기 위하여 감시인을 배치하거나 작업 중임을 표시하여야 한다(제374조 제2항).

(49) 굴착기계등의 유도

① 사업주는 채석작업을 할 때에 굴착기계등이 근로자의 작업장소에 후진하여 접근하거나 굴러 떨어질 우려가 있는 경우에는 유도자를 배치하고 굴착기계등을 유도하여야 한다(제375조 제1항).
② 굴착기계등의 운전자는 유도자의 유도에 따라야 한다(제375조 제2항).

(50) 급격한 침하로 인한 위험 방지

사업주는 잠함 또는 우물통의 내부에서 근로자가 굴착작업을 하는 경우에 잠함 또는 우물통의 급격한 침하에 의한 위험을 방지하기 위하여 다음의 사항을 준수하여야 한다(제376조).
① 침하관계도에 따라 굴착방법 및 재하량 등을 정할 것
② 바닥으로부터 천장 또는 보까지의 높이는 1.8m 이상으로 할 것

(51) 잠함 등 내부에서의 작업

① 사업주는 잠함, 우물통, 수직갱, 그 밖에 이와 유사한 건설물 또는 설비의 내부에서 굴착작업을 하는 경우에 다음의 사항을 준수하여야 한다(제377조 제1항).
 ㉠ 산소 결핍 우려가 있는 경우에는 산소의 농도를 측정하는 사람을 지명하여 측정하도록 할 것
 ㉡ 근로자가 안전하게 오르내리기 위한 설비를 설치할 것
 ㉢ 굴착 깊이가 20m를 초과하는 경우에는 해당 작업장소와 외부와의 연락을 위한 통신설비 등을 설치할 것
② 사업주는 측정 결과 산소 결핍이 인정되거나 굴착 깊이가 20m를 초과하는 경우에는 송기를 위한 설비를 설치하여 필요한 양의 공기를 공급해야 한다(제377조 제2항).

(52) 작업의 금지

사업주는 다음의 어느 하나에 해당하는 경우에 잠함등의 내부에서 굴착작업을 하도록 해서는 아니 된다(제378조).
① 근로자가 안전하게 오르내리기 위한 설비·해당 작업장소와 외부와의 연락을 위한 통신설비 및 송기를 위한 설비에 고장이 있는 경우
② 잠함등의 내부에 많은 양의 물 등이 스며들 우려가 있는 경우

(53) 가설도로

사업주는 공사용 가설도로를 설치하는 경우에 다음의 사항을 준수하여야 한다(제379조).
① 도로는 장비와 차량이 안전하게 운행할 수 있도록 견고하게 설치할 것
② 도로와 작업장이 접하여 있을 경우에는 울타리 등을 설치할 것
③ 도로는 배수를 위하여 경사지게 설치하거나 배수시설을 설치할 것
④ 차량의 속도제한 표지를 부착할 것

(54) 철골조립 시의 위험 방지

사업주는 철골을 조립하는 경우에 철골의 접합부가 충분히 지지되도록 볼트를 체결하거나 이와 같은 수준 이상의 견고한 구조가 되기 전에는 들어 올린 철골을 걸이로프 등으로부터 분리해서는 아니 된다(제380조).

(55) 승강로의 설치

사업주는 근로자가 수직방향으로 이동하는 철골부재에는 답단 간격이 30cm 이내인 고정된 승강로를 설치하여야 하며, 수평방향 철골과 수직방향 철골이 연결되는 부분에는 연결작업을 위하여 작업발판 등을 설치하여야 한다(제381조).

(56) 가설통로의 설치

사업주는 철골작업을 하는 경우에 근로자의 주요 이동통로에 고정된 가설통로를 설치하여야 한다. 다만, 안전대의 부착설비 등을 갖춘 경우에는 그러하지 아니하다(제382조).

(57) 작업의 제한

사업주는 다음의 어느 하나에 해당하는 경우에 철골작업을 중지하여야 한다(제383조).
  ① 풍속이 초당 10m 이상인 경우
  ② 강우량이 시간당 1mm 이상인 경우
  ③ 강설량이 시간당 1cm 이상인 경우

(58) 해체작업 시 준수사항

사업주는 비, 눈, 그 밖의 기상상태의 불안정으로 날씨가 몹시 나쁜 경우에는 해체작업을 중지시켜야 한다(384조).
  ① 사업주는 구축물 등의 해체작업 시 구축물 등을 무너뜨리는 작업을 하기 전에 구축물 등이 넘어지는 위치, 파편의 비산거리 등을 고려하여 해당 작업 반경 내에 사람이 없는지 미리 확인한 후 작업을 실시해야 하고, 무너뜨리는 작업 중에는 해당 작업 반경 내에 관계 근로자가 아닌 사람의 출입을 금지해야 한다(제384조 제1항).
  ② 사업주는 건축물 해체공법 및 해체공사 구조 안전성을 검토한 결과 해체계획서대로 해체되지 못하고 건축물이 붕괴할 우려가 있는 경우에는 「건축물관리법 시행규칙」 제12조 제3항 및 국토교통부장관이 정하여 고시하는 바에 따라 구조보강계획을 작성해야 한다(제384조 제2항).

5. 중량물 취급 시의 위험방지

(1) 중량물 취급

사업주는 중량물을 운반하거나 취급하는 경우에 하역운반기계·운반용구를 사용하여야 한다. 다만, 작업의 성질상 하역운반기계등을 사용하기 곤란한 경우에는 그러하지 아니하다(제385조).

(2) 중량물의 구름 위험방지

사업주는 드럼통 등 구를 위험이 있는 중량물을 보관하거나 작업 중 구를 위험이 있는 중량물을 취급하는 경우에는 다음의 사항을 준수해야 한다(제386조).
  ① 구름멈춤대, 쐐기 등을 이용하여 중량물의 동요나 이동을 조절할 것
  ② 중량물이 구를 위험이 있는 방향 앞의 일정거리 이내로는 근로자의 출입을 제한할 것. 다만, 중량물을 보관하거나 작업 중인 장소가 경사면인 경우에는 경사면 아래로는 근로자의 출입을 제한해야 한다.

6. 하역작업 등에 의한 위험방지

(1) 꼬임이 끊어진 섬유로프 등의 사용 금지

사업주는 다음의 어느 하나에 해당하는 섬유로프 등을 화물운반용 또는 고정용으로 사용해서는 아니 된다(제387조).
  ① 꼬임이 끊어진 것
  ② 심하게 손상되거나 부식된 것

(2) 사용 전 점검 등

사업주는 섬유로프 등을 사용하여 화물취급작업을 하는 경우에 해당 섬유로프 등을 점검하고 이상을 발견한 섬유로프 등을 즉시 교체하여야 한다(제388조).

(3) 화물 중간에서 화물 빼내기 금지

사업주는 차량 등에서 화물을 내리는 작업을 하는 경우에 해당 작업에 종사하는 근로자에게 쌓여 있는 화물 중간에서 화물을 빼내도록 해서는 아니 된다(제389조).

(4) 하역작업장의 조치기준

사업주는 부두·안벽 등 하역작업을 하는 장소에 다음의 조치를 하여야 한다(제390조).
① 작업장 및 통로의 위험한 부분에는 안전하게 작업할 수 있는 조명을 유지할 것
② 부두 또는 안벽의 선을 따라 통로를 설치하는 경우에는 폭을 90cm 이상으로 할 것
③ 육상에서의 통로 및 작업장소로서 다리 또는 선거 갑문을 넘는 보도 등의 위험한 부분에는 안전난간 또는 울타리 등을 설치할 것

(5) 하적단의 간격

사업주는 바닥으로부터의 높이가 2m 이상 되는 하적단(포대·가마니 등으로 포장된 화물이 쌓여 있는 것만 해당한다)과 인접 하적단 사이의 간격을 하적단의 밑부분을 기준하여 10cm 이상으로 하여야 한다(제391조).

(6) 하적단의 붕괴 등에 의한 위험방지

① 사업주는 하적단의 붕괴 또는 화물의 낙하에 의하여 근로자가 위험해질 우려가 있는 경우에는 그 하적단을 로프로 묶거나 망을 치는 등 위험을 방지하기 위하여 필요한 조치를 하여야 한다(제392조 제1항).
② 하적단을 쌓는 경우에는 기본형을 조성하여 쌓아야 한다(제392조 제2항).
③ 하적단을 헐어내는 경우에는 위에서부터 순차적으로 층계를 만들면서 헐어내어야 하며, 중간에서 헐어내어서는 아니 된다(제392조 제3항).

(7) 화물의 적재

사업주는 화물을 적재하는 경우에 다음의 사항을 준수하여야 한다(제393조).
① 침하 우려가 없는 튼튼한 기반 위에 적재할 것
② 건물의 칸막이나 벽 등이 화물의 압력에 견딜 만큼의 강도를 지니지 아니한 경우에는 칸막이나 벽에 기대어 적재하지 않도록 할 것
③ 불안정할 정도로 높이 쌓아 올리지 말 것
④ 하중이 한쪽으로 치우치지 않도록 쌓을 것

(8) 통행설비의 설치 등

사업주는 갑판의 윗면에서 선창 밑바닥까지의 깊이가 1.5m를 초과하는 선창의 내부에서 화물취급작업을 하는 경우에 그 작업에 종사하는 근로자가 안전하게 통행할 수 있는 설비를 설치하여

야 한다. 다만, 안전하게 통행할 수 있는 설비가 선박에 설치되어 있는 경우에는 그러하지 아니하다(제394조).

(9) 급성 중독물질 등에 의한 위험 방지

사업주는 항만하역작업을 시작하기 전에 그 작업을 하는 선창 내부, 갑판 위 또는 안벽 위에 있는 화물 중에 급성 독성물질이 있는지를 조사하여 안전한 취급방법 및 누출 시 처리방법을 정하여야 한다(제395조).

(10) 무포장 화물의 취급방법

① 사업주는 선창 내부의 밀·콩·옥수수 등 무포장 화물을 내리는 작업을 할 때에는 시프팅보드(shifting board), 피더박스(feeder box) 등 화물 이동 방지를 위한 칸막이벽이 넘어지거나 떨어짐으로써 근로자가 위험해질 우려가 있는 경우에는 그 칸막이벽을 해체한 후 작업을 하도록 하여야 한다(제396조 제1항).

② 사업주는 진공흡입식 언로더(unloader) 등의 하역기계를 사용하여 무포장 화물을 하역할 때 그 하역기계의 이동 또는 작동에 따른 흔들림 등으로 인하여 근로자가 위험해질 우려가 있는 경우에는 근로자의 접근을 금지하는 등 필요한 조치를 하여야 한다(제396조 제2항).

(11) 선박승강설비의 설치

① 사업주는 300톤급 이상의 선박에서 하역작업을 하는 경우에 근로자들이 안전하게 오르내릴 수 있는 현문 사다리를 설치하여야 하며, 이 사다리 밑에 안전망을 설치하여야 한다(제397조 제1항).

② 현문 사다리는 견고한 재료로 제작된 것으로 너비는 55cm 이상이어야 하고, 양측에 82cm 이상의 높이로 울타리를 설치하여야 하며, 바닥은 미끄러지지 않도록 적합한 재질로 처리되어야 한다(제397조 제2항).

③ 현문 사다리는 근로자의 통행에만 사용하여야 하며, 화물용 발판 또는 화물용 보판으로 사용하도록 해서는 아니 된다(제397조 제3항).

(12) 통선 등에 의한 근로자 수송 시의 위험 방지

사업주는 통선 등에 의하여 근로자를 작업장소로 수송하는 경우 그 통선 등이 정하는 탑승정원을 초과하여 근로자를 승선시켜서는 아니 되며, 통선 등에 구명용구를 갖추어 두는 등 근로자의 위험 방지에 필요한 조치를 취하여야 한다(제398조).

(13) 수상의 목재 · 뗏목 등의 작업 시 위험 방지

사업주는 물 위의 목재 · 원목 · 뗏목 등에서 작업을 하는 근로자에게 구명조끼를 착용하도록 하여야 하며, 인근에 인명구조용 선박을 배치하여야 한다(제399조).

(14) 베일포장화물의 취급

사업주는 양화장치를 사용하여 베일포장으로 포장된 화물을 하역하는 경우에 그 포장에 사용된 철사 · 로프 등에 훅을 걸어서는 아니 된다(제400조).

(15) 동시 작업의 금지

사업주는 같은 선창 내부의 다른 층에서 동시에 작업을 하도록 해서는 아니 된다. 다만, 방망 및 방포 등 화물의 낙하를 방지하기 위한 설비를 설치한 경우에는 그러하지 아니하다(제401조).

(16) 양하작업 시의 안전조치

① 사업주는 양화장치등을 사용하여 양하작업을 하는 경우에 선창 내부의 화물을 안전하게 운반할 수 있도록 미리 해치(hatch)의 수직하부에 옮겨 놓아야 한다(제402조 제1항).
② 화물을 옮기는 경우에는 대차 또는 스내치 블록(snatch block)을 사용하는 등 안전한 방법을 사용하여야 하며, 화물을 슬링 로프(sling rope)로 연결하여 직접 끌어내는 등 안전하지 않은 방법을 사용해서는 아니 된다(제402조 제2항).

(17) 훅부착슬링의 사용

사업주는 양화장치등을 사용하여 드럼통 등의 화물권상작업을 하는 경우에 그 화물이 벗어지거나 탈락하는 것을 방지하는 구조의 해지장치가 설치된 훅부착슬링을 사용하여야 한다. 다만, 작업의 성질상 보조슬링을 연결하여 사용하는 경우 화물에 직접 연결하는 훅은 그러하지 아니하다(제403조).

(18) 로프 탈락 등에 의한 위험방지

사업주는 양화장치등을 사용하여 로프로 화물을 잡아당기는 경우에 로프나 도르래가 떨어져 나감으로써 근로자가 위험해질 우려가 있는 장소에 근로자를 출입시켜서는 아니 된다(제404조).

7. 벌목작업에 의한 위험 방지

(1) 벌목작업 시 등의 위험 방지

① 사업주는 벌목작업 등을 하는 경우에 다음의 사항을 준수하도록 해야 한다. 다만, 유압식 벌목기를 사용하는 경우에는 그렇지 않다(제405조 제1항).
  ㉠ 벌목하려는 경우에는 미리 대피로 및 대피장소를 정해 둘 것
  ㉡ 벌목하려는 나무의 가슴높이지름이 20cm 이상인 경우에는 수구(베어지는 쪽의 밑동 부근에 만드는 쐐기 모양의 절단면)의 상면·하면의 각도를 30도 이상으로 하며, 수구 깊이는 뿌리부분 지름의 4분의 1 이상 3분의 1 이하로 만들 것
  ㉢ 벌목작업 중에는 벌목하려는 나무로부터 해당 나무 높이의 2배에 해당하는 직선거리 안에서 다른 작업을 하지 않을 것
  ㉣ 나무가 다른 나무에 걸려있는 경우에는 다음의 사항을 준수할 것
    ⓐ 걸려있는 나무 밑에서 작업을 하지 않을 것
    ⓑ 받치고 있는 나무를 벌목하지 않을 것
② 사업주는 유압식 벌목기에는 견고한 헤드 가드(head guard)를 부착하여야 한다(제405조 제2항).

(2) 벌목의 신호 등

① 사업주는 벌목작업을 하는 경우에는 일정한 신호방법을 정하여 그 작업에 종사하는 근로자에게 주지시켜야 한다(제406조 제1항).
② 사업주는 벌목작업에 종사하는 근로자가 아닌 사람에게 벌목에 의한 위험이 발생할 우려가 있는 경우에는 벌목작업에 종사하는 근로자에게 미리 제1항의 신호를 하도록 하여 다른 근로자가 대피한 것을 확인한 후에 벌목하도록 하여야 한다.

8. 궤도 관련 작업 등에 의한 위험 방지

(1) 열차운행감시인의 배치 등

① 사업주는 열차 운행에 의한 충돌사고가 발생할 우려가 있는 궤도를 보수·점검하는 경우에 열차운행감시인을 배치하여야 한다. 다만, 선로순회 등 선로를 이동하면서 하는 단순 점검의 경우에는 그러하지 아니하다(제407조 제1항).

② 사업주는 열차운행감시인을 배치한 경우에 위험을 즉시 알릴 수 있도록 확성기·경보기·무선통신기 등 그 작업에 적합한 신호장비를 지급하고, 열차운행 감시 중에는 감시 외의 업무에 종사하게 해서는 아니 된다(제407조 제2항).

(2) 열차통행 중의 작업 제한

사업주는 열차가 운행하는 궤도(인접궤도를 포함한다)상에서 궤도와 그 밖의 관련 설비의 보수·점검작업 등을 하는 중 위험이 발생할 때에 작업자들이 안전하게 대피할 수 있도록 열차통행의 시간간격을 충분히 하고, 작업자들이 안전하게 대피할 수 있는 공간이 확보된 것을 확인한 후에 작업에 종사하도록 하여야 한다(제408조).

(3) 열차의 점검·수리 등

① 사업주는 열차 운행 중에 열차를 점검·수리하거나 그 밖에 이와 유사한 작업을 할 때에 열차에 의하여 근로자에게 접촉·충돌·감전 또는 추락 등의 위험이 발생할 우려가 있는 경우에는 다음의 조치를 하여야 한다(제409조 제1항).
  ㉠ 열차의 운전이 정지된 후 작업을 하도록 하고, 점검 등의 작업 완료 후 열차 운전을 시작하기 전에 반드시 작업자와 신호하여 접촉위험이 없음을 확인하고 운전을 재개하도록 할 것
  ㉡ 열차의 유동 방지를 위하여 차바퀴막이 등 필요한 조치를 할 것
  ㉢ 노출된 열차충전부에 잔류전하 방전조치를 하거나 근로자에게 절연보호구를 지급하여 착용하도록 할 것
  ㉣ 열차의 상판에서 작업을 하는 경우에는 그 주변에 작업발판 또는 안전매트를 설치할 것
② 열차의 정기적인 점검·정비 등의 작업은 지정된 정비차고지 또는 열차에 근로자가 끼이거나 열차와 근로자가 충돌할 위험이 없는 유치선 등의 장소에서 하여야 한다(제409조 제2항).

(4) 안전난간 및 울타리의 설치 등

① 사업주는 궤도작업차량으로부터 작업자가 떨어지는 등의 위험이 있는 경우에 해당 부위에 견고한 구조의 안전난간 또는 이에 준하는 설비를 설치하거나 안전대를 사용하도록 하는 등의 위험 방지 조치를 하여야 한다(제410조 제1항).
② 사업주는 궤도작업차량에 의한 작업을 하는 경우 그 궤도작업차량의 상판 등 감전발생위험이 있는 장소에 울타리를 설치하거나 그 장소의 충전전로에 절연용 방호구를 설치하는 등 감전재해예방에 필요한 조치를 하여야 한다.

(5) 자재의 붕괴·낙하 방지

사업주는 궤도작업차량을 이용하여 받침목·자갈과 그 밖의 궤도 관련 작업 자재를 운반·설치·살포하는 등의 작업을 하는 경우 자재의 붕괴·낙하 등으로 인한 위험을 방지하기 위하여 버팀목이나 보호망을 설치하거나 로프를 거는 등의 위험 방지 조치를 하여야 한다(제411조).

(6) 접촉의 방지

사업주는 궤도작업차량을 이용하는 작업을 하는 경우 유도하는 사람을 지정하여 궤도작업차량을 유도하여야 하며, 운전 중인 궤도작업차량 또는 자재에 근로자가 접촉될 위험이 있는 장소에는 관계 근로자가 아닌 사람을 출입시켜서는 아니 된다(제412조).

(7) 제동장치의 구비 등

① 사업주는 궤도를 단독으로 운행하는 트롤리에 반드시 제동장치를 구비하여야 하며 사용하기 전에 제동상태를 확인하여야 한다(제413조 제1항).
② 궤도작업차량에 견인용 트롤리를 연결하는 경우에는 적합한 연결장치를 사용하여야 한다(제413조 제2항).

(8) 유도자의 지정 등

① 입환기 운전자와 유도하는 사람 사이에는 서로 팔이나 기 또는 등에 의한 신호를 맨눈으로 확인하여 안전하게 작업하도록 하여야 하고, 맨눈으로 신호를 확인할 수 없는 곳에서의 입환작업은 연계 유도자를 두어 작업하도록 하여야 한다. 다만, 정확히 의사를 전달할 수 있는 무전기 등의 통신수단을 지급한 경우에는 연계 유도자를 따로 두지 아니할 수 있다(제414조 제1항).
② 사업주는 입환기 운행 시 유도하는 사람이 근로자의 추락·충돌·끼임 등의 위험요인을 감시하면서 입환기를 유도하도록 하여야 하며, 다른 근로자에게 위험을 알릴 수 있도록 확성기·경보기·무선통신기 등 경보장비를 지급하여야 한다(제414조 제2항).

(9) 추락·충돌·협착 등의 방지

① 사업주는 입환기를 사용하는 작업의 경우에는 다음의 조치를 하여야 한다(제415조 제1항).
㉠ 열차운행 중에 열차에 뛰어오르거나 뛰어내리지 않도록 근로자에게 알릴 것
㉡ 열차에 오르내리기 위한 수직사다리에는 미끄러짐을 방지할 수 있는 견고한 손잡이를

설치할 것

ⓒ 열차에 오르내리기 위한 수직사다리에 근로자가 매달린 상태에서는 열차를 운행하지 않도록 할 것

ⓔ 근로자가 탑승하는 위치에는 안전난간을 설치할 것. 다만, 열차의 구조적인 문제로 안전난간을 설치할 수 없는 경우에는 발받침과 손잡이 등을 설치하여야 한다.

② 사업주는 입환기 운행선로로 다른 열차가 운행하는 것을 제한하여 운행열차와 근로자가 충돌할 위험을 방지하여야 한다. 다만, 유도하는 사람에 의하여 안전하게 작업을 하도록 하는 경우에는 그러하지 아니하다(제415조 제2항).

③ 사업주는 열차를 연결하거나 분리하는 작업을 할 때에 그 작업에 종사하는 근로자가 차량 사이에 끼이는 등의 위험이 발생할 우려가 있는 경우에는 입환기를 안전하게 정지시키도록 하여야 한다(제415조 제3항).

④ 사업주는 입환작업 시 그 작업장소에 관계자가 아닌 사람이 출입하도록 해서는 아니 된다. 다만, 작업장소에 안전한 통로가 설치되어 열차와의 접촉위험이 없는 경우에는 그러하지 아니하다(제415조 제4항).

(10) 작업장 등의 시설 정비

사업주는 근로자가 안전하게 입환작업을 할 수 있도록 그 작업장소의 시설을 자주 정비하여 정상적으로 이용할 수 있는 안전한 상태로 유지하고 관리하여야 한다(제416조).

(11) 대피공간

① 사업주는 궤도를 설치한 터널·지하구간 및 교량 등에서 근로자가 통행하거나 작업을 하는 경우에 적당한 간격마다 대피소를 설치하여야 한다. 다만, 궤도 옆에 상당한 공간이 있거나 손쉽게 교량을 건널 수 있어 그 궤도를 운행하는 차량에 접촉할 위험이 없는 경우에는 그러하지 아니하다(제417조 제1항).

② 대피소는 작업자가 작업도구 등을 소지하고 대피할 수 있는 충분한 공간을 확보하여야 한다(제417조 제2항).

(12) 교량에서의 추락 방지

사업주는 교량에서 궤도와 그 밖의 관련 설비의 보수·점검 등의 작업을 하는 경우에 추락 위험을 방지할 수 있도록 안전난간 또는 안전망을 설치하거나 안전대를 지급하여 착용하게 하여야 한다(제418조).

(13) 받침목교환작업 등

사업주는 터널·지하구간 또는 교량에서 받침목교환작업 등을 하는 동안 열차의 운행을 중지시키고, 작업공간을 충분히 확보하여 근로자가 안전하게 작업을 하도록 하여야 한다(제419조).

PART 03 보건기준

1. 관리대상 유해물질에 의한 건강장해의 예방

(1) 용어의 정의

1.에서 사용하는 용어의 뜻은 다음과 같다(제420조).
　① 관리대상 유해물질 : 근로자에게 상당한 건강장해를 일으킬 우려가 있어 건강장해를 예방하기 위한 보건상의 조치가 필요한 원재료·가스·증기·분진·흄, 미스트로서 별표 12에서 정한 유기화합물, 금속류, 산·알칼리류, 가스상태 물질류를 말한다.

관리대상 유해물질의 종류(별표 12)

1. 유기화합물(123종)
 1) 글루타르알데히드(Glutaraldehyde; 111-30-8)
 2) 니트로글리세린(Nitroglycerin; 55-63-0)
 3) 니트로메탄(Nitromethane; 75-52-5)
 4) 니트로벤젠(Nitrobenzene; 98-95-3)
 5) p-니트로아닐린(p-Nitroaniline; 100-01-6)
 6) p-니트로클로로벤젠(p-Nitrochlorobenzene; 100-00-5)
 7) 2-니트로톨루엔(2-Nitrotoluene; 88-72-2)(특별관리물질)
 8) 디(2-에틸헥실)프탈레이트(Di(2-ethylhexyl)phthalate; 117-81-7)
 9) 디니트로톨루엔(Dinitrotoluene; 25321-14-6 등)(특별관리물질)
 10) N,N-디메틸아닐린(N,N-Dimethylaniline; 121-69-7)
 11) 디메틸아민(Dimethylamine; 124-40-3)
 12) N,N-디메틸아세트아미드(N,N-Dimethylacetamide; 127-19-5)(특별관리물질)
 13) 디메틸포름아미드(Dimethylformamide; 68-12-2)(특별관리물질)
 14) 디에탄올아민(Diethanolamine; 111-42-2)
 15) 디부틸 프탈레이트(Dibutyl phthalate; 84-74-2)(특별관리물질)
 16) 디에틸 에테르(Diethyl ether; 60-29-7)
 17) 디에틸렌트리아민(Diethylenetriamine; 111-40-0)
 18) 2-디에틸아미노에탄올(2-Diethylaminoethanol; 100-37-8)
 19) 디에틸아민(Diethylamine; 109-89-7)

20) 1,4-디옥산(1,4-Dioxane; 123-91-1)
21) 디이소부틸케톤(Diisobutylketone; 108-83-8)
22) 1,1-디클로로-1-플루오로에탄(1,1-Dichloro-1-fluoroethane; 1717-00-6)
23) 디클로로메탄(Dichloromethane; 75-09-2)
24) o-디클로로벤젠(o-Dichlorobenzene; 95-50-1)
25) 1,2-디클로로에탄(1,2-Dichloroethane; 107-06-2)(특별관리물질)
26) 1,2-디클로로에틸렌(1,2-Dichloroethylene; 540-59-0 등)
27) 1,2-디클로로프로판(1,2-Dichloropropane; 78-87-5)(특별관리물질)
28) 디클로로플루오로메탄(Dichlorofluoromethane; 75-43-4)
29) p-디히드록시벤젠(p-dihydroxybenzene; 123-31-9)
30) 메탄올(Methanol; 67-56-1)
31) 2-메톡시에탄올(2-Methoxyethanol; 109-86-4)(특별관리물질)
32) 2-메톡시에틸 아세테이트(2-Methoxyethyl acetate; 110-49-6)(특별관리물질)
33) 메틸 n-부틸 케톤(Methyl n-butyl ketone; 591-78-6)
34) 메틸 n-아밀 케톤(Methyl n-amyl ketone; 110-43-0)
35) 메틸 아민(Methyl amine; 74-89-5)
36) 메틸 아세테이트(Methyl acetate; 79-20-9)
37) 메틸 에틸 케톤(Methyl ethyl ketone; 78-93-3)
38) 메틸 이소부틸 케톤(Methyl isobutyl ketone; 108-10-1)
39) 메틸 클로라이드(Methyl chloride; 74-87-3)
40) 메틸 클로로포름(Methyl chloroform; 71-55-6)
41) 메틸렌 비스(페닐 이소시아네이트)(Methylene bis(phenyl isocyanate); 101-68-8 등)
42) o-메틸시클로헥사논(o-Methylcyclohexanone; 583-60-8)
43) 메틸시클로헥사놀(Methylcyclohexanol; 25639-42-3 등)
44) 무수 말레산(Maleic anhydride; 108-31-6)
45) 무수 프탈산(Phthalic anhydride; 85-44-9)
46) 벤젠(Benzene; 71-43-2)(특별관리물질)
47) 1,3-부타디엔(1,3-Butadiene; 106-99-0)(특별관리물질)
48) n-부탄올(n-Butanol; 71-36-3)
49) 벤조(a)피렌[Benzo(a)pyrene; 50-32-8](특별관리물질)
50) 2-부탄올(2-Butanol; 78-92-2)
51) 2-부톡시에탄올(2-Butoxyethanol; 111-76-2)
52) 2-부톡시에틸 아세테이트(2-Butoxyethyl acetate; 112-07-2)
53) n-부틸 아세테이트(n-Butyl acetate; 123-86-4)
54) 1-브로모프로판(1-Bromopropane; 106-94-5)(특별관리물질)
55) 2-브로모프로판(2-Bromopropane; 75-26-3)(특별관리물질)
56) 브롬화 메틸(Methyl bromide; 74-83-9)
57) 브이엠 및 피 나프타(VM&P Naphtha; 8032-32-4)
58) 비닐 아세테이트(Vinyl acetate; 108-05-4)

59) 사염화탄소(Carbon tetrachloride; 56-23-5)(특별관리물질)
60) 스토다드 솔벤트(Stoddard solvent; 8052-41-3)(벤젠을 0.1% 이상 함유한 경우만 특별관리물질)
61) 스티렌(Styrene; 100-42-5)
62) 시클로헥사논(Cyclohexanone; 108-94-1)
63) 시클로헥사놀(Cyclohexanol; 108-93-0)
64) 시클로헥산(Cyclohexane; 110-82-7)
65) 시클로헥센(Cyclohexene; 110-83-8)
66) 아닐린[62-53-3] 및 그 동족체(Aniline and its homologues)
67) 아세토니트릴(Acetonitrile; 75-05-8)
68) 아세톤(Acetone; 67-64-1)
69) 시클로헥실아민(Cyclohexylamine; 108-91-8)
70) 아세트알데히드(Acetaldehyde; 75-07-0)
71) 아크릴로니트릴(Acrylonitrile; 107-13-1)(특별관리물질)
72) 아크릴아미드(Acrylamide; 79-06-1)(특별관리물질)
73) 알릴 글리시딜 에테르(Allyl glycidyl ether; 106-92-3)
74) 에탄올아민(Ethanolamine; 141-43-5)
75) 2-에톡시에탄올(2-Ethoxyethanol; 110-80-5)(특별관리물질)
76) 2-에톡시에틸 아세테이트(2-Ethoxyethyl acetate; 111-15-9)(특별관리물질)
77) 에틸 벤젠(Ethyl benzene; 100-41-4)
78) 에틸 아세테이트(Ethyl acetate; 141-78-6)
79) 에틸 아크릴레이트(Ethyl acrylate; 140-88-5)
80) 에틸렌 글리콜(Ethylene glycol; 107-21-1)
81) 에틸렌 글리콜 디니트레이트(Ethylene glycol dinitrate; 628-96-6)
82) 에틸렌 클로로히드린(Ethylene chlorohydrin; 107-07-3)
83) 에틸렌이민(Ethyleneimine; 151-56-4)(특별관리물질)
84) 에틸아민(Ethylamine; 75-04-7)
85) 2,3-에폭시-1-프로판올(2,3-Epoxy-1-propanol; 556-52-5 등)(특별관리물질)
86) 1,2-에폭시프로판(1,2-Epoxypropane; 75-56-9 등)(특별관리물질)
87) 에피클로로히드린(Epichlorohydrin; 106-89-8 등)(특별관리물질)
88) 요오드화 메틸(Methyl iodide; 74-88-4)
89) 이소부틸 아세테이트(Isobutyl acetate; 110-19-0)
90) 이소부틸 알코올(Isobutyl alcohol; 78-83-1)
91) 이소아밀 아세테이트(Isoamyl acetate; 123-92-2)
92) 와파린(Warfarin; 81-81-2)(특별관리물질)
93) 이소아밀 알코올(Isoamyl alcohol; 123-51-3)
94) 이소프로필 아세테이트(Isopropyl acetate; 108-21-4)
95) 이소프로필 알코올(Isopropyl alcohol; 67-63-0)
96) 이황화탄소(Carbon disulfide; 75-15-0)
97) 크레졸(Cresol; 1319-77-3 등)

98) 크실렌(Xylene; 1330-20-7 등)
99) 2-클로로-1,3-부타디엔(2-Chloro-1,3-butadiene; 126-99-8)
100) 클로로벤젠(Chlorobenzene; 108-90-7)
101) 1,1,2,2-테트라클로로에탄(1,1,2,2-Tetrachloroethane; 79-34-5)
102) 테트라히드로푸란(Tetrahydrofuran; 109-99-9)
103) 톨루엔(Toluene; 108-88-3)
104) 톨루엔-2,4-디이소시아네이트(Toluene-2,4-diisocyanate; 584-84-9 등)
105) 톨루엔-2,6-디이소시아네이트(Toluene-2,6-diisocyanate); 91-08-7 등)
106) 트리에틸아민(Triethylamine; 121-44-8)
107) 트리클로로메탄(Trichloromethane; 67-66-3)
108) 1,1,2-트리클로로에탄(1,1,2-Trichloroethane; 79-00-5)
109) 트리클로로에틸렌(Trichloroethylene; 79-01-6)(특별관리물질)
110) 1,2,3-트리클로로프로판(1,2,3-Trichloropropane; 96-18-4)(특별관리물질)
111) 퍼클로로에틸렌(Perchloroethylene; 127-18-4)(특별관리물질)
112) 페놀(Phenol; 108-95-2)(특별관리물질)
113) 페닐 글리시딜 에테르(Phenyl glycidyl ether; 122-60-1 등)
114) 포름알데히드(Formaldehyde; 50-00-0)(특별관리물질)
115) 프로필렌이민(Propyleneimine; 75-55-8)(특별관리물질)
116) n-프로필 아세테이트(n-Propyl acetate; 109-60-4)
117) 피리딘(Pyridine; 110-86-1)
118) 헥사메틸렌 디이소시아네이트(Hexamethylene diisocyanate; 822-06-0)
119) 포름아미드(Formamide; 75-12-7)(특별관리물질)
120) n-헥산(n-Hexane; 110-54-3)
121) n-헵탄(n-Heptane; 142-82-5)
122) 황산 디메틸(Dimethyl sulfate; 77-78-1)(특별관리물질)
123) 히드라진[302-01-2] 및 그 수화물(Hydrazine and its hydrates)(특별관리물질)
124) 1)부터 123)까지의 물질을 중량비율 1%[N,N-디메틸아세트아미드(특별관리물질), 디메틸포름아미드(특별관리물질) → 디메틸포름아미드(특별관리물질), 디부틸 프탈레이트(특별관리물질), 2-메톡시에탄올(특별관리물질), 2-메톡시에틸 아세테이트(특별관리물질), 1-브로모프로판(특별관리물질), 2-브로모프로판(특별관리물질), 2-에톡시에탄올(특별관리물질), 2-에톡시에틸 아세테이트(특별관리물질), 와파린(특별관리물질), 페놀(특별관리물질) 및 포름아미드(특별관리물질)는 0.3%, 그 밖의 특별관리물질은 0.1%] 이상 함유한 혼합물

2. 금속류(25종)
 1) 구리[7440-50-8] 및 그 화합물(Copper and its compounds)
 2) 납[7439-92-1] 및 그 무기화합물(Lead and its inorganic compounds)(특별관리물질)
 3) 니켈[7440-02-0] 및 그 무기화합물, 니켈 카르보닐(Nickel and its inorganic compounds, Nickel carbonyl)(불용성화합물만 특별관리물질)
 4) 망간[7439-96-5] 및 그 무기화합물(Manganese and its inorganic compounds)
 5) 바륨[7440-39-3] 및 그 가용성 화합물(Barium and its soluble compounds)

6) 백금[7440-06-4] 및 그 화합물(Platinum and its compounds)
7) 산화마그네슘(Magnesium oxide; 1309-48-4)
8) 산화붕소(Boron oxide; 1303-86-2)(특별관리물질)
9) 셀레늄[7782-49-2] 및 그 화합물(Selenium and its compounds)
10) 수은[7439-97-6] 및 그 화합물(Mercury and its compounds)(특별관리물질. 다만, 아릴화합물 및 알킬화합물은 특별관리물질에서 제외한다)
11) 아연[7440-66-6] 및 그 화합물(Zinc and its compounds)
12) 안티몬[7440-36-0] 및 그 화합물(Antimony and its compounds)(삼산화안티몬만 특별관리물질)
13) 알루미늄[7429-90-5] 및 그 화합물(Aluminum and its compounds)
14) 오산화바나듐(Vanadium pentoxide; 1314-62-1)
15) 요오드[7553-56-2] 및 요오드화물(Iodine and iodides)
16) 은[7440-22-4] 및 그 화합물(Silver and its compounds)
17) 이산화티타늄(Titanium dioxide; 13463-67-7)
18) 인듐[7440-74-6] 및 그 화합물(Indium and its compounds)
19) 주석[7440-31-5] 및 그 화합물(Tin and its compounds)
20) 지르코늄[7440-67-7] 및 그 화합물(Zirconium and its compounds)
21) 철[7439-89-6] 및 그 화합물(Iron and its compounds)
22) 카드뮴[7440-43-9] 및 그 화합물(Cadmium and its compounds)(특별관리물질)
23) 코발트[7440-48-4] 및 그 무기화합물(Cobalt and its inorganic compounds)
24) 크롬[7440-47-3] 및 그 화합물(Chromium and its compounds)(6가크롬 화합물만 특별관리물질)
25) 텅스텐[7440-33-7] 및 그 화합물(Tungsten and its compounds)
26) 1)부터 25)까지의 물질을 중량비율 1%[납 및 그 무기화합물(특별관리물질), 산화붕소(특별관리물질), 수은 및 그 화합물(특별관리물질. 다만, 아릴화합물 및 알킬화합물은 특별관리물질에서 제외한다)은 0.3%, 그 밖의 특별관리물질은 0.1%] 이상 함유한 혼합물

3. 산·알칼리류(18종)
1) 개미산(Formic acid; 64-18-6)
2) 과산화수소(Hydrogen peroxide; 7722-84-1)
3) 무수 초산(Acetic anhydride; 108-24-7)
4) 불화수소(Hydrogen fluoride; 7664-39-3)
5) 브롬화수소(Hydrogen bromide; 10035-10-6)
6) 사붕소산 나트륨(무수물, 오수화물)(Sodium tetraborate; 1330-43-4, 12179-04-3)(특별관리물질)
7) 수산화 나트륨(Sodium hydroxide; 1310-73-2)
8) 수산화 칼륨(Potassium hydroxide; 1310-58-3)
9) 시안화 나트륨(Sodium cyanide; 143-33-9)
10) 시안화 칼륨(Potassium cyanide; 151-50-8)
11) 시안화 칼슘(Calcium cyanide; 592-01-8)
12) 아크릴산(Acrylic acid; 79-10-7)
13) 염화수소(Hydrogen chloride; 7647-01-0)
14) 인산(Phosphoric acid; 7664-38-2)

15) 질산(Nitric acid; 7697-37-2)
16) 초산(Acetic acid; 64-19-7)
17) 트리클로로아세트산(Trichloroacetic acid; 76-03-9)
18) 황산(Sulfuric acid; 7664-93-9)(pH 2.0 이하인 강산은 특별관리물질)
19) 1)부터 18)까지의 물질을 중량비율 1%[사붕소산나트륨(무수물, 오수화물)(특별관리물질)은 0.3%, pH 2.0 이하인 황산(특별관리물질)은 0.1%] 이상 함유한 혼합물

4. 가스 상태 물질류(15종)
1) 불소(Fluorine; 7782-41-4)
2) 브롬(Bromine; 7726-95-6)
3) 산화에틸렌(Ethylene oxide; 75-21-8)(특별관리물질)
4) 삼수소화 비소(Arsine; 7784-42-1)
5) 시안화 수소(Hydrogen cyanide; 74-90-8)
6) 암모니아(Ammonia; 7664-41-7 등)
7) 염소(Chlorine; 7782-50-5)
8) 오존(Ozone; 10028-15-6)
9) 이산화질소(nitrogen dioxide; 10102-44-0)
10) 이산화황(Sulfur dioxide; 7446-09-5)
11) 일산화질소(Nitric oxide; 10102-43-9)
12) 일산화탄소(Carbon monoxide; 630-08-0)
13) 포스겐(Phosgene; 75-44-5)
14) 포스핀(Phosphine; 7803-51-2)
15) 황화수소(Hydrogen sulfide; 7783-06-4)
16) 1)부터 15)까지의 물질을 중량비율 1%(특별관리물질은 0.1%) 이상 함유한 혼합물

비고: '등'이란 해당 화학물질에 이성질체 등 동일 속성을 가지는 2개 이상의 화합물이 존재할 수 있는 경우를 말한다.

② 유기화합물 이란:온·상압에서 휘발성이 있는 액체로서 다른 물질을 녹이는 성질이 있는 유기용제를 포함한 탄화수소계화합물 중 별표 12 제1호에 따른 물질을 말한다.

③ 금속류 : 고체가 되었을 때 금속광택이 나고 전기·열을 잘 전달하며, 전성과 연성을 가진 물질 중 별표 12 제2호에 따른 물질을 말한다.

④ 산·알칼리류 : 수용액 중에서 해리하여 수소이온을 생성하고 염기와 중화하여 염을 만드는 물질과 산을 중화하는 수산화화합물로서 물에 녹는 물질 중 별표 12 제3호에 따른 물질을 말한다.

⑤ 가스상태 물질류 : 상온·상압에서 사용하거나 발생하는 가스 상태의 물질로서 별표 12 제4호에 따른 물질을 말한다.

⑥ 특별관리물질 : 발암성 물질, 생식세포 변이원성 물질, 생식독성 물질 등 근로자에게 중대한 건강장해를 일으킬 우려가 있는 물질로서 별표 12에서 특별관리물질로 표기된 물질을 말한다.

⑦ 유기화합물 취급 특별장소 : 유기화합물을 취급하는 다음의 어느 하나에 해당하는 장소를 말한다.
  ㉠ 선박의 내부
  ㉡ 차량의 내부
  ㉢ 탱크의 내부(반응기 등 화학설비 포함)
  ㉣ 터널이나 갱의 내부
  ㉤ 맨홀의 내부
  ㉥ 피트의 내부
  ㉦ 통풍이 충분하지 않은 수로의 내부
  ㉧ 덕트의 내부
  ㉨ 수관의 내부
  ㉩ 그 밖에 통풍이 충분하지 않은 장소

⑧ 임시작업 : 시적으로 하는 작업 중 월 24시간 미만인 작업을 말한다. 다만, 월 10시간 이상 24시간 미만인 작업이 매월 행하여지는 작업은 제외한다.

⑨ 단시간작업 : 관리대상 유해물질을 취급하는 시간이 1일 1시간 미만인 작업을 말한다. 다만, 1일 1시간 미만인 작업이 매일 수행되는 경우는 제외한다.

(2) 적용 제외

① 사업주가 관리대상 유해물질의 취급업무에 근로자를 종사하도록 하는 경우로서 작업시간 1시간당 소비하는 관리대상 유해물질의 양(그램)이 작업장 공기의 부피(m^3)를 15로 나눈 양 이하인 경우에는 이 장의 규정을 적용하지 아니한다. 다만, 유기화합물 취급 특별장소, 특별관리물질 취급 장소, 지하실 내부, 그 밖에 환기가 불충분한 실내작업장인 경우에는 그러하지 아니하다(제421조 제1항).

② 작업장 공기의 부피는 바닥에서 4m가 넘는 높이에 있는 공간을 제외한 m^3를 단위로 하는 실내작업장의 공간부피를 말한다. 다만, 공기의 부피가 150m^3를 초과하는 경우에는 150m^3를 그 공기의 부피로 한다(제421조 제2항).

(3) 관리대상 유해물질과 관계되는 설비

사업주는 근로자가 실내작업장에서 관리대상 유해물질을 취급하는 업무에 종사하는 경우에 그 작업장에 관리대상 유해물질의 가스·증기 또는 분진의 발산원을 밀폐하는 설비 또는 국소배기장치를 설치하여야 한다. 다만, 분말상태의 관리대상 유해물질을 습기가 있는 상태에서 취급하는 경우에는 그러하지 아니하다(제422조).

(4) 임시작업인 경우의 설비 특례

① 사업주는 실내작업장에서 관리대상 유해물질 취급업무를 임시로 하는 경우에 밀폐설비나 국소배기장치를 설치하지 아니할 수 있다(제423조 제1항).

② 사업주는 유기화합물 취급 특별장소에서 근로자가 유기화합물 취급업무를 임시로 하는 경우로서 전체환기장치를 설치한 경우에 밀폐설비나 국소배기장치를 설치하지 아니할 수 있다(제423조 제2항).

③ 관리대상 유해물질 중 특별관리물질을 취급하는 작업장에는 밀폐설비나 국소배기장치를 설치하여야 한다(제423조 제3항).

(5) 단시간작업인 경우의 설비 특례

① 사업주는 근로자가 전체환기장치가 설치되어 있는 실내작업장에서 단시간 동안 관리대상 유해물질을 취급하는 작업에 종사하는 경우에 밀폐설비나 국소배기장치를 설치하지 아니할 수 있다(제424조 제1항).

② 사업주는 유기화합물 취급 특별장소에서 단시간 동안 유기화합물을 취급하는 작업에 종사하는 근로자에게 송기마스크를 지급하고 착용하도록 하는 경우에 밀폐설비나 국소배기장치를 설치하지 아니할 수 있다(제424조 제2항).

③ 관리대상 유해물질 중 특별관리물질을 취급하는 작업장에는 밀폐설비나 국소배기장치를 설치하여야 한다(제424조 제3항).

(6) 국소배기장치의 설비 특례

사업주는 다음의 어느 하나에 해당하는 경우로서 급기·배기 환기장치를 설치한 경우에 밀폐설비나 국소배기장치를 설치하지 아니할 수 있다(제425조).

① 실내작업장의 벽·바닥 또는 천장에 대하여 관리대상 유해물질 취급업무를 수행할 때 관리대상 유해물질의 발산 면적이 넓어 설비를 설치하기 곤란한 경우

② 자동차의 차체, 항공기의 기체, 선체 블록(block) 등 표면적이 넓은 물체의 표면에 대하여 관리대상 유해물질 취급업무를 수행할 때 관리대상 유해물질의 증기 발산 면적이 넓어 설비를 설치하기 곤란한 경우

(7) 다른 실내 작업장과 격리되어 있는 작업장에 대한 설비 특례

사업주는 다른 실내작업장과 격리되어 근로자가 상시 출입할 필요가 없는 작업장으로서 관리대상 유해물질 취급업무를 하는 실내작업장에 전체환기장치를 설치한 경우에 밀폐설비나 국소배기장치를 설치하지 아니할 수 있다(제426조).

(8) 대체설비의 설치에 따른 특례

사업주는 발산원 밀폐설비, 국소배기장치 또는 전체환기장치 외의 방법으로 적정 처리를 할 수 있는 설비를 설치하고 고용노동부장관이 해당 대체설비가 적정하다고 인정하는 경우에 밀폐설비나 국소배기장치 또는 전체환기장치를 설치하지 아니할 수 있다(제427조).

(9) 유기화합물의 설비 특례

사업주는 전체환기장치가 설치된 유기화합물 취급작업장으로서 다음의 요건을 모두 갖춘 경우에 밀폐설비나 국소배기장치를 설치하지 아니할 수 있다(제428조).
① 유기화합물의 노출기준이 100피피엠(ppm) 이상인 경우
② 유기화합물의 발생량이 대체로 균일한 경우
③ 동일한 작업장에 다수의 오염원이 분산되어 있는 경우
④ 오염원이 이동성이 있는 경우

(10) 국소배기장치의 성능

사업주는 국소배기장치를 설치하는 경우에 별표 13에 따른 제어풍속을 낼 수 있는 성능을 갖춘 것을 설치하여야 한다(제429조).

관리대상 유해물질 관련 국소배기장치 후드의 제어풍속(별표 13)

물질의 상태	후드 형식	제어풍속(m/sec)
가스 상태	포위식 포위형 외부식 측방흡인형 외부식 하방흡인형 외부식 상방흡인형	0.4 0.5 0.5 1.0
입자 상태	포위식 포위형 외부식 측방흡인형 외부식 하방흡인형 외부식 상방흡인형	0.7 1.0 1.0 1.2

(11) 전체환기장치의 성능 등

① 사업주는 단일 성분의 유기화합물이 발생하는 작업장에 전체환기장치를 설치하려는 경우에 다음 계산식에 따라 계산한 환기량 이상으로 설치하여야 한다(제430조 제1항).

> 작업시간 1시간당 필요환기량
>
> $= 24.1 \times 비중 \times 유해물질의 시간당 사용량 \times \dfrac{K}{(분자량 \times 유해물질의 노출기준)} \times 10^6$
>
> 주) 1. 시간당 필요환기량 단위 : ㎥/hr
>   2. 유해물질의 시간당 사용량 단위 : L/hr
>   3. K : 안전계수로서
>   가. K=1 : 작업장 내의 공기 혼합이 원활한 경우
>   나. K=2 : 작업장 내의 공기 혼합이 보통인 경우
>   다. K=3 : 작업장 내의 공기 혼합이 불완전한 경우

② 유기화합물의 발생이 혼합물질인 경우에는 각각의 환기량을 모두 합한 값을 필요환기량으로 적용한다. 다만, 상가작용이 없을 경우에는 필요환기량이 가장 큰 물질의 값을 적용한다(제430조 제2항).

③ 사업주는 전체환기장치를 설치하려는 경우에 전체환기장치의 배풍기(덕트를 사용하는 전체환기장치의 경우에는 해당 덕트의 개구부를 말한다)를 관리대상 유해물질의 발산원에 가장 가까운 위치에 설치하여야 한다(제430조 제3항).

(12) 작업장의 바닥

사업주는 관리대상 유해물질을 취급하는 실내작업장의 바닥에 불침투성의 재료를 사용하고 청소하기 쉬운 구조로 하여야 한다(제431조).

(13) 부식의 방지조치

사업주는 관리대상 유해물질의 접촉설비를 녹슬지 않는 재료로 만드는 등 부식을 방지하기 위하여 필요한 조치를 하여야 한다(제432조).

(14) 누출의 방지조치

사업주는 관리대상 유해물질 취급설비의 뚜껑·플랜지(flange)·밸브 및 콕(cock) 등의 접합부에 대하여 관리대상 유해물질이 새지 않도록 개스킷(gasket)을 사용하는 등 누출을 방지하기 위하여 필요한 조치를 하여야 한다(제433조).

(15) 경보설비 등

① 사업주는 관리대상 유해물질 중 금속류, 산·알칼리류, 가스상태 물질류를 1일 평균 합계 100리터(기체인 경우에는 해당 기체의 용적 1㎥를 2리터로 환산한다) 이상 취급하는 사업장에서 해당 물질이 샐 우려가 있는 경우에 경보설비를 설치하거나 경보용 기구를 갖추어 두어야 한다(제434조 제1항).
② 사업주는 사업장에 관리대상 유해물질 등이 새는 경우에 대비하여 그 물질을 제거하기 위한 약제·기구 또는 설비를 갖추거나 설치하여야 한다(제434조 제2항).

(16) 긴급 차단장치의 설치 등

① 사업주는 관리대상 유해물질 취급설비 중 발열반응 등 이상화학반응에 의하여 관리대상 유해물질이 샐 우려가 있는 설비에 대하여 원재료의 공급을 막거나 불활성가스와 냉각용수 등을 공급하기 위한 장치를 설치하는 등 필요한 조치를 하여야 한다(제435조 제1항).
② 사업주는 장치에 설치한 밸브나 콕을 정상적인 기능을 발휘할 수 있는 상태로 유지하여야 하며, 관계 근로자가 이를 안전하고 정확하게 조작할 수 있도록 색깔로 구분하는 등 필요한 조치를 하여야 한다(제435조 제2항).
③ 사업주는 관리대상 유해물질을 내보내기 위한 장치는 밀폐식 구조로 하거나 내보내지는 관리대상 유해물질을 안전하게 처리할 수 있는 구조로 하여야 한다(제435조 제3항).

(17) 작업수칙

사업주는 관리대상 유해물질 취급설비나 그 부속설비를 사용하는 작업을 하는 경우에 관리대상 유해물질이 새지 않도록 다음의 사항에 관한 작업수칙을 정하여 이에 따라 작업하도록 하여야 한다(제436조).

① 밸브·콕 등의 조작(관리대상 유해물질을 내보내는 경우에만 해당한다)
② 냉각장치, 가열장치, 교반장치 및 압축장치의 조작
③ 계측장치와 제어장치의 감시·조정
④ 안전밸브, 긴급 차단장치, 자동경보장치 및 그 밖의 안전장치의 조정
⑤ 뚜껑·플랜지·밸브 및 콕 등 접합부가 새는지 점검
⑥ 시료의 채취
⑦ 관리대상 유해물질 취급설비의 재가동 시 작업방법
⑧ 이상사태가 발생한 경우의 응급조치

⑨ 그 밖에 관리대상 유해물질이 새지 않도록 하는 조치

(18) 탱크 내 작업

① 사업주는 근로자가 관리대상 유해물질이 들어 있던 탱크 등을 개조·수리 또는 청소를 하거나 해당 설비나 탱크 등의 내부에 들어가서 작업하는 경우에 다음의 조치를 하여야 한다(제437조 제1항).
  ㉠ 관리대상 유해물질에 관하여 필요한 지식을 가진 사람이 해당 작업을 지휘하도록 할 것
  ㉡ 관리대상 유해물질이 들어올 우려가 없는 경우에는 작업을 하는 설비의 개구부를 모두 개방할 것
  ㉢ 근로자의 신체가 관리대상 유해물질에 의하여 오염된 경우나 작업이 끝난 경우에는 즉시 몸을 씻게 할 것
  ㉣ 비상시에 작업설비 내부의 근로자를 즉시 대피시키거나 구조하기 위한 기구와 그 밖의 설비를 갖추어 둘 것
  ㉤ 작업을 하는 설비의 내부에 대하여 작업 전에 관리대상 유해물질의 농도를 측정하거나 그 밖의 방법에 따라 근로자가 건강에 장해를 입을 우려가 있는지를 확인할 것
  ㉥ 설비 내부에 관리대상 유해물질이 있는 경우에는 설비 내부를 환기장치로 충분히 환기시킬 것
  ㉦ 유기화합물을 넣었던 탱크에 대하여 ㉠부터 ㉥까지의 규정에 따른 조치 외에 작업 시작 전에 다음의 조치를 할 것
    ⓐ 유기화합물이 탱크로부터 배출된 후 탱크 내부에 재유입되지 않도록 할 것
    ⓑ 물이나 수증기 등으로 탱크 내부를 씻은 후 그 씻은 물이나 수증기 등을 탱크로부터 배출시킬 것
    ⓒ 탱크 용적의 3배 이상의 공기를 채웠다가 내보내거나 탱크에 물을 가득 채웠다가 배출시킬 것
② 사업주는 ㉦에 따른 조치를 확인할 수 없는 설비에 대하여 근로자가 그 설비의 내부에 머리를 넣고 작업하지 않도록 하고 작업하는 근로자에게 주의하도록 미리 알려야 한다(제437조 제2항).

(19) 사고 시의 대피 등

① 사업주는 관리대상 유해물질을 취급하는 근로자에게 다음의 어느 하나에 해당하는 상황이 발생하여 관리대상 유해물질에 의한 중독이 발생할 우려가 있을 경우에 즉시 작업을

중지하고 근로자를 그 장소에서 대피시켜야 한다(제438조 제1항).
- ㉠ 해당 관리대상 유해물질을 취급하는 장소의 환기를 위하여 설치한 환기장치의 고장으로 그 기능이 저하되거나 상실된 경우
- ㉡ 해당 관리대상 유해물질을 취급하는 장소의 내부가 관리대상 유해물질에 의하여 오염되거나 관리대상 유해물질이 새는 경우

② 사업주는 ①에 따른 상황이 발생하여 작업을 중지한 경우에 관리대상 유해물질에 의하여 오염되거나 새어 나온 것이 제거될 때까지 관계자가 아닌 사람의 출입을 금지하고, 그 내용을 보기 쉬운 장소에 게시하여야 한다. 다만, 안전한 방법에 따라 인명구조 또는 유해방지에 관한 작업을 하도록 하는 경우에는 그러하지 아니하다(제438조 제2항).

③ 근로자는 출입이 금지된 장소에 사업주의 허락 없이 출입해서는 아니 된다(제438조 제3항).

(20) 특별관리물질 취급 시 적어야 하는 사항

안전조치 및 보건조치에 관한 사항으로서 고용노동부령으로 정하는 사항이란 근로자가 특별관리물질을 취급하는 경우에는 다음의 사항을 말한다(제439조).

① 근로자의 이름
② 특별관리물질의 명칭
③ 취급량
④ 작업내용
⑤ 작업 시 착용한 보호구
⑥ 누출, 오염, 흡입 등의 사고가 발생한 경우 피해 내용 및 조치 사항

(21) 특별관리물질의 고지

사업주는 근로자가 특별관리물질을 취급하는 경우에는 그 물질이 특별관리물질이라는 사실과 발암성 물질, 생식세포 변이원성 물질 또는 생식독성 물질 등 중 어느 것에 해당하는지에 관한 내용을 게시판 등을 통하여 근로자에게 알려야 한다(제440조).

(22) 사용 전 점검 등

① 사업주는 국소배기장치를 설치한 후 처음으로 사용하는 경우 또는 국소배기장치를 분해하여 개조하거나 수리한 후 처음으로 사용하는 경우에는 다음에서 정하는 사항을 사용 전에 점검하여야 한다(제441조 제1항).
  - ㉠ 덕트와 배풍기의 분진 상태

ⓒ 덕트 접속부가 헐거워졌는지 여부
   ⓒ 흡기 및 배기 능력
   ⓔ 그 밖에 국소배기장치의 성능을 유지하기 위하여 필요한 사항
  ② 사업주는 점검 결과 이상이 발견되었을 때에는 즉시 청소·보수 또는 그 밖에 필요한 조치를 하여야 한다(제441조 제2항).
  ③ 점검을 한 후 그 기록의 보존에 관하여는 점검결과의 기록 규정을 준용한다(제441조 제3항).

(23) 명칭 등의 게시

  ① 사업주는 관리대상 유해물질을 취급하는 작업장의 보기 쉬운 장소에 다음의 사항을 게시하여야 한다. 다만, 작업공정별 관리요령을 게시한 경우에는 그러하지 아니하다(제442조 제1항).
   ㉠ 관리대상 유해물질의 명칭
   ㉡ 인체에 미치는 영향
   ㉢ 취급상 주의사항
   ㉣ 착용하여야 할 보호구
   ㉤ 응급조치와 긴급 방재 요령
  ② ①의 사항을 게시하는 경우에는 건강 및 환경 유해성 분류기준에 따라 인체에 미치는 영향이 유사한 관리대상 유해물질별로 분류하여 게시할 수 있다(제442조 제2항).

(24) 관리대상 유해물질의 저장

  ① 사업주는 관리대상 유해물질을 운반하거나 저장하는 경우에 그 물질이 새거나 발산될 우려가 없는 뚜껑 또는 마개가 있는 튼튼한 용기를 사용하거나 단단하게 포장을 하여야 하며, 그 저장장소에는 다음의 조치를 하여야 한다(제443조 제1항).
   ㉠ 관계 근로자가 아닌 사람의 출입을 금지하는 표시를 할 것
   ㉡ 관리대상 유해물질의 증기를 실외로 배출시키는 설비를 설치할 것
  ② 사업주는 관리대상 유해물질을 저장할 경우에 일정한 장소를 지정하여 저장하여야 한다(제443조 제2항).

(25) 빈 용기 등의 관리

사업주는 관리대상 유해물질의 운반·저장 등을 위하여 사용한 용기 또는 포장을 밀폐하거나 실외의 일정한 장소를 지정하여 보관하여야 한다(제444조).

(26) 청소

사업주는 관리대상 유해물질을 취급하는 실내작업장, 휴게실 또는 식당 등에 관리대상 유해물질로 인한 오염을 제거하기 위하여 청소 등을 하여야 한다(제445조).

(27) 출입의 금지 등

① 사업주는 관리대상 유해물질을 취급하는 실내작업장에 관계 근로자가 아닌 사람의 출입을 금지하고, 그 내용을 보기 쉬운 장소에 게시하여야 한다. 다만, 관리대상 유해물질 중 금속류, 산·알칼리류, 가스상태 물질류를 1일 평균 합계 100리터(기체인 경우에는 그 기체의 부피 1㎥를 2리터로 환산한다) 미만을 취급하는 작업장은 그러하지 아니하다(제446조 제1항).

② 사업주는 관리대상 유해물질이나 이에 따라 오염된 물질은 일정한 장소를 정하여 폐기·저장 등을 하여야 하며, 그 장소에는 관계 근로자가 아닌 사람의 출입을 금지하고, 그 내용을 보기 쉬운 장소에 게시하여야 한다(제446조 제2항).

③ 근로자는 출입이 금지된 장소에 사업주의 허락 없이 출입해서는 아니 된다(제446조 제3항).

(28) 흡연 등의 금지

① 사업주는 관리대상 유해물질을 취급하는 실내작업장에서 근로자가 담배를 피우거나 음식물을 먹지 않도록 하여야 하며, 그 내용을 보기 쉬운 장소에 게시하여야 한다(제447조 제1항).

② 근로자는 흡연 또는 음식물의 섭취가 금지된 장소에서 흡연 또는 음식물 섭취를 해서는 아니 된다(제447조 제2항).

(29) 세척시설 등

① 사업주는 근로자가 관리대상 유해물질을 취급하는 작업을 하는 경우에 세면·목욕·세탁 및 건조를 위한 시설을 설치하고 필요한 용품과 용구를 갖추어 두어야 한다(제448조 제1항).

② 사업주는 시설을 설치할 경우에 오염된 작업복과 평상복을 구분하여 보관할 수 있는 구조로 하여야 한다(제448조 제2항).

(30) 유해성 등의 주지

① 사업주는 관리대상 유해물질을 취급하는 작업에 근로자를 종사하도록 하는 경우에 근로

자를 작업에 배치하기 전에 다음의 사항을 근로자에게 알려야 한다(제449조 제1항).
- ㉠ 관리대상 유해물질의 명칭 및 물리적·화학적 특성
- ㉡ 인체에 미치는 영향과 증상
- ㉢ 취급상의 주의사항
- ㉣ 착용하여야 할 보호구와 착용방법
- ㉤ 위급상황 시의 대처방법과 응급조치 요령
- ㉥ 그 밖에 근로자의 건강장해 예방에 관한 사항

② 사업주는 근로자가 디메틸포름아미드·벤젠·사염화탄소·아크릴로니트릴·1,1,2,2-테트라클로로에탄·퍼클로로에틸렌의 물질을 취급하는 경우에 근로자가 작업을 시작하기 전에 해당 물질이 급성 독성을 일으키는 물질임을 근로자에게 알려야 한다(제449조 제2항).

(31) 호흡용 보호구의 지급 등

① 사업주는 근로자가 다음의 어느 하나에 해당하는 업무를 하는 경우에 해당 근로자에게 송기마스크를 지급하여 착용하도록 하여야 한다(제450조 제1항).
- ㉠ 유기화합물을 넣었던 탱크(유기화합물의 증기가 발산할 우려가 없는 탱크는 제외한다) 내부에서의 세척 및 페인트칠 업무
- ㉡ 유기화합물 취급 특별장소에서 유기화합물을 취급하는 업무

② 사업주는 근로자가 다음의 어느 하나에 해당하는 업무를 하는 경우에 해당 근로자에게 송기마스크나 방독마스크를 지급하여 착용하도록 하여야 한다(제450조 제2항).
- ㉠ 밀폐설비나 국소배기장치가 설치되지 아니한 장소에서의 유기화합물 취급업무
- ㉡ 유기화합물 취급 장소에 설치된 환기장치 내의 기류가 확산될 우려가 있는 물체를 다루는 유기화합물 취급업무
- ㉢ 유기화합물 취급 장소에서 유기화합물의 증기 발산원을 밀폐하는 설비(청소 등으로 유기화합물이 제거된 설비는 제외한다)를 개방하는 업무

③ 사업주는 근로자에게 송기마스크를 착용시키려는 경우에 신선한 공기를 공급할 수 있는 성능을 가진 장치가 부착된 송기마스크를 지급하여야 한다(제450조 제3항).

④ 사업주는 금속류, 산·알칼리류, 가스상태 물질류 등을 취급하는 작업장에서 근로자의 건강장해 예방에 적절한 호흡용 보호구를 근로자에게 지급하여 필요시 착용하도록 하고, 호흡용 보호구를 공동으로 사용하여 근로자에게 질병이 감염될 우려가 있는 경우에는 개인 전용의 것을 지급하여야 한다(제450조 제4항).

⑤ 근로자는 지급된 보호구를 사업주의 지시에 따라 착용하여야 한다(제450조 제5항).

(32) 보호복 등의 비치 등

① 사업주는 근로자가 피부 자극성 또는 부식성 관리대상 유해물질을 취급하는 경우에 불침투성 보호복·보호장갑·보호장화 및 피부보호용 바르는 약품을 갖추어 두고, 이를 사용하도록 하여야 한다(제451조 제1항).

② 사업주는 근로자가 관리대상 유해물질이 흩날리는 업무를 하는 경우에 보안경을 지급하고 착용하도록 하여야 한다(제451조 제2항).

③ 사업주는 관리대상 유해물질이 근로자의 피부나 눈에 직접 닿을 우려가 있는 경우에 즉시 물로 씻어낼 수 있도록 세면·목욕 등에 필요한 세척시설을 설치하여야 한다(제451조 제3항).

④ 근로자는 지급된 보호구를 사업주의 지시에 따라 착용하여야 한다(제451조 제4항).

2. 허가대상 유해물질 및 석면에 의한 건강장해의 예방

(1) 용어의 정의

2.에서 사용하는 용어의 뜻은 다음과 같다(제452조).

① 허가대상 유해물질 : 고용노동부장관의 허가를 받지 않고는 제조·사용이 금지되는 물질로서 허가대상 유해물질을 말한다.

② 제조 : 화학물질 또는 그 구성요소에 물리적·화학적 작용을 가하여 허가대상 유해물질로 전환하는 과정을 말한다.

③ 사용 : 새로운 제품 또는 물질을 만들기 위하여 허가대상 유해물질을 원재료로 이용하는 것을 말한다.

④ 석면해체·제거작업 : 석면함유 설비 또는 건축물의 파쇄, 개·보수 등으로 인하여 석면분진이 흩날릴 우려가 있고 작은 입자의 석면폐기물이 발생하는 작업을 말한다.

⑤ 가열응착 : 허가대상 유해물질에 압력을 가하여 성형한 것을 가열하였을 때 가루가 서로 밀착·굳어지는 현상을 말한다.

⑥ 가열탈착 : 허가대상 유해물질을 고온으로 가열하여 휘발성 성분의 일부 또는 전부를 제거하는 조작을 말한다.

(2) 설비기준 등

① 사업주는 허가대상 유해물질(베릴륨 및 석면은 제외한다)을 제조하거나 사용하는 경우에 다음의 사항을 준수하여야 한다(제453조 제1항).
   ㉠ 허가대상 유해물질을 제조하거나 사용하는 장소는 다른 작업장소와 격리시키고 작업장소의 바닥과 벽은 불침투성의 재료로 하되, 물청소로 할 수 있는 구조로 하는 등 해당 물질을 제거하기 쉬운 구조로 할 것
   ㉡ 원재료의 공급·이송 또는 운반은 해당 작업에 종사하는 근로자의 신체에 그 물질이 직접 닿지 않는 방법으로 할 것
   ㉢ 반응조(batch reactor)는 발열반응 또는 가열을 동반하는 반응에 의하여 교반기 등의 덮개부분으로부터 가스나 증기가 새지 않도록 개스킷 등으로 접합부를 밀폐시킬 것
   ㉣ 가동 중인 선별기 또는 진공여과기의 내부를 점검할 필요가 있는 경우에는 밀폐된 상태에서 내부를 점검할 수 있는 구조로 할 것
   ㉤ 분말 상태의 허가대상 유해물질을 근로자가 직접 사용하는 경우에는 그 물질을 습기가 있는 상태로 사용하거나 격리실에서 원격조작하거나 분진이 흩날리지 않는 방법을 사용하도록 할 것

② 사업주는 근로자가 허가대상 유해물질(베릴륨 및 석면은 제외한다)을 제조하거나 사용하는 경우에 허가대상 유해물질의 가스·증기 또는 분진의 발산원을 밀폐하는 설비나 포위식 후드 또는 부스식 후드의 국소배기장치를 설치하여야 한다. 다만, 작업의 성질상 밀폐설비나 포위식 후드 또는 부스식 후드를 설치하기 곤란한 경우에는 외부식 후드의 국소배기장치(상방 흡인형은 제외한다)를 설치할 수 있다(제453조 제2항).

(3) 국소배기장치의 설치·성능

국소배기장치의 성능은 물질의 상태에 따라 아래 표에서 정하는 제어풍속 이상이 되도록 하여야 한다(제454조).

물질의 상태	제어풍속(미터/초)
가스상태	0.5
입자상태	1.0

비고
이 표에서 제어풍속이란 국소배기장치의 모든 후드를 개방한 경우의 제어 풍속을 말한다.
이 표에서 제어풍속은 후드의 형식에 따라 다음에서 정한 위치에서의 풍속을 말한다.
   가. 포위식 또는 부그식 후드에서는 후드의 개구면에서의 풍속
   나. 외부식 또는 리시버식 후드에서는 유해물질의 가스·증기 또는 분진이 빨려 들어가는 범위에서 해당 개구면으로부터 가장 먼 작업 위치에서의 풍속

(4) 배출액의 처리

사업주는 허가대상 유해물질의 제조·사용 설비로부터 오염물이 배출되는 경우에 이로 인한 근로자의 건강장해를 예방할 수 있도록 배출액을 중화·침전·여과 또는 그 밖의 적절한 방식으로 처리하여야 한다(제455조).

(5) 사용 전 점검 등

① 사업주는 국소배기장치를 설치한 후 처음으로 사용하는 경우 또는 국소배기장치를 분해하여 개조하거나 수리를 한 후 처음으로 사용하는 경우에 다음의 사항을 사용 전에 점검하여야 한다(제456조 제1항).
  ㉠ 덕트와 배풍기의 분진상태
  ㉡ 덕트 접속부가 헐거워졌는지 여부
  ㉢ 흡기 및 배기 능력
  ㉣ 그 밖에 국소배기장치의 성능을 유지하기 위하여 필요한 사항
② 사업주는 점검 결과 이상이 발견되었을 경우에 즉시 청소·보수 또는 그 밖에 필요한 조치를 하여야 한다(제456조 제2항).
③ 점검을 한 후 그 기록의 보존에 관하여는 점검결과의 기록 규정을 준용한다(제456조 제3항).

(6) 출입의 금지

① 사업주는 허가대상 유해물질을 제조하거나 사용하는 작업장에 관계 근로자가 아닌 사람의 출입을 금지하고, 일람표 번호 501에 따른 표지를 출입구에 붙여야 한다. 다만, 석면을 제조하거나 사용하는 작업장에는 일람표 번호 502에 따른 표지를 붙여야 한다(제457조 제1항).
② 사업주는 허가대상 유해물질이나 이에 의하여 오염된 물질은 일정한 장소를 정하여 저장하거나 폐기하여야 하며, 그 장소에는 관계 근로자가 아닌 사람의 출입을 금지하고, 그 내용을 보기 쉬운 장소에 게시하여야 한다(제457조 제2항).
③ 근로자는 출입이 금지된 장소에 사업주의 허락 없이 출입해서는 아니 된다(제457조 제3항).

(7) 흡연 등의 금지

① 사업주는 허가대상 유해물질을 제조하거나 사용하는 작업장에서 근로자가 담배를 피우

거나 음식물을 먹지 않도록 하고, 그 내용을 보기 쉬운 장소에 게시하여야 한다(제458조 제1항).

② 근로자는 흡연 또는 음식물의 섭취가 금지된 장소에서 흡연 또는 음식물 섭취를 해서는 아니 된다(제458조 제2항).

(8) 명칭 등의 게시

사업주는 허가대상 유해물질을 제조하거나 사용하는 작업장에 다음의 사항을 보기 쉬운 장소에 게시하여야 한다(제459조).

① 허가대상 유해물질의 명칭
② 인체에 미치는 영향
③ 취급상의 주의사항
④ 착용하여야 할 보호구
⑤ 응급처치와 긴급 방재 요령

(9) 유해성 등의 주지

사업주는 근로자가 허가대상 유해물질을 제조하거나 사용하는 경우에 다음의 사항을 근로자에게 알려야 한다(제460조).

① 물리적·화학적 특성
② 발암성 등 인체에 미치는 영향과 증상
③ 취급상의 주의사항
④ 착용하여야 할 보호구와 착용방법
⑤ 위급상황 시의 대처방법과 응급조치 요령
⑥ 그 밖에 근로자의 건강장해 예방에 관한 사항

(10) 용기 등

① 사업주는 허가대상 유해물질을 운반하거나 저장하는 경우에 그 물질이 샐 우려가 없는 견고한 용기를 사용하거나 단단하게 포장을 하여야 한다(제461조 제1항).
② 사업주는 용기 또는 포장의 보기 쉬운 위치에 해당 물질의 명칭과 취급상의 주의사항을 표시하여야 한다(제461조 제2항).
③ 사업주는 허가대상 유해물질을 보관할 경우에 일정한 장소를 지정하여 보관하여야 한다(제461조 제3항).

④ 사업주는 허가대상 유해물질의 운반·저장 등을 위하여 사용한 용기 또는 포장을 밀폐하거나 실외의 일정한 장소를 지정하여 보관하여야 한다(제461조 제4항).

(11) 작업수칙

사업주는 근로자가 허가대상 유해물질(베릴륨 및 석면은 제외한다)을 제조·사용하는 경우에 다음의 사항에 관한 작업수칙을 정하고, 이를 해당 작업근로자에게 알려야 한다(제462조).

① 밸브·콕 등(허가대상 유해물질을 제조하거나 사용하는 설비에 원재료를 공급하는 경우 또는 그 설비로부터 제품 등을 추출하는 경우에 사용되는 것만 해당한다)의 조작
② 냉각장치, 가열장치, 교반장치 및 압축장치의 조작
③ 계측장치와 제어장치의 감시·조정
④ 안전밸브, 긴급 차단장치, 자동경보장치 및 그 밖의 안전장치의 조정
⑤ 뚜껑·플랜지·밸브 및 콕 등 접합부가 새는지 점검
⑥ 시료의 채취 및 해당 작업에 사용된 기구 등의 처리
⑦ 이상 상황이 발생한 경우의 응급조치
⑧ 보호구의 사용·점검·보관 및 청소
⑨ 허가대상 유해물질을 용기에 넣거나 꺼내는 작업 또는 반응조 등에 투입하는 작업
⑩ 그 밖에 허가대상 유해물질이 새지 않도록 하는 조치

(12) 잠금장치 등

사업주는 허가대상 유해물질이 보관된 장소에 잠금장치를 설치하는 등 관계근로자가 아닌 사람이 임의로 출입할 수 없도록 적절한 조치를 하여야 한다(제463조).

(13) 목욕설비 등

① 사업주는 허가대상 유해물질을 제조·사용하는 경우에 해당 작업장소와 격리된 장소에 평상복 탈의실, 목욕실 및 작업복 탈의실을 설치하고 필요한 용품과 용구를 갖추어 두어야 한다(제464조 제1항).
② 사업주는 목욕 및 탈의 시설을 설치하려는 경우에 입구, 평상복 탈의실, 목욕실, 작업복 탈의실 및 출구 등의 순으로 설치하여 근로자가 그 순서대로 작업장에 들어가고 작업이 끝난 후에는 반대의 순서대로 나올 수 있도록 하여야 한다(제464조 제2항).
③ 사업주는 허가대상 유해물질 취급근로자가 착용하였던 작업복, 보호구 등은 오염을 방지할 수 있는 장소에서 벗도록 하고 오염 제거를 위한 세탁 등 필요한 조치를 하여야 한다. 이 경우 오염된 작업복 등은 세탁을 위하여 정해진 장소 밖으로 내가서는 아니 된다(제

464조 제3항).

(14) 긴급 세척시설 등

사업주는 허가대상 유해물질을 제조·사용하는 작업장에 근로자가 쉽게 사용할 수 있도록 긴급 세척시설과 세안설비를 설치하고, 이를 사용하는 경우에는 배관 찌꺼기와 녹물 등이 나오지 않고 맑은 물이 나올 수 있도록 유지하여야 한다(제465조).

(15) 누출 시 조치

사업주는 허가대상 유해물질을 제조·사용하는 작업장에서 해당 물질이 샐 경우에 즉시 해당 물질이 흩날리지 않는 방법으로 제거하는 등 필요한 조치를 하여야 한다(제466조).

(16) 시료의 채취

사업주는 허가대상 유해물질(베릴륨은 제외한다)의 제조설비로부터 시료를 채취하는 경우에 다음의 사항을 따라야 한다(제467조).
① 시료의 채취에 사용하는 용기 등은 시료채취 전용으로 할 것
② 시료의 채취는 미리 지정된 장소에서 하고 시료가 흩날리거나 새지 않도록 할 것
③ 시료의 채취에 사용한 용기 등은 세척한 후 일정한 장소에 보관할 것

(17) 허가대상 유해물질의 제조·사용 시 적어야 하는 사항

안전조치 및 보건조치에 관한 사항으로서 고용노동부령으로 정하는 사항이란 근로자가 허가대상 유해물질을 제조·사용하는 경우에는 다음의 사항을 말한다(제468조).
① 근로자의 이름
② 허가대상 유해물질의 명칭
③ 제조량 또는 사용량
④ 작업내용
⑤ 작업 시 착용한 보호구
⑥ 누출, 오염, 흡입 등의 사고가 발생한 경우 피해 내용 및 조치 사항

(18) 방독마스크의 지급 등

① 사업주는 근로자가 허가대상 유해물질을 제조하거나 사용하는 작업을 하는 경우에 개인 전용의 방진마스크나 방독마스크 등을 지급하여 착용하도록 하여야 한다(제469조 제1항).

② 사업주는 지급하는 방독마스크등을 보관할 수 있는 보관함을 갖추어야 한다(제469조 제2항).
③ 근로자는 지급된 방독마스크등을 사업주의 지시에 따라 착용하여야 한다(제469조 제3항).

(19) 보호복 등의 비치

① 사업주는 근로자가 피부장해 등을 유발할 우려가 있는 허가대상 유해물질을 취급하는 경우에 불침투성 보호복·보호장갑·보호장화 및 피부보호용 약품을 갖추어 두고 이를 사용하도록 하여야 한다(제470조 제1항).
② 근로자는 지급된 보호구를 사업주의 지시에 따라 착용하여야 한다(제470조 제2항).

(20) 설비기준

사업주는 베릴륨을 제조하거나 사용하는 경우에 다음의 사항을 지켜야 한다(제471조).

① 베릴륨을 가열응착하거나 가열탈착하는 설비(수산화베릴륨으로부터 고순도 산화베릴륨을 제조하는 설비는 제외한다)는 다른 작업장소와 격리된 실내에 설치하고 국소배기장치를 설치할 것
② 베릴륨 제조설비(베릴륨을 가열응착 또는 가열탈착하는 설비, 아크로 등에 의하여 녹은 베릴륨으로 베릴륨합금을 제조하는 설비 및 수산화베릴륨으로 고순도 산화베릴륨을 제조하는 설비는 제외한다)는 밀폐식 구조로 하거나 위쪽·아래쪽 및 옆쪽에 덮개 등을 설치할 것
③ ②에 따른 설비로서 가동 중 내부를 점검할 필요가 있는 것은 덮여 있는 상태로 내부를 관찰할 것
④ 베릴륨을 제조하거나 사용하는 작업장소의 바닥과 벽은 불침투성 재료로 할 것
⑤ 아크로 등에 의하여 녹은 베릴륨으로 베릴륨합금을 제조하는 작업장소에는 국소배기장치를 설치할 것
⑥ 수산화베릴륨으로 고순도 산화베릴륨을 제조하는 설비는 다음의 사항을 갖출 것
  ㉠ 열분해로는 다른 작업장소와 격리된 실내에 설치할 것
  ㉡ 그 밖의 설비는 밀폐식 구조로 하고 위쪽·아래쪽 및 옆쪽에 덮개를 설치하거나 뚜껑을 설치할 수 있는 형태로 할 것
⑦ 베릴륨의 공급·이송 또는 운반은 해당 작업에 종사하는 근로자의 신체에 해당 물질이 직접 닿지 않는 방법으로 할 것
⑧ 분말 상태의 베릴륨을 사용(공급·이송 또는 운반하는 경우는 제외한다)하는 경우에는 격리실에서 원격조작방법으로 할 것

⑨ 분말 상태의 베릴륨을 계량하는 작업, 용기에 넣거나 꺼내는 작업, 포장하는 작업을 하는 경우로서 ⑧에 따른 방법을 지키는 것이 현저히 곤란한 경우에는 해당 작업을 하는 근로자의 신체에 베릴륨이 직접 닿지 않는 방법으로 할 것

(21) 아크로에 대한 조치

사업주는 베릴륨과 그 물질을 함유하는 제제로서 함유된 중량의 비율이 1%를 초과하는 물질을 녹이는 아크로 등은 삽입한 부분의 간격을 작게 하기 위하여 모래차단막을 설치하거나 이에 준하는 조치를 하여야 한다(제472조).

(22) 가열응착 제품 등의 추출

사업주는 가열응착 또는 가열탈착을 한 베릴륨을 흡입 방법으로 꺼내도록 하여야 한다(제473조).

(23) 가열응착 제품 등의 파쇄

사업주는 가열응착 또는 가열탈착된 베릴륨이 함유된 제품을 파쇄하려면 다른 작업장소로부터 격리된 실내에서 하고, 파쇄를 하는 장소에는 국소배기장치의 설치 및 그 밖에 근로자의 건강장해 예방을 위하여 적절한 조치를 하여야 한다(제474조).

(24) 시료의 채취

사업주는 근로자가 베릴륨의 제조설비로부터 시료를 채취하는 경우에 다음의 사항을 따라야 한다(제475조).
① 시료의 채취에 사용하는 용기 등은 시료채취 전용으로 할 것
② 시료의 채취는 미리 지정된 장소에서 하고 시료가 날리지 않도록 할 것
③ 시료의 채취에 사용한 용기 등은 세척한 후 일정한 장소에 보관할 것

(25) 작업수칙

사업주는 베릴륨의 제조·사용 작업에 근로자를 종사하도록 하는 경우에 베릴륨 분진의 발산과 근로자의 오염을 방지하기 위하여 다음의 사항에 관한 작업수칙을 정하고 이를 해당 작업근로자에게 알려야 한다(제476조).
① 용기에 베릴륨을 넣거나 꺼내는 작업
② 베릴륨을 담은 용기의 운반
③ 베릴륨을 공기로 수송하는 장치의 점검
④ 여과집진방식 집진장치의 여과재 교환
⑤ 시료의 채취 및 그 작업에 사용된 용기 등의 처리

⑥ 이상사태가 발생한 경우의 응급조치
⑦ 보호구의 사용·점검·보관 및 청소
⑧ 그 밖에 베릴륨 분진의 발산을 방지하기 위하여 필요한 조치

(26) 직업성 질병의 주지

사업주는 석면으로 인한 직업성 질병의 발생 원인, 재발 방지 방법 등을 석면을 취급하는 근로자에게 알려야 한다(제486조).

(27) 유지·관리

사업주는 건축물이나 설비의 천장재, 벽체 재료 및 보온재 등의 손상, 노후화 등으로 석면분진을 발생시켜 근로자가 그 분진에 노출될 우려가 있을 경우에는 해당 자재를 제거하거나 다른 자재로 대체하거나 안정화하거나 씌우는 등 필요한 조치를 하여야 한다(제487조).

(28) 일반석면조사

① 건축물·설비를 철거하거나 해체하려는 건축물·설비의 소유주 또는 임차인 등은 그 건축물이나 설비의 석면함유 여부를 맨눈, 설계도서, 자재이력 등 적절한 방법을 통하여 조사하여야 한다(제488조 제1항).
② 조사에도 불구하고 해당 건축물이나 설비의 석면 함유 여부가 명확하지 않은 경우에는 석면의 함유 여부를 성분분석하여 조사하여야 한다(제488조 제2항).

(29) 석면해체·제거작업 계획 수립

① 사업주는 석면해체·제거작업을 하기 전에 일반석면조사 또는 기관석면조사 결과를 확인한 후 다음의 사항이 포함된 석면해체·제거작업 계획을 수립하고, 이에 따라 작업을 수행하여야 한다(제489조 제1항).
  ㉠ 석면해체·제거작업의 절차와 방법
  ㉡ 석면 흩날림 방지 및 폐기방법
  ㉢ 근로자 보호조치
② 사업주는 석면해체·제거작업 계획을 수립한 경우에 이를 해당 근로자에게 알려야 하며, 작업장에 대한 석면조사 방법 및 종료일자, 석면조사 결과의 요지를 해당 근로자가 보기 쉬운 장소에 게시하여야 한다(제489조 제2항).

(30) 경고표지의 설치

사업주는 석면해체·제거작업을 하는 장소에 일람표 번호 502에 따른 표지를 출입구에 게시하여야 한다. 다만, 작업이 이루어지는 장소가 실외이거나 출입구가 설치되어 있지 아니한 경우에는 근로자가 보기 쉬운 장소에 게시하여야 한다(제490조).

(31) 개인보호구의 지급·착용

① 사업주는 석면해체·제거작업에 근로자를 종사하도록 하는 경우에 다음의 개인보호구를 지급하여 착용하도록 하여야 한다. 다만, ⓒ의 보호구는 근로자의 눈 부분이 노출될 경우에만 지급한다(제491조 제1항).
  ㉠ 방진마스크(특등급만 해당한다)나 송기마스크 또는 전동식 호흡보호구. 다만, 석면해체·제거작업에 종사하는 경우에는 송기마스크 또는 전동식 호흡보호구를 지급하여 착용하도록 하여야 한다.
  ㉡ 고글(Goggles)형 보호안경
  ㉢ 신체를 감싸는 보호복, 보호장갑 및 보호신발
② 근로자는 지급된 개인보호구를 사업주의 지시에 따라 착용하여야 한다(제491조 제2항).

(32) 출입의 금지

① 사업주는 석면해체·제거작업 계획을 숙지하고 개인보호구를 착용한 사람 외에는 석면해체·제거작업을 하는 작업장에 출입하게 해서는 아니 된다(제492조 제1항).
② 근로자는 출입이 금지된 장소에 사업주의 허락 없이 출입해서는 아니 된다(제492조 제2항).

(33) 흡연 등의 금지

① 사업주는 석면해체·제거작업장에서 근로자가 담배를 피우거나 음식물을 먹지 않도록 하고 그 내용을 보기 쉬운 장소에 게시하여야 한다(제493조 제1항).
② 근로자는 흡연 또는 음식물의 섭취가 금지된 장소에서 흡연 또는 음식물 섭취를 해서는 아니 된다(제493조 제2항).

(34) 위생설비의 설치 등

① 사업주는 석면해체·제거작업장과 연결되거나 인접한 장소에 평상복 탈의실, 샤워실 및 작업복 탈의실 등의 위생설비를 설치하고 필요한 용품 및 용구를 갖추어 두어야 한다(제494조 제1항).

② 사업주는 석면해체·제거작업에 종사한 근로자에게 개인보호구를 작업복 탈의실에서 벗어 밀폐용기에 보관하도록 하여야 한다(제494조 제2항).

③ 사업주는 석면해체·제거작업을 하는 근로자가 작업 도중 일시적으로 작업장 밖으로 나가는 경우에는 고성능 필터가 장착된 진공청소기를 사용하는 방법 등으로 착용한 개인보호구에 부착된 석면분진을 제거한 후 나가도록 하여야 한다(제494조 제3항).

④ 사업주는 보관 중인 개인보호구를 폐기하거나 세척하는 등 석면분진을 제거하기 위하여 필요한 조치를 하여야 한다(제494조 제4항).

(35) 석면해체·제거작업 시의 조치

사업주는 석면해체·제거작업에 근로자를 종사하도록 하는 경우에 다음의 구분에 따른 조치를 하여야 한다. 다만, 사업주가 다른 조치를 한 경우로서 지방고용노동관서의 장이 다음의 조치와 같거나 그 이상의 효과를 가진다고 인정하는 경우에는 다음의 조치를 한 것으로 본다(제495조).

① 분무된 석면이나 석면이 함유된 보온재 또는 내화피복재의 해체·제거작업
　㉠ 창문·벽·바닥 등은 비닐 등 불침투성 차단재로 밀폐하고 해당 장소를 음압으로 유지하고 그 결과를 기록·보존할 것(작업장이 실내인 경우에만 해당한다)
　㉡ 작업 시 석면분진이 흩날리지 않도록 고성능 필터가 장착된 석면분진 포집장치를 가동하는 등 필요한 조치를 할 것(작업장이 실외인 경우에만 해당한다)
　㉢ 물이나 습윤제를 사용하여 습식으로 작업할 것
　㉣ 평상복 탈의실, 샤워실 및 작업복 탈의실 등의 위생설비를 작업장과 연결하여 설치할 것(작업장이 실내인 경우에만 해당한다)

② 석면이 함유된 벽체, 바닥타일 및 천장재의 해체·제거작업{천공작업 등 석면이 적게 흩날리는 작업을 하는 경우에는 ㉡의 조치로 한정한다}
　㉠ 창문·벽·바닥 등은 비닐 등 불침투성 차단재로 밀폐할 것
　㉡ 물이나 습윤제를 사용하여 습식으로 작업할 것
　㉢ 작업장소를 음압으로 유지하고 그 결과를 기록·보존할 것(석면함유 벽체·바닥타일·천장재를 물리적으로 깨거나 기계 등을 이용하여 절단하는 작업인 경우에만 해당한다)

③ 석면이 함유된 지붕재의 해체·제거작업
　㉠ 해체된 지붕재는 직접 땅으로 떨어뜨리거나 던지지 말 것
　㉡ 물이나 습윤제를 사용하여 습식으로 작업할 것(습식작업 시 안전상 위험이 있는 경우는 제외한다)

ⓒ 난방이나 환기를 위한 통풍구가 지붕 근처에 있는 경우에는 이를 밀폐하고 환기설비의 가동을 중단할 것

④ 석면이 함유된 그 밖의 자재의 해체·제거작업

㉠ 창문·벽·바닥 등은 비닐 등 불침투성 차단재로 밀폐할 것(작업장이 실내인 경우에만 해당한다)

㉡ 석면분진이 흩날리지 않도록 석면분진 포집장치를 가동하는 등 필요한 조치를 할 것 (작업장이 실외인 경우에만 해당한다)

㉢ 물이나 습윤제를 사용하여 습식으로 작업할 것

(36) 석면함유 잔재물 등의 처리

① 사업주는 석면해체·제거작업이 완료된 후 그 작업 과정에서 발생한 석면함유 잔재물 등이 해당 작업장에 남지 아니하도록 청소 등 필요한 조치를 하여야 한다(제496조 제1항).

② 사업주는 석면해체·제거작업 및 조치 중에 발생한 석면함유 잔재물 등을 비닐이나 그 밖에 이와 유사한 재질의 포대에 담아 밀봉한 후 표지를 붙여 「폐기물관리법」에 따라 처리하여야 한다(제496조 제2항).

(37) 잔재물의 흩날림 방지

① 사업주는 석면해체·제거작업에서 발생된 석면을 함유한 잔재물은 습식으로 청소하거나 고성능필터가 장착된 진공청소기를 사용하여 청소하는 등 석면분진이 흩날리지 않도록 하여야 한다(제497조 제1항).

② 사업주는 청소하는 경우에 압축공기를 분사하는 방법으로 청소해서는 아니 된다(제497조 제2항).

(38) 석면해체·제거작업 기준의 적용 특례

석면해체·제거작업 중 석면의 함유율이 1% 이하인 경우의 작업에 관해서는 석면해체·제거작업 계획 수립부터 잔재물의 흩날림 방지까지의 규정에 따른 기준을 적용하지 아니한다(제497조의2).

(39) 석면함유 폐기물 처리작업 시 조치

① 사업주는 석면을 1% 이상 함유한 폐기물(석면의 제거작업 등에 사용된 비닐시트·방진마스크·작업복 등을 포함한다)을 처리하는 작업으로서 석면분진이 발생할 우려가 있는 작업에 근로자를 종사하도록 하는 경우에는 석면분진 발산원을 밀폐하거나 국소배기장

치를 설치하거나 습식방법으로 작업하도록 하는 등 석면분진이 발생하지 않도록 필요한 조치를 하여야 한다(제497조의3 제1항).

② 사업주에 관하여는 목욕설비, 개인보호구의 지급·착용, 출입의 금지, 흡연 등의 금지, 위생설비의 설치 및 국소배기장치의 성능을 준용하고, 근로자에 관하여는 개인보호구의 착용을 준용한다(제497조의3 제2항).

3. 금지유해물질에 의한 건강장해의 예방

(1) 용어의 정의

3.에서 사용하는 용어의 뜻은 다음과 같다(제498조).
① 금지유해물질 : 허가대상 유해물질을 말한다.
② 시험·연구 또는 검사 목적 : 실험실·연구실 또는 검사실에서 물질분석 등을 위하여 금지유해물질을 시약으로 사용하거나 그 밖의 용도로 조제하는 경우를 말한다.
③ 실험실등 : 금지유해물질을 시험·연구 또는 검사용으로 제조·사용하는 장소를 말한다.

(2) 설비기준 등

① 금지유해물질을 시험·연구 또는 검사 목적으로 제조하거나 사용하는 자는 다음의 조치를 하여야 한다(제499조 제1항).
　㉠ 제조·사용 설비는 밀폐식 구조로서 금지유해물질의 가스, 증기 또는 분진이 새지 않도록 할 것. 다만, 밀폐식 구조로 하는 것이 작업의 성질상 현저히 곤란하여 부스식 후드의 내부에 그 설비를 설치한 경우는 제외한다.
　㉡ 금지유해물질을 제조·저장·취급하는 설비는 내식성의 튼튼한 구조일 것
　㉢ 금지유해물질을 저장하거나 보관하는 양은 해당 시험·연구에 필요한 최소량으로 할 것
　㉣ 금지유해물질의 특성에 맞는 적절한 소화설비를 갖출 것
　㉤ 제조·사용·취급 조건이 해당 금지유해물질의 인화점 이상인 경우에는 사용하는 전기기계·기구는 적절한 방폭구조로 할 것
　㉥ 실험실등에서 가스·액체 또는 잔재물을 배출하는 경우에는 안전하게 처리할 수 있는 설비를 갖출 것
② 사업주는 설치한 밀폐식 구조라도 금지유해물질을 넣거나 꺼내는 작업 등을 하는 경우에 해당 작업장소에 국소배기장치를 설치하여야 한다. 다만, 금지유해물질의 가스·증기 또는 분진이 새지 않는 방법으로 작업하는 경우에는 그러하지 아니하다(제499조 제2항).

(3) 국소배기장치의 성능 등

사업주는 부스식 후드의 내부에 해당 설비를 설치하는 경우에 다음의 기준에 맞도록 하여야 한다(제500조).

① 부스식 후드의 개구면 외의 곳으로부터 금지유해물질의 가스·증기 또는 분진 등이 새지 않는 구조로 할 것
② 부스식 후드의 적절한 위치에 배풍기를 설치할 것
③ 배풍기의 성능은 부스식 후드 개구면에서의 제어풍속이 아래 표에서 정한 성능 이상이 되도록 할 것

물질의 상태	제어풍속(미터/초)
가스상태	0.5
입자상태	1.0

비고 : 이 표에서 제어풍속이란 모든 부스식 후드의 개구면을 완전 개방했을 때의 풍속을 말한다.

(4) 바닥

사업주는 금지유해물질의 제조·사용 설비가 설치된 장소의 바닥과 벽은 불침투성 재료로 하되, 물청소를 할 수 있는 구조로 하는 등 해당 물질을 제거하기 쉬운 구조로 하여야 한다(제501조).

(5) 유해성 등의 주지

사업주는 근로자가 금지유해물질을 제조·사용하는 경우에 다음의 사항을 근로자에게 알려야 한다(제502조).

① 물리적·화학적 특성
② 발암성 등 인체에 미치는 영향과 증상
③ 취급상의 주의사항
④ 착용하여야 할 보호구와 착용방법
⑤ 위급상황 시의 대처방법과 응급처치 요령
⑥ 그 밖에 근로자의 건강장해 예방에 관한 사항

(6) 용기

① 사업주는 금지유해물질의 보관용기는 해당 물질이 새지 않도록 다음의 기준에 맞도록 하여야 한다(제503조 제1항).
  ㉠ 뒤집혀 파손되지 않는 재질일 것

ⓛ 뚜껑은 견고하고 뒤집혀 새지 않는 구조일 것
② 용기는 전용 용기를 사용하고 사용한 용기는 깨끗이 세척하여 보관하여야 한다(제503조 제2항).
③ 용기에는 경고표지를 붙여야 한다(제503조 제3항).

(7) 보관

① 사업주는 금지유해물질을 관계 근로자가 아닌 사람이 취급할 수 없도록 일정한 장소에 보관하고, 그 사실을 보기 쉬운 장소에 게시하여야 한다(제504조 제1항).
② 보관하고 게시하는 경우에는 다음의 기준에 맞도록 하여야 한다(제504조 제2항).
　㉠ 실험실등의 일정한 장소나 별도의 전용장소에 보관할 것
　ⓛ 금지유해물질 보관장소에는 다음의 사항을 게시할 것
　　ⓐ 금지유해물질의 명칭
　　ⓑ 인체에 미치는 영향
　　ⓒ 위급상황 시의 대처방법과 응급처치 방법
　㉢ 금지유해물질 보관장소에는 잠금장치를 설치하는 등 시험·연구 외의 목적으로 외부로 내가지 않도록 할 것

(8) 출입의 금지 등

① 사업주는 금지유해물질 제조·사용 설비가 설치된 실험실등에는 관계근로자가 아닌 사람의 출입을 금지하고, 일람표 번호 503에 따른 표지를 출입구에 붙여야 한다(제505조 제1항).
② 사업주는 금지유해물질 또는 이에 의하여 오염된 물질은 일정한 장소를 정하여 저장하거나 폐기하여야 하며, 그 장소에는 관계 근로자가 아닌 사람의 출입을 금지하고, 그 내용을 보기 쉬운 장소에 게시하여야 한다(제505조 제2항).
③ 근로자는 출입이 금지된 장소에 사업주의 허락 없이 출입해서는 아니 된다(제505조 제3항).

(9) 흡연 등의 금지

① 사업주는 금지유해물질을 제조·사용하는 작업장에서 근로자가 담배를 피우거나 음식물을 먹지 않도록 하고, 그 내용을 보기 쉬운 장소에 게시하여야 한다(제506조 제1항).
② 근로자는 흡연 또는 음식물의 섭취가 금지된 장소에서 흡연 또는 음식물 섭취를 해서는 아니 된다(제506조 제2항).

(10) 누출 시 조치

사업주는 금지유해물질이 실험실등에서 새는 경우에 흩날리지 않도록 흡착제를 이용하여 제거하는 등 필요한 조치를 하여야 한다(제507조).

(11) 세안설비 등

사업주는 응급 시 근로자가 쉽게 사용할 수 있도록 실험실등에 긴급 세척시설과 세안설비를 설치하여야 한다(제508조).

(12) 금지유해물질의 제조·사용 시 적어야 하는 사항

안전조치 및 보건조치에 관한 사항으로서 고용노동부령으로 정하는 사항이란 근로자가 금지유해물질을 제조·사용하는 경우에는 다음의 사항을 말한다(제509조).
① 근로자의 이름
② 금지유해물질의 명칭
③ 제조량 또는 사용량
④ 작업내용
⑤ 작업 시 착용한 보호구
⑥ 누출, 오염, 흡입 등의 사고가 발생한 경우 피해 내용 및 조치 사항

(13) 보호복 등

① 사업주는 근로자가 금지유해물질을 취급하는 경우에 피부노출을 방지할 수 있는 불침투성 보호복·보호장갑 등을 개인전용의 것으로 지급하고 착용하도록 하여야 한다(제510조 제1항).
② 사업주는 지급하는 보호복과 보호장갑 등을 평상복과 분리하여 보관할 수 있도록 전용 보관함을 갖추고 필요시 오염 제거를 위하여 세탁을 하는 등 필요한 조치를 하여야 한다(제510조 제2항).
③ 근로자는 지급된 보호구를 사업주의 지시에 따라 착용하여야 한다(제510조 제3항).

(14) 호흡용 보호구

① 사업주는 근로자가 금지유해물질을 취급하는 경우에 근로자에게 별도의 정화통을 갖춘 근로자 전용 호흡용 보호구를 지급하고 착용하도록 하여야 한다(제511조 제1항).
② 근로자는 지급된 보호구를 사업주의 지시에 따라 착용하여야 한다(제511조 제2항).

4. 소음 및 진동에 의한 건강장해의 예방

(1) 용어의 정의

4.에서 사용하는 용어의 뜻은 다음과 같다(제512조).
  ① 소음작업 : 1일 8시간 작업을 기준으로 85데시벨 이상의 소음이 발생하는 작업을 말한다.
  ② 강렬한 소음작업 : 다음의 어느 하나에 해당하는 작업을 말한다.
    ㉠ 90데시벨 이상의 소음이 1일 8시간 이상 발생하는 작업
    ㉡ 95데시벨 이상의 소음이 1일 4시간 이상 발생하는 작업
    ㉢ 100데시벨 이상의 소음이 1일 2시간 이상 발생하는 작업
    ㉣ 105데시벨 이상의 소음이 1일 1시간 이상 발생하는 작업
    ㉤ 110데시벨 이상의 소음이 1일 30분 이상 발생하는 작업
    ㉥ 115데시벨 이상의 소음이 1일 15분 이상 발생하는 작업
  ③ 충격소음작업 : 소음이 1초 이상의 간격으로 발생하는 작업으로서 다음의 어느 하나에 해당하는 작업을 말한다.
    ㉠ 120데시벨을 초과하는 소음이 1일 1만회 이상 발생하는 작업
    ㉡ 130데시벨을 초과하는 소음이 1일 1천회 이상 발생하는 작업
    ㉢ 140데시벨을 초과하는 소음이 1일 1백회 이상 발생하는 작업
  ④ 진동작업 : 다음의 어느 하나에 해당하는 기계·기구를 사용하는 작업을 말한다.
    ㉠ 착암기
    ㉡ 동력을 이용한 해머
    ㉢ 체인톱
    ㉣ 엔진 커터(engine cutter)
    ㉤ 동력을 이용한 연삭기
    ㉥ 임팩트 렌치(impact wrench)
    ㉦ 그 밖에 진동으로 인하여 건강장해를 유발할 수 있는 기계·기구
  ⑤ 청력보존 프로그램 : 다음의 사항이 포함된 소음성 난청을 예방·관리하기 위한 종합적인 계획을 말한다.
    ㉠ 소음노출 평가
    ㉡ 소음노출에 대한 공학적 대책
    ㉢ 청력보호구의 지급과 착용
    ㉣ 소음의 유해성 및 예방 관련 교육

ⓜ 정기적 청력검사

ⓑ 청력보존 프로그램 수립 및 시행 관련 기록·관리체계

ⓢ 그 밖에 소음성 난청 예방·관리에 필요한 사항

(2) 소음 감소 조치

사업주는 강렬한 소음작업이나 충격소음작업 장소에 대하여 기계·기구 등의 대체, 시설의 밀폐·흡음 또는 격리 등 소음 감소를 위한 조치를 하여야 한다. 다만, 작업의 성질상 기술적·경제적으로 소음 감소를 위한 조치가 현저히 곤란하다는 관계 전문가의 의견이 있는 경우에는 그러하지 아니하다(제513조).

(3) 소음수준의 주지 등

사업주는 근로자가 소음작업, 강렬한 소음작업 또는 충격소음작업에 종사하는 경우에 다음의 사항을 근로자에게 알려야 한다(제514조).

① 해당 작업장소의 소음 수준
② 인체에 미치는 영향과 증상
③ 보호구의 선정과 착용방법
④ 그 밖에 소음으로 인한 건강장해 방지에 필요한 사항

(4) 난청발생에 따른 조치

사업주는 소음으로 인하여 근로자에게 소음성 난청 등의 건강장해가 발생하였거나 발생할 우려가 있는 경우에 다음의 조치를 하여야 한다(제515조).

① 해당 작업장의 소음성 난청 발생 원인 조사
② 청력손실을 감소시키고 청력손실의 재발을 방지하기 위한 대책 마련
③ ②에 따른 대책의 이행 여부 확인
④ 작업전환 등 의사의 소견에 따른 조치

(5) 청력보호구의 지급 등

① 사업주는 근로자가 소음작업, 강렬한 소음작업 또는 충격소음작업에 종사하는 경우에 근로자에게 청력보호구를 지급하고 착용하도록 하여야 한다(제516조 제1항).
② 제청력보호구는 근로자 개인 전용의 것으로 지급하여야 한다(제516조 제2항).
③ 근로자는 지급된 보호구를 사업주의 지시에 따라 착용하여야 한다(제516조 제3항).

(6) 청력보존 프로그램 시행 등

사업주는 다음의 어느 하나에 해당하는 경우에 청력보존 프로그램을 수립하여 시행해야 한다(제517조).

 ① 근로자가 소음작업, 강렬한 소음작업 또는 충격소음작업에 종사하는 사업장
 ② 소음으로 인하여 근로자에게 건강장해가 발생한 사업장

(7) 진동보호구의 지급 등

 ① 사업주는 진동작업에 근로자를 종사하도록 하는 경우에 방진장갑 등 진동보호구를 지급하여 착용하도록 하여야 한다(제518조 제1항).
 ② 근로자는 지급된 진동보호구를 사업주의 지시에 따라 착용하여야 한다(제518조 제2항).

(8) 유해성 등의 주지

사업주는 근로자가 진동작업에 종사하는 경우에 다음의 사항을 근로자에게 충분히 알려야 한다(제519조).

 ① 인체에 미치는 영향과 증상
 ② 보호구의 선정과 착용방법
 ③ 진동 기계·기구 관리 및 사용 방법
 ④ 진동 장해 예방방법

(9) 진동기계·기구의 관리

사업주는 진동 기계·기구가 정상적으로 유지될 수 있도록 상시 점검하여 보수하는 등 관리를 하여야 한다(제521조).

5. 이상기압에 의한 건강장해의 예방

(1) 용어의 정의

5.에서 사용하는 용어의 뜻은 다음과 같다(제522조).

 ① 고압작업 : 고기압(압력이 ㎠당 1kg 이상인 기압을 말한다.)에서 잠함공법이나 그 외의 압기공법으로 하는 작업을 말한다.

② 잠수작업 : 물속에서 하는 다음의 작업을 말한다.
  ㉠ 표면공급식 잠수작업 : 수면 위의 공기압축기 또는 호흡용 기체통에서 압축된 호흡용 기체를 공급받으면서 하는 작업
  ㉡ 스쿠버 잠수작업 : 호흡용 기체통을 휴대하고 하는 작업
③ 기압조절실 : 고압작업을 하는 근로자 또는 잠수작업을 하는 근로자가 가압 또는 감압을 받는 장소를 말한다.
④ 압력 : 게이지 압력을 말한다.
⑤ 비상기체통 : 주된 기체공급 장치가 고장난 경우 잠수작업자가 안전한 지역으로 대피하기 위하여 필요한 충분한 양의 호흡용 기체를 저장하고 있는 압력용기와 부속장치를 말한다.

(2) 작업실 공기의 부피

사업주는 근로자가 고압작업을 하는 경우에는 작업실의 공기의 부피가 고압작업자 1명당 $4m^3$ 이상이 되도록 하여야 한다(제523조).

(3) 기압조절실 공기의 부피와 환기 등

① 사업주는 기압조절실의 바닥면적과 공기의 부피를 그 기압조절실에서 가압이나 감압을 받는 근로자 1인당 각각 $0.3m^2$ 이상 및 $0.6m^3$ 이상이 되도록 하여야 한다(제524조 제1항).
② 사업주는 기압조절실 내의 이산화탄소로 인한 건강장해를 방지하기 위하여 탄산가스의 분압이 ㎠당 0.005kg을 초과하지 않도록 환기 등 그 밖에 필요한 조치를 해야 한다(제524조 제2항).

(4) 공기청정장치

① 사업주는 공기압축기에서 작업실, 기압조절실 또는 잠수작업자에게 공기를 보내는 송기관의 중간에 공기를 청정하게 하기 위한 공기청정장치를 설치하여야 한다(제525조 제1항).
② 공기청정장치의 성능은 단체표준인 스쿠버용 압축공기 기준에 맞아야 한다(제525조 제2항).

(5) 배기관

① 사업주는 작업실이나 기압조절실에 전용 배기관을 각각 설치하여야 한다(제526조 제1항).
② 고압작업자에게 기압을 낮추기 위한 기압조절실의 배기관은 내경(內徑)을 53mm 이하로 하여야 한다(제526조 제2항).

(6) 압력계

① 사업주는 공기를 작업실로 보내는 밸브나 콕을 외부에 설치하는 경우에 그 장소에 작업실 내의 압력을 표시하는 압력계를 함께 설치하여야 한다(제527조 제1항).

② 사업주는 밸브나 콕을 내부에 설치하는 경우에 이를 조작하는 사람에게 휴대용 압력계를 지니도록 하여야 한다(제527조 제2항).

③ 사업주는 고압작업자에게 가압이나 감압을 하기 위한 밸브나 콕을 기압조절실 외부에 설치하는 경우에 그 장소에 기압조절실 내의 압력을 표시하는 압력계를 함께 설치하여야 한다(제527조 제3항).

④ 사업주는 밸브나 콕을 기압조절실 내부에 설치하는 경우에 이를 조작하는 사람에게 휴대용 압력계를 지니도록 하여야 한다(제527조 제4항).

⑤ 압력계는 한 눈금이 cm^2당 0.2kg 이하인 것이어야 한다(제527조 제5항).

⑥ 사업주는 잠수작업자에게 압축기체를 보내는 경우에 압력계를 설치하여야 한다(제527조 제6항).

(7) 자동경보장치 등

① 사업주는 작업실 또는 기압조절실로 불어넣는 공기압축기의 공기나 그 공기압축기에 딸린 냉각장치를 통과한 공기의 온도가 비정상적으로 상승한 경우에 그 공기압축기의 운전자 또는 그 밖의 관계자에게 이를 신속히 알릴 수 있는 자동경보장치를 설치하여야 한다(제528조 제1항).

② 사업주는 기압조절실 내부를 관찰할 수 있는 창을 설치하는 등 외부에서 기압조절실 내부의 상태를 파악할 수 있는 설비를 갖추어야 한다(제528조 제2항).

(8) 피난용구

사업주는 근로자가 고압작업에 종사하는 경우에 호흡용 보호구, 섬유로프, 그 밖에 비상시 고압작업자를 피난시키거나 구출하기 위하여 필요한 용구를 갖추어 두어야 한다(제529조).

(9) 공기조

① 사업주는 잠수작업자에게 공기압축기에서 공기를 보내는 경우에 공기량을 조절하기 위한 공기조와 사고 시에 필요한 공기를 저장하기 위한 공기조를 설치하여야 한다(제530조 제1항).

② 사업주는 잠수작업자에게 호흡용 기체통에서 기체를 보내는 경우에 사고 시 필요한 기체

를 저장하기 위한 예비 호흡용 기체통을 설치하여야 한다(제530조 제2항).
③ 예비공기조 및 예비 호흡용 기체통은 다음의 기준에 맞는 것이어야 한다(제530조 제3항).
  ㉠ 예비공기조등 안의 기체압력은 항상 최고 잠수심도 압력의 1.5배 이상일 것
  ㉡ 예비공기조등의 내용적은 다음의 계산식으로 계산한 값 이상일 것

$$V=60(0.3D+4)/P$$
V : 예비공기조등의 내용적(단위 : 리터)
D : 최고 잠수심도(단위 : 리터)
P : 예비공기조등 내의 기체압력(단위 : ㎠당 kg)

(10) 압력조절기

제531조() 사업주는 기체압력이 ㎠당 10kg 이상인 호흡용 기체통의 기체를 잠수작업자에게 보내는 경우에 2단 이상의 감압방식에 의한 압력조절기를 잠수작업자에게 사용하도록 하여야 한다(제531조).

(11) 가압의 속도

사업주는 기압조절실에서 고압작업자 또는 잠수작업자에게 가압을 하는 경우 1분에 ㎠당 0.8kg 이하의 속도로 하여야 한다(제532조).

(12) 감압의 속도

사업주는 기압조절실에서 고압작업자 또는 잠수작업자에게 감압을 하는 경우에 고용노동부장관이 정하여 고시하는 기준에 맞도록 하여야 한다(제533조).

(13) 감압의 특례 등

① 사업주는 사고로 인하여 고압작업자를 대피시키거나 건강에 이상이 발생한 고압작업자를 구출할 경우에 필요하면 고용노동부장관이 정하는 기준보다 감압속도를 빠르게 하거나 감압정지시간을 단축할 수 있다(제534조 제1항).
② 사업주는 감압속도를 빠르게 하거나 감압정지시간을 단축한 경우에 해당 고압작업자를 빨리 기압조절실로 대피시키고 그 고압작업자가 작업한 고압실 내의 압력과 같은 압력까지 가압을 하여야 한다(제534조 제2항).

(14) 감압 시의 조치

① 사업주는 기압조절실에서 고압작업자 또는 잠수작업자에게 감압을 하는 경우에 다음의 조치를 하여야 한다(제535조 제1항).
  ㉠ 기압조절실 바닥면의 조도를 20럭스 이상이 되도록 할 것
  ㉡ 기압조절실 내의 온도가 섭씨 10도 이하가 되는 경우에 고압작업자 또는 잠수작업자에게 모포 등 적절한 보온용구를 지급하여 사용하도록 할 것
  ㉢ 감압에 필요한 시간이 1시간을 초과하는 경우에 고압작업자 또는 잠수작업자에게 의자 또는 그 밖의 휴식용구를 지급하여 사용하도록 할 것
② 사업주는 기압조절실에서 고압작업자 또는 잠수작업자에게 감압을 하는 경우에 그 감압에 필요한 시간을 해당 고압작업자 또는 잠수작업자에게 미리 알려야 한다(제535조 제2항).

(15) 감압상황의 기록 등

① 사업주는 이상기압에서 근로자에게 고압작업을 하도록 하는 경우 기압조절실에 자동기록 압력계를 갖추어 두어야 한다(제536조 제1항).
② 사업주는 해당 고압작업자에게 감압을 할 때마다 그 감압의 상황을 기록한 서류, 그 고압작업자의 성명과 감압일시 등을 기록한 서류를 작성하여 3년간 보존하여야 한다(제536조 제2항).

(16) 잠수기록의 작성·보존

사업주는 근로자가 잠수작업을 하는 경우에는 다음의 사항을 적은 잠수기록표를 작성하여 3년간 보존하여야 한다(제536조의2).
  ① 다음의 사람에 관한 인적 사항
    ㉠ 잠수작업을 지휘·감독하는 사람
    ㉡ 잠수작업자
    ㉢ 감시인
    ㉣ 대기 잠수작업자
    ㉤ 잠수기록표를 작성하는 사람
  ② 잠수의 시작·종료 일시 및 장소
  ③ 시계, 수온, 유속 등 수중환경

④ 잠수방법, 사용된 호흡용 기체 및 잠수수심
⑤ 수중체류 시간 및 작업내용
⑥ 감압과 관련된 다음의 사항
  ㉠ 감압의 시작 및 종료 일시
  ㉡ 사용된 감압표 및 감압계획
  ㉢ 감압을 위하여 정지한 수심과 그 정지한 수심마다의 도착시간 및 해당 수심에서의 출발시간(물속에서 감압하는 경우만 해당한다)
  ㉣ 감압을 위하여 정지한 압력과 그 정지한 압력을 가한 시작시간 및 종료시간(기압조절실에서 감압하는 경우만 해당한다)
⑦ 잠수작업자의 건강상태, 응급 처치 및 치료 결과 등

(17) 부상의 속도 등

사업주는 잠수작업자를 수면 위로 올라오게 하는 경우에 그 속도는 고용노동부장관이 정하여 고시하는 기준에 따라야 한다(제537조).

(18) 부상의 특례 등

① 사업주는 사고로 인하여 잠수작업자를 수면 위로 올라오게 하는 경우에 그 속도를 조절할 수 있다(제538조 제1항).
② 사업주는 사고를 당한 잠수작업자를 수면 위로 올라오게 한 경우에 다음 구분에 따른 조치를 하여야 한다(제538조 제2항).
  ㉠ 해당 잠수작업자가 의식이 있는 경우
    ⓐ 인근에 사용할 수 있는 기압조절실이 있는 경우 : 즉시 해당 잠수작업자를 기압조절실로 대피시키고 그 잠수작업자가 잠수업무를 수행하던 최고수심의 압력과 같은 압력까지 가압하도록 조치를 하여야 한다.
    ⓑ 인근에 사용할 수 있는 기압조절실이 없는 경우: 해당 잠수작업자가 잠수업무를 수행하던 최고수심까지 다시 잠수하도록 조치하여야 한다.
  ㉡ 해당 잠수작업자가 의식이 없는 경우 : 잠수작업자의 상태에 따라 적절한 응급처치(응급처치를 말한다) 등을 받을 수 있도록 조치하여야 한다. 다만, 의사의 의학적 판단에 따라 ㉠의 조치를 할 수 있다.

(19) 연락

① 사업주는 근로자가 고압작업을 하는 경우 그 작업 중에 고압작업자 및 공기압축기 운전자와의 연락 또는 그 밖에 필요한 조치를 하기 위한 감시인을 기압조절실 부근에 상시 배치하여야 한다(제539조 제1항).

② 사업주는 고압작업자 및 공기압축기 운전자와 감시인이 서로 통화할 수 있도록 통화장치를 설치하여야 한다(제539조 제2항).

③ 사업주는 통화장치가 고장난 경우에 다른 방법으로 연락할 수 있는 설비를 갖추어야 하며, 그 설비를 고압작업자, 공기압축기 운전자 및 감시인이 보기 쉬운 곳에 갖추어 두어야 한다(제539조 제3항).

(20) 배기·침하 시의 조치

① 사업주는 물 속에서 작업을 하기 위하여 만들어진 구조물을 물 속으로 가라앉히는 경우에 우선 고압작업자를 잠함의 밖으로 대피시키고 내부의 공기를 바깥으로 내보내야 한다(제540조 제1항).

② 잠함을 가라앉히는 경우에는 유해가스의 발생 여부 또는 그 밖의 사항을 점검하고 고압작업자에게 건강장해를 일으킬 우려가 없는지를 확인한 후에 작업하도록 하여야 한다(제540조 제2항).

(21) 발파하는 경우의 조치

사업주는 작업실 내에서 발파를 하는 경우에 작업실 내의 기압이 발파 전의 상태와 같아질 때까지는 고압실 내에 근로자가 들어가도록 해서는 아니 된다(제541조).

(22) 화상 등의 방지

① 사업주는 고압작업을 하는 경우에 대기압을 초과하는 기압에서의 가연성물질의 연소위험성에 대하여 근로자에게 알리고, 고압작업자의 화상이나 그 밖의 위험을 방지하기 위하여 다음의 조치를 하여야 한다(제542조 제1항).
  ㉠ 전등은 보호망이 부착되어 있거나, 전구가 파손되어 가연성물질에 떨어져 불이 날 우려가 없는 것을 사용할 것
  ㉡ 전류가 흐르는 차단기는 불꽃이 발생하지 않는 것을 사용할 것
  ㉢ 난방을 할 때는 고온으로 인하여 가연성물질의 점화원이 될 우려가 없는 것을 사용할 것

② 사업주는 고압작업을 하는 경우에는 용접·용단 작업이나 화기 또는 아크를 사용하는 작업을 해서는 아니 된다. 다만, 작업실 내의 압력이 ㎠당 1kg 미만인 장소에서는 용접 등의 작업을 할 수 있다(제542조 제2항).
③ 사업주는 고압작업을 하는 경우에 근로자가 화기 등 불이 날 우려가 있는 물건을 지니고 출입하는 것을 금지하고, 그 취지를 기압조절실 외부의 보기 쉬운 장소에 게시하여야 한다. 다만, 작업의 성질상 부득이한 경우로서 작업실 내의 압력이 ㎠당 1kg 미만인 장소에서 용접등의 작업을 하는 경우에는 그러하지 아니하다(제542조 제3항).
④ 근로자는 고압작업장소에 화기 등 불이 날 우려가 있는 물건을 지니고 출입해서는 아니 된다(제542조 제4항).

(23) 잠함작업실 굴착의 제한

사업주는 잠함의 급격한 침하에 따른 고압실 내 고압작업자의 위험을 방지하기 위하여 잠함작업실 아랫부분을 50cm 이상 파서는 아니 된다(제543조).

(24) 송기량

사업주는 표면공급식 잠수작업을 하는 잠수작업자에게 공기를 보내는 경우에 잠수작업자마다 그 수심의 압력 아래에서 분당 송기량을 60리터 이상이 되도록 하여야 한다(제544조).

(25) 스쿠버 잠수작업 시 조치

① 사업주는 근로자가 스쿠버 잠수작업을 하는 경우에는 잠수작업자 2명을 1조로 하여 잠수작업을 하도록 하여야 하며, 잠수작업을 하는 곳에 감시인을 두어 잠수작업자의 이상 유무를 감시하게 하여야 한다(제545조 제1항).
② 사업주는 스쿠버 잠수작업(실내에서 잠수작업을 하는 경우는 제외한다)을 하는 잠수작업자에게 비상기체통을 제공하여야 한다(제545조 제2항).
③ 사업주는 호흡용 기체통 및 비상기체통의 기능의 이상 유무 및 해당 기체통에 저장된 호흡용 기체량 등을 확인하여 그 내용을 잠수작업자에게 알려야 하며, 이상이 있는 호흡용 기체통이나 비상기체통을 잠수작업자에게 제공해서는 아니 된다(제545조 제3항).
④ 사업주는 스쿠버 잠수작업을 하는 잠수작업자에게 수중시계, 수중압력계, 예리한 칼 등을 제공하여 잠수작업자가 이를 지니도록 하여야 하며, 잠수작업자에게 부력조절기를 착용하게 하여야 한다(제545조 제4항).

⑤ 스쿠버 잠수작업을 하는 잠수작업자는 잠수작업을 하는 동안 비상기체통을 휴대하여야 한다. 다만, 해당 잠수작업의 특성상 휴대가 어려운 경우에는 위급상황 시 바로 사용할 수 있도록 잠수작업을 하는 곳 인근 장소에 두어야 한다(제545조 제5항).

(26) 고농도 산소의 사용 제한

사업주는 잠수작업자에게 고농도의 산소만을 들이마시도록 해서는 아니 된다. 다만, 급부상 등으로 중대한 신체상의 장해가 발생한 잠수작업자를 치유하거나 감압하기 위하여 다시 잠수하도록 하는 경우에는 고농도의 산소만을 들이마시도록 할 수 있으며, 이 경우에는 고용노동부장관이 정하는 바에 따라야 한다(제546조).

(27) 표면공급식 잠수작업 시 조치

① 사업주는 근로자가 표면공급식 잠수작업을 하는 경우 잠수작업자가 1명인 경우에는 감시인을 1명 배치하고, 잠수작업자가 2명 이상인 경우에는 감시인 1명당 잠수작업자가 2명을 초과하지 않도록 감시인을 배치해야 한다(제547조 제1항).
  ㉠ 잠수작업자를 적정하게 잠수시키거나 수면 위로 올라오게 할 것
  ㉡ 잠수작업자에 대한 송기조절을 위한 밸브나 콕을 조작하는 사람과 연락하여 잠수작업자에게 필요한 양의 호흡용 기체를 보내도록 할 것
  ㉢ 송기설비의 고장이나 그 밖의 사고로 인하여 잠수작업자에게 위험이나 건강장해가 발생할 우려가 있는 경우에는 신속히 잠수작업자에게 연락할 것
  ㉣ 잠수작업 전에 잠수작업자가 사용할 잠수장비의 이상 유무를 점검할 것
② 사업주는 배치한 감시인이 다음의 사항을 준수하도록 해야 한다(제547조 제2항).
  ㉠ 잠수작업자를 적정하게 잠수시키거나 수면 위로 올라오게 할 것
  ㉡ 잠수작업자에 대한 송기조절을 위한 밸브나 콕을 조작하는 사람과 연락하여 잠수작업자에게 필요한 양의 호흡용 기체를 보내도록 할 것
  ㉢ 송기설비의 고장이나 그 밖의 사고로 인하여 잠수작업자에게 위험이나 건강장해가 발생할 우려가 있는 경우에는 신속히 잠수작업자에게 연락할 것
  ㉣ 잠수작업 전에 잠수작업자가 사용할 잠수장비의 이상 유무를 점검할 것
③ 사업주는 다음의 어느 하나에 해당하는 표면공급식 잠수작업을 하는 잠수작업자에게 잠수장비를 제공하여야 한다(제547조 제2항).
  ㉠ 18m 이상의 수심에서 하는 잠수작업
  ㉡ 수면으로 부상하는 데에 제한이 있는 장소에서의 잠수작업
  ㉢ 감압계획에 따를 때 감압정지가 필요한 잠수작업

④ 사업주가 잠수작업자에게 제공하여야 하는 잠수장비는 다음과 같다(제547조 제3항).
　㉠ 비상기체통
　㉡ 비상기체공급밸브, 역지밸브(non return valve) 등이 달려있는 잠수마스크 또는 잠수헬멧
　㉢ 감시인과 잠수작업자 간에 연락할 수 있는 통화장치
⑤ 사업주는 표면공급식 잠수작업을 하는 잠수작업자에게 신호밧줄, 수중시계, 수중압력계 및 예리한 칼 등을 제공하여 잠수작업자가 이를 지니도록 하여야 한다. 다만, 통화장치에 따라 잠수작업자가 감시인과 통화할 수 있는 경우에는 신호밧줄, 수중시계 및 수중압력계를 제공하지 아니할 수 있다(제547조 제4항).
⑥ ③에 해당하는 곳에서 표면공급식 잠수작업을 하는 잠수작업자는 잠수작업을 하는 동안 비상기체통을 휴대하여야 한다. 다만, 해당 잠수작업의 특성상 휴대가 어려운 경우에는 위급상황 시 즉시 사용할 수 있도록 잠수작업을 하는 곳 인근 장소에 두어야 한다(제547조 제5항).

(28) 잠수신호기의 게양

사업주는 잠수작업(실내에서 하는 경우는 제외한다)을 하는 장소에 「해사안전법」에 따른 표시를 하여야 한다(제548조).

(29) 관리감독자의 휴대기구

사업주는 고압작업의 관리감독자에게 휴대용압력계·손전등, 이산화탄소 등 유해가스농도측정기 및 비상시에 사용할 수 있는 신호용 기구를 지니도록 하여야 한다(제549조).

(30) 출입의 금지

① 사업주는 기압조절실을 설치한 장소와 조작하는 장소에 관계근로자가 아닌 사람의 출입을 금지하고, 그 내용을 보기 쉬운 장소에 게시하여야 한다(제550조 제1항).
② 근로자는 출입이 금지된 장소에 사업주의 허락 없이 출입해서는 아니 된다(제550조 제2항).

(31) 고압작업설비의 점검 등

① 사업주는 고압작업을 위한 설비나 기구에 대하여 다음에서 정하는 바에 따라 점검하여야 한다(제551조 제1항).
　㉠ 다음의 시설이나 장치에 대하여 매일 1회 이상 점검할 것

ⓐ 배기관과 통화장치

ⓑ 작업실과 기압조절실의 공기를 조절하기 위한 밸브나 콕

ⓒ 작업실과 기압조절실의 배기를 조절하기 위한 밸브나 콕

ⓓ 작업실과 기압조절실에 공기를 보내기 위한 공기압축기에 부속된 냉각장치

㉡ 다음의 장치와 기구에 대하여 매주 1회 이상 점검할 것

ⓐ 자동경보장치

ⓑ 용구

ⓒ 작업실과 기압조절실에 공기를 보내기 위한 공기압축기

㉢ 다음의 장치와 기구를 매월 1회 이상 점검할 것

ⓐ 압력계

ⓑ 공기청정장치

② 사업주는 점검 결과 이상을 발견한 경우에 즉시 보수, 교체, 그 밖에 필요한 조치를 하여야 한다(제551조 제2항).

(32) 잠수작업 설비의 점검 등

① 사업주는 잠수작업자가 잠수작업을 하기 전에 다음의 구분에 따라 잠수기구 등을 점검하여야 한다(제552조 제1항).

㉠ 스쿠버 잠수작업을 하는 경우 : 잠수기, 압력조절기 및 잠수작업자가 사용할 잠수기구

㉡ 표면공급식 잠수작업을 하는 경우 : 잠수기, 송기관, 압력조절기 및 잠수작업자가 사용할 잠수기구

② 사업주는 표면공급식 잠수작업의 경우 잠수작업자가 사용할 다음의 설비를 다음에서 정하는 바에 따라 점검하여야 한다(제552조 제2항).

㉠ 공기압축기 또는 수압펌프 : 매주 1회 이상(공기압축기에서 공기를 보내는 잠수작업의 경우만 해당한다)

㉡ 수중압력계 : 매월 1회 이상

㉢ 수중시계 : 3개월에 1회 이상

㉣ 산소발생기 : 6개월에 1회 이상(호흡용 기체통에서 기체를 보내는 잠수작업의 경우만 해당한다)

③ 사업주는 점검 결과 이상을 발견한 경우에 즉시 보수, 교체, 그 밖에 필요한 조치를 하여야 한다(제552조 제3항).

(33) 사용 전 점검 등

① 사업주는 송기설비를 설치한 후 처음으로 사용하는 경우, 송기설비를 분해하여 개조하거나 수리를 한 후 처음으로 사용하는 경우 또는 1개월 이상 사용하지 아니한 송기설비를 다시 사용하는 경우에 해당 송기설비를 점검한 후 사용하여야 한다(제553조 제1항).

② 사업주는 점검 결과 이상을 발견한 경우에 즉시 보수, 교체, 그 밖에 필요한 조치를 하여야 한다(제553조 제2항).

(34) 사고가 발생한 경우의 조치

① 사업주는 송기설비의 고장이나 그 밖의 사고로 인하여 고압작업자에게 건강장해가 발생할 우려가 있는 경우에 즉시 고압작업자를 외부로 대피시켜야 한다(제554조 제1항).

② 사고가 발생한 경우에 송기설비의 이상 유무, 잠함 등의 이상 침하 또는 기울어진 상태 등을 점검하여 고압작업자에게 건강장해가 발생할 우려가 없음을 확인한 후에 출입하도록 하여야 한다(제554조 제2항).

(35) 점검 결과의 기록

사업주는 점검을 한 경우에 다음의 사항을 기록하여 3년간 보존하여야 한다(제555조).
① 점검연월일
② 점검 방법
③ 점검 구분
④ 점검 결과
⑤ 점검자의 성명
⑥ 점검 결과에 따른 필요한 조치사항

(36) 고기압에서의 작업시간

사업주는 근로자가 고압작업을 하는 경우에 고용노동부장관이 정하여 고시하는 시간에 따라야 한다(제556조).

(37) 잠수시간

사업주는 근로자가 잠수작업을 하는 경우에 고용노동부장관이 정하여 고시하는 시간에 따라야 한다(제557조).

6. 온도·습도에 의한 건강장해의 예방

(1) 용어의 정의

6.에서 사용하는 용어의 뜻은 다음과 같다(제558조).

① 고열 : 열에 의하여 근로자에게 열경련·열탈진 또는 열사병 등의 건강장해를 유발할 수 있는 더운 온도를 말한다.

② 한랭 : 냉각원에 의하여 근로자에게 동상 등의 건강장해를 유발할 수 있는 차가운 온도를 말한다.

③ 다습 : 습기로 인하여 근로자에게 피부질환 등의 건강장해를 유발할 수 있는 습한 상태를 말한다.

(2) 고열작업 등

① "고열작업"이란 다음의 어느 하나에 해당하는 장소에서의 작업을 말한다(제559조 제1항).
　㉠ 용광로, 평로, 전로 또는 전기로에 의하여 광물이나 금속을 제련하거나 정련하는 장소
　㉡ 용선로 등으로 광물·금속 또는 유리를 용해하는 장소
　㉢ 가열로 등으로 광물·금속 또는 유리를 가열하는 장소
　㉣ 도자기나 기와 등을 소성하는 장소
　㉤ 광물을 배소 또는 소결하는 장소
　㉥ 가열된 금속을 운반·압연 또는 가공하는 장소
　㉦ 녹인 금속을 운반하거나 주입하는 장소
　㉧ 녹인 유리로 유리제품을 성형하는 장소
　㉨ 고무에 황을 넣어 열처리하는 장소
　㉩ 열원을 사용하여 물건 등을 건조시키는 장소
　㉪ 갱내에서 고열이 발생하는 장소
　㉫ 가열된 노를 수리하는 장소
　㉬ 그 밖에 고용노동부장관이 인정하는 장소

② "한랭작업"이란 다음의 어느 하나에 해당하는 장소에서의 작업을 말한다(제559조 제2항).
　㉠ 다량의 액체공기·드라이아이스 등을 취급하는 장소
　㉡ 냉장고·제빙고·저빙고 또는 냉동고 등의 내부
　㉢ 그 밖에 고용노동부장관이 인정하는 장소

③ "다습작업"이란 다음의 어느 하나에 해당하는 장소에서의 작업을 말한다(제559조 제3항).
  ㉠ 다량의 증기를 사용하여 염색조로 염색하는 장소
  ㉡ 다량의 증기를 사용하여 금속·비금속을 세척하거나 도금하는 장소
  ㉢ 방적 또는 직포 공정에서 가습하는 장소
  ㉣ 다량의 증기를 사용하여 가죽을 탈지(脫脂)하는 장소
  ㉤ 그 밖에 고용노동부장관이 인정하는 장소

(3) 온도·습도 조절

① 사업주는 고열·한랭 또는 다습작업이 실내인 경우에 냉난방 또는 통풍 등을 위하여 적절한 온도·습도 조절장치를 설치하여야 한다. 다만, 작업의 성질상 온도·습도 조절장치를 설치하는 것이 매우 곤란하여 별도의 건강장해 방지 조치를 한 경우에는 그러하지 아니하다(제560조 제1항).
② 사업주는 냉방장치를 설치하는 경우에 외부의 대기온도보다 현저히 낮게 해서는 아니 된다. 다만, 작업의 성질상 냉방장치를 가동하여 일정한 온도를 유지하여야 하는 장소로서 근로자에게 보온을 위하여 필요한 조치를 하는 경우에는 그러하지 아니하다(제560조 제2항).

(4) 환기장치의 설치 등

사업주는 실내에서 고열작업을 하는 경우에 고열을 감소시키기 위하여 환기장치 설치, 열원과의 격리, 복사열 차단 등 필요한 조치를 하여야 한다(제561조).

(5) 고열장해 예방 조치

사업주는 근로자가 고열작업을 하는 경우에 열경련·열탈진 등의 건강장해를 예방하기 위하여 다음의 조치를 하여야 한다(제562조).
① 근로자를 새로 배치할 경우에는 고열에 순응할 때까지 고열작업시간을 매일 단계적으로 증가시키는 등 필요한 조치를 할 것
② 근로자가 온도·습도를 쉽게 알 수 있도록 온도계 등의 기기를 작업장소에 상시 갖추어 둘 것

(6) 한랭장해 예방 조치

사업주는 근로자가 한랭작업을 하는 경우에 동상 등의 건강장해를 예방하기 위하여 다음의 조치를 하여야 한다(제563조).

① 혈액순환을 원활히 하기 위한 운동지도를 할 것
② 적절한 지방과 비타민 섭취를 위한 영양지도를 할 것
③ 체온 유지를 위하여 더운물을 준비할 것
④ 젖은 작업복 등은 즉시 갈아입도록 할 것

(7) 다습장해 예방 조치

① 사업주는 근로자가 다습작업을 하는 경우에 습기 제거를 위하여 환기하는 등 적절한 조치를 하여야 한다. 다만, 작업의 성질상 습기 제거가 어려운 경우에는 그러하지 아니하다(제564조 제1항).
② 사업주는 작업의 성질상 습기 제거가 어려운 경우에 다습으로 인한 건강장해가 발생하지 않도록 개인위생관리를 하도록 하는 등 필요한 조치를 하여야 한다(제564조 제2항).
③ 사업주는 실내에서 다습작업을 하는 경우에 수시로 소독하거나 청소하는 등 미생물이 번식하지 않도록 필요한 조치를 하여야 한다(제564조 제3항).

(8) 가습

사업주는 작업의 성질상 가습을 하여야 하는 경우에 근로자의 건강에 유해하지 않도록 깨끗한 물을 사용하여야 한다(제565조).

(9) 휴식 등

사업주는 근로자가 다음의 어느 하나에 해당하는 경우에는 적절하게 휴식하도록 하는 등 근로자 건강장해를 예방하기 위하여 필요한 조치를 해야 한다(제566조).
① 고열·한랭·다습 작업을 하는 경우
② 폭염에 노출되는 장소에서 작업하여 열사병 등의 질병이 발생할 우려가 있는 경우

(10) 휴게시설의 설치

① 사업주는 근로자가 고열·한랭·다습 작업을 하는 경우에 근로자들이 휴식시간에 이용할 수 있는 휴게시설을 갖추어야 한다(제567조 제1항).
② 사업주는 근로자가 폭염에 직접 노출되는 옥외 장소에서 작업을 하는 경우에 휴식시간에 이용할 수 있는 그늘진 장소를 제공하여야 한다(제567조 제2항).
③ 사업주는 휴게시설을 설치하는 경우에 고열·한랭 또는 다습작업과 격리된 장소에 설치하여야 한다(제567조 제3항).

(11) 갱내의 온도

갱내의 기온은 섭씨 37도 이하로 유지하여야 한다. 다만, 인명구조 작업이나 유해·위험 방지작업을 할 때 고열로 인한 근로자의 건강장해를 방지하기 위하여 필요한 조치를 한 경우에는 그러하지 아니하다(제568조).

(12) 출입의 금지

① 사업주는 다음의 어느 하나에 해당하는 장소에 관계 근로자가 아닌 사람의 출입을 금지하고, 그 내용을 보기 쉬운 장소에 게시하여야 한다(제569조 제1항).
  ㉠ 다량의 고열물체를 취급하는 장소나 매우 뜨거운 장소
  ㉡ 다량의 저온물체를 취급하는 장소나 매우 차가운 장소
② 근로자는 출입이 금지된 장소에 사업주의 허락 없이 출입해서는 아니 된다(제569조 제2항).

(13) 세척시설 등

사업주는 작업 중 근로자의 작업복이 심하게 젖게 되는 작업장에 탈의시설, 목욕시설, 세탁시설 및 작업복을 말릴 수 있는 시설을 설치하여야 한다(제570조).

(14) 소금과 음료수 등의 비치

사업주는 근로자가 작업 중 땀을 많이 흘리게 되는 장소에 소금과 깨끗한 음료수 등을 갖추어 두어야 한다(제571조).

(15) 보호구의 지급 등

① 사업주는 다음의 어느 하나에서 정하는 바에 따라 근로자에게 적절한 보호구를 지급하고, 이를 착용하도록 하여야 한다(제572조 제1항).
  ㉠ 다량의 고열물체를 취급하거나 매우 더운 장소에서 작업하는 근로자: 방열장갑과 방열복
  ㉡ 다량의 저온물체를 취급하거나 현저히 추운 장소에서 작업하는 근로자: 방한모, 방한화, 방한장갑 및 방한복
② 보호구를 지급하는 경우에는 근로자 개인 전용의 것을 지급하여야 한다(제572조 제2항).
③ 근로자는 지급된 보호구를 사업주의 지시에 따라 착용하여야 한다(제572조 제3항).

7. 방사선에 의한 건강장해의 예방

(1) 용어의 정의

7.에서 사용하는 용어의 뜻은 다음과 같다(제573조).

① 방사선 : 전자파나 입자선 중 직접 또는 간접적으로 공기를 전리하는 능력을 가진 것으로서 알파선, 중양자선, 양자선, 베타선, 그 밖의 중하전입자선, 중성자선, 감마선, 엑스선 및 5만 전자볼트 이상(엑스선 발생장치의 경우에는 5천 전자볼트 이상)의 에너지를 가진 전자선을 말한다.

② 방사성물질 : 핵연료물질, 사용 후의 핵연료, 방사성동위원소 및 원자핵분열 생성물을 말한다.

③ 방사선관리구역 : 방사선에 노출될 우려가 있는 업무를 하는 장소를 말한다.

(2) 방사성물질의 밀폐 등

① 사업주는 근로자가 다음에 해당하는 방사선 업무를 하는 경우에 방사성물질의 밀폐, 차폐물의 설치, 국소배기장치의 설치, 경보시설의 설치 등 근로자의 건강장해를 예방하기 위하여 필요한 조치를 하여야 한다(제574조 제1항).

  ㉠ 엑스선 장치의 제조·사용 또는 엑스선이 발생하는 장치의 검사업무
  ㉡ 선형가속기, 사이크로트론(cyclotron) 및 신크로트론(synchrotron) 등 하전입자를 가속하는 장치의 제조·사용 또는 방사선이 발생하는 장치의 검사 업무
  ㉢ 엑스선관과 케노트론(kenotron)의 가스 제거 또는 엑스선이 발생하는 장비의 검사 업무
  ㉣ 방사성물질이 장치되어 있는 기기의 취급 업무
  ㉤ 방사성물질 취급과 방사성물질에 오염된 물질의 취급 업무
  ㉥ 원자로를 이용한 발전업무
  ㉦ 갱내에서의 핵원료물질의 채굴 업무
  ㉧ 그 밖에 방사선 노출이 우려되는 기기 등의 취급 업무

② 사업주는 방사선투과검사를 위하여 방사성동위원소 또는 방사선발생장치를 이동사용하는 작업에 근로자를 종사하도록 하는 경우에는 근로자에게 다음에 따른 장비를 지급하고 착용하도록 하여야 한다(제574조 제2항).

  ㉠ 개인선량계
  ㉡ 방사선 경보기

③ 근로자는 지급받은 장비를 착용하여야 한다(제574조 제3항).

(3) 방사선관리구역의 지정 등

① 사업주는 근로자가 방사선업무를 하는 경우에 건강장해를 예방하기 위하여 방사선 관리구역을 지정하고 다음 의 사항을 게시하여야 한다(제575조 제1항).
  ㉠ 방사선량 측정용구의 착용에 관한 주의사항
  ㉡ 방사선 업무상 주의사항
  ㉢ 방사선 피폭 등 사고 발생 시의 응급조치에 관한 사항
  ㉣ 그 밖에 방사선 건강장해 방지에 필요한 사항
② 사업주는 방사선업무를 하는 관계근로자가 아닌 사람이 방사선 관리구역에 출입하는 것을 금지하여야 한다(제575 제2항).
③ 근로자는 출입이 금지된 장소에 사업주의 허락 없이 출입해서는 아니 된다(제575조 제3항).

(4) 방사선 장치실

사업주는 다음의 장치나 기기를 설치하려는 경우에 전용의 작업실에 설치하여야 한다. 다만, 적절히 차단되거나 밀폐된 구조의 방사선장치를 설치한 경우, 방사선장치를 수시로 이동하여 사용하여야 하는 경우 또는 사용목적이나 작업의 성질상 방사선장치를 방사선장치실 안에 설치하기가 곤란한 경우에는 그러하지 아니하다(제576조).
  ① 엑스선장치
  ② 입자가속장치
  ③ 엑스선관 또는 케노트론의 가스추출 및 엑스선 이용 검사장치
  ④ 방사성물질을 내장하고 있는 기기

(5) 방사성물질 취급 작업실

사업주는 근로자가 밀봉되어 있지 아니한 방사성물질을 취급하는 경우에 방사성물질 취급 작업실에서 작업하도록 하여야 한다. 다만, 다음의 경우에는 그러하지 아니하다(제577조).
  ① 누수의 조사
  ② 곤충을 이용한 역학적 조사
  ③ 원료물질 생산 공정에서의 이동상황 조사
  ④ 핵원료물질을 채굴하는 경우
  ⑤ 그 밖에 방사성물질을 널리 분산하여 사용하거나 그 사용이 일시적인 경우

(6) 방사성물질 취급 작업실의 구조

사업주는 방사성물질 취급 작업실 안의 벽·책상 등 오염 우려가 있는 부분을 다음의 구조로 하여야 한다(578조).

① 기체나 액체가 침투하거나 부식되기 어려운 재질로 할 것
② 표면이 편평하게 다듬어져 있을 것
③ 돌기가 없고 파이지 않거나 틈이 작은 구조로 할 것

(7) 게시 등

사업주는 방사선 발생장치나 기기에 대하여 다음의 구분에 따른 내용을 근로자가 보기 쉬운 장소에 게시하여야 한다(제579조).

① 입자가속장치
 ㉠ 장치의 종류
 ㉡ 방사선의 종류와 에너지
② 방사성물질을 내장하고 있는 기기
 ㉠ 기기의 종류
 ㉡ 내장하고 있는 방사성물질에 함유된 방사성 동위원소의 종류와 양(단위: 베크렐)
 ㉢ 해당 방사성물질을 내장한 연월일
 ㉣ 소유자의 성명 또는 명칭

(8) 차폐물 설치 등

사업주는 근로자가 방사선장치실, 방사성물질 취급작업실, 방사성물질 저장시설 또는 방사성물질 보관·폐기 시설에 상시 출입하는 경우에 차폐벽, 방호물 또는 그 밖의 차폐물을 설치하는 등 필요한 조치를 하여야 한다(제580조).

(9) 국소배기장치 등

사업주는 방사성물질이 가스·증기 또는 분진으로 발생할 우려가 있을 경우에 발산원을 밀폐하거나 국소배기장치 등을 설치하여 가동하여야 한다(제581조).

(10) 방지설비

사업주는 근로자가 신체 또는 의복, 신발, 보호장구 등에 방사성물질이 부착될 우려가 있는 작업을 하는 경우에 판 또는 막 등의 방지설비를 설치하여야 한다. 다만, 작업의 성질상 방지설비의

설치가 곤란한 경우로서 적절한 보호조치를 한 경우에는 그러하지 아니하다(제582조).

(11) 방사성물질 취급용구

① 사업주는 방사성물질 취급에 사용되는 국자, 집게 등의 용구에는 방사성물질 취급에 사용되는 용구임을 표시하고, 다른 용도로 사용해서는 아니 된다(제583조 제1항).
② 사업주는 용구를 사용한 후에 오염을 제거하고 전용의 용구걸이와 설치대 등을 사용하여 보관하여야 한다(제583조 제2항).

(12) 용기 등

사업주는 방사성물질을 보관·저장 또는 운반하는 경우에 녹슬거나 새지 않는 용기를 사용하고, 겉면에는 방사성물질을 넣은 용기임을 표시하여야 한다(제584조).

(13) 오염된 장소에서의 조치

사업주는 분말 또는 액체 상태의 방사성물질에 오염된 장소에 대하여 즉시 그 오염이 퍼지지 않도록 조치한 후 오염된 지역임을 표시하고 그 오염을 제거하여야 한다(제585조).

(14) 방사성물질의 폐기물 처리

사업주는 방사성물질의 폐기물은 방사선이 새지 않는 용기에 넣어 밀봉하고 용기 겉면에 그 사실을 표시한 후 적절하게 처리하여야 한다(제586조).

(15) 보호구의 지급 등

① 사업주는 근로자가 분말 또는 액체 상태의 방사성물질에 오염된 지역에서 작업을 하는 경우에 개인전용의 적절한 호흡용 보호구를 지급하고 착용하도록 하여야 한다(제587조 제1항).
② 사업주는 방사성물질을 취급하는 때에 방사성물질이 흩날림으로써 근로자의 신체가 오염될 우려가 있는 경우에 보호복, 보호장갑, 신발덮개, 보호모 등의 보호구를 지급하고 착용하도록 하여야 한다(제587조 제2항).
③ 근로자는 지급된 보호구를 사업주의 지시에 따라 착용하여야 한다(제587조 제3항).

(16) 오염된 보호구 등의 폐기

사업주는 방사성물질에 오염된 보호복, 보호장갑, 호흡용 보호구 등을 즉시 적절하게 폐기하여야 한다(제588조).

(17) 세척시설 등

사업주는 근로자가 방사성물질 취급작업을 하는 경우에 세면·목욕·세탁 및 건조를 위한 시설을 설치하고 필요한 용품과 용구를 갖추어 두어야 한다(제589조).

(18) 흡연 등의 금지

① 사업주는 방사성물질 취급 작업실 또는 그 밖에 방사성물질을 들이마시거나 섭취할 우려가 있는 작업장에 대하여 근로자가 담배를 피우거나 음식물을 먹지 않도록 하고 그 내용을 보기 쉬운 장소에 게시하여야 한다(제590조 제1항).

② 근로자는 흡연 또는 음식물 섭취가 금지된 장소에서 흡연 또는 음식물 섭취를 해서는 아니 된다(제590조 제2항).

(19) 유해성 등의 주지

사업주는 근로자가 방사선업무를 하는 경우에 방사선이 인체에 미치는 영향, 안전한 작업방법, 건강관리 요령 등에 관한 내용을 근로자에게 알려야 한다(제591조).

8. 병원체에 의한 건강장해의 예방

(1) 용어의 정의

8.에서 사용하는 용어의 뜻은 다음과 같다(제592조).

① 혈액매개 감염병 : 후천성면역결핍증(AIDS), B형간염 및 C형간염, 매독 등 혈액 및 체액을 매개로 타인에게 전염되어 질병을 유발하는 감염병을 말한다.

② 공기매개 감염병 : 결핵·수두·홍역 등 공기 또는 비말핵 등을 매개로 호흡기를 통하여 전염되는 감염병을 말한다.

③ 곤충 및 동물매개 감염병 : 쯔쯔가무시증, 렙토스피라증, 신증후군출혈열 등 동물의 배설물 등에 의하여 전염되는 감염병과 탄저병, 브루셀라증 등 가축이나 야생동물로부터 사람에게 감염되는 인수공통 감염병을 말한다.

④ 곤충 및 동물매개 감염병 고위험작업 : 다음의 작업을 말한다.
　㉠ 습지 등에서의 실외 작업
　㉡ 야생 설치류와의 직접 접촉 및 배설물을 통한 간접 접촉이 많은 작업
　㉢ 가축 사육이나 도살 등의 작업

⑤ 혈액노출 : 눈, 구강, 점막, 손상된 피부 또는 주사침 등에 의한 침습적 손상을 통하여 혈액 또는 병원체가 들어 있는 것으로 의심이 되는 혈액 등에 노출되는 것을 말한다.

(2) 적용 범위

8.의 규정은 근로자가 세균·바이러스·곰팡이 등 병원체에 노출될 위험이 있는 다음의 작업을 하는 사업 또는 사업장에 대하여 적용한다(제593조).
① 의료행위를 하는 작업
② 혈액의 검사 작업
③ 환자의 가검물을 처리하는 작업
④ 연구 등의 목적으로 병원체를 다루는 작업
⑤ 보육시설 등 집단수용시설에서의 작업
⑥ 곤충 및 동물매개 감염 고위험작업

(3) 감염병 예방 조치 등

사업주는 근로자의 혈액매개 감염병, 공기매개 감염병, 곤충 및 동물매개 감염병을 예방하기 위하여 다음의 조치를 하여야 한다(제594조).
① 감염병 예방을 위한 계획의 수립
② 보호구 지급, 예방접종 등 감염병 예방을 위한 조치
③ 감염병 발생 시 원인 조사와 대책 수립
④ 감염병 발생 근로자에 대한 적절한 처치

(4) 유해성 등의 주지

사업주는 근로자가 병원체에 노출될 수 있는 위험이 있는 작업을 하는 경우에 다음의 사항을 근로자에게 알려야 한다(제595조).
① 감염병의 종류와 원인
② 전파 및 감염 경로
③ 감염병의 증상과 잠복기
④ 감염되기 쉬운 작업의 종류와 예방방법
⑤ 노출 시 보고 등 노출과 감염 후 조치

(5) 환자의 가검물 등에 의한 오염 방지 조치

① 사업주는 근로자가 환자의 가검물을 처리(검사·운반·청소 및 폐기를 말한다)하는 작업

을 하는 경우에 보호앞치마, 보호장갑 및 보호마스크 등의 보호구를 지급하고 착용하도록 하는 등 오염 방지를 위하여 필요한 조치를 하여야 한다(제596조 제1항).

② 근로자는 지급된 보호구를 사업주의 지시에 따라 착용하여야 한다(제596조 제2항).

(6) 혈액노출 예방 조치

① 사업주는 근로자가 혈액노출의 위험이 있는 작업을 하는 경우에 다음의 조치를 하여야 한다(제597조 제1항).
  ㉠ 혈액노출의 가능성이 있는 장소에서는 음식물을 먹거나 담배를 피우는 행위, 화장 및 콘택트렌즈의 교환 등을 금지할 것
  ㉡ 혈액 또는 환자의 혈액으로 오염된 가검물, 주사침, 각종 의료 기구, 솜 등의 혈액오염물이 보관되어 있는 냉장고 등에 음식물 보관을 금지할 것
  ㉢ 혈액 등으로 오염된 장소나 혈액오염물은 적절한 방법으로 소독할 것
  ㉣ 혈액오염물은 별도로 표기된 용기에 담아서 운반할 것
  ㉤ 혈액노출 근로자는 즉시 소독약품이 포함된 세척제로 접촉 부위를 씻도록 할 것

② 사업주는 근로자가 주사 및 채혈 작업을 하는 경우에 다음의 조치를 하여야 한다(제597조 제2항).
  ㉠ 안정되고 편안한 자세로 주사 및 채혈을 할 수 있는 장소를 제공할 것
  ㉡ 채취한 혈액을 검사 용기에 옮기는 경우에는 주사침 사용을 금지하도록 할 것
  ㉢ 사용한 주사침은 바늘을 구부리거나, 자르거나, 뚜껑을 다시 씌우는 등의 행위를 금지할 것(부득이하게 뚜껑을 다시 씌워야 하는 경우에는 한 손으로 씌우도록 한다)
  ㉣ 사용한 주사침은 안전한 전용 수거용기에 모아 튼튼한 용기를 사용하여 폐기할 것

③ 근로자는 흡연 또는 음식물 등의 섭취 등이 금지된 장소에서 흡연 또는 음식물 섭취 등의 행위를 해서는 아니 된다(제597조 제3항).

(7) 혈액노출 조사 등

① 사업주는 혈액노출과 관련된 사고가 발생한 경우에 즉시 다음의 사항을 조사하고 이를 기록하여 보존하여야 한다(제598조 제1항).
  ㉠ 노출자의 인적사항
  ㉡ 노출 현황
  ㉢ 노출 원인제공자(환자)의 상태
  ㉣ 노출자의 처치 내용
  ㉤ 노출자의 검사 결과

② 사업주는 사고조사 결과에 따라 혈액에 노출된 근로자의 면역상태를 파악하여 별표 14에 따른 조치를 하고, 혈액매개 감염의 우려가 있는 근로자는 별표 15에 따라 조치하여야 한다(제598조 제2항).

혈액노출 근로자에 대한 조치사항(별표 14)

1. B형 간염에 대한 조치사항

근로자의 상태[1]		노출된 혈액의 상태에 따른 치료 방침		
		HBsAg 양성	HBsAg 음성	검사를 할 수 없거나 혈액의 상태를 모르는 경우
예방접종[2] 하지 않은 경우		HBIG[3] 1회 투여 및 B형간염 예방접종 실시	B형간염 예방접종 실시	B형간염 예방접종 실시
예방접종 한 경우	항체형성 HBsAb(+)	치료하지 않음	치료하지 않음	치료하지 않음
	항체미형성 HBsAb(-)	HBIG 2회 투여[4] 또는 HBIG 1회 투여 및 B형간염 백신 재접종	치료하지 않음	고위험 감염원인 경우 HBsAg 양성의 경우와 같이 치료함
	모름	항체(HBsAb) 검사: 1. 적절[5]: 치료하지 않음 2. 부적절: HBIG 1회투여 및 B형간염 백신 추가접종	치료하지 않음	항체(HBsAb) 검사: 1. 적절: 치료하지 않음 2. 부적절: B형간염백신 추가접종과 1~2개월 후 항체역가검사

비고 : 1. 과거 B형간염을 앓았던 사람은 면역이 되므로 예방접종이 필요하지 않다.
2. 예방접종은 B형간염 백신을 3회 접종완료한 것을 의미한다.
3. HBIG(B형간염 면역글로불린)는 가능한 한 24시간 이내에 0.06 ml/kg을 근육주사한다.
4. HBIG 2회 투여는 예방접종을 2회 하였지만 항체가 형성되지 않은 사람 또는 예방접종을 2회 하지 않았거나 2회차 접종이 완료되지 않은 사람에게 투여하는 것을 의미한다.
5. 항체가 적절하다는 것은 혈청내 항체(anti HBs)가 10mIU/ml 이상임을 말한다.
6. HBsAg(Hepatitis B Antigen): B형간염 항원

2. 인체면역결핍 바이러스에 대한 조치사항

혈액의 감염상태 \ 노출 형태	침습적 노출		점막 및 피부노출	
	심한 노출[5]	가벼운 노출[6]	다량 노출[7]	소량 노출[8]
인간면역결핍 바이러스 양성-1급[1]	확장 3제 예방요법[9]	확장 3제 예방요법	확장 3제 예방요법	기본 2제 예방요법
인간면역결핍 바이러스 양성-2급[2]	확장 3제 예방요법	기본 2제 예방요법	기본 2제 예방요법	기본 2제 예방요법[10]
혈액의 인간면역결핍 바이러스 감염상태 모름[3]	예방요법 필요 없음. 그러나 인간면역결핍 바이러스 위험요인이 있으면 기본 2제 예방요법 고려			
노출된 혈액을 확인할 수 없음[4]	예방요법 필요 없음. 그러나 인간면역결핍 바이러스에 감염된 환자의 것으로 추정되면 기본 2제 예방요법 고려			
인체면역결핍 바이러스 음성	예방요법 필요 없음			

비고 : 1. 다량의 바이러스(1,500 RNA copies/ml 이상), 감염의 증상, 후천성면역결핍증 등이 있는 경우이다.
2. 무증상 또는 소량의 바이러스이다.
3. 노출된 혈액이 사망한 사람의 혈액이거나 추적이 불가능한 경우 등 검사할 수 없는 경우이다.
4. 폐기한 혈액 또는 주사침 등에 의한 노출로 혈액원(血液源)을 파악할 수 없는 경우 등이다.
5. 환자의 근육 또는 혈관에 사용한 주사침이나 도구에 혈액이 묻어 있는 것이 맨눈으로 확인되는 경우 등이다.
6. 피상적 손상이거나 주사침에 혈액이 보이지 않는 경우 등이다.
7. 혈액이 부려지거나 흘려진 경우 등이다.
8. 혈액이 몇 방울 정도 묻은 경우 등이다.
9. 해당 전문가의 견해에 따라 결정한다.
10. 해당 전문가의 견해에 따라 결정한다.

혈액노출후 추적관리(별표 15)

감염병	추적관리 내용 및 시기
B형간염 바이러스	HBsAg : 노출 후 3개월, 6개월
C형간염 바이러스	anti HCV RNA : 4~6주 anti HCV : 4~6개월
인체면역결핍 바이러스	anti HIV : 6주, 12주, 6개월

비고 : 1. anti HCV RNA: C형간염바이러스 RNA 검사
2. anti HCV: C형간염항체 검사
3. anti HIV: 인간면역결핍항체 검사

③ 사업주는 조사 결과와 조치 내용을 즉시 해당 근로자에게 알려야 한다(제598조 제3항).

④ 사업주는 조사 결과와 조치 내용을 감염병 예방을 위한 조치 외에 해당 근로자에게 불이익을 주거나 다른 목적으로 이용해서는 아니 된다(제598조 제4항).

(8) 세척시설 등

사업주는 근로자가 혈액매개 감염의 우려가 있는 작업을 하는 경우에 세면·목욕 등에 필요한 세척시설을 설치하여야 한다(제599조).

(9) 개인보호구의 지급 등

① 사업주는 근로자가 혈액노출이 우려되는 작업을 하는 경우에 다음에 따른 보호구를 지급하고 착용하도록 하여야 한다(제600조 제1항).
㉠ 혈액이 분출되거나 분무될 가능성이 있는 작업 : 보안경과 보호마스크
㉡ 혈액 또는 혈액오염물을 취급하는 작업 : 보호장갑
㉢ 다량의 혈액이 의복을 적시고 피부에 노출될 우려가 있는 작업 : 보호앞치마
② 근로자는 지급된 보호구를 사업주의 지시에 따라 착용하여야 한다(제600조 제2항).

(10) 예방 조치

① 사업주는 근로자가 공기매개 감염병이 있는 환자와 접촉하는 경우에 감염을 방지하기 위하여 다음의 조치를 하여야 한다(제601조 제1호).
  ㉠ 근로자에게 결핵균 등을 방지할 수 있는 보호마스크를 지급하고 착용하도록 할 것
  ㉡ 면역이 저하되는 등 감염의 위험이 높은 근로자는 전염성이 있는 환자와의 접촉을 제한할 것
  ㉢ 가래를 배출할 수 있는 결핵환자에게 시술을 하는 경우에는 적절한 환기가 이루어지는 격리실에서 하도록 할 것
  ㉣ 임신한 근로자는 풍진·수두 등 선천성 기형을 유발할 수 있는 감염병 환자와의 접촉을 제한할 것
② 사업주는 공기매개 감염병에 노출되는 근로자에 대하여 해당 감염병에 대한 면역상태를 파악하고 의학적으로 필요하다고 판단되는 경우에 예방접종을 하여야 한다(제601조 제2호).
③ 근로자는 지급된 보호구를 사업주의 지시에 따라 착용하여야 한다(제601조 제3호).

(11) 노출 후 관리

사업주는 공기매개 감염병 환자에 노출된 근로자에 대하여 다음의 조치를 하여야 한다(제602조).
① 공기매개 감염병의 증상 발생 즉시 감염 확인을 위한 검사를 받도록 할 것
② 감염이 확인되면 적절한 치료를 받도록 조치할 것
③ 풍진, 수두 등에 감염된 근로자가 임신부인 경우에는 태아에 대하여 기형 여부를 검사받도록 할 것
④ 감염된 근로자가 동료 근로자 등에게 전염되지 않도록 적절한 기간 동안 접촉을 제한하도록 할 것

(12) 예방 조치

사업주는 근로자가 곤충 및 동물매개 감염병 고 위험작업을 하는 경우에 다음의 조치를 하여야 한다(제603조).
① 긴 소매의 옷과 긴 바지의 작업복을 착용하도록 할 것
② 곤충 및 동물매개 감염병 발생 우려가 있는 장소에서는 음식물 섭취 등을 제한할 것
③ 작업 장소와 인접한 곳에 오염원과 격리된 식사 및 휴식 장소를 제공할 것
④ 작업 후 목욕을 하도록 지도할 것
⑤ 곤충이나 동물에 물렸는지를 확인하고 이상증상 발생 시 의사의 진료를 받도록 할 것

(13) 노출 후 관리

사업주는 곤충 및 동물매개 감염병 고위험작업을 수행한 근로자에게 다음의 증상이 발생하였을 경우에 즉시 의사의 진료를 받도록 하여야 한다(제604조).
① 고열·오한·두통
② 피부발진·피부궤양·부스럼 및 딱지 등
③ 출혈성 병변

9. 분진에 의한 건강장해의 예방

(1) 용어의 정의

9.에서 사용하는 용어의 뜻은 다음과 같다(제605조).
① 분진 : 근로자가 작업하는 장소에서 발생하거나 흩날리는 미세한 분말 상태의 물질[황사, 미세먼지(PM-10, PM-2.5)를 포함한다]을 말한다.
② 분진작업 : 별표 16에서 정하는 작업을 말한다.

분진작업의 종류(별표 16)

1. 토석·광물·암석(이하 "암석등"이라 하고, 습기가 있는 상태의 것은 제외한다. 이하 이 표에서 같다)을 파내는 장소에서의 작업. 다만, 다음 각 목의 어느 하나에서 정하는 작업은 제외한다.
   가. 갱 밖의 암석등을 습식에 의하여 시추하는 장소에서의 작업
   나. 실외의 암석등을 동력 또는 발파에 의하지 않고 파내는 장소에서의 작업
2. 암석등을 싣거나 내리는 장소에서의 작업
3. 갱내에서 암석등을 운반, 파쇄·분쇄하거나 체로 거르는 장소(수중작업은 제외한다) 또는 이들을 쌓거나 내리는 장소에서의 작업
4. 갱내의 제1호부터 제3호까지의 규정에 따른 장소와 근접하는 장소에서 분진이 붙어 있거나 쌓여 있는 기계설비 또는 전기설비를 이설(移設)·철거·점검 또는 보수하는 작업
5. 암석등을 재단·조각 또는 마무리하는 장소에서의 작업(화염을 이용한 작업은 제외한다)
6. 연마재의 분사에 의하여 연마하는 장소나 연마재 또는 동력을 사용하여 암석·광물 또는 금속을 연마·주물 또는 재단하는 장소에서의 작업(화염을 이용한 작업은 제외한다)
7. 갱내가 아닌 장소에서 암석등·탄소원료 또는 알루미늄박을 파쇄·분쇄하거나 체로 거르는 장소에서의 작업
8. 시멘트·비산재·분말광석·탄소원료 또는 탄소제품을 건조하는 장소, 쌓거나 내리는 장소, 혼합·살포·포장하는 장소에서의 작업
9. 분말 상태의 알루미늄 또는 산화티타늄을 혼합·살포·포장하는 장소에서의 작업
10. 분말 상태의 광석 또는 탄소원료를 원료 또는 재료로 사용하는 물질을 제조·가공하는 공정에서 분말 상태의

광석, 탄소원료 또는 그 물질을 함유하는 물질을 혼합·혼입 또는 살포하는 장소에서의 작업
11. 유리 또는 법랑을 제조하는 공정에서 원료를 혼합하는 작업이나 원료 또는 혼합물을 용해로에 투입하는 작업(수중에서 원료를 혼합하는 장소에서의 작업은 제외한다)
12. 도자기, 내화물(耐火物), 형사토 제품 또는 연마재를 제조하는 공정에서 원료를 혼합 또는 성형하거나, 원료 또는 반제품을 건조하거나, 반제품을 차에 싣거나 쌓은 장소에서의 작업이나 가마 내부에서의 작업. 다만, 다음 각 목의 어느 하나에 정하는 작업은 제외한다.
    가. 도자기를 제조하는 공정에서 원료를 투입하거나 성형하여 반제품을 완성하거나 제품을 내리고 쌓은 장소에서의 작업
    나. 수중에서 원료를 혼합하는 장소에서의 작업
13. 탄소제품을 제조하는 공정에서 탄소원료를 혼합하거나 성형하여 반제품을 노(爐)에 넣거나 반제품 또는 제품을 노에서 꺼내거나 제작하는 장소에서의 작업
14. 주형을 사용하여 주물을 제조하는 공정에서 주형(鑄型)을 해체 또는 탈사(脫砂)하거나 주물모래를 재생하거나 혼련(混鍊)하거나 주조품 등을 절삭하는 장소에서의 작업
15. 암석등을 운반하는 암석전용선의 선창(船艙) 내에서 암석등을 빠뜨리거나 한군데로 모으는 작업
16. 금속 또는 그 밖의 무기물을 제련하거나 녹이는 공정에서 토석 또는 광물을 개방로에 투입·소결(燒結)·탕출(湯出) 또는 주입하는 장소에서의 작업(전기로에서 탕출하는 장소나 금형을 주입하는 장소에서의 작업은 제외한다)
17. 분말 상태의 광물을 연소하는 공정이나 금속 또는 그 밖의 무기물을 제련하거나 녹이는 공정에서 노(爐)·연도(煙道) 또는 굴뚝 등에 붙어 있거나 쌓여 있는 광물찌꺼기 또는 재를 긁어내거나 한곳에 모으거나 용기에 넣는 장소에서의 작업
18. 내화물을 이용한 가마 또는 노 등을 축조 또는 수리하거나 내화물을 이용한 가마 또는 노 등을 해체하거나 파쇄하는 작업
19. 실내·갱내·탱크·선박·관 또는 차량 등의 내부에서 금속을 용접하거나 용단하는 작업
20. 금속을 녹여 뿌리는 장소에서의 작업
21. 동력을 이용하여 목재를 절단·연마 및 분쇄하는 장소에서의 작업
22. 면(綿)을 섞거나 두드리는 장소에서의 작업
23. 염료 및 안료를 분쇄하거나 분말 상태의 염료 및 안료를 계량·투입·포장하는 장소에서의 작업
24. 곡물을 분쇄하거나 분말 상태의 곡물을 계량·투입·포장하는 장소에서의 작업
25. 유리섬유 또는 암면(巖綿)을 재단·분쇄·연마하는 장소에서의 작업
26. 「기상법 시행령」 제8조제2항제8호에 따른 황사 경보 발령지역 또는 「대기환경보전법 시행령」 제2조제3항제1호 및 제2호에 따른 미세먼지(PM-10, PM-2.5) 경보 발령지역에서의 옥외 작업

③ 호흡기보호 프로그램 : 분진노출에 대한 평가, 분진노출기준 초과에 따른 공학적 대책, 호흡용 보호구의 지급 및 착용, 분진의 유해성과 예방에 관한 교육, 정기적 건강진단, 기록·관리 사항 등이 포함된 호흡기질환 예방·관리를 위한 종합적인 계획을 말한다.

(2) 적용 제외

① 다음의 어느 하나에 해당하는 작업으로서 살수설비나 주유설비를 갖추고 물을 뿌리거나

주유를 하면서 분진이 흩날리지 않도록 작업하는 경우에는 9.의 규정을 적용하지 아니한다(제606조 제1항).
　㉠ 갱내에서 토석·암석·광물 등을 체로 거르는 장소에서의 작업
　㉡ 암석등을 재단·조각 또는 마무리하는 장소에서의 작업
　㉢ 연마재 또는 동력을 사용하여 암석·광물 또는 금속을 연마하거나 재단하는 장소에서의 작업
　㉣ 동력을 사용하여 암석등 또는 탄소를 주성분으로 하는 원료를 체로 거르는 장소에서의 작업
　㉤ 동력을 사용하여 실외에서 암석등 또는 탄소를 주성분으로 하는 원료를 파쇄하거나 분쇄하는 장소에서의 작업
　㉥ 암석등·탄소원료 또는 알루미늄박을 물이나 기름 속에서 파쇄·분쇄하거나 체로 거르는 장소에서의 작업
② 작업시간이 월 24시간 미만인 임시 분진작업에 대하여 사업주가 근로자에게 적절한 호흡용 보호구를 지급하여 착용하도록 하는 경우에는 이 장의 규정을 적용하지 아니한다. 다만, 월 10시간 이상 24시간 미만의 임시 분진작업을 매월 하는 경우에는 그러하지 아니하다(제606조 제2항).
③ 사무실에서 작업하는 경우에는 9.의 규정을 적용하지 아니한다(제606조 제3항).

(3) 국소배기장치의 설치

사업주는 분진작업을 하는 실내작업장(갱내를 포함한다)에 대하여 해당 분진작업에 따른 분진을 줄이기 위하여 밀폐설비나 국소배기장치를 설치하여야 한다(제607조).

(4) 전체환기장치의 설치

사업주는 분진작업을 하는 때에 분진 발산 면적이 넓어 설비를 설치하기 곤란한 경우에 전체환기장치를 설치할 수 있다(제608조).

(5) 국소배기장치의 성능

설치하는 국소배기장치는 별표 17에서 정하는 제어풍속 이상의 성능을 갖춘 것이어야 한다(제609조).

분진작업장소에 설치하는 국소배기장치의 제어풍속(별표 17)

1. 제607조 및 제617조 제1항 단서에 따라 설치하는 국소배기장치(연삭기, 드럼 샌더 (drum sander) 등의 회전체를 가지는 기계에 관련되어 분진작업을 하는 장소에 설치하는 것은 제외한다)의 제어풍속

분진 작업 장소	제어풍속(미터/초)			
	포위식 후드의 경우	외부식 후드의 경우		
		측방 흡인형	하방 흡인형	상방 흡인형
암석등 탄소원료 또는 알루미늄박을 체로 거르는 장소	0.7	-	-	-
주물모래를 재생하는 장소	0.7	-	-	-
주형을 부수고 모래를 터는 장소	0.7	1.3	1.3	-
그 밖의 분진작업장소	0.7	1.0	1.0	1.2

비고 :
   1. 제어풍속이란 국소배기장치의 모든 후드를 개방한 경우의 제어풍속으로서 다음 각 목의 위치에서 측정한다.
      가. 포위식 후드에서는 후드 개구면
      나. 외부식 후드에서는 해당 후드에 의하여 분진을 빨아들이려는 범위에서 그 후드 개구면으로부터 가장 먼 거리의 작업위치

2. 제607조 및 제617조 제1항 단서의 규정에 따라 설치하는 국소배기장치 중 연삭기, 드럼 샌더 등의 회전체를 가지는 기계에 관련되어 분진작업을 하는 장소에 설치된 국소배기장치의 후드의 설치방법에 따른 제어풍속

후드의 설치방법	제어풍속(미터/초)
회전체를 가지는 기계 전체를 포위하는 방법	0.5
회전체의 회전으로 발생하는 분진의 흩날림방향을 후드의 개구면으로 덮는 방법	5.0
회전체만을 포위하는 방법	5.0

비고 : 제어풍속이란 국소배기장치의 모든 후드를 개방한 경우의 제어풍속으로서, 회전체를 정지한 상태에서 후드의 개구면에서의 최소풍속을 말한다.

(6) 설비에 의한 습기 유지

사업주는 분진작업장소에 습기 유지 설비를 설치한 경우에 분진작업을 하고 있는 동안 그 설비를 사용하여 해당 분진작업장소를 습한 상태로 유지하여야 한다(제611조).

(7) 사용 전 점검 등

① 사업주는 설치한 국소배기장치를 처음으로 사용하는 경우나 국소배기장치를 분해하여 개조하거나 수리를 한 후 처음으로 사용하는 경우에 다음에서 정하는 바에 따라 사용 전에 점검하여야 한다(제612조 제1항).
　㉠ 국소배기장치
　　ⓐ 덕트와 배풍기의 분진 상태
　　ⓑ 덕트 접속부가 헐거워졌는지 여부
　　ⓒ 흡기 및 배기 능력
　　ⓓ 그 밖에 국소배기장치의 성능을 유지하기 위하여 필요한 사항
　㉡ 공기정화장치
　　ⓐ 공기정화장치 내부의 분진상태
　　ⓑ 여과제진장치의 여과재 파손 여부
　　ⓒ 공기정화장치의 분진 처리능력
　　ⓓ 그 밖에 공기정화장치의 성능 유지를 위하여 필요한 사항
② 사업주는 점검 결과 이상을 발견한 경우에 즉시 청소, 보수, 그 밖에 필요한 조치를 하여야 한다(제612조 제2항).

(8) 청소의 실시

① 사업주는 분진작업을 하는 실내작업장에 대하여 매일 작업을 시작하기 전에 청소를 하여야 한다(제613조 제1항).
② 분진작업을 하는 실내작업장의 바닥·벽 및 설비와 휴게시설이 설치되어 있는 장소의 마루 등(실내만 해당한다)에 대해서는 쌓인 분진을 제거하기 위하여 매월 1회 이상 정기적으로 진공청소기나 물을 이용하여 분진이 흩날리지 않는 방법으로 청소하여야 한다. 다만, 분진이 흩날리지 않는 방법으로 청소하는 것이 곤란한 경우로서 그 청소작업에 종사하는 근로자에게 적절한 호흡용 보호구를 지급하여 착용하도록 한 경우에는 그러하지 아니하다(제613조 제2항).

(9) 분진의 유해성 등의 주지

사업주는 근로자가 상시 분진작업에 관련된 업무를 하는 경우에 다음의 사항을 근로자에게 알려야 한다(제614조).
　① 분진의 유해성과 노출경로

② 분진의 발산 방지와 작업장의 환기 방법
③ 작업장 및 개인위생 관리
④ 호흡용 보호구의 사용 방법
⑤ 분진에 관련된 질병 예방 방법

(10) 세척시설 등

사업주는 근로자가 분진작업(분진작업은 제외한다)을 하는 경우에 목욕시설 등 필요한 세척시설을 설치하여야 한다(제615조).

(11) 호흡기보호 프로그램 시행 등

사업주는 다음의 어느 하나에 해당하는 경우에 호흡기보호 프로그램을 수립하여 시행하여야 한다(제616조).
① 분진의 작업환경 측정 결과 노출기준을 초과하는 사업장
② 분진작업으로 인하여 근로자에게 건강장해가 발생한 사업장

(12) 호흡용 보호구의 지급 등

① 사업주는 근로자가 분진작업을 하는 경우에 해당 작업에 종사하는 근로자에게 적절한 호흡용 보호구를 지급하여 착용하도록 하여야 한다. 다만, 해당 작업장소에 분진 발생원을 밀폐하는 설비나 국소배기장치를 설치하거나 해당 분진작업장소를 습기가 있는 상태로 유지하기 위한 설비를 갖추어 가동하는 등 필요한 조치를 한 경우에는 그러하지 아니하다(제617조 제1항).
② 사업주는 보호구를 지급하는 경우에 근로자 개인전용 보호구를 지급하고, 보관함을 설치하는 등 오염 방지를 위하여 필요한 조치를 하여야 한다(제617조 제2항).
③ 근로자는 지급된 보호구를 사업주의 지시에 따라 착용하여야 한다(제617조 제3항).

10. 밀폐공간 작업으로 인한 건강장해의 예방

(1) 용어의 정의

10.에서 사용하는 용어의 뜻은 다음과 같다(제618조).
① 밀폐공간 : 산소결핍, 유해가스로 인한 질식·화재·폭발 등의 위험이 있는 장소로서 별표 18에서 정한 장소를 말한다.

밀폐공간(별표 18)

1. 다음의 지층에 접하거나 통하는 우물·수직갱·터널·잠함·피트 또는 그밖에 이와 유사한 것의 내부
   가. 상층에 물이 통과하지 않는 지층이 있는 역암층 중 함수 또는 용수가 없거나 적은 부분
   나. 제1철 염류 또는 제1망간 염류를 함유하는 지층
   다. 메탄·에탄 또는 부탄을 함유하는 지층
   라. 탄산수를 용출하고 있거나 용출할 우려가 있는 지층
2. 장기간 사용하지 않은 우물 등의 내부
3. 케이블·가스관 또는 지하에 부설되어 있는 매설물을 수용하기 위하여 지하에 부설한 암거·맨홀 또는 피트의 내부
4. 빗물·하천의 유수 또는 용수가 있거나 있었던 통·암거·맨홀 또는 피트의 내부
5. 바닷물이 있거나 있었던 열교환기·관·암거·맨홀·둑 또는 피트의 내부
6. 장기간 밀폐된 강재(鋼材)의 보일러·탱크·반응탑이나 그 밖에 그 내벽이 산화하기 쉬운 시설(그 내벽이 스테인리스강으로 된 것 또는 그 내벽의 산화를 방지하기 위하여 필요한 조치가 되어 있는 것은 제외한다)의 내부
7. 석탄·아탄·황화광·강재·원목·건성유(乾性油)·어유(魚油) 또는 그 밖의 공기 중의 산소를 흡수하는 물질이 들어 있는 탱크 또는 호퍼(hopper) 등의 저장시설이나 선창의 내부
8. 천장·바닥 또는 벽이 건성유를 함유하는 페인트로 도장되어 그 페인트가 건조되기 전에 밀폐된 지하실·창고 또는 탱크 등 통풍이 불충분한 시설의 내부
9. 곡물 또는 사료의 저장용 창고 또는 피트의 내부, 과일의 숙성용 창고 또는 피트의 내부, 종자의 발아용 창고 또는 피트의 내부, 버섯류의 재배를 위하여 사용하고 있는 사일로(silo), 그 밖에 곡물 또는 사료종자를 적재한 선창의 내부
10. 간장·주류·효모 그 밖에 발효하는 물품이 들어 있거나 들어 있었던 탱크·창고 또는 양조주의 내부
11. 분뇨, 오염된 흙, 썩은 물, 폐수, 오수, 그 밖에 부패하거나 분해되기 쉬운 물질이 들어있는 정화조·침전조·집수조·탱크·암거·맨홀·관 또는 피트의 내부
12. 드라이아이스를 사용하는 냉장고·냉동고·냉동화물자동차 또는 냉동컨테이너의 내부
13. 헬륨·아르곤·질소·프레온·이산화탄소 또는 그 밖의 불활성기체가 들어 있거나 있었던 보일러·탱크 또는 반응탑 등 시설의 내부
14. 산소농도가 18퍼센트 미만 또는 23.5퍼센트 이상, 이산화탄소농도가 1.5퍼센트 이상, 일산화탄소농도가 30피피엠 이상 또는 황화수소농도가 10피피엠 이상인 장소의 내부
15. 갈탄·목탄·연탄난로를 사용하는 콘크리트 양생장소(養生場所) 및 가설숙소 내부
16. 화학물질이 들어있던 반응기 및 탱크의 내부
17. 유해가스가 들어있던 배관이나 집진기의 내부
18. 근로자가 상주(常住)하지 않는 공간으로서 출입이 제한되어 있는 장소의 내부

② 유해가스 : 탄산가스·일산화탄소·황화수소 등의 기체로서 인체에 유해한 영향을 미치는 물질을 말한다.

③ 적정공기 : 산소농도의 범위가 18% 이상 23.5% 미만, 탄산가스의 농도가 1.5% 미만, 일산화탄소의 농도가 30피피엠 미만, 황화수소의 농도가 10피피엠 미만인 수준의 공기를 말한다.

④ 산소결핍 : 공기 중의 산소농도가 18% 미만인 상태를 말한다.
⑤ 산소결핍증 : 산소가 결핍된 공기를 들이마심으로써 생기는 증상을 말한다.

(2) 밀폐공간 작업 프로그램의 수립·시행

① 사업주는 밀폐공간에서 근로자에게 작업을 하도록 하는 경우 다음의 내용이 포함된 밀폐공간 작업 프로그램을 수립하여 시행하여야 한다(제619조 제1항).
  ㉠ 사업장 내 밀폐공간의 위치 파악 및 관리 방안
  ㉡ 밀폐공간 내 질식·중독 등을 일으킬 수 있는 유해·위험 요인의 파악 및 관리 방안
  ㉢ 밀폐공간 작업 시 사전 확인이 필요한 사항에 대한 확인 절차
  ㉣ 안전보건교육 및 훈련
  ㉤ 그 밖에 밀폐공간 작업 근로자의 건강장해 예방에 관한 사항
② 사업주는 근로자가 밀폐공간에서 작업을 시작하기 전에 다음의 사항을 확인하여 근로자가 안전한 상태에서 작업하도록 하여야 한다(제619조 제2항).
  ㉠ 작업 일시, 기간, 장소 및 내용 등 작업 정보
  ㉡ 관리감독자, 근로자, 감시인 등 작업자 정보
  ㉢ 산소 및 유해가스 농도의 측정결과 및 후속조치 사항
  ㉣ 작업 중 불활성가스 또는 유해가스의 누출·유입·발생 가능성 검토 및 후속조치 사항
  ㉤ 작업 시 착용하여야 할 보호구의 종류
  ㉥ 비상연락체계
③ 사업주는 밀폐공간에서의 작업이 종료될 때까지 ②의 내용을 해당 작업장 출입구에 게시하여야 한다(제619조 제3항).

(3) 산소 및 유해가스 농도의 측정

① 사업주는 밀폐공간에서 근로자에게 작업을 하도록 하는 경우 작업을 시작(작업을 일시 중단하였다가 다시 시작하는 경우를 포함한다.)하기 전에 밀폐공간의 산소 및 유해가스 농도의 측정 및 평가에 관한 지식과 실무경험이 있는 자를 지정하여 그로 하여금 해당 밀폐공간의 산소 및 유해가스 농도를 측정(무선설비 또는 무선통신을 이용한 원격 측정을 포함한다.)하여 적정공기가 유지되고 있는지를 평가하도록 해야 한다(제619조의2 제1항).
② 사업주는 밀폐공간의 산소 및 유해가스 농도를 측정 및 평가하는 자에 대하여 밀폐공간에서 작업을 시작하기 전에 다음의 사항의 숙지여부를 확인하고 필요한 교육을 실시해야 한다(제619조의2 제2항).

㉠ 밀폐공간의 위험성
㉡ 측정장비의 이상 유무 확인 및 조작 방법
㉢ 밀폐공간 내에서의 산소 및 유해가스 농도 측정방법
㉣ 적정공기의 기준과 평가 방법

③ 사업주는 산소 및 유해가스 농도를 측정한 결과 적정공기가 유지되고 있지 아니하다고 평가된 경우에는 작업장을 환기시키거나, 근로자에게 공기호흡기 또는 송기마스크를 지급하여 착용하도록 하는 등 근로자의 건강장해 예방을 위하여 필요한 조치를 하여야 한다(제619조의2 제2항).

(4) 환기 등

① 사업주는 근로자가 밀폐공간에서 작업을 하는 경우에 작업을 시작하기 전과 작업 중에 해당 작업장을 적정공기 상태가 유지되도록 환기하여야 한다. 다만, 폭발이나 산화 등의 위험으로 인하여 환기할 수 없거나 작업의 성질상 환기하기가 매우 곤란한 경우에는 근로자에게 공기호흡기 또는 송기마스크를 지급하여 착용하도록 하고 환기하지 아니할 수 있다(제620조 제1항).

② 근로자는 지급된 보호구를 착용하여야 한다(제620조 제2항).

(5) 인원의 점검

사업주는 근로자가 밀폐공간에서 작업을 하는 경우에 그 장소에 근로자를 입장시킬 때와 퇴장시킬 때마다 인원을 점검하여야 한다(제621조).

(6) 출입의 금지

① 사업주는 사업장 내 밀폐공간을 사전에 파악하여 밀폐공간에는 관계 근로자가 아닌 사람의 출입을 금지하고, 출입금지 표지를 밀폐공간 근처의 보기 쉬운 장소에 게시하여야 한다(제622조 제1항).

② 근로자는 출입이 금지된 장소에 사업주의 허락 없이 출입해서는 아니 된다(제622조 제2항).

(7) 감시인의 배치 등

① 사업주는 근로자가 밀폐공간에서 작업을 하는 동안 작업상황을 감시할 수 있는 감시인을 지정하여 밀폐공간 외부에 배치하여야 한다(제623조 제1항).

② 감시인은 밀폐공간에 종사하는 근로자에게 이상이 있을 경우에 구조요청 등 필요한 조치를 한 후 이를 즉시 관리감독자에게 알려야 한다(제623조 제2항).

③ 사업주는 근로자가 밀폐공간에서 작업을 하는 동안 그 작업장과 외부의 감시인 간에 항상 연락을 취할 수 있는 설비를 설치하여야 한다(제623조 제3항).

(8) 안전대 등

① 사업주는 밀폐공간에서 작업하는 근로자가 산소결핍이나 유해가스로 인하여 추락할 우려가 있는 경우에는 해당 근로자에게 안전대나 구명밧줄, 공기호흡기 또는 송기마스크를 지급하여 착용하도록 하여야 한다(제624조 제1항).
② 사업주는 안전대나 구명밧줄을 착용하도록 하는 경우에 이를 안전하게 착용할 수 있는 설비 등을 설치하여야 한다(제624조 제2항).
③ 근로자는 지급된 보호구를 착용하여야 한다(제624조 제3항).

(9) 대피용 기구의 비치

사업주는 근로자가 밀폐공간에서 작업을 하는 경우에 공기호흡기 또는 송기마스크, 사다리 및 섬유로프 등 비상시에 근로자를 피난시키거나 구출하기 위하여 필요한 기구를 갖추어 두어야 한다(제625조).

(10) 상시 가동되는 급·배기 환기장치를 설치한 경우의 특례

① 사업주가 밀폐공간에 상시 가동되는 급·배기 환기장치("상시환기장치")를 설치하고 이를 24시간 상시 작동하게 하여 질식·화재·폭발 등의 위험이 없도록 한 경우에는 해당 밀폐공간에 대하여 제619조제2항 및 제3항(산소 및 유해가스), 제620조(환기), 제621조(인원의 점검), 제623조(감시인의 배치), 제624조(안전대 등) 및 제640조(긴급구조훈련)를 적용하지 않는다(제626조 제1항).
② 사업주는 상시환기장치의 작동 및 사용상태와 밀폐공간 내 적정공기 유지상태를 월 1회 이상 정기적으로 점검하고, 이상이 발견된 경우에는 즉시 필요한 조치를 해야 한다(제626조 제2항).
③ 사업주는 점검결과(점검일자, 점검자, 환기장치 작동상태, 적정공기 유지상태 및 조치사항을 말한다)를 해당 밀폐공간의 출입구에 상시 게시해야 한다(제626조 제3항).

(11) 유해가스의 처리 등

사업주는 근로자가 터널·갱 등을 파는 작업을 하는 경우에 근로자가 유해가스에 노출되지 않도록 미리 그 농도를 조사하고, 유해가스의 처리방법, 터널·갱 등을 파는 시기 등을 정한 후 이에 따라 작업을 하도록 하여야 한다(제627조).

(12) 이산화탄소를 사용하는 소화기에 대한 조치

사업주는 지하실, 기관실, 선창, 그 밖에 통풍이 불충분한 장소에 비치한 소화기에 이산화탄소를 사용하는 경우에 다음의 조치를 해야 한다(제628조).

① 해당 소화기가 쉽게 뒤집히거나 손잡이가 쉽게 작동되지 않도록 할 것
② 소화를 위하여 작동하는 경우 외에 소화기를 임의로 작동하는 것을 금지하고, 그 내용을 보기 쉬운 장소에 게시할 것

(13) 이산화탄소를 사용하는 소화설비 및 소화용기에 대한 조치

사업주는 이산화탄소를 사용한 소화설비를 설치한 지하실, 전기실, 옥내 위험물 저장창고 등 방호구역과 소화약제로 이산화탄소가 충전된 소화용기 보관장소("방호구역등")에 다음의 조치를 해야 한다(제628조의2).

① 방호구역등에는 점검, 유지·보수 등("점검등")을 수행하는 관계 근로자가 아닌 사람의 출입을 금지할 것
② 점검등을 수행하는 근로자를 사전에 지정하고, 출입일시, 점검기간 및 점검내용 등의 출입기록을 작성하여 관리하게 할 것. 다만, 다음의 어느 하나에 해당하는 경우는 제외한다.
　㉠ 「개인정보보호법」에 따른 영상정보처리기기를 활용하여 관리하는 경우
　㉡ 카드키 출입방식 등 구조적으로 지정된 사람만이 출입하도록 한 경우
③ 방호구역등에 점검등을 위해 출입하는 경우에는 미리 다음 각 목의 조치를 할 것
　㉠ 적정공기 상태가 유지되도록 환기할 것
　㉡ 소화설비의 수동밸브나 콕을 잠그거나 차단판을 설치하고 기동장치에 안전핀을 꽂아야 하며, 이를 임의로 개방하거나 안전핀을 제거하는 것을 금지한다는 내용을 보기 쉬운 장소에 게시할 것. 다만, 육안 점검만을 위하여 짧은 시간 출입하는 경우에는 그렇지 않다.
　㉢ 방호구역등에 출입하는 근로자를 대상으로 이산화탄소의 위험성, 소화설비의 작동 시 확인방법, 대피방법, 대피로 등을 주지시키기 위해 반기 1회 이상 교육을 실시할 것. 다만, 처음 출입하는 근로자에 대해서는 출입 전에 교육을 하여 그 내용을 주지시켜야 한다.
　㉣ 소화용기 보관장소에서 소화용기 및 배관·밸브 등의 교체 등의 작업을 하는 경우에는 작업자에게 공기호흡기 또는 송기마스크를 지급하고 착용하도록 할 것
　㉤ 소화설비 작동과 관련된 전기, 배관 등에 관한 작업을 하는 경우에는 작업일정, 소화설비 설치도면 검토, 작업방법, 소화설비 작동금지 조치, 출입금지 조치, 작업 근로자 교육 및 대피로 확보 등이 포함된 작업계획서를 작성하고 그 계획에 따라 작업을 하도

록 할 것
④ 점검등을 완료한 후에는 방호구역등에 사람이 없는 것을 확인하고 소화설비를 작동할 수 있는 상태로 변경할 것
⑤ 소화를 위하여 작동하는 경우 외에는 소화설비를 임의로 작동하는 것을 금지하고, 그 내용을 방호구역등의 출입구 및 수동조작반 등에 누구든지 볼 수 있도록 게시할 것
⑥ 출입구 또는 비상구까지의 이동거리가 10m 이상인 방호구역과 이산화탄소가 충전된 소화용기를 100개 이상(45kg 용기 기준) 보관하는 소화용기 보관장소에는 산소 또는 이산화탄소 감지 및 경보 장치를 설치하고 항상 유효한 상태로 유지할 것
⑦ 소화설비가 작동되거나 이산화탄소의 누출로 인한 질식의 우려가 있는 경우에는 근로자가 질식 등 산업재해를 입을 우려가 없는 것으로 확인될 때까지 관계 근로자가 아닌 사람의 방호구역등 출입을 금지하고 그 내용을 방호구역등의 출입구에 누구든지 볼 수 있도록 게시할 것

(14) 용접 등에 관한 조치

① 사업주는 근로자가 탱크·보일러 또는 반응탑의 내부 등 통풍이 충분하지 않은 장소에서 용접·용단 작업을 하는 경우에 다음의 조치를 하여야 한다(제629조 제1항).
  ㉠ 작업장소는 가스농도를 측정(아르곤 등 불활성가스를 이용하는 작업장의 경우에는 산소농도 측정을 말한다)하고 환기시키는 등의 방법으로 적정공기 상태를 유지할 것
  ㉡ 환기 등의 조치로 해당 작업장소의 적정공기 상태를 유지하기 어려운 경우 해당 작업 근로자에게 공기호흡기 또는 송기마스크를 지급하여 착용하도록 할 것
② 근로자는 지급된 보호구를 사업주의 지시에 따라 착용하여야 한다(제629조 제2항).

(15) 불활성기체의 누출

사업주는 근로자가 기체를 내보내는 배관이 있는 보일러·탱크·반응탑 또는 선창 등의 장소에서 작업을 하는 경우에 다음의 조치를 하여야 한다(제630조).
① 밸브나 콕을 잠그거나 차단판을 설치할 것
② 밸브나 콕과 차단판에는 잠금장치를 하고, 이를 임의로 개방하는 것을 금지한다는 내용을 보기 쉬운 장소에 게시할 것
③ 불활성기체를 내보내는 배관의 밸브나 콕 또는 이를 조작하기 위한 스위치나 누름단추 등에는 잘못된 조작으로 인하여 불활성기체가 새지 않도록 배관 내의 불활성기체의 명칭과 개폐의 방향 등 조작방법에 관한 표지를 게시할 것

(16) 불활성기체의 유입 방지

사업주는 근로자가 탱크나 반응탑 등 용기의 안전판으로부터 불활성기체가 배출될 우려가 있는 작업을 하는 경우에 해당 안전판으로부터 배출되는 불활성기체를 직접 외부로 내보내기 위한 설비를 설치하는 등 해당 불활성기체가 해당 작업장소에 잔류하는 것을 방지하기 위한 조치를 하여야 한다(제631조).

(17) 냉장실 등의 작업

① 사업주는 근로자가 냉장실·냉동실 등의 내부에서 작업을 하는 경우에 근로자가 작업하는 동안 해당 설비의 출입문이 임의로 잠기지 않도록 조치하여야 한다. 다만, 해당 설비의 내부에 외부와 연결된 경보장치가 설치되어 있는 경우에는 그러하지 아니하다(제632조 제1항).

② 사업주는 냉장실·냉동실 등 밀폐하여 사용하는 시설이나 설비의 출입문을 잠그는 경우에 내부에 작업자가 있는지를 반드시 확인하여야 한다(제632조 제2항).

(18) 출입구의 임의잠김 방지

사업주는 근로자가 탱크·반응탑 또는 그 밖의 밀폐시설에서 작업을 하는 경우에 근로자가 작업하는 동안 해당 설비의 출입뚜껑이나 출입문이 임의로 잠기지 않도록 조치하고 작업하게 하여야 한다(제633조).

(19) 가스배관공사 등에 관한 조치

① 사업주는 근로자가 지하실이나 맨홀의 내부 또는 그 밖에 통풍이 불충분한 장소에서 가스를 공급하는 배관을 해체하거나 부착하는 작업을 하는 경우에 다음의 조치를 하여야 한다(제634조 제1항).

 ㉠ 배관을 해체하거나 부착하는 작업장소에 해당 가스가 들어오지 않도록 차단할 것
 ㉡ 해당 작업을 하는 장소는 적정공기 상태가 유지되도록 환기를 하거나 근로자에게 공기호흡기 또는 송기마스크를 지급하여 착용하도록 할 것

② 근로자는 지급된 보호구를 사업주의 지시에 따라 착용하여야 한다(제634조 제2항).

(20) 압기공법에 관한 조치

① 사업주는 근로자가 지층이나 그와 인접한 장소에서 압기공법으로 작업을 하는 경우에 그 작업에 의하여 유해가스가 샐 우려가 있는지 여부 및 공기 중의 산소농도를 조사하여

야 한다(제635조 제1항).

② 사업주는 조사 결과 유해가스가 새고 있거나 공기 중에 산소가 부족한 경우에 즉시 작업을 중지하고 출입을 금지하는 등 필요한 조치를 하여야 한다(제635조 제2항).

③ 근로자는 출입이 금지된 장소에 사업주의 허락 없이 출입해서는 아니 된다(제635조 제3항).

(21) 지하실 등의 작업

① 사업주는 근로자가 밀폐공간의 내부를 통하는 배관이 설치되어 있는 지하실이나 피트 등의 내부에서 작업을 하는 경우에 그 배관을 통하여 산소가 결핍된 공기나 유해가스가 새지 않도록 조치하여야 한다(제636조 제1항).

② 사업주는 작업장소에서 산소가 결핍된 공기나 유해가스가 새는 경우에 이를 직접 외부로 내보낼 수 있는 설비를 설치하는 등 적정공기 상태를 유지하기 위한 조치를 하여야 한다(제636조 제2항).

(22) 설비 개조 등의 작업

사업주는 근로자가 분뇨·오수·펄프액 및 부패하기 쉬운 물질에 오염된 펌프·배관 또는 그 밖의 부속설비에 대하여 분해·개조·수리 또는 청소 등을 하는 경우에 다음의 조치를 하여야 한다(제637조).

① 작업 방법 및 순서를 정하여 이를 미리 해당 작업에 종사하는 근로자에게 알릴 것

② 황화수소 중독 방지에 필요한 지식을 가진 사람을 해당 작업의 지휘자로 지정하여 작업을 지휘하도록 할 것

(23) 사후조치

사업주는 관리감독자가 측정 또는 점검 결과 이상을 발견하여 보고했을 경우에는 즉시 환기, 보호구 지급, 설비 보수 등 근로자의 안전을 위해 필요한 조치를 해야 한다(제638조).

(24) 사고 시의 대피 등

① 사업주는 근로자가 밀폐공간에서 작업을 하는 경우에 산소결핍이나 유해가스로 인한 질식·화재·폭발 등의 우려가 있으면 즉시 작업을 중단시키고 해당 근로자를 대피하도록 하여야 한다(제639조 제1항).

② 사업주는 근로자를 대피시킨 경우 적정공기 상태임이 확인될 때까지 그 장소에 관계자가

아닌 사람이 출입하는 것을 금지하고, 그 내용을 해당 장소의 보기 쉬운 곳에 게시하여야 한다(제639조 제2항).
③ 근로자는 출입이 금지된 장소에 사업주의 허락 없이 출입하여서는 아니 된다(제639조 제3항).

(25) 긴급 구조훈련

사업주는 긴급상황 발생 시 대응할 수 있도록 밀폐공간에서 작업하는 근로자에 대하여 비상연락체계 운영, 구조용 장비의 사용, 공기호흡기 또는 송기마스크의 착용, 응급처치 등에 관한 훈련을 6개월에 1회 이상 주기적으로 실시하고, 그 결과를 기록하여 보존하여야 한다(제640조).

(26) 안전한 작업방법 등의 주지

사업주는 근로자가 밀폐공간에서 작업을 하는 경우에 작업을 시작할 때마다 사전에 다음의 사항을 작업근로자(감시인을 포함한다)에게 알려야 한다(제641조).
① 산소 및 유해가스농도 측정에 관한 사항
② 환기설비의 가동 등 안전한 작업방법에 관한 사항
③ 보호구의 착용과 사용방법에 관한 사항
④ 사고 시의 응급조치 요령
⑤ 구조요청을 할 수 있는 비상연락처, 구조용 장비의 사용 등 비상시 구출에 관한 사항

(27) 의사의 진찰

사업주는 근로자가 산소결핍증이 있거나 유해가스에 중독되었을 경우에 즉시 의사의 진찰이나 처치를 받도록 하여야 한다(제642조).

(28) 구출 시 공기호흡기 또는 송기마스크의 사용

① 사업주는 밀폐공간에서 위급한 근로자를 구출하는 작업을 하는 경우 그 구출작업에 종사하는 근로자에게 공기호흡기 또는 송기마스크를 지급하여 착용하도록 하여야 한다(제643조 제1항).
② 근로자는 지급된 보호구를 착용하여야 한다(제643조 제2항).

(29) 보호구의 지급 등

사업주는 공기호흡기 또는 송기마스크를 지급하는 때에 근로자에게 질병 감염의 우려가 있는 경우에는 개인전용의 것을 지급하여야 한다(제644조).

11. 사무실에서의 건강장해 예방

(1) 용어의 정의

11.에서 사용하는 용어의 뜻은 다음과 같다(제646조).
① 사무실 : 근로자가 사무를 처리하는 실내 공간(휴게실 · 강당 · 회의실 등의 공간을 포함한다)을 말한다.
② 사무실오염물질 : 가스 · 증기 · 분진 등과 곰팡이 · 세균 · 바이러스 등 사무실의 공기 중에 떠다니면서 근로자에게 건강장해를 유발할 수 있는 물질을 말한다.
③ 공기정화설비등 : 사무실오염물질을 바깥으로 내보내거나 바깥의 신선한 공기를 실내로 끌어들이는 급기 · 배기 장치, 오염물질을 제거하거나 줄이는 여과제나 온도 · 습도 · 기류 등을 조절하여 공급할 수 있는 냉난방장치, 그 밖에 이에 상응하는 장치 등을 말한다.

(2) 공기정화설비등의 가동

① 사업주는 근로자가 중앙관리 방식의 공기정화설비등을 갖춘 사무실에서 근무하는 경우에 사무실 오염을 방지할 수 있도록 공기정화설비등을 적절히 가동하여야 한다(제647조 제1항).
② 사업주는 공기정화설비등에 의하여 사무실로 들어오는 공기가 근로자에게 직접 닿지 않도록 하고, 기류속도는 초당 0.5m 이하가 되도록 하여야 한다(제647조 제2항).

(3) 공기정화설비등의 유지관리

사업주는 공기정화설비등을 수시로 점검하여 필요한 경우에 청소하거나 개 · 보수하는 등 적절한 조치를 해야 한다(제648조).

(4) 사무실공기 평가

사업주는 근로자 건강장해 방지를 위하여 필요한 경우에 해당 사무실의 공기를 측정 · 평가하고, 그 결과에 따라 공기정화설비등을 설치하거나 개 · 보수하는 등 필요한 조치를 하여야 한다(제649조).

(5) 실외 오염물질의 유입 방지

사업주는 실외로부터 자동차매연, 그 밖의 오염물질이 실내로 들어올 우려가 있는 경우에 통풍구 · 창문 · 출입문 등의 공기유입구를 재배치하는 등 적절한 조치를 하여야 한다(제650조).

(6) 미생물오염 관리

사업주는 미생물로 인한 사무실공기 오염을 방지하기 위하여 다음의 조치를 하여야 한다(제651조).
  ① 누수 등으로 미생물의 생장을 촉진할 수 있는 곳을 주기적으로 검사하고 보수할 것
  ② 미생물이 증식된 곳은 즉시 건조·제거 또는 청소할 것
  ③ 건물 표면 및 공기정화설비등에 오염되어 있는 미생물은 제거할 것

(7) 건물 개·보수 시 공기오염 관리

사업주는 건물 개·보수 중 사무실의 공기질이 악화될 우려가 있을 경우에 그 작업내용을 근로자에게 알리고 공사장소를 격리하거나, 사무실오염물질의 억제 및 청소 등 적절한 조치를 하여야 한다(제652조).

(8) 사무실의 청결 관리

  ① 사업주는 사무실을 항상 청결하게 유지·관리하여야 하며, 분진 발생을 최대한 억제할 수 있는 방법을 사용하여 청소하여야 한다(제653조 제1항).
  ② 사업주는 미생물로 인한 오염과 해충 발생의 우려가 있는 목욕시설·화장실 등을 소독하는 등 적절한 조치를 하여야 한다(제653조 제2항).

(9) 보호구의 지급 등

  ① 사업주는 근로자가 공기정화설비등의 청소, 개·보수작업을 하는 경우에 보안경, 방진마스크 등 적절한 보호구를 지급하고 착용하도록 하여야 한다(제654조 제1항).
  ② 보호구를 지급하는 경우에 근로자 개인 전용의 것을 지급하여야 한다(제654조 제2항).
  ③ 근로자는 지급된 보호구를 사업주의 지시에 따라 착용하여야 한다(제654조 제3항).

(10) 유해성 등의 주지

사업주는 근로자가 공기정화설비등의 청소, 개·보수 작업을 하는 경우에 다음의 사항을 근로자에게 알려야 한다(제655조).
  ① 발생하는 사무실오염물질의 종류 및 유해성
  ② 사무실오염물질 발생을 억제할 수 있는 작업방법
  ③ 착용하여야 할 보호구와 착용방법
  ④ 응급조치 요령
  ⑤ 그 밖에 근로자의 건강장해의 예방에 관한 사항

12. 근골격계부담작업으로 인한 건강장해의 예방

(1) 용어의 정의

12.에서 사용하는 용어의 뜻은 다음과 같다(제656조).
  ① 근골격계부담작업 : 작업량·작업속도·작업강도 및 작업장 구조 등에 따라 고용노동부장관이 정하여 고시하는 작업을 말한다.
  ② 근골격계질환 : 반복적인 동작, 부적절한 작업자세, 무리한 힘의 사용, 날카로운 면과의 신체접촉, 진동 및 온도 등의 요인에 의하여 발생하는 건강장해로서 목, 어깨, 허리, 팔·다리의 신경·근육 및 그 주변 신체조직 등에 나타나는 질환을 말한다.
  ③ 근골격계질환 예방관리 프로그램 : 유해요인 조사, 작업환경 개선, 의학적 관리, 교육·훈련, 평가에 관한 사항 등이 포함된 근골격계질환을 예방관리하기 위한 종합적인 계획을 말한다.

(2) 유해요인 조사

  ① 사업주는 근로자가 근골격계부담작업을 하는 경우에 3년마다 다음의 사항에 대한 유해요인조사를 하여야 한다. 다만, 신설되는 사업장의 경우에는 신설일부터 1년 이내에 최초의 유해요인 조사를 하여야 한다(제657조 제1항).
    ㉠ 설비·작업공정·작업량·작업속도 등 작업장 상황
    ㉡ 작업시간·작업자세·작업방법 등 작업조건
    ㉢ 작업과 관련된 근골격계질환 징후와 증상 유무 등
  ② 사업주는 다음의 어느 하나에 해당하는 사유가 발생하였을 경우에 1개월 이내에 조사대상 및 조사방법 등을 검토하여 유해요인 조사를 해야 한다. 다만, ㉠에 해당하는 경우로서 해당 근골격계질환에 대하여 최근 1년 이내에 유해요인 조사를 하고 그 결과를 반영하여 제659조에 따른 작업환경 개선에 필요한 조치를 한 경우는 제외한다(제657조 제2항).
    ㉠ 법에 따른 임시건강진단 등에서 근골격계질환자가 발생하였거나 근로자가 근골격계질환으로 업무상 질병으로 인정받은 경우(근골격계부담작업이 아닌 작업에서 근골격계질환자가 발생하였거나 근골격계부담작업이 아닌 작업에서 발생한 근골격계질환에 대해 업무상 질병으로 인정받은 경우를 포함한다)
    ㉡ 근골격계부담작업에 해당하는 새로운 작업·설비를 도입한 경우
    ㉢ 근골격계부담작업에 해당하는 업무의 양과 작업공정 등 작업환경을 변경한 경우

③ 사업주는 유해요인 조사에 근로자 대표 또는 해당 작업 근로자를 참여시켜야 한다(제657조 제3항).

(3) 유해요인 조사 방법 등

사업주는 유해요인 조사를 하는 경우에 근로자와의 면담, 증상 설문조사, 인간공학적 측면을 고려한 조사 등 적절한 방법으로 하여야 한다. 이 경우 고용노동부장관이 정하여 고시하는 방법에 따라야 한다(제658조).

(4) 작업환경 개선

사업주는 유해요인 조사 결과 근골격계질환이 발생할 우려가 있는 경우에 인간공학적으로 설계된 인력작업 보조설비 및 편의설비를 설치하는 등 작업환경 개선에 필요한 조치를 하여야 한다(제659조).

(5) 통지 및 사후조치

① 근로자는 근골격계부담작업으로 인하여 운동범위의 축소, 쥐는 힘의 저하, 기능의 손실 등의 징후가 나타나는 경우 그 사실을 사업주에게 통지할 수 있다(제660조 제1항).
② 사업주는 근골격계부담작업으로 인하여 징후가 나타난 근로자에 대하여 의학적 조치를 하고 필요한 경우에는 작업환경 개선 등 적절한 조치를 하여야 한다(제660조 제2항).

(6) 유해성 등의 주지

① 사업주는 근로자가 근골격계부담작업을 하는 경우에 다음의 사항을 근로자에게 알려야 한다(제661조 제1항).
  ㉠ 근골격계부담작업의 유해요인
  ㉡ 근골격계질환의 징후와 증상
  ㉢ 근골격계질환 발생 시의 대처요령
  ㉣ 올바른 작업자세와 작업도구, 작업시설의 올바른 사용방법
  ㉤ 그 밖에 근골격계질환 예방에 필요한 사항
② 사업주는 유해요인 조사 및 그 결과, 조사방법 등을 해당 근로자에게 알려야 한다(제661조 제2항).
③ 사업주는 근로자대표의 요구가 있으면 설명회를 개최하여 유해요인 조사 결과를 해당 근로자와 같은 방법으로 작업하는 근로자에게 알려야 한다(제661조 제3항).

(7) 근골격계질환 예방관리 프로그램 시행

① 사업주는 다음의 어느 하나에 해당하는 경우에 근골격계질환 예방관리 프로그램을 수립하여 시행하여야 한다(제662조 제1항).
  ㉠ 근골격계질환으로 업무상 질병으로 인정받은 근로자가 연간 10명 이상 발생한 사업장 또는 5명 이상 발생한 사업장으로서 발생 비율이 그 사업장 근로자 수의 10% 이상인 경우
  ㉡ 근골격계질환 예방과 관련하여 노사 간 이견이 지속되는 사업장으로서 고용노동부장관이 필요하다고 인정하여 근골격계질환 예방관리 프로그램을 수립하여 시행할 것을 명령한 경우
② 사업주는 근골격계질환 예방관리 프로그램을 작성·시행할 경우에 노사협의를 거쳐야 한다(제662조 제2항).
③ 사업주는 근골격계질환 예방관리 프로그램을 작성·시행할 경우에 인간공학·산업의학·산업위생·산업간호 등 분야별 전문가로부터 필요한 지도·조언을 받을 수 있다(제662조 제3항).

(8) 중량물의 제한

사업주는 근로자가 중량물을 인력으로 들어올리는 작업을 하는 경우에 과도한 무게로 인하여 근로자의 목·허리 등 근골격계에 무리한 부담을 주지 않도록 최대한 노력해야 한다(제663조).

(9) 작업 시간과 휴식시간 등의 배분

사사업주는 근로자가 중량물을 인력으로 들어올리거나 운반하는 작업을 하는 경우에 근로자가 취급하는 물품의 중량·취급빈도·운반거리·운반속도 등 인체에 부담을 주는 작업의 조건에 따라 작업시간과 휴식시간 등을 적정하게 배분해야 한다(제664조).

(10) 중량의 표시 등

사업주는 근로자가 5kg 이상의 중량물을 인력으로 들어올리는 작업을 하는 경우에 다음의 조치를 해야 한다(제665조).
① 주로 취급하는 물품에 대하여 근로자가 쉽게 알 수 있도록 물품의 중량과 무게중심에 대하여 작업장 주변에 안내표시를 할 것
② 취급하기 곤란한 물품은 손잡이를 붙이거나 갈고리, 진공빨판 등 적절한 보조도구를 활용할 것

(11) 작업자세 등

사업주는 근로자가 중량물을 인력으로 들어올리는 작업을 하는 경우에 무게중심을 낮추거나 대상물에 몸을 밀착하도록 하는 등 근로자에게 신체의 부담을 줄일 수 있는 자세에 대하여 알려야 한다(제666조).

13. 그 밖의 유해인자에 의한 건강장해의 예방

(1) 컴퓨터 단말기 조작업무에 대한 조치

사업주는 근로자가 컴퓨터 단말기의 조작업무를 하는 경우에 다음의 조치를 하여야 한다(제667조).
① 실내는 명암의 차이가 심하지 않도록 하고 직사광선이 들어오지 않는 구조로 할 것
② 저휘도형의 조명기구를 사용하고 창·벽면 등은 반사되지 않는 재질을 사용할 것
③ 컴퓨터 단말기와 키보드를 설치하는 책상과 의자는 작업에 종사하는 근로자에 따라 그 높낮이를 조절할 수 있는 구조로 할 것
④ 연속적으로 컴퓨터 단말기 작업에 종사하는 근로자에 대하여 작업시간 중에 적절한 휴식 시간을 부여할 것

(2) 비전리전자기파에 의한 건강장해 예방 조치

사업주는 사업장에서 발생하는 유해광선·초음파 등 비전리전자기파(컴퓨터 단말기에서 발생하는 전자파는 제외한다)로 인하여 근로자에게 심각한 건강장해가 발생할 우려가 있는 경우에 다음의 조치를 하여야 한다(제668조).
① 발생원의 격리·차폐·보호구 착용 등 적절한 조치를 할 것
② 비전리전자기파 발생장소에는 경고 문구를 표시할 것
③ 근로자에게 비전리전자기파가 인체에 미치는 영향, 안전작업 방법 등을 알릴 것

(3) 직무스트레스에 의한 건강장해 예방 조치

사업주는 근로자가 장시간 근로, 야간작업을 포함한 교대작업, 차량운전[전업으로 하는 경우에만 해당한다] 및 정밀기계 조작작업 등 신체적 피로와 정신적 스트레스 등이 높은 작업을 하는 경우에 직무스트레스로 인한 건강장해 예방을 위하여 다음의 조치를 하여야 한다(제669조).
① 작업환경·작업내용·근로시간 등 직무스트레스 요인에 대하여 평가하고 근로시간

단축, 장·단기 순환작업 등의 개선대책을 마련하여 시행할 것
② 작업량·작업일정 등 작업계획 수립 시 해당 근로자의 의견을 반영할 것
③ 작업과 휴식을 적절하게 배분하는 등 근로시간과 관련된 근로조건을 개선할 것
④ 근로시간 외의 근로자 활동에 대한 복지 차원의 지원에 최선을 다할 것
⑤ 건강진단 결과, 상담자료 등을 참고하여 적절하게 근로자를 배치하고 직무스트레스 요인, 건강문제 발생가능성 및 대비책 등에 대하여 해당 근로자에게 충분히 설명할 것
⑥ 뇌혈관 및 심장질환 발병위험도를 평가하여 금연, 고혈압 관리 등 건강증진 프로그램을 시행할 것

(4) 농약원재료 방제작업 시의 조치

① 사업주는 근로자가 농약원재료를 살포·훈증·주입 등의 업무를 하는 경우에 다음에 따른 조치를 하여야 한다(제670조 제1항).
  ㉠ 작업을 시작하기 전에 농약의 방제기술과 지켜야 할 안전조치에 대하여 교육을 할 것
  ㉡ 방제기구에 농약을 넣는 경우에는 넘쳐흐르거나 역류하지 않도록 할 것
  ㉢ 농약원재료를 혼합하는 경우에는 화학반응 등의 위험성이 있는지를 확인할 것
  ㉣ 농약원재료를 취급하는 경우에는 담배를 피우거나 음식물을 먹지 않도록 할 것
  ㉤ 방제기구의 막힌 분사구를 뚫기 위하여 입으로 불어내지 않도록 할 것
  ㉥ 농약원재료가 들어 있는 용기와 기기는 개방된 상태로 내버려두지 말 것
  ㉦ 압축용기에 들어있는 농약원재료를 취급하는 경우에는 폭발 등의 방지조치를 할 것
  ㉧ 농약원재료를 훈증하는 경우에는 유해가스가 새지 않도록 할 것
② 사업주는 근로자가 농약원재료를 배합하는 작업을 하는 경우에 측정용기, 깔때기, 섞는 기구 등 배합기구들의 사용방법과 배합비율 등을 근로자에게 알리고, 농약원재료의 분진이나 미스트의 발생을 최소화하여야 한다(제670조 제2항).
③ 사업주는 농약원재료를 다른 용기에 옮겨 담는 경우에 동일한 농약원재료를 담았던 용기를 사용하거나 안전성이 확인된 용기를 사용하고, 담는 용기에는 적합한 경고표지를 붙여야 한다(제670조 제3항).

산업안전보건법령

특수형태근로종사자 등에 대한 안전조치 및 보건조치

1. 특수형태근로종사자에 대한 안전조치 및 보건조치

(1) 특수형태근로종사자에 대한 안전조치 및 보건조치

특수형태근로종사자 중 보험을 모집하는 사람·학습지 방문강사, 교육 교구 방문강사, 그 밖에 회원의 가정 등을 직접 방문하여 아동이나 학생 등을 가르치는 사람·대출모집인, 신용카드회원 모집인 및 방문판매업무를 하는 사람에 해당하는 사람에 대한 안전조치 및 보건조치는 다음과 같다(제672조 제1항).
  ① 휴게시설, 공기정화설비부터 사무실의 청결관리까지 및 작업자세에 따른 조치
  ② 고객의 폭언등에 대한 대처방법 등이 포함된 대응지침의 제공 및 관련 교육의 실시

(2) 건설기계를 직접 운전하는 사람에 대한 안전조치 및 보건조치

특수형태근로종사자 중 건설기계를 직접 운전하는 사람에 대한 안전조치 및 보건조치는 전도방지, 작업장 청결, 분진의 흩날림방지, 오염된 바닥의 세척부터 강관틀비계까지, 말비계부터 통나무 비계까지, 탑승의 제한부터 운전위치 이탈시의 조치까지, 양중기부터 화물중간에서 빼내기까지, 차량계 건설기계부터 가스배관 등의 손상방지까지, 재료부터 화물의 적재까지, 벌목작업 시의 위험방지부터 제동장치의 구비까지 및 대피공간부터 받침목교환작업까지의 규정에 따른 조치를 말한다(제672조 제2항).

(3) 학습지 방문강사, 교육 교구 방문강사, 그 밖에 회원의 가정 등을 직접 방문하여 아동이나 학생 등을 가르치는 사람에 대한 안전조치 및 보건조치

특수형태근로종사자 중 학습지 방문강사, 교육 교구 방문강사, 그 밖에 회원의 가정 등을 직접 방문하여 아동이나 학생 등을 가르치는 사람에 대한 안전조치 및 보건조치는 다음과 같다(제672조 제3항).
  ① 사전조사 및 작업계획서, 휴게시설, 세척시설, 의자의 비치부터 응급공구까지, 탑승의 제한, 운전 시작전의 조치, 전도 등의 방지, 접촉의 방지 및 꽂음접속기의 설치·사용 시 준수사항에 따른 조치

② 미끄러짐을 방지하기 위한 신발을 착용했는지 확인 및 지시
③ 고객의 폭언등에 대한 대처방법 등이 포함된 대응지침의 제공
④ 고객의 폭언등에 의한 건강장해가 발생하거나 발생할 현저한 우려가 있는 경우 : 영 제41조 각 호의 조치 중 필요한 조치

(4) 택배원으로서 택배사업에서 집화 또는 배송 업무를 하는 사람에 대한 안전조치 및 보건조치

특수형태근로종사자 중 택배원으로서 택배사업에서 집화 또는 배송 업무를 하는 사람에 대한 안전조치 및 보건조치는 다음과 같다(제672조 제4항).

① 전도의 방지, 작업장의 청결, 분진의 흩날림 방지, 오염된 바닥의 세척부터 통로의 설치까지, 계단의 강도부터 계단의 난간까지, 사전조사 및 작업계획서, 탑승의 제한, 운전 시 작전 조치, 제한속도의 지정, 운전위치 이탈시 조치, 전도 등의 방지부터 허용하중 초과 등의 제한까지, 이탈 등의 방지부터 통행의 제한까지, 중량물 취급, 꼬임이 끊어진 섬유로프 등의 사용금지부터 화물의 적재까지 및 유해요인 조사부터 작업자세까지의 규정에 따른 조치
② 업무에 이용하는 자동차의 제동장치가 정상적으로 작동되는지 정기적으로 확인
③ 고객의 폭언등에 대한 대처방법 등이 포함된 대응지침의 제공

(5) 퀵서비스업자로부터 업무를 의뢰받아 배송 업무를 하는 사람에 대한 안전조치 및 보건조치

특수형태근로종사자 중 퀵서비스업자로부터 업무를 의뢰받아 배송 업무를 하는 사람에 대한 안전조치 및 보건조치는 다음과 같다(제672조 제5항).

① 승차용 안전모를 착용하도록 지시
② 탑승 제한 지시
③ 업무에 이용하는 이륜자동차의 전조등, 제동등, 후미등, 후사경 또는 제동장치가 정상적으로 작동되는지 정기적으로 확인
④ 고객의 폭언등에 대한 대처방법 등이 포함된 대응지침의 제공

(6) 상시적으로 방문판매업무를 하는 사람에 대한 안전조치 및 보건조치

특수형태근로종사자 중 상시적으로 방문판매업무를 하는 사람에 대한 안전조치 및 보건조치는 고객의 폭언등에 대한 대처방법 등이 포함된 대응지침을 제공하는 것을 말한다(제672조 제6항).

(7) 제품 방문점검원에 대한 안전조치 및 보건조치

특수형태근로종사자 중 제품 방문점검원에 대한 안전조치 및 보건조치는 다음과 같다(제672조 제7항).

① 보호구의 제한적 사용부터 보호구 관리까지 및 중량물의 제한부터 작업자세까지의 규정에 따른 조치
② 고객의 폭언등에 대한 대처방법 등이 포함된 대응지침의 제공 및 관련 교육의 실시

(8) 가전제품을 배송, 설치 및 시운전하여 작동상태를 확인하는 사람에 대한 안전조치 및 보건조치

특수형태근로종사자 중 가전제품을 배송, 설치 및 시운전하여 작동상태를 확인하는 사람에 대한 안전조치 및 보건조치는 다음과 같다(제672조 제8항).

① 보호구의 제한적 사용부터 보호구 관리까지, 사전조사 및 작업계획서, 추락의 방지, 안전대의 부착설비, 탑승의 제한, 장갑의 사용금지, 작업도구의 목적 외 사용금지, 설계기준 준수부터 경사각의 제한까지, 화물 적재시의 조치, 싣거나 내리는 작업, 고소작업대 설치 등의 조치, 가스용접 등의 작업, 전기 기계·기구 등의 충전부 방호부터 과전류 차단장치까지, 배선 등의 절연피복 등, 꽂음접속기의 설치·사용 시 준수사항, 이동 및 휴대장비 등의 사용 전기 작업, 정전전로에서의 전기작업, 절연용 보호구 등의 사용 및 용접 등 작업 시의 조치부터 작업자세까지의 규정에 따른 조치
② 고객의 폭언등에 대한 대처방법 등이 포함된 대응지침의 제공 및 관련 교육의 실시

(9) 화물차주로서 다음의 어느 하나에 해당하는 사람

특수형태근로종사자 중 화물차주로서 특수자동차로 수출입 컨테이너를 운송하는 사람, 시멘트를 운송하는 사람, 철강재를 운송하는 사람, 위험물질을 운송하는 사람에 대한 안전조치 및 보건조치는 다음과 같다(제672조 제9항).

① 보호구의 지급, 보호구의 관리, 사전조사 및 작업계획서, 전도 등의 방지부터 화물 적재시의 조치까지, 싣거나 내리는 작업, 허용하중 초과 등의 제한, 승강설비부터 섬유로프 등의 점검 등까지, 호스 등을 사용한 인화성 액체 등의 주입, 대피 등, 부식성 액체의 압송설비, 공기 외의 가스 사용 제한 및 중량물의 제한부터 작업자세까지의 규정에 따른 조치

② 고객의 폭언등에 대한 대처방법 등이 포함된 대응지침의 제공

(10) 소프트웨어사업에서 노무를 제공하는 소프트웨어기술자에 대한 안전조치 및 보건조치

특수형태근로종사자 중 소프트웨어사업에서 노무를 제공하는 소프트웨어기술자에 대한 안전조치 및 보건조치는 휴게시설, 용어의 정의부터 사무실의 청결관리까지 및 용어의 정의부터 컴퓨터 단말기 조작업무에 대한 조치까지의 규정에 따른 조치로 한다(제672조 제10항).

(11) 준용규정

안전조치 및 보건조치에 관한 규정을 적용하는 경우에는 "사업주"는 "특수형태근로종사자의 노무를 제공받는 자"로, "근로자"는 "특수형태근로종사자"로 본다(제672조 제11항).

2. 배달종사자에 대한 안전조치 등

(1) 이륜자동차로 물건의 수거·배달 등을 하는 사람의 산업재해 예방조치

이동통신단말장치로 물건의 수거·배달 등을 중개하는 자는 이륜자동차로 물건의 수거·배달 등을 하는 사람의 산업재해 예방을 위하여 다음의 조치를 해야 한다(제673조 제1항).
① 이륜자동차로 물건의 수거·배달 등을 하는 사람이 이동통신단말장치의 소프트웨어에 등록하는 경우 이륜자동차를 운행할 수 있는 면허 및 안전모의 보유 여부 확인
② 이동통신단말장치의 소프트웨어를 통하여 운전자의 준수사항 등 안전운행 및 산업재해 예방에 필요한 사항에 대한 정기적 고지

(2) 물건의 수거·배달 등을 중개하는 자의 의무

물건의 수거·배달 등을 중개하는 자는 물건의 수거·배달 등에 소요되는 시간에 대해 산업재해를 유발할 수 있을 정도로 제한해서는 안 된다(제673조 제2항).